"十二五"国家重点图书出版规划项目
先进制造理论研究与工程技术系列

MECHANICAL DESIGN BASIS

机械设计基础

主　编　李宪芝
副主编　殷宝麟　姜国栋　于　峰

哈爾濱工業大學出版社

内容简介

《机械设计基础》是高等工科院校机械类和近机械类专业的一门重要的技术基础课。本书系统阐述了机械中的常用机构和通用零件的工作原理、结构特点、基本的设计理论和计算方法。

全书共分18章,除第1章绪论外,第2章至第9章重点讲述常用机构及机器动力学基本知识;第10章至第18章重点讲述常用连接、机械传动和轴系零部件。

本书可作为高等工科院校机械类、近机械类各专业的教材,也可供高等职业技术教育、成人教育学生使用,同时可供从事机械设计、机械制造等工程技术人员参考。

图书在版编目(CIP)数据

机械设计基础/李宪芝主编.—哈尔滨:哈尔滨工业大学出版社,2014.7(2020.1重印)
ISBN 978-7-5603-4804-9

Ⅰ.①机… Ⅱ.①李… Ⅲ.①机械设计-高等学校-教材 Ⅳ.①TH122

中国版本图书馆CIP数据核字(2014)第139035号

责任编辑 杨秀华
封面设计 卞秉利
出版发行 哈尔滨工业大学出版社
社　　址 哈尔滨市南岗区复华四道街10号　邮编150006
传　　真 0451-86414749
网　　址 http://hitpress.hit.edu.cn
印　　刷 哈尔滨工业大学印刷厂
开　　本 787mm×1092mm 1/16 印张21 字数519千字
版　　次 2014年7月第1版 2020年1月第2次印刷
书　　号 ISBN 978-7-5603-4804-9
定　　价 50.00元

前　言

本书系统介绍了常用机构和通用零件的工作原理、结构特点、基本的设计理论和计算方法。全书共分18章，分别是绪论、平面机构的自由度和速度分析、平面连杆机构、凸轮机构、齿轮机构、轮系、间歇运动机构、回转件的平衡、机械运转速度波动的调节、机械零件设计概论、连接、带传动和链传动、齿轮传动、蜗杆传动、滑动轴承、滚动轴承、轴、联轴器和离合器等内容。

本书可作为高等工科院校机械类、近机械类各专业的教材，也可供高等职业技术教育、成人教育学生使用及从事机械设计、机械制造的工程技术人员参考。

本书由佳木斯大学李宪芝任主编，佳木斯大学殷宝麟、姜国栋、于峰任副主编，其中李宪芝编写了第5、6、7、8、11、13、14章，计22.2万字；殷宝麟编写了第2、3、4、9、10章，计12万字；姜国栋编写了第1、12、16、17章，计12万字；于峰编写了第15、18章，计5.7万字，全书由李宪芝统稿、校订。

本书在编写过程中参考了大量相关文献资料，谨向文献作者表示感谢。

本书在编写过程中得到了有关部门及任课教师的大力支持和精心指导，谨此表示衷心的感谢。

受编者水平的限制，本书在内容选择、结构层次的安排等方面难免存在错误和不当之处，欢迎广大读者批评指正。

编　者

2014年2月

目　　录

第 1 章 绪论

教学提示：本章主要介绍机械设计基础课程研究的对象及内容、机械设计的基本要求。

教学要求：掌握构件、零件、机构、机器、机械等名词的含义及机械设计基本要求。

1.1 机器的组成

在现代生产和日常生活当中，机器已成为代替或减轻人类劳动强度、提高生产率的重要手段，使用机器的先进水平代表了一个国家工业发展程度的重要标志。

机械是机器和机构的总称，在力学课程中已学过对一些机构（连杆机构、齿轮机构等）进行运动学和动力学的探讨和研究，在工程实际上还有诸如凸轮机构、齿轮机构、间歇机构、带传动、链传动、螺旋传动等。机构是用来传递与变换运动和力的可动的装置。机器是执行机械运动的装置，是用来变换或传递能量、物料与信息的机构的组合。例如，电动机或内燃机都是用来变换能量的，加工机械用来变换物料的形态，起重运输机械用来传递物料，计算机用来变换信息等。

原动机，凡将其他形式的能量转换为机械能的机器统称为原动机。例如电动机或内燃机都是原动机，电动机将电能转换为机械能，内燃机将热能转换为机械能。工作机，凡是将机械能转换为其他形式的能或用来传递物料、信息的机器称为工作机。加工机械、起重机械、运输机械、计算机等都是工作机。

在日常生活和生产中我们都接触过许多机器。各种不同的机器具有不同的形式、构造和用途。例如图 1.1 的单缸四冲程内燃机就包含着由气缸体 1、活塞 2、连杆 5、曲轴 6 组成的连杆机构，由齿轮 9 和齿轮 10 所组成的齿轮机构以及由凸轮 7 和顶杆 8 组成的凸轮机构等。燃气推动活塞 2 往复运动，经连杆 5 变为曲轴 6 的连续转动。凸轮 7 和顶杆 8 用来开启与闭合进气阀和排气阀。为保证曲轴每转两周进气阀、排气阀各开闭一次，曲轴和凸轮之间安装了传动比为 1∶2 的齿轮机构。这样，当燃气推动活塞运动时，各构件就能协调地动作，进气阀、排气阀按预定规律开启与闭合，加上汽化、点火等装置的协调配合，就能把热能转换为曲轴回转的机械能。

图 1.2 所示为工业机器人。它由铰接臂机械手 1、计算机控制台 2、液压装置 3 和电力装置 4 组成。当机械手的手臂和手指按给定的指令，按预定的规律运动时，手端夹持器（图中未标出）便将物品送到指定的位置。在这里，机械手是传递运动和执行任务的装置，是机器的主体部分，电力装置和液压系统给予动力，计算机控制台实施自动控制。

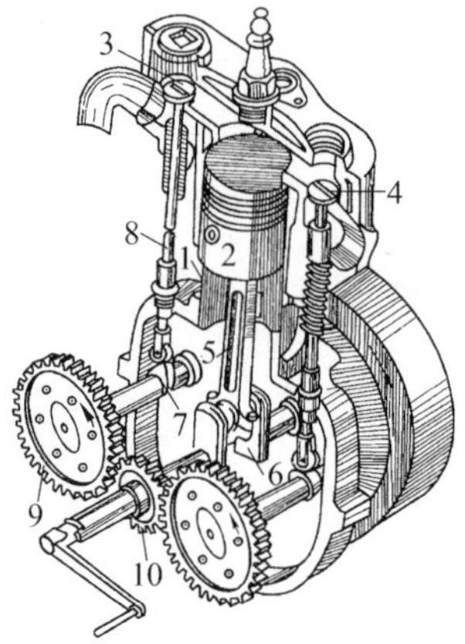

图 1.1　内燃机

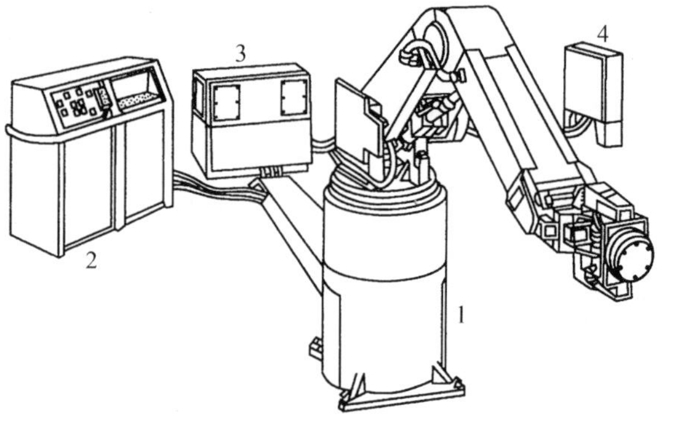

图 1.2　工业机器人

从以上例子可以得出，机器的主体部分是由多个运动构件组成的。用来传递运动和动力，有一个固定构件作为机架，利用构件间能够相对运动的连接方式组成的构件系统称为机构。为了传递运动和动力，机构间应具有准确的相对运动。例如，在图 1.1 所示的结构中，气缸体 1、活塞 2、连杆 5 和曲轴 6 组成曲柄滑块机构，将活塞的往复直线运动变为曲柄的连续转动。凸轮 7、顶杆 8 和气缸体组成凸轮机构，将凸轮轴的连续转动变成顶杆 8 按预定规律的间歇运动。曲轴和凸轮轴上的齿轮与气缸体组成齿轮机构，使两轴保持稳定的速比。

由此可见，机器的主要部分是由机构组成的。一部机器由一个或若干个机构组成，例如，电风扇只包含一个机构，由一个机构组成，而内燃机则由曲柄滑块机构、凸轮机构、齿轮机构等若干个机构组成。机器中最常用的机构有连杆机构、齿轮机构、凸轮机构、齿轮系和间歇运动机构等。

构件是一个独立运动的单元。它可以是一个单一的整体，也可以是由几个零件组成的刚性结构。如图 1.3 所示内燃机的连杆就是由连杆体 1、连杆盖 4、螺栓 2 和螺母 3 等几个零件组成的。这些零件之间没有相对运动，构成一个运动单元，成为一个构件。

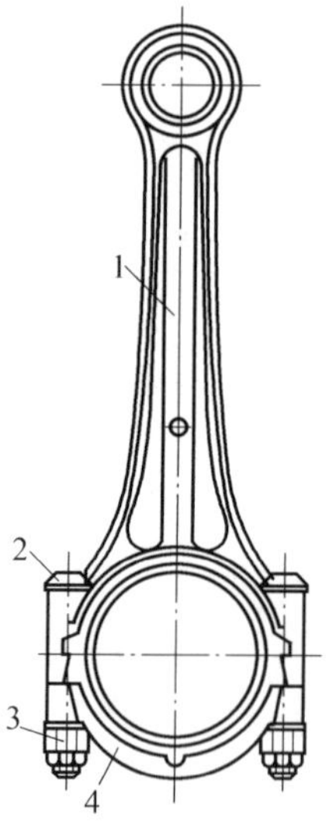

图 1.3　连杆

零件是一个独立制造的单元。机械中的零件分为两类：一类称为通用零件，它在一般通用机械上应用，例如齿轮、螺钉、轴、滚动轴承、弹簧等；另一类称为专用零件，它只能应用于某种特定机械当中，例如汽轮机的叶片、内燃机的活塞、飞机及轮船上的螺旋桨等。

就机器的功能而言，普通的机器包含四个基本组成部分：动力源部分、传动装置部分、自动控制部分、执行机构部分。动力源部分可采用人力、牲畜、风力、液力、电力、磁力、压缩空气作为动力。人们很早就懂得利用人力、畜力来完成某项工作，现在电力和热力的原动机（电动机与内燃机）应用最为广泛。传动装置部分和执行机构部分是由各种各样的机构组成，是机器的主要部分。自动控制部分包含计算机、单片机、传感器、电子装置、液压系统、气压系统，当然还包含各种控制机构。由于电子通信技术的飞速发展，近代机器的自动控制部分，电子计算机已经占据了不可替代的主导地位。

1.2 本课程研究对象和内容

顾名思义，本课程研究对象为机械。任何机械都经历了从简单到复杂的发展过程。例如起重机械的发展历程可分为：斜面、杠杆、起重辘轳、滑轮组、手动（电动）葫芦、现代起重机（包括：龙门吊车、鹤式吊车、卷扬机等）。机械设计基础主要研究机械当中的常用机构和通用零部件的工作原理、结构特点、材料选择及基本设计理论和计算方法。

本书第1章至第9章介绍机械中的常用机构（连杆机构、凸轮机构、齿轮机构、齿轮系和间歇机构等）及机器动力学的基础知识（机械平衡和机械调速）。第10章至第18章介绍机械连接部分（螺纹连接、键连接、花键连接及销连接），机械传动部分（螺旋传动、带传动、链传动、齿轮传动、蜗杆传动），轴系零部件部分（滑动轴承、滚动轴承、联轴器、离合器、轴），并简明扼要地介绍国家标准和有关规范。这些常用机构和通用零部件的工作原理、计算理论及设计方法，除了对通用零件有效之外，对专业机械和专用零件的设计也具有一定的指导意义。

随着科学技术与时代的飞速发展，出现了一些新的机械设计方法。例如，用优化设计寻觅最佳的设计方案；用有限元对材料和零件强度、刚度、润滑、温升等进行有效的数值计算；用可靠性设计理论精确地评定机械零件的强度与寿命；用计算机辅助设计技术代替人工计算和手工绘图过程等。这些新的设计方法，目前已在我们国家的高校中单独授课，故本书略之。

1.3 本课程在教学中的地位

伴随着现代化、机械化生产规模的不断扩大，除了机械制造企业之外，在航天、动力、钻探、采矿、食品、煤炭等诸多行业工作的工程技术人员，都会接触到各类的通用机械和专用机械。他们必须对机械具备相当的专业基础知识。所以机械设计基础如同机械制图、工程力学、金属材料及热处理、电工学、计算机应用技术一样，是高等学校工科专业的一门重要的技术基础课。

机械设计基础课程将为相关专业的学生，学习专业机械设备课程提供必需的理论和实践基础。机械设计基础课程将为学生未来从事设备、工艺、采购、管理等工作，充分了解机械的工作原理、设备选购、设备正确使用、日常维护、设备故障分析，提供必要的理论知识和实践技能。

通过机械设计基础课程的学习和机械设计基础的课程设计实践，可使学生具备初步运用国家标准手册设计简单的机械传动装置，为今后操作、维护、革新机械装备创造有利的条件。

机械设计基础课程是多学科理论知识和实践知识的综合运用。本课程的先修课主要有工程制图、金属材料及热处理、金工实习、工程力学、机械制造基础等。此外，还要顾及到很多现代机械设备中含有复杂的动力系统和控制系统，因此技术人员还必须熟练地运用液压技术、气力传动、电工电子技术以及计算机等相关知识。

1.4 机械设计的基本要求和一般过程

机械设计是指规划和设计具有预期功能的新型机器或者改进原有机器的使用性能的工作过程。

设计机械应当满足以下基本要求：

1. 具有良好的使用性能

保证预期性能，满足使用要求。容易操作，保养维护简单，修理便捷。不能一味地攀比，不能追求“一机多能”，原因是“多功能”产品会使成本增加，可靠性降低。

2. 安全性

许许多多的重特大事故都出自机械故障。密封件泄漏导致“挑战者号”航天飞机爆炸，飞机起落架故障引发空难，汽车制动失灵酿成惨剧，屡屡发生的汽车“召回门”，更是暴露了机械设计不良造成的隐患。在设计时主要考虑两方面因素：其一，必须考虑机械本体的安全性，不能因为机械故障造成不可挽回的损失；其二，也必须以人为本，更应兼顾到操作者的人身安全。凡关系到人身安全和重特大事故的关键零、部件都要认真设计、严格计算，不能凭经验操作。计算说明书要有专人保管，以备检查。外露的活动构件必须加装防护措施。此外，为了保护机械设备，还应设计安全销、安全阀等过载保护装置和警示灯等警示措施。

3. 经久耐用、可靠性好

机器在工作过程中，即在使用寿命期间内不发生或极少发生故障。更换易损件或检修的周期不能太短，停机检修会影响正常的生产。不能无限制地应用贵重材料而造成无端的浪费。

4. 成本

在设计过程中应当尽可能多选用标准件和成套组件，标准件和成套组件不仅可靠性好、价格低廉，而且能大量减少设计时间和设计工作量。因此说，在设计过程中标准件和成套组件使用的多少同时也标志着设计水平的高低。零、部件的设计要注重加工工艺性，力争降低加工费用。良好的经济性不仅体现在加工成本低廉，更应体现在机器使用时的高效率、低能耗、互换性良好。

5. 环保要求

机器噪声在允许的范围以下，不采用国家禁止的各种原材料。保证机器在运行期间没有烟尘、水以及污油泄漏。生产过程中产生的废气、废水需要综合治理，做到排放达标。

6. 其他要求

对于不同的机器，还有一些特有的要求。例如，对机床有长期保持其精度的要求，否则会使被加工零件达不到精度要求；对飞机及飞行器有质量小、飞行阻力小而运载能力大的要求；对流动使用的机器（如钻探机械、采矿机械、建筑机械）要有便于安装和拆卸的要求；对大型机械更有便于吊装和运输的要求。因此设计机器时，使其满足各自的要求，会大大提高其产品的使用性能。

在明确机器的设计要求之后，机械设计主要包含以下内容：

（1）确定机械的工作原理，选择合宜的机构；

（2）拟定设计方案；

（3）进行运动学分析和动力学分析，计算各构件上所受载荷；

（4）进行零、部件工作能力计算，完成总体设计和结构设计。

一部机器的诞生，从市场需求到产生设计思想，至明确设计要求，经过设计、加工、鉴定乃至产品定型，都是一个较为复杂的过程。为了清晰，将机械设计的一般过程用框图 1.4 表示。同时设计者要有创造精神，需要从实际出发，善于调查研究，广泛听取用户和工艺人员的意见，在理论设计、现场加工、安装调试过程中，及时发现问题，反复修改，以便取得最佳的设计效果，积极地占领市场,并从中汲取宝贵的设计经验。

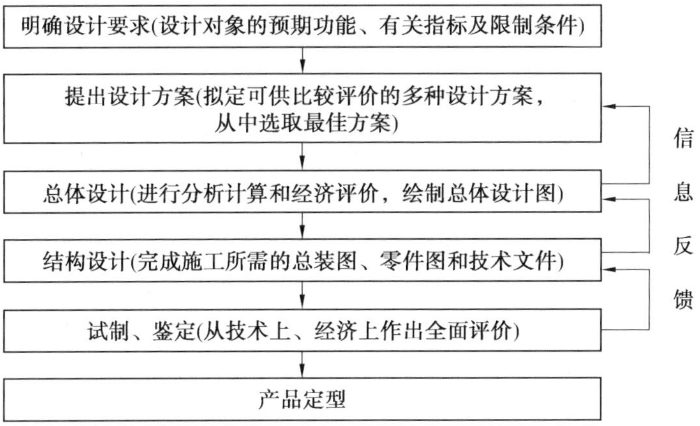

图1.4　机械设计的一般过程

习　题

1.1　对具有下述功能的机器各举出两个实际例子:(1)原动机;(2)将机械能变换为其他形式能量的机器;(3)变换或传递信息的机器;(4)传递机械能的机器;(5)变换物料的机器;(6)传递物料的机器。

1.2　指出下列机器的动力部分、传动部分、控制部分和执行部分:(1)摩托车;(2)飞机;(3)刨床;(4)洗衣机;(5)收录机。

第 2 章 平面机构的自由度和速度分析

教学提示:识别机构以及判别机构是否具有确定的运动是进行机械运动方案分析与设计的基础。本章主要介绍平面运动副和构件的分类及表示方法;平面机构运动简图的绘制;平面机构自由度的计算以及机构具有确定运动的条件;速度瞬心概念以及在机构速度分析上的应用。

教学要求:理解运动副、自由度、速度瞬心等基本概念,掌握平面机构运动简图的绘制、平面机构的自由度计算、机构具有确定运动的条件、速度瞬心及其在机构速度分析上的应用。

机构是一个构件系统,为了传递运动和力,机构各构件之间应具有确定的相对运动。但任意拼凑的构件系统不一定能发生相对运动;即使能够运动,也不一定具有确定的相对运动。讨论机构具有确定相对运动的条件,对于分析已有机构或设计新机构都很重要。

在研究机械工作特性和运动情况时,常常需要了解两个回转构件间的角速度比、直线运动构件的速度,或构件上某些点的速度变化规律,因而有必要对机构进行速度分析。

实际机构的外形和结构比较复杂,为了便于分析研究,在工程设计中,通常都用简单线条和符号绘制的机构运动简图来表示实际机械。工程技术人员应当熟悉机构运动简图的绘制方法。

所有构件都在相互平行的平面内运动的机构称为平面机构,否则称为空间机构。工程中常见的机构多属于平面机构,因此,本章只讨论平面机构。

2.1 运动副及其分类

一个做平面运动的自由构件具有三个独立运动。如图 2.1 所示,在 xOy 坐标系中,构件 S 可随其上任一点 A 沿 x 轴、y 轴方向独立移动和绕 A 点独立转动。构件相对于参考系的独立运动称为自由度。所以一个做平面运动的自由构件具有三个自由度。

机构是由许多构件组成的。机构的每个构件都以一定方式与某些构件相互连接。被连接的两构件能产生某些相对运动,这种连接显然不能是刚性的。这种由两个构件直接接触而组成的可动的连接称为运动副。两构件组成运动副之后,它们之间的相对运动将受到约束,自由度随之减少。

两构件组成的运动副,其接触形式可分为点、线、面。按照接触形式,通常把运动副分为低副和高副两类。

2.1.1 低副

两构件通过面接触组成的运动副称为低副。平面机构中的低副有转动副和移动副两种。

1. 转动副

若组成运动副的两构件只能在平面内相对转动,这种运动副称为转动副,或称为铰链,如图2.2所示。

2. 移动副

若组成运动副的两构件只能沿某一轴线相对移动,这种运动副称为移动副,如图2.3所示。

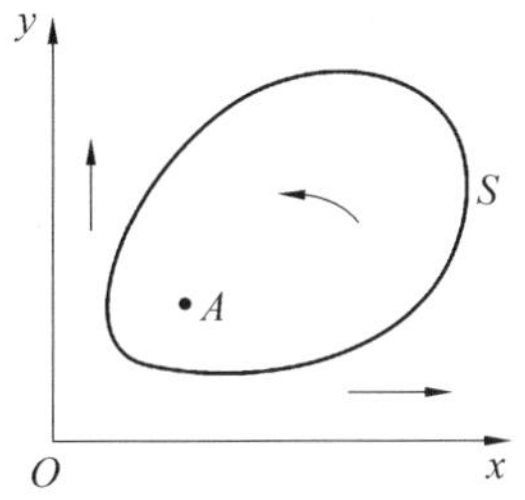

图2.1 平面运动构件的自由度

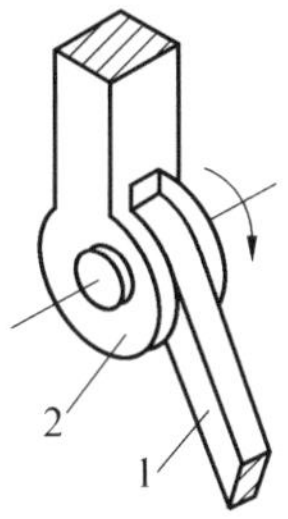

图2.2 转动副

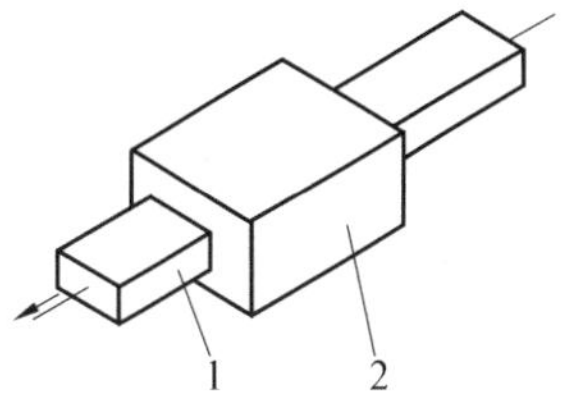

图2.3 移动副

2.1.2 高副

两构件通过点或线接触组成的运动副称为高副。图2.4(a)中的车轮1与钢轨2,图2.4(b)中的凸轮1与从动件2,图2.4(c)中的齿轮1与齿轮2分别在接触处A组成高副。组成平面高副两构件间的相对运动是沿接触处切线t-t方向的相对移动和在平面内的相对转动。

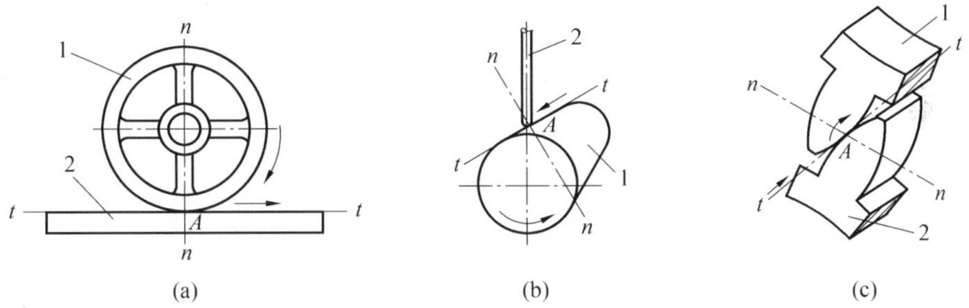

图2.4 平面高副举例

除上述平面运动副之外,机械中还经常见到如图2.5(a)所示的球面副和图2.5(b)所示的螺旋副。这些运动副两构件间的相对运动是空间运动,属于空间运动副。空间运动副不在本章讨论的范围之内。

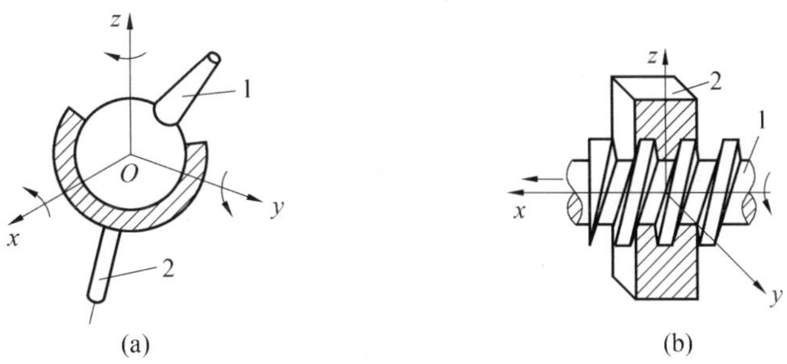

图2.5 球面副和螺旋副

2.2 平面机构运动简图

机构各部分的运动是由其原动件的运动规律、该机构中各运动副的类型和机构的运动尺寸(确定各运动副相对位置的尺寸)来决定的,而与构件的外形(除高副机构的运动副外)、截面尺寸、组成构件的零件数目及固连方式等无关,所以只要根据机构的运动尺寸、按一定比例尺定出各运动副的位置,就可以运用运动副及常用机构运动简图的代表符号和一般构件的表示方法将机构的运动传递情况表示出来。这种用以表示机构运动传递情况的简化图形称为机构运动简图。

机构运动简图中的运动副表示如下:

图2.6(a),(b),(c)是两个构件组成转动副的表示方法。用圆圈表示转动副,其圆心代表相对转动的轴线。若组成转动副的两个构件都是活动构件,则用(a)表示。若其中一个为机架,则在代表机架的构件上加剖面线,如图(b),(c)所示。

两构件组成移动副的表示方法如图2.6(d),(e),(f)所示。移动副的导路必须与相对移动方向一致。同上所述,图中画剖面线的构件表示机架。

两构件组成高副时,在简图中应当画出两构件接触处的曲线轮廓,如图2.6(g)所示。

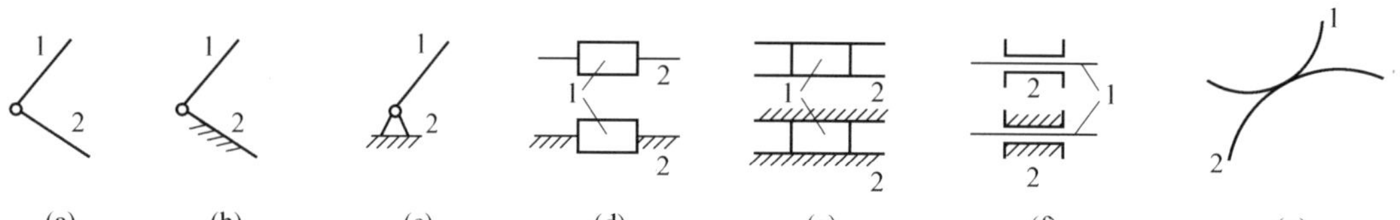

图2.6 平面运动副的表示方法

图2.7为构件的表示方法。图2.7(a)表示参与组成两个转动副的构件。图2.7(b)表示参与组成一个转动副和一个移动副的构件。一般情况下,参与组成三个转动副的构件可用三角形表示。为了表示三角形是一个刚性整体,常在三角形内打剖面线或在三个角加上焊接标记,如图2.7(c)所示。如果三个转动副中心在一条直线上,则用图2.7(d)表示。超过三个运动副的构件表示方法可依此类推。对于机械中常用构件和零件,也可采用习惯画法,例如用粗实线或点画线画出一对节圆来表示互相啮合的齿轮;用完整的轮廓曲线来表示凸轮。其他常用零部件的表示方法可参看GB 4460—84《机械制图机构运动简图符号》。

机构中的构件可分为三类:

(1)固定构件(机架) 用来支承活动构件(运动构件)。例如图1.1中的气缸体就是固定构件,它用来支承活塞、曲轴等。研究机构中活动构件的运动时,常以固定构件作为参考坐

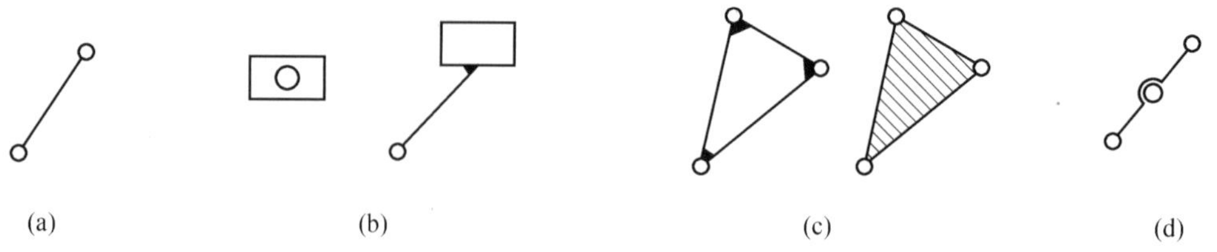

图2.7 构件表示方法

标系。

(2)原动件(主动件)　运动规律已知的活动构件。它的运动是由外界输入的,故又称为输入构件。例如图1.1中的活塞就是原动件。

(3)从动件　机构中随原动件运动而运动的其余活动构件。其中输出预期运动的从动件称为输出构件,其他从动件则起传递运动的作用,因此,图1.1中曲轴是输出构件,连杆是传递运动的从动件。

任何机构必须有一个构件被相对地看作固定构件。例如气缸体虽然跟随汽车运动,但在研究发动机的运动时,仍把气缸体视为固定构件。在活动构件中必须有一个或几个原动件,其余的都是从动件。

下面举例说明机构运动简图的绘制方法。

例2.1　绘制图2.8(a)所示颚式破碎机的机构运动简图。

解　颚式破碎机的主体机构是由机架1、偏心轴(又称曲轴)2、动颚3、肘板4等四个构件组成。带轮与偏心轴固连成一整体,它是运动和动力输入构件,即原动件,其余构件都是从动件。当带轮和偏心轴2绕轴线A转动时,驱使输出构件动颚3做平面复杂运动,从而将矿石轧碎。

在确定构件数目之后,再根据各构件间的相对运动确定运动副的种类和数目。偏心轴2绕机架1轴线A相对转动,故构件1,2组成以A为中心的转动副;动颚3与偏心轴2绕轴线B相对转动,故构件2,3组成以B为中心的转动副;肘板4与动颚3绕轴线C相对转动,故构件3,4组成以C为中心的转动副;肘板与机架绕轴线D相对转动,故构件4,1组成以D为中心的转动副。

选定适当比例尺,根据图2.8(a)尺寸定出A,B,C,D的相对位置,用构件和运动副的规定符号绘出机构运动简图,如图2.8(b)所示。

最后,将图中的机架画上剖面线,并在原动件2上标注箭头。

需要指出,虽然动颚3与偏心轴2是用一个半径大于AB的轴颈连接的,但是运动副的规定符号仅与相对运动的性质有关,而与运动副的结构尺寸无关,所以在简图中仍用小圆圈表示。

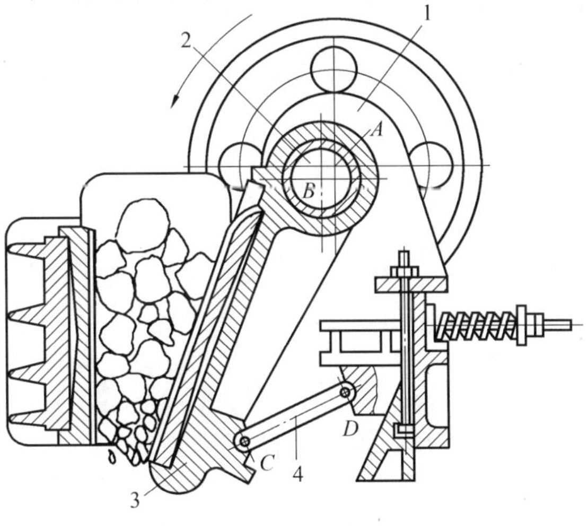

(a)

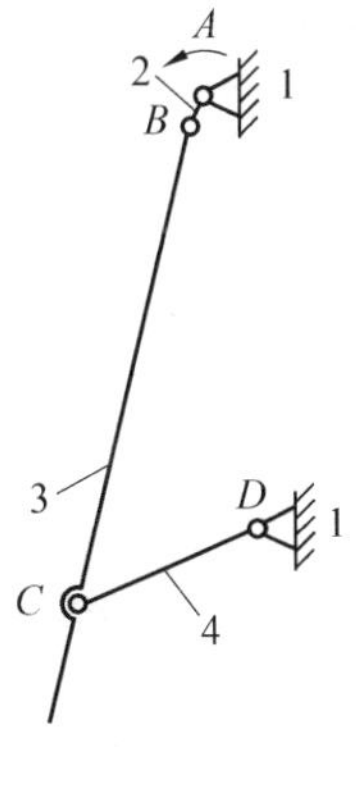

(b)

图2.8　颚式破碎机及其机构运动简图

例 2.2 绘制图 2.9(a) 所示活塞泵的机构运动简图。

解 活塞泵由曲柄1、连杆2、扇齿3、齿条活塞4 和机架5 等五个构件组成。曲柄1 是原动件,2,3,4 是从动件。当原动件 1 回转时,活塞在气缸中往复运动。

各构件之间的连接如下:构件 1 和 5,2 和 1,3 和 2,3 和 5 之间为相对转动,分别组成 A,B,C,D 转动副。构件 3 的轮齿与构件 4 的轮齿组成平面高副 E。构件 4 与 5 之间为相对移动,构成移动副 F。

取适当比例,按图 2.9(a) 尺寸,定出 A,B,C,D,E,F 的相对位置,用构件和运动副的规定符号画出机构运动简图,在原动件上标注箭头,如图 2.9(b) 所示。

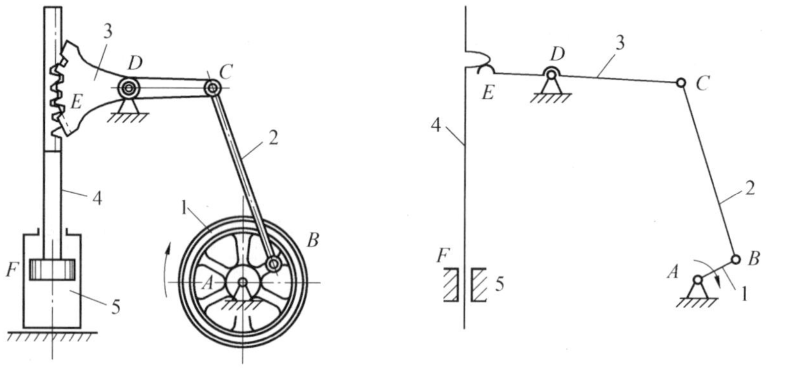

图 2.9 活塞泵及其机构运动简图

应当说明,绘制机构运动简图时,原动件的位置选择不同,所绘制机构运动简图的图形也不同。当原动件位置选择不当时,构件相互重叠交叉,使图形不易辨认。为了清楚地表达各构件的相互关系,绘图时,应当选择一个恰当的原动件位置。

2.3 平面机构的自由度

机构的各构件之间应具有确定的相对运动。显然,不能产生相对运动或无规则乱动的一堆构件难以用来传递运动。为了使组合起来的构件能产生运动并具有运动确定性,有必要探讨机构自由度和机构具有确定运动的条件。

2.3.1 平面机构自由度计算公式

如前所述,一个做平面运动的自由构件具有三个自由度。因此,平面机构的每个活动构件,在未用运动副连接之前,都有三个自由度,即沿 x 轴和 y 轴的移动以及在 xOy 平面内的转动。当两构件组成运动副之后,它们的相对运动受到约束,自由度随之减少。不同种类的运动副引入的约束不同,所保留的自由度也不同。例如图 2.2 所示的转动副,约束了两个移动自由度,只保留一个转动自由度;图 2.3 所示的移动副约束了沿一轴线方向的移动和在平面内的转动两个自由度,只保留沿另一轴线方向移动的自由度;图 2.4 所示高副则只约束沿接触处公法线 $n-n$ 方向移动的自由度,保留绕接触处转动和沿接触处公切线 $t-t$ 方向移动两个自由度。也可以说,在平面机构中,每个低副将引入两个约束,使机构失去两个自由度;每个高副将引入一个约束,使机构失去一个自由度。

若某平面机构共有 N 个构件。除去固定构件，则活动构件数为 $n = N - 1$。在未用运动副连接之前，这些活动构件的自由度总数为 $3n$。当用运动副将构件连接组成机构之后，机构中各构件具有的自由度随之减少。若机构中低副数为 P_L 个，高副数为 P_H 个，则运动副引入的约束总数为 $2P_L + P_H$。活动构件的自由度总数减去运动副引入的约束总数就是机构自由度（旧称机构活动度），以 F 表示，即

$$F = 3n - (2P_L + P_H) \tag{2.1}$$

这就是计算平面机构自由度的公式。由公式可知，机构自由度取决于活动构件的件数以及运动副的性质和个数。

机构的自由度即是机构相对机架具有的独立运动的数目。由前述可知，从动件是不能独立运动的，只有原动件才能独立运动。通常每个原动件具有一个独立运动（如电动机转子具有一个独立转动，内燃机活塞具有一个独立移动），因此，机构的自由度应当与原动件数目相等。

例 2.3　计算图 2.8(b) 所示颚式破碎机主体机构的自由度。

解　在颚式破碎机主体机构中，有三个活动构件，$n = 3$；包含四个转动副，$P_L = 4$；没有高副，$P_H = 0$。由式(2.1) 得机构自由度

$$F = 3n - (2P_L + P_H) = 3 \times 3 - (2 \times 4 + 0) = 1$$

该机构具有一个原动件（曲轴 2），原动件数与机构自由度数相等。

例 2.4　计算图 2.9 所示活塞泵的自由度。

解　活塞泵具有四个活动构件，$n = 4$；五个低副，包含四个转动副和一个移动副，$P_L = 5$；一个高副，$P_H = 1$。由式(2.1) 得机构自由度

$$F = 3n - (2P_L + P_H) = 3 \times 4 - (2 \times 5 + 1) = 1$$

原动件数（曲柄 1）与机构自由度数相等。

机构的原动件的独立运动是由外界给定的。如果给出的原动件数不等于机构自由度，将会发生下列问 + 题。

图 2.10 所示原动件数小于机构自由度的例子（图中原动件数等于 1，机构自由度 $F = 3 \times 4 - 2 \times 5 = 2$）。当只给定原动件 1 的位置角 φ_1 时，从动件 2，3，4 的位置不能确定，不具有确定的相对运动。只有给出两个原动件，使构件 1，4 都处于给定位置，才能使从动件获得确定运动。

图 2.11 所示原动件数大于机构自由度的例子（图中原动件数等于 2，机构自由度 $F = 3 \times 3 - 2 \times 4 = 1$）。如果原动件 1 和原动件 3 的给定运动都要同时满足，机构中最弱的构件必将损坏，例如将杆 2 拉断，杆 1 或杆 3 折断。

图 2.12 所示机构自由度等于零的构件组合（$F = 3 \times 4 - 2 \times 6 = 0$），它是一个桁架，它的各构件之间不可能产生相对运动。

综上所述，机构具有确定运动的条件是：机构自由度 $F > 0$，且 F 等于原动件数。

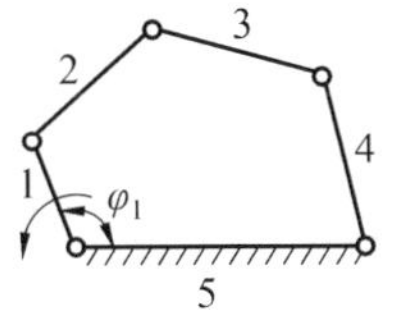

图 2.10　原动件数 < F

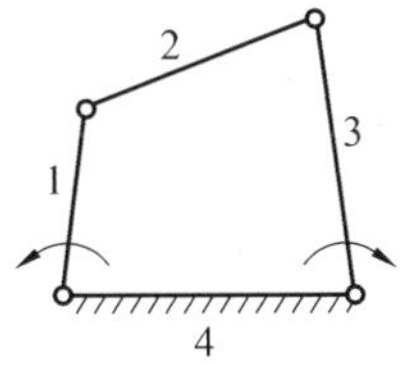

图 2.11　原动件数 > F

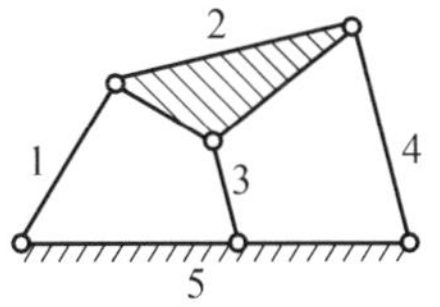

图 2.12　$F = 0$ 的构件组合

2.3.2 计算平面机构自由度的注意事项

应用式(2.1) 计算平面机构自由度时,对下列情况必须加以注意。

1. 复合铰链

两个以上构件同时在一处用转动副相连接就构成复合铰链。如图2.13(a) 所示是三个构件汇交成的复合铰链,图2.13(b) 是它的俯视图。由图2.13(b) 可以看出,这三个构件共组成两个转动副。依此类推,K 个构件汇交而成的复合铰链具有$(K-1)$ 个转动副。在计算机构自由度时应注意识别复合铰链,以免把转动副的个数算错。

例 2.5 计算图 2.14 所示圆盘锯主体机构的自由度。

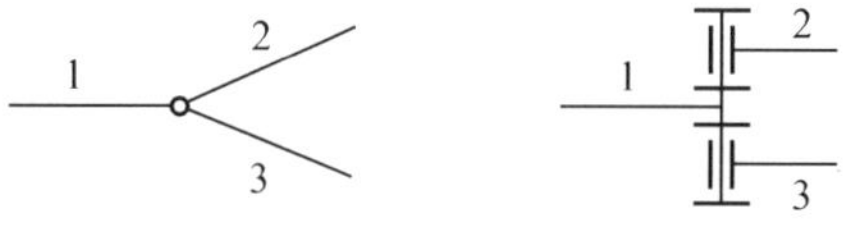

(a) (b)

图 2.13 复合铰链

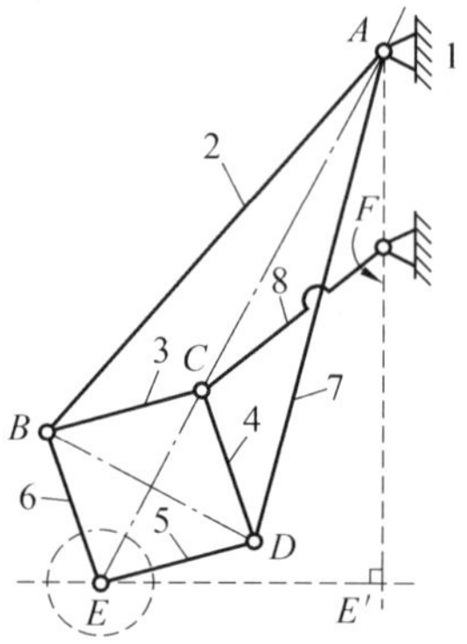

图 2.14 圆盘锯机构

解 机构中有七个活动构件,$n=7$;A,B,C,D 四处都是三个构件汇交的复合铰链,各有两个转动副,E,F 处各有一个转动副,故 $P_L=10$,$P_H=0$。由式(2.1) 得

$$F=3n-(2P_L+P_H)=3\times7-(2\times10+0)=1$$

F 等于原动件数。当原动件 8 转动时,圆盘中心 E 将确定地沿 EE' 移动。

2. 局部自由度

机构中常出现一种与输出构件运动无关的自由度,称为局部自由度(或称多余自由度),在计算机构自由度的时候应予以剔除。

例 2.6 计算图 2.15(a) 所示滚子从动件凸轮机构的自由度。

解 如图2.15(a) 所示,原动件凸轮 1 转动时,通过滚子 3 驱使从动件 2 以一定运动规律在机架 4 中往复摆动。从动件 2 是输出构件。不难看出,在这个机构中,无论滚子 3 绕其轴线 C 是否转动或转动快慢,都不影响输出构件 2 的运动。因此,滚子绕其中心的转动是一个局部自由度。为了在计算机构自由度时剔除这个局部自由度,可设想将滚子与从动件焊成一体(转动副 C 也随之消失),转化成图2.15(b) 所示形式。在图2.15(b) 中,$n=2$,$P_L=2$,$P_H=1$。由式(2.1) 得

$$F=3n-(2P_L+P_H)=3\times2-(2\times2+1)=1$$

局部自由度虽然不影响整个机构的运动,但滚子可使高副接触处的滑动摩擦变成滚动摩擦,减少磨损,所以实际机械中常有局部自由度出现。

3. 虚约束

在运动副引入的约束中,有些约束对机构自由度的影响是重复的,对机构运动不起任何限

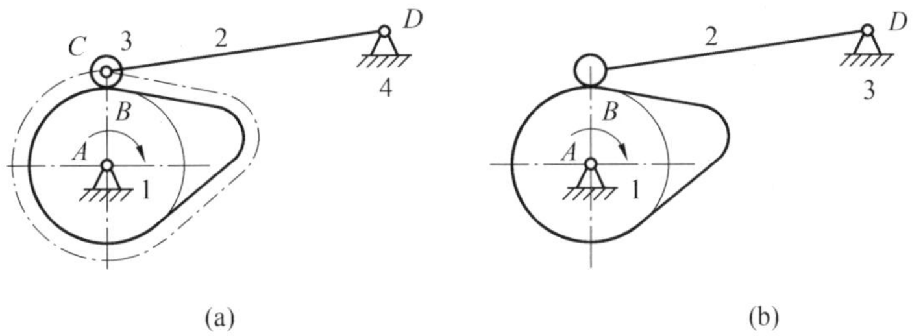

图 2.15　局部自由度

制作用。这种重复而对机构不起限制作用的约束称为虚约束或消极约束。在计算机构自由度时应当除去不计。

虚约束是构件间几何尺寸满足某些特殊条件的产物。平面机构中的虚约束常出现在下列场合:

(1) 两构件之间组成多个导路平行的移动副时，只有一个移动副起作用,其余都是虚约束。例如图 2.16(a) 中构件 3 与机架 4 组成两个导路平行的移动副 D,D',其中之一是虚约束。

(2) 两构件之间组成多个轴线重合的转动副时,只有一个转动副起作用,其余都是虚约束。例如图 2.16(b) 中构件 1 与机架 2 组成两个转动副 A,A',其中之一是虚约束。

(3) 机构中对传递运动不起独立作用的对称部分。例如图2.16(c) 所示轮系,中心轮1通过两个对称布置的小齿轮2和2′驱动内齿轮3,其中有一个小齿轮对传递运动不起独立作用。但第二个小齿轮的加入,使机构增加了一个虚约束(加入一个构件增加三个自由度,组成一个转动副和两个高副,共引入四个约束)。

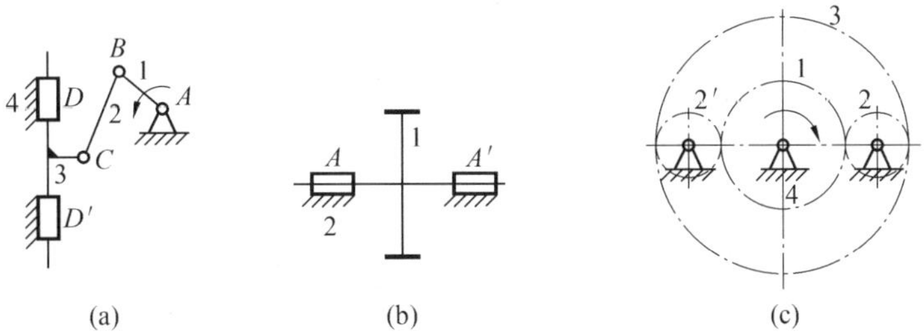

图 2.16　虚约束

还有一些类型的约束需要通过复杂的数学证明才能判别,这里就不一一列举了。虚约束对运动虽不起作用,但可以增加构件的刚性或使构件受力均衡,所以实际机械中虚约束并不少见。虚约束要求较高的制造精度,如果加工误差太大,不能满足某些特殊几何条件,虚约束便会变成实际约束,阻碍构件运动。

例 2.7　计算图 2.17(a) 所示大筛机构的自由度。

解　机构中的滚子有一个局部自由度;顶杆与机架在 E 和 E' 组成两个导路平行的移动副,其中之一为虚约束;C 处是复合铰链。将滚子和顶杆焊成一体,去掉移动副 E',并在 C 点注明转动副个数,如图 2.17(b) 所示。在图 2.17(b) 中,$n=7$,$P_L=9$(7 个转动副,2 个移动副),$P_H=1$。由式(2.1) 得

$$F=3n-(2P_L+P_H)=3\times7-(2\times9+1)=2$$

机构自由度等于2,具有两个原动件,故该机构具有确定运动。

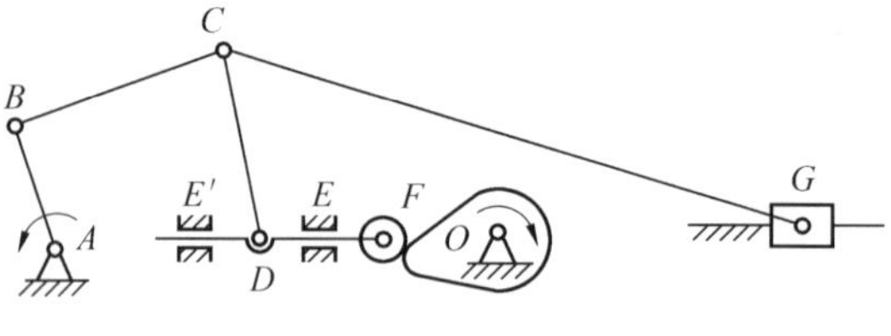

(a)

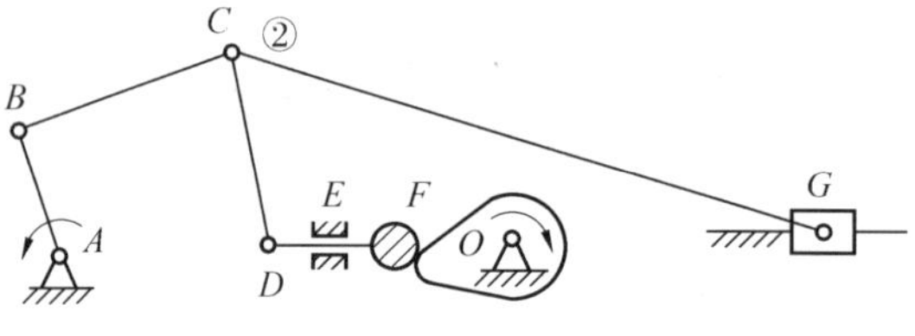

(b)

图2.17 大筛机构

2.4 速度瞬心及其在机构速度分析上的应用

2.4.1 速度瞬心及其求法

如图2.18所示,任一刚体2相对刚体1做平面运动时,在任一瞬时,其相对运动可看作是绕某一重合点的转动,该重合点称为速度瞬心或瞬时回转中心,简称瞬心。因此,瞬心是该两刚体上绝对速度相同的重合点(简称同速点)。如果这两刚体之一是静止的,则其瞬心称为绝对瞬心。因静止构件的绝对速度为零,所以绝对瞬心是运动刚体上瞬时绝对速度等于零的点。

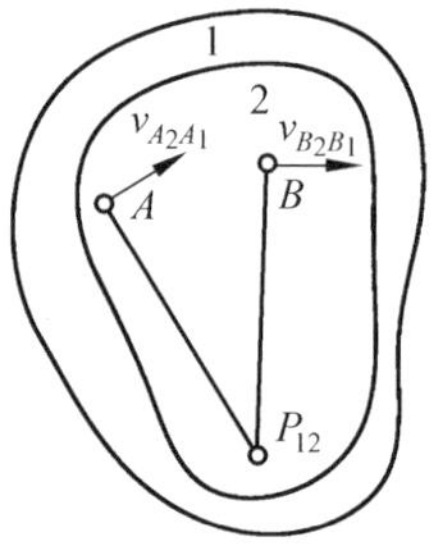

图2.18 相对速度瞬心

发生相对运动的任意两构件间都有一个瞬心,如机构由 N 个构件组成,则瞬心数 K 为

$$K=\frac{N(N-1)}{2} \tag{2.2}$$

当两刚体的相对运动已知时,其瞬心位置可根据瞬心定义求出。例如:

(1) 在图2.18中,已知重合点 A_2 和 A_1 的相对速度 v_{A2A1} 的方向以及 B_2 和 B_1 的相对速度 v_{B2B1} 的方向,则这两个速度向量垂线的交点便是构件1和构件2的瞬心 P_{12};

(2) 如图2.19(a)所示,当两构件组成转动副时,转动副的中心便是它们的瞬心;

(3) 如图2.19(b)所示,当两构件组成移动副时,由于所有重合点的相对速度方向都平行于移动方向,所以其瞬心位于导路垂线的无穷远处;

(4) 如图2.19(c)所示,当两构件组成纯滚动高副时,接触点处相对速度为零,所以接触点就是其瞬心;

(5) 如图2.19(d)所示,当两构件组成滑动兼滚动的高副时,由于接触点处的相对速度沿

切线方向，因此其瞬心应位于过接触点的公法线上，具体位置还要根据其他条件才能确定。

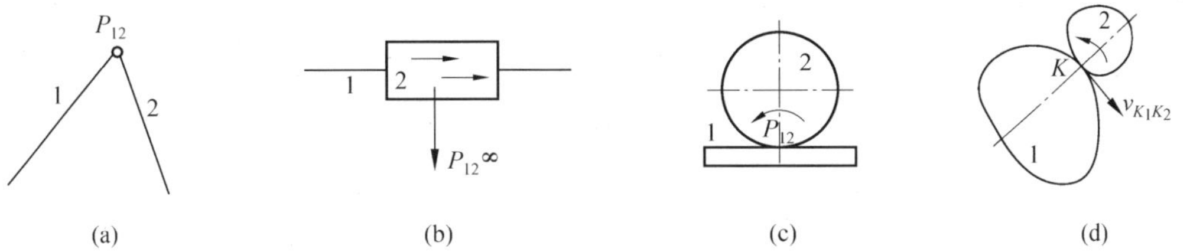

图2.19 瞬心位置的确定

对于不直接接触的各个构件，其瞬心可用三心定理来求得，即做相对平面运动的三个构件共有三个瞬心，这三个瞬心位于同一直线上，可用反证法证明。

如图2.20所示，按式(2.2)，构件1,2,3共有三个瞬心。为证明方便起见，设构件1为固定构件，则P_{12}和P_{13}分别为构件1,2和构件1,3之间的绝对瞬心。下面证明相对瞬心P_{23}应位于P_{12}和P_{13}的连线上。如图所示，假定P_{23}不在直线$P_{12}P_{13}$上，而在其他一点C，重合点C_2和C_3的绝对速度v_{C2}和v_{C3}的方向应分别垂直于CP_{12}和CP_{13}。显然，这时v_{C2}和v_{C3}的方向不一致。瞬心应是绝对速度相同（方向相同，大小相同）的重合点，而v_{C2}和v_{C3}的方向不一致，故C点不可能是瞬心。只有位于$P_{12}P_{13}$直线上的重合点速度方向才能一致，所以瞬心P_{23}必在P_{12}和P_{13}的连线上。

例2.8 求图2.21所示铰链四杆机构的瞬心。

解 该机构由四个构件组成，瞬心数$K=4\times(4-1)/2=6$。转动副中心A,B,C,D各为瞬心$P_{12},P_{23},P_{34},P_{14}$。由三心定理可知，$P_{12},P_{13},P_{23}$三个瞬心位于同一直线上；$P_{13},P_{14},P_{34}$位于同一直线上。因此$P_{12}P_{23}$和$P_{14}P_{34}$两直线的交点就是瞬心$P_{13}$。

同理，直线$P_{14}P_{12}$和$P_{34}P_{23}$的交点就是瞬心P_{24}。

因构件1是机架，所以P_{12},P_{13},P_{14}是绝对瞬心，而P_{23},P_{34},P_{24}是相对瞬心。

例2.9 求图2.22所示曲柄滑块机构的瞬心。

解 该机构由四个构件组成，瞬心数$K=4\times(4-1)/2=6$。转动副中心A,B,C各为瞬心P_{14},P_{12},P_{23}。瞬心P_{34}在垂直导路方向无穷远处。作P_{23}与P_{34}的连线（即过P_{23}作导路的垂线），它与直线$P_{14}P_{12}$的交点就是瞬心P_{24}。同理，过P_{14}作导路的垂线表示P_{14}与P_{34}的连线，它与直线$P_{12}P_{23}$的交点就是瞬心P_{13}。因构件4是机架，故P_{14},P_{24},P_{34}为绝对瞬心，P_{12},P_{13},P_{23}为相对瞬心。

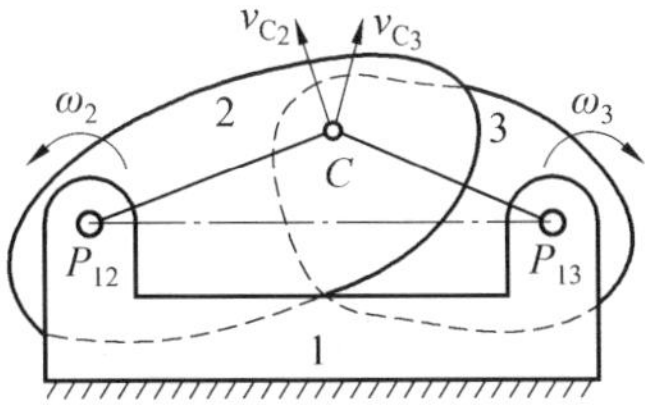

图2.20 三心定理

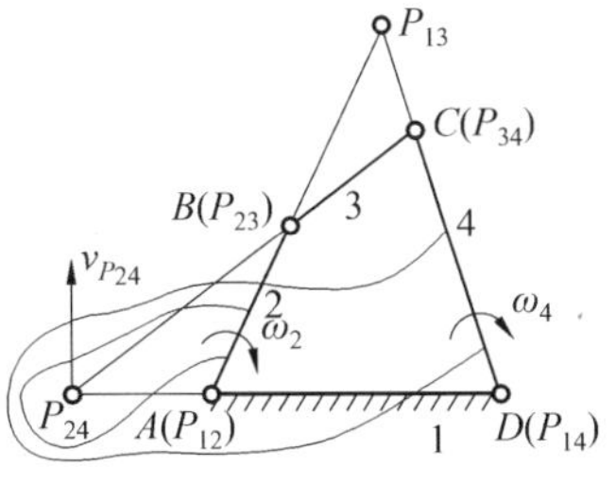

图2.21 铰链四杆机构的瞬心

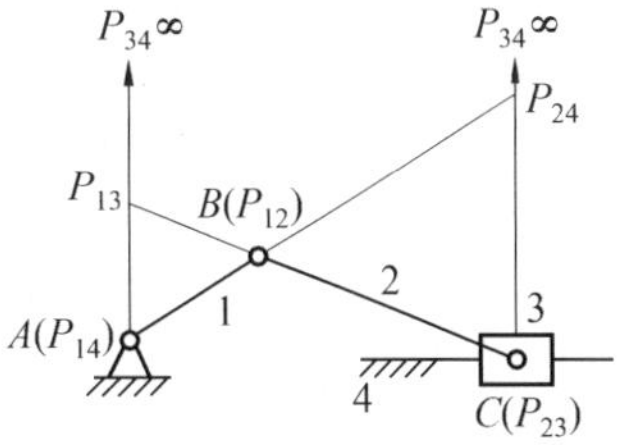

图2.22 曲柄滑块机构的瞬心

2.4.2 瞬心在速度分析上的应用

1. 铰链四杆机构

如图2.21所示，P_{24}是构件4和构件2的同速点，因此，通过P_{24}可以求出构件4和构件2的角速比。构件4绕绝对瞬心P_{14}转动，构件4上P_{24}的绝对速度为

$$v_{P_{24}} = \omega_4 l_{P_{24}P_{14}}$$

构件2绕绝对瞬心P_{12}转动，构件2上P_{24}的绝对速度为

$$v_{P_{24}} = \omega_2 l_{P_{24}P_{12}}$$

故得到

$$\omega_4 l_{P_{24}P_{14}} = \omega_2 l_{P_{24}P_{12}}$$

或

$$\frac{\omega_2}{\omega_4} = \frac{l_{P_{24}P_{14}}}{l_{P_{24}P_{12}}} = \frac{P_{24}P_{14}}{P_{24}P_{12}} \tag{2.3}$$

上式表明，两构件的角速度与其绝对瞬心至相对瞬心的距离成反比。若如图2.21所示，P_{24}在P_{14}和P_{12}的同一侧，则ω_2和ω_4的方向相同；若P_{24}在P_{14}和P_{12}之间，则ω_2和ω_4的方向相反。应用类似方法可求出其他任意两构件的角速比的大小和角速度的方向。

2. 齿轮或摆动从动件凸轮机构

如图2.23所示，回转中心A和B是绝对瞬心P_{13}和P_{23}。相对瞬心P_{12}应在过接触点C的公法线$n-n$上，又应位于P_{13}和P_{23}的连线上，因此，该两直线的交点就是P_{12}。P_{12}是构件1和2的同速点，即

$$v_{P_{12}} = \omega_1 l_{P_{12}P_{13}} = \omega_2 l_{P_{12}P_{23}}$$

这种机构只有一个相对瞬心，现用不带下标的P表示，故

$$\frac{\omega_1}{\omega_2} = \frac{l_{P_{12}P_{23}}}{l_{P_{12}P_{13}}} = \frac{P_{12}P_{23}}{P_{12}P_{13}} = \frac{BP}{AP} \tag{2.4}$$

上式在高副机构运动分析中得到广泛应用。

3. 直动从动件凸轮机构

如图2.24所示，P_{13}位于凸轮的回转中心，P_{23}在垂直于从动件导路的无穷远处。过P_{13}作导路的垂线代表P_{13}和P_{23}之间的连线，它与法线$n-n$的交点就是P_{12}。P_{12}是构件1和2的同速点。由构件1可得到

$$v_{P_{12}} = \omega_1 l_{P_{13}P_{12}}$$

构件2为平动构件，各点速度相同，$v_{P_{12}} = v_2$。故得

$$\omega_1 l_{P_{13}P_{12}} = v_2$$

或

$$l_{P_{13}P_{12}} = \frac{v_2}{\omega_1} \tag{2.5}$$

用瞬心法求简单机构的速度是很方便的，不足之处是：构件较多时，瞬心数目太多，求解费时，且作图时常有某些瞬心落在图纸之外。

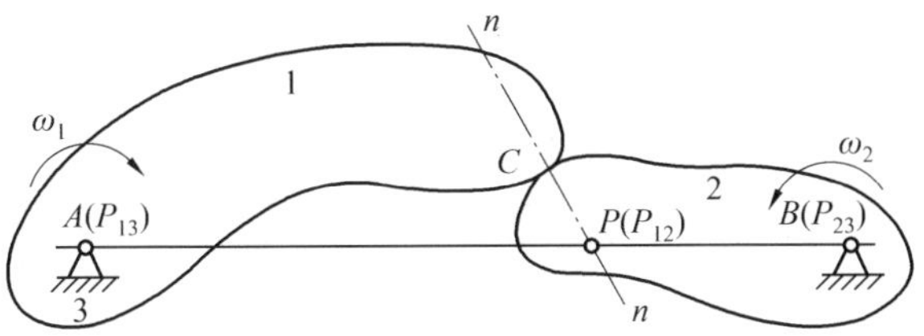

图 2.23　齿轮机构的瞬心

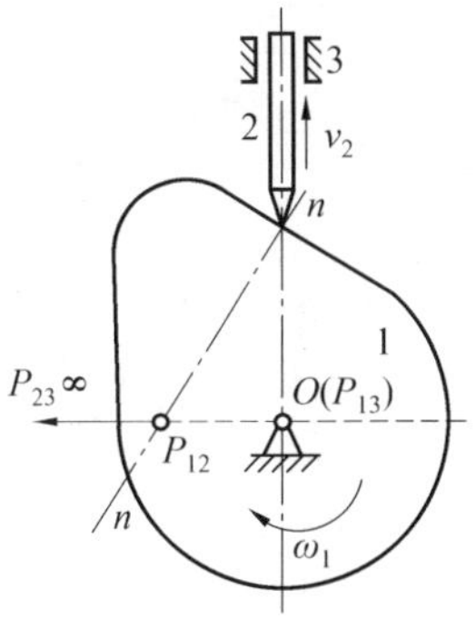

图 2.24　直动从动件凸轮机构的瞬心

习　题

2.1 至 2.4　绘制题 2.1 ~ 2.4 图机构的机构运动简图。

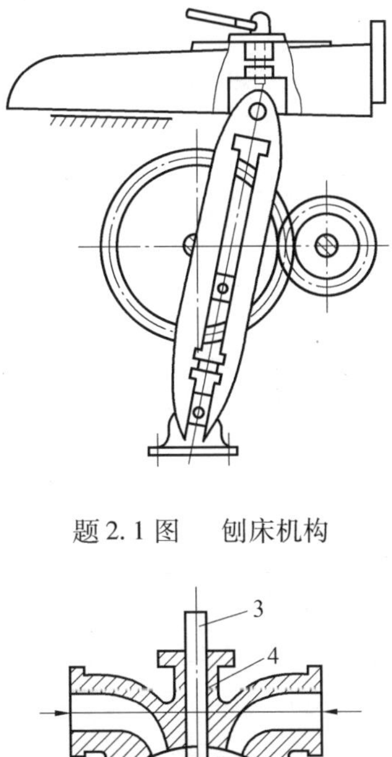

题 2.1 图　刨床机构

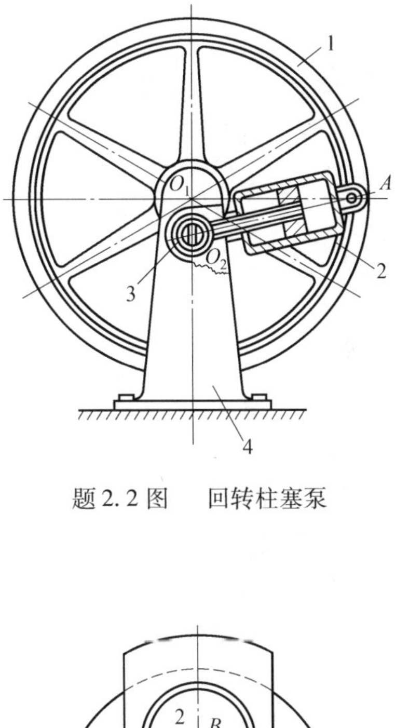

题 2.2 图　回转柱塞泵

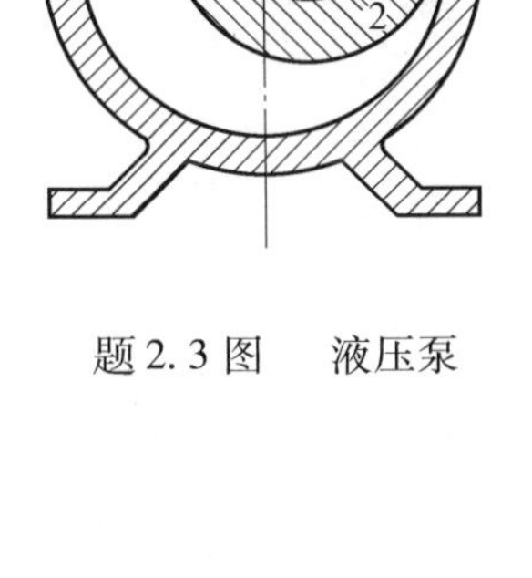

题 2.3 图　液压泵

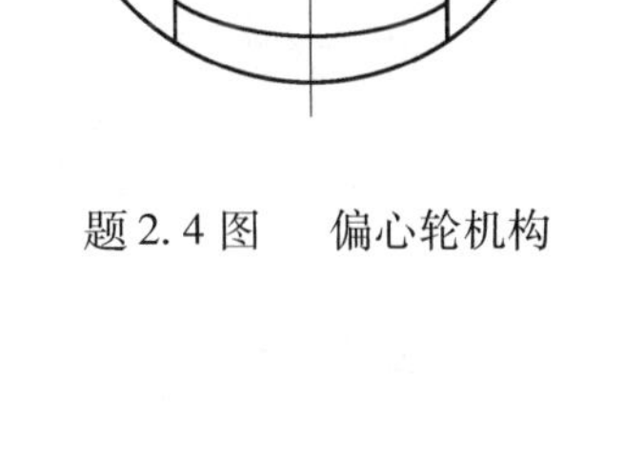

题 2.4 图　偏心轮机构

2.5至2.12　指出题2.5～2.12图机构运动简图中的复合铰链、局部自由度和虚约束，计算各机构的自由度。

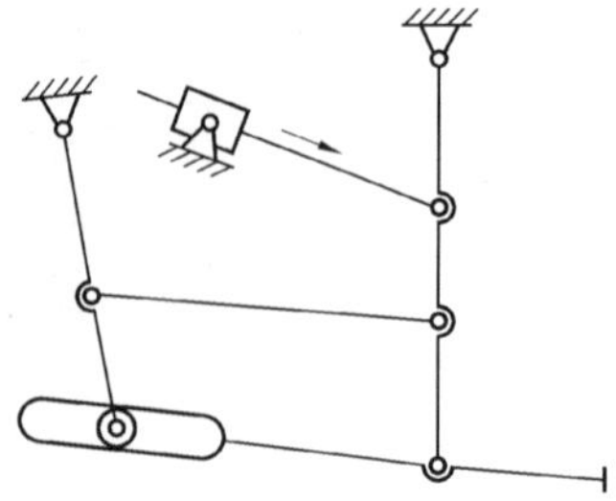

题2.5图　平炉渣口堵塞机构

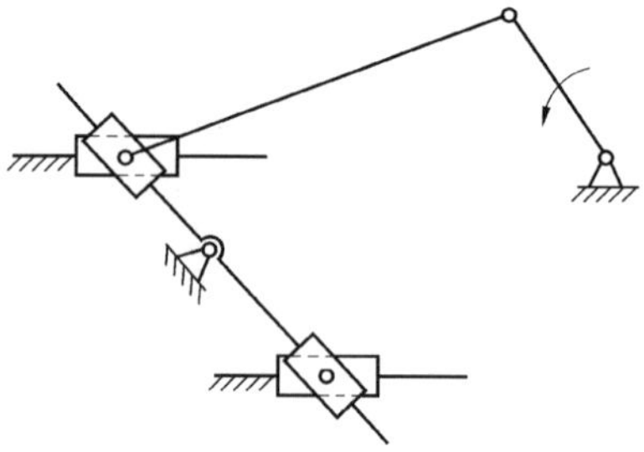

题2.6图　压缩机机构

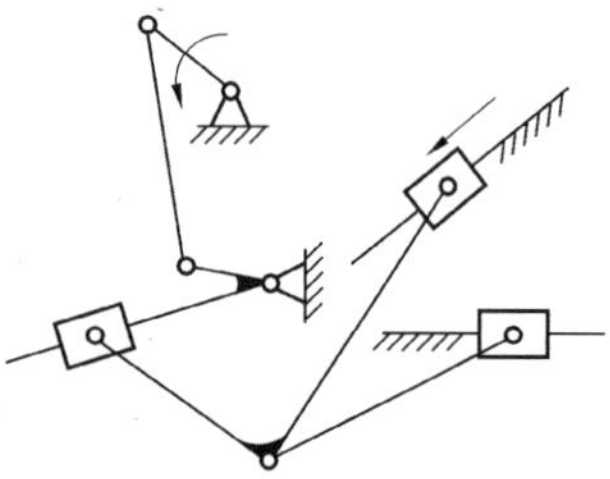

题2.7图　加药泵加药机构

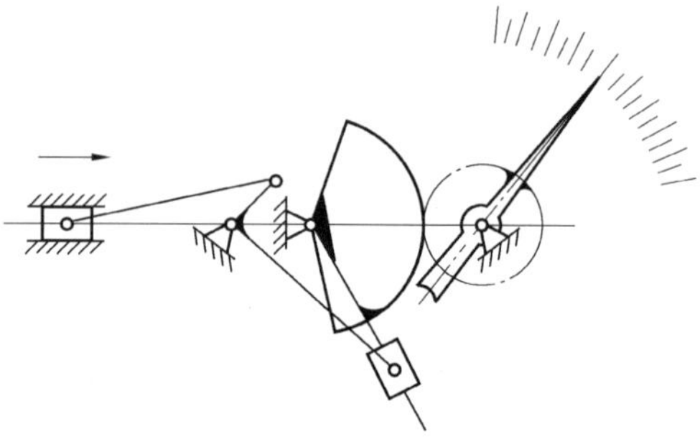

题2.8图　测量仪表机构

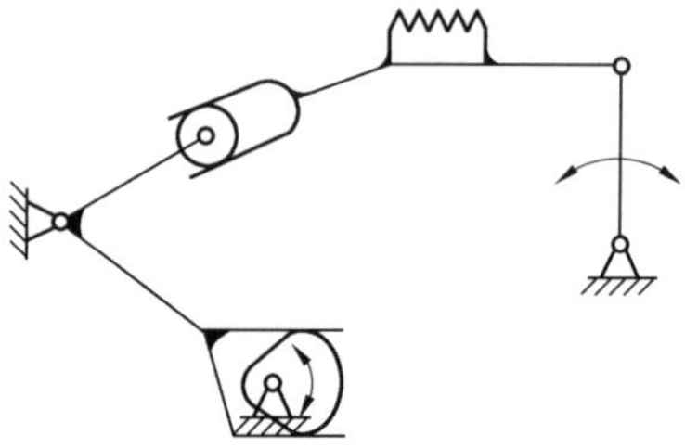

题2.9图　缝纫机送布机构

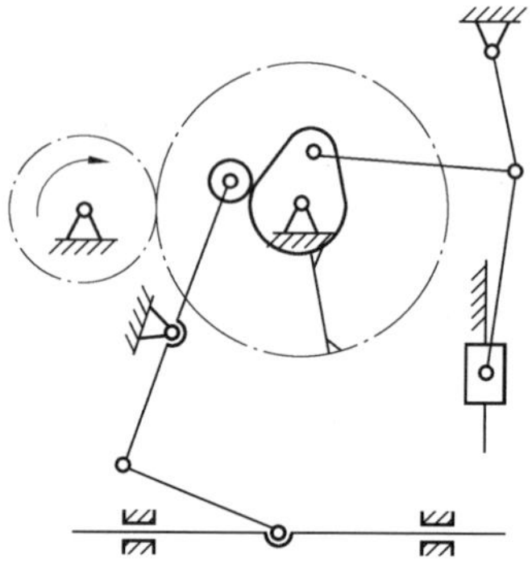

题2.10图　冲压机构

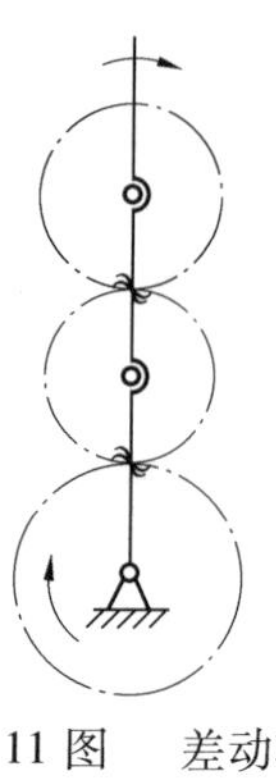

题2.11图　差动轮系

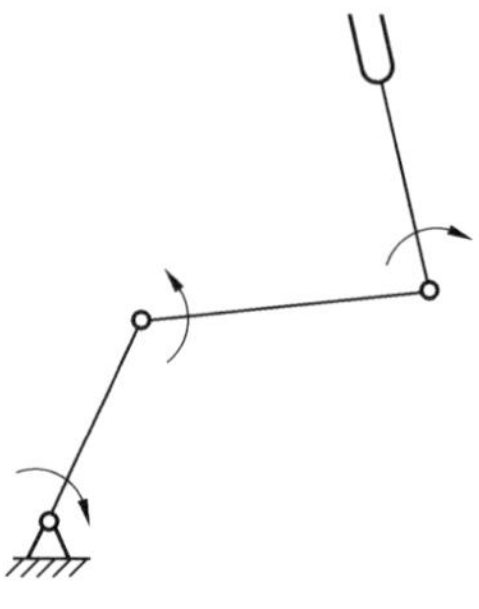

题2.12图　机械手

2.13　求出题2.13图导杆机构的全部瞬心和构件1,3的角速度比ω_1/ω_3。

2.14　求出题2.14图正切机构的全部瞬心。设$\omega_1 = 10$ rad/s,求构件3的速度v_3。

2.15　题2.15图所示摩擦行星传动机构,设行星轮2与构件1,4保持纯滚动接触,试用瞬心法求轮1与轮2的角速度比ω_1/ω_2。

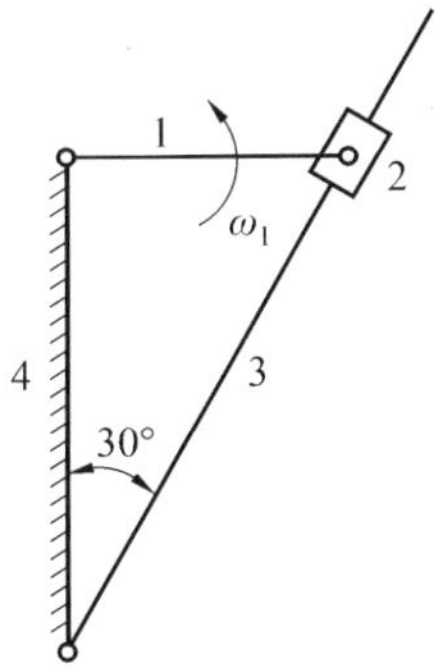

题2.13图　导杆机构

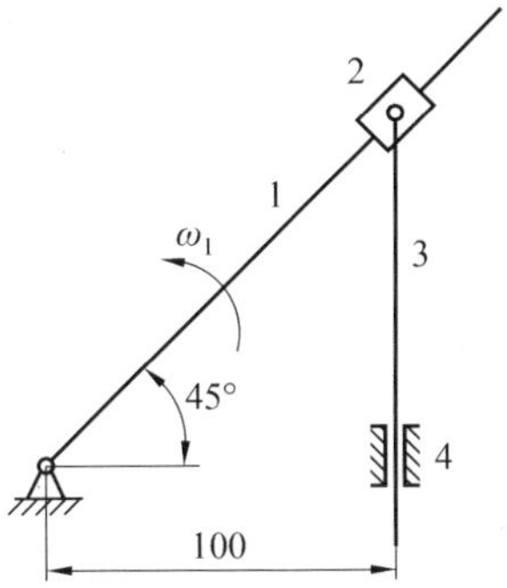

题2.14图　正切机构

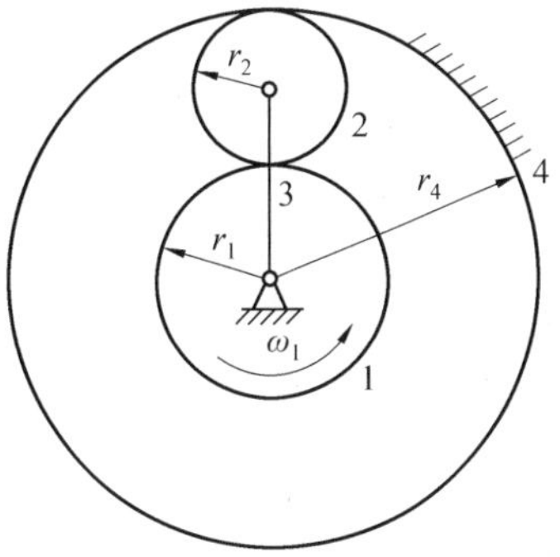

题2.15图　摩擦行星传动机构

2.16　题2.16图所示曲柄滑块机构,已知$l_{AB} = 100$ mm,$l_{BC} = 250$ mm,$\omega_1 = 10$ rad/s。试求机构全部瞬心、滑块速度v_3和连杆角速度ω_2。

2.17　题2.17图所示平底摆动从动件凸轮机构,已知凸轮1为半径$r = 20$的圆盘,圆盘中心C与凸轮回转中心的距离$l_{AC} = 15$ mm,$l_{AB} = 90$ mm,$\omega_1 = 10$ rad/s。求$\theta = 0°$和$\theta = 180°$时,从动件角速度ω_2的大小和方向。

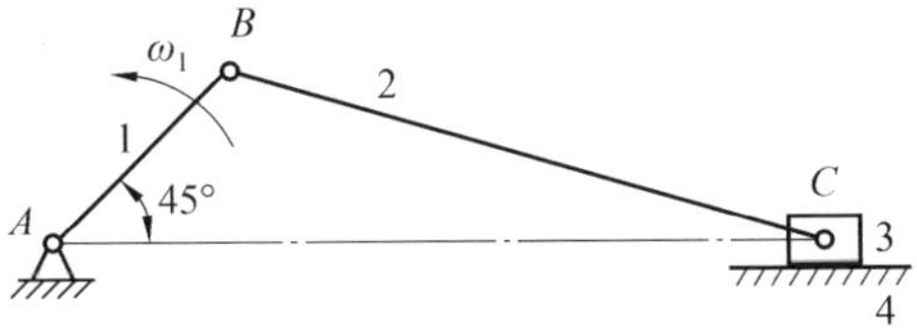

题2.16图　曲柄滑块机构

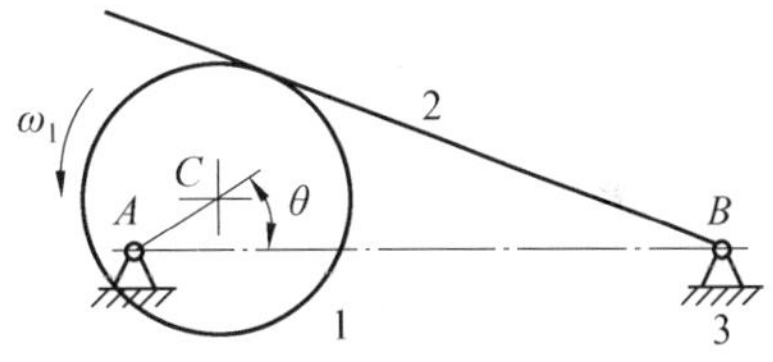

题2.17图　平底摆动从动件凸轮机构

第 3 章

平面连杆机构

教学提示：平面连杆机构是常用的机构之一。本章主要介绍铰链四杆机构的基本类型和演化、铰链四杆机构类型的判别、平面连杆机构的运动特性和平面连杆机构的图解法设计。

教学要求：掌握铰链四杆机构的基本类型及其演化；理解铰链四杆机构有曲柄存在的条件、急回特性、压力角、传动角和死点等概念；能用图解法设计简单的平面四杆机构。

平面连杆机构是由若干构件用低副（转动副、移动副）连接组成的平面机构，又称平面低副机构。平面连杆机构中构件的运动形式多样，可以实现给定运动规律或运动轨迹；低副以圆柱面或平面接触，承载能力高，耐磨损，制造简便，易于获得较高的制造精度。因此，平面连杆机构在各种机械、仪器中获得了广泛应用。连杆机构的缺点是：不易精确实现复杂的运动规律，且设计较为复杂；当构件数和运动副数较多时，效率较低。

最简单的平面连杆机构由四个构件组成，称为平面四杆机构。它的应用十分广泛，而且是组成多杆机构的基础。本章着重介绍平面四杆机构的基本类型、特性及其常用的设计方法。

3.1 平面四杆机构的基本类型及其应用

平面四杆机构种类繁多，按照所含移动副数目的不同，可分为：全转动副的铰链四杆机构、含一个移动副的四杆机构和含两个移动副的四杆机构。对这些机构通过改换机架、变更杆件长度和扩大转动副等途径，还可以得到平面四杆机构的其他演化型式。

3.1.1 铰链四杆机构

全部用转动副相连的平面四杆机构称为平面铰链四杆机构，简称铰链四杆机构。如图 3.1(a) 所示，机构的固定构件 4 称为机架，与机架用转动副相连接的构件 1 和 3 称为连架杆，不与机架直接连接的构件 2 称为连杆。若组成转动副的两构件能做整周相对转动，则称该转动副为整转副，否则称为摆动副。与机架组成整转副的连架杆称为曲柄，与机架组成摆动副的连架杆称为摇杆。

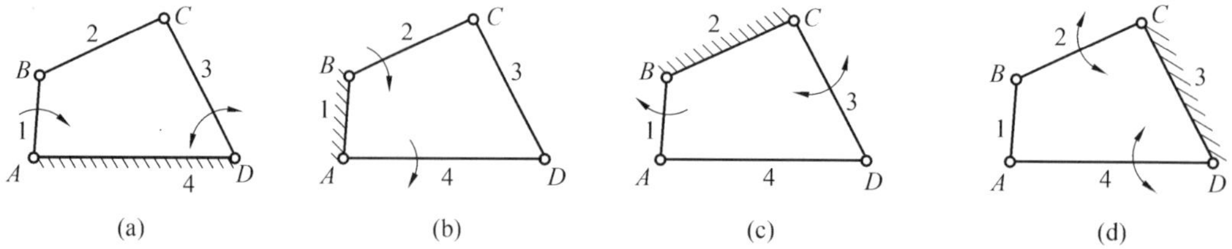

图 3.1　铰链四杆机构

对于铰链四杆机构来说，机架和连杆总是存在的，因此可按照连架杆是曲柄还是摇杆，将铰链四杆机构分为三种基本型式：曲柄摇杆机构、双曲柄机构和双摇杆机构。

1. 曲柄摇杆机构

在图3.1(a) 所示铰链四杆机构中，若 A 为整转副，D 为摆动副，即连架杆 1 为曲柄，连架杆 3 为摇杆，则此铰链四杆机构称为曲柄摇杆机构。由下节整转副条件可知，其中 B 必为整转副，C 必为摆动副。通常曲柄为原动件，并做匀速转动；摇杆为从动件，做变速往复摆动。

图 3.2(a) 所示为牛头刨床横向自动进给机构。当齿轮 1 转动时，驱动齿轮 2(曲柄) 转动，再通过连杆 3 使摇杆 4 做往复摆动，摇杆另一端的棘爪便拨动棘轮 5，带动送进丝杆 6 做单向间歇运动。图 3.2(b) 是其中曲柄摇杆机构的运动简图。

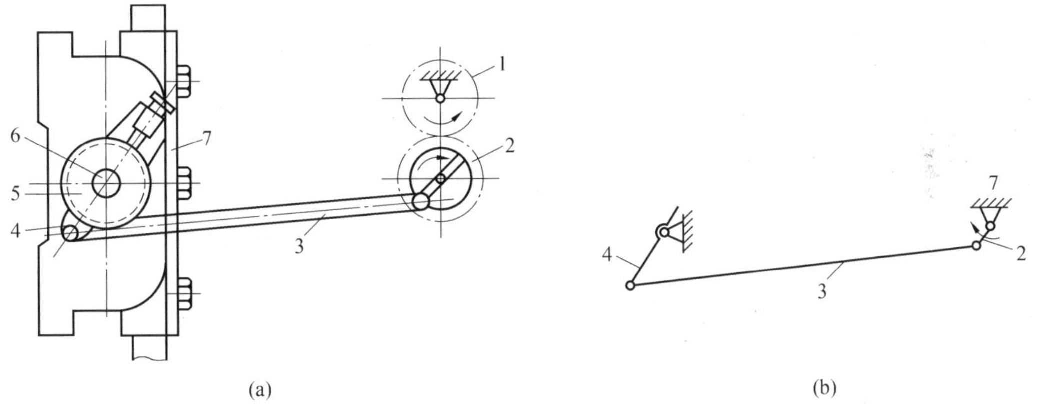

图 3.2 牛头刨床横向自动进给机构

图 3.3 所示为液体搅拌机构，就是利用曲柄摇杆机构中连杆上 E 点的轨迹实现对液料的搅拌。

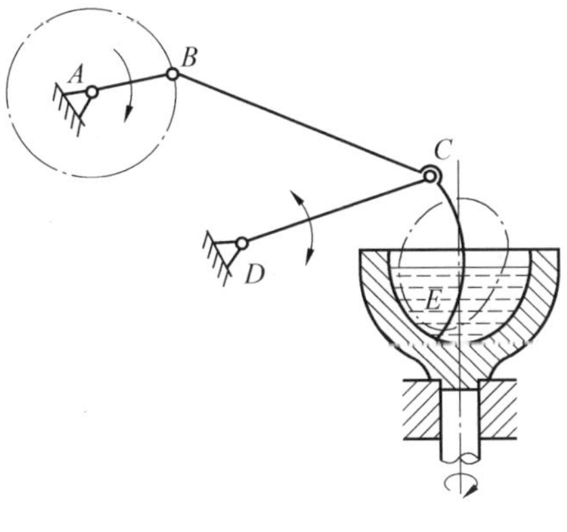

图 3.3 液体搅拌机构

2. 双曲柄机构

在图3.1(b) 所示铰链四杆机构中，若 A,B 为整转副，因 1 为机架，即两连架杆 2,4 均为曲柄，则此铰链四杆机构称为双曲柄机构。由下一节整转副条件可知，其中 C,D 可以是整转副或摆动副。

图3.4(a) 所示为旋转式水泵。它由相位依次相差90°的四个双曲柄机构组成，图3.4(b) 是其中一个双曲柄机构的运动简图。当原动曲柄1 等角速顺时针转动时，连杆2 带动从动曲柄

3 做周期性变速转动，因此相邻两从动曲柄（隔板）间的夹角也周期性地变化。转到右边时，相邻两隔板间的夹角及容积增大，形成真空，于是从进水口吸水；转到左边时，相邻两隔板的夹角及容积变小，压力升高，从出水口排水，从而起到泵水的作用。

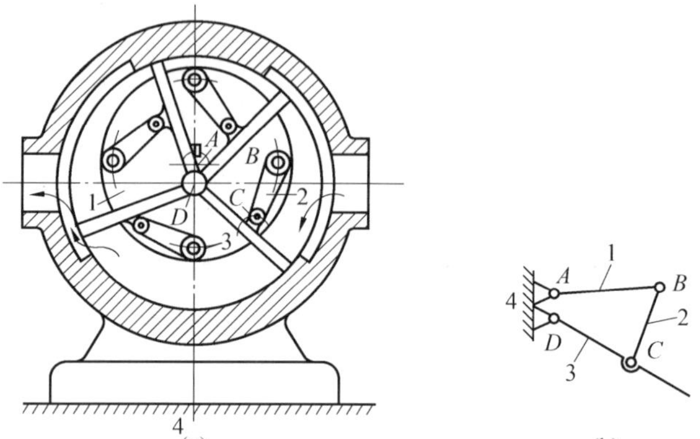

(a) (b)

图 3.4　旋转式水泵

双曲柄机构中，用得最多的是平行四边形机构，或称平行双曲柄机构，如图 3.5(a) 中的 AB_1C_1D 所示。这种机构的对边长度相等，组成平行四边形，四个转动副均为整转副。当杆 1 做等角速转动时，杆 3 也以相同的角速度同向转动，连杆 2 则做平移运动。必须指出，这种机构当四个铰链中心处于同一直线（如图 AB_2C_2D 所示）上时，将出现运动不确定状态。例如在图 3.5(a) 中，当曲柄 1 由 AB_2 转到 AB_3 时，从动曲柄 3 可能转到 DC'_3，也可能转到 DC''_3。为了消除这种运动不确定状态，可以在主、从动曲柄上错开一定角度再安装一组平行四边形机构，如图 3.5(b) 所示。当上面一组平行四边形机构转到 $AB'C'D$ 共线位置时，下面一组平行四边形机构 $AB'_1C'_1D$ 却处于正常位置，故机构仍然保持确定运动。图 3.6 所示机车驱动轮联动机构，则是利用第三个平行曲柄来消除平行四边形机构在这种位置的运动不确定状态。

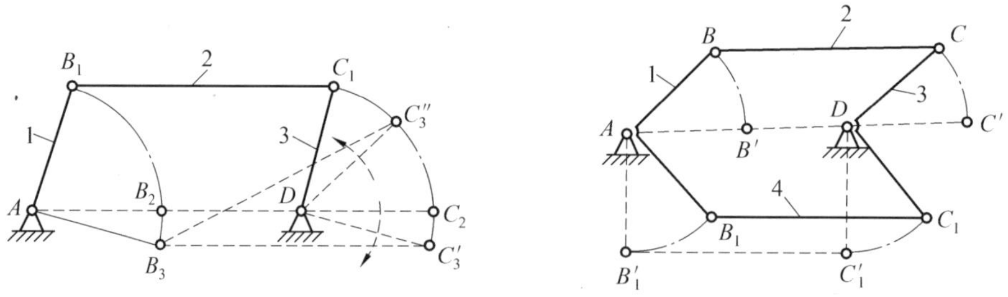

(a) (b)

图 3.5　平行四边形机构

3. 双摇杆机构

在图 3.1(d) 所示铰链四杆机构中，若 C，D 为摆动副，因 3 为机架，即两连架杆 2，4 均为摇杆，则此铰链四杆机构称为双摇杆机构。由下节整转副存在条件可知，其中 A，B 可以是整转副或摆动副。

图 3.7 所示飞机起落架机构的运动简图。飞机着陆前，需要将着陆轮 1 从机翼 4 中推放出来（图中实线所示）；起飞后，为了减小空气阻力，又需要将着陆轮收入翼中（图中虚线所示）。这些动作是由原动摇杆 3 驱动，通过连杆 2、从动摇杆 5 带动着陆轮来实现的。

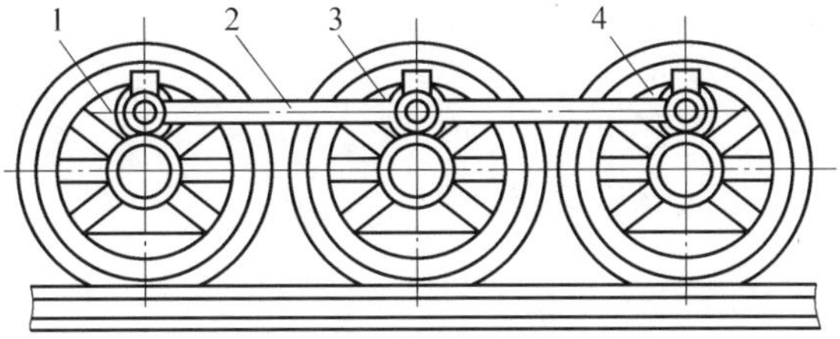

图 3.6　机车驱动轮联动机构

两摇杆长度相等的双摇杆机构，称为等腰梯形机构。图 3.8 所示轮式车辆的前轮转向机构就是等腰梯形机构的应用实例。车子转弯时，与前轮轴固连的两个摇杆的摆角 β 和 δ 不相等。如果在任意位置都能使两前轮轴线的交点 P 落在后轮轴线的延长线上，则当整个车体绕 P 点转动时，四个车轮都能在地面上纯滚动，避免轮胎因滑动而损伤。等腰梯形机构就能近似地满足这一要求。

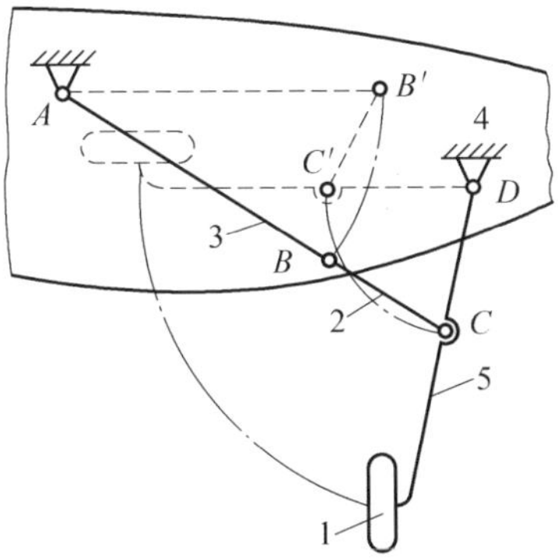

图 3.7　飞机起落架机构

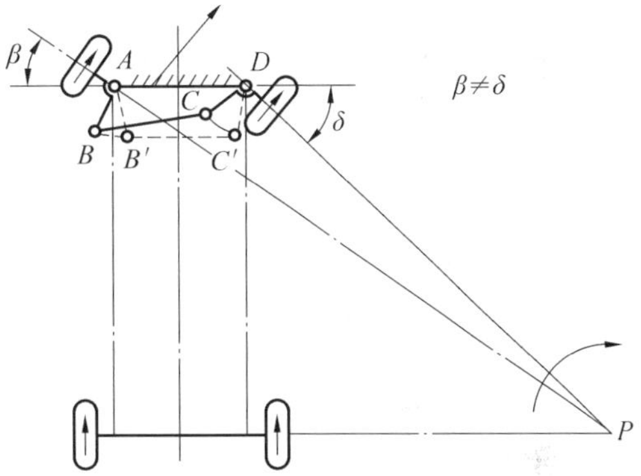

图 3.8　汽车前轮转向机构

改变某一机构的机架可以派生出多种其他机构，所以是机构的一种演化方式。虽然机构中任意两构件之间的相对运动关系不因其中哪个构件是固定件而改变，但改换机架后，连架杆随之变更，活动构件相对于机架的绝对运动发生了变化。例如当将图 3.1(a) 曲柄摇杆机构的机架 4 改换为构件 1 时，则成为图 3.1(b) 所示的双曲柄机构；当图 3.1(a) 中的构件 3 为机架时，则成为图 3.1(d) 所示的双摇杆机构；当图 3.1(a) 中的构件 2 为机架时，则图 3.1(c) 所示机构仍为曲柄摇杆机构。这种通过更换机架而得到的机构称为原机构的倒置机构。

3.1.2　含一个移动副的四杆机构

1. 曲柄滑块机构

在图 3.9 所示机构中，构件 1 为曲柄，滑块 3 相对机架 4 做往复移动，该机构称为曲柄滑块机构。若 C 点运动轨迹通过曲柄转动中心 A，则称为对心曲柄滑块机构，如图 3.9(a) 所示；若 C 点运动轨迹 $m-m$ 的延长线与转动中心 A 之间存在偏距 e，则称为偏置曲柄滑块机构，如图 3.9(b) 所示。

曲柄滑块机构广泛应用在活塞式内燃机、空气压缩机、冲床等机械中。

2. 导杆机构

导杆机构可看成是改变曲柄滑块机构中固定构件而演化来的。如图 3.10(a) 所示的曲柄

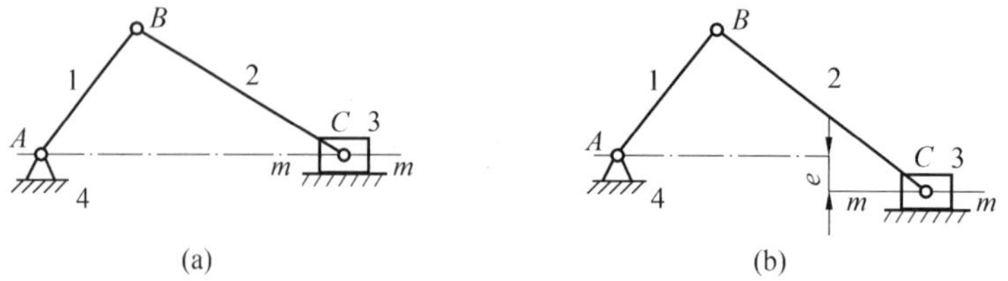

图 3.9　曲柄滑块机构

滑块机构,若改取杆1为固定构件,即得图3.10(b)所示导杆机构。杆4称为导杆,滑块3相对导杆滑动并一起绕A点转动,通常取2为原动件。当$l_1 < l_2$时(见图3.10(b)),两连架杆2和4均可相对机架1整周回转,称为曲柄导杆机构,或转动导杆机构;当$l_1 > l_2$时(见图3.11),连架杆4只能往复摆动,称为曲柄摆动导杆机构,或摆动导杆机构。导杆机构常用于牛头刨床、插床和回转式油泵之中。

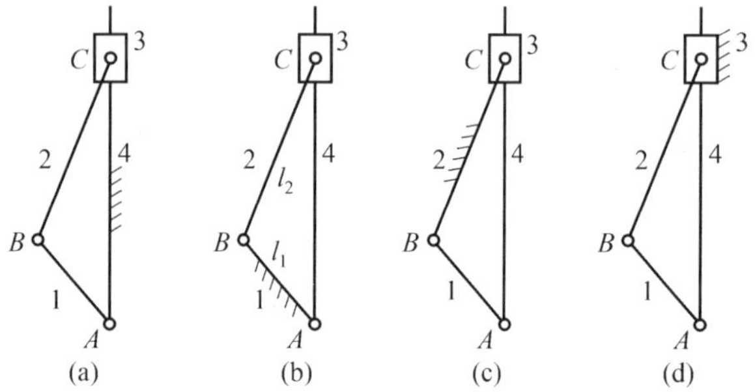

图 3.10　曲柄滑块机构的演化

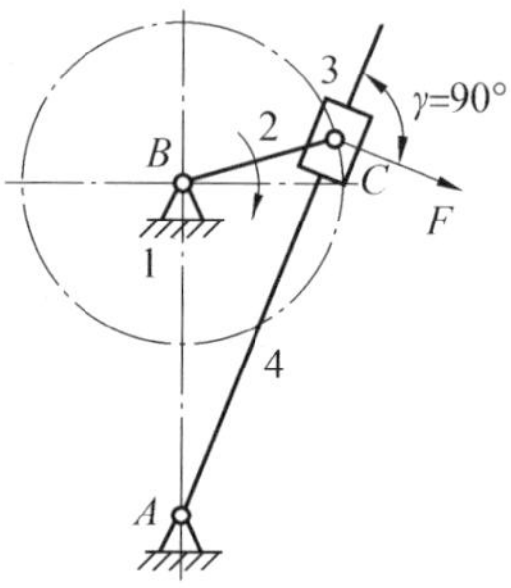

图 3.11　摆动导杆机构

3. 摇块机构和定块机构

在图3.10(a)所示曲柄滑块机构中,若取杆2为固定构件,即可得到图3.10(c)所示摆动滑块机构,或称摇块机构。这种机构广泛应用于摆缸式内燃机和液压驱动装置中。例如在图3.12所示卡车车厢自动翻转卸料机构中,当油缸3中的压力油推动活塞杆4运动时,车厢1便绕回转副中心B倾斜,当达到一定角度时,物料就自动卸下。

在图3.10(a)所示曲柄滑块机构中,若取杆3为固定构件,即可得图3.10(d)所示固定滑块机构,或称为定块机构。这种机构常用于抽水唧筒(如图3.13所示)和抽油泵中。

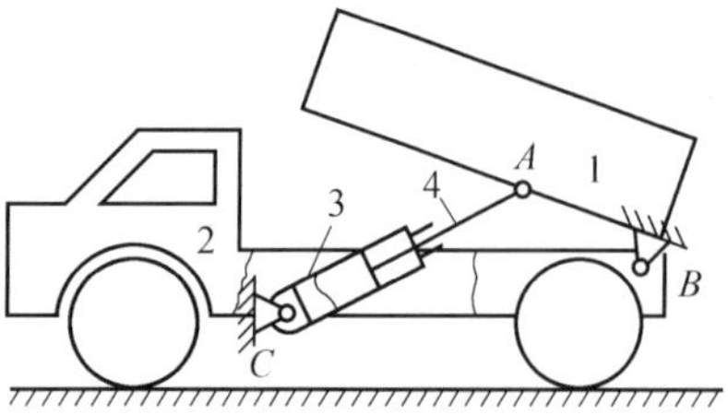

图 3.12　自卸汽车

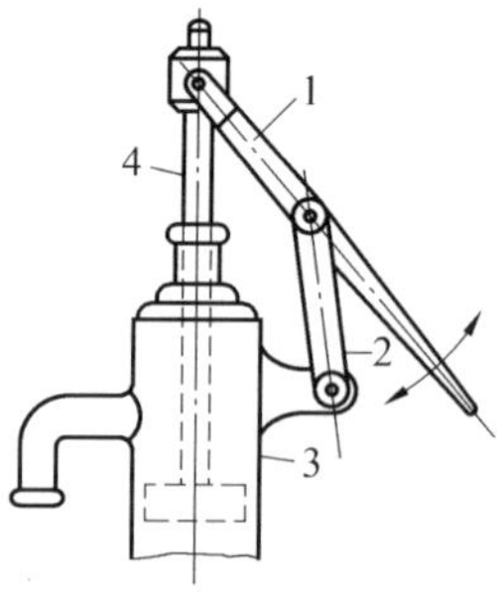

图 3.13　抽水唧筒

3.1.3　含两个移动副的四杆机构

含有两个移动副的四杆机构常称为双滑块机构。按照两个移动副所处位置的不同,可分为四种形式:(1) 两个移动副不相邻,如图3.14所示,从动件3的位移与原动件1转角φ的正切成正比,故称正切机构;(2) 两个移动副相邻,且其中一个移动副与机架关联,如图3.15所示,从动件3的位移与原动件转角φ的正弦成正比,故称为正弦机构;(3) 两个移动副相邻,且均不与机架相关联,如图3.16(a)所示,主动件1与从动件3具有相等的角速度,图3.16(b)所示滑块联轴器就是这种机构的应用实例,它可用来连接中心线平行但不重合的两根轴;(4) 两个移动副都与机架相关联,如图3.17所示椭圆仪就用到这种机构,当滑块1和3沿机架的十字槽滑动时,连杆2上的各点便描绘出长、短径不同的椭圆。

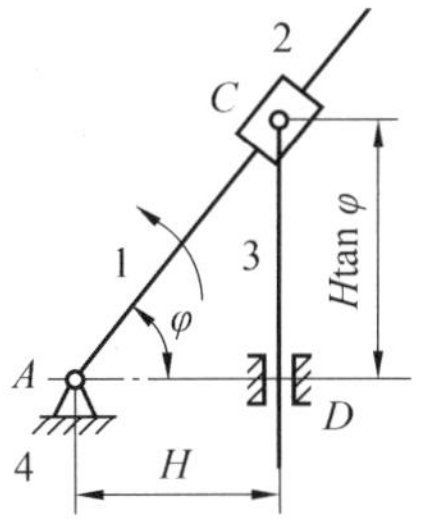

图3.14 正切机构

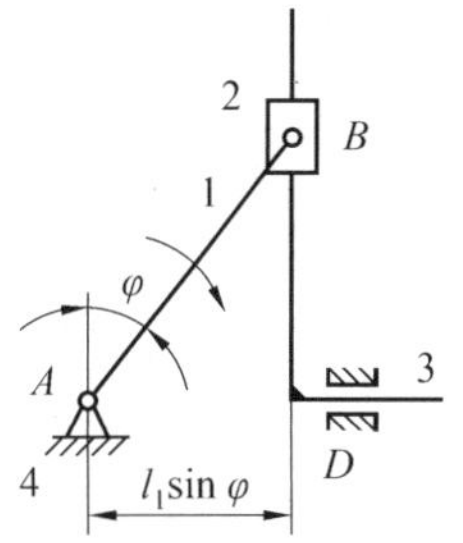

图3.15 正弦机构

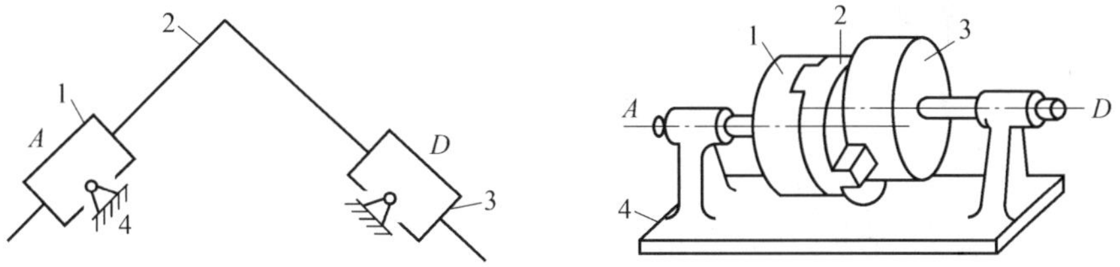

(a) (b)

图3.16 滑块联轴器

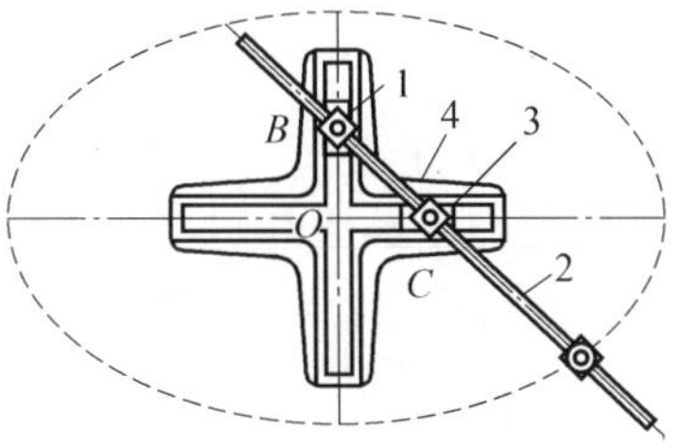

图3.17 椭圆仪

3.1.4 具有偏心轮的四杆机构

图3.18(a)所示机构,杆1为圆盘,其几何中心为B。因运动时圆盘绕偏心A转动,故称偏心轮。A,B之间的距离e称为偏心距。按照相对运动关系,可画出该机构的运动简图,如图3.18(b)所示。由图可知,偏心轮是转动副B结构设计的一种构造形式,偏心距e即是曲柄的长度。同理,图3.18(c)所示具有偏心轮的机构可用图3.18(d)来表示。

当曲柄长度很小时,通常都把曲柄做成偏心轮,这样不仅增大了轴颈的尺寸,提高偏心轴的强度和刚度,而且当轴颈位于中部时,还可安装整体式连杆,使结构简化。因此,偏心轮广泛

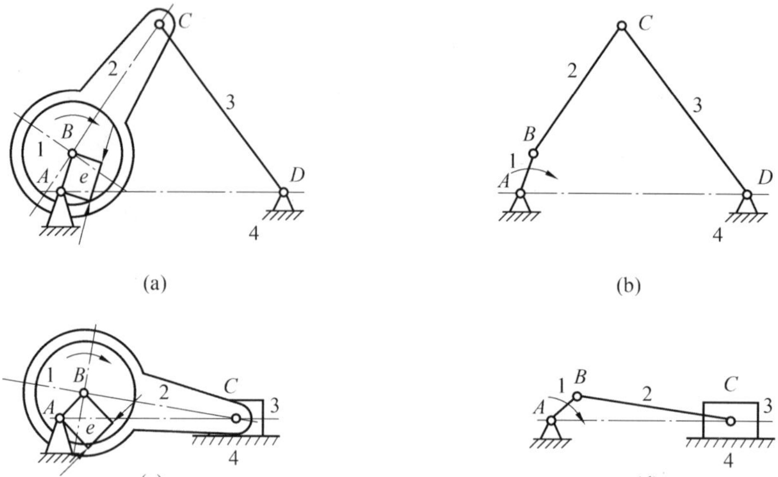

(a) (b) (c) (d)

图 3.18　具有偏心轮的四杆机构

应用于传力较大的剪床、冲床、颚式破碎机、内燃机等机械中。

3.1.5　四杆机构的扩展

除上述以外,生产中常见的某些多杆机构,也可以看成是由若干个四杆机构组合扩展形成的。

图 3.19 所示的手动冲床是一个六杆机构。它可以看成是由两个四杆机构组成的。第一个是由原动杆(手柄)1、连杆 2、从动摇杆 3 和机架 4 组成的双摇杆机构;第二个是由摇杆 3、小连杆 5、冲杆 6 和机架 4 组成的摇杆滑块机构。其中前一个四杆机构的输出件被作为第二个四杆机构的输入件。扳动手柄 1,冲杆 6 就上下运动。采用六杆机构,使扳动手柄的力获得两次放大,从而增大了冲杆的作用力。这种增力作用在连杆机构中经常用到。

图 3.20 所示为筛料机主体机构的运动简图。这个六杆机构也可以看成由两个四杆机构组成。第一个由原动曲柄 1、连杆 2、从动曲柄 3 和机架 6 组成的双曲柄机构;第二个是由曲柄 3(原动件)、连杆 4、滑块 5(筛子) 和机架 6 组成的曲柄滑块机构。

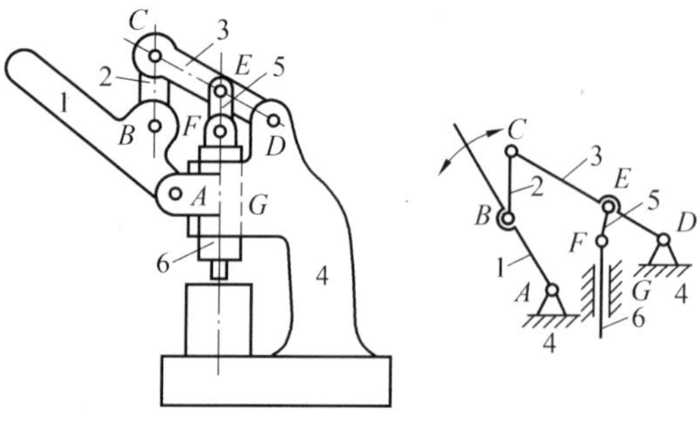

(a) (b)

图 3.19　手动冲床

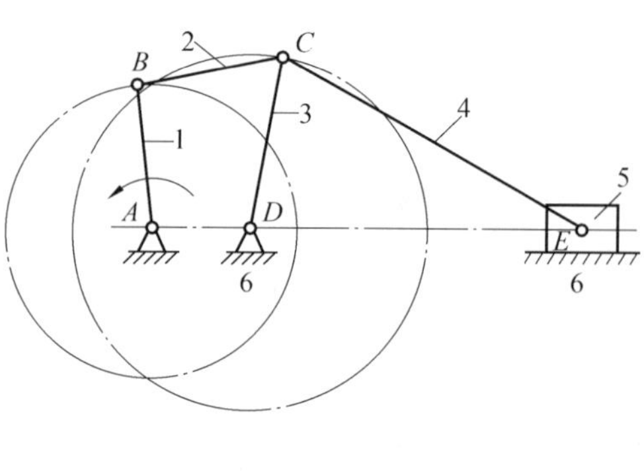

图 3.20　筛料机构

需要指出,有些多杆机构不是由四杆机构组成的。

3.2　平面四杆机构的基本特性

平面四杆机构的基本特性包括运动特性和传力特性两个方面，这些特性不仅反映了机构传递和变换运动与力的性能，而且也是四杆机构类型选择和运动设计的主要依据。

3.2.1　铰链四杆机构具有整转副的条件

铰链四杆机构是否具有整转副，取决于各杆的相对长度。下面通过曲柄摇杆机构来分析铰链四杆机构具有整转副的条件。如图3.21所示曲柄摇杆机构，杆1为曲柄，杆2为连杆，杆3为摇杆，杆4为机架，各杆长度用l_1，l_2，l_3，l_4表示。因杆1为曲柄，故杆1与杆4的夹角φ的变化范围为0°～360°；当摇杆处于左、右极限位置时，曲柄与连杆两次共线，故杆1与杆2的夹角β的变化范围也是0°～360°；杆3为摇杆，它与相邻两杆的夹角ψ，γ的变化范围小于360°。显然，A，B为整转副，C，D不是整转副。为了实现曲柄1整周回转，AB杆必须顺利通过与连杆共线的两个位置AB'和AB''。

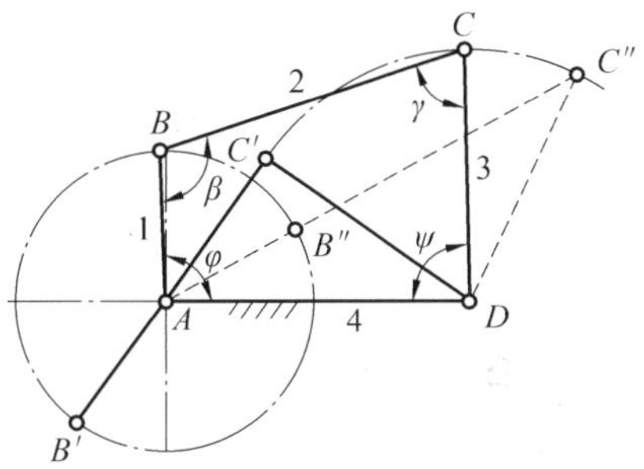

图3.21　铰链四杆机构有整转副的条件

当杆1处于AB'位置时，形成$\triangle AC'D$。根据三角形任意两边之和必大于（极限情况下等于）第三边的定理可得

$$l_4 \leqslant (l_2 - l_1) + l_3$$
$$l_3 \leqslant (l_2 - l_1) + l_4$$

即

$$l_1 + l_4 \leqslant l_2 + l_3 \qquad (3.1)$$
$$l_1 + l_3 \leqslant l_2 + l_4 \qquad (3.2)$$

当杆1处于AB''位置时，形成$\triangle AC''D$。可写成以下关系式

$$l_1 + l_2 \leqslant l_3 + l_4 \qquad (3.3)$$

将式(3.1)、式(3.2)和式(3.3)两两相加可得

$$l_1 \leqslant l_2, l_1 \leqslant l_3, l_1 \leqslant l_4$$

它表明杆1为最短杆，在杆2、杆3、杆4中有一杆为最长杆。

从上述分析可得结论：

(1) 铰链四杆机构有整转副的条件是最短杆与最长杆长度之和小于或等于其余两杆长度之和，此条件称为杆长条件；

(2) 整转副是由最短杆与其邻边组成的。

曲柄是连架杆，整转副处于机架上才能形成曲柄，因此，具有整转副的铰链四杆机构是否存在曲柄，还应根据选择哪一个杆为机架来判断：

(1) 取最短杆为机架时，机架上有两个整转副，故得双曲柄机构；

(2) 取最短杆为连架杆时，机架上有一个整转副，故得曲柄摇杆机构；

(3) 取最短杆为连杆时，机架上没有整转副，故得双摇杆机构。这种具有整转副而没有曲柄的铰链四杆机构常用于电风扇的摇头机构。

如果铰链四杆机构不满足杆长条件,则机构中不存在整转副,无论取哪个构件作为机架都只能得到双摇杆机构。

3.2.2 急回特性

图3.22所示一曲柄摇杆机构,其曲柄 AB 在转动一周的过程中,有两次与连杆 BC 共线。在这两个位置铰链中心 A 与 C 之间的距离 AC_1 和 AC_2 分别为最短和最长,因而摇杆 CD 的位置 C_1D 和 C_2D 分别为其左、右极限位置。摇杆在两极限位置间的夹角 ψ 称为摇杆的摆角。

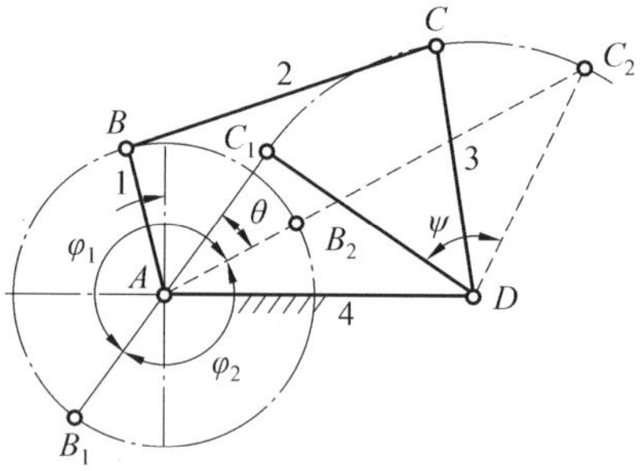

图3.22 曲柄摇杆机构的急回特性

当曲柄由位置 AB_1 顺时针转到位置 AB_2 时,曲柄转角 $\varphi_1 = 180° + \theta$,其中 $\theta = \angle C_1AC_2$,这时摇杆由左极限位置 C_1D 摆到右极限位置 C_2D,摇杆摆角为 ψ;而当曲柄顺时针再转过 $\varphi_2 = 180° - \theta$ 时,摇杆由位置 C_2D 摆到位置 C_1D,其摆角仍然为 ψ。虽然摇杆来回摆动的摆角相同,但对应的曲柄转角不等($\varphi_1 > \varphi_2$);当曲柄匀速转动时,对应的时间也不等($t_1 > t_2$),从而反映了摇杆往复摆动的快慢不同。令摇杆自 C_1D 摆到 C_2D 为工作行程,这时摇杆 CD 的平均角速度是 $\omega_1 = \psi/t_1$;摇杆自 C_2D 摆回至 C_1D 是其空回程,这时摇杆的平均角速度是 $\omega_2 = \psi/t_2$。显然 $\omega_1 < \omega_2$,它表明摇杆具有急回运动的特性。牛头刨床、往复式输送机等机械就是利用这种急回特性来缩短非生产时间,提高生产率。

急回运动特性可用行程速度变化系数(或称行程速比系数)K 表示,即

$$K = \frac{\omega_2}{\omega_1} = \frac{\psi/t_2}{\psi/t_1} = \frac{t_1}{t_2} = \frac{\varphi_1}{\varphi_2} = \frac{180° + \theta}{180° - \theta} \tag{3.4}$$

或

$$\theta = 180° \frac{K - 1}{K + 1} \tag{3.5}$$

式(3.4)和式(3.5)表明,θ 与 K 之间存在一一对应的关系,因此机构的急回特性也可以用 θ 角来表示。由于 $\theta = \angle C_1AC_2$,它与从动件极限位置对应的曲柄位置有关,故称 θ 为极位夹角。显然,θ 越大,K 越大,机构急回运动的性质也越显著。

具有急回特性的四杆机构除曲柄摇杆机构外,还有偏置曲柄滑块机构(图3.9(b))和摆动导杆机构(图3.11)等。

3.2.3 压力角和传动角

在生产中,不仅要求连杆机构能实现预定的运动规律,而且希望运转轻便,效率较高。图3.23(a)所示的曲柄摇杆机构,如不计各杆质量和运动副中的摩擦,则连杆 BC 为二力杆,它作用于从动件3上的力 F 是沿 BC 方向的。作用在从动件上的驱动力 F 与该力作用点绝对速度 v_c 之间所夹锐角 α 称为压力角。由图可见,力 F 在 v_c 方向的有效分力为 $F' = F\cos\alpha$,即压力角 α 越小,有效分力 F' 就越大。也就是说,压力角可作为判断机构传动性能的标志。在连

杆机构设计中,为了度量方便,习惯用压力角 α 的余角 γ(即连杆和从动摇杆之间所夹的锐角)来判断传力性能,γ 称为传动角。因为 $\gamma = 90° - \alpha$,所以 α 越小,γ 越大,机构传力性能越好;反之,α 越大,γ 越小,机构传力越费劲,传动效率越低。

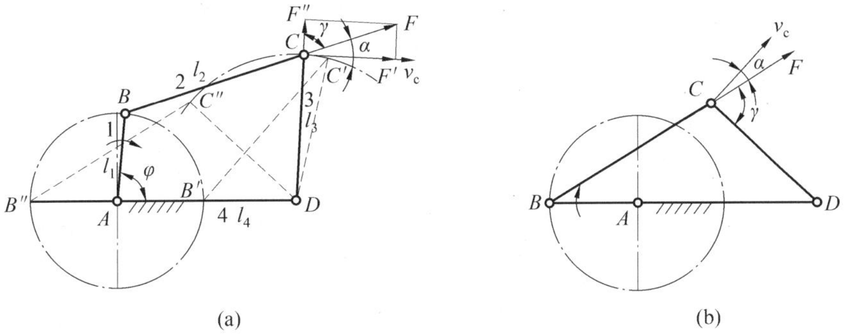

图 3.23 连杆机构的压力角和传动角

机构运转时,传动角是变化的,为了保证机构正常工作,必须规定最小传动角 γ_{min} 的下限。对于一般机械,通常取 $\gamma_{min} \geqslant 50°$;对于小功率的控制机构和仪表,$\gamma_{min}$ 可略小于 40°。

由图 3.11 可见,摆动导杆机构的传动角始终等于 90°,故具有很好的传力性能。

对出现最小传动角 γ_{min} 的位置分析如下:

由图 3.23(a) 中 $\triangle ABD$ 和 $\triangle BCD$ 可分别写出

$$BD^2 = l_1^2 + l_4^2 - 2l_1 l_4 \cos\varphi$$

$$BD^2 = l_2^2 + l_3^2 - 2l_2 l_3 \cos\angle BCD$$

由此可得

$$\cos\angle BCD = \frac{l_2^2 + l_3^2 - l_1^2 - l_4^2 + 2l_1 l_4 \cos\varphi}{2l_2 l_3} \tag{3.6}$$

当 $\varphi = 0°$ 时,得 $\angle BCD_{min}$;当 $\varphi = 180°$ 时,得 $\angle BCD_{max}$。传动角是用锐角表示的。若 $\angle BCD$ 在锐角范围内变化,则如图 3.23(a) 所示,传动角 $\gamma = \angle BCD$,显然,$\angle BCD_{min}$ 即为传动角最小值,它出现在 $\varphi = 0°$ 的位置。若 $\angle BCD$ 在钝角范围内变化,则如图 3.23(b) 所示,其传动角表示为 $\gamma = 180° - \angle BCD$,显然,$\angle BCD_{min}$ 对应传动角的另一极小值,它出现在曲柄转角 φ =180° 的位置。综上所述可知,曲柄摇杆机构的最小传动角必出现在曲柄与机架共线($\varphi = 0°$ 或 $\varphi = 180°$)的位置。校核压力角时只需将 $\varphi = 0°$ 和 $\varphi = 180°$ 代入式(3.6),求出 $\angle BCD_{min}$ 和 $\angle BCD_{max}$,然后按下式

$$\gamma = \begin{cases} \angle BCD & (\angle BCD \text{ 为锐角时}) \\ 180° - \angle BCD & (\angle BCD \text{ 为钝角时}) \end{cases} \tag{3.6$'$}$$

求出两个 γ,其中较小的一个即为该机构的 γ_{min}。

3.2.4 死点位置

对于图 3.24 所示的曲柄摇杆机构,如以摇杆 3 为原动件,而曲柄 1 为从动件,则当摇杆摆动到极限位置 C_1D 和 C_2D 时,连杆 2 与曲柄 1 共线,从动件的传动角 $\gamma = 0°$(即 $\alpha = 90°$)。若不计各杆的质量,则这时连杆施加到曲柄的力将经过铰链中心 A,此力对点 A 不产生力矩,因此不能使曲柄转动。机构的这种传动角为零的位置称为死点位置。死点位置会使机构的从动件

出现卡死或运动不确定现象。为了消除死点位置的不良影响,可以对从动曲柄施加外力,或利用飞轮及构件自身的惯性作用,使机构通过死点位置。

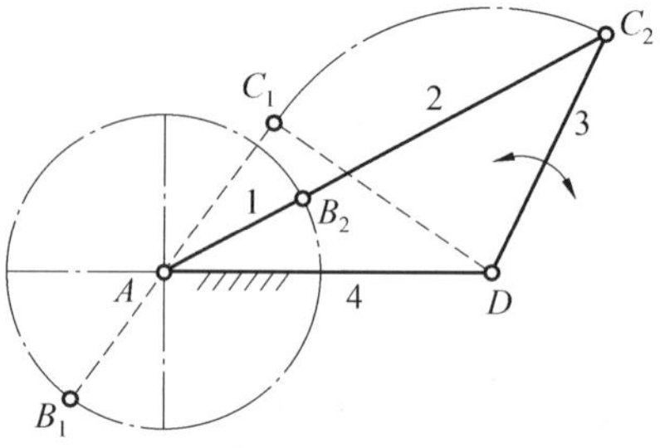

图 3.24　曲柄摇杆机构的死点位置

图 3.25(a) 所示为缝纫机的踏板机构,图 3.25(b) 为其机构运动简图。踏板 1(原动件)往复运动,通过连杆 2 驱使曲柄 3(从动件) 做整周转动,再经过带传动使机头主轴转动。在实际使用中,缝纫机有时会出现踏不动或倒车现象,这就是由于机构处于死点位置引起的。在正常运转时,借助安装在机头主轴上的飞轮(即上带轮) 的惯性作用,可以使缝纫机踏板机构的曲柄冲过死点位置。

死点位置对传动虽然不利,但是对某些夹紧装置却可用于防松。例如图 3.26 所示的铰链四杆机构,当工件 5 被夹紧时,铰链中心 B,C,D 共线,工件施加在杆 1 的反作用力 F_n 无论多大,也不能使杆 3 转动。这就保证在去掉外力 F 之后,仍能可靠地夹紧工件。当需要取出工件时,只需要向上扳动手柄,即能松开夹具。

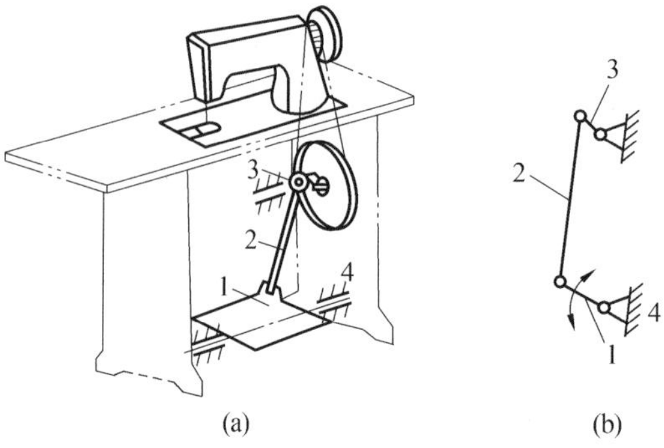

图 3.25　缝纫机踏板机构

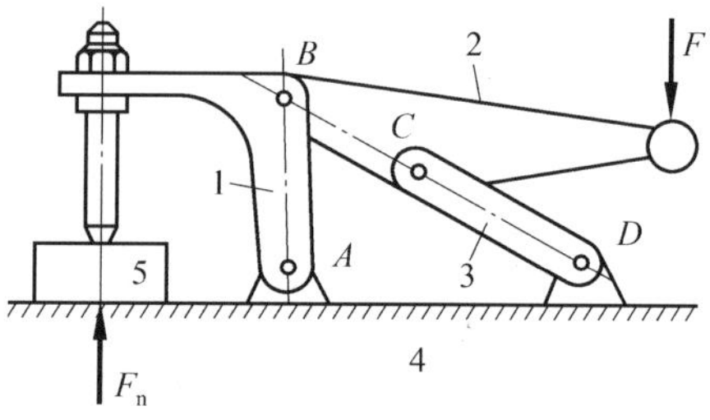

图 3.26　夹紧机构

3.3　平面四杆机构的设计

平面四杆机构设计的主要任务是:根据给定的运动条件确定机构运动简图及尺寸参数。有时为了使机构设计得可靠、合理,还应考虑几何条件和动力条件(如最小传动角 $\gamma_{\min}$) 等。

生产实际中的要求是多种多样的,给定的条件也各不相同,归纳起来主要有以下两类问题:

(1) 按照给定从动件的运动规律(位置、速度、加速度) 设计四杆机构;

(2) 按照给定点的运动轨迹设计四杆机构。

四杆机构设计的方法有解析法、几何作图法和实验法。作图法直观,解析法精确,实验法简便。下面介绍各种方法的具体应用。

3.3.1 按照给定的行程速度变化系数设计四杆机构

在设计具有急回运动特性的四杆机构时，通常按实际需要先给定行程速度变化系数 K 的数值，然后根据机构在极限位置的几何关系，结合有关辅助条件来确定机构运动简图的尺寸参数。

1. 曲柄摇杆机构

已知条件：摇杆长度 l_3，摆角 ψ 和行程速度变化系数 K。

设计的实质是确定铰链中心 A 点的位置，定出其他三杆的尺寸 l_1，l_2 和 l_4。其设计步骤如下：

(1) 由给定的行程速度变化系数 K，按式(3.5) 求出极位夹角 θ。

(2) 如图3.27 所示，任选固定铰链中心 D 的位置，由摇杆长度 l_3 和摆角 ψ，作出摇杆两个极限位置 C_1D 和 C_2D。

(3) 连接 C_1 和 C_2，并作 C_1M 垂直于 C_1C_2。

(4) 作 $\angle C_1C_2N = 90° - \theta$，$C_2N$ 与 C_1M 相交于 P 点，由图可见，$\angle C_1PC_2 = \theta$。

(5) 作 $\triangle PC_1C_2$ 的外接圆，在此圆周(弧 C_1C_2 和弧 EF 除外) 上任取一点 A 作为曲柄的固定铰链中心。连接 AC_1 和 AC_2，因同一圆弧的圆周角相等，故 $\angle C_1AC_2 = \angle C_1PC_2 = \theta$。

(6) 因极限位置处曲柄与连杆共线，故 $AC_1 = l_2 - l_1$，$AC_2 = l_2 + l_1$，从而得曲柄长度 $l_1 = (AC_2 - AC_1)/2$，连杆长度 $l_2 = (AC_2 + AC_1)/2$。由图得 $AD = l_4$。

由于 A 点是 $\triangle PC_1C_2$ 外接圆上任选的点，所以若仅按行程速度变化系数 K 设计，可得无穷多的解。A 点位置不同，机构传动角的大小也不同。如欲获得良好的传动性能，可按照最小传动角最优或其他辅助条件来确定 A 点的位置。

2. 摆动导杆机构

已知条件：机架长度 l_4 和行程速度变化系数 K。

由图3.28 可知，摆动导杆机构的极位夹角 θ 等于导杆的摆角 ψ，所需确定的尺寸是曲柄长度 l_1。其设计步骤如下：

(1) 由已知行程速度变化系数 K，按式(3.5) 求出极位夹角 θ；

(2) 任选固定铰链中心 C，以夹角 ψ 作出导杆两极限位置 Cm 和 Cn；

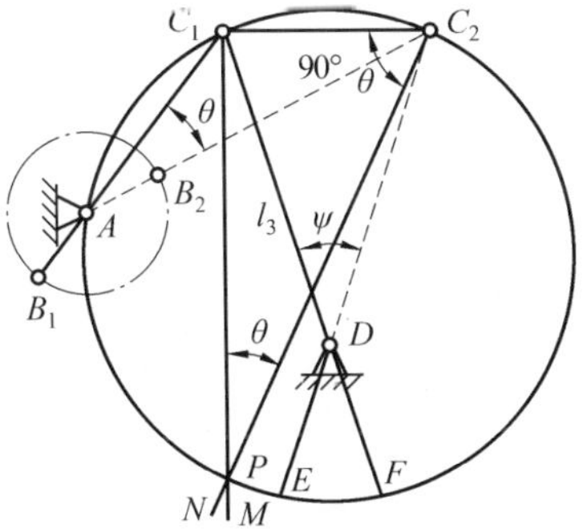

图3.27 按 K 值设计曲柄摇杆机构

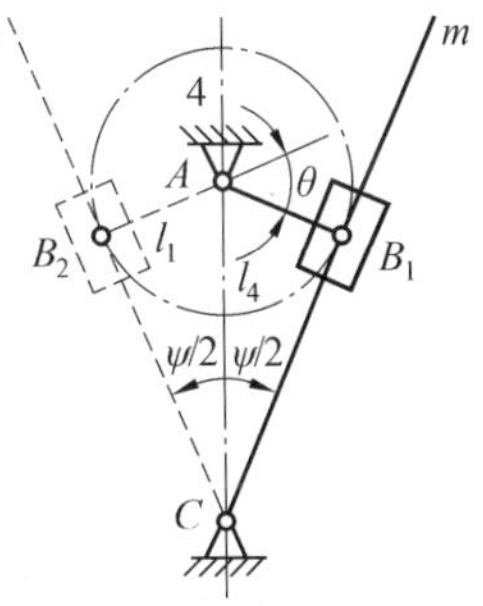

图3.28 按 K 值设计摆动导杆机构

(3) 作摆角 ψ 的平分线 AC,并在线上取 $AC = l_4$,得固定铰链中心 A 的位置;

(4) 过 A 点作导杆极限位置的垂线 AB_1(或 AB_2),即得曲柄长度 $l_1 = AB_1$。

3.3.2 按照给定连杆位置设计四杆机构

图3.29所示为铸工车间翻台振实式造型机的翻转机构。它是用一个铰链四杆机构来实现翻台的两个工作位置的。在图中实现位置Ⅰ,砂箱7与翻台8固连,并在振实台9上振实造型。当压力油推动活塞6时,通过连杆5使摇杆4摆动,从而将翻台与砂箱转到虚线位置Ⅱ。然后托台10上升接触砂箱,解除砂箱与翻台间的紧固连接并起模。

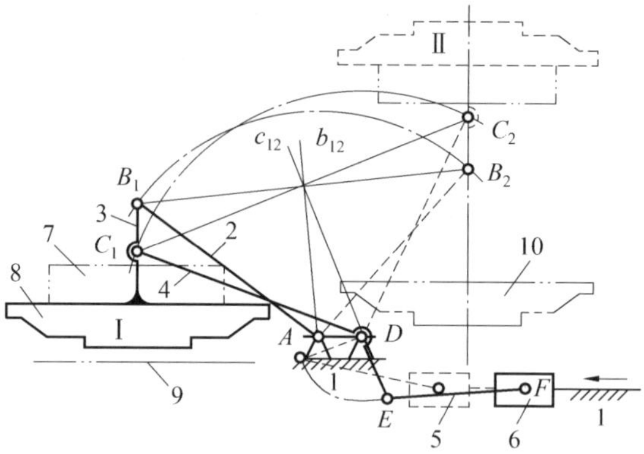

图3.29 造型机翻转机构

今给定与翻台固连的连杆3的长度 $l_3 = BC$ 及其两个位置 B_1C_1 和 B_2C_2,要求确定连架杆与机架组成的固定铰链中心 A 和 D 的位置,并求出其余三杆的长度 l_1,l_2 和 l_4。由于连杆3上 B,C 两点的轨迹分别为以 A,D 为圆心的圆弧,所以 A,D 必分别位于 B_1B_2 和 C_1C_2 的垂直平分线上。故可得设计步骤如下:

(1) 根据给定条件,绘出连杆3的两个位置 B_1C_1 和 B_2C_2;

(2) 分别连接 B_1 和 B_2,C_1 和 C_2,并作 B_1B_2,C_1C_2 的垂直平分线 b_{12},c_{12};

(3) 由于 A 和 D 两点可分别在 b_{12} 和 c_{12} 两条直线上任意选取,故有无穷多解。在实际设计时还可以考虑其他辅助条件,例如最小传动角、各杆尺寸所允许的范围或其他结构上的要求等等。本机构要求 A,D 两点在同一水平线上,且 $AD = BC$。根据这一附加条件,即可唯一确定 A,D 的位置,并作出位于位置Ⅰ的所求四杆机构 AB_1C_1D。

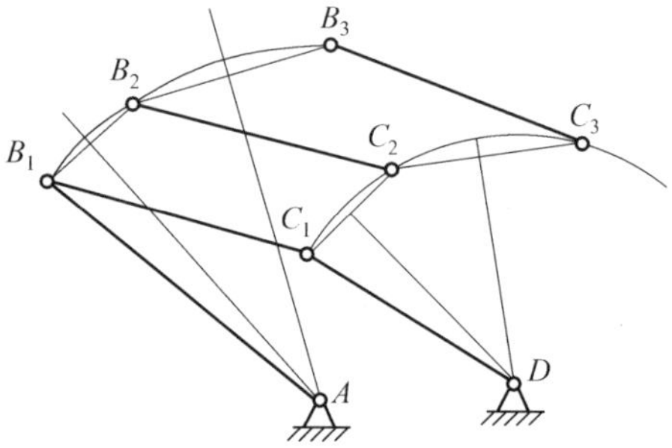

图3.30 给定连杆三个位置的设计

若给定连杆三个位置,要求设计四杆机构,其设计过程与上述基本相同。如图3.30所示,由于 B_1,B_2,B_3 三点位于以 A 为圆心的同一圆弧上,故运用已知三点求圆心的方法,作 B_1B_2 和 B_2B_3 的垂直平分线,其交点就是固定铰链中心 A。用同样的方法,作 C_1C_2 和 C_2C_3 的垂直平分线,其交点就是另一固定铰链中心 D。AB_1C_1D 即为所求四杆机构。

3.3.3 按照给定两连架杆对应位置设计四杆机构

在图3.31所示的铰链四杆机构中,已知连架杆 AB 和 CD 的三对对应位置 φ_1、ψ_1,φ_2、ψ_2 和 φ_3、ψ_3,要求确定各杆的长度 l_1,l_2,l_3 和 l_4。现以解析法求解。此机构各杆长度按同一比例增减时,各杆转角间的关系不变,故只需确定各杆的相对长度。取 $l_1 = 1$,则该机构的待求参数只有三个。

该机构的四个杆组成封闭多边形。取各杆在坐标轴 x 和 y 上的投影,可得到以下关系式:

$$\left.\begin{aligned}\cos\varphi + l_2\cos\delta &= l_4 + l_3\cos\psi \\ \sin\varphi + l_2\sin\delta &= l_3\sin\psi\end{aligned}\right\}\quad(3.7)$$

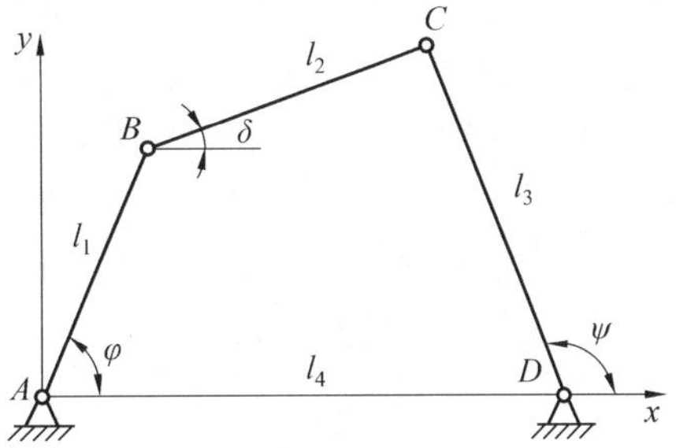

图 3.31　机构封闭多边形

将 $\cos\varphi$ 和 $\sin\varphi$ 移到等式右边,再把两等式两边平方相加,即可消去 δ,整理后得

$$\cos\varphi = \frac{l_4^2 + l_3^2 + 1 - l_2^2}{2l_4} + l_3\cos\psi - \frac{l_3}{l_4}\cos(\psi - \varphi)$$

为简化上式,令

$$P_0 = l_3,\quad P_1 = -\frac{l_3}{l_4},\quad P_2 = \frac{l_4^2 + l_3^2 + 1 - l_2^2}{2l_4} \tag{3.8}$$

则有

$$\cos\varphi = P_0\cos\psi + P_1\cos(\psi - \varphi) + P_2 \tag{3.9}$$

上式即为两连架杆转角之间的关系式。将已知的三对对应转角 φ_1、ψ_1,φ_2、ψ_2 和 φ_3、ψ_3,分别代入式(3.9),可得到方程组

$$\left.\begin{aligned}\cos\varphi_1 &= P_0\cos\psi_1 + P_1\cos(\psi_1 - \varphi_1) + P_2 \\ \cos\varphi_2 &= P_0\cos\psi_2 + P_1\cos(\psi_2 - \varphi_2) + P_2 \\ \cos\varphi_3 &= P_0\cos\psi_3 + P_1\cos(\psi_3 - \varphi_3) + P_2\end{aligned}\right\}\quad(3.10)$$

由方程组可以解出三个未知数 P_0,P_1 和 P_2。将它们代入式(3.8),即可求得 l_2,l_3 和 l_4。以上求出的杆长 l_1,l_2,l_3 和 l_4 可同时乘以任意比例常数,所得机构都能实现对应的转角关系。

若仅给定两连架杆两对位置,则由式(3.9)只能得到两个方程,P_0,P_1,P_2 三个参数中的一个可以任意给定,所以有无穷解。

若给定两连架杆的位置超过三对,则不可能有精确解,只能用优化或试凑的方法求其近似解。下面介绍一种简便的近似设计方法 —— 几何实验法。

图 3.32 所示,已知两连架杆 1 和 3 之间的四对对应转角为 φ_{12},φ_{23},φ_{34},φ_{45} 和 ψ_{12},ψ_{23},ψ_{34},ψ_{45},试设计近似实现这一要求的四杆机构。

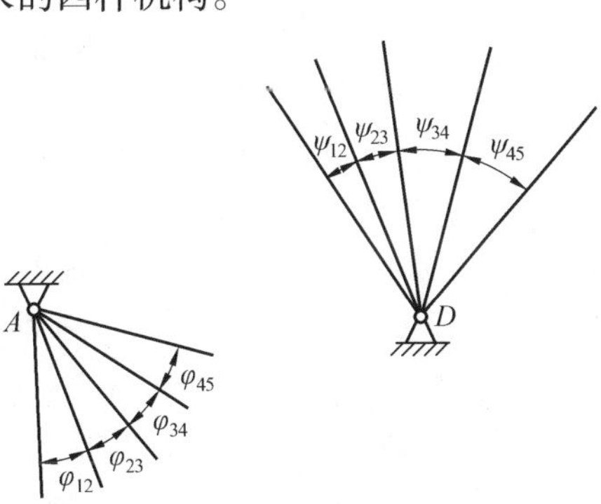

图 3.32　给定两连架杆四对位置

(1) 如图3.33(a)所示,在图纸上选取一点作为连架杆1的转动中心 A,并任选 AB_1 作为连架杆 1 的长度 l_1,根据给定的 φ_{12},φ_{23},φ_{34} 和 φ_{45} 作出 AB_2,AB_3,AB_4 和 AB_5。

(2) 选取连杆2的适当长度 l_2，以 B_1，B_2，B_3，B_4 和 B_5 为圆心，l_2 为半径，作圆弧 K_1，K_2，K_3，K_4 和 K_5。

(3) 另如图3.33(b)所示，在透明纸上选取一点作为连架杆3的转动中心 D，并任选 Dd_1 作为连架杆3的第一位置，根据给定的 ψ_{12}，ψ_{23}，ψ_{34} 和 ψ_{45} 作出 Dd_2，Dd_3，Dd_4 和 Dd_5。再以 D 为圆心，用连架杆3可能的不同长度为半径作出许多同心圆弧。

(4) 将画在透明纸上的图3.33(b)覆盖在图3.33(a)上(如图3.33(c)所示)进行试凑。使圆弧 K_1，K_2，K_3，K_4 和 K_5 分别与连架杆3的对应位置 Dd_1，Dd_2，Dd_3，Dd_4 和 Dd_5 的交点 C_1，C_2，C_3，C_4 和 C_5，均落在以 D 为圆心的同一圆弧上，则图形 AB_1C_1D 即为所要求的四杆机构。

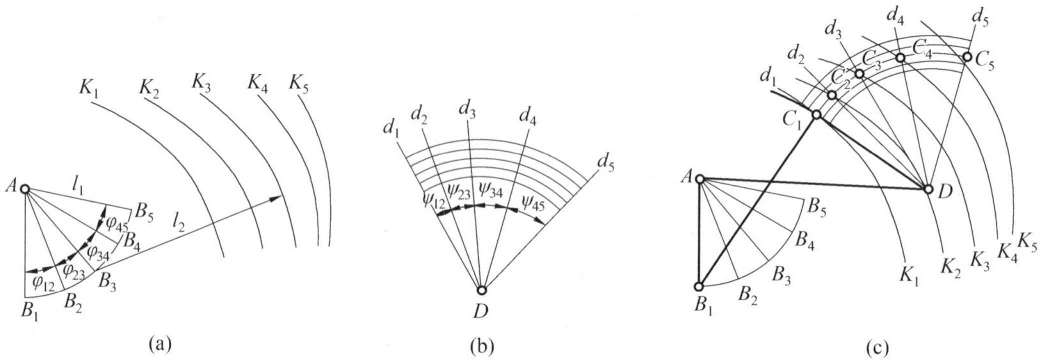

图3.33 几何实验法设计四杆机构

如果移动透明纸，不能使交点 C_1，C_2，C_3，C_4，C_5 落在同一圆弧上，那就需要改变连杆2的长度，然后重复以上步骤，直到这些交点正好落在或近似落在透明纸的同一圆弧上为止。

应当指出，由上式求出的图形 AB_1C_1D 只表达所求机构各杆的相对长度。各杆的实际尺寸只要与 AB_1C_1D 保持同样比例，都能满足设计要求。

这种几何实验法方便、实用并相当精确，故在机械设计中被广泛采用。这种方法同样适用于曲柄滑块机构的设计，使之实现曲柄与滑块的多对位置。

3.3.4 按照给定点的运动轨迹设计四杆机构

1. 连杆曲线

四杆机构运动时，其连杆做平面复杂运动，连杆上每一点都描出一条封闭曲线——连杆曲线。连杆曲线的形状随点在连杆上的位置和各杆相对尺寸的不同而变化。连杆曲线形状的多样性使它有可能用于描述复杂的轨迹。

图3.34所示为自动线上的步进式传送机构。它包含两个相同的铰链四杆机构。当曲柄1整周转动时，连杆2上的 E 点沿虚线所示卵形曲线运动。若在 E 和 E' 上铰接推杆5，则当两个曲柄同步转动时，推杆也按此卵形轨迹平动。当 $E(E')$ 点行经卵形曲线上部时，推杆做近似水平直线运动，推动工件6前移。当 $E(E')$ 点行经卵形曲线的其他部分时，推杆脱离工件沿左面轨迹下降、返回和沿右面轨迹上升至原位置。曲柄每转一周，工件就前进一步。

2. 运用连杆曲线图谱设计四杆机构

平面连杆曲线是高阶曲线，所以设计四杆机构使其连杆上某点实现给定的任意轨迹是十分复杂的。为了便于设计，工程上常常利用事先编就的连杆曲线图谱。从图谱中找出所需的曲线,便可直接查出该四杆机构的各尺寸参数。这种方法称为图谱法。

图3.35所示为描绘连杆曲线的模型。这种装置的各杆长度可以调节。在连杆2上固连一块薄板,板上钻有一定数量的小孔,代表连杆平面上不同点的位置。机架4与图板S固连。转动曲柄1,即可将连杆平面上各点的连杆曲线记录下来,得到一组连杆曲线。依次改变2,3,4相对杆1的长度,就可得出许多组连杆曲线。将它们顺序整理编排成册,即成连杆曲线图谱。例如图3.36就是已出版的《四连杆机构分析图谱》中的一张。图中取原动曲柄1的长度等于1,其他各杆的长度以相对于原动曲柄长度的比值来表示。图中每一连杆曲线由72根长度不等的短线构成,每一短线表示原动曲柄转过5°时连杆上该点的位移。若已知曲柄转速,即可由短线的长度求出该点在相应位置的平均速度。

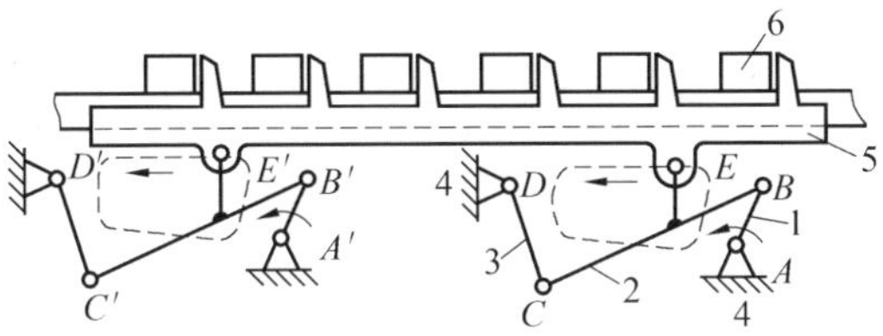

图3.34 步进传送机构

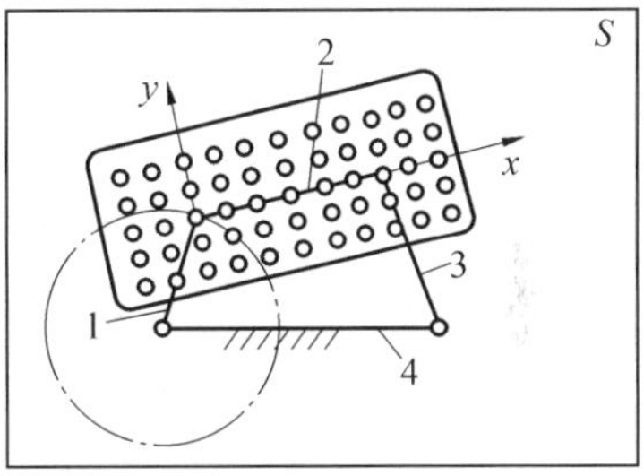

图3.35 连杆曲线的绘制

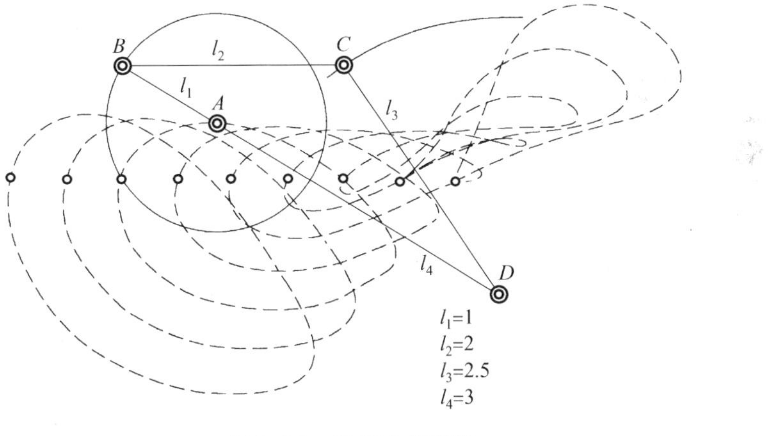

图3.36 连杆曲线图谱

运用图谱设计可按以下步骤进行:首先,从图谱中查出形状与要求实现的轨迹相似的连杆曲线;其次,按照图上的文字说明得出所求四杆机构各杆长度的比值;再次,用缩放仪求出图谱中的连杆曲线和所要求轨迹之间相差的倍数,并由此确定所求四杆机构各杆的真实尺寸;最后,根据连杆曲线上的小圆圈与铰链B,C的相对位置,即可确定描绘轨迹之点在连杆上的位置。

习 题

3.1 试根据题3.1图所注明的尺寸判断下列铰链四杆机构是曲柄摇杆机构、双曲柄机构还是双摇杆机构。

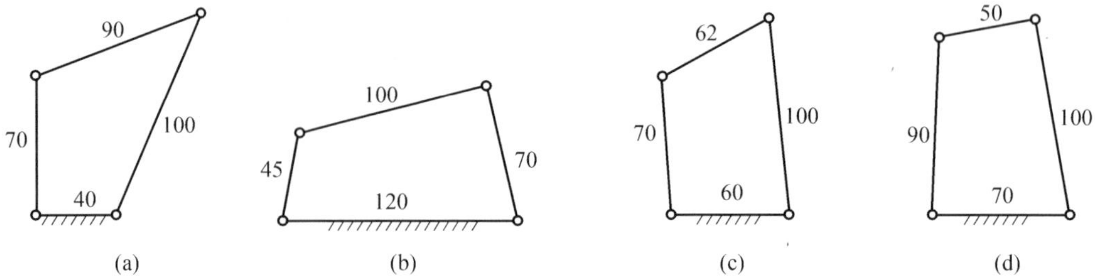

题 3.1 图

3.2　试运用铰链四杆机构有整转副的结论，推导题3.2图所示偏置导杆机构成为转动导杆机构的条件为 $l_{AB}+e\leqslant l_{BC}$（提示：转动导杆机构可视为双曲柄机构）。

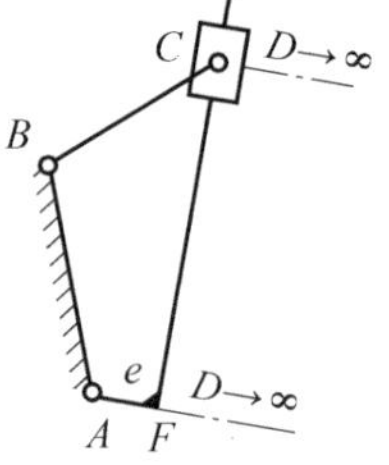

题 3.2 图

3.3　画出题3.3图所示各机构的传动角和压力角。图中标注箭头的构件为原动件。

3.4　已知某曲柄摇杆机构的曲柄匀速转动，极位夹角 $\theta=30°$，摇杆工作行程需时 7 s。试确定：(1) 摇杆空回行程需时几秒？(2) 曲柄每分钟转数是多少？

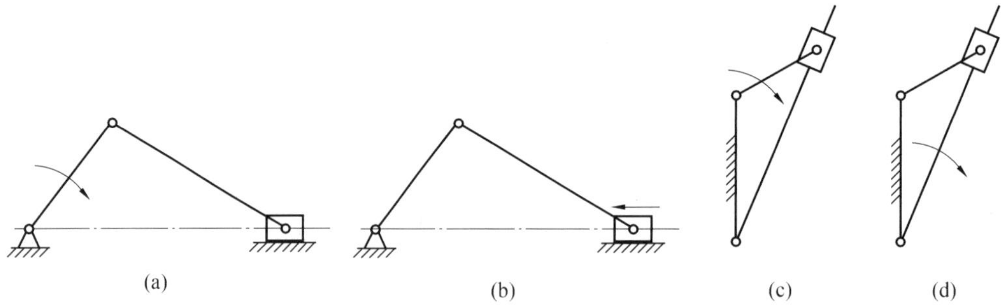

题 3.3 图

3.5　设计一脚踏轧棉机的曲柄摇杆机构，如题3.5图所示，要求踏板 CD 在水平位置上下各摆 10°，且 $l_{CD}=500$ mm，$l_{AD}=1\ 000$ mm。(1) 试用图解法求曲柄 AB 和连杆 BC 的长度；(2) 用式(3.6) 和式(3.6)′ 计算此机构的最小传动角。

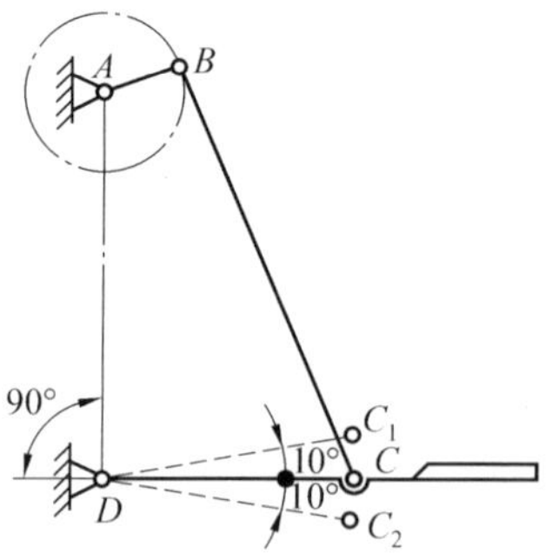

题 3.5 图

3.6　设计一曲柄摇杆机构。已知摇杆长度 $l_3=100$ mm，摆角 $\psi=30°$，摇杆的行程速度变化系数 $K=1.2$。(1) 用图解法确定其余三杆的尺寸；(2) 用式(3.6) 和式(3.6)′ 计算此机构的最小传动角 $\gamma_{\min}$（若 $\gamma_{\min}<35°$，则应另选铰链 A 的位置，重新设计）。

3.7　设计一偏置曲柄滑块机构，如题 3.7 图所示。已知滑块行程 $s=50$ mm，偏距 $e=16$ mm，行程速度变化系数 $K=1.2$，求曲柄和连杆的长度。

3.8　题3.8图所示牛头刨床曲柄摆动导杆机构中，已知行程速度变化系数 $K=1.4$，滑枕冲程 $s=320$ mm，曲柄 $l_{AB}=95$ mm。试确定导杆长度 l_{CD} 和固定铰链间的距离 l_{AC}。

3.9 设计一曲柄摇杆机构，已知摇杆长度 $l_3 = 80$ mm，摆角 $\psi = 40°$，摇杆的行程速度变化系数 $K = 1$，且要求摇杆 CD 的一个极限位置与机架间的夹角 $\angle CDA = 90°$。试用图解法确定其余三杆的长度。

3.10 设计一铰链四杆机构作为加热炉炉门的起闭机构。已知炉门上两活动铰链的中心距为 50 mm，炉门打开后成水平位置时，要求炉门温度较低的一面朝上（如虚线所示），设固定铰链安装在 yy 轴线上，其相关尺寸如题 3.10 图所示，求此铰链四杆机构其余三杆的长度。

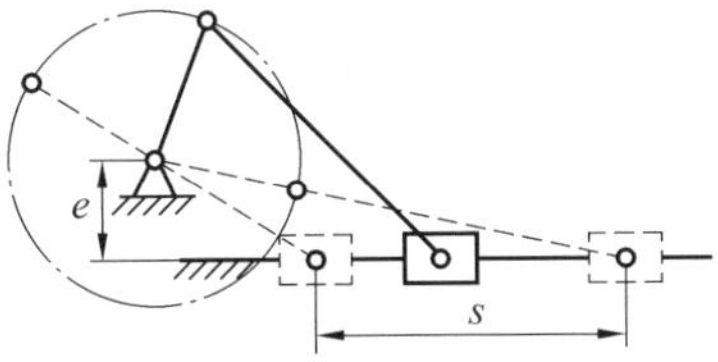

题 3.7 图

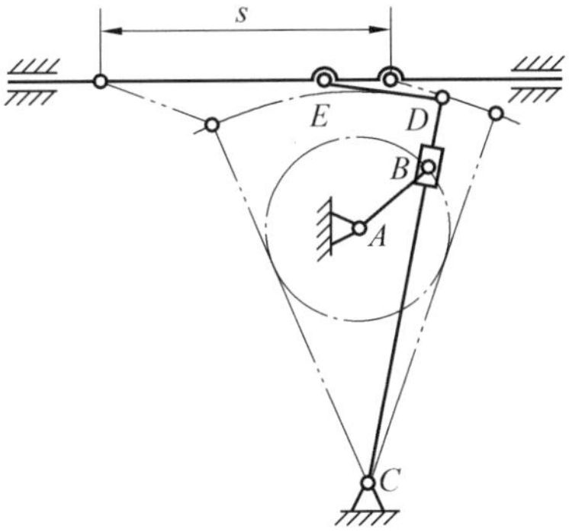

题 3.8 图

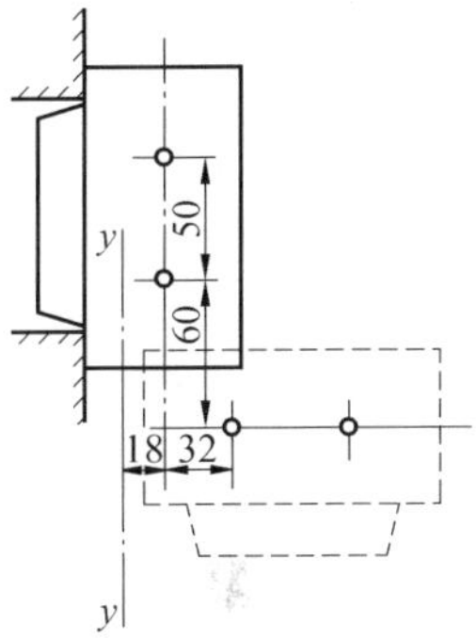

题 3.10 图

3.11 设计一铰链四杆机构。已知其两连架杆的四组对应位置间的夹角为 $\varphi_{12} = \varphi_{23} = \varphi_{34} = 30°$，$\psi_{12} = 15°$，$\psi_{23} = 20°$，$\psi_{34} = 15°$。试用实验法求各杆的长度，并绘出机构简图。

3.12 已知某操纵装置采用铰链四杆机构。要求两连架杆对应位置如题 3.12 图所示，$\varphi_1 = 45°$，$\psi_1 = 52°10'$，$\varphi_2 = 90°$，$\psi_2 = 82°10'$，$\varphi_3 = 135°$，$\psi_3 = 112°10'$，机架长度 $l_{AD} = 50$ mm。试用解析法求其余三杆长度。

3.13 如题 3.13 图所示机构为椭圆仪中的双滑块机构。试证明当机构运动时，构件 2 的 AB 直线上的任一点（除 A，B 及 AB 的中点外）所画的轨迹为一椭圆。

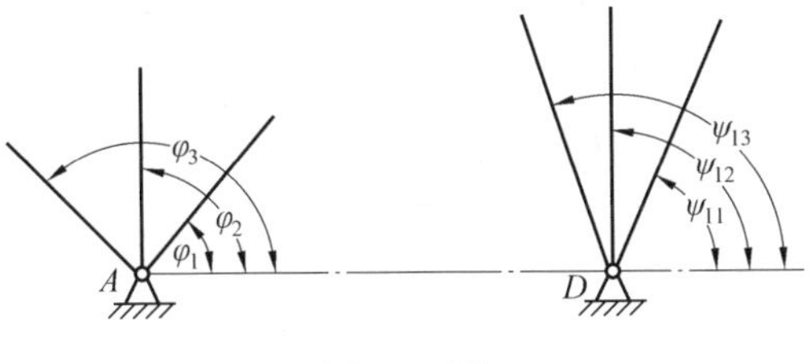

题 3.12 图

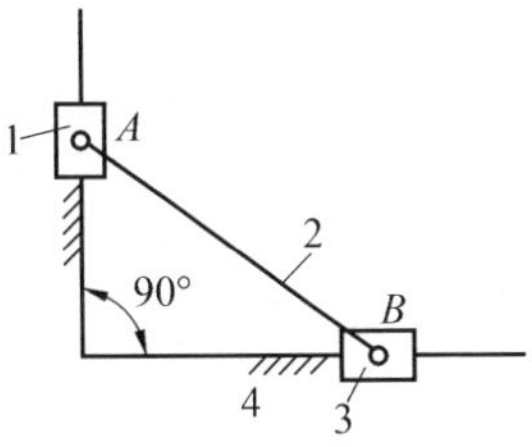

题 3.13 图

第 4 章

凸 轮 机 构

教学提示：凸轮是一个具有曲线轮廓或凹槽的构件，通过高副接触使从动件获得连续或不连续的任意预期运动，凸轮机构广泛用于各种机械和自动控制装置中。

教学要求：了解凸轮机构的分类、应用及特点，理解从动件的常用运动规律及特性，理解凸轮机构几何参数及压力角，掌握平面凸轮轮廓曲线的图解法设计。

凸轮机构主要由凸轮、从动件和机架三个基本构件组成。凸轮机构是机械中的一种常用机构，在自动化和半自动化机械中应用非常广泛。凸轮机构的优点为：只需设计适当的凸轮轮廓，便可使从动件得到所需的运动规律，并且结构简单、紧凑，设计方便。它的缺点是凸轮轮廓与从动件之间为点接触或线接触，易磨损，所以通常多用于传力不大的控制机构。

4.1 凸轮机构的应用和类型

图 4.1 所示为内燃机配气凸轮机构，凸轮 1 以等角速度回转，它的轮廓驱使从动件 2(阀杆)按预期的运动规律启闭阀门。

图 4.2 所示为绕线机中用于排线的凸轮机构，当绕线轴 3 快速转动时，经齿轮带动凸轮 1 缓慢地转动，通过凸轮轮廓与尖顶 A 之间的作用，驱使从动件 2 往复摆动，从而使线均匀地缠绕在绕线轴上。

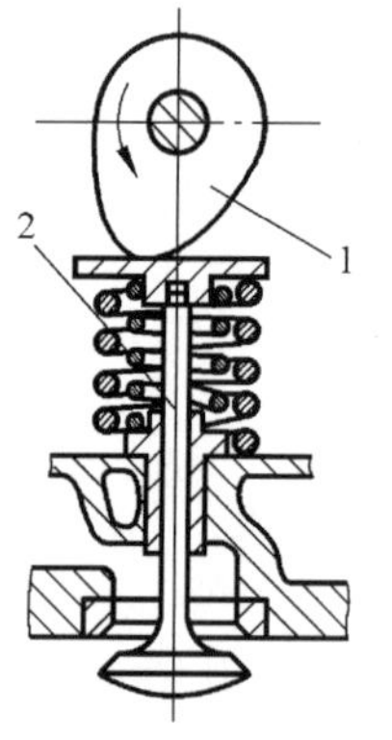

图 4.1 内燃机配气机构

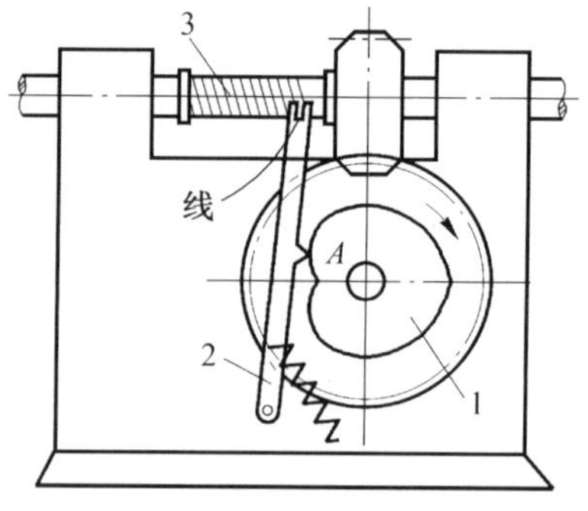

图 4.2 绕线机构

图 4.3 所示为录音机卷带装置中的凸轮机构，凸轮 1 随放音键上下移动。放音时，凸轮 1 处于图示最低位置，在弹簧 6 的作用下，安装于带轮轴上的摩擦轮 4 紧靠卷带轮 5，从而将磁带卷紧。停止放音时，凸轮 1 随按键上移，其轮廓压迫从动件 2 顺时针摆动，使摩擦轮与卷带轮分离，从而停止卷带。

图 4.4 为自动送料机构。当带有凹槽的凸轮 1 转动时，通过槽中的滚子，驱使从动件 2 做往复移动。凸轮每回转一周，从动件即从储料器中推出一个毛坯，送到加工位置。

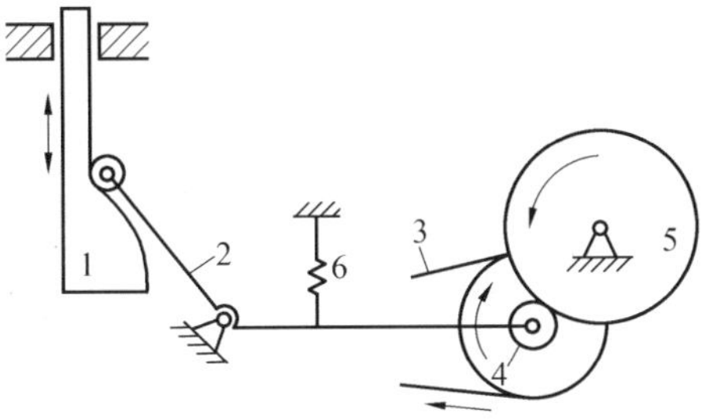

图4.3 录音机卷带机构

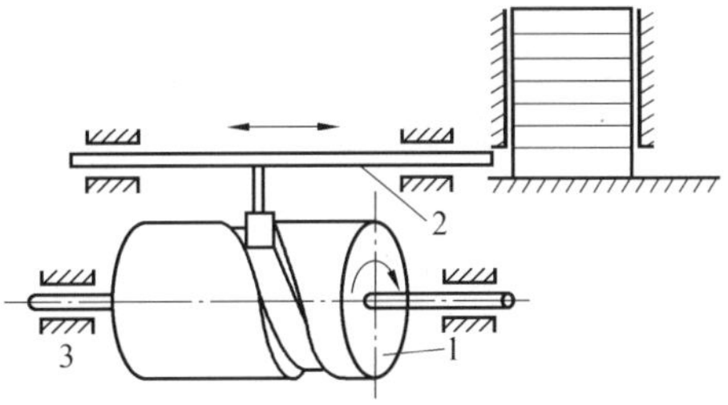

图4.4 送料机构

根据凸轮和从动件的不同形状和型式,凸轮机构可分类如下:

1. 按凸轮的形状分

(1)盘形凸轮　它是凸轮的最基本型式。这种凸轮是一个绕固定轴线转动并且具有变化半径的盘形零件,如图4.1和图4.2所示。

(2)移动凸轮　当盘形凸轮的回转中心趋于无穷远时,凸轮相对机架做直线运动,这种凸轮称为移动凸轮,如图4.3所示。

(3)圆柱凸轮　将移动凸轮卷成圆柱体即成为圆柱凸轮,如图4.4所示。

2. 按从动件的型式分

(1)尖顶从动件　如图4.2所示,尖顶能与复杂的凸轮轮廓保持接触,因而能实现任意预期的运动规律。但尖顶与凸轮是点接触,磨损快,只宜用于受力不大的低速凸轮机构。

(2)滚子从动件　如图4.3和图4.4所示。为了克服尖顶从动件的缺点,在从动件的尖顶处安装一个滚子,即成为滚子从动件。滚子和凸轮轮廓之间为滚动摩擦,耐磨损,可承受较大载荷,所以是从动件中最常用的一种型式。

(3)平底从动件　如图4.1所示,这种从动件与凸轮轮廓表面接触的端面为一平面。显然,它不能与凹陷的凸轮轮廓相接触。这种从动件的优点是:当不考虑摩擦时,凸轮与从动件之间的作用力始终与从动件的平底相垂直,传动效率较高,且接触面间易形成油膜,利于润滑,故常用于高速凸轮机构。

以上三种从动件都可以相对机架做往复直线运动或做往复摆动。为了使凸轮与从动件始终保持接触,可以利用重力、弹簧力(如图4.1、图4.2及图4.3)或依靠凸轮上的凹槽(如图4.4)来实现。

4.2　从动件的常用运动规律

设计凸轮机构时,首先应根据工作要求确定从动件的运动规律,然后按照这一运动规律设计凸轮轮廓线。下面以尖顶直动从动件盘形凸轮机构为例,说明从动件的运动规律与凸轮轮廓线之间的相互关系。如图4.5(a)所示,以凸轮轮廓的最小向径 $\boldsymbol{r}_0$ 为半径所绘的圆称为基圆。当尖顶与凸轮轮廓上的 A 点(基圆与轮廓 AB 的连接点)相接触时,从动件处于上升的起始位置。当凸轮以 ω 等角速顺时针方向回转 Φ 时,从动件尖顶被凸轮轮廓推动,以一定运动规律由离回转中心最近位置 A 到达最远位置 B',这个过程称为推程。这时它所走过的距离 h 称为从动件的升程,而与推程对应的凸轮转角 Φ 称为推程运动角。到凸轮继续回转 Φ_s 时,以 O 点为中心的圆弧 BC 与尖顶相作用,从动件在最远位置停留不动,Φ_s 称为远休止角。凸轮继

续回转 Φ' 时，从动件在弹簧力或重力作用下，以一定运动规律回到起始位置，这个过程称为回程，Φ' 称为回程运动角。当凸轮继续回转 Φ'_s 时，以 O 点为中心的圆弧 DA 与尖顶相作用，从动件在最近位置停留不动，Φ'_s 称为近休止角。当凸轮连续回转时，从动件重复上述运动。

如果以直角坐标系的纵坐标代表从动件位移 s，横坐标代表凸轮转角 φ（因通常凸轮等角速转动，故横坐标也代表时间 t），则可以画出从动件位移 s 与凸轮转角 φ 之间的关系曲线，如图 4.5(b) 所示，它称为从动件位移线图。

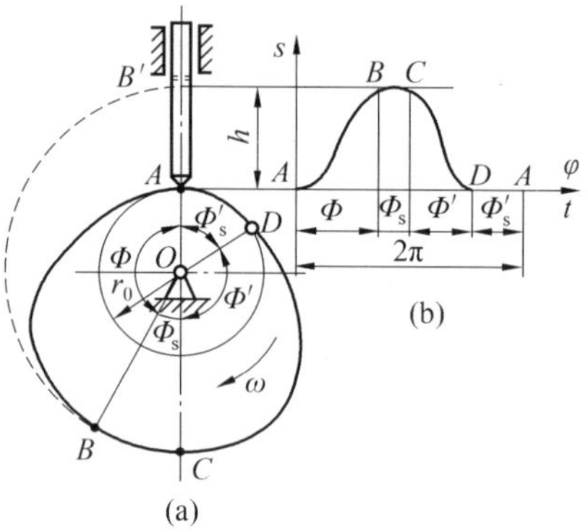

图 4.5　凸轮轮廓与从动件位移线图

由以上分析可知，从动件的位移线图取决于凸轮轮廓曲线的形状。也就是说，从动件的不同运动规律要求凸轮具有不同的轮廓曲线。下面介绍几种从动件常用运动规律：

1. 等速运动

如表 4.1 所示，从动件推程做等速运动时，其位移线图为一斜直线，速度线图为一水平直线。运动开始时，从动件速度由零突变为 v_0，理论上该处的加速度 a 趋近 $+\infty$；同理，运动终止时，速度由 v_0 突变为零，a 趋近 $-\infty$（材料有弹性变形，实际上不可能达到无穷大）。由此产生的巨大惯性力导致强烈冲击。这种强烈冲击称为刚性冲击，会造成严重危害。因此，等速运动规律不宜单独使用，运动开始和终止段必须加以修正（参看图 4.6）。

表 4.1　从动件常用运动规律

运动规律	运动方程		推程运动线图	冲击
等速运动	推程	$s=\dfrac{h}{\Phi}\varphi$ $v=v_0=\dfrac{h}{\Phi}\omega$ $a=0$	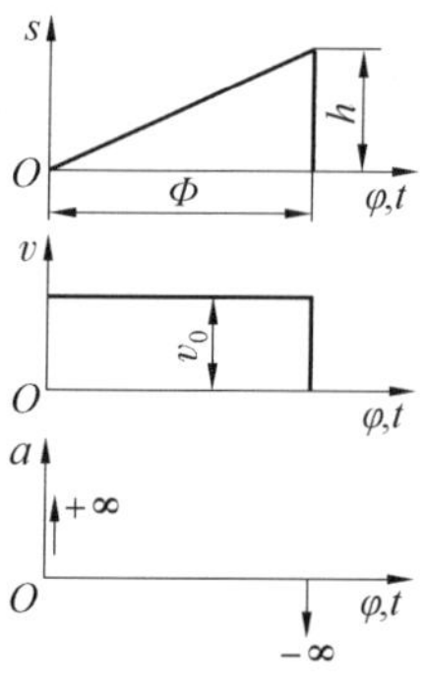	刚性
	回程	$s=h-\dfrac{h}{\Phi'}(\varphi-\Phi-\Phi_s)$ $v=-\dfrac{h}{\Phi'}\omega$ $a=0$		

续表 4.1

运动规律		运动方程	推程运动线图	冲击
简谐运动	推程	$s=\frac{h}{2}\left(1-\cos\frac{\pi}{\Phi}\varphi\right)$ $v=\frac{h\pi\omega}{2\Phi}\sin\frac{\pi}{\Phi}\varphi$ $a=-\frac{h\pi^2\omega^2}{2\Phi^2}\cos\frac{\pi}{\Phi}\varphi$	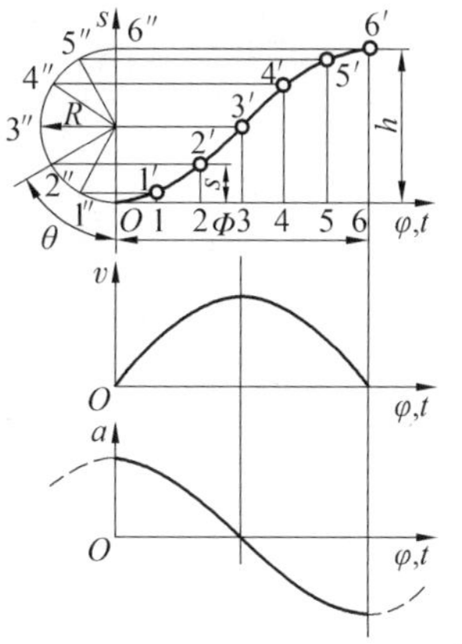	柔性
	回程	$s=\frac{h}{2}\left[1+\cos\frac{\pi}{\Phi'}(\varphi-\Phi-\Phi_s)\right]$ $v=-\frac{h\pi\omega}{2\Phi'}\sin\frac{\pi}{\Phi'}(\varphi-\Phi-\Phi_s)$ $a=-\frac{h\pi^2\omega^2}{2\Phi'^2}\cos\frac{\pi}{\Phi'}(\varphi-\Phi-\Phi_s)$		
正弦加速度运动	推程	$s=h\left(\frac{\varphi}{\Phi}-\frac{1}{2\pi}\sin\frac{2\pi}{\Phi}\varphi\right)$ $v=\frac{h\omega}{\Phi}\left(1-\cos\frac{2\pi}{\Phi}\varphi\right)$ $a=\frac{2h\pi\omega^2}{\Phi^2}\sin\frac{2\pi}{\Phi}\varphi$	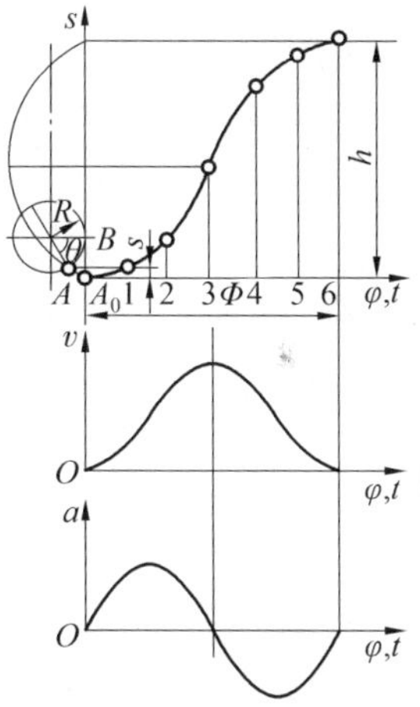	无
	回程	$s=h\left[1-\frac{\varphi-\Phi-\Phi_s}{\Phi'}+\frac{1}{2\pi}\sin\frac{2\pi}{\Phi'}(\varphi-\Phi-\Phi_s)\right]$ $v=-\frac{h\omega}{\Phi'}\left[1-\cos\frac{2\pi}{\Phi'}(\varphi-\Phi-\Phi_s)\right]$ $a=-\frac{2h\pi\omega^2}{\Phi'^2}\sin\frac{2\pi}{\Phi'}(\varphi-\Phi-\Phi_s)$		

2. 简谐运动

点在圆周上匀速运动时，它在这个圆的直径上的投影所构成的运动称为简谐运动。

简谐运动规律位移线图的做法如表4.1所示。把从动件的行程 h 作为直径画半圆，将此半圆分成若干等分(图中为6等分)，得1″,2″,3″…。再把凸轮运动角 Φ 也分成相同等分，并作垂直线11′,22′,33′…，然后将圆周上的等分点投影到相应的垂直线上得1′,2′,3′ … 点。用光滑曲线连接这些点，便得到简谐运动的位移线图。其方程为

$$s=\frac{h}{2}(1-\cos\theta)$$

由图可知，当 $\theta=\pi$ 时，$\varphi=\Phi$，故 $\theta=\pi\varphi/\Phi$。代入上式可得从动件推程做简谐运动的位移方程。由此可导出其速度方程和加速度方程。

从加速度线图可见，简谐运动规律在运动开始和运动终止时，加速度数值有突变，导致惯性力突然变化而产生冲击。但是此处加速度的变化量和冲击都是有限的。这种有限冲击称为柔性冲击，在高速状态下也会产生不良的影响。因此，简谐运动规律只宜用于中、低速凸轮

机构。

3. 正弦加速度运动

如表 4.1 所示，这种运动规律的 $a-t$ 线图为一正弦曲线，其位移为摆线在纵轴上的投影，故又称为摆线运动规律。由运动线图可见，这种运动规律既无速度突变，也没加速度突变，没有任何冲击，故可用于高速凸轮。它的缺点是加速度最大值 a_{max} 较大，惯性力较大，要求较高的加工精度。

上述运动规律的推程和回程运动方程列于表 4.1 之中。

为了进一步降低 a_{max} 或满足某些特殊要求，近代高速凸轮的运动线图还采用多项式曲线或几种曲线的组合。例如图4.6所示运动线图便是由等速运动和正弦加速度两种运动规律组合而成。既使从动件大部分行程保持匀速运动，又能避免起始和终止阶段产生冲击。

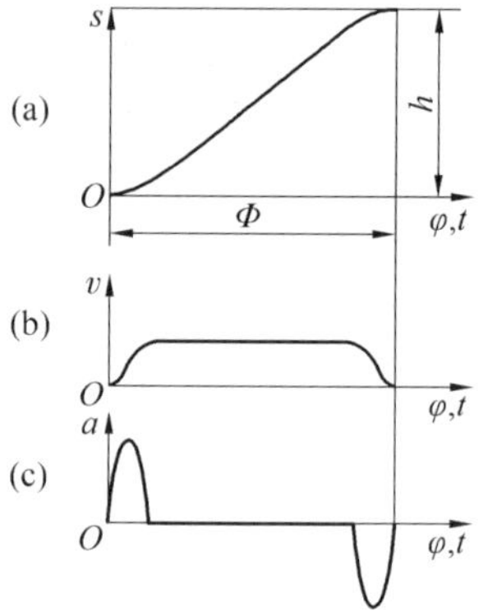

图 4.6 组合运动规律

4.3 凸轮机构的压力角

作用在从动件上的驱动力与该力作用点绝对速度之间所夹的锐角称为压力角。在不计摩擦时，高副中构件间的力是沿法线方向作用的，因此，对于高副机构，压力角也就是接触轮廓法线与从动件速度方向所夹的锐角。

在设计凸轮机构时，除了要求从动件能实现预期运动规律之外，还希望机构有较好的受力情况和较小的尺寸，此外，需要讨论压力角对机构的受力情况及尺寸的影响。

4.3.1 压力角与作用力的关系

图 4.7 所示为尖顶直动从动件凸轮机构。当不计凸轮与从动件之间的摩擦时，凸轮给予从动件的力 F 是沿法线方向的，从动件运动方向与力 F 之间的锐角 α 即压力角。力 F 可分解为沿从动件运动方向的有用分力 F' 和使从动件压紧导路的有害分力 F''，且

$$F''=F'\tan\alpha$$

上式表明，驱动从动件的有用分力 F' 一定时，压力角 α 越大，则有害分力 F'' 越大，机构的效率越低。当 α 增大到一定程度，以致 F'' 在导路中所引起的摩擦阻力大于有用分力 F' 时，无论凸轮施加从动件的作用力多大，从动件都不能运动，这种现象称为自锁。为了保证凸轮机构正常工作并具有一定的传动效率，必须对压力角加以限制。凸轮轮廓曲线上各点的压力角一般是变化的，在设计时应使最大压力角不超过许用值。通常，对于直动从动件凸轮机构，建议取许用压力角 $[\alpha]=30°$；对于摆动从动件凸轮机构，建议取许用压力角 $[\alpha]=45°$。常见的依靠外力使从动件与凸轮维持接触的凸轮机构，其从动件是在弹簧或重力作用下返回的，回程不会出现自锁。因此，对于这类凸轮机构，通常只需校核推程压力角。

4.3.2 压力角与凸轮机构尺寸的关系

由图 4.7 可知，在其他条件都不变的情况下，若把基圆增大，则凸轮的尺寸也将随之增

大。因此,欲使机构紧凑就应当采用较小的基圆半径。但是,必须指出,基圆半径减小会引起压力角增大,这可以从下面压力角计算公式得到证明。

图4.7所示为偏置尖顶直动从动件盘形凸轮机构推程的一个任意位置。过凸轮与从动件的接触点 B 作公法线 $n-n$,它与过凸轮轴心 O 且垂直于从动件导路的直线相交于 P,P 就是凸轮和从动件的相对速度瞬心。由几何关系可知,$l_{OP}=\frac{v}{\omega}=\frac{ds}{d\varphi}$。因此,由图可得到直动从动件盘形凸轮机构的压力角计算公式为

$$\tan\alpha=\frac{\frac{ds}{d\varphi}\mp e}{s+\sqrt{r_0^2-e^2}} \tag{4.1}$$

式中 s——对应凸轮转角 φ 的从动件位移。

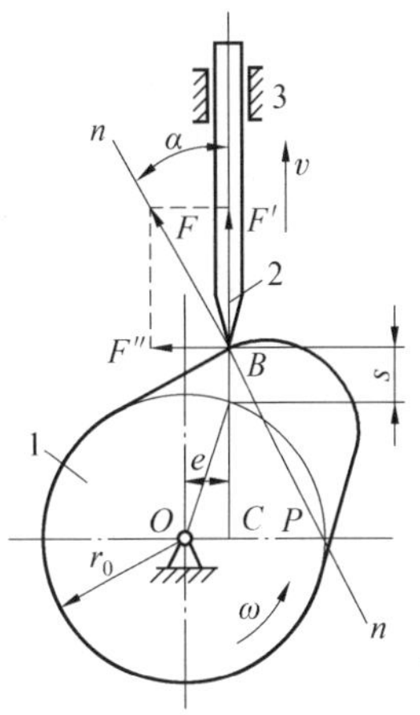

图4.7 凸轮机构的压力角

公式说明,在其他条件不变的情况下,基圆半径 r_0 越小,压力角 α 越大。基圆半径过小,压力角就会超过许用值。因此,实际设计中应在保证凸轮轮廓的最大压力角不超过许用值的前提下,考虑缩小凸轮的尺寸。

在式(4.1)中,e 为从动件导路偏离凸轮回转中心的距离,称为偏距。当导路和瞬心 P 在凸轮轴心 O 的同侧时,式中取"-"号,可使压力角减小;反之,当导路和瞬心 P 在凸轮轴心 O 的异侧时,取"+"号,压力角将增大。因此,为了减小推程压力角,应将从动件导路向推程相对速度瞬心的同侧偏置。但须注意,用导路偏置法虽可使推程压力角减小,但同时却使回程压力角增大,所以偏距 e 不宜过大。

4.4 图解法设计凸轮轮廓

根据工作要求合理地选择从动件的运动规律之后,可以按照结构所允许的空间和具体要求,初步确定凸轮的基圆半径 r_0,然后绘制凸轮的轮廓。

下面介绍几种盘形凸轮轮廓的绘制方法。

4.4.1 直动从动件盘形凸轮轮廓的绘制

1. 偏置尖顶直动从动件盘形凸轮

图4.8(a)所示为偏置尖顶直动从动件盘形凸轮机构。已知从动件位移线图(图4.8(b))、偏距 e、凸轮的基圆半径 r_0 以及凸轮以等角速度 ω 顺时针方向回转,要求绘出此凸轮的轮廓。

凸轮机构工作时凸轮是运动的,而绘制凸轮轮廓时却需要凸轮与图纸相对静止。为此,在设计中采用"反转法"。根据相对运动原理:如果给整个机构加上绕凸轮轴心 O 的公共角速度 $-\omega$,机构各构件间的相对运动不变。这样一来,凸轮不动,而从动件一方面随机架和导路以角速度 $-\omega$ 绕 O 点转动;另一方面又在导路中往复移动。由于尖顶始终与凸轮轮廓相接触,所以反转后尖顶的运动轨迹就是凸轮轮廓。根据"反转法"原理,可以作图如下:

(1) 以 r_0 为半径作基圆,以 e 为半径作偏距圆与从动件导路切于 k 点。基圆与导路的交点

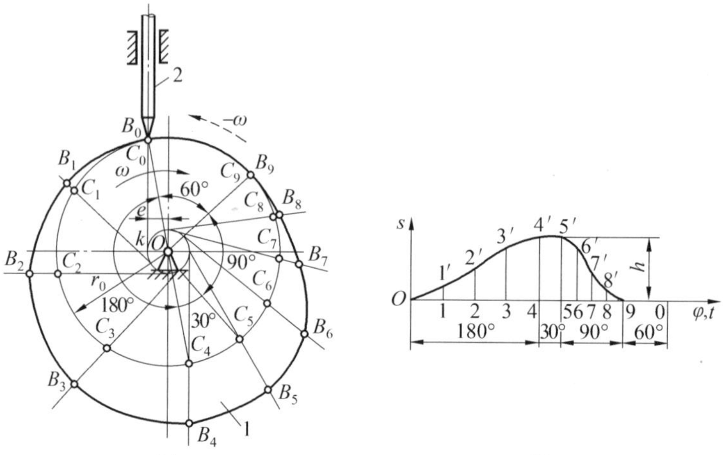

图 4.8 偏置尖顶直动从动件盘形凸轮

$B_0(C_0)$ 即为从动件的起始位置。

(2) 将位移线图 $s-\varphi$ 的推程运动角和回程运动角分别分成若干等分(图中各分为四等分)。

(3) 在基圆上,自 OC_0 开始,沿 ω 的反方向取推程运动角 $\Phi=180°$、远休止角 $\Phi_s=30°$、回程运动角 $\Phi'=90°$、远休止角 $\Phi'_s=60°$,并将推程运动角和回程运动角分成图 4.8(b) 对应的等分,得 C_1,C_2,C_3 和 C_6,C_7,C_8 诸点。

(4) 过 $C_1,C_2,C_3\cdots$ 作偏距圆的一系列切线,它们便是反转后从动件导路的一系列位置。

(5) 沿以上各切线自基圆开始量取从动件相应的位移量,即取线段 $C_1B_1=11'$,$C_2B_2=22'$,$C_3B_3=33'\cdots$,得到反转后尖顶的一系列位置 $B_1,B_2,B_3\cdots$。

(6) 将 $B_1,B_2,B_3\cdots$ 连接成光滑曲线(B_4 和 B_5 之间以及 B_9 和 B_0 之间均为以 O 为中心的圆弧),便得到所求的凸轮轮廓曲线。

若偏距 $e=0$,则称为对心尖顶直动从动件盘形凸轮机构。这时,从动件在反转运动中,其导路为过中心 O 的径向射线,其设计方法与上述相同。

2. 滚子直动从动件盘形凸轮

若将图 4.8 中的尖顶改为滚子,如图 4.9 所示,则其凸轮轮廓可按下述方法绘制:首先,把滚子中心看作尖顶从动件的尖顶。按上面讲述的方法求出一条轮廓曲线 η;再以 η 上各点为中心,以滚子半径为半径作一系列圆;最后做这些圆的包络线 η',它便是使用滚子从动件时凸轮的实际轮廓,而 η 称为此凸轮的理论轮廓。由作图过程可知,滚子从动件凸轮的基圆半径和压力角均应当在理论轮廓上度量。

必须指出,滚子半径的大小对凸轮实际轮廓有很大影响。如图 4.10 所示,设理论轮廓外凸部分的最小曲率半径用 $\rho_{\min}$ 表示,滚子半径用 r_T 表示,则相应位置实际轮廓的曲率半径 $\rho'=\rho_{\min}-r_T$。

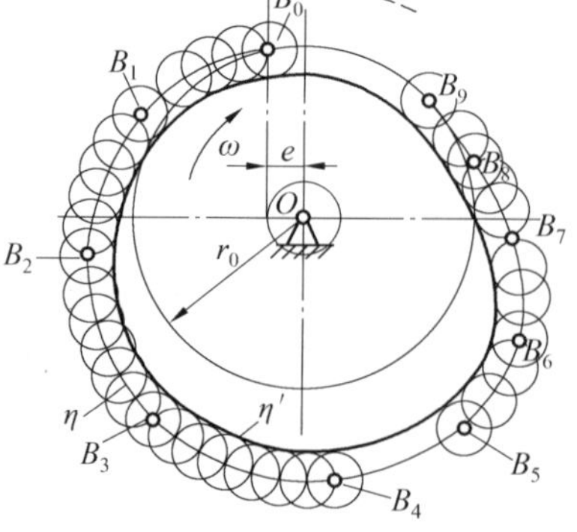

图 4.9 滚子直动从动件盘形凸轮机构

当$\rho_{\min} > r_T$时,如图4.10(a)所示,这时$\rho' > 0$,实际轮廓为一平滑曲线。

当$\rho_{\min} = r_T$时,如图4.10(b)所示,这时$\rho' = 0$,在凸轮实际轮廓上产生了尖点,这种尖点极易磨损,磨损后就会改变原定的运动规律。

当$\rho_{\min} < r_T$时,如图4.10(c)所示,这时$\rho' < 0$,实际轮廓曲线发生自相交,交点以上的轮廓曲线在实际加工时将被切去,使这一部分运动规律无法实现。为了使凸轮轮廓在任何位置既不变尖,更不自相交,滚子半径r_T必须小于理论轮廓外凸部分的最小曲率半径$\rho_{\min}$(理论轮廓的内凹部分对滚子半径的选择没有影响)。如果$\rho_{\min}$过小,按上述条件选择的滚子半径太小而不能满足安装和强度要求,就应当把凸轮基圆尺寸加大,重新设计凸轮轮廓。

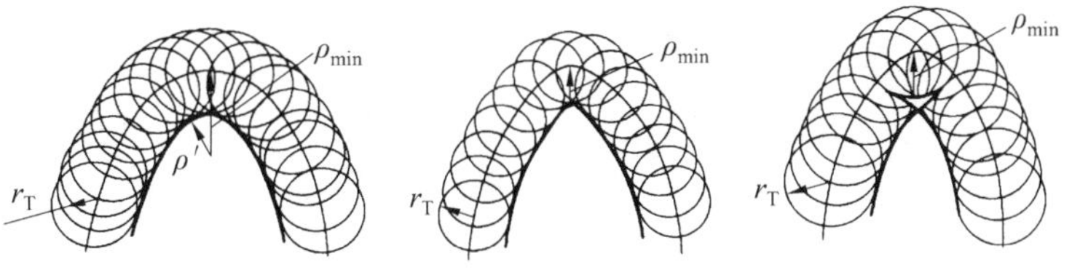

(a) $\rho_{\min} > r_T$　(b) $\rho_{\min} = r_T$　(c) $\rho_{\min} < r_T$

图4.10　滚子半径的选择

3. 平底直动从动件盘形凸轮

当从动件的端部是平底时,凸轮实际轮廓曲线的求法与上述相仿。如图4.11所示,首先取平底与导路的交点B_0当作从动件的尖顶,按照尖顶从动件凸轮轮廓的绘制方法,求出尖顶反转后的一系列位置$B_1, B_2, B_3 \cdots$;其次,过这些点画出一系列平底,最后作这些平底的包络线,便得到凸轮的实际轮廓曲线。由于平底与实际轮廓曲线相切的点是变化的,为了保证在所有位置平底都能与轮廓曲线相切,平底左右两侧的宽度必须分别大于导路至左右最远切点的距离m和l。此外,还必须指出,基圆太小会使平底从动件运动失真。

图4.12所示为位移线图相同,基圆大小不同而求出的两条实际轮廓。显然,与r'_0对应的实际轮廓η'不能与过$2'$的平底相切,导致运动失真;若基圆半径增大至r''_0,则与之对应的实际轮廓η''便可以与各个位置的平底相切。

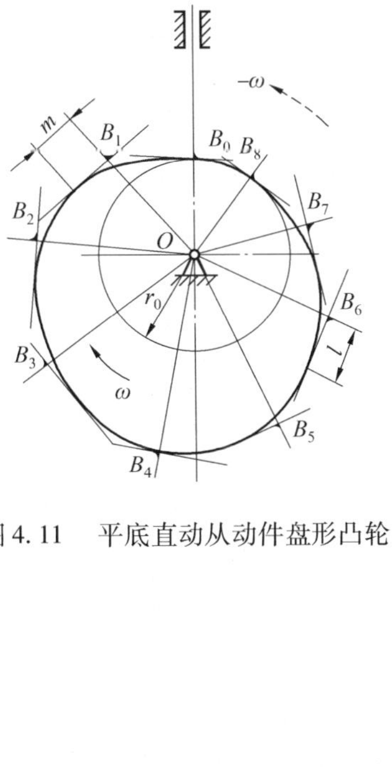

图4.11　平底直动从动件盘形凸轮

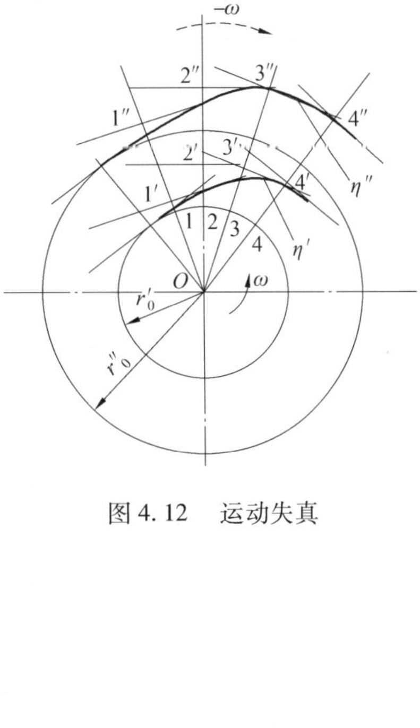

图4.12　运动失真

4.4.2 摆动从动件盘形凸轮轮廓的绘制

已知从动件的角位移线图(图 4.13(b)),凸轮与摆动从动件的中心距 l_{OA},摆动从动件的长度 l_{AB},凸轮的基圆半径 r_0,以及凸轮以等角速度 ω 逆时针方向回转,要求绘出此凸轮的轮廓。

用“反转法”求凸轮轮廓。令整个凸轮机构以角速度 $-\omega$ 绕 O 点回转,结果凸轮不动而摆动从动件一方面随机架以等角速度 $-\omega$ 绕 O 点回转,另一方面又绕 A 点摆动。因此,尖顶摆动从动件盘形凸轮轮廓曲线可以按以下步骤绘制:

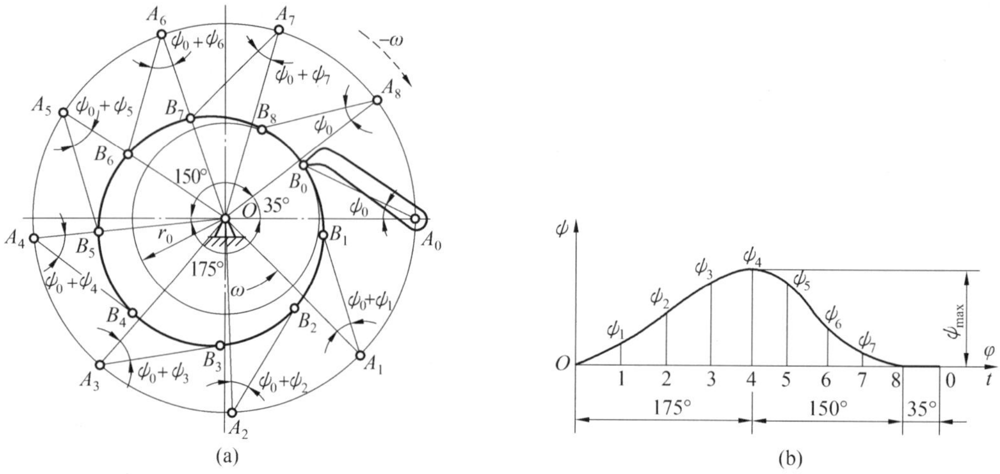

图 4.13 尖顶摆动从动件盘形凸轮

(1) 根据 l_{OA} 定出 O 点与 A_0 点的位置,以 O 为圆心及以 r_0 为半径作基圆,再以 A_0 为中心及 l_{AB} 为半径作圆弧交基圆于 B_0 点,该点即为从动件尖顶的起始位置。ψ_0 称为从动件的初位角。

(2) 将 $\psi-\varphi$ 线图的推程运动角和回程运动角分为若干等分(图中各分为 4 等分)。

(3) 以 O 点为圆心及 OA_0 为半径画圆,并沿 $-\omega$ 的方向取角 175°,150°,35°,各分为与图 4.13(b) 相对应的若干等分,得 $A_1,A_2,A_3\cdots$,这些点即为反转后从动件回转中心的一系列位置。

(4) 由图 4.13(b) 求出从动件摆角 ψ 在不同位置的数值。据此画出摆动从动件相对于机架的一系列位置 $A_1B_1,A_2B_2,A_3B_3\cdots$,即 $\angle OA_1B_1=\psi_0+\psi_1$,$\angle OA_2B_2=\psi_0+\psi_2$,$\angle OA_3B_3=\psi_0+\psi_3\cdots$。

(5) 以 A_1,A_2,A_3 为圆心、l_{AB} 为半径画弧截 A_1B_1 于 B_1 点,截 A_2B_2 于 B_2 点,截 A_3B_3 于 B_3 点 …,最后将 $B_0,B_1,B_2,B_3\cdots$ 点连成光滑曲线,便得到尖顶摆动从动件凸轮的轮廓。

同上所述,如果采用滚子或平底从动件,则上述凸轮轮廓即为理论轮廓,只要在理论轮廓上选一系列点作滚子或平底,最后作它们的包络线,便可求出相应的实际轮廓。

按照结构需要选取基圆半径并按上述方法绘制的凸轮轮廓,必须校核推程压力角。以尖顶摆动从动件盘形凸轮为例(图 4.14),在凸轮推程轮廓比较陡峭的区段取若干点 $B_1,B_2\cdots$,作出过这些点的轮廓法线和从动件尖顶的运动方向线,求出它们之间所夹的锐角 $\alpha_1,\alpha_2\cdots$,看其

中最大值 α_{max} 是否超过许用压力角 $[\alpha]$。如果超过，就应修改设计。通常可用加大基圆半径的方法使 α_{max} 减小。

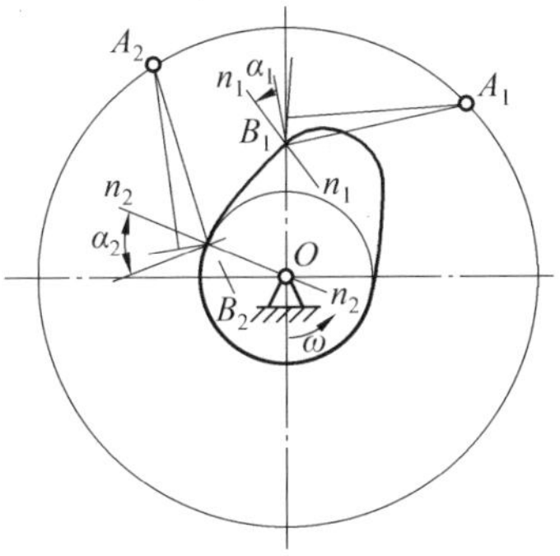

图 4.14　校核压力角

滚子从动件凸轮只需要校核理论轮廓的压力角。平底从动件凸轮机构的压力角很小（例如图 4.11 中的平底从动件凸轮机构压力角恒等于零），且为不变量，故不必校核。

4.5　解析法设计凸轮轮廓

图解法可以简便地设计出凸轮轮廓，但由于作图误差较大，所以只适用于对从动件运动规律要求不太严格的地方。对于精度要求高的高速凸轮、靠模凸轮等，必须用解析法进行精确设计。

用解析法设计凸轮，首先是建立凸轮轮廓曲线的数学方程式，然后根据方程准确地计算出凸轮轮廓曲线上各点的坐标值。这种繁琐、费时的大量计算工作，需要借助计算机。

凸轮轮廓曲线通常用以凸轮回转中心为极点的极坐标来表示。其理论轮廓曲线上各点的极坐标记为 (ρ, θ)；实际轮廓曲线上各对应点的极坐标记为 (ρ_T, θ_T)。下面介绍几种凸轮轮廓的解析法设计。

4.5.1　滚子直动从动件盘形凸轮

设已知偏距 e，基圆半径 r_0，滚子半径 r_T，从动件运动规律 $s=s(\varphi)$ 以及凸轮以等角速度 ω 顺时针方向回转。根据反转法原理，可画出相对初始位置反转 φ 角的机构位置，如图 4.15 所示。此时，从动件滚子中心 B 所在位置也就是凸轮理论轮廓上的一点，其极坐标为

$$\left.\begin{aligned}\rho &= \sqrt{(s+s_0)^2+e^2}\\ \theta &= \varphi+\beta-\beta_0\end{aligned}\right\} \tag{4.2}$$

其中的 s_0,β,β_0 分别为

$$s_0=\sqrt{r_0{}^2-e^2} \tag{4.3}$$

$$\tan\beta=\frac{e}{s_0+s} \tag{4.4}$$

$$\tan\beta_0=\frac{e}{s_0} \tag{4.5}$$

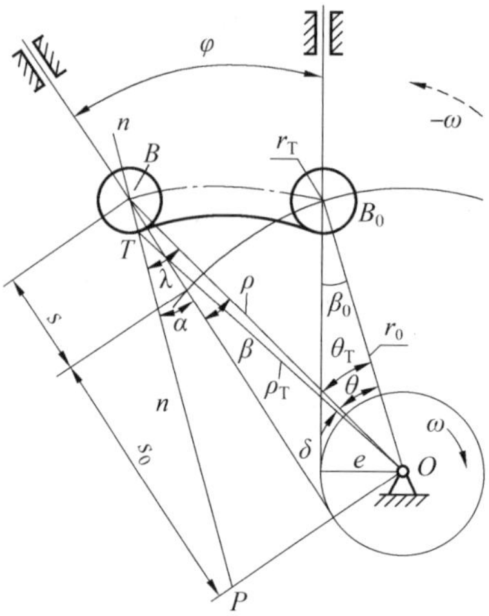

图 4.15　滚子直动从动件盘形凸轮轮廓——极坐标

由于凸轮实际轮廓曲线是理论轮廓曲线的等距曲线,所以两轮廓曲线对应点具有公共的曲率中心和法线。在图4.15中,过B点作理论轮廓的法线交滚子于T点,T点就是实际轮廓上的对应点。由图可知

$$\lambda = \alpha + \beta \tag{4.6}$$

式中,α为压力角,其计算公式见式(4.1)。

实际轮廓上对应点T的极坐标为

$$\left.\begin{aligned}\rho_T &= \sqrt{\rho^2 + r_T^2 - 2\rho r_T\cos\lambda}\\ \theta_T &= \theta + \delta\end{aligned}\right\} \tag{4.7}$$

其中

$$\delta = \arctan\frac{r_T\sin\lambda}{\rho - r_T\cos\lambda} \tag{4.8}$$

4.5.2　平底直动从动件盘形凸轮

图4.16所示为一平底直动从动件盘形凸轮机构。设已知基圆半径r_0,从动件运动规律$s = s(\varphi)$以及凸轮以等角速度ω顺时针方向回转。根据反转法原理,当机构相对初始位置反转φ角时,从动件的平底与凸轮轮廓在T点相切。过T点作公法线,求得凸轮与从动件的相对瞬心P,由几何关系可知

$$l_{OP} = \frac{v}{\omega} = \frac{ds}{d\varphi}$$

由$\triangle OPT$可求出凸轮实际轮廓上T点的极坐标为

$$\left.\begin{aligned}\rho_T &= \sqrt{\left(\frac{ds}{d\varphi}\right)^2 + (r_0 + s)^2}\\ \theta_T &= \varphi + \beta\end{aligned}\right\} \tag{4.9}$$

其中

$$\tan\beta = \frac{\dfrac{ds}{d\varphi}}{r_0 + s} \tag{4.10}$$

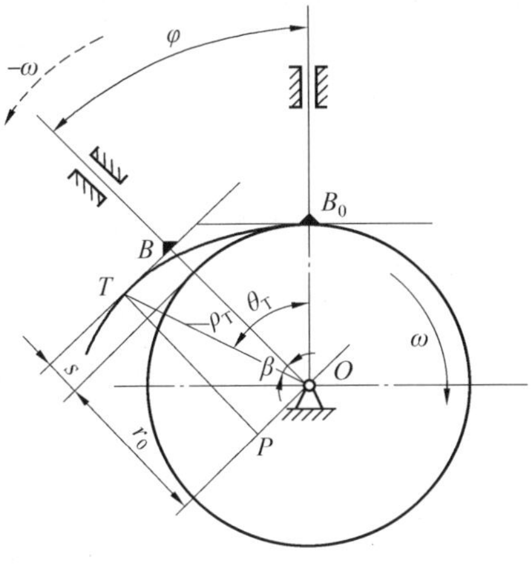

图 4.16　平底直动从动件盘形凸轮 —— 极坐标

当前,计算机辅助设计已经广泛应用于解析法设计凸轮轮廓。按照设计要求绘出程序框图,根据程序框图编写源程序,然后上机计算。它不仅能迅速得到凸轮轮廓上各点坐标值,而且可以在屏幕上画出凸轮轮廓,以便通过修改设计参数来获得最佳设计方案。为了简化设计,对于凸轮机构的不同类型(对心、偏置、直动、摆动、尖顶、滚子、平底)以及从动件的各种常用运动规律,都可以编制成子程序以备调用。输入不同的数据,计算机就会输出相应的轮廓坐标、图形和最大压力角。随着计算机软件技术的发展,已经出现了多种新型绘图软件和设计软件,这里不再赘述。

习　　题

4.1　题 4.1 图所示为一偏置直动从动件盘形凸轮机构。已知 AB 段为凸轮的推程轮廓线,试在图上标注推程运动角 Φ。

4.2　题 4.2 图所示为一偏置直动从动件盘形凸轮机构。已知凸轮是一个以 C 点为圆心的圆盘,试求凸轮轮廓上 D 点与尖顶接触时的压力角 α_D,并作图表示。

4.3　已知直动从动件升程 $h=30$ mm, $\Phi=150°$, $\Phi_s=30°$, $\Phi'=120°$, $\Phi'_s=60°$,从动件在推程和回程均做简谐运动,试用作图法或公式绘出其运动线图 $s-t$, $v-t$ 和 $a-t$。

4.4　题 4.4 图所示为对心直动滚子从动件盘形凸轮。已知凸轮以等角速度逆时针方向回转,且图中几何参数分别为 $R=40$ mm, $a=20$ mm,滚子半径 $R_T=10$ mm。试用图解法求出从动件位移曲线图 $s=f(\varphi)$,并校核推程压力角。

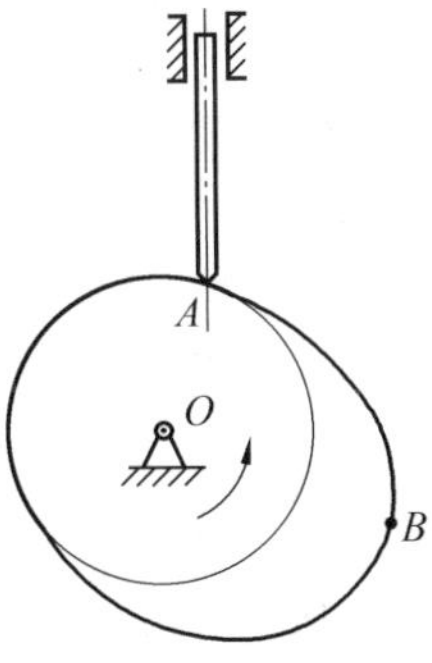

题 4.1 图

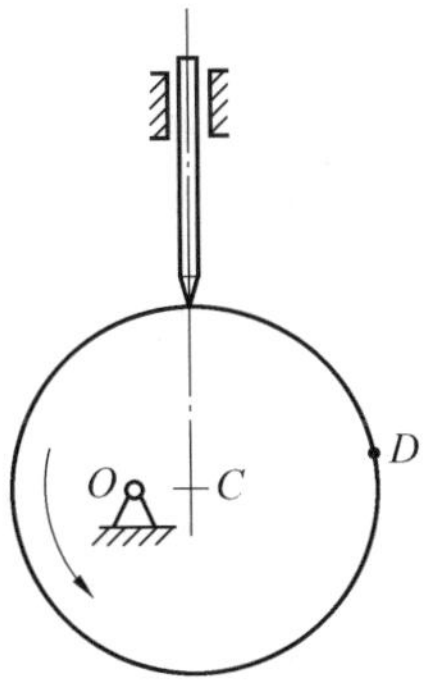

题 4.2 图

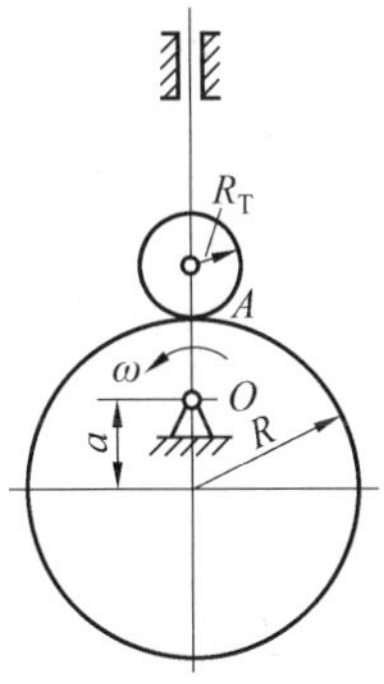

题 4.4 图

4.5　已知条件同题4.4，试用解析法，每隔2°计算一点，计算出凸轮理论轮廓和实际轮廓，并确定推程最大压力角 α_{max}。

4.6　题4.6图所示一摆动滚子从动件盘形凸轮机构，已知摆动从动件 AB_0 在起始位置垂直于 OB_0，$l_{AB_0}=80$ mm，$l_{OB_0}=40$ mm，滚子半径 $R_T=10$ mm，凸轮逆时针方向等速旋转，推程运动角 $\Phi=180°$，从动件以简谐运动规律向上摆动 $\varphi=30°$，回程运动角 $\Phi'=180°$，从动件以摆线运动规律回到起始位置。试绘制凸轮的轮廓。

4.7　设计一平底直动从动件盘形凸轮机构。已知凸轮以等角速度 ω 逆时针方向回转，凸轮的基圆半径 $r_0=40$ mm，从动件升程 $h=10$ mm，$\Phi=120°$，$\Phi_s=30°$，$\Phi'=120°$，$\Phi'_s=90°$，从动件的推程和回程均做简谐运动。试绘制凸轮的轮廓。

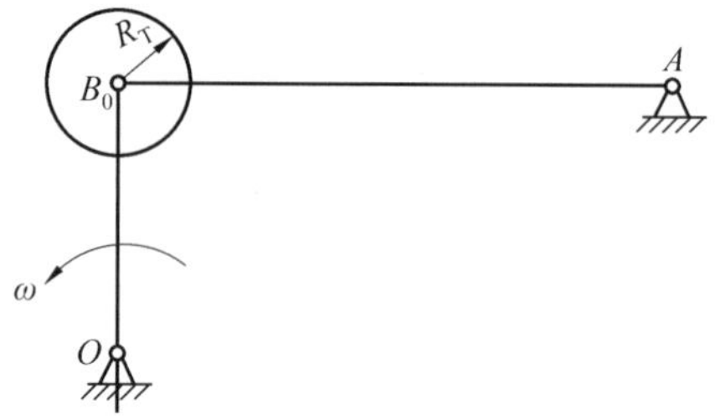

题4.6图

第 5 章 齿轮机构

教学提示：齿轮机构是重要的机构之一。本章主要介绍渐开线的形成和特点、各种渐开线齿轮（包括直齿圆柱齿轮、斜齿圆柱齿轮、直齿圆锥齿轮）啮合传动的基本理论和几何尺寸计算。

教学要求：了解齿轮机构的类型和应用，齿廓啮合基本定律及有关共轭齿廓的基本知识，渐开线性质；熟练掌握渐开线直齿圆柱齿轮机构，斜齿圆柱齿轮机构和轴交角 $\sum=90°$ 的直齿圆锥齿轮机构的基本参数，正确啮合条件及几何尺寸计算。

5.1 齿轮机构的特点和类型

齿轮机构是应用最广的一种传动机构。它的主要优点是：(1) 适用的功率和速度范围广，传递的功率可达到 10^5 kW，圆周速度可达300 m/s；(2) 效率较高，$\eta=0.94\sim0.99$；(3) 传动比稳定；(4) 结构紧凑；(5) 工作可靠且寿命长；(6) 可实现平行轴、任意角相交轴和任意角交错轴之间的传动。其缺点是：(1) 制造齿轮需要专用的设备和刀具，成本较高；(2) 对制造及安装精度要求较高，精度低时，传动的噪声和振动较大；(3) 不适宜于远距离两轴之间的传动。

齿轮机构类型很多。根据一对齿轮在啮合过程中其瞬时传动比（$i_{12}=\omega_1/\omega_2$）是否恒定，将齿轮机构分为圆形（$i_{12}=$常数）齿轮机构和非圆（$i_{12}\neq$常数）齿轮机构。应用最广泛的是圆形齿轮机构，而非圆齿轮机构则用于一些有特殊要求的机械中，本章只研究圆形齿轮机构。

依据齿轮两轴间相对位置的不同，圆形齿轮机构又可分为如下几类。

5.1.1 用于平行轴间传动的齿轮机构

图5.1所示为用于平行轴传动的齿轮机构。其中，图5.1(a) 为外啮合齿轮机构，两轮转向相反；图5.1(b) 为内啮合齿轮机构，两轮转向相同；图5.1(c) 为齿轮与齿条机构，齿条做直线移动。图5.1(a)，(b)，(c) 中各轮齿的齿向与齿轮轴线的方向一致，称为直齿轮。图5.1(d) 中的轮齿的齿向相对于齿轮的轴线倾斜了一个角度，称为斜齿轮；图5.1(e) 为人字齿轮，它可视为由螺旋角方向相反的两斜齿轮所组成。

5.1.2 用于相交轴间传动的齿轮机构

图5.2所示为用于相交轴间的锥齿轮机构。它有直齿（图5.2(a)）和曲线齿（图5.2(b)）之分。直齿应用最广，而曲线齿锥齿轮由于其传动平稳，承载能力高，常用于高速重载的传动中，如汽车、拖拉机、飞机等的传动中。

5.1.3 用于交错轴间传动的齿轮机构

图5.3所示为用于交错轴间传动的齿轮机构。图5.3(a) 为交错轴斜齿轮机构，图5.3(b)

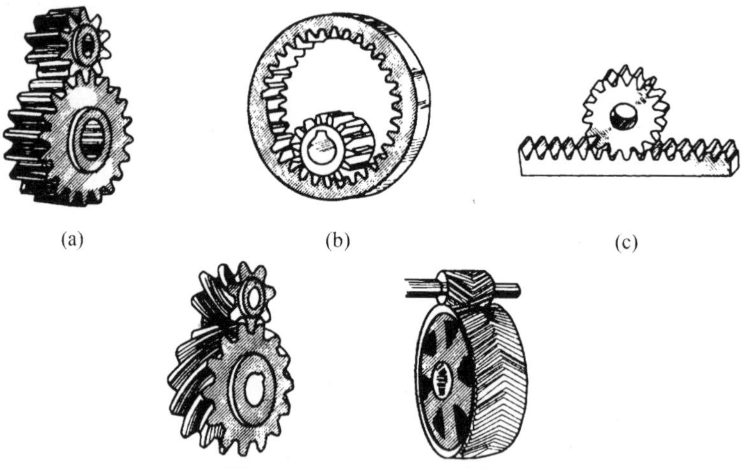

(a) (b) (c)

(d) (e)

图 5.1 平行轴间齿轮机构

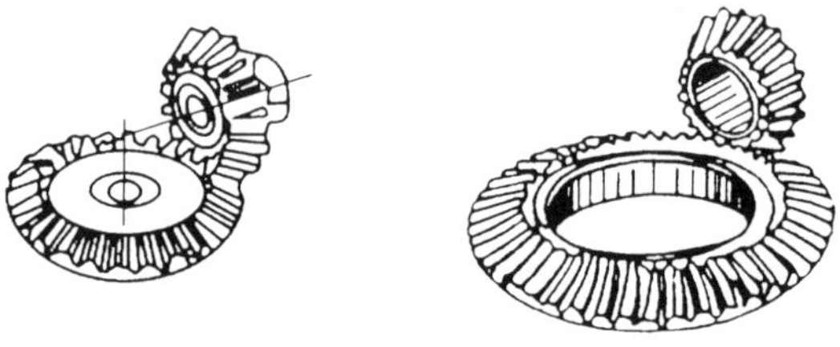

(a) (b)

图 5.2 相交轴间齿轮机构

为蜗杆机构,图 5.3(c) 为准双曲面齿轮机构。

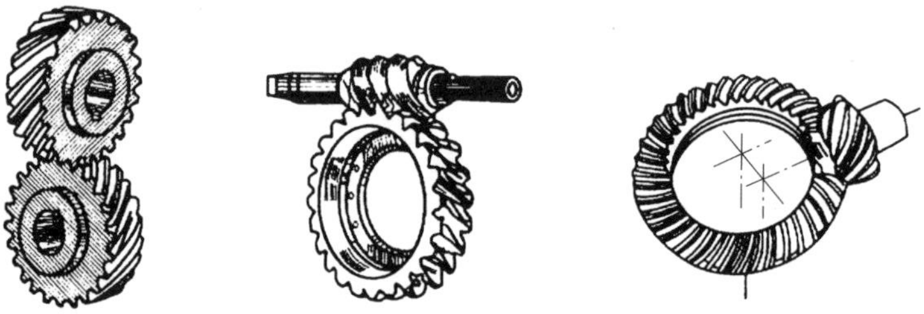

(a) (b) (c)

图 5.3 交错轴间齿轮机构

本章将以直齿圆柱齿轮传动为重点作详细的分析。

5.2 齿廓实现定角速比传动的条件

齿轮机构的基本要求之一是瞬时角速度之比必须保持不变,否则,当主动轮等角速度回转时,从动轮的角速度为变数,从而产生惯性力。这种惯性力不仅影响齿轮的寿命,而且还会引起机器的振动和噪声,影响其工作精度。为了阐明一对齿廓实现定角速比的条件,有必要先探讨角速比与齿廓间的一般规律。

图5.4所示为一对互相啮合的齿轮,主动轮以角速度 ω_1 转动并推动从动轮以角速度 ω_2 反

向回转，O_1，O_2 分别为两轮的回转中心。两轮轮齿的齿廓 G_1 和 G_2 在任意一点 K 接触，在 K 点处，两轮的线速度分别为 v_{K1} 和 v_{K2}。

过 K 点作两齿廓的公法线 $n-n$，要使两齿廓实现正常的接触传动，它们彼此既不分离，又不能相互嵌入。因此，v_{K1} 和 v_{K2} 在公法线 $n-n$ 上的分速度（即投影）应该相等。所以齿廓接触点间相对速度 v_{K1K2} 必与公法线 $n-n$ 垂直。

根据三心定理，啮合齿廓公法线 $n-n$ 与两轮连心线的交点 C 即为两齿轮的相对瞬心，点 C 称为啮合节点（简称节点），故两齿轮的传动比为

$$i_{12}=\frac{\omega_1}{\omega_2}=\frac{\overline{O_2C}}{\overline{O_1C}} \tag{5.1}$$

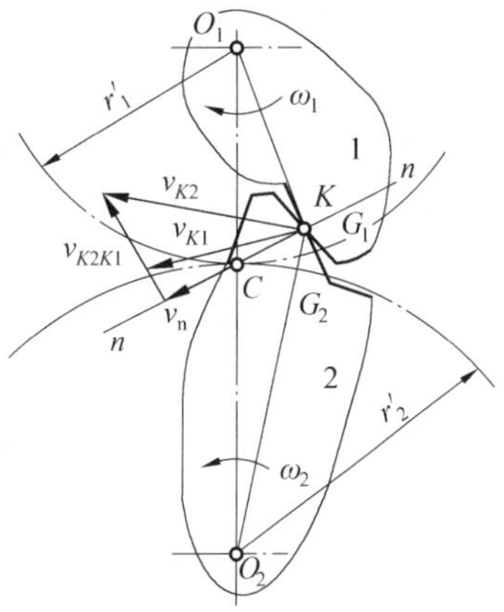

图 5.4 齿廓实现定角速比的条件

上式表明，一对传动齿轮的连心线 O_1O_2 被齿廓接触点公法线分割两段，该两线段长度与两轮瞬时角速度成反比。

可以推论，欲使两齿轮瞬时角速比恒定不变，必须使 C 点为连心线上的固定点。或者说，欲使齿轮保持定角速比，不论齿廓在任何位置接触，过接触点所作的齿廓公法线都必须与连心线交于一定点。

传动齿轮的齿廓曲线除要求满足定角速比之外，还必须考虑制造、安装和强度等要求。在机械中，常用的齿廓有渐开线齿廓、摆线齿廓和圆弧齿廓，其中以渐开线齿廓应用最广，故本章着重讨论渐开线齿轮。

过节点 C 所作的两个相切的圆称为节圆，以 r'_1，r'_2 表示两个节圆的半径。由于节点的相对速度等于零，所以一对齿轮传动时，它的一对节圆在作纯滚动。又由图可知，一对外啮合齿轮的中心距恒等于其节圆半径之和，角速比恒等于其节圆半径的反比。

5.3 渐开线齿廓

5.3.1 渐开线的形成和特性

当一直线沿一半径为 r_b 的圆周作纯滚动时（图 5.5），此直线上任意一点 K 的轨迹称为该圆的渐开线，这个圆称为渐开线的基圆，该直线称为渐开线的发生线。

由渐开线形成过程可知，渐开线具有下列特性：

(1) 当发生线从位置 Ⅰ 滚到位置 Ⅱ 时，因它与基圆之间为纯滚动，没有相对滑动，所以发生线在基圆上滚过的长度 KB 等于基圆上相应的弧长 $\widehat{AB}$，即

$$KB=\widehat{AB}$$

(2) 当发生线在位置 Ⅱ 沿基圆作纯滚动时，B 点是它的速度瞬心。因此直线 KB 是渐开线上 K 点的法线，且线段 KB 为其曲率半径，B 点为其曲率中心，显然，渐开线上不同点处，曲率半径不同，越接近基圆部分，曲率半径越小。

(3) 发生线 KB 是渐开线上 K 点处的法线，而发生线始终与基圆相切，所以渐开线上任意一点的法线必与基圆相切。

(4) 渐开线齿廓上任一点 K 的法线(压力方向线)，与齿廓上该点速度 v_K 方向线所夹的锐角 α_K，称为该点的压力角。由图可知压力角 α_K 等于 $\angle KOB$，所以有

$$\cos\alpha_K = \frac{OB}{OK} = \frac{\boldsymbol{r}_\mathrm{b}}{\boldsymbol{r}_K} \tag{5.2}$$

上式表示渐开线齿廓上各点压力角不等，向径 $\boldsymbol{r}_K$ 越大(即 K 点离轮心越远)，其压力角越大；越接近基圆部分，压力角愈小，渐开线在基圆上的压力角等于零。

(5) 渐开线的形状取决于基圆的大小。大小相等的基圆其渐开线形状相同，大小不等的基圆其渐开线形状不同。如图 5.6 所示，取大小不等的两个基圆使其渐开线上压力角相等的点在 K 点相切。由图可见，基圆越大，它的渐开线在 K 点的曲率半径越大，即渐开线愈趋平直。当基圆半径趋于无穷大时，其渐开线将成为垂直于 B_3K 的直线，齿条相当于基圆半径无穷大的渐开线齿轮，因此具有直线齿廓。

(6) 基圆之内无渐开线。

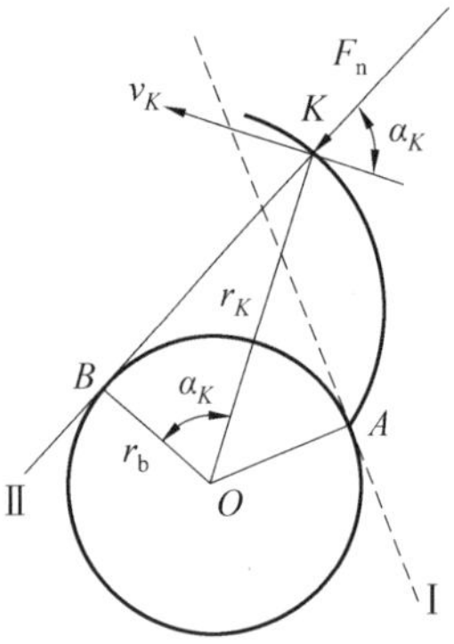

图 5.5 渐开线的形成

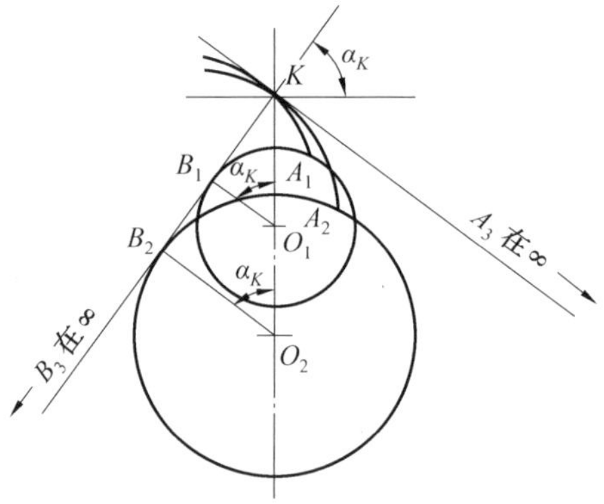

图 5.6 不同基圆半径的渐开线形状

5.3.2 渐开线齿廓满足定角速比要求

设图5.7中渐开线齿廓 G_1 和 G_2 在任意点 K 接触，过 K 点作两齿廓的公法线 $n-n$ 与两轮连心线交于 C 点。根据渐开线的特性，$n-n$ 必同时与两基圆相切，或者说，过啮合点所作的齿廓公法线即两基圆的内公切线。齿轮传动时基圆位置不变，同一方向的内公切线只有一条，它与连心线交点的位置是不变的。即无论两齿廓在何处接触，过接触点所作齿廓公法线均通过连心线上同一点 C，故渐开线齿廓满足定角速比要求。

对于定角速比传动，角速比 ω_1/ω_2 也等于转速比 n_1/n_2。角速比又称传动比，当不计转动方向相同或相反时，传动比的大小常用不带下标的 i 表示，且规定 $i \geqslant 1$。

在图 5.7 中，$\triangle O_1N_1C \backsim \triangle O_2N_2C$，故一对齿轮的传动比

$$i = \frac{n_1}{n_2} = \frac{\boldsymbol{\omega}_1}{\boldsymbol{\omega}_2} = \frac{r'_2}{r'_1} = \frac{r_{\mathrm{b}2}}{r_{\mathrm{b}1}} \tag{5.3}$$

上式表示渐开线齿轮的传动比等于两轮基圆半径的反比。因 $i \geqslant 1$，故在讨论一对齿轮传动时，下标 1 表示小轮，下标 2 表示大轮。在以下各章中，也按这一规则标注。

由图5.7还可以看出渐开线齿廓啮合的一些特点：

一对渐开线齿轮制成之后，其基圆半径是不能改变的，因而由式(5.3)可知，即使两轮的中心距稍有改变，其角速比仍保持原值不变。这种性质称为渐开线齿轮传动的可分性。实际上，制造安装误差或轴承磨损，常常导致中心距的微小改变，由于渐开线齿轮传动具有可分性，故仍能保持良好的传动性能。此外，根据渐开线齿轮传动的可分性还可以设计变位齿轮。因此，可分性是渐开线齿轮传动的一大优点。

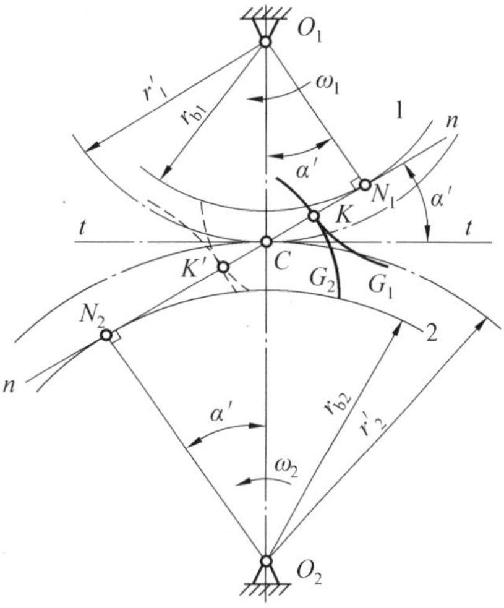

图5.7　渐开线齿廓定角速比证明

齿轮传动时，其齿廓接触点的轨迹称为啮合线。对于渐开线齿轮，无论在哪一点接触，接触齿廓的公法线总是两基圆的内公切线 N_1N_2，因此直线 N_1N_2 就是渐开线齿廓的啮合线。

过节点 C 作两节圆的公切线 $t-t$，它与啮合线 N_1N_2 间的夹角称为啮合角。由此可见，渐开线齿轮传动中啮合角为常数。由图中几何关系可知，啮合角在数值上等于渐开线在节圆上的压力角 α'。啮合角不变表示齿廓间压力方向不变，若齿轮传递的力矩恒定，则轮齿之间、轴与轴承之间压力的大小和方向均不变，这也是渐开线齿轮传动的一大优点。

5.4　齿轮各部分名称及渐开线标准齿轮的基本尺寸

5.4.1　直齿圆柱齿轮各部分名称及代号

图5.8所示为渐开线直齿圆柱齿轮的一部分，其轮齿的两侧齿廓由形状相同、方向相反的渐开线曲面组成，相邻两齿之间的空间称为齿槽。各部分名称及代号如下。

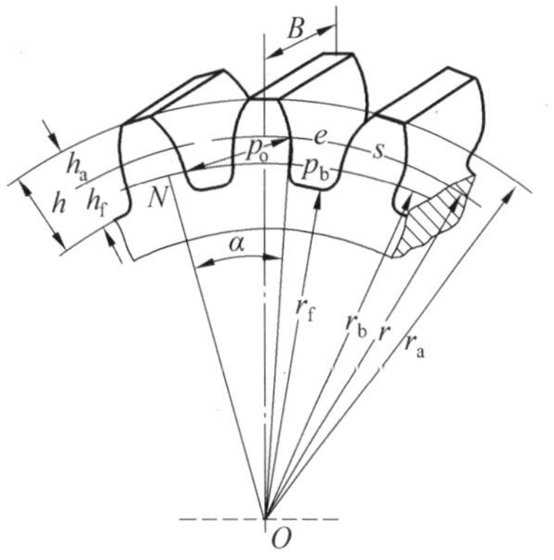

图5.8　齿轮各部分名称

1. 齿顶圆

齿轮所有各齿的顶端都在同一个圆上，这个过齿轮各齿顶端所确定的圆称为齿顶圆，其直径和半径用 d_a 和 r_a 表示。

2. 齿根圆

齿轮所有各齿之间的齿槽底部也在同一圆上，这个由齿槽底部所确定的圆称为齿根圆，其直径和半径用 d_f 和 r_f 表示。

3. 齿厚、齿槽宽、齿距

为了使齿轮能在两个方向传动，轮齿两侧齿廓是完全对称的。在任意直径 d_K 的圆周上，轮齿两侧齿廓之间的弧长称为该圆上的齿廓，用 s_K 表示；齿槽两侧齿廓之间的弧长称为该圆

上的齿槽宽，用 e_K 表示；相邻两齿同侧齿廓之间的弧长称为该圆上的齿距，用 p_K 表示；显然

$$p_K = s_K + e_K$$

4. 基圆

也就是形成渐开线的基础圆，其直径和半径分别用 d_b 和 r_b 表示。

5. 分度圆

为便于齿轮几何尺寸的计算、测量所规定的一个基准圆，其直径和半径分别用符号 d 和 r 表示。

6. 法向齿距

相邻两齿间同侧齿廓之间的法向距离，用 p_n 表示。根据渐开线的性质，法向齿距等于基圆齿距 p_b，即 $p_n = p_b$。

7. 齿顶高、齿根高、齿全高

在轮齿上，介于齿顶圆和分度圆之间的部分称为齿顶，其径向高度称为齿顶高，用 h_a 表示。介于齿根圆和分度圆之间的部分称为齿根，其径向高度称为齿根高，用 h_f 表示。齿顶圆与齿根圆之间轮齿的径向高度称为全齿高，用 h 表示。故

$$h = h_a + h_f \tag{5.4}$$

5.4.2 直齿圆柱齿轮的基本参数

1. 齿数

在齿轮整个圆周上轮齿的总数，用 z 表示。它将影响传动比和齿轮尺寸。

2. 模数

模数是齿轮的一个重要参数，它是分度圆作为齿轮几何尺寸计算依据的基准而引入的参数。

在任意直径 d_K 的圆周上，根据齿距定义可得

$$\pi d_K = p_K z$$

故

$$d_K = \frac{p_K}{\pi} z \tag{5.5}$$

由上式可知，在不同直径的圆周上，比值$\frac{p_K}{\pi}$是不同的，而且其中还包含无理数 π；又由渐开线特性可知，在不同直径的圆周上，齿廓各点的压力角 α_K 也是不等的。为了便于设计、制造及互换，把齿轮某一圆周上的比值$\frac{p_K}{\pi}$规定为标准值（整数或较完整的有理数），并使该圆上的压力角也为标准值。这个圆称为分度圆，其直径用 d 表示。分度圆上的压力角简称压力角，以 α 表示，我国规定的标准压力角为20°。分度圆上的齿距 p 对 π 的比值称为模数，用 m 表示，单位 mm，即

$$m = \frac{p}{\pi} \tag{5.6}$$

齿轮的主要几何尺寸都与模数成正比，m 越大，p 越大，轮齿也越大，轮齿抗弯能力也越强，所以模数 m 又是轮齿抗弯能力的重要标志。我国已规定了标准模数系列，表 5.1 为其中的一

部分。

表5.1　标准模数系列(摘自GB 1357—87)

第一系列	1 1.25 1.5 2 2.5 3 4 5 6 8 10 12 16 20 25 32 40 50
第二系列	1.75 2.25 2.75(3.25) 3.5(3.75) 4.5 5.5(6.5) 7 9(11) 14 18 22 28 36

注:(1) 本表适用于渐开线圆柱齿轮,对斜齿轮是指法向模数。
(2) 优先选用第一系列,括号内的数值尽可能不用。

为了简便,分度圆上的齿距、齿厚及齿槽宽习惯上不加分度圆字样,而直接称为齿距、齿厚及齿槽宽。分度圆上各参数的代号都不带下标,例如用 s 表示齿厚,用 e 表示齿槽宽等。又由图5.8知

$$P = s + e = \pi m \tag{5.7}$$

故分度圆直径

$$d = \frac{p}{\pi} z = mz \tag{5.8}$$

3. 压力角

由式 $r_K = \dfrac{r_b}{\cos \alpha_K}$ 可知,渐开线齿廓上任意一点 K 处的压力角为 $\alpha_K = \arccos \dfrac{r_b}{r_K}$。对于同一渐开线齿廓,$r_K$ 不同,α_K 也不同。十分显然,基圆上渐开线的压力角等于零。通常所说的齿轮压力角是指在分度圆上的压力角,用 α 表示。所以有

$$r_b = r\cos \alpha = \frac{mz}{2}\cos \alpha \tag{5.9}$$

由上式可知,模数、齿数不变的齿轮,若其压力角不同,其基圆的大小也不同,因而齿廓渐开线的形状也不同。因此,压力角是决定渐开线齿廓形状的重要参数。

国家标准(GB/T 1356—2001)中规定分度圆压力角为标准值,一般情况下为 $\alpha = 20°$,个别情况也用 $\alpha = 14.5°, 15°, 22.5°, 25°$ 等。

4. 齿顶高系数 h_a^* 和顶隙系数 c^*

为了以模数表示齿轮的几何尺寸,规定齿顶高和齿根高计算如下:

$$\left.\begin{aligned} h_a &= h_a^* m \\ h_f &= (h_a^* + c^*) m \end{aligned}\right\} \tag{5.10}$$

式中　h_a^*——齿顶高系数,国家标准规定:正常齿制 $h_a^* = 1$,短齿制 $h_a^* = 0.8$;

c^*——顶隙系数,国家标准规定:正常齿制 $c^* = 0.25$,短齿制 $c^* = 0.3$。

顶隙 $c = c^* m$,它是指一对齿轮啮合时,一个齿轮的齿顶圆到另一个齿轮的齿根圆的径向距离。顶隙有利于润滑油的流动。由图可以得出齿顶圆直径 d_a 和齿根圆直径 d_f 的计算式为

$$d_a = d + 2h_a \tag{5.11}$$

$$d_f = d - 2h_f \tag{5.12}$$

5.4.3　标准直齿圆柱齿轮的几何尺寸计算

具有标准模数、标准压力角、标准齿顶高系数和标准顶隙系数,分度圆上齿厚与齿槽宽相等,且齿顶高和齿根高均为标准值的齿轮称为标准齿轮。因此,对于标准齿轮

$$s = e = \frac{p}{2} = \frac{\pi m}{2} \tag{5.13}$$

将式(5.2)用于分度圆可得基圆直径的计算公式

$$d_b = d\cos\alpha \tag{5.14}$$

正常齿标准直齿圆柱外齿轮的几何尺寸计算见表5.2。

表5.2　正常齿标准直齿圆柱外齿轮的主要参数和几何尺寸

名称	代号	计算公式与说明
齿数	z	依照工作条件选定
模数	m	根据强度条件或结构需要选取标准值
压力角	α	$\alpha = 20°$
齿顶高	h_a	$h_a = h_a^* m$,其中 $h_a^* = 1$
顶隙	c	$c = c^* m$,其中 $c^* = 0.25$
齿根高	h_f	$h_f = h_a + c = 1.25\ m$
齿高	h	$h = h_a + h_f = 2.25\ m$
分度圆直径	d	$d = mz$
基圆直径	d_b	$d_b = d\cos\alpha = mz\cos\alpha$
顶圆直径	d_a	$d_a = d + 2h_a = m(z+2)$
根圆直径	d_f	$d_f = d - 2h_f = m(z-2.5)$
齿距	p	$p = \pi m$
齿厚	s	$s = p/2 = \pi m/2$
齿槽宽	e	$e = p/2 = \pi m/2$

5.4.4　齿条和内齿轮的尺寸

1. 齿条

图5.9所示为齿条结构,它可以看作齿轮传动的一种特殊形式。齿条与齿轮相比有以下三个主要特点:

(1) 齿条相当于齿数无穷多的齿轮,故齿轮中的圆在齿条中都变成了直线,即齿顶线、分度线、齿根线等;

(2) 齿条的齿廓是直线,所以齿廓上各点的法线是平行的,又由于齿条做直线移动,故其齿廓上各点的压力角相同,并等于齿廓直线的齿形角 α;

(3) 齿条上各同侧齿廓是平行的,所以在与分度线平行的各直线上其齿距相等(即 $p_i = p = \pi m$)。

齿条的基本尺寸可参照齿轮的计算公式进行计算。

2. 内齿轮

图5.10所示为一内齿圆柱齿轮。它的轮齿分布在空心圆柱体的内表面上,与外齿轮相比较有下列不同点:

(1) 内齿轮的轮齿相当于外齿轮的齿槽，内齿轮的齿槽相当于外齿轮的轮齿；

(2) 内齿轮的齿根圆大于齿顶圆；

(3) 为了使内齿轮齿顶的齿廓全部为渐开线，其齿顶圆必须大于基圆。

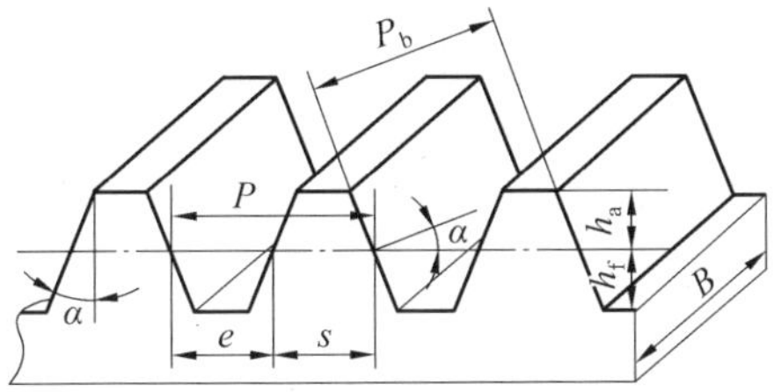

图 5.9　齿条

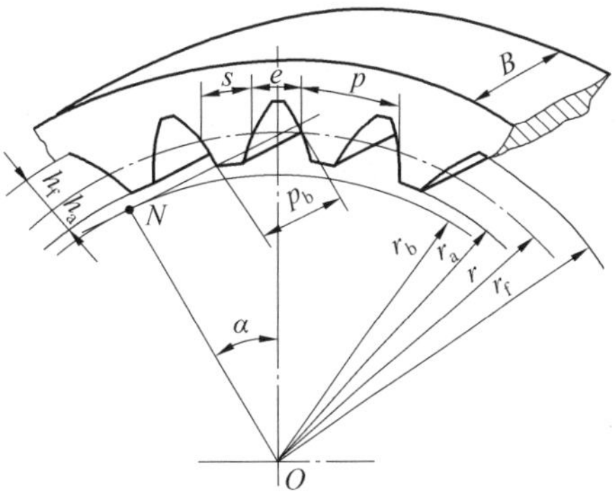

图 5.10　内齿圆柱齿轮

5.5　渐开线标准齿轮的啮合

5.5.1　正确啮合条件

一对渐开线齿廓是满足啮合的基本定律并能保证定传动比传动的，但这并不说明任意两个渐开线齿轮都能搭配起来并能正确地传动。例如，一个齿轮的周节很小，而另一个齿轮的周节很大，显然这两个齿轮是无法啮合传动的。那么，一对渐开线齿轮要正确啮合传动，应该具备什么条件呢？

如图5.11所示，当前一对齿在啮合线上K点接触时，其后一对齿应在啮合线上另一点K'接触，这样，前一对齿分离时，后一对齿才能不中断地接替传动。令K_1和K'_1表示轮1齿廓上的啮合点，令K_2和K'_2表示轮2齿廓上的啮合点。为了保证前后两对齿有可能同时在啮合线上接触，轮1相邻两齿同侧齿廓沿法线的距离$K_1K'_1$应与轮2相邻两齿同侧齿廓沿法线的距离$K_2K'_2$相等。即

$$K_1K'_1 = K_2K'_2$$

设$m_1, m_2, \alpha_1, \alpha_2, p_{b1}, p_{b2}$分别为两轮的模数、压力角和基圆齿距，根据渐开线性质，由轮2可得

$$K_2K'_2 = N_2K' - N_2K = \widehat{N_2i} - \widehat{N_2j} = \widehat{ji} = p_{b2} = \frac{\pi d_{b2}}{z_2} =$$

$$\frac{\pi d_2}{z_2} \cdot \frac{d_{b2}}{d_2} = p_2\cos\alpha_2 = \pi m_2\cos\alpha_2$$

同理，由轮1可得

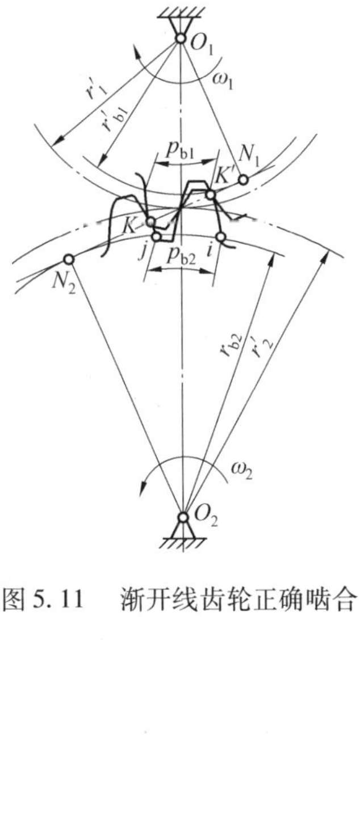

图 5.11　渐开线齿轮正确啮合

$$K_1K'_1 = p_1\cos\alpha_1 = \pi m_1\cos\alpha_1$$

代入前式得正确啮合条件

$$m_1\cos\alpha_1 = m_2\cos\alpha_2$$

由于模数和压力角已经标准化,事实上难以拼凑满足上述关系,所以必须使

$$m_1 = m_2 = m \tag{5.15}$$

$$\alpha_1 = \alpha_2 = \alpha \tag{5.16}$$

上式表明,渐开线齿轮的正确啮合条件是两轮的模数和压力角必须分别相等。这样,一对齿轮的传动比可表示为

$$i = \frac{\omega_1}{\omega_2} = \frac{d'_2}{d'_1} = \frac{d_{b2}}{d_{b1}} = \frac{d_2}{d_1} = \frac{z_2}{z_1} \tag{5.17}$$

5.5.2 标准中心距及啮合角

1. 标准顶隙与无侧隙啮合条件

在齿轮传动中,为避免一轮的齿顶与另一轮的齿根的过渡曲线相抵触,故在一轮齿顶与另一轮齿根圆之间应留有一定的间隙 c,称作顶隙。$c = c^* m$ 称为标准顶隙,如图5.12所示,顶隙在传动中还可以起到储存润滑油的作用。

在齿轮传动中,为了避免或减小轮齿的冲击,应使两轮齿侧间隙为零;而为防止轮齿受力变形、发热膨胀以及其他因素引起轮齿间的挤轧现象,两轮非工作齿廓间又要留有一定的齿侧间隙。这个齿侧间隙一般很小,通常由制造公差来保证。所以在实际设计中,齿轮的公称尺寸和中心距的计算,都是按齿侧间隙为零来考虑的。

由于轮齿传动时,仅两轮节圆做纯滚动,故无侧隙啮合条件是:一个齿轮节圆上的齿厚等于另一个齿轮节圆上的齿槽宽,即 $s'_1 = e'_2$ 及 $s'_2 = e'_1$。

2. 中心距和啮合角

由前所述已知,标准齿轮分度圆的齿厚与齿槽宽相等,又知正确啮合的一对渐开线齿轮的模数相等,故 $s_1 = e_1 = s_2 = e_2 = \pi m/2$。若安装时令分度圆与节圆重合(即两分度圆相切,如图5.12所示),则

$$e'_1 - s'_2 = e_1 - s_2 = 0$$

即齿侧间隙为零。一对标准齿轮分度圆相切时的中心距称为标准中心距,以 a 表示,即

$$a = r'_1 + r'_2 = r_1 + r_2 = \frac{m}{2}(z_1 + z_2) \tag{5.18}$$

因两分度圆相切,故顶隙

$$c = c^* m = h_f - h_a \tag{5.19}$$

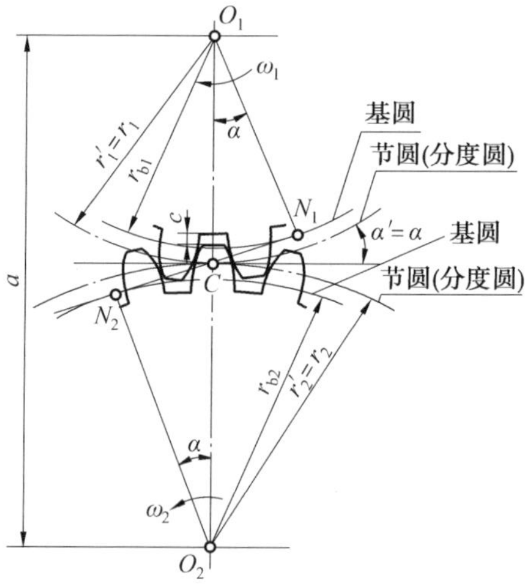

图5.12 标准齿轮正确安装

所谓啮合角是两轮节点 C 的圆周速度方向与啮合线 N_1N_2 之间所夹的锐角,用 α' 表示,如图5.12所示。当标准齿轮按照标准中心距安装时,节圆与分度圆重合,故 $\alpha = \alpha'$。

应当指出,分度圆和压力角是单个齿轮所具有的,而节圆和啮合角是两个齿轮相互啮合时

才出现的。标准齿轮传动只有在分度圆与节圆重合时，压力角与啮合角才相等；否则，压力角与啮合角并不相等。

5.5.3 连续传动条件及重合度

如图5.13所示，设齿轮1为主动轮，齿轮2为从动轮，转动方向如图所示。当一对齿廓开始啮合时，应是主动轮的齿根部分与从动轮的齿顶接触，所以开始啮合点是从动轮的齿顶圆与啮合线 N_1N_2 的交点 B_2，当两轮继续转动时，啮合点的位置点沿啮合线 N_1N_2 向下移动，齿轮2齿廓上的接触点由齿顶向齿根移动，而齿轮1齿廓上的接触点则由齿根向齿顶移动。终止啮合点是主动轮的齿顶圆与啮合线 N_1N_2 的交点 B_1。线段 $\overline{B_1B_2}$ 为啮合点的实际轨迹，称为实际啮合线段。当两轮齿顶圆加大时，点 B_1 和 B_2 趋近于点 N_1，N_2，但基圆之内无渐开线，故啮合线 $\overline{N_1N_2}$ 为理论上可能达到的最长啮合线段，称为理论啮合线段，而点 N_1，N_2 称为啮合极限点。

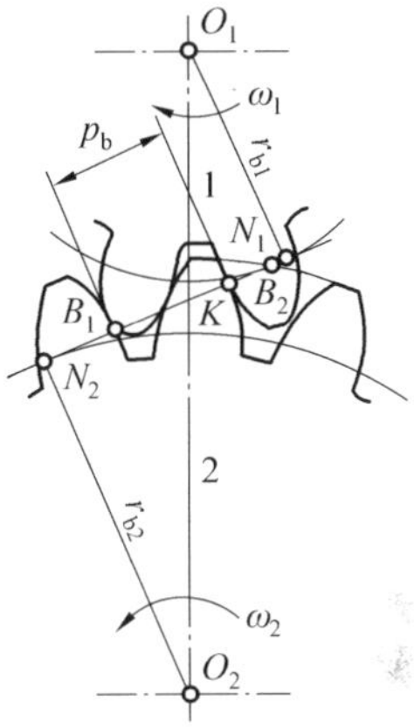

图5.13 重合度

由此可见，一对轮齿啮合传动的区间是有限的。所以，为了使两齿轮能够连续地传动，必须保证在前一对轮齿尚未脱离啮合时，后一对轮齿能及时进入啮合。为达此目的，要求实际啮合线段 $\overline{B_1B_2}$ 应大于齿轮的法向齿距 p_b（见图5.13）。$\overline{B_1B_2}$ 与 p_b 的比值 ε 称为齿轮传动的重合度，因此，齿轮连续传动的条件是

$$\varepsilon = \frac{\overline{B_1B_2}}{p_b} > 1 \tag{5.20}$$

重合度 ε 的大小表示同时参与啮合的轮齿对数的平均值。$\varepsilon = 1.35$，表示传动过程中有时1对齿接触，有时2对齿接触，其中2对齿接触的时间占35%。ε 值愈大，轮齿平均受力愈小，传动愈平稳。对于标准齿轮传动，制订标准时已保证其重合度大于1，故可不必验算。但对非标准齿轮传动则必须验算其重合度。重合度的验算公式参看有关机械设计手册。

为了保证齿轮的连续传动，实际工作中应满足 $\varepsilon \geqslant [\varepsilon]$，$[\varepsilon]$ 为许用值。根据机械行业的不同，$[\varepsilon]$ 一般可在1.1～1.4范围内选取，也可查阅相关的手册、标准等资料。

对于一般的机械制造业 $[\varepsilon] = 1.4$；汽车拖拉机 $[\varepsilon] = 1.1 \sim 1.2$；机床 $[\varepsilon] = 1.3$。

5.6 渐开线齿轮的切齿原理

近代齿轮的加工方法有很多，有铸造法、热轧法、冲压法、模锻法、切齿法等。其中最常用的是切齿法，切齿法按其原理可分成形法和范成法两类：

5.6.1 成形法

成形法是用渐开线齿形的成形刀具直接切出齿形。常用刀具有指状铣刀和盘形铣刀两种，如图5.14所示。

图5.14(a)所示为盘形铣刀切削加工的情形，加工时，铣刀绕本身轴线旋转，同时轮坯沿齿轮轴线方向直线移动。先铣出一个齿槽以后，将轮坯转过 $2\pi/z$，再铣出第二个齿槽。依次进行即可切削出所有轮齿。

图5.14(b)所示为指状铣刀切削加工的情形。其加工方法与盘形铣刀加工时基本相同。不过指状铣刀常用于加工模数较大($m > 20$ mm)的齿轮，并可用于切制人字齿轮。

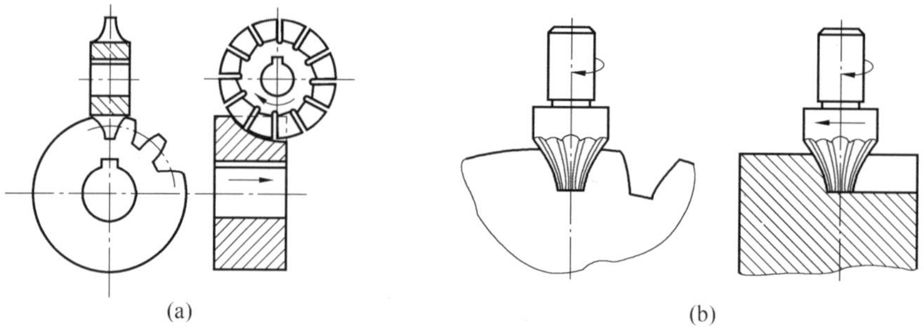

图5.14　成形法切齿

由于轮齿渐开线的形状是随基圆的大小不同而不同的，而基圆的半径 $r_b = r\cos\alpha = \dfrac{mz}{2}\cos\alpha$，所以当 m 及 α 一定时，渐开线齿廓的形状将随齿轮齿数而变化。

如果我们想要切出完全准确的齿廓，则在加工 m 与 α 相同、而 z 不同的齿轮时，每一种齿数的齿轮就需要一把铣刀。显然，这在实际上是做不到的。所以，在工程上加工同样 m 与 α 的齿轮时，根据齿数不同，一般备有8把或15把一套的铣刀，来满足加工不同齿数齿轮的需要。

这种切齿方法的优点是：可以用普通铣床加工，不需要专用机床。

缺点有：加工精度低；加工不连续，生产率低；加工成本高。

故该方法主要用于单件生产及精度要求不高的齿轮加工。

5.6.2　范成法

范成法是利用一对齿轮(或齿轮与齿条)互相啮合时，其共轭齿廓互为包络线的原理来切齿的。如果把其中一个齿轮(或齿条)做成刀具，就可以切出与它共轭的渐开线齿廓，用范成法切齿的常用刀具如下：

1. 齿轮插刀

齿轮插刀的形状如图5.15(a)所示，刀具顶部比正常齿高出 c^*m，以便切出顶隙部分。插齿时，插刀沿轮坯轴线方向作往复切削运动，同时强迫插刀与轮坯模仿一对齿轮传动那样以一定的角速比转动(图5.15(b))，直至全部齿槽切削完毕。

因插齿刀的齿廓是渐开线，所以插制出的齿轮齿廓也是渐开线。根据正确啮合条件，被切齿轮的模数和压力角必定与插刀的模数和压力角相等，故用同一把插刀切出的齿轮都能正确啮合。

2. 齿条插刀

用齿条插刀切齿时模仿齿轮与齿条的啮合过程，把刀具做成齿条状，如图5.16所示，图5.17表示齿条插刀齿廓在水平面上的投影，其顶部比传动用的齿条高出 c^*m(圆角部分)，以便切出传动时的顶隙部分。齿条的齿廓为一直线，由图可见，不论在中线(齿厚与齿槽宽相等

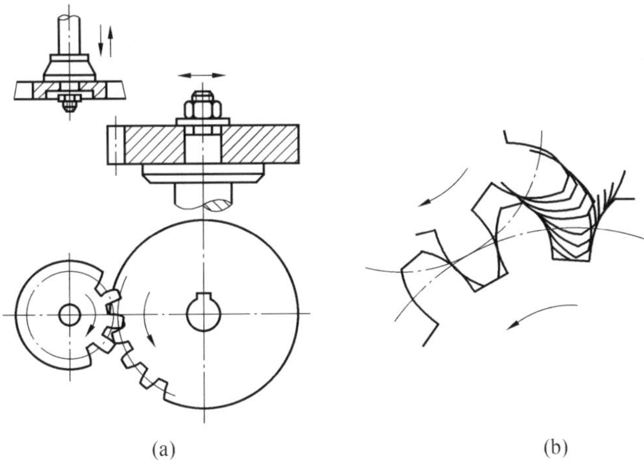

图5.15　齿轮插刀切齿

的直线）上，还是在与中线平行的其他任一直线上，它们都具有相同的齿距 $p(\pi m)$、相同的模数 m 和相同的压力角 $\alpha(20°)$。对于齿条刀具，α 也称为齿形角或刀具角。

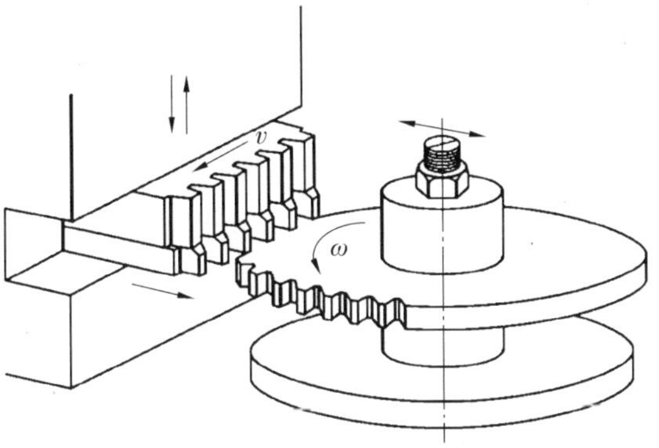

图5.16　齿条插刀切齿

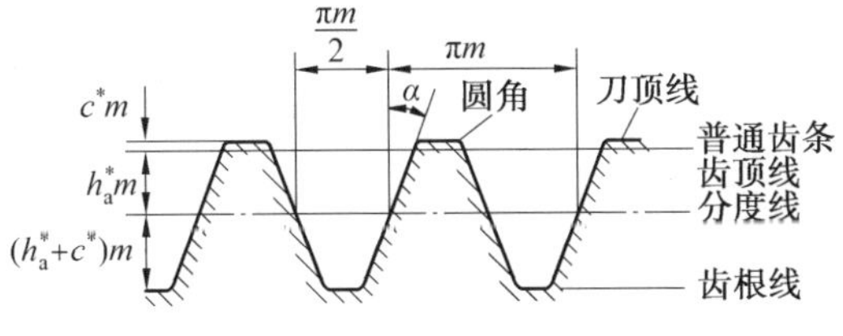

图5.17　齿条插刀的齿廓

在切制标准齿轮时，轮坯径向进给直至刀具中线与轮坯分度圆相切并保持纯滚动，这样切成的齿轮，分度圆齿厚与分度圆齿槽宽相等，即 $s=e=\pi m/2$，且模数和压力角与刀具的模数和压力角分别相等。

3. 齿轮滚刀

以上两种刀具都只能间断地切削，生产率较低。目前广泛采用的齿轮滚刀能连续切削，生产率较高。图5.18(a)，(b) 分别表示滚刀及其加工齿轮的情况。滚刀形状类似螺旋，它的齿廓在水平工作台面上的投影为一齿条。滚刀转动时，该投影齿条沿中线方向移动，这样便按范成原理切出轮坯的渐开线齿廓。滚刀除旋转外，还沿轮坯轴向逐渐移动，以便切出整个齿宽。

滚切直齿轮时,为了使刀齿螺旋线方向与被切齿轮方向一致,安装滚刀时需使其轴线与轮坯端面间的夹角 λ 等于滚刀的螺旋升角。

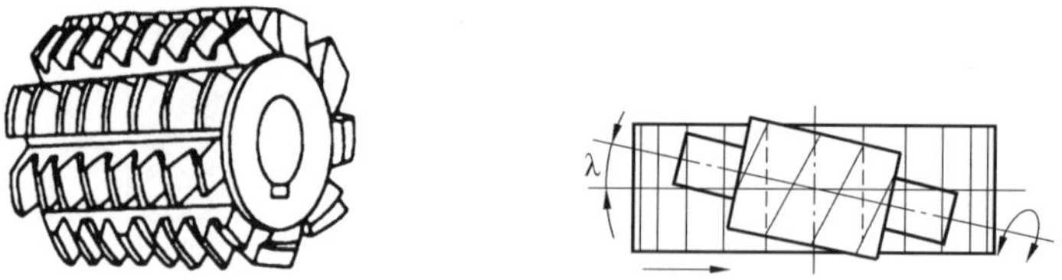

(a) (b)

图 5.18 滚刀切齿

5.7 根切、最少齿数及变位齿轮

5.7.1 根切和最少齿数

在模数和传动比已经给定的情况下,小齿轮的齿数 z_1 越少,大齿轮齿数 z_2 以及齿数和 (z_1+z_2) 也越少,齿轮机构的中心距、尺寸和质量也减小。因此,设计时希望把 z_1 取得尽可能少。但是对于渐开线标准齿轮,其最少齿数是有限制的。以齿条刀具切削标准齿轮为例,若不考虑齿顶线与刀顶线间非渐开线圆角部分(这部分刀刃主要用于切出顶隙,它不能范成渐开线),则其相互关系如图5.19(a)所示。图中 N_1 为啮合线的极限点。若刀具齿顶线超过 N_1 点(图中虚线齿条所示),则由基圆之内无渐开线的性质可知,超过 N_1 的刀刃不仅不能范成渐开线齿廓,而且会将根部已加工出的渐开线切去一部分(如图中虚线齿廓),这种现象称为根切。根切使齿根削弱,根切严重时还会减小重合度,所以应当避免。

标准齿轮是否发生根切取决于其齿数的多少,如图5.19(b)所示,线段 CO_1 表示某被切齿轮的分度圆半径,其 N_1 点在齿顶线下方,故该轮必发生根切。当齿数增多时,分度圆半径增大,轮坯中心上移至 O'_1 处,极限点也随着沿啮合线上移至齿顶线上方的 N'_1 处,从而避免根切;反之,齿数越少,分度圆半径越小,轮坯中心越低,极限点越往下移,根切越严重。标准齿轮欲避免根切,其齿数必须大于或等于不根切的最少齿数 z_{min}。根据计算,对于 $\alpha=20°$ 和 $h_a^*=1$ 的正常齿制标准渐开线齿轮,当用齿条加工时,其最少齿数 $z_{min}=17$;若允许略有根切,正常齿标准齿轮的实际最少齿数可取14。

5.7.2 变位齿轮及其齿厚的确定

标准齿轮传动虽具有设计简单、互换性好等一系列优点。但其也有一些不足之处,标准齿轮存在下列主要缺点:

(1) 标准齿轮的齿数必须大于或等于最少齿数 z_{min},否则会产生根切。

(2) 标准齿轮不适用于实际中心距 a' 不等于标准中心距 a 的场合。当 $a'>a$ 时,采用标准齿轮虽仍保持定角速比,但会出现过大的齿侧间隙,重合度也减小;当 $a'<a$ 时,因较大的齿厚不能嵌入较小的齿槽宽,致使标准齿轮无法安装。

(3) 一对互相啮合的标准齿轮,小齿轮齿根厚度小于大齿轮齿根厚度,抗弯能力有明显差

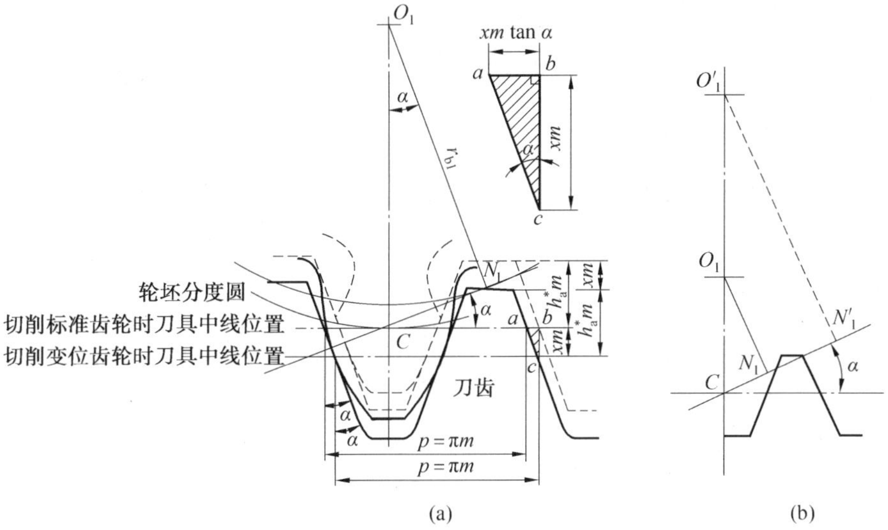

图5.19　根切和变位齿轮

别。为了弥补上述不足，在机械中出现了变位齿轮。它可以制成齿数少于 z_{min} 而无根切的齿轮，可以实现非标准中心距的无侧隙传动，可以使大小齿轮的抗弯能力比较接近。

图5.19(a)中虚线表示用齿条插刀或滚刀切制齿数小于最少齿数的标准齿轮而发生根切的情况。这时刀具的中线与齿轮的分度圆相切，刀具的齿顶线超过了极限点 N_1。如果将刀具自轮坯中心向外移出一段距离 xm，使其齿顶线正好通过极限点 N_1，如图中实线所示，则切出的齿轮可以避免根切。这时，与齿轮分度圆相切并作纯滚动的已经不是刀具的中线，而是与之平行的另一条直线(通称分度线)。用这种改变刀具相对位置的方法切制的齿轮称为变位齿轮。

以切削标准齿轮时的位置为基准，刀具的移动距离 xm 称为变位量，x 称为变位系数，并规定刀具远离轮坯中心时 x 为正值，称正变位；反之，刀具趋近中心时，x 为负值，称负变位。

刀具变位后，总有一条分度线与齿轮的分度圆相切并保持纯滚动。因齿条刀具上任一条分度线的齿距 p、模数 m 和刀具角 α 均相等，故变位切制的齿轮，其齿距、模数和压力角与标准齿轮一样，都等于刀具的齿距、模数、压力角。也就是说，齿轮变位前后，其齿距、模数和压力角均为不变量。由 $d = mz$ 和 $d_b = d\cos\alpha$ 可以推知，变位齿轮的分度圆和基圆也保持不变。

刀具变位后，因其分度线上的齿槽宽和齿厚不等，故与分度线作纯滚动的被切齿轮，其分度圆上的齿厚和齿槽宽也不等。图5.19(a)中刀具作正变位，其分度线上的齿槽宽比中线上的齿槽宽增大了 $2ab$，故被切齿轮的分度圆齿厚也增大 $2ab$，与此相应，被切齿轮分度圆上的齿槽宽则减小了 $2ab$。由图5.19(a)可知

$$ab = xm\tan\alpha \tag{5.21}$$

因此，变位齿轮分度圆齿厚和齿槽宽的计算公式分别为

$$s = \frac{\pi m}{2} + 2xm\tan\alpha \tag{5.22}$$

$$e = \frac{\pi m}{2} - 2xm\tan\alpha \tag{5.23}$$

以上两式对正变位和负变位都适用。负变位时，x 以负值代入。

由上述可知,正变位不仅可制出齿数小于 z_{min} 且无根切的齿轮,而且还能增大齿厚,提高轮齿的抗弯强度。

5.7.3 变位齿轮传动的类型

变位齿轮传动可分为等移距变位齿轮传动和不等移距变位齿轮传动两类。

1. 等移距变位齿轮传动

这种传动中,两轮变位系数绝对值相等,但小齿轮为正变位,大齿轮为负变位。即 $x_1 > 0$, $x_2 < 0$,且 $x_1 = -x_2$。由于小齿轮取正变位,故可减少小齿轮的齿数和增大小齿轮根部的齿厚,从而提高传动质量。为了使两轮都不产生根切,两轮齿数之和必须大于或等于最少齿数的两倍,即 $z_1 + z_2 \geqslant 2z_{min}$。

由式(5.22)和(5.23)可知,这种传动中,小齿轮分度圆齿厚的增量正好等于大齿轮齿槽宽的增量,故两轮分度圆相切(即分度圆与节圆重合),仍可实现无侧隙啮合。因此,等移距变位齿轮传动的中心距仍为标准中心距 a,其啮合角也与标准齿轮传动相同,$\alpha' = \alpha = 20°$。但刀具变位后,被切齿轮的齿顶高和齿根高已不同于标准齿轮,所以等移距变位又称高度变位。

正常齿等移距变位齿轮传动的几何尺寸计算参看表5.3。

表5.3 正常齿等移距变位齿轮传动的几何尺寸计算

序号	名称	符号	公式及数表
1	齿数	z_1, z_2	$z_1 + z_2 \geqslant 34$
2	变位系数	x_1, x_2	$x_1 = -x_2 \neq 0, x_1 \geqslant \frac{17 - z_1}{17}, x_2 \geqslant \frac{17 - z_2}{17}$
3	中心距	a'	$a' = a = \frac{m}{2}(z_1 + z_2)$
4	啮合角	α'	$\alpha' = \alpha = 20°$
5	节圆直径	d'_1, d'_2	$d'_1 = d_1 = mz_1, d'_2 = d_2 = mz_2$
6	齿顶圆直径	d_{a1}, d_{a2}	$d_{a1} = d_1 + m(2 + 2x_1), d_{a2} = d_2 + m(2 + 2x_2)$
7	齿根圆直径	d_{f1}, d_{f2}	$d_{f1} = d_1 - m(2.5 - 2x_1), d_{f2} = d_2 - m(2.5 - 2x_2)$

2. 不等移距变位齿轮传动

除标准齿轮传动($x_1 = x_2 = 0$)和等移距变位齿轮传动($x_1 = -x_2$)之外,其余变位齿轮传动均称为不等移距变位齿轮传动。其变位系数可在不根切的条件下自由选择。这种传动中,$x_1 \neq -x_2$,故由式(5.22)和(5.23)可知,小轮分度圆齿厚与大轮分度圆齿槽宽必定不相等。若小轮齿厚小于大轮齿槽宽,则二分度圆相切时,必然出现过大的齿侧间隙,只有缩小中心距($a' < a$),使两轮趋近,才能消除过大间隙,实现正常传动。反之,若小轮齿厚大于大轮齿槽

宽,则二分度圆相切时将无法安装,只有拉开中心距($a' > a$),使两轮远离,才能安装。综上所述可知,采用不同变位系数可调整二轮分度圆齿厚,实现任意非标准中心距传动,故常用于变速箱滑移齿轮设计等场合。

不等移距变位齿轮传动的中心距不等于标准中心距。中心距增减时,两轮的分度圆相离或相交,但不相切。显然,这种传动中分度圆与节圆不重合,啮合角不等于分度圆压力角,$\alpha' \neq 20°$,由于啮合角起了变化,所以不等移距变位又称角度变位。角度变位除用于凑配中心距之外,还常用于增大啮合角,加强齿根,从而提高接触强度和弯曲强度。角度变位传动的几何尺寸计算很复杂,其有关公式见机械设计手册。

5.8 平行轴斜齿轮机构

平行轴齿轮传动相当于一对节圆柱的纯滚动,所以平行轴斜齿轮机构又称斜齿圆柱齿轮机构,简称斜齿轮机构。

5.8.1 斜齿圆柱齿轮齿廓曲面的形成

在研究直齿圆柱齿轮的啮合原理时,由于轮齿的方向与轴线平行,所有与轴线垂直的平面内的情形完全相同,所以只需研究端面就可以了。但实际上齿轮是有一定宽度的。因此,直齿轮的齿廓曲面是发生面沿基圆柱做纯滚动时,其上与基圆柱母线 AA 相平行的直线 KK 所展成的渐开线,如图5.20所示。斜齿圆柱齿轮齿廓曲面形成原理与直齿轮的相似,只是直线 KK 不再与基圆柱母线 AA 平行,而与它成一交角 β_b,如图5.21所示。当发生面沿基圆柱做纯滚动时,直线 KK 上各点都依次从基圆柱面接触点开始展成一条渐开线,这些渐开线的集合,就是斜齿轮的齿廓曲面(为渐开螺旋面),β_b 称为斜齿轮基圆柱螺旋角。

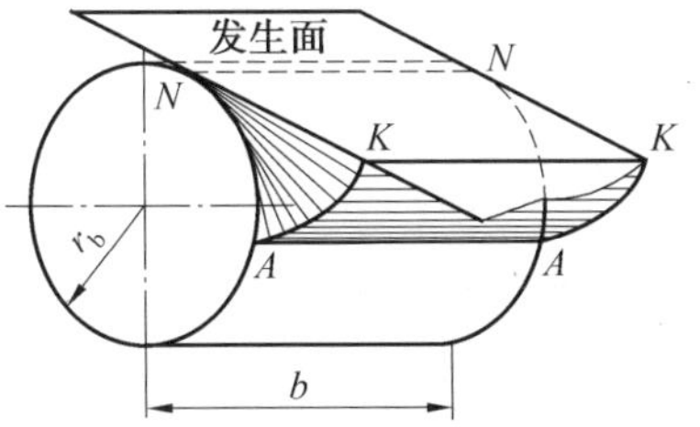

图5.20 直齿圆柱齿轮齿廓曲面的形成

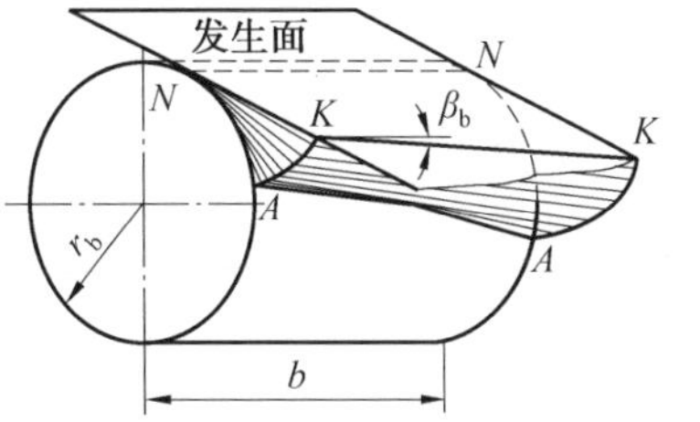

图5.21 斜齿圆柱齿轮齿廓曲面的形成

斜齿轮的齿廓曲面与其分度圆柱面相交的螺旋线的切线与齿轮轴线之间所夹的锐角(以 β 表示)称为斜齿轮分度圆柱上的螺旋角(简称为斜齿轮的螺旋角),齿轮螺旋的旋向有左、右之分,故螺旋角 β 也有正、负之别,如图5.22所示。

如图5.23(a)所示,一对直齿轮的齿廓进入和脱离接触都是沿齿宽突然发生的,容易引起冲击、振动和噪声。由于斜齿轮存在着螺旋角 β,故当一对斜齿轮啮合传动时,其轮齿是先由一端进入啮合逐渐过渡到轮齿的另一端而最终退出啮合,其齿面上的接触线是由短变长,再由长变短,如图5.23(b)所示。因此,斜齿轮轮齿在交替啮合时所受的载荷是逐渐加上,再逐渐卸掉的,传动比较平稳,冲击、振动和噪声较小,故适用于高速、重载传动。

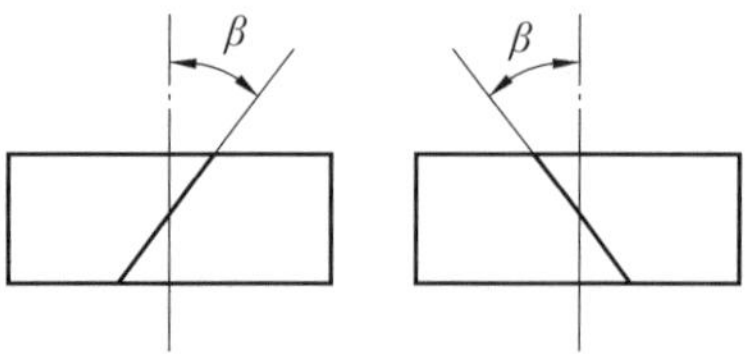

图 5.22　斜齿轮旋向

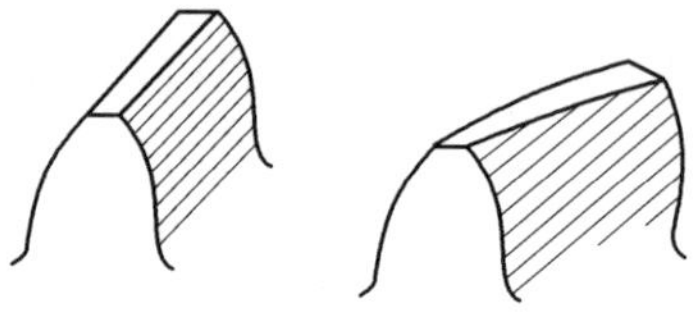

图 5.23　齿廓接触线的比较

一对斜齿轮的正确啮合,除两轮的模数和压力角必须相等外,两轮分度圆柱螺旋角(以下简称螺旋角)β 也必须大小相等方向相反,即一为左旋,另一为右旋。

5.8.2　斜齿圆柱齿轮的基本参数和几何尺寸计算

由于斜齿圆柱齿轮垂直于其轴线的端面齿形和垂直于螺旋线的法面齿形是不同的,因而斜齿圆柱齿轮的几何参数有端面和法面之分。又由于在切制斜齿轮的轮齿时,刀具进刀的方向一般是垂直于法面的,所以斜齿圆柱齿轮的法面参数($m_n,\alpha_n,h_{an}^*,c_n^*$ 等)与刀具的参数相同,所以取为标准值。但是在计算斜齿圆柱齿轮的几何尺寸时,却需用端面参数进行,因此必须建立法面参数与端面参数之间的换算关系。

图 5.24 所示为斜齿条沿其分度线的剖开图。其中阴影线部分为轮齿,空白部分为齿槽。由图 5.24 可见,法向齿距 p_n 和端面齿距 p_t 之间的关系为

$$p_n = p_t\cos\beta \tag{5.24}$$

因为 $p_n = \pi m_n, p_t = \pi m_t$,所以

$$m_n = m_t\cos\beta \tag{5.25}$$

图 5.25 所示为斜齿条的一个轮齿,$\angle a'b'c$ 为法面压力角 α_n,$\angle abc$ 为端面压力角 α_t。由图 5.25 可见

$$\tan\alpha_n = \frac{\overline{a'c}}{\overline{a'b'}},\tan\alpha_t = \frac{\overline{ac}}{\overline{ab}}$$

由于 $\overline{ab} = \overline{a'b'}, \overline{a'c} = \overline{ac}\cos\beta$,故得

$$\tan\alpha_n = \tan\alpha_t\cos\beta \tag{5.26}$$

一对斜齿圆柱齿轮传动在端面上相当于一对直齿轮传动,故可将直齿轮的几何尺寸计算公式用于斜齿圆柱齿轮的端面几何尺寸的计算。

渐开线标准斜齿圆柱齿轮的几何尺寸可按表 5.4 进行计算。

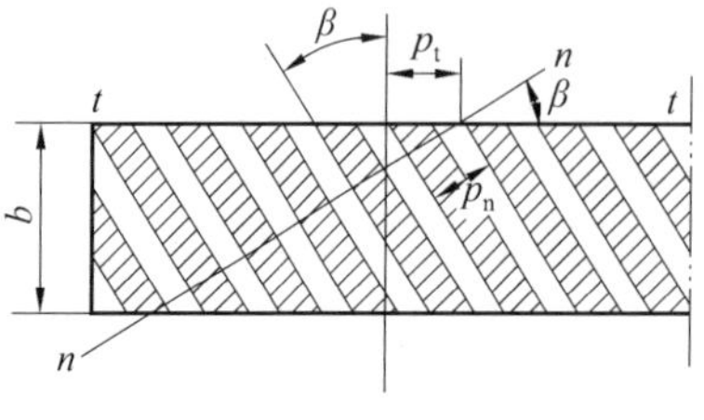

图 5.24　端面齿距与法向齿距

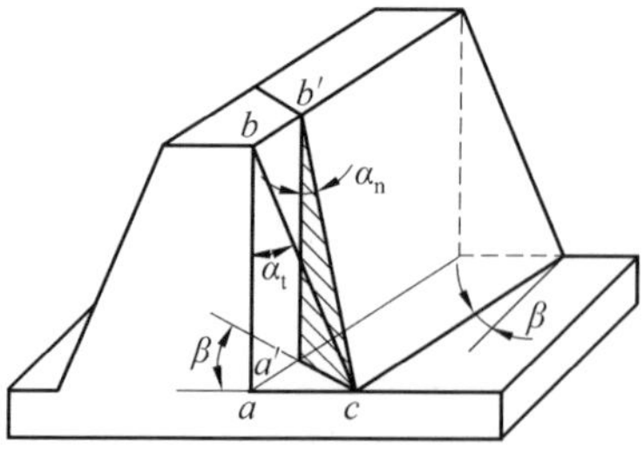

图 5.25　斜齿圆柱齿轮压力角

表5.4 渐开线正常齿标准斜齿圆柱齿轮的几何尺寸计算公式

序号	名称	符号	计算公式及参数选择
1	法面模数	m_n	按表5.1取标准值
2	端面模数	m_t	$m_t = \dfrac{m_n}{\cos\beta}$，$m_n$为标准值
3	螺旋角	β	一般取$\beta = 8° \sim 20°$
4	基圆柱螺旋角	β_b	$\tan\beta_b = \tan\beta\cos\alpha_t$
5	法面压力角	α_n	$\alpha_n = 20°$
6	分度圆直径	d_1, d_2	$d_1 = m_t z_1 = \dfrac{m_n z_1}{\cos\beta}, d_2 = m_t z_2 = \dfrac{m_n z_2}{\cos\beta}$
7	齿顶高	h_a	$h_a = m_n$
8	齿根高	h_f	$h_f = 1.25m_n$
9	全齿高	h	$h = h_a + h_f = 2.25\ m_n$
10	顶隙	c	$c = h_f - h_a = 0.25\ m_n$
11	齿顶圆直径	d_{a1}, d_{a2}	$d_{a1} = d_1 + 2h_a, d_{a2} = d_2 + 2h_a$
12	齿根圆直径	d_{f1}, d_{f2}	$d_{f1} = d_1 - 2h_f, d_{f2} = d_2 - 2h_f$
13	中心距	a	$a = \dfrac{d_1 + d_2}{2} = \dfrac{m_t}{2}(z_1 + z_2) = \dfrac{m_n(z_1 + z_2)}{2\cos\beta}$

5.8.3 一对斜齿圆柱齿轮正确啮合条件

一对斜齿圆柱齿轮的正确啮合的条件应为

$$m_{n1} = m_{n2},\quad \alpha_{n1} = \alpha_{n2},\quad \beta_1 = \pm\beta_2 \tag{5.27}$$

式中 “-”号——外啮合；

“+”号——内啮合。

5.8.4 斜齿圆柱齿轮传动的重合度

图5.26(a)，(b)分别表示斜齿条和直齿条的分度面。传动时，轮齿从FF'开始啮合，至GG'终止啮合，啮合区内的齿均处于啮合状态，由图可见，直齿条啮合区内的齿数即等于其前端面上的啮合齿数，而斜齿条啮合区内的齿数多于其前端面上的啮合齿数，增加的齿数等于$\dfrac{FH}{p_t}$。因此，斜齿轮传动的重合度为

$$\varepsilon = \varepsilon_t + \frac{FH}{p_t} = \varepsilon_t + \frac{b\tan\beta}{p_t} \tag{5.28}$$

式中 ε_t——端面重合度，即与斜齿轮端面齿廓相同的直齿轮传动的重合度；

$\dfrac{b\tan\beta}{p_t}$——轮齿倾斜附加的重合度(又称轴向重合度)。

斜齿轮的重合度随齿宽 b 和螺旋角 β 的增大而增大,可达到很大的数值,这也是斜齿轮传动平稳,承载能力高的主要原因之一。

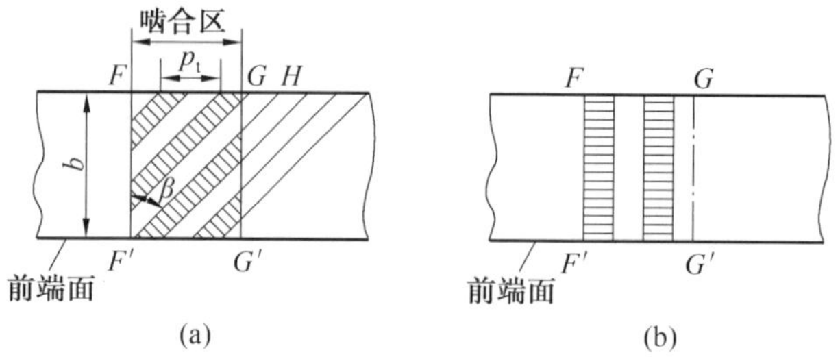

图 5.26 斜齿轮重合度

5.8.5 斜齿圆柱齿轮传动的主要优缺点

与直齿轮传动相比,斜齿圆柱齿轮传动具有以下优点:

(1) 齿廓接触线是斜线,一对齿是逐渐进入啮合和逐渐脱离啮合的,故运转平稳,噪声小。

(2) 重合度大,并随齿宽和螺旋角的增大而增大,故承载能力高,运转平稳,适于高速传动。

(3) 斜齿轮不根切最少齿数小于直齿轮。

斜齿轮的主要缺点是斜齿齿面受法向力 F 时会产生轴向分力 F_a(图 5.27(a))需要安装推力轴承,从而使结构复杂化。为了克服这一缺点,可以采用人字齿轮(图 5.27(b)),人字齿轮可看作螺旋角大小相等、方向相反的两个斜齿轮合并而成,因左右对称而使两轴向力的作用互相抵消。人字齿轮的缺点是制造较困难,成本较高。

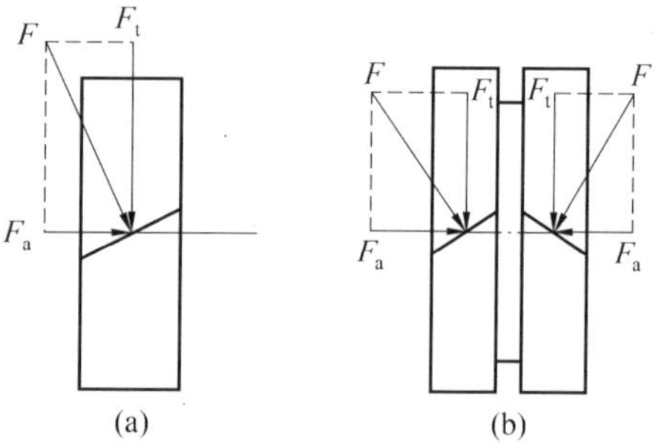

图 5.27 斜齿上的轴向作用力

由上述可知,螺旋角 β 的大小对斜齿轮传动性能影响很大,若 β 太小,则斜齿轮的优点不能充分体现;若 β 太大,则会产生很大的轴向力。设计时一般取 $\beta = 8° \sim 20°$。

5.9 锥齿轮机构

5.9.1 锥齿轮概述

锥齿轮用于相交两轴之间的传动,和圆柱齿轮传动相似,一对锥齿轮的运动相当于一对节圆锥的纯滚动。除了节圆锥之外,锥齿轮还有分度圆锥、齿顶圆锥、齿根圆锥和基圆锥。图 5.28 表示一对正确安装的标准锥齿轮,其节圆锥与分度圆锥重合。线段 OC 称为外锥距。设 δ_1 和 δ_2 分别为小齿轮和大齿轮的分度圆锥角,$\sum$ 为两轴线的交角,$\sum = \delta_1 + \delta_2$。因

$$r_2 = OC\sin\delta_2, r_1 = OC\sin\delta_1$$

故传动比

$$i=\frac{\omega_1}{\omega_2}=\frac{z_2}{z_1}=\frac{r_2}{r_1}=\frac{\sin\delta_2}{\sin\delta_1} \tag{5.29}$$

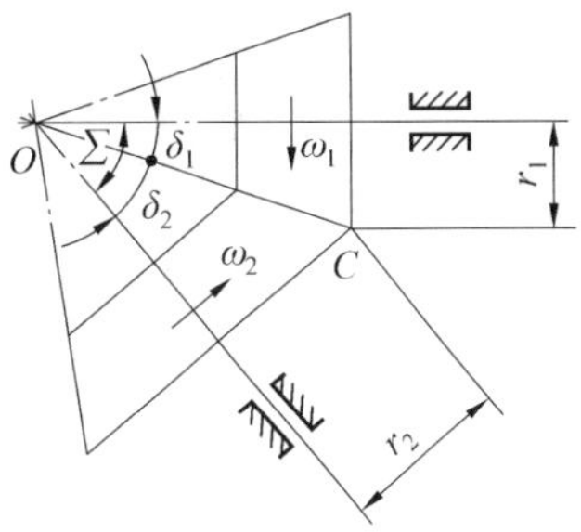

图 5.28 锥齿轮传动

5.9.2 直齿锥齿轮几何尺寸计算

圆锥体有大端和小端。大端尺寸较大，计算和测量的相对误差较小，且便于确定齿轮机构的外廓尺寸，所以直齿锥齿轮的几何尺寸计算以大端为标准。齿宽 b 不宜太大，齿宽过大则小端的齿很小，不仅对提高强度作用不大，而且会增加加工困难。

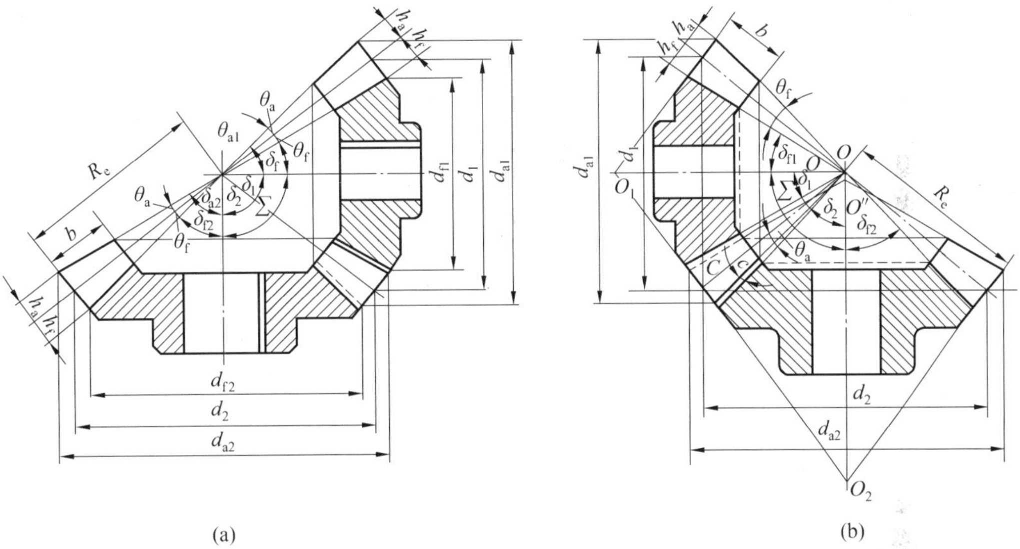

图 5.29 标准直齿锥齿轮

直齿锥齿轮的正确啮合条件是：两轮大端模数必须相等，压力角必须相等。除此之外，两轮的外锥距也必须相等。

通常直齿锥齿轮的齿高由大端到小端逐渐收缩。按顶隙不同，又可分为不等顶隙收缩齿（图 5.29(a)）和等顶隙收缩齿（图 5.29(b)）两种。不等顶隙锥齿轮的齿顶圆锥、齿根圆锥和分度圆锥具有同一锥顶点，所以它的顶隙也由大端到小端逐渐缩小。这种齿轮的缺点是小端轮齿强度较差且润滑不良。等顶隙锥齿轮的齿根圆锥和分度圆锥共锥顶，但齿顶圆锥（其母线与另一轮的齿根圆锥母线平行）并不与分度圆锥共锥顶。这种齿轮能增加小端顶隙，改善润滑状况；同时还可降低小端齿高，提高小端轮齿的弯曲强度，故 GB 12369—90 规定采用等顶隙圆锥齿轮传动。

当轴交角 $\sum=90°$ 时，一对标准直齿锥齿轮各部分名称和几何尺寸计算公式见表 5.5。由表可知，等顶隙齿与不等顶隙齿几何尺寸的主要区别在齿顶角 θ_a。等顶隙齿 $\theta_a=\theta_f$；不等顶隙齿 $\theta_a=\arctan\dfrac{h_a}{R_e}$，其余计算公式相同。

表 5.5 $\sum = 90°$ 标准直齿锥齿轮的几何尺寸计算

序号	名称	符号	计算公式及参数选择
1	大端模数	m_e	按 GB 12368—90 取标准值
2	传动比	i	$i = \frac{z_2}{z_1} = \tan\delta_2$，单级 $i < 7$
3	分度圆锥角	δ_1, δ_2	$\delta_2 = \arctan\frac{z_2}{z_1}, \delta_1 = 90° - \delta_2$
4	分度圆直径	d_1, d_2	$d_1 = m_e z_1, d_2 = m_e z_2$
5	齿顶高	h_a	$h_a = m_e$
6	齿根高	h_f	$h_f = 1.2\, m_e$
7	全齿高	h	$h = 2.2\, m_e$
8	顶隙	c	$c = 0.2\, m_e$
9	齿顶圆直径	d_{a1}, d_{a2}	$d_{a1} = d_1 + 2m_e\cos\delta_1, d_{a2} = d_2 + 2m_e\cos\delta_2$
10	齿根圆直径	d_{f1}, d_{f2}	$d_{f1} = d_1 - 2.4m_e\cos\delta_1, d_{f2} = d_2 - 2.4m_e\cos\delta_2$
11	外锥距	R_e	$R_e = \sqrt{r_1^2 + r_2^2} = \frac{m_e}{2}\sqrt{z_1^2 + z_2^2}$
12	齿宽	b	$b \leqslant \frac{R_e}{3}, b \leqslant 10m_e$
13	齿顶角	θ_a	$\theta_a = \arctan\frac{h_a}{R_e}$（不等顶隙齿）；$\theta_a = \theta_f$（等顶隙齿）
14	齿根角	θ_f	$\theta_f = \arctan\frac{h_f}{R_e}$
15	根锥角	δ_{f1}, δ_{f2}	$\delta_{f1} = \delta_1 - \theta_f, \delta_{f2} = \delta_2 - \theta_f$
16	顶锥角	δ_{a1}, δ_{a2}	$\delta_{a1} = \delta_1 + \theta_a, \delta_{a2} = \delta_2 + \theta_a$

习　题

5.1　已知一正常齿制标准直齿圆柱齿轮 $\alpha = 20°$，$m = 2$ mm，$z = 35$，试分别求出分度圆、基圆、齿顶圆上渐开线齿廓的曲率半径和压力角。

5.2　已知一对外啮合正常标准直齿圆柱齿轮 $m = 3$ mm，$z_1 = 20$，$z_2 = 42$，试计算这对齿轮的分度圆直径、齿顶高、齿根高、顶隙、中心距、齿顶圆直径、齿根圆直径、齿距、齿厚和齿槽宽。

5.3　已知一对外啮合标准直齿圆柱齿轮的标准中心距 $a = 160$ mm，齿数 $z_1 = 20$，$z_2 = 60$，求模数和分度圆直径。

5.4　已知一正常齿制标准直齿圆柱齿轮的齿数 $z = 25$，齿顶圆直径 $d_a = 135$ mm，求该轮的模数。

5.5　试问当渐开线标准直齿圆柱齿轮的基圆和齿根圆重合时，其齿数应为多少？又当齿数大于以上求得的齿数时，试问基圆与齿根圆哪个大？

5.6　已知一对外啮合正常齿制标准直齿圆柱齿轮的传动比 $i_{12} = 2.5$，$m = 4$ mm，$z_1 = 30$，$\alpha = 20°$，$h_a^* = 1$，试求：

（1）轮2的齿数 z_2 和这对齿轮的中心距；

（2）两个齿轮的分度圆直径、齿顶圆直径、齿根圆直径和基圆直径；

（3）这对齿轮的齿厚、齿槽宽、齿距和基圆齿距。

5.7　试根据渐开线特性说明一对模数相等、压力角相等，但齿数不等的渐开线标准直齿圆柱齿轮，其分度圆齿厚、齿顶圆齿厚和齿根圆齿厚是否相等，哪一个较大？

5.8　试与标准齿轮相比较，说明正变位直齿圆柱齿轮的下列参数：m，α，α'，d，d'，s，s_f，h_f，d_f，d_b，哪些不变？哪些起了变化？变大还是变小？

5.9　试设计一对外啮合圆柱齿轮，已知 $z_1 = 23$，$z_2 = 34$，$m_n = 2$，实际中心距为59 mm，问：（1）该对齿轮能否采用标准直齿圆柱齿轮传动？（2）若采用标准斜齿圆柱齿轮传动来满足中心距要求，其分度圆螺旋角 β，分度圆直径 d_1，d_2 和节圆直径 d'_1，d'_2 各为多少？

5.10　已知一对正常齿渐开线标准斜齿圆柱齿轮传动，$z_1 = 18$，$z_2 = 36$，$m_n = 2.5$ mm，$a = 70$ mm，$\alpha_n = 20°$，$h_{an}^* = 1$，$c_n^* = 0.25$。试求：

（1）这对斜齿轮螺旋角 β；

（2）两轮的分度圆直径 d_1，d_2 和齿顶圆直径 d_{a1}，d_{a2}。

5.11　已知一对等顶隙收缩齿渐开线标准直齿锥齿轮 $\sum = 90°$，$z_1 = 17$，$z_2 = 43$，$m_e = 3$ mm，试求分度圆锥角、分度圆直径、齿顶圆直径、齿根圆直径、外锥距、齿顶角、齿根角、顶锥角、根锥角。

第 6 章

轮　　系

教学提示：轮系传动比的计算是本章的重点，而周转轮系传动比的计算是其中的难点。正确区分轮系类型是计算轮系传动比的基础，区分轮系类型的关键是正确判断是否存在行星轮。

教学要求：了解轮系的分类方法、能够看懂轮系传动的运动简图，正确区分轮系类型，能正确计算定轴轮系、周转轮系和简单复合轮系的传动比。

6.1　轮系的分类

由一对齿轮组成的机构是齿轮传动的最简单形式，在机械设备中，只用一对齿轮往往难以满足工作要求。为了获得较大的传动比，或者为了将输入轴的一种转速变换为输出轴的多种转速等原因，常采用一系列互相啮合的齿轮将输入轴和输出轴连接起来。这种由一系列齿轮组成的传动系统称为轮系。

按照轮系运动时，各齿轮的轴线位置是否固定，轮系可分为定轴轮系和周转轮系两种基本类型。

如图 6.1 所示的轮系中，传动时所有齿轮的几何轴线都是固定的，这种轮系称为定轴轮系。完全由圆柱齿轮组成，各轮的轴线互相平行，这种定轴轮系称为平面定轴轮系，如图 6.1(a)所示；轮系中包含圆锥齿轮、螺旋齿轮或蜗杆蜗轮等空间齿轮，这种定轴轮系称为空间定轴轮系，如图 6.1(b)所示。

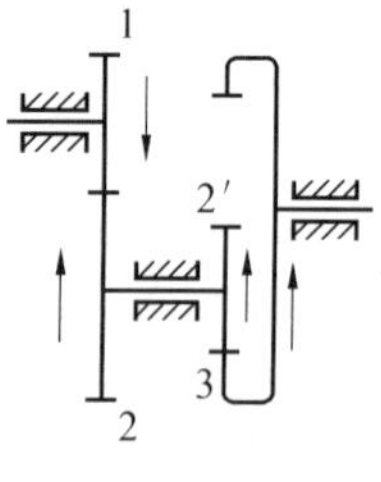

(a) 平面定轴轮系

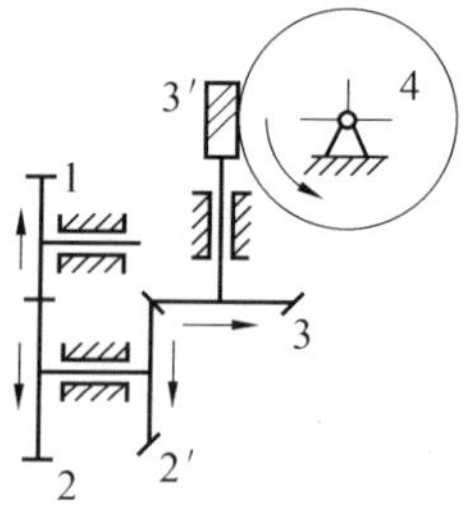

(b) 空间定轴轮系

图 6.1　定轴轮系

如图 6.2 所示的轮系，传动时齿轮 2 的几何轴线 O_2 的位置不固定。当 H 杆转动时，O_2 绕齿轮 1 的几何轴线 O_1 转动。这种至少有一齿轮的几何轴线绕另一齿轮的几何轴线转动的轮系，称为周转轮系。周转轮系根据其自由度的多少又可分为行星轮系和差动轮系。自由度为 1 的周转轮系称为行星轮系，如图 6.2(a) 所示；自由度为 2 的周转轮系称为差动轮系，如图 6.2(b) 所示。

需要说明的是，在轮系传动的运动简图中，齿轮往往只用简单的线条表示其轮缘、腹板和

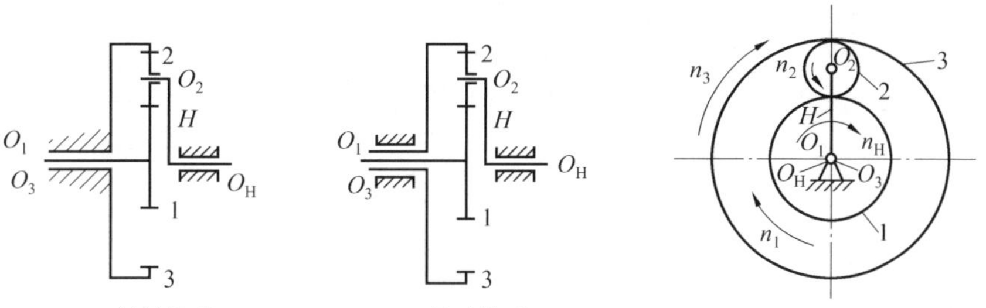

(a) 行星轮系 (b) 差动轮系 (c)

图 6.2 周转轮系

轮毂。齿轮和轴固联时，轮毂不单独表示，只画成表示腹板的线和表示轴的线相交，如图 6.2(a) 中的齿轮 1；而齿轮空套在轴上，可以绕轴相对转动时，轮毂就需要表示出来，如图 6.2(b) 中的齿轮 2；在另一视图中，齿轮也可以用节圆表示，如图 6.2(c) 所示。

6.2 定轴轮系及其传动比

一对齿轮的传动比是指该两个齿轮的角速度(或转速) 之比。而轮系的传动比，是指轮系中首、末两构件的角速度(或转速) 之比，用 i_{ab} 表示，下标 a，b 为首、末两构件的代号，即

$$i_{ab} = \frac{\omega_a}{\omega_b} = \frac{n_a}{n_b}$$

轮系的传动比包括传动比的大小和首、末两构件的转向关系两方面内容，即计算轮系传动比不仅要确定它的数值，而且要确定两轮的相对转动方向。这样才能完整表达首、末两构件间的关系。

6.2.1 轮系传动比的转向关系

齿轮传动的转向关系有用画箭头表示或用正负号表示两种方法。

1. 箭头法

各种类型齿轮机构的箭头标注规则如图 6.3 所示。一对平行轴外啮合齿轮(图 6.3(a))，其两轮转向相反，用方向相反的箭头表示。一对平行轴内啮合齿轮(图 6.3(b))，其两轮转向相同，用方向相同的剪头表示。一对圆锥齿轮传动时，在节点具有相同速度，故表示转向的箭头或同时指向节点(图 6.3(c))，或同时背离节点。蜗轮的转向不仅与蜗杆的转向有关，而且与其螺旋线方向有关。具体判断时，可把蜗杆看作螺杆，蜗轮看作螺母来考察其相对运动。例

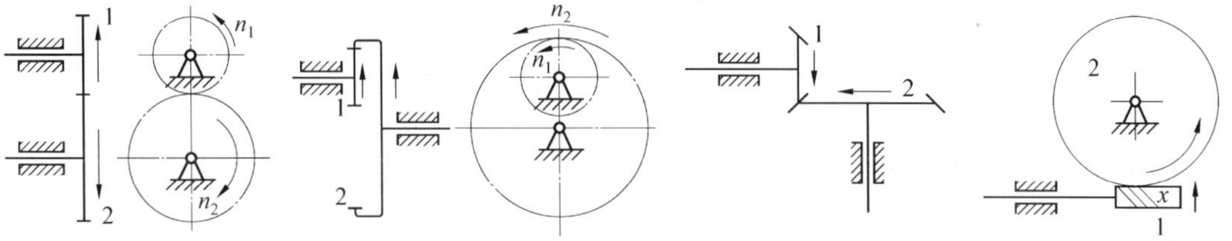

(a) (b) (c) (d)

图 6.3 一对齿轮传动的转动方向

如(图 6.3(d)) 中的右旋蜗杆按图示方向转动时,可借助右手判断如下;拇指伸直,其余四指握拳,令四指弯曲方向与蜗杆转动方向一致,则拇指的指向(向左) 即是螺杆相对螺母前进的方向。按照相对运动原理,螺母相对螺杆的运动方向应与此相反,故蜗轮上的啮合点应向右运动从而使蜗轮逆时针转动。同理,对于左旋蜗杆,则应借助左手按上述方法分析判断。按照上述规则,可以依次画出图 6.1 所示定轴轮系中所有齿轮的转动方向。

2. 正、负号法

对于所有齿轮轴线平行的轮系,由于两轮的转向或者相同、或者相反,因此我们规定:两轮转向相同,其传动比取"+";转向相反,其传动比取"-"。其"+""-"可以用箭头法判断出的两轮转向关系来确定;也可以直接计算而得到,由于在一个所有齿轮轴线平行的轮系中,每出现一对外啮合齿轮,齿轮的转向改变一次。如果有 m 对外啮合齿轮,可以用$(-1)^m$ 表示传动比的正负号。

6.2.2 定轴轮系的传动比计算

在图 6.4 所示的定轴轮系中,齿轮 1 为始端主动轮,齿轮 6 为末端从动轮,根据定义,轮系传动比为

$$i_{16}=\frac{n_1}{n_6}$$

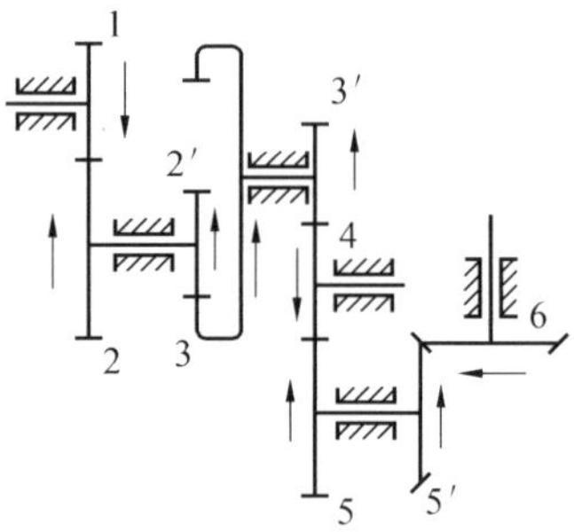

图 6.4 定轴轮系传动比分析

令 $z_1,z_2,z_{2'}\cdots$ 表示各轮的齿数,$n_1,n_2,n_{2'}\cdots$ 表示各轮的转速。因同一轴上的齿轮转速相同,故 $n_2=n_{2'},n_3=n_{3'},n_5=n_{5'}$。由前章所述可知,一对相互啮合的定轴齿轮的转速比等于其齿数的反比,故各对啮合齿轮的传动比数值为

$$i_{12}=\frac{n_1}{n_2}=\frac{z_2}{z_1},\quad i_{2'3}=\frac{n_{2'}}{n_3}=\frac{n_2}{n_3}=\frac{z_3}{z_{2'}},\quad i_{3'4}=\frac{n_{3'}}{n_4}=\frac{n_3}{n_4}=\frac{z_4}{z_{3'}}$$

$$i_{45}=\frac{n_4}{n_5}=\frac{z_5}{z_4},\quad i_{5'6}=\frac{n_{5'}}{n_6}=\frac{n_5}{n_6}=\frac{z_6}{z_{5'}}$$

设与轮 1 固联的轴为输入轴,与轮 6 固联的轴为输出轴,则输入轴与输出轴的传动比的数值为

$$i_{16}=\frac{n_1}{n_6}=\frac{n_1}{n_2}\cdot\frac{n_2}{n_3}\cdot\frac{n_3}{n_4}\cdot\frac{n_4}{n_5}\cdot\frac{n_5}{n_6}=i_{12}i_{2'3}i_{3'4}i_{45}i_{5'6}=\frac{z_2z_3z_4z_5z_6}{z_1z_{2'}z_{3'}z_4z_{5'}}$$

上式表明,定轴轮系的传动比,等于各级传动比的连乘积,也等于各对啮合齿轮中所有从动轮齿数的乘积与所有主动轮齿数乘积之比。

以上结论可推广到一般情况,设轮 1 为起始主动轮,轮 K 为最末从动轮,则定轴轮系始末两轮传动比数值计算的一般公式为

$$i_{1K}=\frac{n_1}{n_K}=\frac{\text{轮 1 至轮 }K\text{ 间所有从动轮齿数的乘积}}{\text{轮 1 至轮 }K\text{ 间所有主动轮齿数的乘积}}=\frac{z_2z_3z_4\cdots z_K}{z_1z_{2'}z_{3'}\cdots z_{(K-1)'}} \tag{6.1}$$

上述所求为传动比数值的大小,通常以绝对值表示。两轮相对转动方向则由图中箭头表示。

当起始主动轮 1 和最末从动轮 K 的轴线相平行时,两轮转向的同异可用传动比的正负表示。两轮转向相同(n_1 和 n_K 同号) 时,传动比为"+";两轮转向相反(n_1 和 n_K 异号) 时,传动比

为“-”。因此,平行两轴间的定轴轮系传动比计算公式为

$$i_{1K}=\frac{n_1}{n_K}=(\pm)\frac{z_2z_3z_4\cdots z_K}{z_1z_{2'}z_{3'}\cdots z_{(K-1)'}} \tag{6.1a}$$

两轮转向的异同一般采用前述画箭头的方法确定。

例6.1 图6.4所示齿轮中,已知各轮齿数$z_1=18$,$z_2=36$,$z_{2'}=20$,$z_3=80$,$z_{3'}=20$,$z_4=18$,$z_5=30$,$z_{5'}=15$,$z_6=30$,$n_1=1\ 440\ \text{r/min}$,其转向如图所示。求传动比i_{16},i_{15},i_{25}。

解 按照图6.3所示规则,从轮2开始,顺次标注出各对啮合齿轮的转动方向。由图6.4可见,1,6两轮的轴线不平行,1,5两轮转向相反,2,5两轮转向相同,故由式(6.1)得

$$i_{16}=\frac{n_1}{n_6}=\frac{z_2z_3z_4z_5z_6}{z_1z_{2'}z_{3'}z_4z_{5'}}=\frac{36\times80\times18\times30\times30}{18\times20\times20\times18\times15}=24$$

$$i_{15}=(-)\frac{z_2z_3z_4z_5}{z_1z_{2'}z_{3'}z_4}=(-)\frac{36\times80\times18\times30}{18\times20\times20\times18}=-12$$

$$i_{25}=(+)\frac{z_3z_4z_5}{z_{2'}z_{3'}z_4}=(+)\frac{80\times18\times30}{20\times20\times18}=+6$$

$$n_6=\frac{n_1}{i_{16}}=\frac{1\ 440}{24}=60\ \text{r/min}$$

1,6两轮轴线不平行,由画箭头判断n_6的转动方向如图所示。

在图6.4所示轮系中,齿轮4同时和两个齿轮啮合,它既是前一级的从动轮,又是后一级的主动轮。显然,齿数z_4在式(6.1)的分子和分母各出现一次,故不影响传动比的大小,这种不影响传动比数值大小,只起改变转向作用的齿轮称为惰轮或过桥齿轮。

6.3 周转轮系及其传动比

周转轮系是一种先进的齿轮传动机构。由于周转轮系合理地应用内啮合传动,输入轴与输出轴共轴线,并且由数个行星轮共同承担载荷,实行功率分流,从而具有结构紧凑、体积小、质量轻、承载能力大、传递功率范围及传动比范围大、运行噪声小、效率高及寿命长等优点。所以周转轮系得到了越来越广泛的应用。

6.3.1 周转轮系的组成

在图6.5所示的轮系中,齿轮1和3以及构件H各绕固定的几何轴线O_1,O_3(与O_1重合)及O_H(也与O_1重合)转动,齿轮2空套在构件H的小轴上,分别与外齿轮1和内齿轮3相啮合。当构件H转动时,齿轮2一方面绕自己的几何轴线O_2转动(自转),同时又随构件H绕固定的几何轴线O_H转动(公转)。从前述轮系的定义可知,这是一个周转轮系。在周转轮系中,轴线位置变动的齿轮,既作自转又作公转的齿轮,称为行星轮;支持行星轮作自转和公转的构件称为行星架或转臂;轴线位置固定的齿轮则称为中心轮或太阳轮。基本周转轮系由行星轮、支持它的行星架和与行星轮相啮合的两个(有时只有一个)中心轮构成。行星架与中心轮的几何轴线必须重合,否则便不能传动。

为了使转动时的惯性力平衡以及减轻齿轮上的载荷,常采用几个完全相同的行星轮(图6.5(a))均匀分布在中心轮的周围。由于行星齿轮的个数对研究周转轮系的运动没有任何影

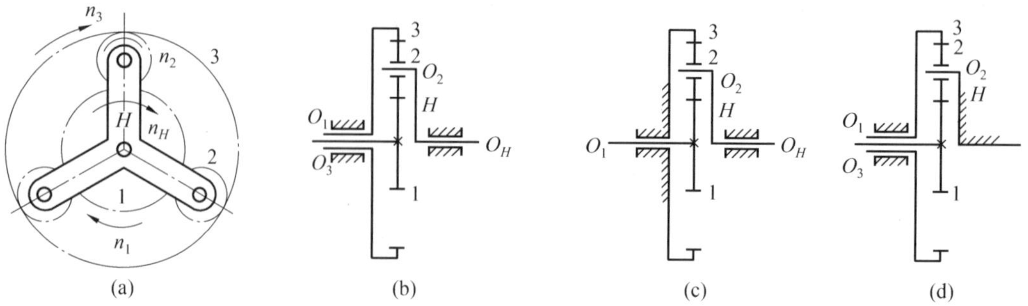

图 6.5 周转轮系及转化轮系

响，所以在机构简图中只需画出一个，如图 6.5(b) 所示。

图 6.5(b) 所示的周转轮系，它的两个中心轮都能转动。该机构的活动构件 $n=4$，$P_{\mathrm{L}}=4$，$P_{\mathrm{H}}=2$，机构的自由度 $F=3\times4-2\times4-2=2$，需要两个原动件。这种周转轮系称为差动轮系。

图 6.5(c) 所示的周转轮系只有一个中心轮能转动，该构件的活动构件 $n=3$，$P_{\mathrm{L}}=3$，$P_{\mathrm{H}}=2$，机构的自由度 $F=3\times3-2\times3-2=1$，只需要一个原动件。这种周转轮系称为行星轮系。

6.3.2 周转轮系传动比的计算

周转轮系与定轴轮系的根本差别在于周转轮系中具有转动的行星架，从而使行星轮既有自转又有公转，其绝对速度不便计算。因此，周转轮系各构件间的传动比不能直接引用定轴轮系传动比的公式来计算。

但是，如果能使行星架变为固定不动，并保持周转轮系中各个构件之间的相对运动不变，则周转轮系就能转化成为一个假想的定轴轮系，便可由式(6.1) 列出该假想定轴轮系传动比的计算公式，从而求出周转轮系的传动比。

在图 6.5(b) 所示的周转轮系中，设 n_H 为行星架 H 的转速。根据相对运动原理，当给整个周转轮系加上一个绕轴线 O_H 的大小为 n_H、方向与 n_H 相反的公共转速($-n_H$)后，行星架便静止不动，所有齿轮几何轴线的位置全都固定，原来的周转轮系便成了定轴轮系(图 6.5(d))。这一假想的定轴轮系称为原来周转轮系的转化轮系。各构件转化前后的转速如表 6.1 所示。

表 6.1 各构件转化前后的转速

构件	原来的转速	转化轮系中的转速
1	n_1	$n_1^H=n_1-n_H$
2	n_2	$n_2^H=n_2-n_H$
3	n_3	$n_3^H=n_3-n_H$
H	n_H	$n_H^H=n_H-n_H=0$

转化轮系中各构件的转速 n_1^H，n_2^H，n_3^H 及 n_H^H 的右上方都带有角标 H，表示这些转速是各构件对行星架 H 的相对转速。

既然周转轮系的转化轮系是一个定轴轮系，就可以引用求解定轴轮系传动比的方法求出任意两个齿轮的传动比。

根据传动比定义,转化轮系中齿轮1与齿轮3的传动比 i_{13}^H 为

$$i_{13}^H = \frac{n_1^H}{n_3^H} = \frac{n_1 - n_H}{n_3 - n_H} \tag{a}$$

应注意区分 i_{13} 和 i_{13}^H,前者是两轮真实的传动比,而后者是假想的转化轮系中两轮的传动比。

转化轮系是定轴轮系,且其起始主动轮1与最末从动轮3轴线平行,故由定轴轮系传动比计算式(6.1)可得

$$i_{13}^H = (\pm)\frac{z_2 z_3}{z_1 z_2} \tag{b}$$

合并式(a),(b)可得

$$i_{13}^H = \frac{n_1^H}{n_3^H} = \frac{n_1 - n_H}{n_3 - n_H} = (\pm)\frac{z_2 z_3}{z_1 z_2}$$

现将以上分析推广到一般情况,设 n_G 和 n_K 为周转轮系中任意两个齿轮 G 和 K 的转速,n_H 为行星架 H 的转速,则有

$$i_{GK}^H = \frac{n_G^H}{n_K^H} = \frac{n_G - n_H}{n_K - n_H} = (\pm)\frac{\text{转化轮系从 } G \text{ 至 } K \text{ 所有从动轮齿数的乘积}}{\text{转化轮系从 } G \text{ 至 } K \text{ 所有主动轮齿数的乘积}} \tag{6.2}$$

应用上式时,视 G 为起始主动轮,K 为最末从动轮,中间各轮的主从地位应按这一假定去判断。转化轮系中齿轮 G 和 K 的转向,用画箭头的方法判定。转向相同时,i_{GK}^H 为"+";转向相反时 i_{GK}^H 为"-"。在利用公式(6.2)求解未知转速或齿数时,必须先确定 i_{GK}^H 的"+"或"-"。

应当强调,只有两轴平行时,两轴转速才能代数相加,因此式(6.2)只适用于齿轮 G,K 和行星架 H 的轴线平行的场合。

上述运用相对运动原理,将周转轮系转化成假想的定轴轮系,然后计算其传动比的方法,称为相对速度法或反转法。

例6.2 在图6.6所示的行星轮系中,已知各轮齿数为 $z_1 = 94$,$z_2 = 36$,$z_3 = 167$,齿轮1的转速 $n_1 = 3\ 000$ r/min,求传动比 i_{1H} 和行星架 H 的转速 n_H。

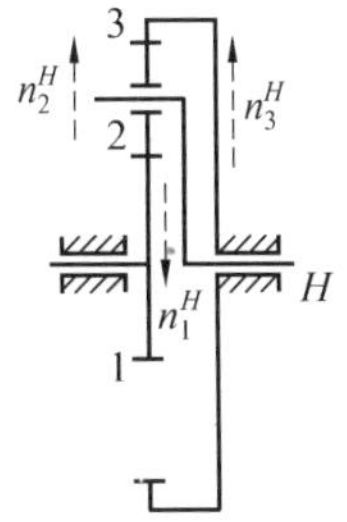

图6.6 例6.2图

解 将行星架视为固定,画出轮系中各轮的转向,如图6.6中虚线箭头所示(虚线箭头不是齿轮真实转向,只表示假想的转化轮系中的齿轮转向),由式(6.2)得

$$i_{13}^H = \frac{n_1^H}{n_3^H} = \frac{n_1 - n_H}{n_3 - n_H} = (-)\frac{z_2 z_3}{z_1 z_2}$$

图中1,3两轮虚线箭头反向,故取"-"。由此得

$$\frac{n_1 - n_H}{0 - n_H} = (-)\frac{167}{94}$$

解得

$$i_{1H} = \frac{n_1}{n_H} = 1 + \frac{167}{94} \approx 2.78$$

$$n_H = \frac{n_1}{i_{1H}} = \frac{3\ 000}{2.78} \approx 1\ 079 \text{ r/min}$$

i_{1H} 为正，n_H 转向与 n_1 相同。

利用式(6.2) 还可计算出行星齿轮 2 的转速 n_2

$$i_{12}^H = \frac{n_1^H}{n_2^H} = \frac{n_1 - n_H}{n_2 - n_H} = (-)\ \frac{z_2}{z_1}$$

代入已知数值

$$\frac{3\ 000 - 1\ 079}{n_2 - 1\ 079} = (-)\ \frac{36}{94}$$

解得

$$n_2 \approx -3\ 937\ \text{r/min}$$

负号表示 n_2 的转向与 n_1 相反。

例 6.3 在图 6.7 所示锥齿轮组成的差动轮系中，已知 $z_1 = 60, z_2 = 40, z_{2'} = z_3 = 20$，若 n_1 和 n_3 均为 120 r/min，但转向相反（如图中实线箭头所示），求 n_H 的大小和方向。

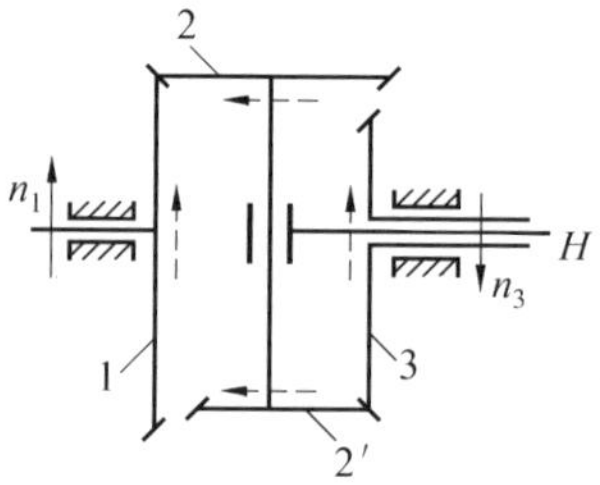

图 6.7 例 6.3 图

解 将 H 固定，画出转化轮系各轮的转向，如虚线箭头所示。由式(6.2)

$$i_{13}^H = \frac{n_1^H}{n_3^H} = \frac{n_1 - n_H}{n_3 - n_H} = (+)\ \frac{z_2 z_3}{z_1 z_{2'}}$$

上式中的“+”号是由轮 1 和轮 3 箭头同向而确定的，与实线箭头无关。设实线箭头朝上为正，则 $n_1 = 120$ r/min，$n_3 = -120$ r/min，代入上式得

$$\frac{120 - n_H}{-120 - n_H} = (+)\ \frac{40}{60}$$

解得

$$n_H = 600\ \text{r/min}$$

n_H 的转向与 n_1 相同，箭头朝上。

本例中行星齿轮 $2-2'$ 的轴线和齿轮 1（或齿轮 3）及其行星架 H 的轴线不平行，所以不能用式(6.2) 来计算 n_2。

图 6.7 标注两种箭头。实线箭头表示齿轮真实转向，对应于 $n_1, n_3 \cdots$；虚线箭头表示虚拟的转化轮系中的齿轮转向，对应于 n_1^H, n_2^H, n_3^H。运用式(6.2) 时，i_{13}^H 的正负取决于 n_1^H 和 n_3^H，即取决于虚线箭头。而代入 n_1, n_3 数值时又必须根据实线箭头判定其正负。

6.4 复合轮系及其传动比

机械中除广泛使用单一的定轴轮系和周转轮系外，还大量使用由定轴轮系与周转轮系或由几个基本周转轮系组合而成的轮系，这种轮系称为复合轮系。由于整个复合轮系不可能转化成一个定轴轮系，所以不能只用一个公式来求解。计算复合轮系时，首先必须将各个基本周转轮系和定轴轮系区分开来，然后分别列出方程式，最后联立解出所要求的传动比。

正确区分各个轮系的关键在于找出各个基本周转轮系，找基本周转轮系的一般方法是：先找出行星轮，即找出那些几何轴线绕另一齿轮的几何轴线转动的齿轮；支持行星轮运动的构件就是行星架；几何轴线与行星架的回转轴线相重合，且直接与行星轮相啮合的定轴齿轮就是中心轮，这组行星轮、行星架、中心轮便构成一个基本周转轮系。区分各个基本周转轮系以后，剩下的就是定轴轮系。

例 6.4 在图 6.8 所示的电动卷扬机的传动系统中，所有齿轮均为标准齿轮，已知各轮齿数为 $z_1=24$，$z_2=52$，$z_{2'}=21$，$z_3=78$，$z_{3'}=18$，$z_4=30$，$z_5=78$，求传动比 i_{1H}。

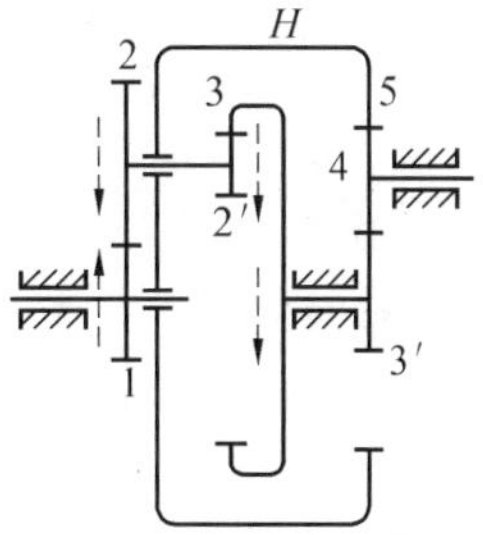

图 6.8 例 6.4 图

解 在该轮系中，双联齿轮 2 - 2′的几何轴线是绕着齿轮 1 和 3 的轴线转动的，所以是行星轮；支持它运动的构件（卷筒 H）就是行星架；和行星轮相啮合的齿轮 1 和 3 是两个中心轮。这两个中心轮都能转动，所以齿轮 1，2 - 2′，3 和行星架 H 组成一个差动轮系。剩下的齿轮 3′，4，5 是一个定轴轮系。二者合在一起便构成一个复合轮系。其中齿轮 5 和卷筒 H 是同一构件。

在差动轮系 1 - 2 - 2′ - 3 - H 中，根据式（6.2）得

$$i_{13}^{H}=\frac{n_1^H}{n_3^H}=\frac{n_1-n_H}{n_3-n_H}=(-)\frac{52\times78}{24\times21} \tag{a}$$

在定轴轮系 3′ - 4 - 5 中，根据式（6.1）得

$$i_{35}=\frac{n_3}{n_5}=(-)\frac{z_5}{z_{3'}}=(-)\frac{78}{18}=-\frac{13}{3} \tag{b}$$

由式（b）得

$$n_3=-\frac{13}{3}n_5=-\frac{13}{3}n_H$$

代入式（a）可得

$$\frac{n_1-n_H}{-\frac{13}{3}n_H-n_H}=-\frac{169}{21}$$

得

$$i_{1H}=43.9$$

本书例题和习题仅介绍包含一个基本周转轮系的复合轮系，更复杂的，由几个基本周转轮系串联或并联而成的复合轮系，其求解方法请参看有关机械原理教材。

6.5 轮系的应用

轮系广泛应用于各种机械中。它的功用很多，主要有以下几个方面。

6.5.1 实现较远距离的两轴之间的传动

在齿轮传动中，当主动轴和从动轴的距离较远时，如果仅用一对齿轮来传动，如图 6.9 中双点画线所示，齿轮的尺寸就很大，既占空间，又费材料，而且制造、安装都不方便，若改用轮系来传动，如图中单点画线所示，便无上述缺点。

6.5.2 实线变速传动

当主动轴转速不变时，利用轮系可以使从动轴获得多种不同的工作转速（包括不同的转向），这种传动称为变速传动。汽车、机床、起重机等许多机械设备都需要这种变速传动。

图6.10所示为汽车的变速箱。图中轴Ⅰ为动力输入轴，轴Ⅱ为输出轴，4，6为滑移齿轮，A，B为牙嵌式离合器。该变速箱可使输出轴得到四种转速。

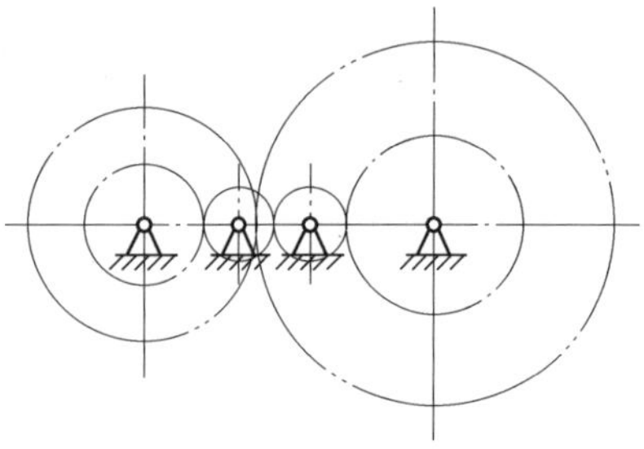

图6.9 相距较远的两轴传动

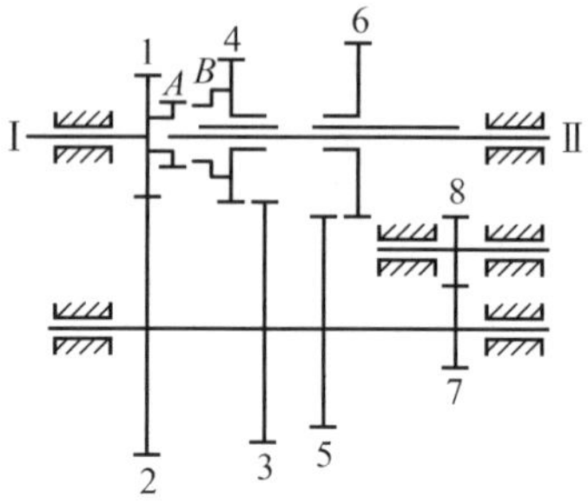

图6.10 利用轮系实现变速传动

第一挡　齿轮5，6相啮合而3，4和离合器A，B均脱离。

第二挡　齿轮3，4相啮合而5，6和离合器A，B均脱离。

第三挡　离合器A，B相嵌合而齿轮5，6和3，4均脱离。

倒退挡　齿轮6，8相啮合，5，6以及分离器A，B均脱离。此时，由于惰轮8的作用输出轴Ⅱ反转。

6.5.3 实现分路传动

利用轮系可以使一根主动轴带动多根从动轴同时转动。如图6.11所示的机械式钟表，动力源N通过定轴轮系1－2直接带动分针M；同时，一路通过定轴轮系2″－3－3′－4带动时针H；另一路通过定轴轮系2′－5－5′－6带动秒针S，又通过定轴轮系6′－7驱动擒纵轮E。

只要正确确定各齿轮的齿数，就可以保证时针与分针、分针与秒针的传动比关系。

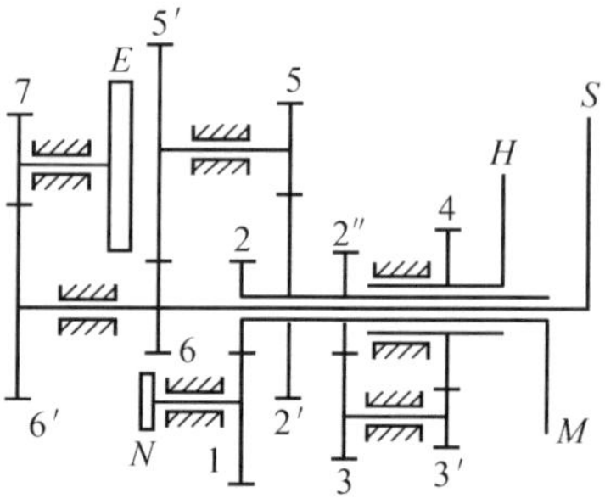

图6.11 利用轮系实现分路传动

6.5.4 实现大传动比传动

一对齿轮传动的传动比不能很大，一般取$i_{max}=5\sim7$，采用定轴轮系或周转轮系均可获得大的传动比。若用定轴轮系来获得大传动比，需要多级齿轮传动，致使传动装置的结构复杂和庞大；若采用蜗杆蜗轮传动，传动效率偏低。而采用周转轮系，只需很少几个齿轮，就可获得很大的传动比。

例如图6.12所示的行星轮系，当$z_1=100$，$z_2=101$，$z_{2'}=100$，$z_3=99$时，其传动比i_{H1}可达10 000。其计算如下：

由式(6.2)

$$i_{13}^H = \frac{n_1^H}{n_3^H} = \frac{n_1 - n_H}{n_3 - n_H} = (+)\ \frac{z_2 z_3}{z_1 z_{2'}}$$

代入已知数值

$$\frac{n_1 - n_H}{0 - n_H} = (+)\ \frac{101 \times 99}{100 \times 100}$$

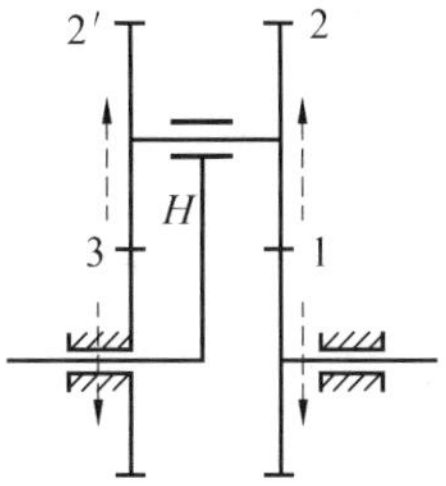

图 6.12　利用轮系实现大传动比传动

解得

$$i_{1H} = \frac{1}{10\ 000}$$

或

$$i_{H1} = 10\ 000$$

这种类型的行星齿轮传动,传动比越大,机械效率越低,故不宜用于传递大功率,只适用于作辅助装置的减速机构。如将它用作增速传动,甚至可能发生自锁。

6.5.5　实现运动的合成和分解

机械中采用具有两个自由度的差动周转轮系来实现运动的合成和分解,这是差动轮系独特的功用。

1. 运动合成

差动轮系有两个自由度,只有给定三个基本构件中任意两个的运动后,第三个基本构件的运动才能确定。这就是说,第三个基本构件的运动为另两个基本构件运动的合成。

图 6.13 所示的圆锥齿轮差动轮系是最简单的用作合成运动的轮系,其中 $z_1 = z_3$。由式(6.2)得

$$i_{13}^H = \frac{n_1^H}{n_3^H} = \frac{n_1 - n_H}{n_3 - n_H} = (-)\ \frac{z_3}{z_1} = -1$$

可得

$$2n_H = n_1 + n_3$$

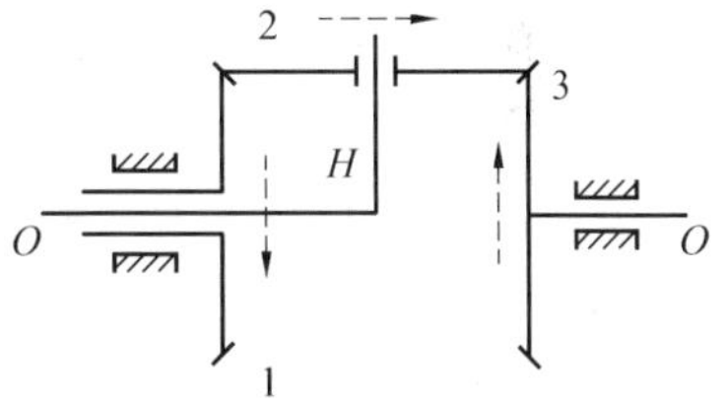

图 6.13　利用轮系实现运动的合成

这种轮系可用作加减法机构,当齿轮 1 及齿轮 3 的轴分别输入被加数和加数的相应转角时,行星架 H 转角的两倍代表它们的和。

差动轮系的功用可将运动合成的这一特性,在机床、计算机构和补偿装置中得到广泛的应用。

2. 运动分解

利用差动轮系还可以将一个基本构件的转动按所需的比例分解为另外两个基本构件的运动,此时另外两个基本构件必须有确定的运动关系。

图 6.14 所示为汽车后桥差速器可作为差动轮系运动的实例,当汽车拐弯时,它能将发动机传给齿轮 5 的运动,以不同转速分别传递给左右两车轮。

当汽车在平坦道路上直线行驶时,左右两车轮滚过的距离相等,所以转速也相同,这时齿轮 1,2,3 和 4 如同一个固联的整体,一起转动。当汽车向左拐弯时,为使车轮和地面间不发生滑动以减少轮胎磨损。就要求右轮比左轮转得快些。这时齿轮 1 和齿轮 3 之间便发生相对转动,齿轮 2 除随齿轮 4 绕后车轮轴线公转外,还绕自己的轴线自转,由齿轮 1,2,3 和 4(即行星架

H) 组成的差动轮系便发挥作用。这个差动轮系和图 6.14 所示的机构完全相同,故有

$$2n_4 = n_1 + n_3$$

又由图 6.14 可见,当车身绕瞬时回转中心 C 转动时,左右两轮走过的弧长与它们至 C 点的距离成正比,即

$$\frac{n_1}{n_3} = \frac{r'}{r''} = \frac{r'}{r' + B}$$

当发动机传递的转速 n_4,轮距 B 和转弯半径 r' 为已知时,即可由以上两式算出左右两轮的转速 n_1 和 n_3。

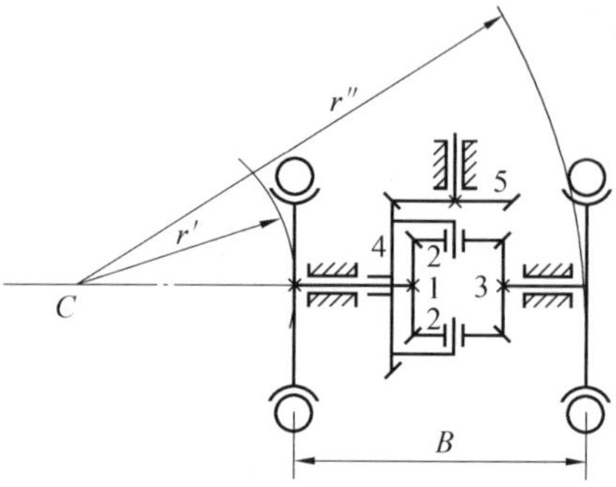

图 6.14 利用轮系实现运动的分解

差动轮系可分解运动的特性,在汽车、飞机等动力传动中得到广泛的应用。

6.6 行星轮系的配齿计算

在设计过程中,当选定行星轮系的类型后,需要确定各轮的齿数条件。在行星轮系中,各轮的齿数选配需要满足四个方面的要求(条件),否则轮系将无法安装和完成预期的工作要求。

(1) 要保证实现给定的传动比;

(2) 保证两中心轮及系杆的轴线重合,也即满足同心条件;

(3) 保证各行星轮能均匀地装入两中心轮之间,也即满足安装条件;

(4) 保证各行星轮不致互相碰撞,也即满足邻接条件。

6.6.1 保证实现给定的传动比

如图 6.15 所示的行星轮系。

因为

$$i_{1H} = 1 + \frac{z_3}{z_1} \tag{6.3}$$

所以

$$\frac{z_3}{z_1} = i_{1H} - 1 \tag{6.4}$$

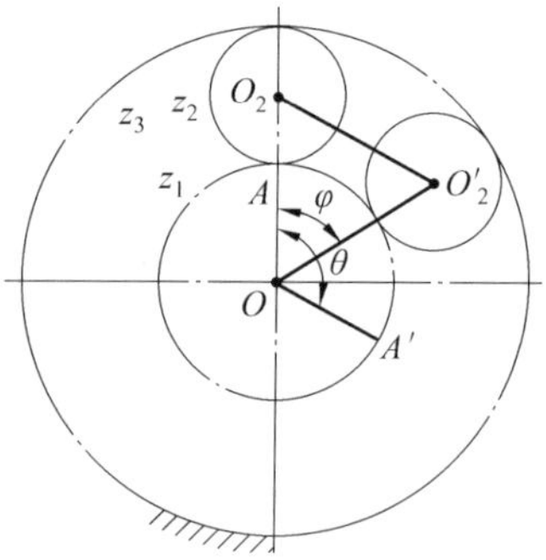

图 6.15 行星轮系

6.6.2 保证满足同心条件

要保证行星轮系能正常回转,其三个基本构件的回转轴线必须在同一轴线上,即节圆半径必须满足条件

$$r'_3 = r'_1 + 2r'_2 \tag{6.5}$$

当使用标准齿轮传动或等移距变位齿轮传动时,式(6.5) 变为

$$r_3 = r_1 + 2r_2 \tag{6.6}$$

或

$$z_3 = z_1 + 2z_2 \tag{6.7}$$

6.6.3 保证满足安装条件

为使各行星轮都能均匀地装入两个太阳轮之间,行星轮的数目与各轮齿数必须满足一定的关系,否则行星轮与太阳轮将会发生装配干涉。

在行星轮系中(图6.15),设需要在太阳轮1和3之间装入 k 个行星轮,并要求均匀布置(分布),即相邻两行星轮之间间隔角为 $\varphi = \frac{360^\circ}{k}$。为了在相隔 φ 处装入第二个行星轮,可设轮3固定,而转动轮1,使第一个行星轮由 O_2 转到 O'_2,使 $\angle O_2OO'_2 = \varphi$。此时,轮1的点 A 转到 A' 位置,其转过角度为 θ,根据传动比公式,θ 与 φ 的关系为

$$\frac{\theta}{\varphi} = \frac{\omega_1}{\omega_H} = i_{1H} = 1 + \frac{z_3}{z_1}$$

$$\theta = \left(1 + \frac{z_3}{z_1}\right)\varphi = \left(1 + \frac{z_3}{z_1}\right)\frac{360^\circ}{k}$$

如果这时太阳轮1恰好转过整数个齿 N,即

$$\theta = N\frac{360^\circ}{z_1}$$

这时,轮1与轮3的齿的相对位置又恢复到与开始装第一个行星轮时相同,故在原来安装第一个行星轮的位置 O_2 处一定能再装入第二个行星轮。以此类推可以装入第三、四个,直到第 k 个行星轮,所以可得到

$$N = \frac{z_1 + z_3}{k} \tag{6.8}$$

由该式可知,均匀安装的条件为:两太阳轮的齿数和应能被行星轮个数 k 整除。

6.6.4 保证满足邻接条件

由图6.15可以看出,为保证相邻两行星轮不致相碰撞,应使 $\overline{O_2O'_2} > d_{2a}$。($d_{2a}$ 为行星轮齿顶圆直径)。对于标准齿轮传动,应满足

$$2(r_1 + r_2)\sin\left(\frac{180^\circ}{k}\right) > 2(r_2 + h_a^* m)$$

即

$$(z_1 + z_2)\sin\left(\frac{180^\circ}{k}\right) > z_2 + 2h_a^* \tag{6.9}$$

在选择各轮齿数与行星轮个数时,必须满足以上四方面的齿数要求。

6.7 几种特殊的行星传动简介

除前面几节介绍的一般行星轮系之外,工程上还常使用下面几种特殊行星传动。

6.7.1 渐开线少齿差行星传动

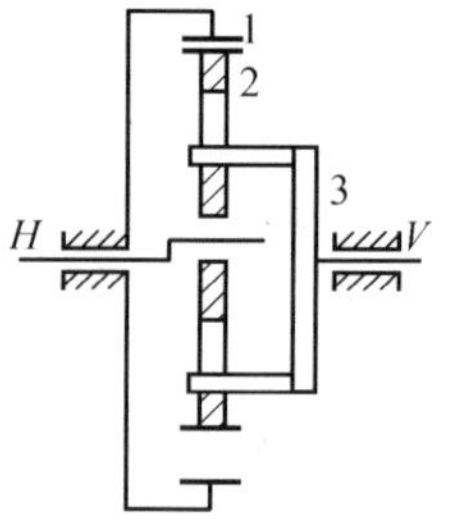

图 6.16 少齿差行星传动

渐开线少齿差行星传动的基本原理如图 6.16 所示。通常，中心轮 1 固定，行星架 H 为输入轴，V 为输出轴。轴 V 与行星轮 2 用等角速比机构 3 相连接，所以 V 的转速就是行星轮 2 的绝对转速。

这种传动的传动比可用式(6.2) 求出：

$$i_{21}^{H} = \frac{n_2^H}{n_1^H} = \frac{n_2 - n_H}{n_1 - n_H} = (+)\ \frac{z_1}{z_2}$$

从而

$$\frac{n_2 - n_H}{0 - n_H} = \frac{z_1}{z_2}$$

解得

$$i_{2H} = 1 - \frac{z_1}{z_2} = \frac{z_2 - z_1}{z_2} = -\frac{z_1 - z_2}{z_2}$$

故

$$i_{HV} = i_{H2} = \frac{1}{i_{2H}} = -\frac{z_2}{z_1 - z_2}$$

由上式可知，两轮齿数差越少，传动比越大。通常齿数差为 1 ~ 4。当齿数差 $z_1 - z_2 = 1$ 时，称为一齿差行星传动。这时传动比具有最大值

$$i_{HV} = - z_2$$

少齿差行星传动通常采用销孔输出机构作为等角速比机构，如图 6.17 所示。它的结构和原理是这样的：图中 O_2，O_3 分别为行星轮 2 和输出轴圆盘的中心。在输出轴的圆盘上，沿半径

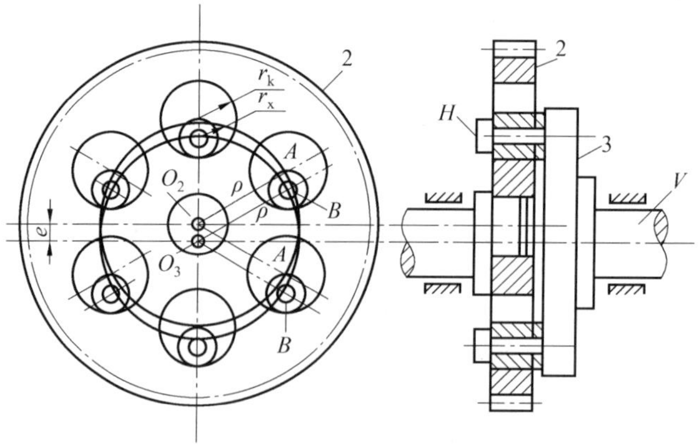

图 6.17 等角速比机构

为 ρ 的圆周上均匀分布有若干个圆柱销(一般为6 ~ 12 个)，其中心为 B。为了改善工作条件，在这些圆柱销的外边套有半径为 r_x 的滚动销套。将这些带套的圆柱销对应地分别插入行星轮 2 轮辐上中心为 A、半径为 r_k 的销孔中，使行星轮和输出轴连接起来。设计时取系杆的偏距 $e = r_k - r_x$，e 为轮 1 与轮 2 的中心距，也等于行星轮轴线与输出轴轴线间的距离。因此，这种传动仍

保证输入轴与输出轴的轴线重合，则O_2，O_3，A，B将构成平行四边形O_2ABO_3。由于在运动过程中，位于行星轮上的O_2A和位于输出轴圆盘上的O_3B始终保持平行，故输出轴V将始终与行星轮2等速同向转动。

由于中心距e很小，故采用偏心轴作行星架。为了保证平衡和提高承载能力，通常用两个完全相同的行星轮对称安装。这种传动装置的优点是传动比大、结构紧凑、体积小、质量轻、加工容易，故在起重运输、仪表、轻化、食品等工业部门广泛采用；它的缺点是同时啮合的齿数少、承载能力较低，而且为了避免干涉，必须进行复杂的变位计算。

6.7.2 摆线针轮行星传动

摆线针轮行星传动的工作原理和结构与渐开线少齿差行星传动基本相同。如图6.18所示，其中1为针轮、2为摆线行星轮、H为行星架、3为输出机构。运动由行星架H输入，通过输出机构3由轴V输出。行星轮的运动也依靠等角速比的销孔输出机构传到输出轴上。摆线针轮传动的齿数差总是等于1，所以其传动比为

$$i_{HV}=\frac{n_H}{n_V}=-\frac{z_2}{z_1-z_2}=-z_2$$

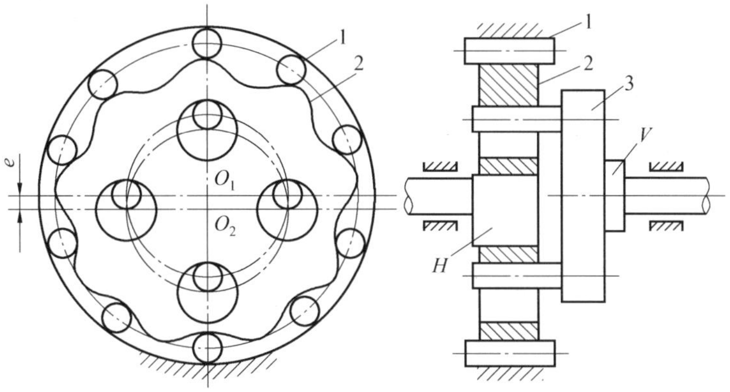

图6.18 摆线针轮行星减速器示意图

摆线针轮行星传动与渐开线少齿差行星传动的不同处在于齿廓曲线各异。在渐开线少齿差行星传动中，内齿轮1和行星轮2都是渐开线齿廓；而摆线针轮行星传动中，轮1的内齿是带套筒的圆柱销形针齿，行星轮2的齿廓曲线则是短幅外摆线的等距曲线。

摆线针轮行星传动具有传动比大、结构紧凑、体积小、质量轻及效率高的优点，还因同时承担载荷的齿数多，以及齿廓之间为滚动摩擦，所以传动平稳、承载能力大、轮齿磨损小、使用寿命长，广泛地应用于军工、矿山、冶金、化工及造船等工业的机械设备上。它的缺点是加工工艺较复杂，精度要求较高，必须用专用机床和刀具加工摆线齿轮。

6.7.3 谐波齿轮传动

谐波齿轮传动的主要组成部分如图6.19所示，H为波发生器，它相当于行星架；1为刚轮，它相当于中心轮；2为柔轮，可产生较大的弹性变形，它相当于行星轮。行星架H的外缘尺寸大于柔轮内孔直径，所以将它装入柔轮内孔后柔轮即变成椭圆形。椭圆长轴处的轮齿与刚轮

相啮合,而椭圆短轴处的轮齿与之脱开,其他各点则处于啮合和脱离的过渡状态。一般刚轮固定不动,当主动件波发生器 H 回转时,柔轮与刚轮的啮合区也就跟着发生转动。由于柔轮比刚轮少 $(z_1 - z_2)$ 个齿,所以当波发生器转一周时,柔轮相对刚轮沿相反方向转过 $(z_1 - z_2)$ 个齿的角度,即反转 $\frac{z_1 - z_2}{z_2}$ 周,因此得传动比为

$$i_{H2} = \frac{n_H}{n_2} = -\frac{1}{(z_1 - z_2)/z_2} = -\frac{z_2}{z_1 - z_2}$$

该式和渐开线少齿差行星传动的传动比公式完全相同。

按照波发生器上装的滚轮数不同,可以有双波传动(图6.19)和三波传动(图6.20)等,而最常用的是双波传动。谐波传动的齿数差应等于波数或波数的整倍数。

为了加工方便,谐波齿轮的齿形多采用渐开线齿廓。

谐波齿轮传动装置除传动比大、体积小、质量轻和效率高外,还因柔轮与波发生器、输出轴共轴线,不需要等角速比机构,结构更为简单;它同时啮合的齿数很多,承载能力大,传动平稳;它的齿侧间隙小,适宜于反向传动。谐波齿轮传动的缺点是柔轮周期性地变形,容易发热,需用抗疲劳强度很高的材料,且加工、热处理要求都很高,否则极易损坏。为了避免柔轮变形太大,传动比小于35时不宜采用。目前,谐波齿轮传动已应用于造船、机器人、机床、仪表和军事装备等各个方面。

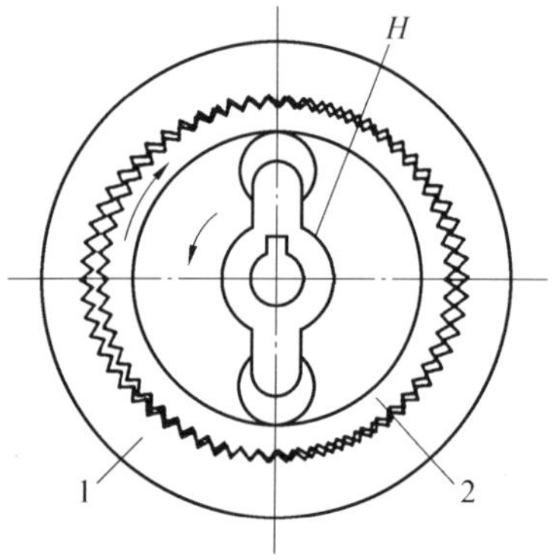

图6.19 双波谐波齿轮传动示意图

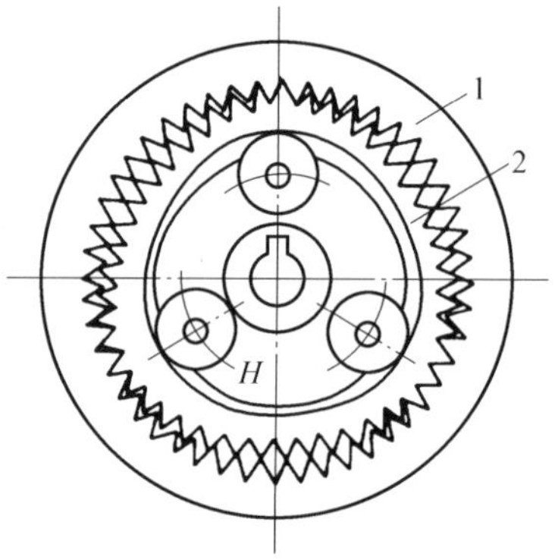

图6.20 三波谐波传动

6.7.4 活齿传动

活齿传动是一种新型少齿差传动。它的传动原理与谐波齿轮传动类似。不同之处是:谐波传动借助柔轮的变形实现逐齿啮合,而活齿传动则借助活齿的伸缩实现逐齿啮合。

图6.21所示为推杆活齿传动的结构简图。它由激波器 H、中心轮1和活齿轮(由活齿和活齿架2组成,相当于柔轮)三个基本构件组成。当中心轮固定而激波器转动时,激波器的偏心圆盘驱使推杆(活齿)进入中心轮相应的齿槽,并沿齿槽曲线直达槽底。在齿槽曲线对活齿侧压力作用下,活齿架转过一个角度。众多活齿的交替作用,便使活齿架获得连续转动。

与前述少齿差传动相同,当中心轮固定、H 主动时,活齿传动的传动比为

$$i_{H2} = -\frac{z_2}{z_1 - z_2}$$

活齿具有多种不同结构,除推杆活齿之外。还有摆动活齿、滚柱活齿、套筒活齿等多种形式。图6.22所示为具有8个滚柱(以B为中心)和9个齿槽的滚柱活齿传动。

活齿传动的特点是:传动比大,单级传动比$i=8\sim60$,效率高,$\eta=70\%\sim95\%$;不需要等角速比机构,结构紧凑;不会出现一般内啮合齿轮副间的干涉现象,能有多达1/2的活齿同时参加啮合,传动平稳,承载能力高。缺点是加工工艺复杂,精度要求高。

活齿传动的研究与开发正受到关注,目前已应用于能源、通信、机床和轻工机械等行业中。

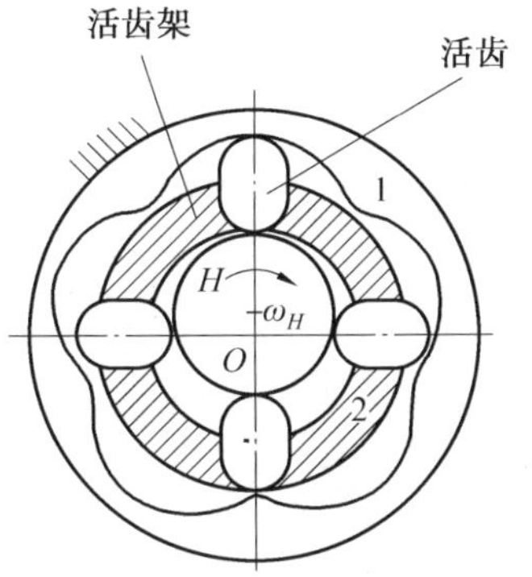

图6.21 推杆活齿传动

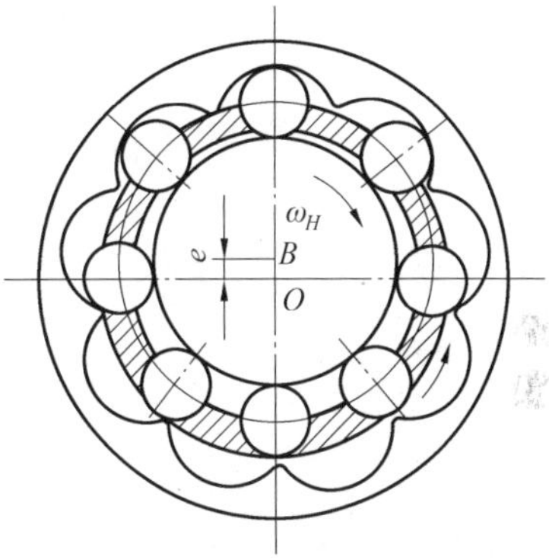

图6.22 滚柱活齿传动

习 题

6.1 定轴轮系和周转轮系的主要区别是什么?

6.2 计算定轴轮系传动比时,从动轮的转向如何确定?

6.3 计算周转轮系传动比时,为什么要采用转化轮系?从动轮(从动行星架)的转向为什么不能用画箭头的方法确定?

6.4 计算复合轮系传动比时,如何划分单一的定轴轮系和周转轮系?

6.5 在题6.5图所示轮系中,已知$z_1=z_4=20$,$z_3=z_6=60$,求该轮系的传动比i_{16}。

6.6 在题6.6图所示轮系中,已知$z_1=15$,$z_2=25$,$z_{2'}=15$,$z_3=30$,$z_{3'}=15$,$z_4=30$,$z_{4'}=2$(右旋),$z_5=60$,$z_{5'}=20$($m=4$ mm),若$n_1=500$ r/min,求齿条6线速度v的大小和方向。

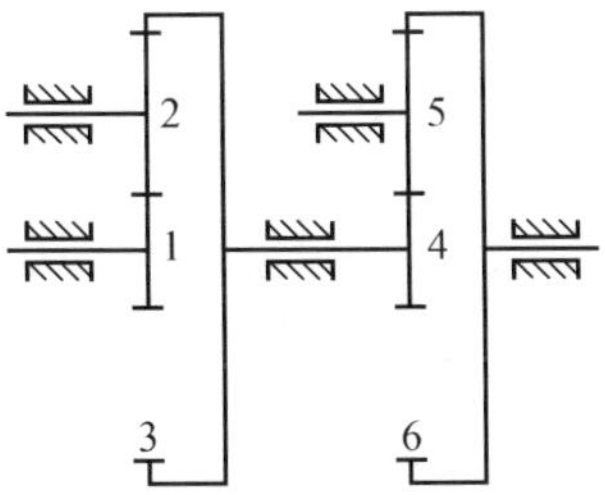

题6.5图

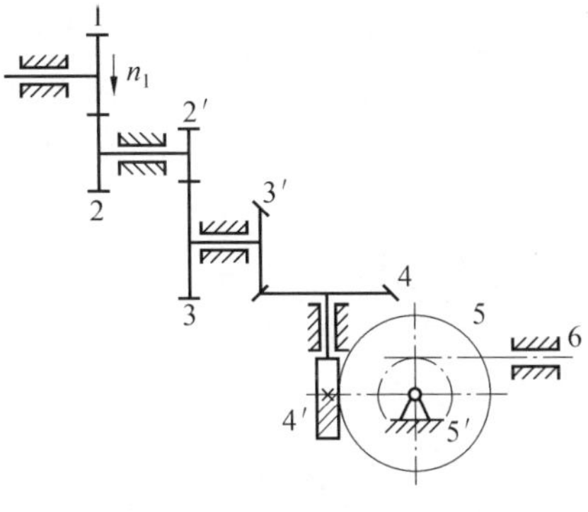

题6.6图

6.7　在图6.11所示的钟表传动示意图中，设$z_1=72$，$z_2=12$，$z_{2'}=64$，$z_{2''}=8$，$z_3=24$，$z_{3'}=6$，$z_4=24$，$z_5=8$，$z_{5'}=60$，$z_6=8$，$z_{6'}=60$，$z_7=6$，求秒针与分针的传动比i_{SM}和分针与时针的传动比i_{MH}。

6.8　在题6.8图所示行星减速装置中，已知$z_1=z_2=17$，$z_3=51$。当手柄转过90°时，试求转盘H转过多少角度？

6.9　在题6.9图所示锥齿轮组成的轮系中，已知各轮的齿数为$z_1=35$，$z_2=48$，$z_{2'}=55$，$z_3=70$，$n_1=250$ r/min，$n_3=100$ r/min，方向如图所示，求行星架的转速n_H。

6.10　在题6.10图所示机构中，已知$z_1=17$，$z_2=20$，$z_3=85$，$z_4=18$，$z_5=24$，$z_6=21$，$z_7=63$，求：

(1) 当$n_1=10\ 001$ r/min，$n_4=10\ 000$ r/min时，$n_p=$?

(2) 当$n_1=n_4$时，$n_p=$?

(3) 当$n_1=10\ 000$ r/min，$n_4=10\ 001$ r/min时，$n_p=$?

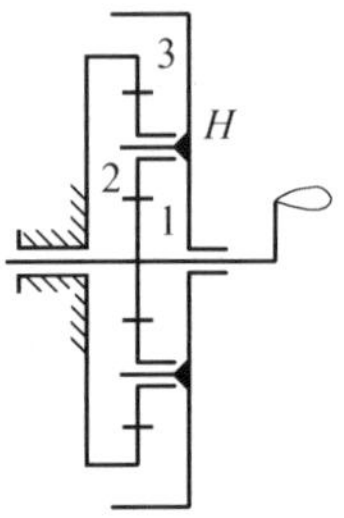

题6.8图

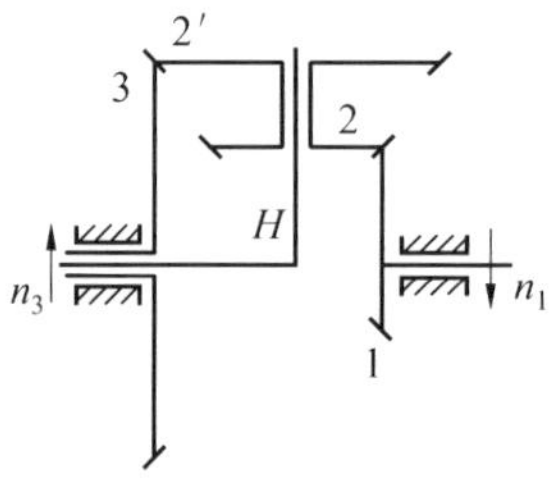

题6.9图

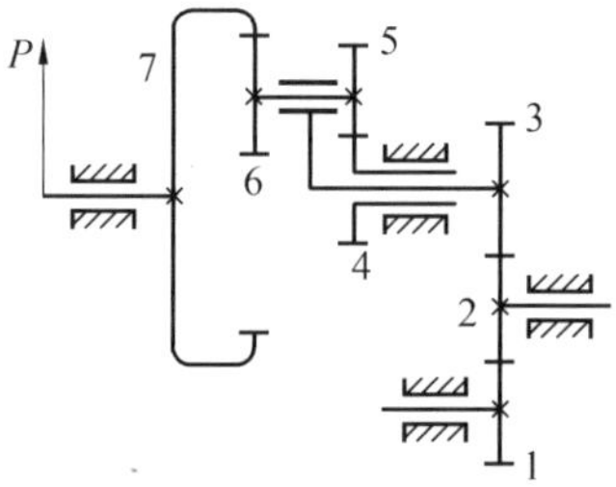

题6.10图

6.11　图6.6所示直齿圆柱齿轮所组成的单排内外啮合行星轮系中，已知两中心轮的齿数$z_1=19$，$z_3=53$，若全部齿轮都采用标准齿轮，求行星轮齿数z_2。

6.12　图6.12所示大传动比行星轮系中的两对齿轮，能否全部采用直齿标准齿轮传动？试提出两对齿轮传动的选择方案。

6.13　在图6.14所示汽车后桥差速器中，已知$z_4=60$，$z_5=15$，$z_1=z_3$，轮距$B=1\ 200$ mm，传动轴输入转速$n_5=250$ r/min，当车身左转弯内半径$r'=2\ 400$ mm时，左右两轮的转速各为多少？

6.14　如题6.14图所示为一小型起重结构。一般工作情况下，单头蜗杆5不转，动力由电动机M输入，带动卷筒N转动。当电动机发生故障或需慢速吊重时，电动机停转并刹住，用蜗杆传动。已知$z_1=53$，$z_{1'}=44$，$z_2=48$，$z_{2'}=53$，$z_3=58$，$z_{3'}=44$，$z_4=87$，求一般工作情况下的传动比i_{H4}和慢速吊重时的传动比i_{54}。

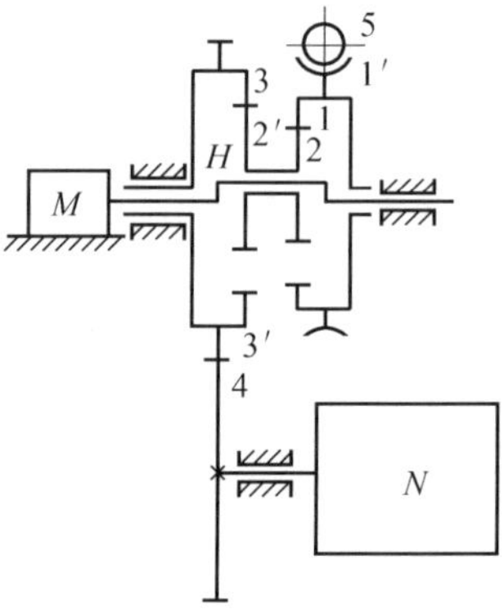

题6.14图

6.15　在题6.15图所示轮系中，已知$z_1=20$，$z_{1'}=50$，$z_2=30$，$z_{2'}=50$，$z_3=30$，$z_{3'}=20$，$z_4=100$，$z_5=60$，求该轮系的传动比i_{14}。

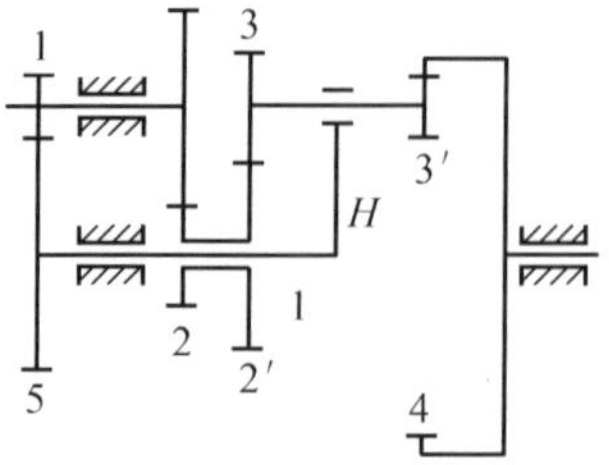

题6.15图

第 7 章 间歇运动机构

教学提示：间歇运动机构是各类自动化机械中常用的机构。本章主要介绍棘轮机构、槽轮机构、不完全齿轮和凸轮式间歇运动机构的组成情况、工作原理、运动特点、适用场合、主要参数和几何尺寸计算。

教学要求：了解间歇运动机构的运动特点；掌握棘轮机构的工作原理及主要参数；掌握槽轮机构的工作原理、运动特性系数、槽数及圆销数的确定方法。

在许多机械中，常要求原动件做连续运动时，从动件做周期性的时动、时停的间歇运动，能够将原动件的连续运动转变为从动件的周期性间歇运动的机构称为间歇运动机构。间歇运动机构广泛应用于电子机械、轻工机械等设备中实现转位、步进、计数等功能。例如自动机床的进给、送料和刀架的转动机构，包装机械的送进机构等，都广泛采用各种间歇运动机构。常用的间歇运动机构有棘轮机构、槽轮机构、不完全齿轮机构、凸轮式间歇运动机构等。

7.1 棘轮机构

7.1.1 棘轮机构的工作原理

棘轮机构主要由棘轮、棘爪和机架组成。如图 7.1 所示为外啮合棘轮机构，棘轮 3 固连在轴 O_3 上，其轮齿分布在轮的外缘（也可分布于内缘或端面），原动件摇杆 1 空套在棘轮轴 O_3 上，可绕棘轮轴自由摆动。当原动件 1 逆时针方向摆动时，与它相连的驱动棘爪 2 插入棘轮 3 齿槽推动棘轮 3 转过一定角度。当 1 顺时针方向摆动时，驱动棘爪 2 便在棘轮齿背上滑过，而止回棘爪 4 则在簧片 5 的作用下插入棘轮的齿槽，阻止棘轮顺时针方向转动，故棘轮静止不动。摇杆往复摆动一次，棘轮做一次单向间歇转动。当原动件 1 连续往复摆动时，棘轮做单向的间歇转动。

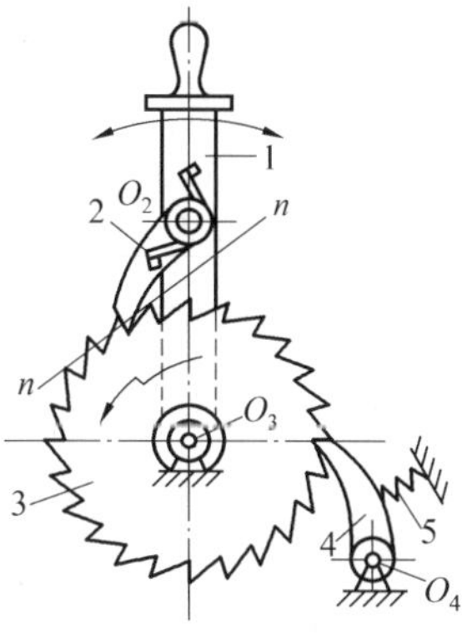

图 7.1 棘轮机构

改变原动件的结构形状，可以得到如图 7.2 所示的双动式棘轮机构。其特点是原动件摇杆往复摆动的双向行程里，都能驱使棘轮沿同一方向间歇转动。驱动棘爪可以制成带钩的（图 7.2(a)）或直的（图 7.2(b)）。

当棘轮轮齿制成方形时，成为可变向棘轮机构，如图 7.3(a) 所示。其特点是当棘爪在实线位置时，棘轮将沿逆时针方向做间歇运动；当棘爪翻转到虚线位置时，棘轮将沿顺时针方向做间歇运动。图 7.3(b) 所示为另一种可变向棘轮机构，当棘爪在图示位置时，棘轮将沿逆时针方向做间歇运动。若将棘爪提起并绕自身轴线转 180° 后再插入棘轮齿中，则可实现沿顺时针方向的间歇运动。若将棘爪提起并绕本身轴线转 90° 后放下，架在壳体顶部的平台上，使轮

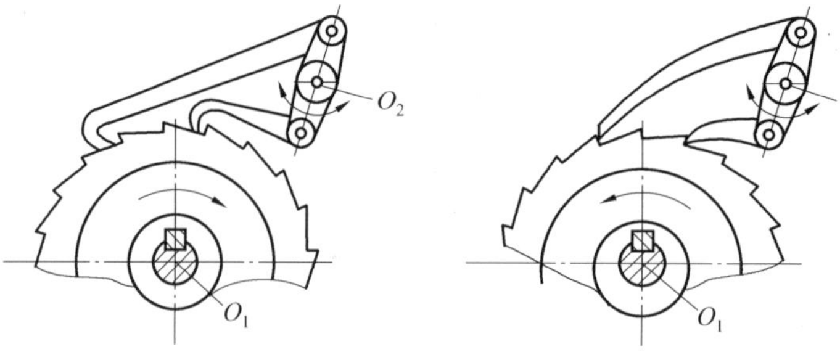

(a) (b)

图 7.2　双动式棘轮机构

与爪脱开，则当棘爪往复摆动时，棘轮静止不动。这种棘轮机构常应用在牛头刨床工作台的进给装置中。

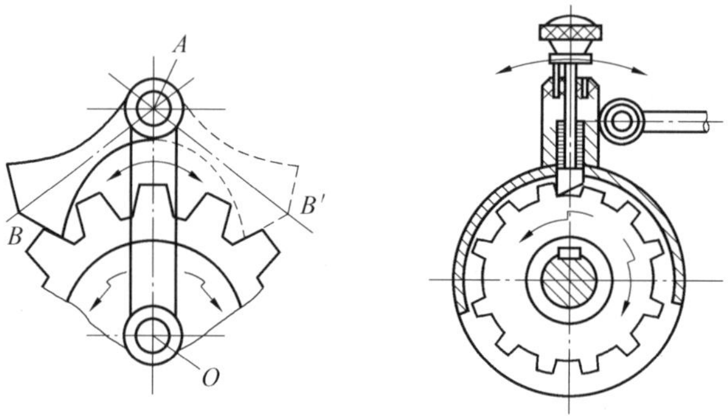

(a) (b)

图 7.3　可变向棘轮机构

上述棘轮机构中，棘轮的转角都是相邻齿所夹中心角的倍数，也就是说，棘轮的转角是有级性改变的。如果要实现无级性改变，就需要采用无棘齿的棘轮（图 7.4）。这种机构是通过与摇杆 1 相连的驱动棘爪 2 与棘轮 3 之间的摩擦力来传递运动的（件 4 为制动棘爪），故又称为摩擦式棘轮机构。这种机构传动较平稳，噪声小，但其接触表面间容易发生滑动，故运动准确性差。

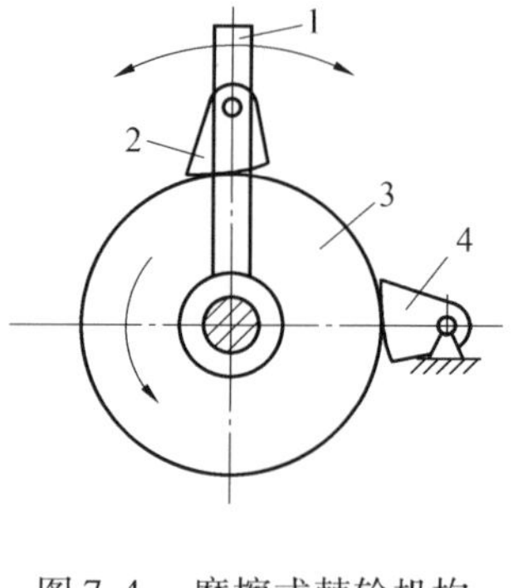

图 7.4　摩擦式棘轮机构

棘轮机构除了常用于实现间歇运动外，还能实现超越运动。如图 7.5 所示为自行车后轮轴上的棘轮机构。当脚蹬踏板时，经链轮 1 和链条 2 带动内圈具有棘轮的链轮 3 顺时针转动，再通过棘爪 4 的作用，使后轮轴 5 顺时针转动。从而驱使自行车前进。自行车前进时，如果令踏板不动，后轮轴 5 便会超越链轮 3 而转动，让棘爪 4 在棘轮齿背上滑过，从而实现不蹬踏板的自由滑行。

7.1.2　棘爪工作条件

如图 7.6 所示，为了使棘爪受力最小，应使棘轮齿顶 A 和棘爪的传动中心 O_2 的连线垂直于

棘轮半径 O_1A,即 $\angle O_1AO_2=90°$。轮齿对棘爪作用的力有:正压力 F_n 和摩擦力 F_f。当棘齿偏斜角为 φ 时,力 F_n 有使棘爪逆时针转动落向齿根的倾向;而摩擦力 F_f 阻止棘爪落向齿根。为了保证棘轮正常工作,使棘爪啮紧齿根,必须使力 F_n 对 O_2 的力矩大于 F_f 对 O_2 的力矩,即

$$F_nL\sin\varphi > F_fL\cos\varphi$$

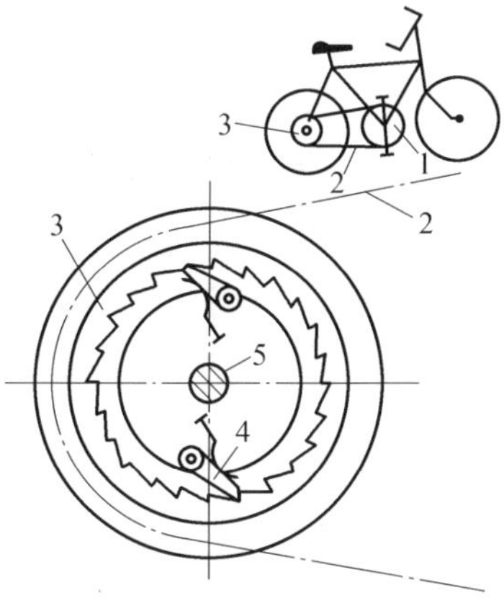

图7.5　超越式棘轮机构

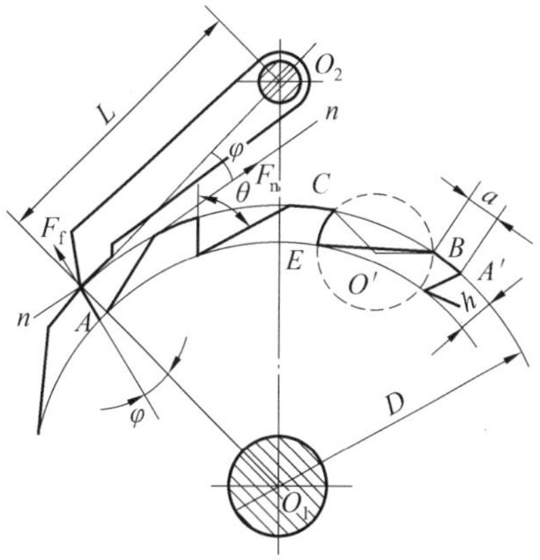

图7.6　棘爪受力分析

因 $F_f=fF_n$ 和 $f=\tan\rho$,代入上式得

$$\tan\varphi > \tan\rho$$

故

$$\varphi > \rho \tag{7.1}$$

式中　ρ——齿与爪之间的摩擦角。

当摩擦系数 $f=0.2$ 时,$\rho\approx 11°30'$。为可靠起见,通常取 $\varphi=20°$(一般机械设计手册中介绍的棘轮机构尺寸,均能满足 $\varphi>\rho$ 的要求,可不必验算)。

7.1.3　棘轮、棘爪的几何尺寸计算及棘轮齿形的画法

当选定齿数 z 和按照强度要求确定模数 m 之后,棘轮和棘爪的其他主要几何尺寸可按以下经验公式计算:

顶圆直径　$D=mz$

齿高　$h=0.75m$

齿顶厚　$a=m$

齿槽夹角　$\theta=60°$ 或 $55°$(视铣刀角度而定)

棘爪长度　$L=2\pi m$

其他结构尺寸可参看有关机械设计手册。

由以上公式算出棘轮的主要尺寸后,可按下述方法画出齿形:如图7.6所示,根据 D 和 h 先画出齿顶圆和齿根圆;按照齿数等分齿顶圆,得 A',C 等点。并由任一等分点 A' 作弦 $A'B=a=m$;再由 B 到第二等分点 C 作弦 BC;然后自 B,C 点作角度 $\angle O'BC=\angle O'CB=90°-\theta$ 得 O' 点;以 O' 为圆心,$O'B$ 为半径画圆交齿根圆于 E 点,连 CE 得轮齿工作面,连 BE 得全部齿形。

7.2 槽 轮 机 构

7.2.1 槽轮机构的工作原理

槽轮机构又称为马尔他机构。如图7.7所示,它是由带有圆销A的拨盘1,具有径向槽的槽轮2和机架组成的。拨盘1做匀速转动时,驱使槽轮2做时转时停的间歇运动。拨盘1上的圆销A尚未进入槽轮2的径向槽时,由于槽轮2的内凹锁住弧$\widehat{efg}$被拨盘1的外凸圆弧$\widehat{abc}$卡住,故槽轮2静止不动。图中所示位置是当圆销A开始进入槽轮2的径向槽时的情况。这时锁住弧被松开,因此槽轮2受圆销A驱使沿顺时针转动。当圆销A开始脱出槽轮的径向槽时,槽轮的内凹锁住弧又被拨盘1的外凸圆弧卡住,致使槽轮2又静止不动,直到圆销A再进入槽轮2的另一径向槽时,两者又重复上述的运动循环。为了防止槽轮在工作过程中位置发生偏移,除上述锁住弧之外也可以采用其他专门的定位装置。

槽轮机构构造简单,机械效率高,并且运动平稳,因此在自动机床转位机构,电影放映机卷片机等自动机械中得到广泛的应用。图7.8所示为电影放映机卷片机构,当槽轮2间歇运动时,胶片上的画面依次在方框中停留,通过视觉暂留而获得连续的场景。

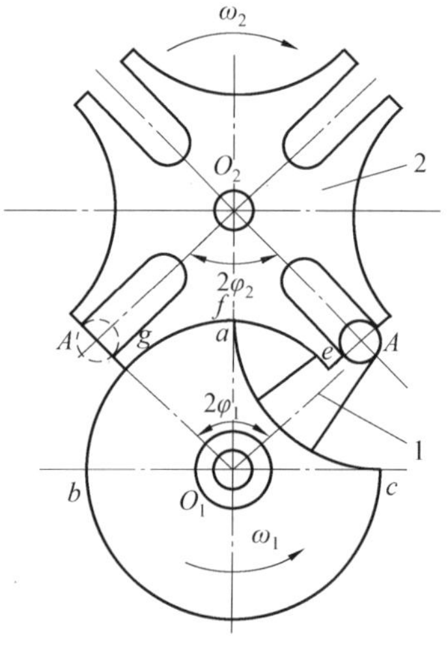

图7.7 槽轮机构

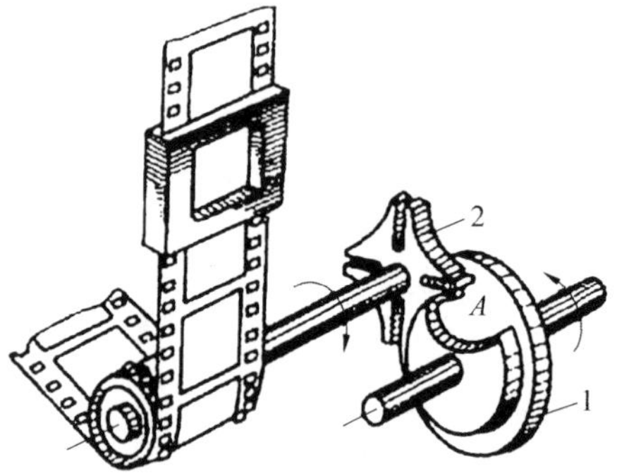

图7.8 电影放映机卷片机构

7.2.2 槽轮机构的主要参数

槽轮机构的主要参数是槽数z和拨盘圆销数K。

如图7.7所示,为了使槽轮2在开始和终止转动时的瞬时角速度为零,以避免圆销与槽发生撞击,圆销进入或脱出径向槽的瞬时,槽的中心线O_2A应与O_1A垂直。设z为均匀分布的径向槽数目,则槽轮2转过$2\varphi_2 = 2\pi/z$弧度时,拨盘1的转角$2\varphi_1$将为

$$2\varphi_1 = \pi - 2\varphi_2 = \pi - 2\pi/z \tag{7.2}$$

在一个运动循环内,槽轮2的运动时间t_m对拨盘1的运动时间t之比值τ称为运动特性系数。当拨盘1等速转动时,这个时间之比可用转角之比来表示。对于只有一个圆销的槽轮机

构，t_m 和 t 分别对应于拨盘1转过的角度 $2\varphi_1$ 和 2π。因此其运动特性系数 τ 为

$$\tau = \frac{t_m}{t} = \frac{2\varphi_1}{2\pi} = \frac{\pi - \frac{2\pi}{z}}{2\pi} = \frac{1}{2} - \frac{1}{z} = \frac{z-2}{2z} \tag{7.3}$$

为保证槽轮运动，其运动特征系数 τ 应大于零。由式(7.3)可知，运动特性系数大于零时，径向槽的数目应等于或大于3。但槽数 $z = 3$ 的槽轮机构，由于槽轮的角速度变化很大，圆销进入或脱出径向槽的瞬间，槽轮的角加速度也很大，会引起较大的振动和冲击，所以很少应用。又由式(7.3)可知，这种槽轮机构的运动特性系数 τ 总是小于0.5，即槽轮的运动时间总小于静止时间 t_s。

如果拨盘1上装有数个圆销，则可以得到 $\tau > 0.5$ 的槽轮机构。设均匀分布的圆销数目为 K，则一个循环中，槽轮2的运动时间为只有一个圆销时的 K 倍，即

$$\tau = \frac{K(z-2)}{2z} \tag{7.4}$$

运动特性系数 τ 还应当小于1($\tau = 1$ 表示槽轮2与拨盘1一样作连续转动，不能实现间歇运动)，故由式(7.4)得

$$K < \frac{2z}{z-2} \tag{7.5}$$

由上式可知，当 $z = 3$ 时，圆销的数目可为1至5；当 $z = 4$ 或5时，圆销数目可为1至3；而当 $z \geqslant 6$ 时，圆销的数目可为1或2。

槽数 $z > 9$ 的槽轮机构比较少见，因为当中心距一定时，z 越大槽轮的尺寸也越大，转动时的惯性力矩也增大。另由式(7.3)可知，当 $z > 9$ 时，槽数虽增加，τ 的变化却不大，起不到明显的作用，故 z 常取为4～8。

7.3 不完全齿轮机构

图7.9所示为不完全齿轮机构。这种机构的主动轮1为只有一个齿或几个齿的不完全齿轮，从动轮2由正常齿和带锁住弧的厚齿彼此相间地组成。当主动轮1的有齿部分作用时，从动轮2就转动；当主动轮1的无齿圆弧部分作用时，从动轮静止不动。因而当主动轮连续转动时，从动轮获得时转时停的间歇运动。不难看出，每当主动轮1连续转过一圈时，图7.9(a)，(b)所示机构的从动轮分别间歇地转过1/8圈和1/4圈。为了防止从动轮在停歇期间游动，两轮轮缘上各装有锁住弧。

当主动轮匀速转动时，这种机构的从动轮在运动期间也保持匀速转动，但是当从动轮由停歇而突然到达某一转速，以及由某一转速突然停止时，都会像等速运动规律的凸轮机构那样产生刚性冲击。因此，它不宜用于主动轮转速很高的场合。

不完全齿轮机构常应用于计数器、电影放映机和某些具有特殊运动要求的专用机械中。在图7.10所示的用于铣削乒乓球拍周缘的专用靠模铣床中就有不完全齿轮机构。加工时，主动轴1带动铣刀轴2转动。而另一个主动轴3上的不完全齿轮4和5分别使工件轴得到正、反两个方向的回转。当工件轴转动时，在靠模凸轮7和弹簧的作用下，使铣刀轴上的滚轮8紧靠在靠模凸轮7上，以保证加工出工件(乒乓球拍)的周缘。

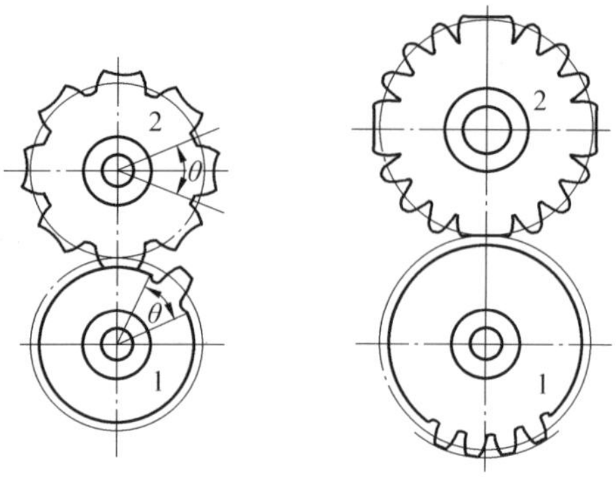

(a) (b)

图 7.9 不完全齿轮机构

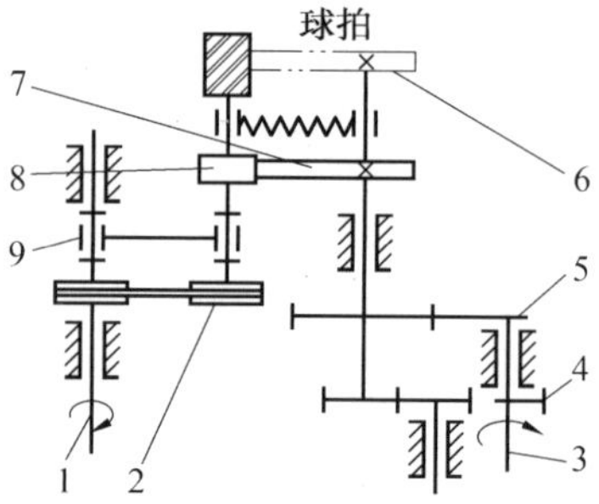

图 7.10 不完全齿轮机构的应用

7.4 凸轮式间歇运动机构

凸轮式间歇运动机构通常有如下两种型式。

（1）如图 7.11 所示的圆柱形凸轮式间歇运动机构。凸轮 1 呈圆柱形，滚子 3 均匀地分布在转盘2 的端面，滚子中心与转盘中心的距离等于 R_2。当凸轮转过角度 δ_t 时，转盘以某种运动规律转过角度 $\delta_{2\max}=2\pi/z$（式中 z 为滚子数目）；当凸轮继续转过其余角度（$2\pi-\delta_t$）时，转盘静止不动。当凸轮继续转动时，第二个圆销与凸轮槽相作用，进入第二个运动循环。这样，当凸轮连续转动时，转盘实现单向间歇转动。这种机构实质上是一个摆杆长度等于 R_2、只有推程和远休止角的摆动从动件圆柱凸轮机构。

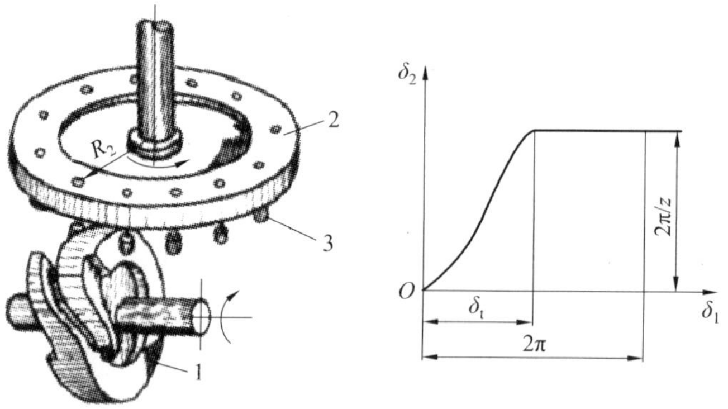

图 7.11 圆柱形凸轮式间歇运动机构

（2）如图 7.12 所示的蜗杆形凸轮式间歇运动机构。凸轮形状如同圆弧面蜗杆一样，滚子均匀地分布在转盘的圆柱面上，犹如蜗轮的齿。这种凸轮式间歇运动机构可以通过调整凸轮与转盘的中心距来消除滚子与凸轮接触面间的间隙以补偿磨损。

凸轮式间歇运动机构的优点是运转可靠、传动平稳、定位精度高，适用于高速传动，转盘可以实现任何运动规律，还可以用改变凸轮推程运动角来得到所需要的转盘转动与停歇时间的比值。

凸轮式间歇运动机构常用于传递交错轴间的分度运动和需要间歇转位的机械装置中。

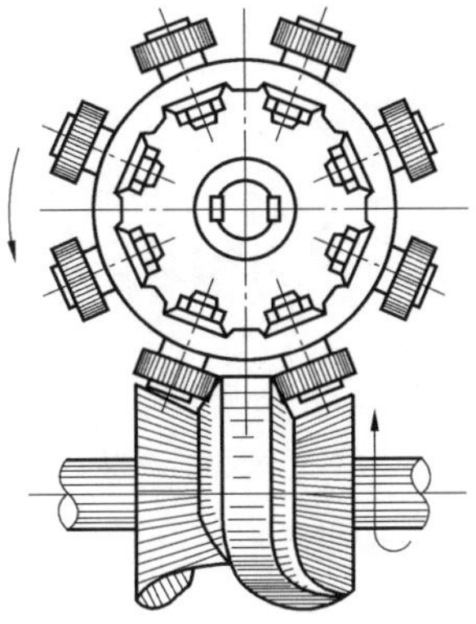

图7.12　蜗杆形凸轮式间歇运动机构

习　　题

7.1　棘轮机构除常用来实现间歇运动的功能外，还常用来实现什么功能？

7.2　槽轮机构有什么特点？什么是运动特性系数 τ，为什么 τ 必须大于0而小于1？

7.3　已知一棘轮机构，棘轮模数 $m = 5$ mm，齿数 $z = 12$，试确定机构的几何尺寸并画出棘轮的齿形。若齿形为锯齿形，铣刀角度为55°，画出棘轮的齿形。

7.4　在一单圆销外啮合槽轮机构中，已知槽轮的槽数 $z = 4$，转速 $n_1 = 120$ r/min，求槽轮的运动时间 t_m 和静止时间 t_s。

7.5　在一外啮合槽轮机构中，已知槽轮槽数 $z = 6$，要求槽轮的运动时间 t_m 是停歇时间 t_s 的2倍，试求槽轮机构的运动系数 τ 及所需的圆销数 K。

7.6　本章介绍的四种间歇运动机构：棘轮机构、槽轮机构、不完全齿轮机构和凸轮式间歇运动机构，在运动平稳性、加工难易和制造成本方面各具有哪些优缺点？各适用于什么场合？

第8章 回转件的平衡

教学提示:回转件平衡的目的就是设法将构件的不平衡惯性力加以平衡以消除或减小其不良影响,本章重点讲解回转件的静平衡、动平衡的原理和方法。

教学要求:掌握回转件的静平衡、动平衡计算,了解回转件的平衡实验。

8.1 回转件平衡的目的

机械中有许多构件是绕固定轴线回转的,这类作回转运动的构件称为回转件(或称转子)。每个回转件都可看作是由若干质量组成的。从理论力学可知,一偏离回转中心距离为 r 的质量 m,当以角速度 ω 转动时,所产生的离心力 F 为

$$F = mr\omega^2 \tag{8.1}$$

如果回转件的结构不对称、制造不准确或材质不均匀,整个回转件在转动时便产生离心力系的不平衡,离心力系的合力(主向量)和合力偶矩(主矩)不等于零。它们的方向随着回转件的转动而发生周期性的变化,不仅在轴承中引起附加的动压力,而且使整个机械产生振动。这种机械振动会引起机械工作精度和可靠性降低、零件材料的疲劳损坏以及令人厌倦的噪声,甚至周围的设备和厂房建筑也会受到影响和破坏。此外,附加的动压力还会减少轴承寿命,降低机械效率。近代高速重型和精密机械的发展,使上述问题显得更加突出。因此,调整回转件的质量分布,使回转件工作时离心力达到平衡,以消除附加动压力,尽可能减轻有害的机械振动,这就是回转件平衡的目的。

在机械工业中,如精密机床主轴、电动机转子、发动机曲轴、一般汽轮机转子和各种回转式泵的叶轮等都需要进行平衡。

本章讨论的对象限于刚性回转件,即用于一般机械中的回转件。至于高速大型汽轮机和发电机转子等,它们回转时的变形影响不容忽视,特称为挠性回转件。其平衡原理和方法请参阅其他有关专著。

8.2 回转件的平衡计算

对于绕固定轴线转动的回转件,若已知组成该回转件的各质量的大小和位置,可用数学方法分析回转件达到平衡的条件,并求出所需平衡质量的大小和位置。现根据组成回转件各质量的不同分布,分两种情况进行分析。

8.2.1 质量分布在同一回转面内

对于轴向尺寸较小的回转件(转子轴向宽度 b 与其直径 D 之比 $b/D < 0.2$),如齿轮、凸轮、

飞轮、砂轮等,它们的质量可以近似地认为分布在垂直于其回转轴线的同一平面内。若其质心不在回转轴线上,当其匀速转动时,偏心质量就会产生离心惯性力,所有离心惯性力构成同一平面内汇交于回转中心的力系。如果该力系不平衡,则它们的合力 $\sum \boldsymbol{F}_{\mathrm{i}}$ 不等于零。由力学汇交力系平衡条件可知,只要在同一回转面内加一质量(或在相反方向减一质量),使它产生的离心力与原有质量所产生的离心力之向量和等于零,这个力系就成为平衡力系,此回转件就达到平衡。即平衡条件为

$$\boldsymbol{F} = \boldsymbol{F}_{\mathrm{b}} + \sum \boldsymbol{F}_{\mathrm{i}} = 0$$

式中,$\boldsymbol{F}$,$\boldsymbol{F}_{\mathrm{b}}$和 $\sum \boldsymbol{F}_{\mathrm{i}}$ 分别表示总离心力、平衡质量的离心力和原有质量离心力的合力。

上式可写成

$$m\boldsymbol{e}\omega^2 = m_{\mathrm{b}}\boldsymbol{r}_{\mathrm{b}}\omega^2 + \sum m_{\mathrm{i}}\boldsymbol{r}_{\mathrm{i}}\omega^2 = 0$$

消去公因子 ω^2,可得

$$m\boldsymbol{e} = m_{\mathrm{b}}\boldsymbol{r}_{\mathrm{b}} + \sum m_{\mathrm{i}}\boldsymbol{r}_{\mathrm{i}} = 0 \tag{8.2}$$

式中 m,$\boldsymbol{e}$—— 回转件的总质量和总质心向径;

m_{b},$\boldsymbol{r}_{\mathrm{b}}$—— 平衡质量及其质心的向径;

m_{i},$\boldsymbol{r}_{\mathrm{i}}$—— 原有各质量及其质心的向径。

式(8.2)中质量与向径的乘积称为质径积,它表示各个质量所产生的离心力的相对大小和方向。

式(8.2)表明,回转件平衡后,$\boldsymbol{e} = 0$,即总质心与回转轴线重合,此时回转件质量对回转轴线的静力矩 $mg\boldsymbol{e} = 0$。该回转件可以在任何位置保持静止,而不会自行转动,因此将这种平衡称为静平衡(工业上也称单面平衡)。由上述可知,静平衡的条件是:分布于该回转件上各个质量的离心力(或质径积)的向量和等于零,即回转件的质心与回转轴线重合。

举例说明如下:如图8.1(a)所示,已知同一回转面内的不平衡质量 m_1,m_2,m_3 及其向径 $\boldsymbol{r}_1$,$\boldsymbol{r}_2$,$\boldsymbol{r}_3$,求应加的平衡质量 m_{b} 及其向径 $\boldsymbol{r}_{\mathrm{b}}$。

由式(8.2)得

$$m_{\mathrm{b}}\boldsymbol{r}_{\mathrm{b}} + m_1\boldsymbol{r}_1 + m_2\boldsymbol{r}_2 + m_3\boldsymbol{r}_3 = 0$$

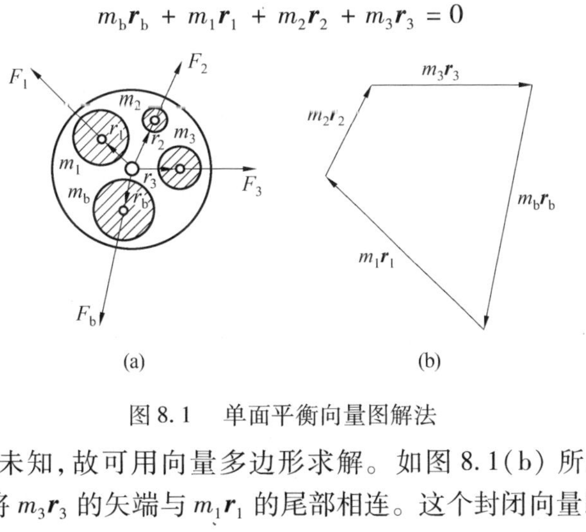

图8.1 单面平衡向量图解法

式中只有 $m_{\mathrm{b}}\boldsymbol{r}_{\mathrm{b}}$ 为未知,故可用向量多边形求解。如图8.1(b)所示,依次作已知向量 $m_1\boldsymbol{r}_1$,$m_2\boldsymbol{r}_2$,$m_3\boldsymbol{r}_3$,最后将 $m_3\boldsymbol{r}_3$ 的矢端与 $m_1\boldsymbol{r}_1$ 的尾部相连。这个封闭向量即表示 $m_{\mathrm{b}}\boldsymbol{r}_{\mathrm{b}}$。根据回

转件结构特点选定 $\boldsymbol{r}_{\mathrm{b}}$ 的大小,所需的平衡质量就随之确定。平衡质量的安装方向即向量图上 $m_{\mathrm{b}}\boldsymbol{r}_{\mathrm{b}}$ 所指的方向。通常尽可能将 $\boldsymbol{r}_{\mathrm{b}}$ 的值选大些,以便使 m_{b} 小些。

由于实际结构的限制,有时在所需平衡的回转面上不能安装平衡质量,如图 8.2(a) 所示的单缸曲轴便属于这类情况。此时可以另选两个回转平面分别安装平衡质量来使回转件达到平衡。如图 8.2(b) 所示,在原平衡平面两侧选定任意两个回转平面 T' 和 T'',它们与原平衡平面的距离分别为 l' 和 l''。设在 T' 和 T'' 面内分别装上平衡质量 m'_{b} 和 m''_{b},其质心的向径分别为 $\boldsymbol{r}'_{\mathrm{b}}$ 和 $\boldsymbol{r}''_{\mathrm{b}}$,且 m'_{b} 和 m''_{b} 都处于经过 m_{b} 的质心且包含回转轴线的平面内,则 m'_{b},m''_{b} 和 m_{b} 在回转时产生的离心力 F'_{b},F''_{b} 和 F_{b} 成为三个互相平行的力。欲使 F'_{b} 和 F''_{b} 完全取代 F_{b},则必须满足平行力分解的关系式,即

$$F'_{\mathrm{b}} + F''_{\mathrm{b}} = F_{\mathrm{b}}$$
$$F'_{\mathrm{b}}l' = F''_{\mathrm{b}}l''$$

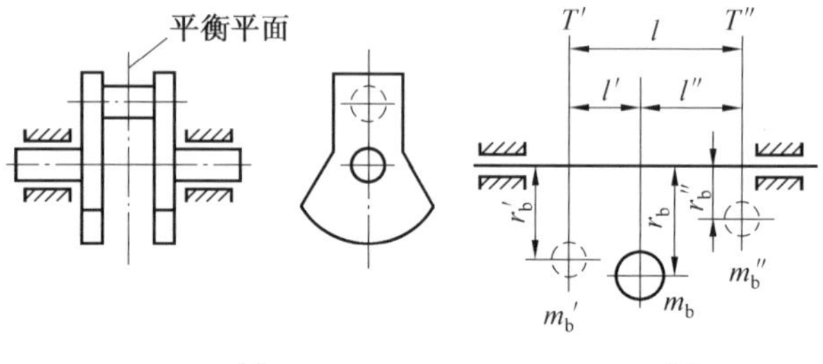

图 8.2 质径积分解到两个平面

解以上两式,并以 $l = l' + l''$ 代入,可得

$$F'_{\mathrm{b}} = \frac{l''}{l}F_{\mathrm{b}}$$

$$F''_{\mathrm{b}} = \frac{l'}{l}F_{\mathrm{b}}$$

去掉等式两边的公因子 ω^2,即得

$$\begin{aligned} m'_{\mathrm{b}}\boldsymbol{r}'_{\mathrm{b}} &= \frac{l''}{l}m_{\mathrm{b}}\boldsymbol{r}_{\mathrm{b}} \\ m''_{\mathrm{b}}\boldsymbol{r}''_{\mathrm{b}} &= \frac{l'}{l}m_{\mathrm{b}}\boldsymbol{r}_{\mathrm{b}} \end{aligned} \tag{8.3}$$

若取 $\boldsymbol{r}'_{\mathrm{b}} = \boldsymbol{r}''_{\mathrm{b}} = r_{\mathrm{b}}$,则上式简化成

$$\begin{cases} m'_{\mathrm{b}} = \dfrac{l''}{l}m_{\mathrm{b}} \\ m''_{\mathrm{b}} = \dfrac{l'}{l}m_{\mathrm{b}} \end{cases} \tag{8.4}$$

由式(8.3),(8.4) 可知,任一质径积都可用任选的两个回转平面 T' 和 T'' 内的两个质径积来代替。若向径不变,任一质量都可用任选的两个回转平面内的两个质量来代替。

8.2.2 质量分布不在同一回转面内

轴向尺寸较大的回转件($b/D \geqslant 0.2$),如内燃机曲轴、电动机转子、汽轮机转子和机床主

轴等,其质量的分布不能再近似地认为是位于同一回转面内,而应看作分布于垂直于轴线的许多互相平行的回转面内。这类回转件转动时所产生的离心力系不再是平面汇交力系,而是空间力系。因此单靠在某一回转面内加一平衡质量的静平衡方法并不能消除这类回转件转动的不平衡。例如在图 8.3 所示的转子中,设不平衡质量 m_1,m_2 分布于相距 l 的两个回转面内,且 $m_1=m_2$,$\boldsymbol{r}_1=-\boldsymbol{r}_2$。该回转件的质心虽落在回转轴上,而且 $m_1\boldsymbol{r}_1+m_2\boldsymbol{r}_2=0$,满足静平衡条件;但因 m_1 和 m_2 不在同一回转面内,当回转件转动时,在包含 m_1,m_2 和回转轴的平面内存在一个由离心力 F_1 和 F_2 组成的力偶,该力偶的方向随回转件的转动而周期性变化,故回转件仍处于动不平衡状态。因此,对轴向尺寸较大的转子,必须使各质量产生的离心力的合力和合力偶都等于零,才能达到平衡。

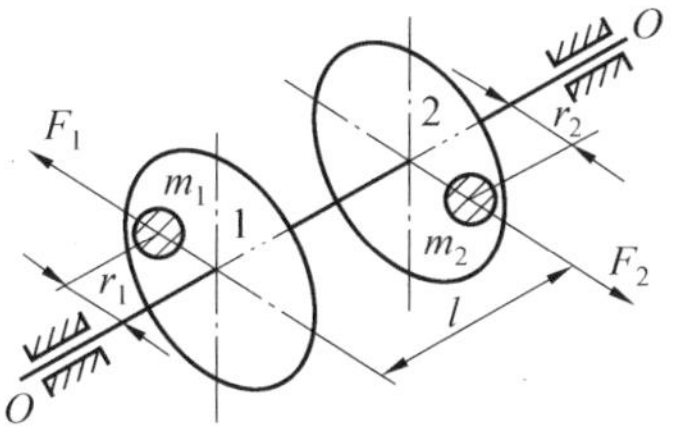

图 8.3　静平衡但动不平衡的转子

如图 8.4(a) 所示,设回转件的不平衡质量分布在 1,2,3 三个回转面内,依次以 m_1,m_2,m_3 表示,其向径各为 $\boldsymbol{r}_1$,$\boldsymbol{r}_2$,$\boldsymbol{r}_3$。按式(8.4) 所述,若向径不变,某平面内的质量 m_i 可由任选的两个平行平面 T' 和 T'' 内的另两个质量 m'_i 和 m''_i 代替,且 m'_i 和 m''_i 处于回转轴线和 m_i 的质心组成的平面内。现将平面 1,2,3 内的质量 m_1,m_2,m_3 分别用任选的两个回转面 T' 和 T'' 内的质量 m'_1,m'_2,m'_3 和 m''_1,m''_2,m''_3 来代替。由式(8.4) 得

$$m'_1=\frac{l''_1}{l}m_1,\quad m''_1=\frac{l'_1}{l}m_1$$

$$m'_2=\frac{l''_2}{l}m_2,\quad m''_2=\frac{l'_2}{l}m_2$$

$$m'_3=\frac{l''_3}{l}m_3,\quad m''_3=\frac{l'_3}{l}m_3$$

因此,上述回转件的不平衡质量可以认为完全集中在 T' 和 T'' 两个回转面内。对于回转面 T' 其平衡方程为

$$m'_b\boldsymbol{r}'_b+m'_1\boldsymbol{r}_1+m'_2\boldsymbol{r}_2+m'_3\boldsymbol{r}_3=0$$

作向量图如图 8.4(b) 所示。由此求出质径积 $m'_b\boldsymbol{r}'_b$。选定 $\boldsymbol{r}'_b$ 后即可确定 m'_b。同理,对于回转面 T'',其平衡方程为

$$m''_b\boldsymbol{r}''_b+m''_1\boldsymbol{r}_1+m''_2\boldsymbol{r}_2+m''_3\boldsymbol{r}_3=0$$

作向量图如图 8.4(c) 所示。由此求出质径积 $m''_b\boldsymbol{r}''_b$。选定 $\boldsymbol{r}''_b$ 后即可确定 m''_b。

由以上分析可以推知,不平衡质量分布的回转面数目可以是任意个。只要按照式(8.4) 将各质量向所选的回转面 T' 和 T'' 内分解,总可在 T' 和 T'' 求出相应的平衡质量 m'_b 和 m''_b。因此可得结论如下:质量分布不在同一回转面内的回转件,只要分别在任选的两个回转面(即平衡平面或校正平面) 内各加上适当的平衡质量就能达到完全平衡。这种类型的平衡称为动平衡(工业上称双面平衡)。所以动平衡的条件是:回转件上各个质量的离心力的向量和等于

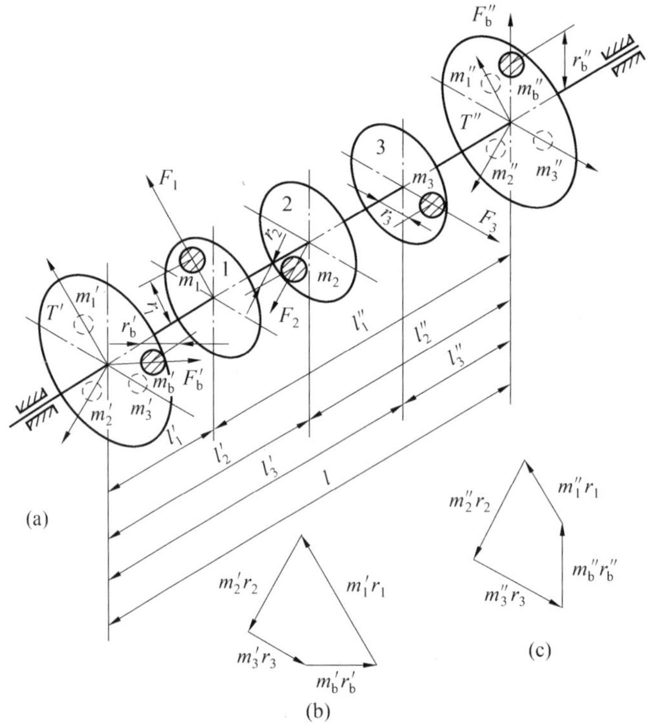

图 8.4 不同回转面内质量的平衡

零,而且离心力所引起的力偶矩的向量和也等于零。

平衡基面的选取需要考虑转子的结构和安装空间,考虑到力矩平衡的效果,两平衡基面间的距离应适当大一些。

显然,动平衡包含了静平衡的条件,故经过动平衡的回转件一定也是静平衡的。但是必须注意,静平衡的回转件却不一定是动平衡的,图 8.3 所示回转件即属此例。对于质量分布在同一回转面内的回转件,因离心力在轴面内不存在力臂,故这类回转件静平衡后也满足了动平衡条件。磨床砂轮和煤气泵叶轮等回转件,可看作质量基本分布在同一回转面内,所以经静平衡后不必再作动平衡即可使用。也就是说,第一类回转件属于第二类回转件的特例。

8.3 回转件的平衡试验

结构上不对称于回转轴线的回转件,可以根据质量分布情况计算出所需的平衡质量,使它满足平衡条件。这样,它就和对称于回转轴线的回转件一样在理论上达到完全平衡。可是,在设计时已经过平衡考虑的转子,由于制造和装配的不精确、材质的不均匀等原因,又会产生新的不平衡。这时,由于不平衡量的大小和方位不知,故只能用实验的方法来平衡。根据质量分布的特点,平衡试验法也分为如下两种。

8.3.1 静平衡试验法

由前述可知,静不平衡的回转件,其质心偏离回转轴。利用静平衡架,找出不平衡质径积的大小和方向,并由此确定平衡质量的大小和位置,使质心移到回转轴线上而达到平衡。这种方法称为静平衡试验法。

对于圆盘形回转件,设圆盘直径为 D,其宽度为 b,当 $D/b > 5$ 时,这类回转件通常经静平衡试验校正后,可不必进行动平衡。

图 8.5 所示为导轨式静平衡架。架上两根互相平行的钢制刀口形(也可做成圆柱形或棱柱形)导轨被安装在同一水平面内。试验时将回转件的轴放在导轨上。若回转件质心不在包含回转轴线的铅垂面内,则由于重力对回转轴线的静力矩作用,回转件将在导轨上发生滚动。待到滚动停止时,质心 S 即处在最低位置,由此便可确定质心的偏移方向。然后用橡皮泥在质心相反方向加一适当的平衡质量,并逐步调整其大小或径向位置,直到该回转件在任意位置都能保持静止。这时所加的平衡质量与其向径的乘积即为该回转件达到静平衡需加的质径积。根据该回转件的结构情况,也可在质心偏移方向去掉同等大小的质径积来实现静平衡。

导轨式静平衡架简单可靠,其精度也能满足一般生产需要,缺点是它不能用于平衡两端轴径不等的回转件。

图 8.6 所示为圆盘式静平衡架,待平衡回转件的轴放置在分别由两个圆盘组成的支承上,圆盘可绕其几何轴线转动,故回转件也可以自由转动。它的试验程序与上述相同。这类平衡架一端的支承高度可调,以便平衡两端轴颈不等的回转件。因圆盘中心的滚动轴承容易弄脏,致使摩擦阻力矩增大,故其精度略低于导轨式平衡架。

图 8.5 导轨式静平衡架

图 8.6 圆盘式静平衡架

8.3.2 动平衡试验法

由动平衡原理可知,轴向尺寸较大的回转件,必须分别在任意两个校正平面内各加一个适当的质量,才能使回转件达到平衡。令回转件在动平衡试验机上运转,然后在两个选定的平面上分别找出所需平衡质径积的大小和方位,从而使回转件达到动平衡的方法称为动平衡试验法。

$D/b < 5$ 的回转或有特殊要求的重要回转件,一般都要进行动平衡。

动平衡试验机的支承是浮动的。当待平衡回转件在试验机上回转时,两端的浮动支承便产生机械振动。传感器把机械振动变换为电信号,即可在仪表上读出二校正平面应加质径积的大小和相位。动平衡机的具体构造和操作方法可参看有关文献和产品说明书。

应当说明,任何转子,即使经过平衡试验也不可能达到完全平衡。实际应用中,过高的平衡要求既无必要,又徒增成本。因此,对不同工作条件的转子需要规定不同的许用不平衡量。

转子的许用不平衡量可用质径积$[mr]$或偏心距$[e]$(单位 μm)来表示。考虑到角速度 ω

是影响转子平衡效应的重要参数，工程上常用 $e\omega$ 值表示平衡精度。国际标准化组织制定了用 G 表示的相应等级标准。$G=\frac{[e]\omega}{1\ 000}$(mm/s)。如汽车发动机曲轴的平衡精度为 G40，电机转子 G6.3，精密磨床主轴 G0.4。G 值愈小，平衡精度愈高。已知转子的最高工作转速 ω，便可由 G 值求出许用偏心距 $[e]$。

习　题

8.1　什么是静平衡？什么是动平衡？各至少需要几个平衡平面？静平衡、动平衡的力学条件各是什么？

8.2　某汽轮机转子质量为 1 t，由于材质不匀及叶片安装误差致使质心偏离回转轴线 0.5 mm，当该转子以 5 000 r/min 的转速转动时，其离心力有多大？离心力是它本身重力的几倍？

8.3　待平衡转子在静平衡架上滚动至停止时，其质心理论上应处于最低位置。但实际上由于存在滚动摩擦阻力、质心不会到达最低位置，因而导致试验误差。试问用什么方法进行静平衡试验可以消除该项误差？

8.4　动平衡的构件一定是静平衡的，反之亦然，对吗，为什么？在题 8.4 图所示的两根曲轴中，设各曲拐的偏心质径积均相等，且各曲拐均在同一轴平面上。试说明两者各处于何种平衡状态？

8.5　题 8.5 图所示为一钢制圆盘，盘厚 $b=50$ mm。位置 Ⅰ 处有一直径 $\Phi=50$ mm 的通孔，位置 Ⅱ 处是一质量 $G_2=0.5$ kg 的重块。为了使圆盘平衡，拟在圆盘上 $r=200$ mm 处制一通孔。试求此孔的直径与位置。（钢的密度 $\rho=7.89\ \mathrm{g/cm^3}$）

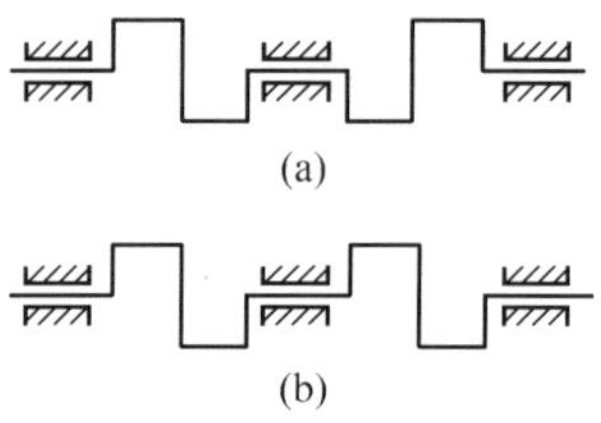

题 8.4 图

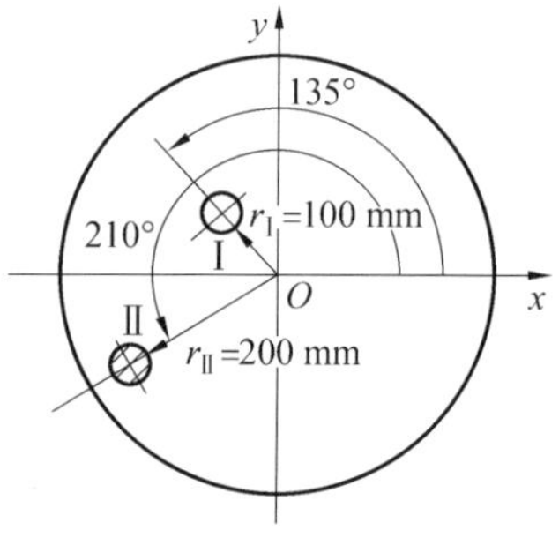

题 8.5 图

8.6　题 8.6 图所示的转子中，已知各偏心质量 $m_1=10$ kg，$m_2=15$ kg，$m_3=20$ kg，$m_4=10$ kg，它们的回转半径分别为 $r_1=40$ cm，$r_2=r_4=30$ cm，$r_3=20$ cm，方位如图所示。若置于平衡基面 Ⅰ 及 Ⅱ 中的平衡质量 m_{bI} 及 m_{bII} 的回转半径均为 50 cm，试求 m_{bI} 及 m_{bII} 的大小和方位（$l_{12}=l_{23}=l_{34}$）。

8.7　题 8.7 图所示盘形转子的圆盘直径 $D=400$ mm，圆盘质量 $m=10$ kg。已知圆盘上存在不平衡质量 $m_1=2$ kg，$m_2=4$ kg，两支承距离 $l=120$ mm，圆盘至右支承 $l_1=80$ mm，转速 $n=3\ 000$ r/min。试问：(1) 该转子的质心偏移多少？(2) 作用在左、右支承上的动反力各有多大？

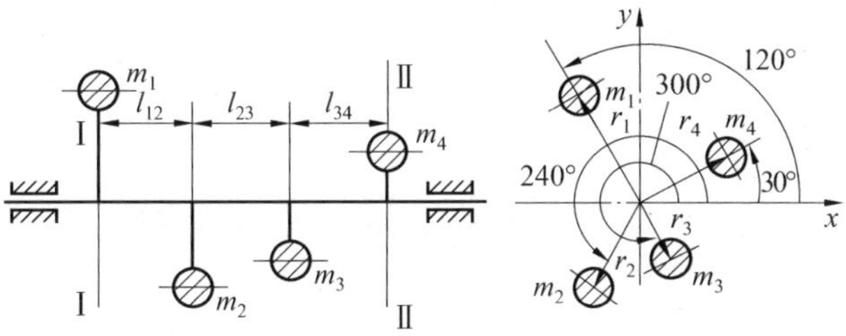

题8.6图

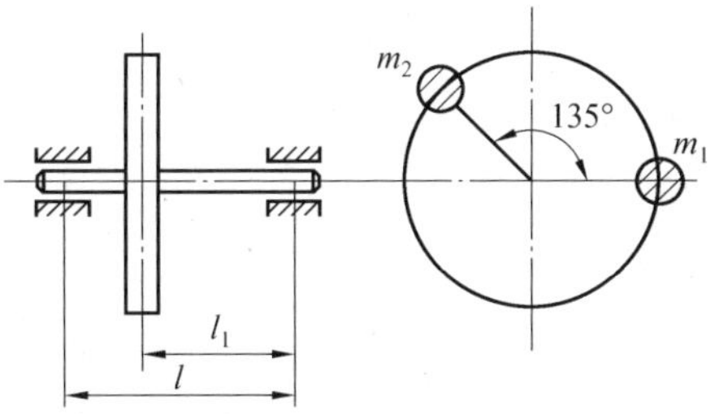

题8.7图

8.8 题8.8图所示回转件上存在空间分布的两个不平衡质量。已知 m_A = 500 g, m_B = 1 000 g, $r_A = r_B$ = 10 mm, 转速 n = 3 000 r/min。(1) 求左右支承反力的大小和方向;(2) 若在A面加一平衡质径积 $m_j r_j$ 进行静平衡,求 $m_j r_j$ 的大小和方向;(3) 求静平衡之后左右支承反力的大小和方向;(4) 问静平衡后支承反力是增大还是减小?

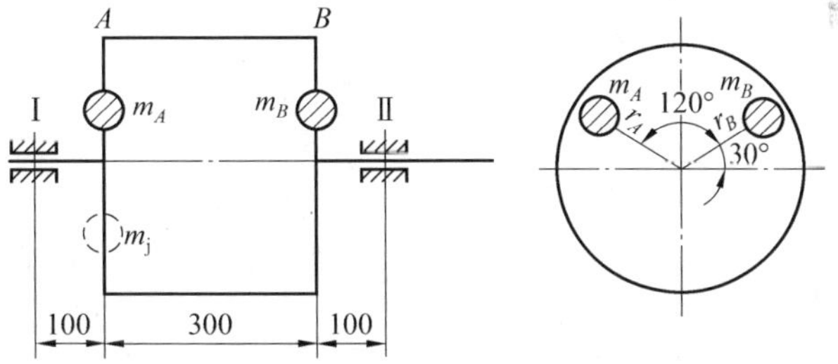

题8.8图

第9章 机械运转速度波动的调节

教学提示：一般情况下，原动件的速度和加速度是随时间而变化的，即运动有速度波动。研究机械运转速度的波动及其调节方法，是本章重要的研究内容。

教学要求：了解机械运转周期性及非周期性速度波动，掌握周期性速度波动调节的方法及飞轮的设计。

9.1 机械运转速度波动调节的目的和方法

驱动机械运动的力称为驱动力，其所做的功为驱动功或输入功；阻止机械运动的力称为阻力，其所做的功为阻抗功或输出功。机械是在外力（驱动力和阻力）作用下运转的。输入功与输出功之差形成机械动能的增减。如果输入功在每段时间内都等于输出功，则机械的主轴保持匀速转动。但是无论输入功还是输出功，均无法保证运转过程的恒定，例如三相交流异步电动机的输出扭矩是速度的函数，刨床在工作行程内的输出功要大于空程内的输出功，因此许多机械在某段时间内输入功不等于输出功。当输入功大于输出功时，出现盈功，盈功转化为动能，促使机械动能增大并导致主轴运转速度提高。当输入功小于输出功时，出现亏功，亏功需动能补偿，导致机械动能减小并使主轴转速降低。机械动能的增减形成机械运转速度的波动。这种波动会使运动副中产生附加的作用力，降低机械效率和工作可靠性；会引起机械振动，影响零件的强度和寿命；还会降低机械的精度和工艺性能，使产品质量下降。因此，对机械运转速度的波动必须进行调节，使上述不良影响限制在许可的范围之内。

机械运转速度的波动可分为周期性速度波动和非周期性速度波动两类。

9.1.1 周期性速度波动

当作用于机械上的驱动力和阻力呈周期性变化时，动能的波动导致机械主轴的角速度也做周期性的变化，如图9.1虚线所示。机械的这种有规律的、周期性的速度变化称为周期性速度波动。由图可见，主轴的角速度 ω 在经过一个运动周期 T 之后又回到初始状态，其动能没有增减，即一个整周期中驱动力所做的输入功与阻力所做的输出功是相等的，这是周期性速度波动的重要特征。但是在周期中的某段时间内，输入功与输出功却是不相等的，即出现了速度的波动。运动周期 T 通常对应于机械主轴回转一转（如冲床）、两转（如四冲程内燃机）或数转（如轧钢机）的时间。

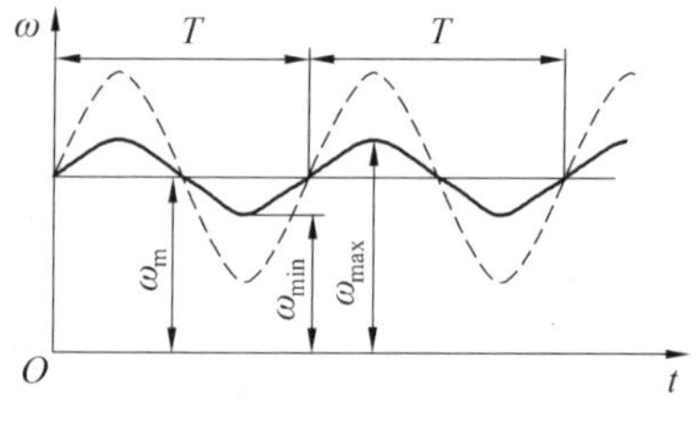

图9.1 周期性速度波动

调节周期性速度波动的常用方法是在机械中加上一个转动惯量很大的回转件——飞

轮。盈功使飞轮的动能增加，亏功使飞轮的动能减小，飞轮的动能变化为

$$\Delta E = J(\omega^2 - \omega_0^2)/2$$

显然，对于给定的动能变化数值ΔE，飞轮的转动惯量J越大，角速度的波动越小。例如图9.1中虚线所示为没有安装飞轮时主轴的速度波动，实线所示为安装飞轮后的速度波动。此外，由于飞轮能利用储蓄的动能克服短时过载，故在确定原动机额定功率时只需考虑它的平均功率，而不必考虑高峰负荷所需的瞬时最大功率。由此可知，安装飞轮不仅可避免机械运转速度发生过大的波动，而且可以选择功率较小的原动机。

9.1.2 非周期性速度波动

如果输入功在很长一段时间内总是大于输出功，则机械运转速度将不断升高，直至超越机械强度所允许的极限转速而导致机械损坏；反之，如输入功总是小于输出功，则机械运转速度将不断下降，直至停车。汽轮发电机组在供汽量不变而用电量突然增减时就会出现这类情况。这种速度波动是随机的、不规则的，没有一定的周期，因此称为非周期性速度波动。非周期性速度波动不能依靠飞轮来进行调节，只能采用特殊的装置使输入功与输出功趋于平衡，以达到新的稳定运转状态。这种特殊装置称为调速器。

图9.2所示为机械式离心调运器的工作原理图。原动机2的输入功与供汽量的大小成正比。当负荷突然减小时，原动机2和工作机1的主轴转速升高，由锥齿轮驱动的调速器主轴的转速也随着升高，重球因离心力增大而飞向上方，带动圆筒N上升并通过套环和连杆将节流阀关小，使蒸汽输入量减少；反之，若负荷突然增加，原动机及调运器主轴转速下降，重球下落，节流阀开大促使供汽量增加。用这种方法使输入功和负荷所消耗的功（包括摩擦损失）自动趋于平衡，从而保持速度稳定。

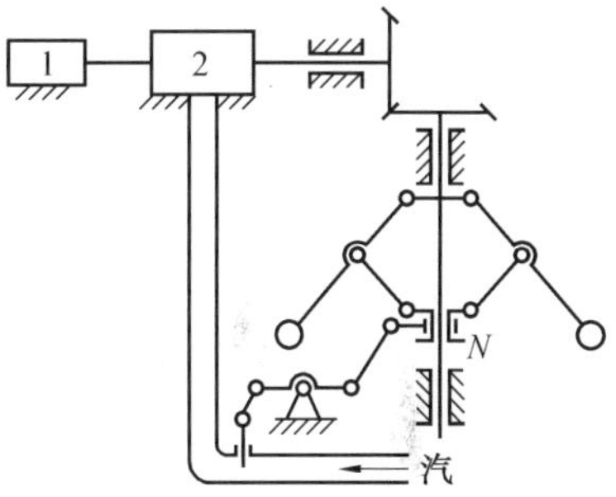

图9.2 离心调速器

机械式离心调速器结构简单，成本低廉，常用于电唱机、录音机等调速系统之中，但它的体积庞大，灵敏度低，故近代机器多采用电子调速装置来实现自动控制。本章对调速器不作进一步论述，下面各节主要讨论飞轮设计的有关问题。

9.2 飞轮设计的近似方法

9.2.1 机械运转的平均速度和速度不均匀系数

如图9.1所示，若已知机械主轴角速度随时间变化的规律$\omega = f(t)$时，一个周期角速度的实际平均值ω_m，也称为机器的"额定转速"，可由下式求出：

$$\omega_m = \frac{1}{T}\int_0^T \omega \mathrm{d}t \tag{9.1}$$

由于ω的变化规律很复杂，故在工程计算中通常以算术平均值作为实际平均值，即

$$\omega_m = \frac{\omega_{max} + \omega_{min}}{2} \tag{9.2}$$

式中　ω_{max},ω_{min}—— 最大角速度、最小角速度。

机械运转速度波动的相对值用机械运转速度不均匀系数 δ 表示,即

$$\delta = \frac{\omega_{max} - \omega_{min}}{\omega_m} \tag{9.3}$$

若已知 ω_m 和 δ,则由式(9.2),(9.3) 可得到

$$\omega_{max} = \omega_m\left(1 + \frac{\delta}{2}\right) \tag{9.4}$$

$$\omega_{min} = \omega_m\left(1 - \frac{\delta}{2}\right) \tag{9.5}$$

由上式可知,δ 越小,主轴越接近匀速转动。

各种不同机械许用的机械运转速度不均匀系数 δ 是根据它们的工作要求确定的。例如发电机的主轴的速度波动太大,势必影响输出电压的稳定性,所以这类机械的机械运转速度不均匀系数应当取小一些;反之,如冲床、破碎机等机械,速度波动稍大也不影响其工艺性能,这类机械的机械运转速度不均匀系数便可以取大些。几种常见机械的机械运转速度不均匀系数 δ 可按表 9.1 选取。

表 9.1　机械运转速度不均匀系数 δ 的取值范围

机械名称	破碎机	冲床和剪床	压缩机和水泵	减速器	交流发电机
δ	0.1 ~ 0.2	0.05 ~ 0.15	0.03 ~ 0.05	0.015 ~ 0.02	0.002 ~ 0.003

9.2.2　飞轮设计的基本原理

飞轮设计的基本问题是:已知作用在主轴上的驱动力矩和阻力矩的变化规律,要求在机械运转速度不均匀系数 δ 的允许范围内,确定安装在主轴上的飞轮的转动惯量。

在一般机械中,其他构件所具有的动能与飞轮相比,其数值很小,故近似设计中可以认为飞轮的动能就是整个机械的动能。当主轴处于最大角速度 ω_{max} 时,飞轮具有动能的最大值 E_{max};反之,当主轴处于最小角速度 ω_{min} 时,飞轮具有动能最小值 E_{min}。E_{max} 与 E_{min} 之差即为一个周期 T 内动能的最大变化量,它是由最大盈亏功 ΔW_{max} 转化而来的,即

$$\Delta W_{max} = E_{max} - E_{min} = \frac{1}{2}J_F(\omega_{max}^2 - \omega_{min}^2) = J_F\omega_m^2\delta$$

由此可得到安装在主轴上飞轮的转动惯量

$$J_F = \frac{|\Delta W_{max}|}{\omega_m^2\delta} \tag{9.6}$$

由式(9.6) 可知:

(1) 当 ΔW_{max} 与 ω_m 一定时,飞轮的转动惯量 J_F 与机械运转速度不均匀系数 δ 之间的关系为一等边双曲线,如图9.3 所示。当 δ 很小时,略微减小 δ 的数值就会使 J_F 激增,即过分追求机械运转速度均匀将会使飞轮笨重,增加成本。

(2) 当 J_F 与 ω_m 一定时,ΔW_{max} 与 δ 成正比,即最大盈亏功越大,机械运转速度越不均匀。

(3) J_F 与 ω_m 的平方成反比，即主轴的平均转速越高，所需安装在主轴上的飞轮转动惯量越小。

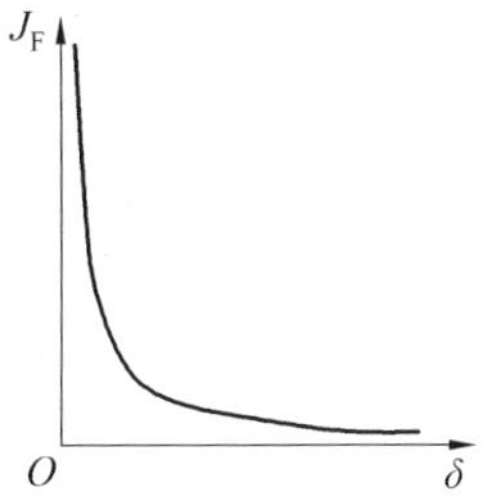

图 9.3 $J_F-\delta$ 变化曲线

飞轮也可以安装在与主轴保持固定速比的其他轴上，但必须保证该轴上安装的飞轮与主轴上安装的飞轮具有相等的动能，即

$$\frac{1}{2}J'_F\omega'^2_m=\frac{1}{2}J_F\omega^2_m$$

或

$$J'_F=J_F\left(\frac{\omega_m}{\omega'_m}\right)^2 \tag{9.7}$$

式中 ω'_m—— 任选飞轮轴的平均角速度；

J'_F—— 安装在该轴上的飞轮转动惯量。

由式(9.7)可知，欲减小飞轮转动惯量，可以选取高于主轴转速的轴安装飞轮。通常主轴具有良好的刚性，所以多数机器的飞轮仍安装在主轴上。

9.2.3 最大盈亏功 ΔW_{max} 的确定

计算飞轮转动惯量必须首先确定最大盈亏功 ΔW_{max}。若给出作用在主轴上的驱动力矩 M_d 和阻力矩 M_r 的变化规律以及主轴对应转角 φ，便可确定 ΔW_{max}。

图9.4(a)所示为某机组稳定运转一个周期中，作用在主轴上的驱动力矩 M_d 和阻力矩 M_r 随主轴转角 φ 变化的曲线。μ_M 为力矩比例尺，实际力矩值可用纵坐标高度乘以 μ_M 得到，即 $M=y\mu_M$；μ_φ 为转角比例尺，实际转角等于横坐标长度乘以 μ_φ，即 $\varphi=x\mu_\varphi$。由 $M_d-\varphi$ 曲线与横坐标轴所包围的面积为驱动力矩所做的功，即输入功；$M_r-\varphi$ 曲线与横坐标轴所包围的面积为阻力力矩所做的功，即输出功。在 oa 区间，输入功与输出功之差为

$$W_{oa}=\int_o^a(M_d-M_r)\,d\varphi=\int_o^a\mu_M(y_d-y_r)\,dx\mu_\varphi=\mu_M\mu_\varphi[S_1]$$

式中 $[S_1]$——oa 区间 $M_d-\varphi$ 与 $M_r-\varphi$ 曲线之间的面积(mm^2)；

W_{oa}——oa 区间的盈亏功，以绝对值表示。

由图可见，oa 区间阻力矩大于驱动力矩，出现亏功，机器动能减小，故标注负号；ab 区间驱动力矩大于阻力矩，出现盈功，机器动能增大，故标注正号。同理，bc，do 区间为负，cd 区间为正。

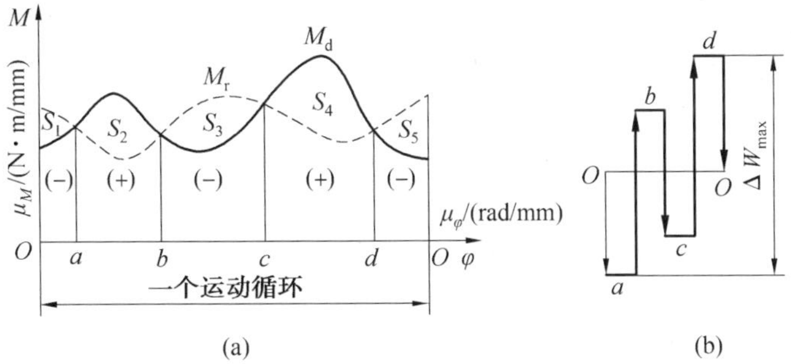

图 9.4 最大盈亏功的确定

如前所述,盈亏功等于机器动能的增减量。设 E_o 为主轴在角位置 φ_o 时机器的动能,则主轴在角位置 $\varphi_a,\varphi_b,\cdots,\varphi_o$ 时,机器对应的动能 $E_a,E_b,\cdots,E_o$ 依次为

$$E_a = E_o - W_{oa} = E_o - \mu_M\mu_\varphi[S_1]$$
$$E_b = E_a + W_{ab} = E_a + \mu_M\mu_\varphi[S_2]$$
$$\cdots$$
$$E_o = E_d - W_{do} = E_d - \mu_M\mu_\varphi[S_5]$$

以上动能变化也可用能量指示图表示。如图 9.4(b) 所示,从 o 点出发,顺次做向量 $\boldsymbol{oa}$, $\boldsymbol{ab}$, $\boldsymbol{bc}$, $\boldsymbol{cd}$, $\boldsymbol{do}$ 表示盈亏功 $W_{oa},W_{ab},W_{bc},W_{cd}$ 和 W_{do}(盈功为正,箭头朝上;亏功为负,箭头朝下)。由于机器经历一个周期回到初始状态,其动能增减为零,所以该向量图的首尾应当封闭。由图可知,d 点具有最大动能,对应于 $\omega_{\max}$,a 点具有最小动能,对应于 $\omega_{\min}$,a,d 两位置动能之差即是最大盈亏功 $\Delta W_{\max}$。

例 9.1 某机组作用在主轴上的阻力矩变化曲线 $M_r-\varphi$ 如图 9.5(a) 所示。已知主轴上的驱动力矩 M_d 为常数,主轴平均角速度 $\omega_m = 20$ rad/s,机械运转速度不均匀系数 $\delta = 0.05$。(1) 求驱动力矩 M_d;(2) 计算最大盈亏功 $\Delta W_{\max}$;(3) 若飞轮安装在主轴上,计算飞轮的转动惯量 J_F 及最大转速 $\omega_{\max}$;(4) 若将飞轮安装在转速为主轴 3 倍的轴上,求飞轮的转动惯量 J'_F。

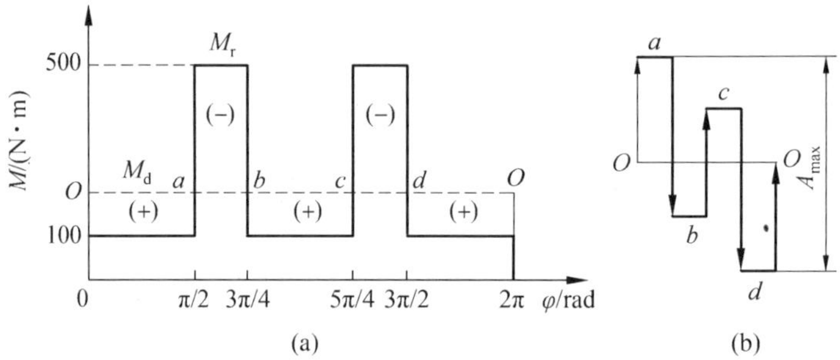

图 9.5 飞轮设计

解 (1) 驱动力矩 M_d 给定 M_d 常数,故 $M_d-\varphi$ 为一水平直线。在一个运动循环中驱动力矩所做的功为 $2\pi M_d$,它应当等于一个运动循环中阻力矩所做的功,即

$$2\pi M_d = 100\times 2\pi + 400\times \pi/2 \quad (\mathrm{N\cdot m})$$

解上式得 $M_d = 200$ N·m,由此可做出 $M_d-\varphi$ 水平直线。

(2) 最大盈亏功 $\Delta W_{\max}$ 将 $M_d-\varphi$ 与 $M_r-\varphi$ 曲线的交点分别标注 o,a,b,c,d,将各区间 $M_d-\varphi$ 与 $M_r-\varphi$ 所围面积区分为盈功和亏功,并标注“+”或“-”。然后根据各区间盈亏功的数值大小按比例作能量指示图(图 9.5(b)) 如下:首先,自 o 向上作 $\boldsymbol{oa}$ 表示 $\boldsymbol{oa}$ 区间的盈功,$W_{oa}=50\pi$ (N·m);其次,向下作 $\boldsymbol{ab}$ 表示 $\boldsymbol{ab}$ 区间的亏功,$W_{ab}=75\pi$ (N·m)。依此类推,直到画完最后一个封闭向量 $\boldsymbol{do}$。由图可知,ad 区间出现最大盈亏功,其绝对值为

$$\Delta W_{\max} = |-W_{ab}+W_{bc}-W_{cd}| = |-75+50-75|\times\pi = 314.16\ \mathrm{N\cdot m}$$

(3) 安装在主轴上飞轮的转动惯量 J_F

$$J_F = \frac{\Delta W_{\max}}{\omega_m^2\delta} = \frac{314.16}{20^2\times 0.05} = 15.71\ \mathrm{kg\cdot m^2}$$

最大转速 ω_{max}

$$\omega_{max} = \omega_m\left(1+\frac{\delta}{2}\right) = 20\times\left(1+\frac{0.05}{2}\right) = 20.5\ \text{rad/s}$$

且最大转速 ω_{max} 出现在 a 点处。

(4) 若将飞轮安装在转速为主轴3倍的轴上，则飞轮的转动惯量 J'_F

$$J'_F = J_F\left(\frac{\omega_m}{\omega'}\right)^2 = 15.71\times\frac{1}{9} = 1.74\ \text{kg}\cdot\text{m}^2$$

9.3 飞轮主要尺寸的确定

求出飞轮转动惯量 J_F 之后，还要确定它的直径、宽度、轮缘厚度等有关尺寸。

图9.6所示为带轮辐的飞轮。这种飞轮的轮毂和轮辐的质量较小，且回转半径也较小，近似计算时可以将它们的转动惯量忽略，认为飞轮质量 m 集中于轮缘。设轮缘的平均直径为 D_m，则

$$J_F = m\left(\frac{D_m}{2}\right)^2 = \frac{mD_m^2}{4} \tag{9.8}$$

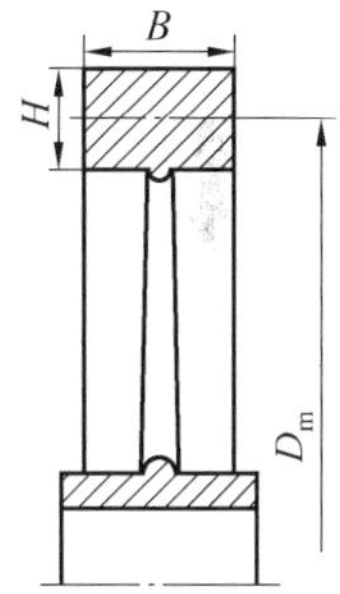

图9.6 带轮辐的飞轮结构图

按照机器的结构和空间位置选定轮缘的平均直径 D_m 之后，由式(9.8)便可求出飞轮质量 m(kg)。设取轮缘为矩形截面，它的体积、厚度、宽度分别为 V(m^3)，H(m)，B(m)，材料的密度为 ρ(kg/m^3)，则

$$m = V\rho = \pi D_m HB\rho \tag{9.9}$$

选定飞轮的材料与比值 H/B 之后，轮缘的截面尺寸便可以求出。

对于外径为 D 的实心盘式飞轮，由理论力学可知

$$J_F = \frac{1}{2}m\left(\frac{D}{2}\right)^2 = \frac{mD^2}{8} \tag{9.10}$$

选定圆盘直径 D，便可求出飞轮的质量 m，再从

$$m = V\rho = \frac{\pi D^2}{4}B\rho \tag{9.11}$$

选定材料之后便可得出飞轮的宽度 B。

飞轮的转速越高，其轮缘材质产生的离心力越大。当轮缘材料所受离心力超过其材料的强度极限时，轮缘便会爆裂。为了安全，在选择平均直径 D_m 和外缘直径 D 时，应使飞轮外缘的圆周速度不大于以下安全数值：

对于铸铁飞轮

$$v_{max} < 36\ \text{m/s}$$

对于铸钢飞轮

$$v_{max} < 50\ \text{m/s}$$

应当说明，飞轮不一定是外加的专门构件。实际机械中往往用增大带轮(或齿轮)的尺寸和质量的方法，使它们兼起飞轮的作用。这种带轮(或齿轮)也就是机器中的飞轮。还应指

出,本章所介绍的飞轮设计方法,没有考虑除飞轮外其他构件动能的变化,因而是近似的。机械运转速度不均匀系数 δ 允许有一个变化范围,所以这种近似设计可以满足一般使用要求。

习　题

9.1　题9.1图所示为作用在多缸发电机曲轴上的驱动力矩 M_d 和阻力矩 M_r 的变化曲线,其驱动力矩曲线与阻力矩曲线围成的面积依次为 $+580\ m^2$, $-320\ m^2$, $+390\ m^2$, $-520\ m^2$, $+190\ m^2$, $-390\ m^2$, $+260\ m^2$ 及 $-190\ m^2$,该图的比例尺 $\mu_M = 100\ N\cdot m/mm$,$\mu_\varphi = 0.01\ rad/mm$。已知曲柄平均转速 $n_m = 120\ r/min$,其瞬时角速度不超过其平均角速度的 ±3%。求装在该曲柄轴上的飞轮的转动惯量。

9.2　在电动机驱动的剪床中,已知作用在剪床主轴上的阻力矩 M_r 的变化规律如题9.2图所示。设驱动力矩 M_d 等于常数,剪床主轴转速为 60 r/min,机械运转速度不均匀系数 $\delta = 0.12$。求:(1) 驱动力矩 M_d 的数值;(2) 安装在主轴上的飞轮转动惯量。

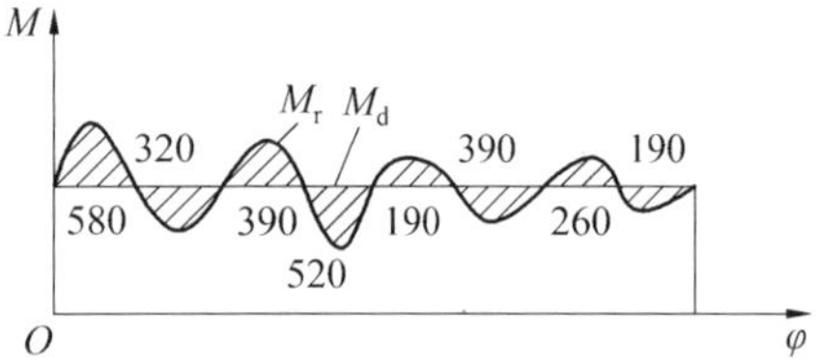

题9.1图

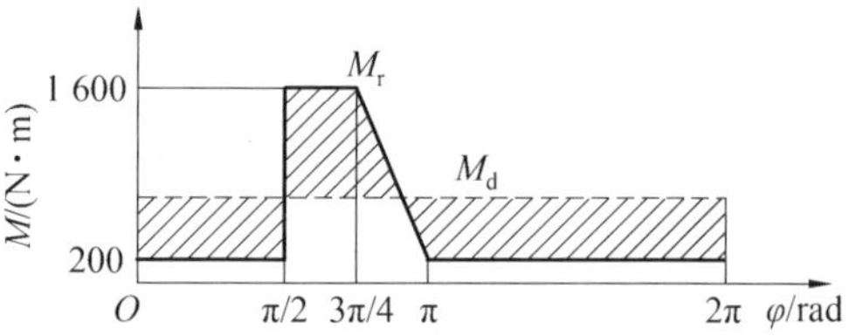

题9.2图

9.3　为什么本章介绍的飞轮设计方法称为近似方法?试说明哪些因素影响飞轮设计的精确性。

9.4　什么是周期性速度波动?什么是非周期性速度波动?它们各用何种装置进行调节?经过调节之后主轴的转速是否为匀速?

9.5　已知某轧钢机的原动机功率 $P' = 1\ 910\ kW$,钢材通过轧辊时消耗的功率 $P'' = 2\ 940\ kW$,P' 及 P'' 均为常数。若钢材通过轧辊的时间 $t'' = 5\ s$,主轴平均转速 $n = 80\ r/min$,机械运转速度不均匀系数 $\delta = 0.1$。求:(1) 安装在主轴上的飞轮的转动惯量;(2) 飞轮的最大转速和最小转速。

9.6　设某机组由发动机供给的驱动力矩 $M_d = 1\ 000/\omega\ N\cdot m$(即驱动力矩与瞬时角速度成反比),阻力矩 M_r 的变化如题9.6图所示,$t_1 = 0.1\ s$,$t_2 = 0.9\ s$,忽略其他构件的转动惯量。若要求机组运转的最大角速度 $\omega_{max} = 134\ rad/s$,最小角速度 $\omega_{min} = 116\ rad/s$,试计算安装在主轴上的飞轮的转动惯量。

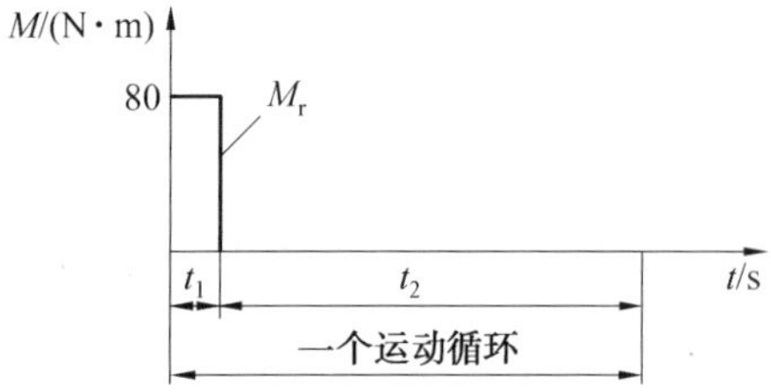

题9.6图

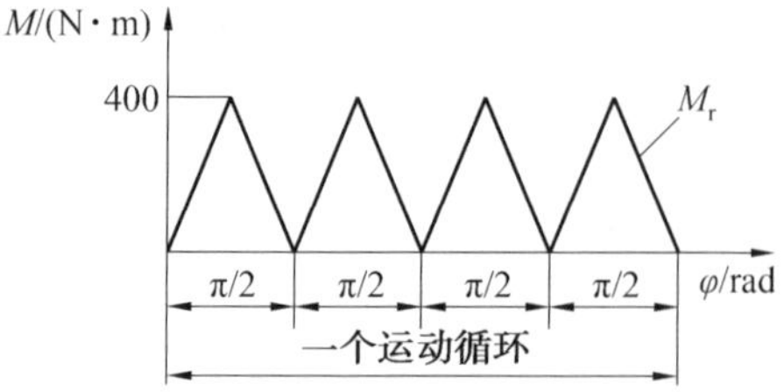

题9.7图

9.7 某机组主轴上作用的驱动力矩 M_d 等于常数，它的一个运动循环中阻力矩 M_r 的变化如题9.7图所示。若给定 $\omega_m = 25$ rad/s，机械运转速度不均匀系数 $\delta = 0.04$，轮辐式飞轮的平均直径 $D_m = 0.5$ m。试计算飞轮的转动惯量及质量。

第 10 章

机械零件设计概论

教学提示：本章主要介绍通用机械零件的设计问题，包括合理确定零件的形状和尺寸等问题。

教学要求：理解机械零件设计的一般步骤，掌握机械零件在静应力和变应力作用下的强度计算与接触强度计算，理解机械零件的耐磨性，了解机械制造中常用材料的选择、极限与配合、表面粗糙度以及机械零件的工艺性及标准化等概念。

前面几章着重讲了常用机构及机器的分析方法，包括运动学、动力学等基本知识。本章开始，主要从工作原理、承载能力、结构和维护等方面讲述通用机械零件的设计问题，其中包括合理确定零件的形状和尺寸，如何适当选择零件的材料，以及如何使零件具有良好的工艺性等。本章将扼要阐明机械零件设计计算的共性问题。

10.1 机械零件设计概述

机械设计应满足的要求是，在满足预期功能的前提下，性能好、效率高、成本低，在预定使用期限内安全可靠，操作方便、维修简单以及造型美观等。

设计机械零件时，也必须认真考虑上述要求。概括地说，所设计的机械零件既要工作可靠，又要成本低廉。

机械零件由于某种原因不能正常工作时，称为失效。在不发生失效的条件下，零件所能安全工作的限度，称为工作能力。通常此限度是对载荷而言，所以习惯上又称为承载能力。

零件的失效可能由于：断裂或塑性变形；过大的弹性变形；工作表面的过度磨损或损伤；发生强烈的振动；连接的松弛；摩擦传动的打滑等。例如，轴的失效可能由于疲劳断裂；也可能由于过大的弹性变形（即刚度不足），致使轴颈在轴承中倾斜，若轴上装有齿轮，则齿轮受载便不均匀，以致影响正常工作。在前一种情况下，轴的承载能力取决于轴的疲劳强度；而后一种情况则取决于轴的刚度。显然，两者中的较小值决定了轴的承载能力。又如，轴承的润滑、密封不良时，轴瓦或轴颈就可能由于过度磨损而失效。此外，当周期性干扰力的频率与轴的自振频率相等或接近时，就会发生共振，导致振幅急剧增大，这种现象称为失去振动稳定性。共振可能在短期内使零件损坏，所以对于重要的，特别是高速运转的轴，还应验算其振动稳定性。

机械零件虽然有多种可能的失效形式，但归纳起来最主要的为强度、刚度、耐磨性、稳定性和温度的影响等几个方面的问题。对于各种不同的失效形式，相应地有各种工作能力判定条件。例如：当强度为主要问题时，按强度条件判定，即应力≤许用应力；当刚度为主要问题时，按刚度条件判定，即变形量≤许用变形量；……这种为防止失效而制定的判定条件，通常称为工作能力计算准则。

设计机械零件时，常根据一个或几个可能发生的主要失效形式，运用相应的判定条件，确定零件的形式和主要尺寸。

机械零件的设计常按下列步骤进行:(1)拟定零件的计算简图;(2)确定作用在零件上的载荷;(3)选择合适的材料;(4)根据零件可能出现的失效形式,选用相应的判定条件,确定零件的形状和主要尺寸,应当注意,零件尺寸的计算一般并不是最终采用的数值,设计者还要根据制造零件的工艺要求和标准、规格进行圆整;(5)绘制工作图并标注必要的技术条件。

以上所述为设计计算。在实际工作中,也常采用相反的方式——校核计算。这时先参照实物(或图纸)和经验数据,初步拟定零件的结构和尺寸,然后再用有关的判定条件进行验算。

还应注意,在一般机器中,只有一部分零件是通过计算确定其形状和尺寸的,而其余的零件则仅根据工艺要求和结构要求进行设计。

10.2 机械零件的强度

在理想的平稳工作条件下作用在零件上的载荷称为名义载荷。然而在机器运转时,零件还会受到各种附加载荷,通常引入载荷系数 K(有时只考虑工作情况的影响,则用工作情况系数 K_A) 的办法来估计这些因素的影响。载荷系数与名义载荷的乘积,称为计算载荷。按照名义载荷用力学公式求得的应力,称为名义应力,按照计算载荷求得的应力,称为计算应力。

当机械零件按照强度条件判定时,可采用许用应力法或安全系数法。许用应力法是比较危险截面处的计算应力(σ、τ) 是否小于零件材料的许用应力($[\sigma]$,$[\tau]$)。即

$$\left.\begin{aligned}\sigma \leqslant [\sigma],\text{而}[\sigma] = \frac{\sigma_{\lim}}{S}\\ \tau \leqslant [\tau],\text{而}[\tau] = \frac{\tau_{\lim}}{S}\end{aligned}\right\} \tag{10.1}$$

式中 $\sigma_{\lim}$,$\tau_{\lim}$—— 分别为极限正应力和极限切应力;

S—— 安全系数。

安全系数法则是比较危险截面处的安全系数 S 是否大于等于许用安全系数$[S]$,即

$$\left.\begin{aligned}S = \frac{\sigma_{\lim}}{\sigma} \geqslant [S]\\ S = \frac{\tau_{\lim}}{\tau} \geqslant [S]\end{aligned}\right\} \tag{10.2}$$

材料的极限应力一般都是在简单应力状态下用实验方法测出的。对于简单应力状态下工作的零件,可直接按式(10.1) 和式(10.2) 进行计算;对于在复杂应力状态下工作的零件,则应根据材料力学中所述的强度理论确定其强度条件。许用应力取决于应力的种类、零件材料的极限应力和安全系数等。

为了简便,在以下的论述中只提正应力 σ,若研究切应力 τ 时,将 σ 更换为 τ 即可。

10.2.1 应力的种类

按照随时间变化的情况,应力可分为静应力和变应力。

不随时间变化的应力,称为静应力(如图 10.1(a) 所示),纯粹的静应力是没有的,但如果变化缓慢,就可看作是静应力。例如,锅炉的内压力所引起的应力,拧紧螺母所引起的应

力等。

随时间变化的应力，称为变应力。具有周期性的变应力称为循环变应力，图10.1(b)所示为一般的非对称循环变应力，图中T为应力循环周期，σ_{max}为最大应力，σ_{min}为最小应力，σ_m为平均应力，σ_a为应力幅。由图10.1(b)可知

$$\left.\begin{aligned}\sigma_m &= \frac{\sigma_{max}+\sigma_{min}}{2}\\ \sigma_a &= \frac{\sigma_{max}-\sigma_{min}}{2}\end{aligned}\right\} \tag{10.3}$$

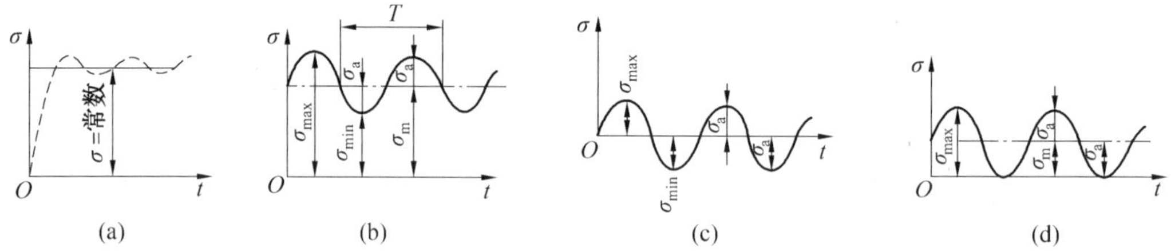

图10.1 应力的种类

应力循环中的最小应力与最大应力之比，可用来表示应力变化的情况，通常称为变应力的循环特性，用r表示，即

$$r = \sigma_{min}/\sigma_{max}$$

当$\sigma_{max}=-\sigma_{min}$时，循环特性$r=-1$，称为对称循环变应力，如图10.1(c)所示，其$\sigma_a=\sigma_{max}=-\sigma_{min}$，$\sigma_m=0$。当$\sigma_{max}\neq 0$，$\sigma_{min}=0$时，循环特性$r=0$，称为脉动循环变应力，如图10.1(d)所示，其$\sigma_a=\sigma_m=\sigma_{max}/2$。静应力可看作变应力的特例，其$\sigma_{max}=\sigma_{min}$，循环特性$r=+1$。

10.2.2 静应力下的许用应力

静应力下，零件材料有两种损坏形式：断裂或塑性变形。对于塑性材料，可按不发生塑性变形的条件进行计算。这时应取材料的屈服极限σ_S作为极限应力，故许用应力为

$$[\sigma] = \frac{\sigma_S}{S} \tag{10.4}$$

对于用脆性材料制成的零件，应取强度极限σ_B作为极限应力，故许用应力为

$$[\sigma] = \frac{\sigma_B}{S} \tag{10.5}$$

对于组织均匀的脆性材料，如淬火后低温回火的高强度钢，还应考虑应力集中的影响。灰铸铁虽属于脆性材料，但由于本身有夹渣、气孔及石墨存在，其内部组织的不均匀性已远大于外部应力集中的影响，故计算时不考虑应力集中。

表10.1列举了一些常用钢铁材料的牌号及力学性能。

表10.1 常用钢铁材料的牌号及力学性能

材料		力学性能			试件尺寸 /mm
类别	牌号	强度极限 σ_B/MPa	屈服极限 σ_S/MPa	延伸率 δ/ %	
碳素结构钢	Q215	335 - 410	215	31	$d \leqslant 16$
	Q235	375 - 460	235	26	
	Q275	490 - 610	275	20	
优质碳素结构钢	20	410	245	25	$d \leqslant 25$
	35	530	315	20	
	45	600	355	16	
合金结构钢	35SiMn	883	735	15	$d \leqslant 25$
	40Cr	981	785	9	$d \leqslant 25$
	20CrMnTi	1 079	834	10	$d \leqslant 15$
	65Mn	981	785	8	$d \leqslant 80$
铸钢	ZG270 - 500	500	270	18	$d \leqslant 100$
	ZG310 - 570	570	310	15	
	ZG42SiMn	600	380	12	
灰铸铁	HT150	145	—	—	壁厚 10 ~ 20
	HT200	195	—	—	
	HT250	240	—	—	
球墨铸铁	QT400 - 15	400	250	15	壁厚 30 ~ 200
	QT500 - 7	500	320	7	
	QT600 - 3	600	370	3	

注:钢铁材料的硬度与热处理方法、试件尺寸等因素有关,其数值详见机械设计手册。

10.2.3 变应力下的许用应力

在变应力条件下,零件的损坏形式是疲劳断裂。疲劳断裂具有以下特征:(1) 疲劳断裂的最大应力远比静应力下材料的强度极限低;(2) 不管是脆性材料或塑性材料,其疲劳断口均表现为无明显塑性变形的脆性突然断裂;(3) 疲劳断裂是损伤的累积,它的初期现象是在零件表面或表层形成微裂纹,这种微裂纹随着应力循环次数的增加而逐渐扩展,直至余下的未裂开的截面面积不足以承受外载荷,零件就突然断裂。在零件的断口上可以清晰地看到这种情况。图10.2所示为轴的弯曲疲劳断裂的裂口,微裂纹常起始于应力最大的断口周边上。在断口上明显地有两个区域:一个是在变应力重复作用下裂纹两边相互摩擦形成的表面光滑区;一个是最终发生脆性断裂的粗粒状区。

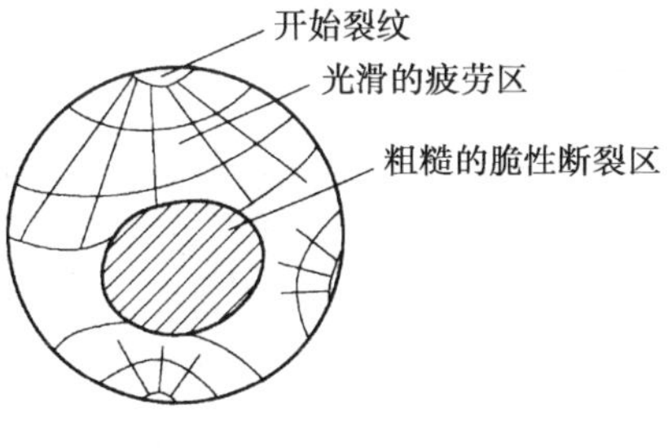

图10.2 疲劳断裂的裂口

疲劳断裂不同于一般静力断裂,它是损伤到一定程度后,即裂纹扩展到一定程度后,才发生的突然断裂。所以疲劳断裂与应力循环次数

(即使用期限或寿命)密切相关。

1. 疲劳曲线

由材料力学可知,表示应力 σ 与应力循环次数 N 之间的关系曲线称为疲劳曲线。如图 10.3 所示,横坐标为循环次数 N,纵坐标为断裂时循环应力 σ,从图中可以看出,应力越小,试件能经受的循环次数就越多。

从大多数黑色金属材料的疲劳实验可知,当循环次数 N 超过某一数值次数 N_0 以后,曲线趋于水平(见图 10.3)。N_0 称为应力循环基数,对于钢通常取 $N_0 \approx 10^7 \sim 25 \times 10^7$。对应于 N_0 的应力称为材料的疲劳极限。通常用 σ_{-1} 表示材料在对称循环变应力下的弯曲疲劳极限。

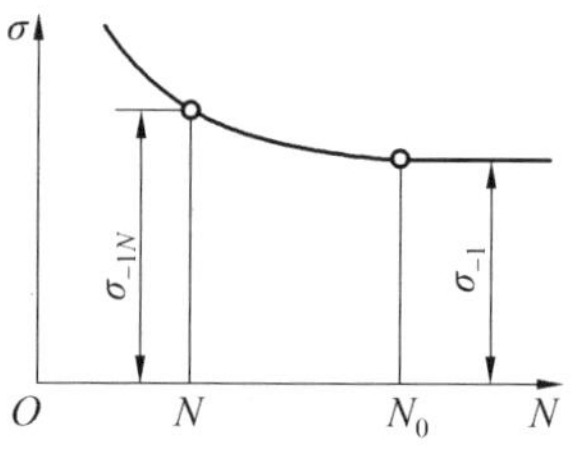

图 10.3 疲劳曲线

疲劳曲线的左半部分($N < N_0$),可近似地用如下方程表示:

$$\sigma_{-1N}^{m} N = \sigma_{-1}^{m} N_0 = C \tag{10.6}$$

式中 σ_{-1N}—— 对应于循环次数 N 的疲劳极限;

C —— 常数;

m—— 随应力状态而不同的幂指数,例如受弯曲的钢制零件,$m = 9$。

从式(10.6)可求得对应于循环次数 N 的弯曲疲劳极限

$$\sigma_{-1N} = \sigma_{-1} \sqrt[m]{\frac{N_0}{N}} = k_N \sigma_{-1} \tag{10.7}$$

式中 k_N—— 寿命系数,当 $N \geq N_0$ 时,取 $k_N = 1$。

2. 影响机械零件疲劳强度的主要因素

在变应力条件下,影响机械零件疲劳强度的因素很多,有应力集中、零件尺寸、表面情况、环境介质、加载顺序和频率等,其中又以前三种最为重要。

(1) 应力集中的影响

由于结构要求,实际零件一般都有截面形状的突然变化处(如孔、圆角、键槽、缺口等),零件受载时,它们都会引起应力集中。常用有效应力集中系数 k_σ 来表示疲劳强度的真正降低程度。有效应力集中系数定义为:材料、尺寸和受载情况都相同的一个无应力集中试样与一个有应力集中试样的疲劳极限的比值,即

$$k_\sigma = \frac{\sigma_{-1}}{(\sigma_{-1})_k} \tag{10.8}$$

式中 σ_{-1} 和 $(\sigma_{-1})_k$—— 分别为无应力集中试样和有应力集中试样的疲劳极限。

如果同一截面上同时有几个应力集中源,应采用其中最大有效应力集中系数进行计算。

(2) 绝对尺寸的影响

当其他条件相同时,零件尺寸越大,则其疲劳强度越低。其原因是由于尺寸大时,材料晶粒粗,出现缺陷的概率大,机械加工后表面冷作硬化层相对较薄,疲劳裂纹容易形成。

截面绝对尺寸对疲劳极限的影响,可用绝对尺寸系数 ε_σ 表示。绝对尺寸系数定义为:直径为 d 的试样的疲劳极限 $(\sigma_{-1})_d$ 与直径 $d_0 = 6 \sim 10$ mm 范围的试样的疲劳极限 $(\sigma_{-1})_{d0}$ 的比值,即

$$\varepsilon_{\sigma} = \frac{(\sigma_{-1})_{d}}{(\sigma_{-1})_{d_0}} \tag{10.9}$$

（3）表面状态的影响

零件表面状态包括表面粗糙度和表面处理的情况。零件表面光滑或经过各种强化处理（如喷丸、表面热处理或表面化学处理等），可以提高零件的疲劳强度。表面状态对疲劳极限的影响可用表面状态系数 β 表示。表面状态系数的定义为：试样在某种状态下的疲劳极限 $(\sigma_{-1})_{\beta}$ 与精抛光试样（未经强化处理）的疲劳极限 $(\sigma_{-1})_{\beta 0}$ 的比值，即

$$\beta = \frac{(\sigma_{-1})_{\beta}}{(\sigma_{-1})_{\beta_0}} \tag{10.10}$$

3. 许用应力

在变应力下确定许用应力，应取材料的疲劳极限作为极限应力。综合考虑零件的切口和沟槽等截面突变、绝对尺寸和表面状态等影响，则载荷系数 $K = k_{\sigma}/(\varepsilon_{\sigma}\beta)$。

当应力是对称循环变化时，许用应力为

$$[\sigma_{-1}] = \frac{\varepsilon_{\sigma}\beta\sigma_{-1}}{k_{\sigma}S} \tag{10.11}$$

当应力是脉动循环变化时，许用应力为

$$[\sigma_{0}] = \frac{\varepsilon_{\sigma}\beta\sigma_{0}}{k_{\sigma}S} \tag{10.12}$$

式中 S—— 安全系数；

σ_0—— 材料的脉动循环疲劳极限；

k_{σ}，ε_{σ} 及 β—— 分别为有效应力集中系数、绝对尺寸系数及表面状态系数。

以上所述为“无限寿命”下零件的许用应力。若零件在整个使用期限内，其循环总次数 N 小于循环基数 N_0 时，可根据式（10.7）求得对应于 N 的疲劳极限 σ_{-1N}。代入式（10.11）后可得“有限寿命”下零件的许用应力。由于 σ_{-1N} 大于 σ_{-1}，故采用 σ_{-1N} 可得到较大的许用应力，从而减小零件的体积和质量。

10.2.4 安全系数

安全系数定得正确与否对零件尺寸有很大影响。如果安全系数定的过大将使结构笨重；如果定的过小，又可能不够安全。

在各个不同的机械制造部门，通过长期生产实践，都制定有适合本部门的安全系数（或许用应力）的表格。这类表格虽然适应范围较窄，但具有简单、具体及可靠等优点。本书中主要采用查表法选取安全系数（或许用应力）。

当没有专门的表格时，可参考下述原则选择安全系数：

（1）静应力下，塑性材料以屈服极限为极限应力。由于塑性材料可以缓和过大的局部应力，故安全系数 $S = 1.2 \sim 1.5$；对于塑性较差的材料（如 $\sigma_S/\sigma_B > 0.6$）或铸钢件可取 $S = 1.5 \sim 2.5$。

（2）静应力下，脆性材料以强度极限为极限应力，这时应取较大的安全系数。例如，对于高强度钢或铸铁件可取 $S = 3 \sim 4$。

（3）变应力下，以疲劳极限作为极限应力，可取 $S = 1.3 \sim 1.7$；若材料不够均匀、计算不够

精确时可取 $S = 1.7 \sim 2.5$。

安全系数也可用部分系数法来确定，即用几个系数的连乘积来表示总的安全系数：$S = S_1 \cdot S_2 \cdot S_3$。其中的 S_1 考虑载荷及应力计算的准确性；S_2 考虑材料的力学性能的均匀性；S_3 考虑零件的重要性。关于各项系数的具体数值可参考有关文献。

例 10.1 一小型转臂吊车如图 10.4 所示，横梁采用工字钢，电动葫芦（图中未表示出）与横梁上的小车相连。小车移动和横梁转动用人力操纵。小车、电动葫芦的自重及起重量总计为 $W = 20$ kN。试分析：(1) 拉杆、横梁及支承 B 的作用力；(2) 拉杆、横梁可能出现的主要失效形式及其判定条件。

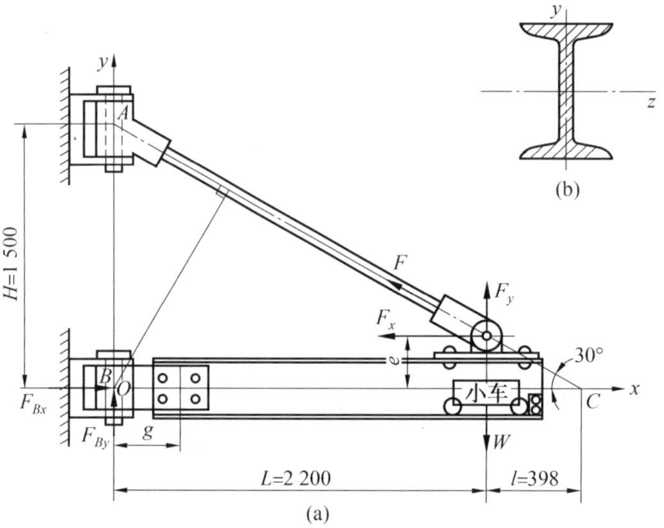

图 10.4 转臂吊车

解 (1) 如图 10.4(a) 所示，已知尺寸 L, l, H 后，即可进行受力分析。取横梁为受力体，若忽略横梁自重，其上作用力有 W, F 及支承 B 的约束反力 F_{Bx}, F_{By}，这些力处于同一平面内。

由 $\sum M_B = 0$ 得

$$F = \frac{WL}{H\cos 30°} = \frac{20 \times 2.2}{1.5 \times 0.866} = 33.87\ \text{kN}\ (\text{拉力})$$

拉力 F 可分解为

$$F_x = F\cos 30° = 33.87\cos 30° = 29.33\ \text{kN}$$

$$F_y = F\sin 30° = 33.87\sin 30° = 16.94\ \text{kN}$$

由 $\sum M_C = 0$ 得

$$F_{By} = \frac{Wl}{L + l} = \frac{20 \times 0.398}{2.2 + 0.398} = 3.06\ \text{kN}$$

由 $\sum M_A = 0$ 得

$$F_{Bx} = \frac{WL}{H} = \frac{20 \times 2.2}{1.5} = 29.33\ \text{kN}$$

在此，后两个方程改写成 $\sum F_x = 0$ 和 $\sum F_y = 0$，同样可以求解。

小型起重设备，一般工作不频繁，满载起重次数不多，故可按承受静载荷考虑，以最大起重量（包括小车，电动葫芦自重）作为计算载荷。

（2）拉杆、横梁材料均选用 Q235。失效形式分析及判断条件如表 10.2 所示。

表 10.2　失效形式及判定条件

项目	载荷	可能出现的主要失效形式	判定条件
拉杆	拉力 F	强度不足，出现塑性变形或断裂	$\sigma \leqslant [\sigma]$ σ，$[\sigma]$ 为拉应力，许用拉应力
横梁（即压杆）	主要有移动载荷 W 及压力 F_x	当移动载荷 W 位于横梁中部时，弯曲变形量（挠度 y）过大，即刚度不足，可能引起小车在横梁上行走困难。	$y \leqslant [y]$ y，$[y]$ 为变形量，许用变形量
		强度不足，弯曲应力与由 F_x 引起的压应力的合成应力过大，可能出现塑性变形或断裂。	$\sigma \leqslant [\sigma]$ σ，$[\sigma]$ 为应力，许用应力
		若压杆长细比值较大时，可能出现侧弯，即抗侧弯刚度不足，属于压杆稳定性问题。本题中，在 xOz 平面内，工字梁抗侧弯刚度最小，在此平面内引起侧弯的载荷只有 F_x。	$S = F_{cr}/F_x \geqslant S_{\min}$ F_{cr} 为细长压杆的临界载荷，$S_{\min}$ 为最小安全系数。

横梁上铆钉组承受的载荷及可能出现的主要失效形式（即本章习题 10.3 及 10.4），读者可自己分析。

例 10.2　一车轴如图 10.5 所示。已知 $F_r = F = 110$ kN，轴的材料为 Q275 钢，$\sigma_B = 550$ MPa，$\sigma_{-1} = 240$ MPa，设定安全系数 $S_{\min} = 1.5$。试核校 A—A 截面的疲劳强度。

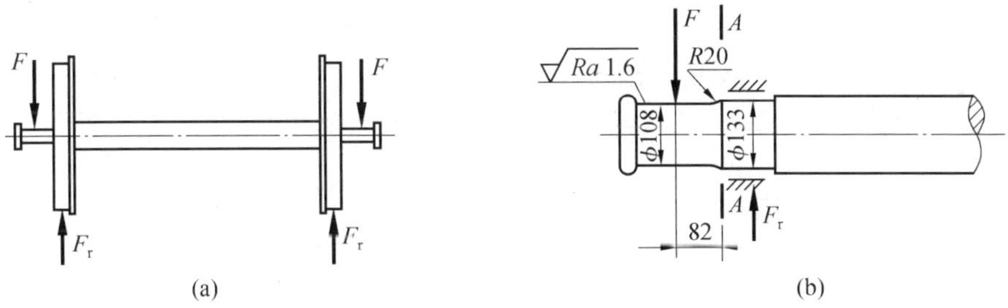

图 10.5　车轴

解　（1）车轴转动时，载荷 F 的大小和方向不变，因此轴内弯曲应力是对称循环变应力，循环特性为 -1。

（2）A—A 截面的弯曲应力

弯矩

$$M_A = 110 \times 10^3 \times 82 = 9.02 \times 10^6\ \mathrm{N \cdot mm}$$

截面系数

$$W = \frac{\pi d^3}{32} = \frac{\pi \times 108^3}{32} = 124 \times 10^3\ \mathrm{mm}^3$$

弯曲应力

$$\sigma_{\mathrm{b}} = \frac{M_A}{W} = \frac{9.02 \times 10^6}{124 \times 10^3} = 72.7\ \mathrm{MPa}$$

(3) 求各项系数(可由材料力学或机械设计手册中查取)

由 $\sigma_{\mathrm{B}} = 550\ \mathrm{MPa}, \frac{D}{d} = \frac{133}{108} = 1.23, \frac{r}{d} = \frac{20}{108} = 0.185$ 查得:

弯曲时有效应力集中系数

$$k_\sigma = 1.34$$

尺寸系数

$$\varepsilon_\sigma = 0.68$$

按表面粗糙度 $Ra1.6\ \mu\mathrm{m}$ 及 $\sigma_{\mathrm{B}} = 550\ \mathrm{MPa}$,查得:

表面状态系数

$$\beta = 0.95$$

(4) 疲劳强度校核

计算应力

$$\sigma = \frac{k_\sigma}{\varepsilon_\sigma \beta}\sigma_{\max} = \frac{1.34}{0.68 \times 0.95} \times 72.7 = 150.8\ \mathrm{MPa}$$

弯曲时安全系数 $S_\sigma = \frac{\sigma_{-1}}{\sigma} = \frac{240}{150.8} = 1.6 > S_{\min}$,安全。

如用另一种形式的判定条件 $\sigma \leqslant [\sigma_{-1}]$,可以得到同样结论。

例 10.3 一对齿轮作单向传动时,轮齿的弯曲应力可看成哪类循环变应力?若主动齿轮的转速 $n = 200\ \mathrm{r/min}$,每天工作 8 h。问一年内(以 250 天计)该齿轮应力循环总数是多少?

解 (1) 如图 10.6(a) 所示,正在啮合的轮齿,在法向力 F_{n} 作用下 A 点产生弯曲应力 σ_{b}。在啮合过程中,轮齿 A 点的弯曲应力由零变化到某一最大值,然后又回到零。齿轮旋转一周,这个齿啮合一次。齿轮不断地转动,A 点的应力就不断地重复上述过程。作为定性显示,应力随时间 t 变化的曲线见 10.6(b)。由于 $\sigma_{\mathrm{bmin}} = 0, \sigma_{\mathrm{bmax}} =$ 常值,故循环特性 $r = \sigma_{\mathrm{bmin}}/\sigma_{\mathrm{bmax}} = 0$。所以一对齿轮作单向传动时,轮齿弯曲应力可看成脉动循环变应力。

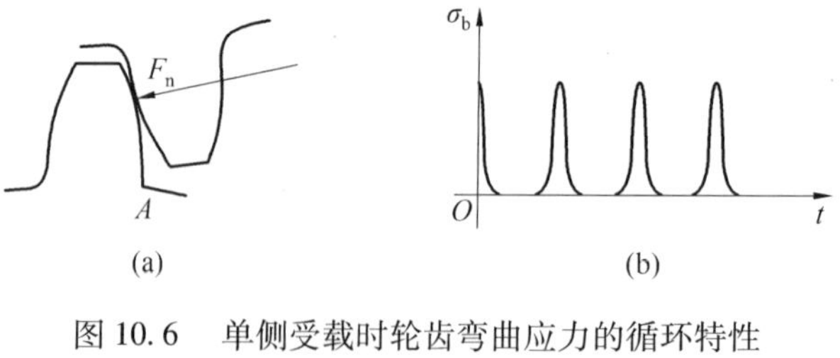

图 10.6 单侧受载时轮齿弯曲应力的循环特性

(2) 一年内齿轮的应力循环总次数

$$N = 250 \times 8 \times 60 \times 200 \text{ 次} = 2.4 \times 10^7 \text{ 次}$$

10.3 机械零件的接触强度

通常,零件受载时总是在较大的体积内产生应力,这种应力状态下的零件强度称为整体强度(如 10.2 所述)。若两个零件在受载前是点接触或线接触,受载后,由于变形其接触处为一小面积,通常此面积甚小而表层产生的局部应力却很大,这种应力称为接触应力。这时零件强度称为接触强度。如齿轮、滚动轴承等机械零件,都是通过很小的接触面积传递载荷的,因此它们的承载能力不仅取决于整体强度,还取决于表面的接触强度。

机械零件的接触应力通常是随时间作周期性变化的,在载荷重复作用下,首先在表层内约 20 μm 处产生初始疲劳裂纹,然后裂纹逐渐扩展(若有润滑油,则被挤进裂纹中并产生高压,使裂纹加快扩展),最终使表层金属呈小片状剥落下来而在零件表面形成一些小坑,如图 10.7 所示。这种现象称为疲劳点蚀。发生疲劳点蚀后,减小了接触面积,损坏了零件的光滑表面,因而也降低了承载能力,并引起振动和噪声。疲劳点蚀常是齿轮、滚动轴承等零件的主要失效形式。

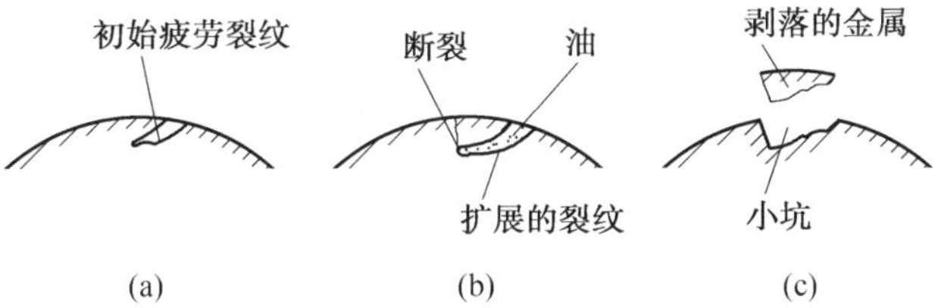

图 10.7 疲劳点蚀

由弹性力学的分析可知,当图 10.8 所示两个轴线平行的圆柱体相互接触并受压时,其接触面积为一狭长矩形,最大接触应力发生在接触区中线上,其值为

$$\sigma_{\mathrm{H}}=\sqrt{\frac{F_{\mathrm{n}}}{\pi b}\cdot\frac{\dfrac{1}{\rho_1}\pm\dfrac{1}{\rho_2}}{\dfrac{1-\mu_1^2}{E_1}+\dfrac{1-\mu_2^2}{E_2}}}\tag{10.13}$$

令 $\frac{1}{\rho_1}\pm\frac{1}{\rho_2}=\frac{1}{\rho}$,$\frac{1}{E_1}+\frac{1}{E_2}=2\frac{1}{E}$,对于钢或铸铁取泊松比 $\mu_1=\mu_2=\mu=0.3$,则式(10.13)可简化为

$$\sigma_{\mathrm{H}}=\sqrt{\frac{1}{2\pi(1-\mu^2)}\cdot\frac{F_{\mathrm{n}}E}{b\rho}}=0.418\sqrt{\frac{F_{\mathrm{n}}E}{b\rho}}\tag{10.14}$$

式(10.13)和(10.14)称为赫兹(H. Hertz)公式。

式中 σ_{H} —— 最大接触应力或赫兹应力;

b—— 接触长度;

F_{n} —— 作用在圆柱体上的载荷;

ρ —— 综合曲率半径,$\rho=\frac{\rho_1\rho_2}{\rho_2\pm\rho_1}$,正号用于外接触(见图 10.8(a)),负号用于内接触(见图 10.8(b)),ρ_1,ρ_2 分别为接触区两圆柱的曲率半径;

E —— 综合弹性模量,$E=\frac{2E_1E_2}{E_1+E_2}$,$E_1$,$E_2$ 分别为两圆柱体材料的弹性模量。

接触疲劳强度的判定条件为

$$\sigma_{\mathrm{H}}\leqslant[\sigma_{\mathrm{H}}],\text{而}\ [\sigma_{\mathrm{H}}]=\frac{\sigma_{\mathrm{Hlim}}}{S_{\mathrm{H}}}\tag{10.15}$$

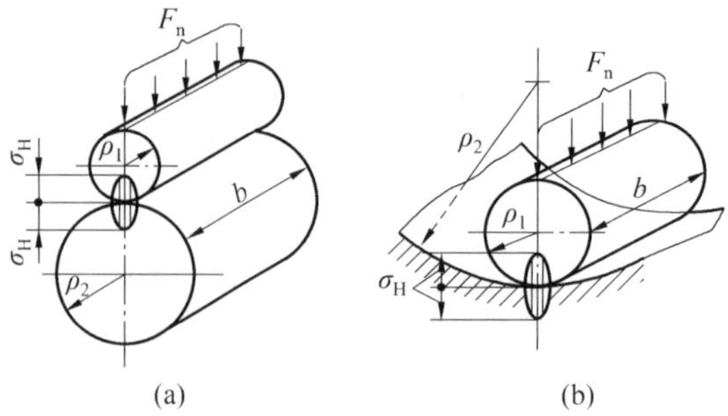

图 10.8　两圆柱体的接触应力

式中，σ_{Hlim} 为由实验测得的材料的接触疲劳极限，对于钢，其经验公式为

$$\sigma_{Hlim} = 2.76\ \text{HBS} - 70\ \text{MPa}$$

若两零件的硬度不同时，常以较软零件的接触疲劳极限为准。由图 10.8 可看出，作用在两圆柱体上的接触应力具有大小相等、方向相反，且左右对称及稍离接触区中线即迅速降低等特点。由于接触应力是局部性的应力，且由式(10.14)或式(10.14)可知，应力的增大与载荷 F_n 并不成线性关系，而要缓慢得多，故安全系数 S_H 可取得等于或稍大于 1。

例 10.4　图 10.9 所示的摩擦轮传动，由两个相互压紧的钢制摩擦轮组成。已知 $D_1 = 100$ mm，$D_2 = 140$ mm，$b = 50$ mm，小轮主动，主动轴传递功率 $P = 5$ kW，转速 $n_1 = 500$ r/min，传动较平稳，载荷系数 $K = 1.25$，摩擦系数 $f = 0.15$。试求：(1) 所需的法向压紧力 F_n；(2) 两轮接触处最大接触应力；(3) 若摩擦轮材料的硬度为 300 HBS，是否满足表面接触强度。

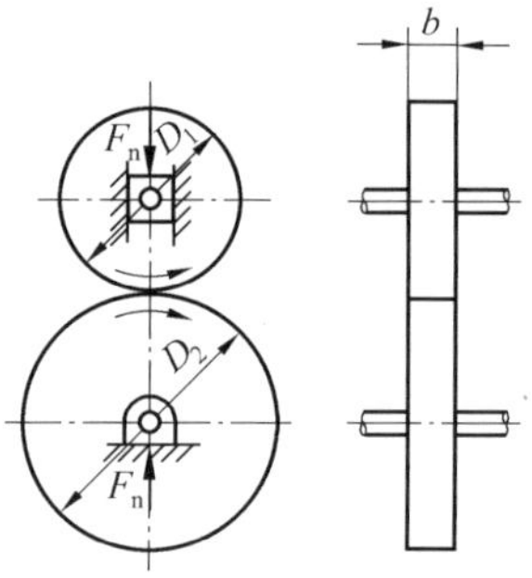

图 10.9　摩擦轮传动

解　(1) 求法向压紧力 F_n

传动在接触处的最大摩擦力为 fF_n，拖动从动轮所需的圆周力为 F，考虑到附加载荷的影响和保证摩擦传动的可靠性，计算圆周力为 KF。为了防止打滑，应使 $fF_n \geqslant KF$。

小轮转矩

$$T_1 = 9.55 \times 10^6 \frac{P}{n_1} = 9.55 \times 10^6 \times \frac{5}{500} = 95\ 500\ \text{N} \cdot \text{mm}$$

圆周力

$$F = \frac{2T_1}{D_1} = \frac{2 \times 95\ 500}{100} = 1\ 910\ \text{N}$$

法向压紧力

$$F_n = \frac{KF}{f} = \frac{1.25 \times 1\ 910}{0.15} = 15\ 900\ \text{N}$$

(2) 接触应力

依据式(10.14)计算最大接触应力

$$\sigma_H = 0.418\sqrt{\frac{F_n E}{b\rho}}$$

本题中 $F_n = 15\ 900$ N，钢的弹性模量 $E = 2.06 \times 10^5$ MPa，$b = 50$ mm，综合曲率半径

$$\rho = \frac{\rho_1\rho_2}{\rho_2 \pm \rho_1} = \frac{50 \times 70}{50 + 70} = 29.2 \text{ mm}$$

故

$$\sigma_H = 0.418\sqrt{\frac{15\,900 \times 2.06 \times 10^5}{50 \times 29.2}} = 626 \text{ MPa}$$

(3) 验算表面接触强度

对于钢,其接触疲劳极限为

$$\sigma_{Hlim} = 2.76\text{HBS} - 70 = (2.76 \times 300 - 70) = 758 \text{ MPa}$$

安全系数取 $S_H = 1.1$,则许用接触应力为

$$[\sigma_H] = \frac{\sigma_{Hlin}}{S_H} = \frac{758}{1.1} = 689 \text{ MPa}$$

由于 $\sigma_H < [\sigma_H]$,故安全。

10.4 机械零件的耐磨性

运动副中,摩擦表面物质不断损失的现象称为磨损。磨损会逐渐改变零件尺寸和摩擦表面状态。零件抗磨损的能力称为耐磨性。除非运动副摩擦表面为一层润滑剂所隔开而不直接接触,否则磨损总是难以避免的。但是只要磨损速度稳定缓慢,零件就能保持一定寿命。所以,在预定使用期限内,零件的磨损量不超过允许值时,就认为是正常磨损。

出现剧烈磨损时,运动副的间隙增大,导致机械的精度丧失,效率下降,振动、冲击和噪声增大。这时应立即停车检修、更换零件。据统计,约有 80% 的损坏零件是因为磨损而报废的。可见研究零件耐磨性具有重要意义。

磨损现象是相当复杂的,有物理、化学和机械等方面原因。机械零件的磨损主要有以下四种类型:

1. 磨粒磨损

硬质颗粒或摩擦表面上硬的凸峰,在摩擦过程中引起的材料脱落现象称为磨粒磨损。硬质颗粒可能是零件本身磨损造成的金属微粒,也可能是外来的灰尘杂质等。摩擦面间的硬粒,能使表面材料脱落而留下沟纹。

2. 黏着磨损(胶合)

加工后的零件表面总有一定的粗糙度。摩擦表面受载时,实际上只有部分峰顶接触,接触处压强很高,能使材料产生塑性流动。若接触处发生黏着,滑动时会使接触表面材料由一个表面转移到另一个表面,这种现象称为黏着磨损(胶合)。所谓材料转移是指接触表面擦伤和撕脱,严重时摩擦表面能相互咬死。

3. 疲劳磨损(点蚀)

在滚动或兼有滑动和滚动的高副中,如凸轮、齿轮等,受载时材料表层有很大的接触应力,当载荷重复作用时,常会出现表层金属呈小片状剥落,而在零件表面形成小坑,这种现象称为疲劳磨损或点蚀。

4. 腐蚀磨损

在摩擦过程中,与周围介质发生化学反应或电化学反应的磨损,称为腐蚀磨损。

机械零件的耐磨性常依据接触面间的压强 p 来判定,即

$$p \leqslant [p] \tag{10.16}$$

式中 $[p]$—— 由实验测得或同类机器使用经验确定的许用压强。

相对运动速度较高时,还应考虑运动副单位时间接触面积的发热量 fpv。在摩擦系数一定的情况下,可将 pv 值与许用 $[pv]$ 值进行比较,即

$$pv \leqslant [pv] \tag{10.17}$$

10.5 机械制造常用材料及其选择

机械制造中最常用的材料是钢和铸铁,其次是有色金属合金。非金属材料如塑料、橡胶等,在机械制造中也具有独特的使用价值。

10.5.1 金属材料

1. 铸铁

铸铁和钢都是铁碳合金,它们的主要区别在于含碳量的不同。含碳量小于 2% 的铁碳合金称为钢,含碳量大于 2% 的称为铸铁。铸铁具有适当的易熔性和良好的液态流动性,因而可铸成形状复杂的零件。此外,它的减震性、耐磨性、切削性(指灰铸铁)均较好且成本低廉,因此在机械制造中应用甚广。常用的铸铁有:灰铸铁、球墨铸铁、可锻铸铁、合金铸铁等。其中灰铸铁和球墨铸铁是脆性材料,不能机械碾压和锻造。在上述铸铁中,以灰铸铁应用最广,球墨铸铁次之。

2. 钢

与铸铁相比,钢具有较高的强度、韧性和塑性,并可用热处理方法改善其力学性能和加工性能。钢制零件毛坯可用锻造、冲压、焊接或铸造等方法取得,因此其应用极为广泛。

按照用途,钢可分为结构钢、工具钢和特殊钢。结构钢用于制造各种机械零件和工程结构的构件;工具钢主要用于制造各种刃具、模具和量具;特殊钢(如不锈钢、耐热钢、耐酸钢等)用于制造在特殊环境下工作的零件。按照化学成分,钢又可分为碳素钢和合金钢。碳素钢的性质主要取决于含碳量,含碳量越高则钢的强度越高,但塑性越低。为了改善钢的性能,特意加入了一些合金元素的钢称为合金钢。

(1) 碳素结构钢　这类钢的含碳量一般不超过 0.7%。含碳量低于 0.25% 的低碳钢,它的强度极限和屈服极限较低,塑性很高,且具有良好的焊接性,适于冲压、焊接,常用来制作螺钉、螺母、垫圈、轴、气门导杆和焊接构件等。含碳量在 0.1% ~ 0.2% 的低碳钢还用以制造渗碳的零件,如齿轮、活塞销、链条等。通过渗碳淬火可使零件表面硬而耐磨、芯部韧而耐冲击。如果要求有更高强度和耐冲击性能时,可采用低碳合金钢。含碳量在 0.3% ~ 0.5% 的中碳钢,它的综合力学性能较好,既有较高的强度,又有一定的塑性和韧性,常用作受力较大的螺栓、螺母、键、齿轮和轴等零件。含碳量在 0.55% ~ 0.7% 的高碳钢,具有较高的强度和弹性,多用于制作普通的板弹簧、螺旋弹簧或钢丝绳等。

(2) 合金结构钢　钢中添加合金元素的作用在于改善钢的性能。例如:镍能提高强度而不降低钢的韧性;铬能提高硬度、高温强度、耐腐蚀性和提高高碳钢的耐磨性;锰能提高钢的耐磨性、强度和韧性;钼的作用类似于锰,其影响更大些;钒能提高韧性及强度;硅可提高弹性极

限和耐磨性,但会降低韧性。合金元素对钢的影响是很复杂的,特别是当为了改善钢的性能需要同时加入几种合金元素时。应当注意,合金钢的优良性能不仅取决于化学成分,而且在更大程度上取决于适当的热处理。

(3) 铸钢　铸钢的液态流动性比铸铁差,所以用普通砂型铸造时,壁厚常不小于10 mm。铸钢件的收缩率比铸铁件大,故铸钢件的圆角和不同壁厚的过渡部分均应比铸铁件大些。

选择钢材时,应在满足使用要求的条件下,尽量采用价格便宜供应充分的碳素钢,必须采用合金钢时也应优先选用我国资源丰富的硅、锰、硼、钒类合金钢。例如,我国新颁布的齿轮减速器规范中,已采用35SiMn和ZG35SiMn等代替原用的35Cr、40CrNi等材料。

常用钢铁材料的力学性能见表10.1。

3. 铜合金

铜合金有青铜和黄铜之分。黄铜是铜和锌的合金,并含有少量的锰、铝、镍等,它具有很好的塑性及流动性,故可进行碾压和铸造。青铜可分为含锡青铜和不含锡青铜两类,它们的减摩性和抗腐蚀性均较好,也可碾压和铸造。此外,还有轴承合金(或称巴氏合金),主要用于制作滑动轴承的轴承衬。

10.5.2　非金属材料

1. 橡胶

橡胶富有弹性,能吸收较多的冲击能量,常用作联轴器或减震器的弹性元件、带传动的胶带等。硬橡胶可用于制造用水润滑的轴承衬。

2. 塑料

塑料的比重小,易于制成形状复杂的零件,而且各种不同塑料具有不同的特点,如耐蚀性、绝热性、绝缘性、减摩性、摩擦系数大等,所以近年来在机械制造中其应用日益广泛。以木屑等作填充物,用热固性树脂压结而成的塑料称为结合塑料,可用来制作仪表支架、手柄等受力不大的零件。以布、薄木板等层状填充物为基体,用热固性树脂压结而成的塑料称为层压塑料,可用来制作无声齿轮、轴承衬和摩擦片等。此外,在机械制造中也常用到其他非金属材料,如皮革、木材、纸板、棉、丝等。

设计机械零件时,选择合适的材料是一项复杂的技术经济问题。设计者应根据零件的用途、工作条件和材料的物理、化学、力学和工艺性能以及经济因素等进行全面考虑。这就要求设计者在材料和工艺等方面具有广泛的知识和实践经验。前面所述,仅是一些概略的说明。

各种材料的化学成分和力学性能可在有关的国家标准、行业标准和机械设计手册中查得。

表10.3列举一些常用材料的相对价格,供设计时参考。

为了材料供应和生产管理上的方便,应尽量缩减材料的品种。通常,厂矿企业都对所用材料的品种、牌号加以限制,并制定适用于本地区、本企业的材料目录,供设计时选用。

表 10.3 常用材料的相对价格

材料	种类、规格	相对价格
热轧圆钢	普通碳素钢 Q235(ϕ33 ~ ϕ42)	1
	优质碳素钢(ϕ29 ~ ϕ50)	1.5 ~ 1.8
	合金结构钢(ϕ29 ~ ϕ50)	1.7 ~ 2.5
	滚动轴承钢(ϕ29 ~ ϕ50)	3
	合金工具钢(ϕ29 ~ ϕ50)	3 ~ 20
	4Cr9Si2 耐热钢(ϕ29 ~ ϕ50)	5
铸件	灰铸铁铸件	0.85
	碳素钢铸件	1.7
	铜合金、铝合金铸件	8 ~ 10

10.6 极限与配合、表面粗糙度和优先数系

10.6.1 极限与配合

机器是由零件装配而成的。大规模生产要求具有互换性,以便在装配时不需要选择和附加加工,就能达到预期的技术要求。

为了实现零件的互换性,必须保证零件的尺寸、几何形状和相对位置以及表面粗糙度的一致性。就零件尺寸而言,它不可能做得绝对精确,但必须使尺寸介于两个允许的极限尺寸之间,这两个极限尺寸之差称为公差。因此互换性要求建立标准化的极限与配合制度。我国的极限与配合(GB/T 1800 ~ 1803—1999,GB/T 1804—2000)采用国际公差制,它既能适应我国生产发展的需要,也有利于国际间的技术交流与经济协作。

现以孔和轴为例,简要地介绍相配合圆柱表面的公差与配合。

如图 10.10 所示,设计给定的尺寸称为基本尺寸。零线代表基本尺寸的位置。由代表上、下偏差的两条直线所限定的区域称为公差带。同一基本尺寸的孔和轴的结合称为配合。根据公差带的相对位置,配合分为间隙配合、过渡配合和过盈配合三大类。间隙配合的孔比轴大,用于动连接,如轴颈与滑动轴承孔。过盈配合的孔比轴小,用于静连接,如火车轮与轴。过渡配合可能具有间隙,也可能具有过盈,用于要求具有良好同轴性而又便于装拆的静连接,如齿轮与轴。

国家标准规定,孔与轴的公差带位置各有 28 个,分别用大写和小写拉丁字母表示。还规定了 20 个公差等级(即尺寸精度等级),用阿拉伯数字表示。例如,H7 表示孔的公差带为 H,后继数字表示 7 级公差等级;又如 f8 表示轴的公差带为 f,8 级公差等级。

机械制造中最常用的公差等级是 4 ~ 11 级。4 级、5 级用于特别精密的零件。6 级、7 级用于重要的零件,它们是现代生产中采用的主要精度等级。8 级、9 级用于工作速度中等及具有中等精度要求的零件。10 级、11 级用于低精度零件,允许直接采用棒材、管材或精密锻件而不需要再作切削加工。

配合制有基孔制和基轴制两种。基孔制的孔是基准孔,其下偏差为零,代号为 H,各种配

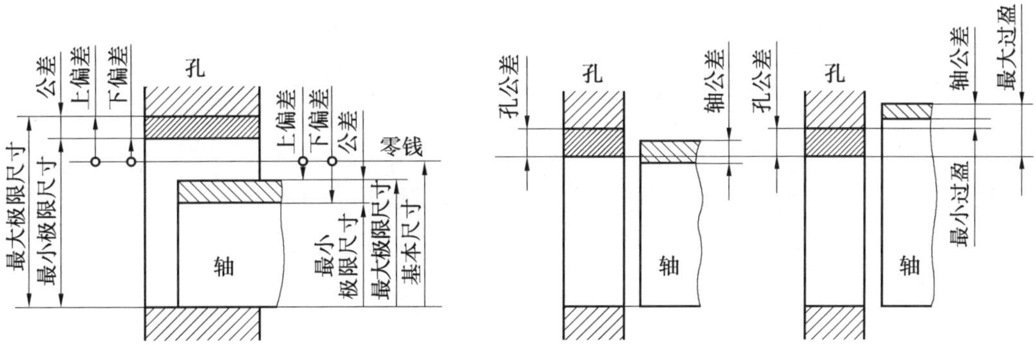

图 10.10 配合的种类

合特性是靠改变轴的公差带来实现的(见图 10.11)。基轴制的轴是基准轴,其上偏差为零,代号为 h,各种配合特性是靠改变孔的公差带来实现的。为了减小加工孔的刀具(如铰刀、拉刀)品种,工程中广泛采用基孔制。但有时仍需采用基轴制,例如,光轴与具有不同配合特性的零件相配合时;滚动轴承外径与轴承孔配合时等。

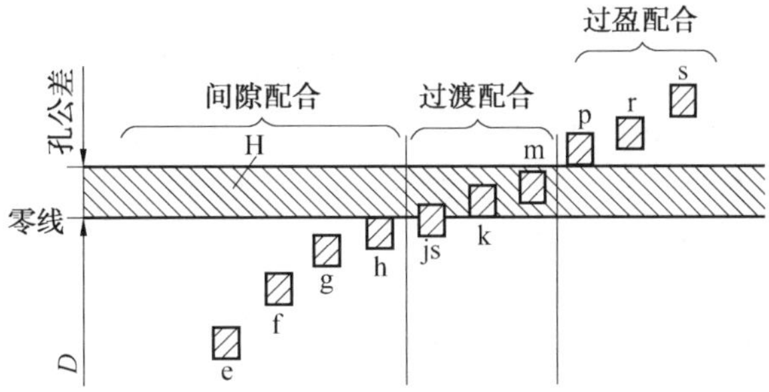

图 10.11 基孔制配合

10.6.2 表面粗糙度

表面粗糙度是指零件表面的微观几何形状误差。它主要是加工后在零件表面留下的微细而凸凹不平的刀痕。

表面粗糙度的评定参数之一是轮廓算术平均偏差 Ra,它是指在取样长度 l 内,被测轮廓上各点至轮廓中线偏距绝对值的算术平均值(见图 10.12),即

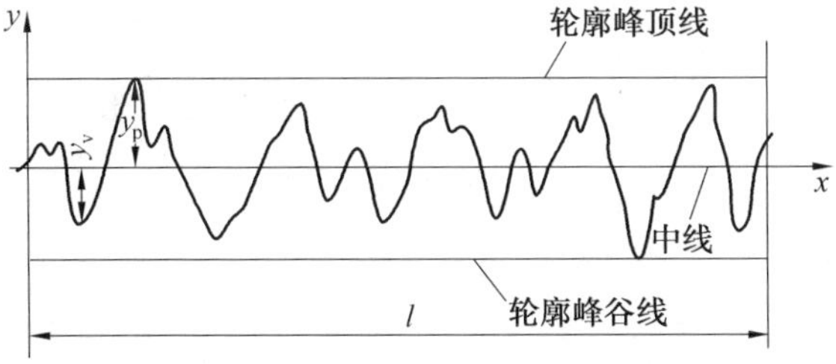

y_p—轮廓峰高 y_v—轮廓谷深

图 10.12 表征表面粗糙度的一些参数

$$Ra = \frac{1}{l}\int_{0}^{l} |y| \mathrm{d}x \tag{10.18}$$

近似为

$$Ra = \frac{1}{n}\sum_{i=1}^{n} |y_i| \tag{10.19}$$

表 10.4 列出了供优先选用的表面粗糙度 Ra 值与其对应的加工方法。

表 10.4　用不同加工方法得到的 Ra 的值

<table>
<tr><th rowspan="2">加工方法</th><th colspan="14">表面粗糙度 Ra/μm</th></tr>
<tr><th>0.012</th><th>0.025</th><th>0.05</th><th>0.10</th><th>0.20</th><th>0.40</th><th>0.80</th><th>1.60</th><th>3.20</th><th>6.30</th><th>12.5</th><th>25</th><th>50</th><th>100</th></tr>
<tr><td>刨削</td><td></td><td></td><td></td><td></td><td></td><td></td><td></td><td colspan="3">← 精 →</td><td colspan="3">← 粗 →</td><td></td></tr>
<tr><td>钻孔</td><td></td><td></td><td></td><td></td><td></td><td></td><td colspan="6">← →</td><td></td><td></td></tr>
<tr><td>铰孔</td><td></td><td></td><td></td><td colspan="4">← →</td><td></td><td></td><td></td><td></td><td></td><td></td></tr>
<tr><td>镗孔</td><td></td><td></td><td></td><td></td><td></td><td colspan="3">← 精 →</td><td></td><td colspan="4">← 粗 →</td><td></td></tr>
<tr><td>滚、铣</td><td></td><td></td><td></td><td></td><td></td><td colspan="3">← 精 →</td><td colspan="3">← 粗 →</td><td></td><td></td><td></td></tr>
<tr><td>车</td><td></td><td></td><td></td><td></td><td colspan="4">← 精 →</td><td></td><td colspan="4">← 粗 →</td><td></td></tr>
<tr><td>磨</td><td></td><td colspan="5">← 精 →</td><td colspan="4">← 粗 →</td><td></td><td></td><td></td><td></td></tr>
<tr><td>研磨</td><td colspan="4">← 精 →</td><td colspan="4">← 粗 →</td><td></td><td></td><td></td><td></td><td></td><td></td></tr>
</table>

10.6.3　优先数系

优先数系是用来使型号、直径、转速、承载量和功率等量值得到合理的分级。这样可便于组织生产和降低成本。

GB 321—80 规定的优先数系有四种基本系列，即 $R5$ 系列，公比为 $\sqrt[5]{10}\approx 1.6$；$R10$ 系列，公比为 $\sqrt[10]{10}\approx 1.25$；$R20$ 系列，公比为 $\sqrt[20]{10}\approx 1.12$；$R40$ 系列，公比为 $\sqrt[40]{10}\approx 1.06$。例如，$R10$ 系列的数值为 1，1.25，1.6，2，2.5，3.15，4，5，6.3，8，10。其他系列的数值详见设计手册。优先数系中任何一个数值称为优先数。对于大于 10 的优先数，可将以上数值乘以 10，100 或 1 000 等。优先数和优先数系是一种科学的数值制度，在确定量值的分级时，必须最大限度地采用上述优先数及优先数系。

10.7　机械零件的工艺性及标准化

10.7.1　工艺性

设计机械零件时，不仅应使它满足使用要求，即具备所要求的工作能力，同时还应当满足生产要求，否则就可能制造不出来，或虽能制造但费工费料，很不经济。

在具体生产条件下，如所设计的机械零件便于加工，且费用又很低，则这样的零件就称为具有良好的工艺性。有关工艺性的基本要求是：

(1) 毛坯选择合理　机械制造中毛坯制备的方法有:直接利用型材、铸造、锻造、冲压和焊接等。毛坯的选择与具体的生产技术条件有关,一般取决于生产批量、材料性能和加工可能性等。

(2) 结构简单合理　设计零件的结构形状时,最好采用最简单的表面(如平面、圆柱面、螺旋面)及其组合,同时还应当尽量使加工表面数目最少和加工面积最小。

(3) 规定适当的制造精度及表面粗糙度　零件的加工费用随着精度的提高而增加,尤其在精度较高的情况下,这种增加极为显著。因此,在没有充分根据时,不应当追求高的精度。同理,零件的表面粗糙度也应当根据配合表面的实际需要,做出适当的规定。

要设计出工艺性良好的零件,设计者就必须与工艺技术员工相结合并善于向他们学习。此外,在机械制造基础课程和有关手册中也都提供了一些有关工艺性的基本知识,可供参考。

10.7.2　标准化

标准化是指以制定标准和贯彻标准为主要内容的全部活动过程。标准化的研究领域十分宽广,就工业产品标准化而言,它是指对产品的品种、规格、质量、检验或安全、卫生要求等制定标准并加以实施。

产品标准化本身包括三个方面的含义:(1) 产品品种规格的系列化——将同一类产品的主要参数、型式、尺寸、基本结构等依次分档,制成系列化产品,以较少的品种规格满足用户的广泛需求;(2) 零部件的通用化——将同一类或不同类型产品中用途结构相近的零部件(如螺栓、轴承座、联轴器、减速器等),经过统一后实现通用互换;(3) 产品质量标准化——产品质量是一切企业的"生命线",要保证产品质量合格和稳定就必须做好设计、加工工艺、装配检验,甚至包装储运等环节的标准化。这样,才能在激烈的市场竞争中立于不败之地。

对产品实行标准化具有重大的意义:在制造上可以实行专业化大量生产,既可提高产品质量又能降低成本;在设计方面可减少设计工作量;在管理维修方面,可减少库存量和便于更换损坏的零件。

按照标准的层次,我国的标准化分为国家标准、行业标准、地方标准和企业标准四级。按照标准实施的强制程度,标准又分为强制性(GB)和推荐性(GB/T)两种。例如《普通螺纹基本尺寸》(GB 196—81)、《渐开线圆柱齿轮模数》(GB 1357—87)都是强制性标准,必须执行。而《带传动——普通V带传动》(GB/T 13575.1—92)即为推荐性标准,鼓励企业自愿采用。

为了增强在国际市场的竞争能力,我国鼓励积极采用国际标准和国外先进标准。近年来发布的我国国家标准,许多都采用了相应的国际标准。设计人员必须熟悉现行的有关标准。一般机械设计手册或机械工程手册中都收录了常用的标准和资料,以供查阅。

习　题

10.1　写出下列材料的名称,并按小尺寸试件查出该材料的抗拉强度σ_B(MPa)、屈服极限σ_S(MPa)、延伸率δ(%)。Q235,45,40MnB,ZG270-500,HT200,QT500-7,ZCuSn10P1,ZAlSi12。

10.2　题10.2图所示夹钳弓架的材料为45钢,已知尺寸:$a = 65$ mm,$b = 16$ mm,$h = 50$ mm。试按弓架强度计算夹钳所能承受的最大夹紧力F(计算时取安全系数$S = 2$),并绘出应力分布图。

10.3　已知条件见例10.1及图10.4。当W位于支座B右侧$L/2$处时。(1) 计算支座B及拉杆对横梁的作用力;(2) 绘制横梁的弯矩图;(3) 已知铆钉组形心到支座B的距离g = 300 mm,计算横梁上铆钉组的载荷(即通过铆钉组中心处,横梁的内力及内力矩)。

10.4　根据题10.3求出铆钉组载荷,分析各铆钉上受到载荷是否相同,若不同,试确定受载最大的铆钉及最大载荷。铆钉组排列尺寸如题10.4图所示。

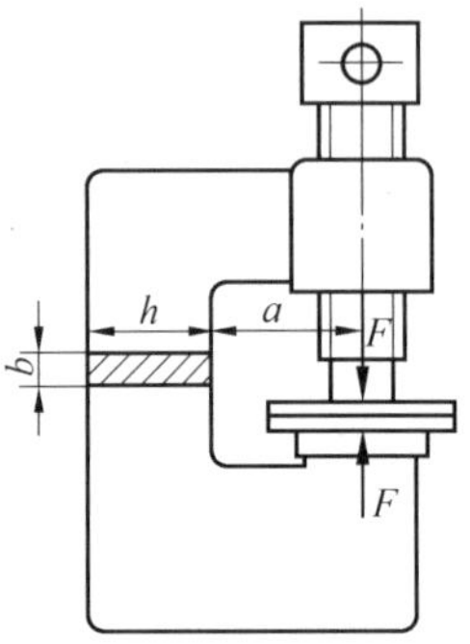

题10.2图

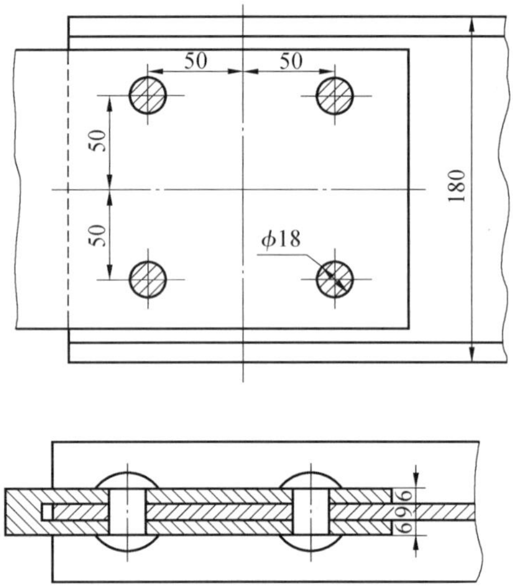

题10.4图

10.5　若题10.4中铆钉和被铆件的材料均为Q215钢,其许用切应力$[\tau]$ = 115 MPa,许用挤压应力$[\sigma_p]$ = 240 MPa,铆钉的直径d = 18 mm,横梁为18号工字钢,壁厚δ = 9 m,其他尺寸见题10.4图。试校核该铆钉连接的强度。

10.6　一对齿轮作单向传动。试问:(1) 轮齿弯曲应力可看成哪类循环变应力?(2) 两轮齿数为z_1 = 19,z_2 = 80,小齿轮为主动轮,转速n_1 = 200 r/min,预定使用寿命为500 h。在使用期限终了时,大齿轮应力循环总次数N是多少?

10.7　题10.7图所示轮系中,轮2的轮齿弯曲应力可以看成哪类循环变应力,为什么?

10.8　题10.8图所示,活塞销两端与活塞孔为过渡配合,活塞销中段与连杆孔为间隙配合。说明它们是哪一种基准制?为什么要采用这种基准制?

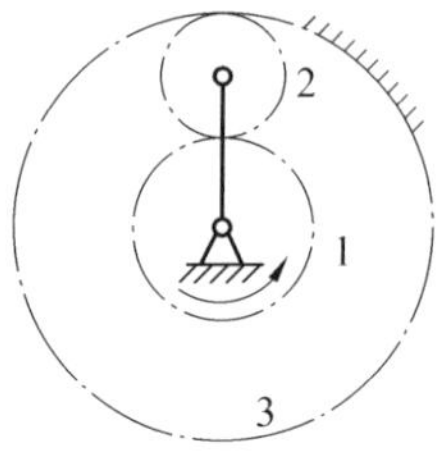

题10.7图

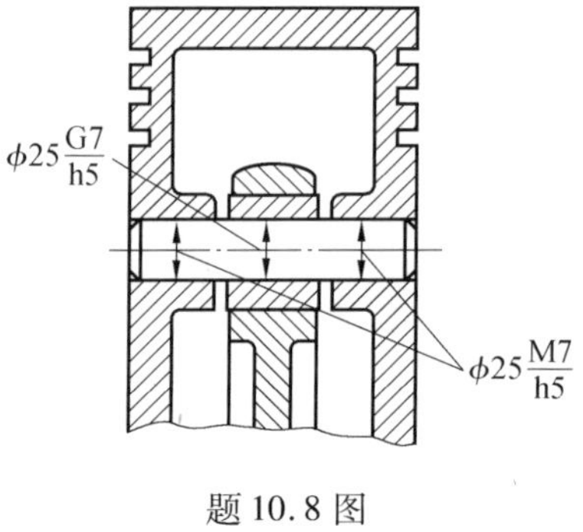

题10.8图

第 11 章

连　　接

教学提示:螺纹连接和键连接是机械设备中不可缺少的连接方式。本章主要介绍螺纹的形成、分类和主要参数;螺纹效率与自锁及影响自锁的几何因素;螺纹连接件、连接类型及防松方法;螺纹连接的强度计算;键的分类及特点、键连接失效形式及强度计算。

教学要求:了解螺纹的形成与分类,掌握螺纹自锁条件;了解各类螺纹连接件及螺纹连接的类型与特点;并能按照不同连接类型和受力情况,进行螺纹连接的强度计算;掌握平键连接的强度计算。

为了方便机器制造、安装、调整、维修和运输,以及使机器减重、省料、提高效率等,在机械和设备中广泛使用各种形式的连接。连接可分为两类:一类是动连接,被连接零件间可产生相对运动,如各种运动副连接;另一类是静连接,被连接件间不允许产生相对运动。通常所谓的连接主要是指静连接。

静连接按其是否具有可拆性分为可拆连接与不可拆连接两大类:可拆连接允许多次拆装而不会损坏连接中的零件,且不影响其使用性能,如螺纹连接、键连接;不可拆连接在连接拆开时,至少要损坏连接中一个零件,如铆接、焊接等。

本章主要介绍应用广泛的螺纹连接和键连接。

11.1　螺纹的形成及主要参数

11.1.1　螺纹的形成

将一倾斜角为 ψ 的直线绕在直径为 d_2 的圆柱体上,在该圆柱体上便可形成一条螺旋线(图 11.1(a))。取一平面图形(图 11.1(b)),使它沿着螺旋线运动,运动时保持此图形通过圆柱体的轴线,就得到螺纹。

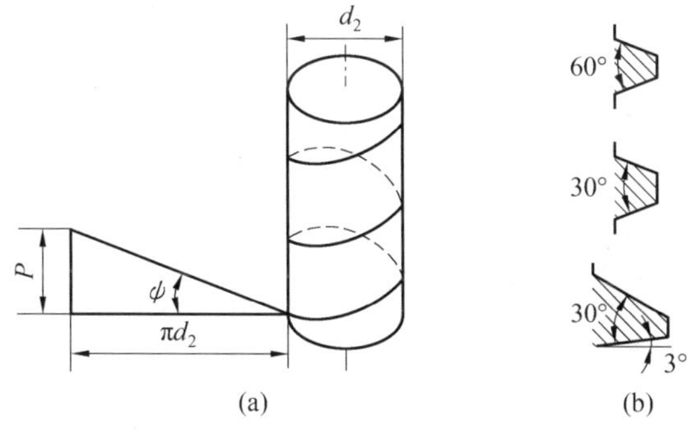

图 11.1　螺旋线的形成

11.1.2　螺纹的分类

螺纹的分类方法很多。

按照形成螺纹的平面图形形状不同，螺纹可分为三角形螺纹（普通螺纹）、管螺纹、矩形螺纹、梯形螺纹和锯齿形螺纹等（图 11.2）。三角形螺纹主要用于连接，矩形、梯形和锯齿形螺纹主要用于传动，管螺纹广泛用于水、煤气、油和电线管路系统中。

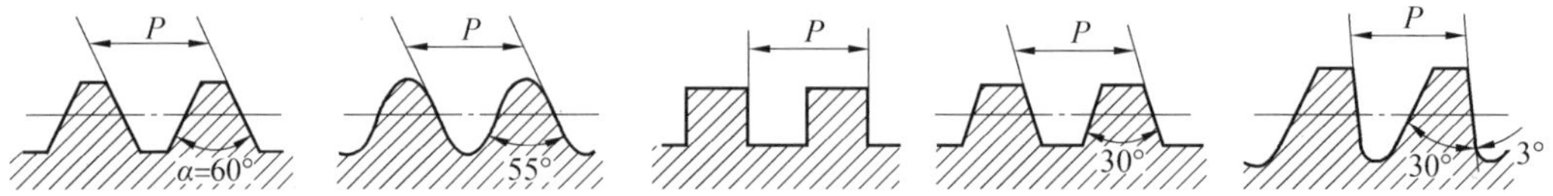

(a) 三角形螺纹　(b) 管螺纹　(c) 矩形螺纹　(d) 梯形螺纹　(e) 锯齿形螺纹

图 11.2　螺纹的牙形

按照螺旋线旋绕方向不同，螺纹可分为右旋螺纹和左旋螺纹，机械制造中一般采用右旋螺纹，有特殊要求时，才采用左旋螺纹。

按照螺纹线数目不同，螺纹可分为单线、双线和多线螺纹（图 11.3）。为了制造方便，螺纹的线数一般不超过 4 条。从垂直于圆柱体轴线的端面方向观察，可以判别螺纹的线数。

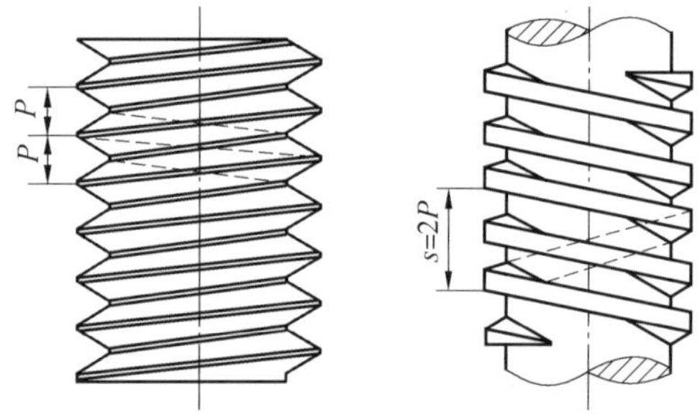

(a) 单线右旋三角螺纹　(b) 双线左旋矩形螺纹

图 11.3　螺纹的线数与旋向

螺纹分布在圆柱体外（内）表面上称为外（内）螺纹，内外螺纹旋合在一起构成螺旋副或称为螺纹副（图 11.4）。用于连接的螺纹称为连接螺纹；用于传动的螺纹称为传动螺纹，相应的传动称为螺旋传动。由于螺旋传动也是利用螺纹零件工作的，其受力情况和几何关系与螺纹连接相似，所以也列入本章论述。

按所采用单位制不同，螺纹可分为米制螺纹和英制螺纹。普通螺纹连接一般采用公制单位。

11.1.3　螺纹的主要参数

现以普通米制三角形螺纹为例介绍螺纹的主要参数，如图 11.4 所示。

1. 径向参数

大径 d：螺纹牙顶所在圆柱体的直径，其也是螺纹的公称直径。公制螺纹的公称直径通常用符号 M 加大径的值来表示，如螺纹公称直径为 20，可记为 M20。

小径 d_1:螺纹牙根所在圆柱体的直径,常近似作为螺纹危险截面直径。

中径 d_2:介于大径和小径之间,而且在轴平面内牙厚等于牙间宽的圆柱体直径。螺纹副的受力分析通常在中径上进行。

内螺纹的径向尺寸用相应的大写字母表示。

2. 轴向参数

螺距 P:相邻两螺纹牙上相应点间的轴向距离。

导程 S:螺纹上任意一点沿螺旋线旋转一周所移过的轴向距离,$S = nP$,n 为螺纹线数。

3. 角度参数

螺纹升角 ψ:螺纹中径圆柱面 d_2 上螺旋线的切线与端面间所夹的锐角。大、中、小各圆柱面上的螺纹升角是不同的。通常按螺纹中径 d_2 处计算,由图 11.1 可知

$$\psi = \arctan \frac{S}{\pi d_2} = \arctan \frac{np}{\pi d_2} \tag{11.1}$$

牙型角 α:轴平面内螺纹牙两侧边的夹角。矩形螺纹的牙型角 $\alpha = 0$;三角形、梯形、锯齿形螺纹的牙型角如图 11.2 所示,其中锯齿形螺纹的牙型不对称。

牙侧角 β:轴平面内螺纹牙一侧边与端面间夹角。对称牙型,$\beta = \alpha/2$。锯齿形螺纹工作面的牙侧角 $\beta = 3°$。

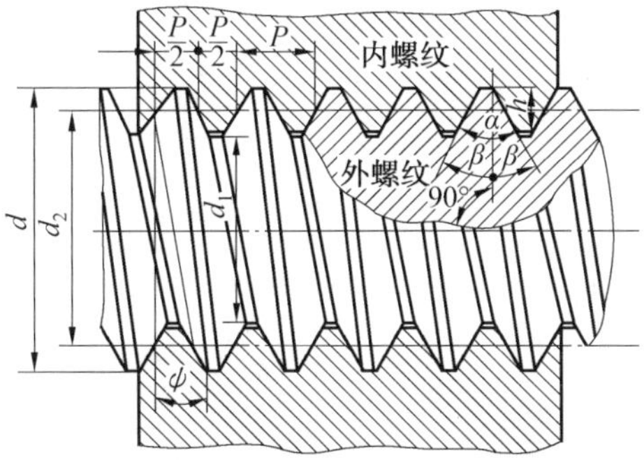

图 11.4　圆柱螺纹的主要参数

螺纹的基本参数绝大多数都已经标准化了,设计时应按设计手册数据选取。

11.2　螺旋副的受力分析、效率和自锁

11.2.1　矩形螺纹($\beta = 0°$)

螺纹副在力矩和轴向载荷作用下的相对运动,可看成作用在中径的水平力推动滑块(重物)沿螺纹的运动,如图 11.5(a) 所示。将矩形螺纹沿中径展开可得一斜面(见图 11.5(b)),图中,ψ 为螺纹升角;F_a 为轴向载荷(其最小值为滑块的重力);F 为作用于中径处的水平推力;F_n 为法向反力;fF_n 为摩擦力;f 为摩擦系数;ρ 为摩擦角;$f = \tan \rho$。

当滑块沿斜面等速上升时,F_a 为阻力,F 为驱动力。因摩擦力向下,故总反力 F_R 与 F_a 的夹角为 $\psi + \rho$。由力的平衡条件可知,F_R,F 和 F_a 三力组成封闭的力多边形(见图 11.5(b)),由图可得

$$F = F_a \tan(\psi + \rho) \tag{11.2a}$$

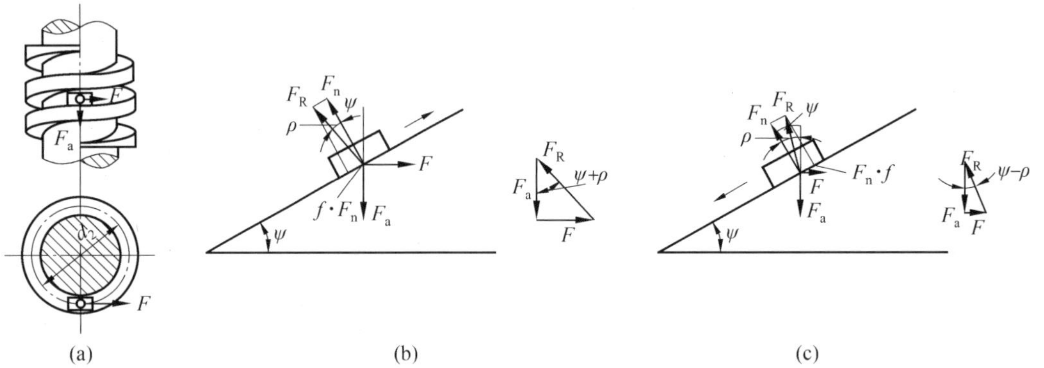

图 11.5　矩形螺纹的受力分析

作用在螺旋副上的相应驱动力矩

$$T = F \cdot \frac{d_2}{2} = F_a \cdot \frac{d_2}{2}\tan(\psi + \rho) \tag{11.2b}$$

当滑块沿斜面等速下滑时,轴向载荷 F_a 变为驱动力,而 F 变为维持滑块等速运动所需要的平衡力(见图 11.5(c))。由力的多边形可得

$$F = F_a \tan(\psi - \rho) \tag{11.3a}$$

作用在螺旋副上的相应力矩

$$T = F_a \cdot \frac{d_2}{2}\tan(\psi - \rho) \tag{11.3b}$$

当斜面倾角 ψ 大于摩擦角 ρ 时,滑块在轴向载荷 F_a 的作用下有向下加速运动的趋势。这时由式(11.3a) 求出的平衡力 F 为正值,方向如图 11.5(c) 所示。它阻止滑块加速以保持等速下滑,故力 F 是阻力。当斜面倾角 ψ 小于摩擦角 ρ 时,滑块不能在轴向载荷 F_a 的作用下自行下滑,即处于自锁状态,这时由式(11.3a) 求出的平衡力 F 为负值,其方向与运动方向成锐角,此时力 F 为驱动力。它说明在自锁条件下,必须施加反向驱动力 F 才能使滑块下滑。

11.2.2　非矩形螺纹

非矩形螺纹是指牙侧角 $\beta \neq 0°$ 的三角形螺纹、梯形螺纹、锯齿形螺纹。

对比图 11.6(a),(b) 可知,若略去螺纹升角的影响,在轴向载荷 F_a 作用下,非矩形螺纹的法向反力比矩形螺纹的大。若把法向反力的增加看作摩擦系数的增加,则非矩形螺纹的摩擦阻力可写为

$$\frac{F_a}{\cos\beta} f = \frac{f}{\cos\beta} F_a = f' F_a$$

式中　f'—— 当量摩擦系数,即

$$f' = \frac{f}{\cos\beta} = \tan\rho' \tag{11.4}$$

式中　ρ'—— 当量摩擦角;

　　　β—— 牙侧角。

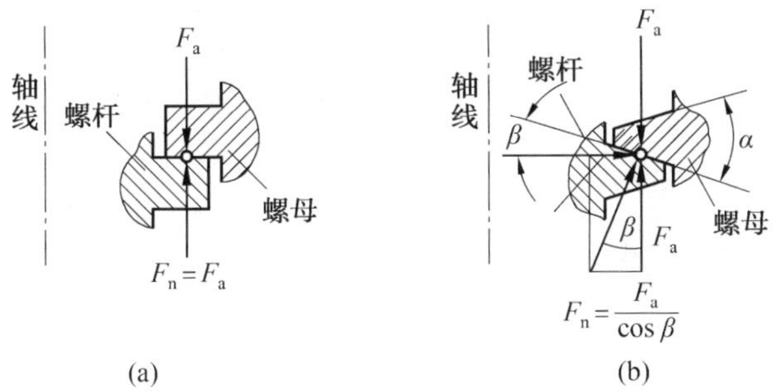

图 11.6　矩形螺纹和非矩形螺纹的法向反力

将图 11.5 的 f,ρ 分别改为 f',ρ',就可按照矩形螺纹的分析方法对非矩形螺纹进行力的分析。

当滑块沿非矩形螺纹等速上升时,可得水平推力

$$F = F_a \tan(\psi + \rho') \tag{11.5a}$$

相应的驱动力矩

$$T = F \cdot \frac{d_2}{2} = F_a \cdot \frac{d_2}{2}\tan(\psi + \rho') \tag{11.5b}$$

当滑块沿非矩形螺纹等速下滑时,可得

$$F = F_a \tan(\psi - \rho') \tag{11.6a}$$

相应的力矩为

$$T = F \cdot \frac{d_2}{2} = F_a \cdot \frac{d_2}{2}\tan(\psi - \rho') \tag{11.6b}$$

与矩形螺纹分析相同,若螺纹升角 ψ 小于当量摩擦角 ρ',则螺旋副具有自锁特性,如不施加驱动力矩,无论轴向驱动力 F_a 多大,都不能使螺旋副相对运动。考虑到极限情况,非矩形螺纹的自锁条件可表示为

$$\psi \leqslant \rho' \tag{11.7}$$

以上分析适用于各种螺旋传动和螺纹连接。综上所述,当轴向载荷为阻力,阻止螺旋副相对运动时(如螺旋千斤顶顶举重物时,重力阻止螺杆上升),相当于滑块沿斜面等速上升,应使用式(11.2b) 或式(11.5b)。当轴向力为驱动力,与螺旋副相对运动方向一致时(如用螺旋千斤顶降落重物时,重力与下降方向一致),相当于滑块沿斜面等速下滑,应使用式(11.3b) 或式(11.6b)。

螺旋副的效率是有效功与输入功之比。若按螺旋转动一圈计算,输入功为 $2\pi T$,此时升举滑块(重物) 所作的有效功为 $F_a S$,故螺旋副的效率为

$$\eta = \frac{F_a S}{2\pi T} = \frac{\tan\psi}{\tan(\psi + \rho')} \tag{11.8}$$

由式(11.8) 可知,当量摩擦角 ρ'($\rho' = \arctan f'$) 一定时,效率只是螺纹升角 ψ 的函数。由此可绘出螺旋副的效率曲线(图 11.7)。取 $d\eta/d\psi = 0$,可得 $\psi = 45° - \frac{\rho'}{2}$ 时效率最高。但 ψ 过大,效率的提高并不明显,且制造困难,所以一般 $\psi \leqslant 25°$。

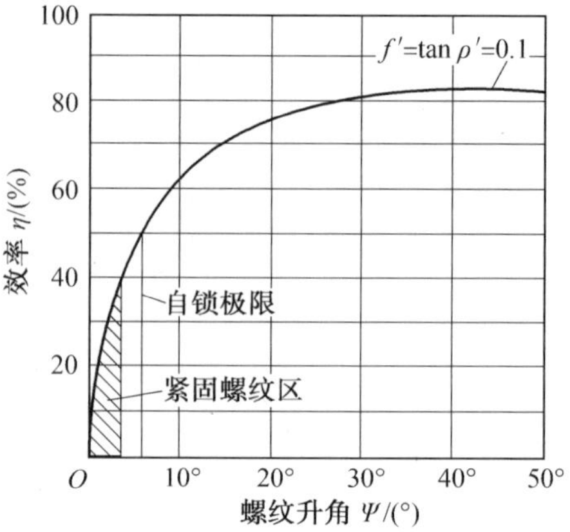

图 11.7　螺旋副的效率曲线

11.3　机械制造常用螺纹

在机械设备中，常用的有三角形、梯形、矩形和锯齿形四种螺纹。其中，三角形螺纹用于连接。为了减小摩擦和提高效率，梯形螺纹（$\beta = 15°$）、锯齿形螺纹（$\beta = 3°$）、矩形螺纹（$\beta = 0°$）的牙侧角都比三角形螺纹的小得多，而且有较大的间隙以便贮存润滑油，故用于传动。由于矩形螺纹牙根强度弱，精加工困难，对中精度低，螺纹副磨损后的间隙难以补偿或修复，故在工程中已逐渐被梯形螺纹所代替。

三角形螺纹主要有普通螺纹和管螺纹两类，前者多用于紧固连接，后者用于各种管道的紧密连接。普通螺纹是牙形角 $\alpha = 60°$ 的三角形螺纹，以大径 d 为公称直径。同一公称直径可以有多种螺距的螺纹，其中螺距最大的螺纹称为粗牙螺纹，其余都称为细牙螺纹。粗牙螺纹应用最广。公称直径相同时，细牙螺纹的升角小、小径大，因而强度高、自锁性能好，适用于薄壁零件和受冲击载荷作用的场合。但细牙螺纹不耐磨，易滑扣，不宜用于经常装拆的场合。普通螺纹的基本尺寸见表 11.1 及表 11.2 所示。

管螺纹用于管道的紧密连接，有牙型角分别为 $\alpha = 55°$ 和 $\alpha = 60°$ 的两种管螺纹，并且分别有圆柱管螺纹和圆锥管螺纹两类。多数管螺纹的公称直径是管子的内径。圆柱管螺纹广泛用于水、煤气、润滑管路系统中；圆锥管螺纹不用填料即能保证紧密性而且旋合迅速，适用于密封要求较高的管路连接中。

梯形螺纹和锯齿形螺纹主要用于传动。梯形螺纹基本尺寸见表 11.3 所示，锯齿形螺纹效率比梯形螺纹高，但只适用于承受单方向的轴向载荷。

表 11.1　普通螺纹的基本尺寸(摘自 GB/T 196—2003)　单位:mm

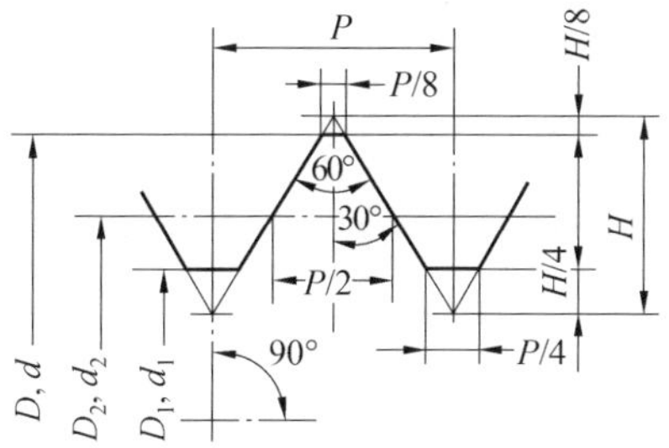

$H = 0.866P$

$d_2 = d - 0.6495P$

$d_1 = d - 1.0825P$

D,d— 内、外螺纹大径

D_2,d_2— 内、外螺纹中径

D_1,d_1— 内、外螺纹小径

P— 螺距

标记示例:M24(粗牙普通螺纹,直径 24,螺距 3)

M24 × 1.5(细牙普通螺纹,直径 24,螺距 1.5)

公称直径(大径)	粗牙			细牙
	螺距 P	中径 D_2,d_2	小径 D_1,d_1	螺距 P
3	0.5	2.675	2.459	0.35
4	0.7	3.545	3.242	0.5
5	0.8	4.480	4.134	0.5
6	1	5.350	4.918	0.75
8	1.25	7.188	6.647	1,0.75
10	1.5	9.026	8.376	1.25,1,0.75
12	1.75	10.863	10.106	1.5,1.25,1
(14)	2	12.701	11.835	1.5,1
16	2	14.701	13.835	1.5,1
(18)	2.5	16.376	15.294	2,1.5,1
20	2.5	18.376	17.294	
(22)	2.5	20.376	19.294	
24	3	22.052	20.752	
(27)	3	25.052	23.752	
30	3.5	27.727	26.211	

注:括号内的公称直径为第二系列。

表 11.2　细牙普通螺纹的基本尺寸

螺距 P	中径 D_2,d_2	小径 D_1,d_1	螺距 P	中径 D_2,d_2	小径 D_1,d_1	螺距 P	中径 D_2,d_2	小径 D_1,d_1
0.35	$d-1+0.773$	$d-1+0.621$	1	$d-1+0.350$	$d-2+0.918$	2	$d-2+0.701$	$d-3+0.835$
0.5	$d-1+0.675$	$d-1+0.459$	1.25	$d-1+0.188$	$d-2+0.647$	3	$d-2+0.052$	$d-4+0.752$
0.75	$d-1+0.513$	$d-1+0.188$	1.5	$d-1+0.026$	$d-2+0.376$			

表 11.3 梯形螺纹的基本尺寸(摘自 GB/T 5796.1—1996 和 GB/T 5796.3—1986) mm

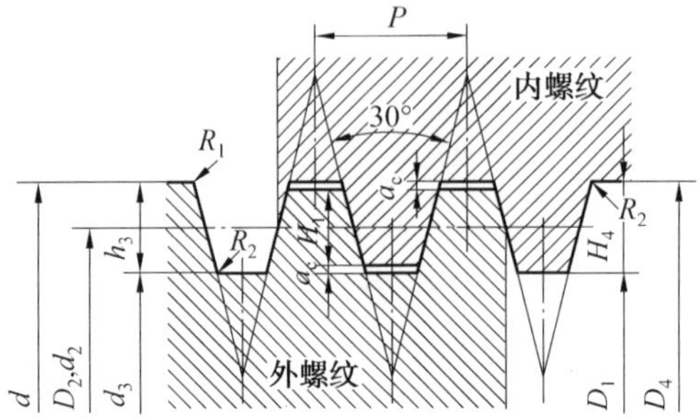

标记示例:Tr48 × 8(梯形螺纹、直径 48、螺距 8)

螺距 P	螺纹牙高 $h_3 = H_4$	牙顶间隙 a_c	公称直径 d		中径 D_2,d_2	内螺纹小径 D_1
			第 1 系列	第 2 系列		
4	2.25	0.25	16,20	18	$d-2$	$d-4$
5	2.75	0.25	24,28	22,26	$d-2.5$	$d-5$
6	3.5	0.5	32,36	30,34	$d-3$	$d-6$
8	4.5	0.5	48,52	46,50	$d-4$	$d-8$
10	5.5	0.5	40,70,80	38,42,65	$d-5$	$d-10$
12	6.5	0.5	90,100	85,95	$d-6$	$d-12$

例 11.1 试计算粗牙普通螺纹 M10 和 M30 的螺纹升角,并说明静载荷下这两种螺纹能否自锁(已知摩擦系数 $f=0.10$)。

解 (1) 螺纹升角 由表 11.1 查得 M10 的螺距 $P=1.5$ mm,中径 $d_2=9.026$ mm;M30 的 $P=3.5$ mm,$d_2=27.727$ mm,对于 M10

$$\psi = \arctan\frac{P}{\pi d_2} = \arctan\frac{1.5}{9.026\pi} = 3.03^\circ$$

对于 M30

$$\psi = \arctan\frac{P}{\pi d_2} = \arctan\frac{3.5}{27.727\pi} = 2.30^\circ$$

(2) 自锁性能 普通螺纹的牙侧角 $\beta=\frac{\alpha}{2}=30^\circ$,摩擦系数 $f=0.10$,相应的当量摩擦角为

$$\rho' = \arctan\frac{f}{\cos\beta} = \arctan\frac{0.1}{\cos 30^\circ} = 6.59^\circ$$

$\psi < \rho'$,能自锁。

事实上,单线普通螺纹的升角约在 $1.5^\circ \sim 3.5^\circ$ 之间,远小于当量摩擦角,因此在静载荷下都能保证自锁(见图 11.7 的紧固螺纹区)

11.4　螺纹连接的基本类型及螺纹紧固件

11.4.1　螺纹连接的基本类型

螺纹连接的基本类型可分为螺栓连接、双头螺柱连接、螺钉连接和紧定螺钉连接。

1. 螺栓连接

常见的普通螺栓连接如图11.8(a)所示。在被连接件上开有通孔(通孔直径约为螺栓直径的1.1倍),插入螺栓后在螺栓的另一端拧上螺母。这种连接的结构特点是被连接件上的通孔和螺栓杆间留有间隙,通孔的加工精度要求低,结构简单,装拆方便,使用时不受被连接件材料的限制,因此应用极广。图11.8(b)是铰制孔用螺栓连接。孔和螺栓杆多采用基孔制过渡配合(H7/m6,H7/n6)。这种连接能精确固定被连接件的相对位置,并能承受横向载荷,但孔的加工精度要求较高。

螺栓连接广泛应用于被连接件不太厚的场合。

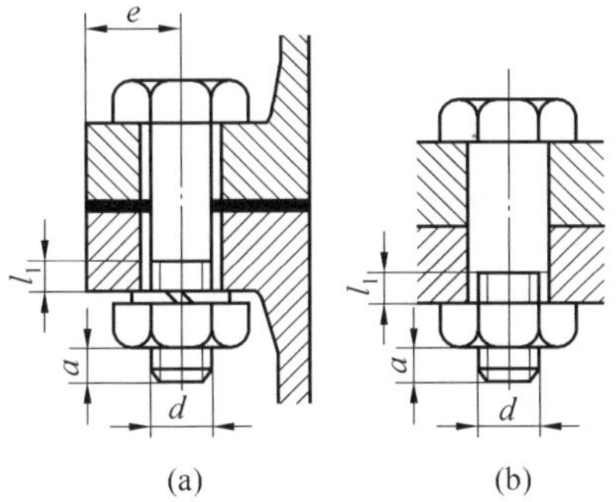

螺纹余留长度 l_1:

静载荷 $l_1 \geqslant (0.3 \sim 0.5)d$;

变载荷 $l_1 \geqslant 0.75d$;

冲击载荷或弯曲载荷 $l_1 \geqslant d$;

铰制孔用螺栓连接 $l_1 \approx 0$;

螺纹伸出长度 $a \sim (0.2 \sim 0.3)d$;

螺栓轴线到被连接件边缘的距离 $e = d + (3 \sim 6)$ mm。

图11.8　螺栓连接

2. 双头螺柱连接

如图11.9(a)所示,双头螺柱连接是利用两端均有螺纹的螺柱,将其一端拧入较厚的被连接件螺纹孔中,另一端穿过其余被连接件的孔,旋上螺母并拧紧,从而将被连接件连成一体。这种连接适用于一被连接件较厚、不宜制成通孔,且连接需经常拆卸的场合。

3. 螺钉连接

如图11.9(b)所示,螺钉连接不使用螺母,而是利用螺纹穿过被连接件的通孔,直接拧入另一被连接件的螺纹孔内实现连接。这种连接结构上比双头螺柱连接简单、紧凑,但由于经常装拆易损坏螺纹孔,所以这种连接适用于被连接件较厚、不宜制成通孔,且不经常拆卸的场合。

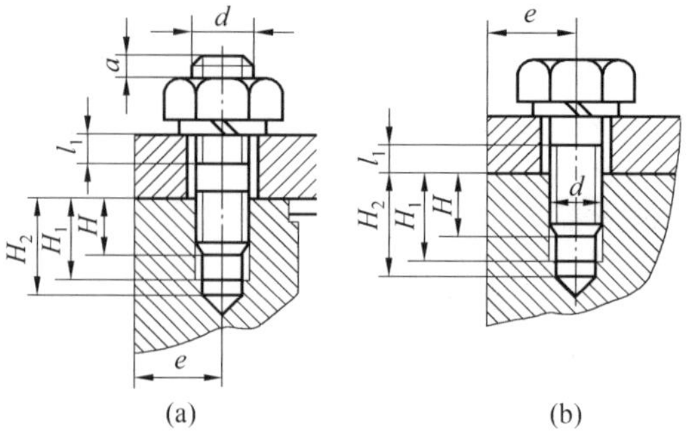

拧入深度 H,当带螺纹孔件材料为:
钢或青铜 $H \approx d$;
铸铁 $H = (1.25 \sim 1.5)d$;
铝合金 $H = (1.5 \sim 2.5)d$;
螺纹孔深度 $H_1 = H + (2 \sim 2.5)P$;
钻孔深度 $H_2 = H_1 + (0.5 \sim 1)d$;
l_1, a, e 值同图 11.8。

图 11.9 双头螺柱连接和螺钉连接

4. 紧定螺钉连接

紧定螺钉连接利用紧定螺钉旋入一被连接件,用其末端顶紧另一被连接件的表面或相应凹坑(图 11.10),以固定两者间相对位置。这种连接可传递不大的力及转矩,多用于轴与轴上零件的固定。

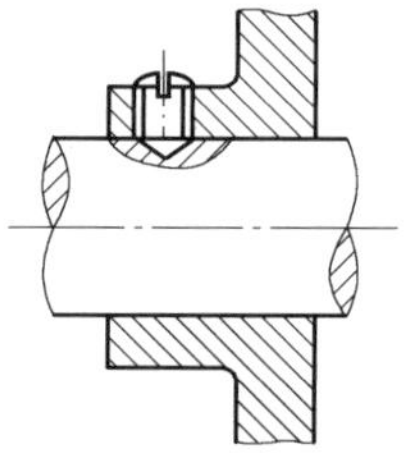

图 11.10 紧定螺钉连接

普通螺栓、双头螺柱、螺钉连接,既可以用于承受轴向载荷也可以用于承受横向载荷,当用来承受横向载荷时,主要靠被连接件接合面间的摩擦力传递载荷。无论是承受轴向载荷还是用于承受横向载荷,这些螺栓都只受到沿轴向的拉力作用。

铰制孔螺栓连接只用于承受横向载荷,其靠孔与螺栓杆间的挤压和螺栓杆上的剪切来承受载荷。铰制孔螺栓连接虽承受横向载荷的能力强,但由于孔需精加工、安装困难,故无特殊需要,常采用普通螺栓、双头螺柱、螺钉连接来传递横向载荷。

除上述 4 种基本螺纹连接形式外,还有一些特殊结构的连接。例如专门用于将机座或机架固定在地基上的地脚螺栓连接,装在机器或大型零、部件的顶盖或外壳上便于起吊用的吊环螺钉连接,用于工装设备中的 T 形槽螺栓连接等。

11.4.2 螺纹连接件

螺纹连接件的品种及类型很多,在机械制造中常见的螺纹连接件有螺栓、双头螺柱、螺钉、螺母和垫圈等。这类零件的结构形式和尺寸都已标准化,设计时可根据有关标准选用。

1. 螺栓

螺栓头部有多种形状,其中最常用的有六角头和小六角头两种(图 11.11)。冷镦工艺生产的小六角头螺栓具有材料利用率高,生产率高,力学性能高和成本低等优点,但由于头部尺寸较小,不宜用于装拆频繁、被连接件强度低和易锈蚀的地方,普通螺栓也可以用于螺钉连接中。

2. 双头螺柱

双头螺柱(图11.12)两端均制有螺纹,旋入被连接件螺纹孔的一端称为座端,另一端为螺母端,其公称长度为 L。

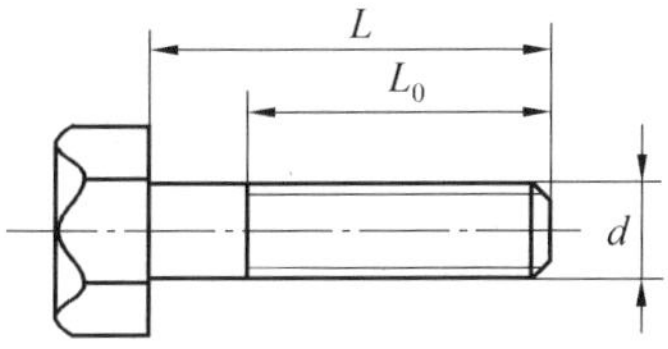

(a) 六角头 (b) 小六角头

图11.11 螺栓

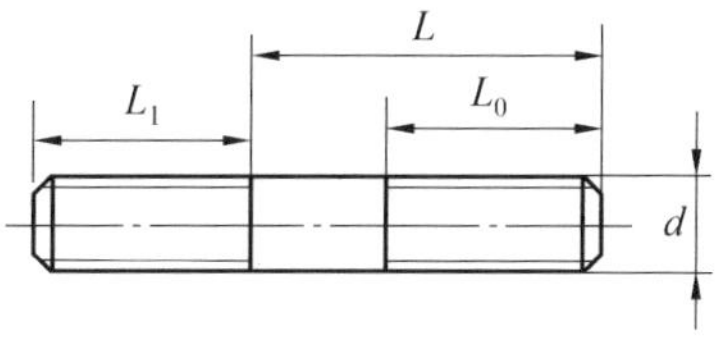

图11.12 双头螺柱

L_1— 座端长度;L_0— 螺母端长度

3. 螺钉、紧定螺钉

螺钉的结构形状与螺栓类似,但螺钉头部形式较多,除六角头形以外还有内六角头、半圆头、沉头等,可根据拧紧力矩大小来选用,拧紧力矩较大时,可选内、外六角头螺钉,拧紧力矩不大时,可选半圆头或沉头螺钉。

紧定螺钉的头部和尾部形式很多,可以适应不同拧紧程度的需要,其中方头能承受的拧紧力矩最大。常用的尾部形状有锥端、平端、圆柱端和圆尖端等,一般要求紧定螺钉的尾部有足够的硬度。

4. 螺母

螺母(图11.13)的形状有六角形、圆形、方形等,其中以六角螺母应用最普遍。六角螺母的厚度又分为普通螺母、扁螺母和厚螺母。扁螺母用于尺寸受限制的地方,厚螺母用于经常装拆、易于磨损的场合。常用六角螺母的基本尺寸见附表。

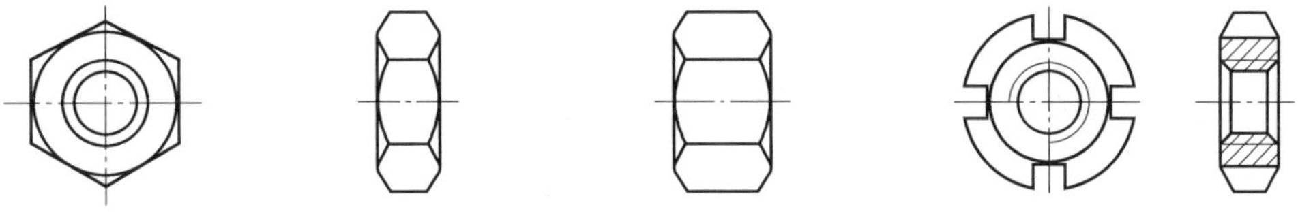

(a) 六角螺母 (b) 六角扁螺母 (c) 六角厚螺母 (d) 圆螺母

图11.13 螺母

5. 垫圈

垫圈是螺纹连接的辅助配件,多数螺纹连接都应加垫圈。常用的有平垫圈和弹簧垫圈。平垫圈的作用:增加被连接件的支承面积,减小接触处压强,使螺母压力均匀分布到零件表面上,防止旋紧螺母时损伤被连接件表面。弹簧垫圈还兼有防松的作用,其基本尺寸可查《机械设计手册》。

螺纹连接件分为三个精度等级,其代号为 A,B,C 级。A 级精度的公差小,精度最高,用于要求配合精确、防止振动等重要零件的连接;B 级精度多用于受载较大且经常装拆、调整或承受变载荷的连接;C 级精度多用于一般的螺纹连接。常用的标准螺纹连接件(螺栓、螺钉),通常选用 C 级精度。

11.5 螺纹连接的预紧和防松

11.5.1 螺纹连接的预紧

螺纹连接一般都需要将螺母拧紧,使螺栓受到一定的预紧力 F_0。一般连接对预紧力往往不加控制,拧紧程度靠经验而定;对于重要连接(如气缸盖的螺栓连接等),预紧力必须加以控制,以满足连接强度、可靠性和密封性等要求。

1. 拧紧力矩

在拧紧螺母时,拧紧力矩 T 等于克服螺纹副相对转动的阻力矩 T_1 和螺母支承面间的摩擦阻力矩 T_2(图 11.14)之和,即

$$T = T_1 + T_2 = \frac{F_a d_2}{2}\tan(\psi + \rho') + f_c F_a r_f \tag{11.9}$$

式中 F_a—— 轴向力,对于不承受轴向工作载荷的螺纹,F_a 即为预紧力;

d_2—— 螺纹中径;

f_c—— 螺母与被连接件支承面之间的摩擦系数,无润滑时可取 $f_c = 0.15$;

r_f—— 支承面摩擦半径,$r_f \approx \dfrac{d_w + d_0}{4}$,其中 d_w 为螺母支承面的外径,d_0 为螺栓孔直径。

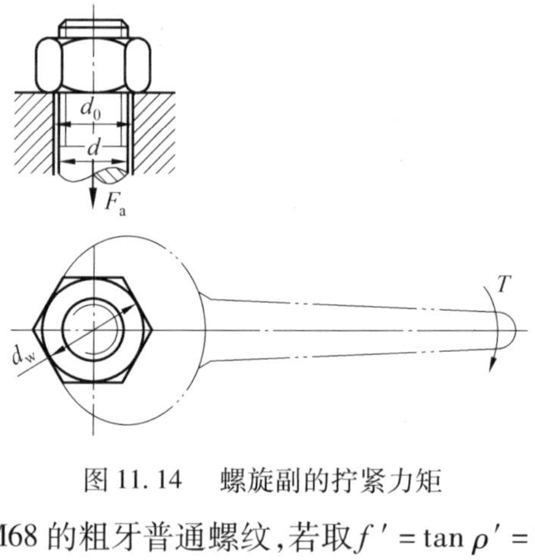

图 11.14 螺旋副的拧紧力矩

对于常用螺栓 M10 ~ M68 的粗牙普通螺纹,若取 $f' = \tan\rho' = 0.15$ 及 $f_c = 0.15$,则上式可简化为

$$T \approx 0.2F_a d \quad (\text{N} \cdot \text{mm}) \tag{11.10}$$

式中 d—— 螺纹的公称直径,mm;

F_a—— 预紧力,N。

F_a 值是由螺纹连接的要求来决定的,为了充分发挥螺栓的工作能力和保证预紧可靠,螺栓的预紧应力一般可达材料屈服极限的 50% ~ 70%。

小直径螺栓装配时不应施加过大的拧紧力矩,否则螺栓容易被拧断。因此,对重要的有强度要求的螺栓连接,如无控制拧紧力矩的措施,不宜采用小于 M12 的螺栓。

2. 控制预紧力的方法

控制预紧力的方法很多,通常是借助测力矩扳手(图11.15)或定力矩扳手(图11.16),利用控制拧紧力矩的方法来控制预紧力的大小。

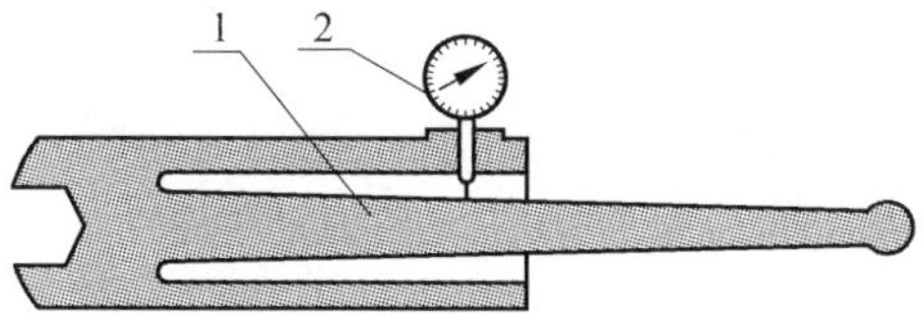

图11.15 测力矩扳手

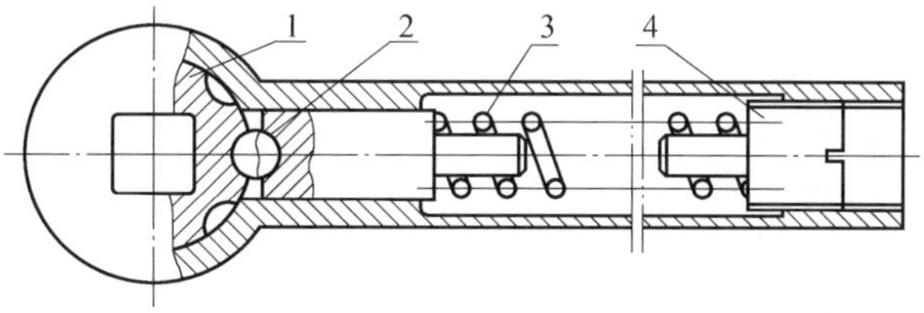

图11.16 定力矩扳手

测力矩扳手的工作原理是根据扳手上的弹性元件1,在拧紧力的作用下所产生的弹性变形来指示拧紧力矩的大小。为方便计量,可将指示刻度2直接以力矩值标出。

定力矩扳手的工作原理是当拧紧力矩超过规定值时,弹簧3被压缩,扳手卡盘1与圆柱销2之间打滑,如果继续转动手柄,卡盘即不再转动。拧紧力矩的大小可利用螺钉4调整弹簧压紧力来加以控制。

11.5.2 螺纹连接的防松

连接用螺纹标准件都能满足自锁条件。拧紧螺母后,螺母或螺钉与被连接件支承面间的摩擦力也有助于防止螺母松脱。因此在受静载荷和常温下,螺纹连接一般不会产生松动。若温度变化较大或连接受到冲击、振动以及不稳定载荷的作用,则摩擦力就会减小,甚至消失,致使螺母逐渐松脱。这种松脱会引起机器设备的严重损坏或造成重大的人身事故。因此,为了保证连接的可靠性,在设计和安装时必须按照工作条件、工作可靠性要求考虑设置螺纹防松结构或装置。

防松的目的就是防止螺旋副产生相对转动。根据工作原理的不同,防松可分为摩擦防松、机械防松和不可拆卸防松等。摩擦防松是采用各种结构措施使螺旋副元素间的摩擦力不随连接的外载荷波动而变化,保持较大的摩擦力。机械防松是利用更换的元件约束螺旋副,使之不能相对转动。不可拆卸防松是将螺纹拧紧之后,用点焊、冲点或在螺栓旋合部分涂黏结剂等办法把螺旋副转变为非运动副,从而排除相对转动的可能。表11.4所列是几种常用的防松方法。

表 11.4　常用的防松方法

防松方法		结构形式	特点和应用
摩擦防松	双螺母	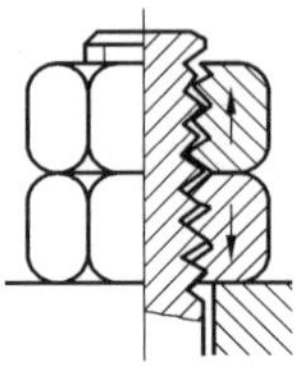	利用双螺母的对顶作用而楔紧,使螺纹副能有处于稳定的轴向压紧状态而产生足够的摩擦力 结构简单、效果好、适用于平稳、低速和重载连接
	弹簧垫圈	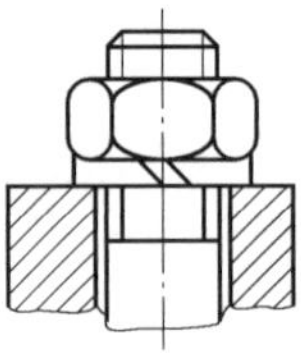	由于弹簧垫圈被压平后所产生的弹性反力的作用,使螺纹副轴向压紧而产生摩擦力 结构简单、使用方便,防松效果较差,一般用于不太重要的连接
	锁紧螺母	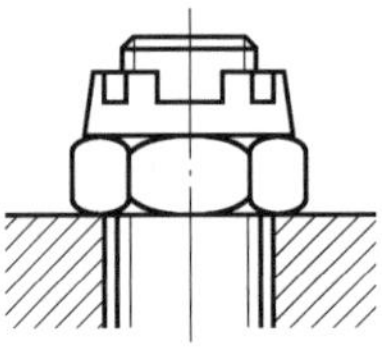	螺母上部一般为非圆收口或开槽收口,螺栓拧入后胀开,利用弹性使螺纹副横向压紧,防松可靠,可多次装拆、重复使用
机械防松	止动垫圈	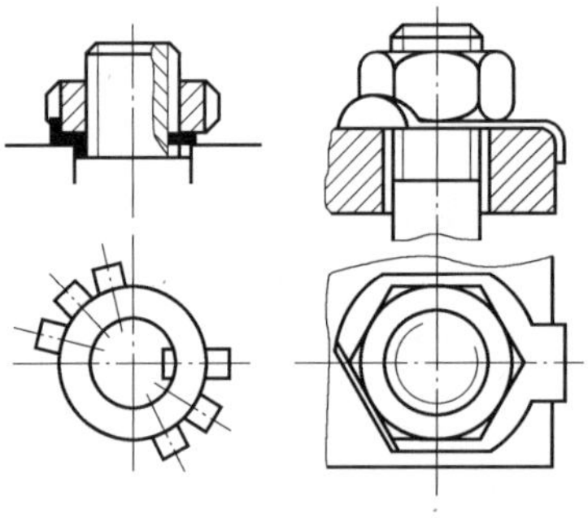	利用低碳钢制造单个或双联止动垫圈,把螺母约束到被连接件上,防松效果良好
破坏螺纹副的运动关系		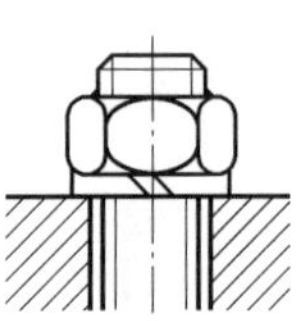 侧面焊死 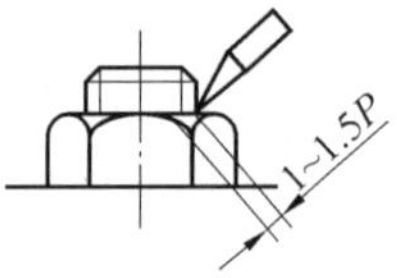 冲点	拧紧连接后,用点焊、点冲或在螺栓旋合部分涂黏合剂的方法把螺旋副转变为非运动副,从而排除相对运动的可能 防松效果良好,但属于不可拆的防松方法

例 11.2　已知 M12 螺栓用碳素结构钢制成,其屈服极限为 240 MPa,螺纹间的摩擦系数 $f=0.1$,螺母与支承面间的摩擦系数 $f_c=0.15$,螺母支承面外径 $d_w=16.6$ mm,螺栓孔直径 $d_0=13$ mm,欲使螺母拧紧后螺杆的拉应力达到材料屈服极限的 50%,求应施加的拧紧力矩,

并验算其能否自锁。

解 (1) 求当量摩擦系数及当量摩擦角

$$f' = \frac{f}{\cos\beta} = \frac{0.1}{\cos 30°} = 0.115$$

$$\rho' = \arctan f' = 6.59°$$

(2) 求螺纹升角 ψ

由表11.1查M12螺纹，$P = 1.75\ \text{mm}$，$d_2 = 10.863\ \text{mm}$，$d_1 = 10.106\ \text{mm}$

$$\psi = \arctan\frac{1.75}{10.863\pi} = 2.94°$$

$\psi < \rho'$，故具有自锁性。

(3) 求螺杆总拉力（预紧力）F_a

$$F_a = \frac{\pi d_1^2}{4} \times \frac{\sigma_S}{2} = \frac{10.106^2 \times 240\pi}{4 \times 2} = 9\ 625\ \text{N}$$

(4) 求拧紧力矩 T

依式(11.9)

$$T = F_a\frac{d_2}{2}\tan(\psi + \rho') + f_c F_a r_f = \left[\frac{9\ 625 \times 10.863}{2}\tan(2.94° + 6.59°) + 0.15 \times 9\ 625 \times \frac{16.6 + 13}{4}\right] = 19.5\ \text{N}\cdot\text{m}$$

11.6 螺栓连接的强度计算

螺栓连接中单个螺栓的受力分为受轴向拉力和横向剪切力两种。前者的失效形式多为螺纹部分的塑性变形或断裂，如果连接经常拆装也可能导致滑扣；后者在工作时，螺栓在结合面处受剪，并与被连接孔相互挤压，其失效形式为螺杆被剪断，螺杆或孔壁被压溃等。

根据上述失效形式，对受拉螺栓主要以拉伸强度条件作为计算依据；对受剪螺栓则以螺栓的剪切强度条件、螺栓杆或孔壁的挤压强度条件作为计算依据。螺栓与螺母的螺纹牙及其他各部分尺寸是根据等强度原则及使用经验规定的。采用标准件时，这些部分都不需要进行强度计算。所以，螺栓连接的计算主要是确定螺纹小径 d_1，然后按照标准选定螺纹公称直径（大径）d 及螺距 P 等。

11.6.1 松螺栓连接

如图11.17所示起重机的吊钩螺栓即属松螺栓连接，这种连接装配时不拧紧，在承受工作载荷前，除有关零件的自重（自重一般很小，强度计算时可略去）外，连接并不受力。当承受轴向工作载荷 F_a 时，螺栓的强度条件为

$$\sigma = \frac{F_a}{\pi d_1^2/4} \leqslant [\sigma] \tag{11.11}$$

或

$$d_1 \geqslant \sqrt{\frac{4F_a}{\pi[\sigma]}} \tag{11.12}$$

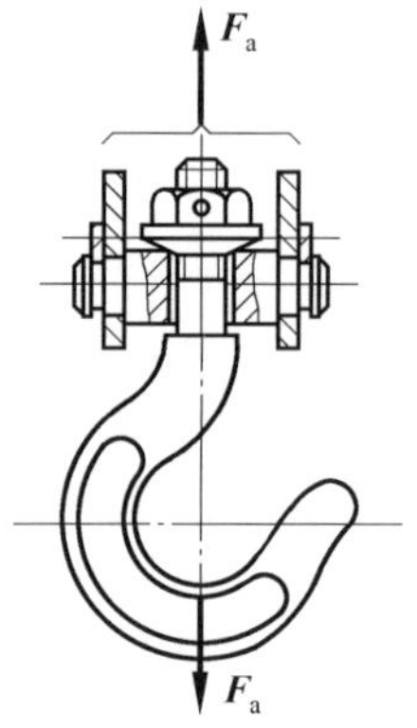

图 11.17 起重机的吊钩螺栓

式中 F_a—— 轴向工作载荷,N;

d_1—— 螺纹小径,mm;

σ—— 螺栓的工作应力,MPa;

$[\sigma]$ —— 螺栓的许用拉应力,MPa。

求出 d_1 后,应按螺纹标准选取螺纹公称直径 d。

例 11.3 如图 11.17 所示,已知载荷 $F_a = 25$ kN,吊钩材料为 35 钢,许用拉应力 $[\sigma] = 60$ MPa,试求吊钩尾部螺纹直径。

解 由式(11.12)得螺纹小径

$$d_1 = \sqrt{\frac{4F_a}{\pi[\sigma]}} = \sqrt{\frac{4 \times 25 \times 10^3}{60\pi}} = 23.033 \text{ mm}$$

由表 11.1 得,$d = 27$ mm 时,$d_1 = 23.752$ mm,比根据强度计算求得的 d_1 值略大,合宜。故吊钩尾部螺纹可采用 M27。

11.6.2 紧螺栓连接

受拉的紧螺栓在装配时必须拧紧,因此在承受工作载荷之前,螺栓就受到一定的预紧力(轴向拉力)。设拧紧螺栓时螺杆承受的轴向拉力为 F_a(不承受轴向工作载荷螺栓,F_a 即为预紧力)。这时螺栓危险截面(即螺纹小径 d_1 处)除受拉应力 $\sigma = \dfrac{F_a}{\pi d_1^2/4}$ 外,还受螺纹阻力矩 T_1 所引起的扭切应力

$$\tau = \frac{T_1}{\pi d_1^3/16} = \frac{F_a \tan(\psi + \rho') \cdot d_2/2}{\pi d_1^3/16} = \frac{2d_2}{d_1}\tan(\psi + \rho')\ \frac{F_a}{\pi d_1^2/4}$$

对于 M10 ~ M68 的普通螺纹,取 d_2/d_1 和 ψ 的平均值,并取 $\tan\rho' = f' = 0.15$,得 $\tau \approx 0.5\sigma$。按第四强度理论(最大变形能理论),当量应力 σ_e 为

$$\sigma_e = \sqrt{\sigma^2 + 3\tau^2} = \sqrt{\sigma^2 + 3\,(0.5\sigma)^2} \approx 1.3\sigma$$

故螺栓螺纹部分的强度条件为

$$\frac{1.3F_a}{\pi d_1^2/4} \leqslant [\sigma] \tag{11.13}$$

或

$$d_1 \geqslant \sqrt{\frac{4 \times 1.3F_a}{\pi[\sigma]}} \tag{11.14}$$

式中 $[\sigma]$—— 螺栓的许用应力,MPa。

求出 d_1 后,应按螺纹标准选取螺纹公称直径 d。

1. 受横向工作载荷的螺栓强度

如图 11.18 所示的螺栓连接,该连接受横向工作载荷 F 作用时,F 的方向与螺栓轴线垂直。利用连接件接合面之间压力产生的摩擦力来传递横向外载荷,若接合面间的摩擦力不足,在横向载荷作用下发生相对滑动,则认为连接失效。因此根据力的平衡条件所需的螺栓轴向压紧力(即预紧力)应为

$$F_a mf = F_0 mf \geqslant KF$$

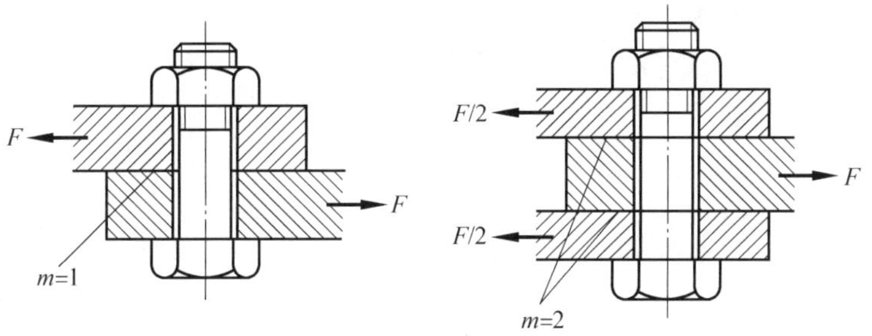

图 11.18 受横向载荷的螺栓连接

即

$$F_a = F_0 \geqslant \frac{KF}{mf} \tag{11.15}$$

式中 F_0—— 预紧力,N;

K—— 可靠性系数,$K = 1.1 \sim 1.3$;

F—— 横向载荷,N;

m—— 被连接件接合面数目;

f—— 接合面间的摩擦系数,对钢或铸铁,$f = 0.1 \sim 0.15$。

求出 F_a 后,即可按式(11.13)进行螺栓强度计算。

从式(11.15)来看,当$f=0.15$,$K=1.2$,$m=1$时,$F_0 \geqslant 8F$。即预紧力应为横向工作载荷的8倍,所以这种靠摩擦力抵抗工作载荷的紧螺栓连接在承担横向载荷时,其尺寸是较大的。此外,在振动、冲击或变载荷下,由于摩擦系数的变动,将使连接的可靠性降低,有可能出现松脱。

为了避免上述缺陷,可以考虑用各种减载零件来承担横向工作载荷(图 11.19),也可以采用螺杆与孔之间没有间隙的铰制孔用螺栓(图 11.20)来承受横向载荷。这些减载装置中的键、套筒、销和铰制孔用螺栓可按受剪切和受挤压进行强度核算。现以图 11.20 为例,其强度条件如下:

$$\tau = \frac{F}{m\frac{\pi d_0^2}{4}} \leqslant [\tau] \tag{11.16}$$

$$\sigma_p = \frac{F}{d_0\delta} \leqslant [\sigma_p] \tag{11.17}$$

式中,δ 取 δ_1 和 $2\delta_2$ 两者之小值,许用应力$[\tau]$和许用挤压应力$[\sigma_p]$见表 11.6。

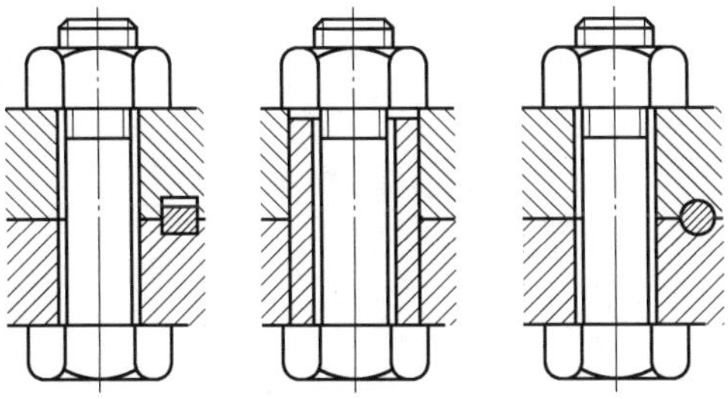

图 11.19 受横向载荷的减载零件

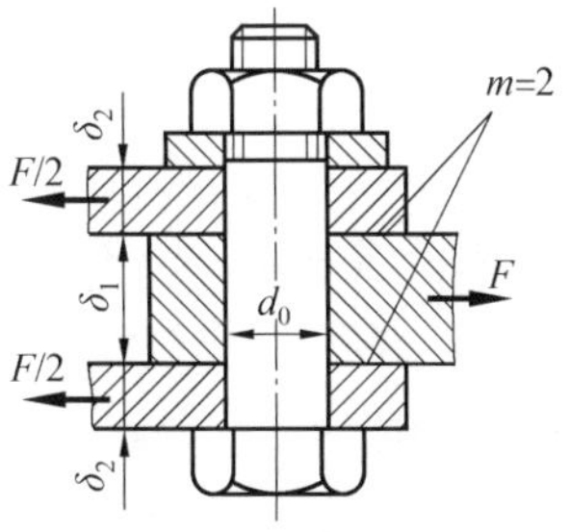

图 11.20 受横向载荷的铰制孔用螺栓

2. 受轴向工作载荷的螺栓强度计算

如图 11.21 所示的汽缸盖螺栓连接,设液体压强为 p,螺栓数为 z,则缸体周围每个螺栓平均承受的轴向工作载荷

$$F_E = \frac{p \cdot \pi D^2/4}{z}$$

在受轴向工作载荷的螺栓连接中,由于螺栓和被连接件的弹性变形,螺栓所受的总载荷 F_a 并不等于预紧力 F_0 与轴向工作载荷 F_E 之和,其大小取决于预紧力、轴向工作载荷、螺栓和被连接件的刚度,现取螺栓组中的一个螺栓来分析其受载情况。

螺栓和被连接件受载前后的情况见图 11.22。图 11.22(a) 是连接还没有拧紧时的情况。螺栓连接拧紧后,螺栓受到拉力 F_0 而伸长了 δ_{b0};被连接件受到压缩力 F_0 而缩短了 δ_{c0},如图 11.22(b) 所示。在连接承受轴向工作载荷 F_E 时,螺栓的伸长量增加 $\Delta\delta$ 而成为 $\delta_{b0}+\Delta\delta$,相应的拉力就是螺栓的总拉伸载荷 F_a,如图 11.22(c) 所示。与此同时,被连接件则随着螺栓的伸长而弹回,其压缩量减少了 $\Delta\delta$ 而成为 $\delta_{c0}-\Delta\delta$,与此相应的压力就是残余预紧力 F_R(图 11.22(c))。

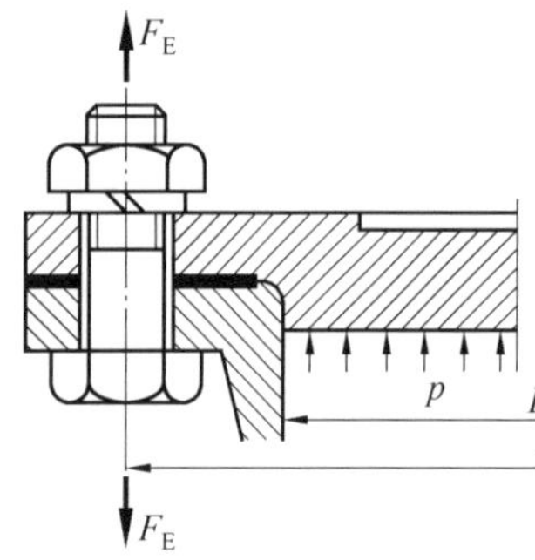

图 11.21′ 汽缸盖螺栓连接

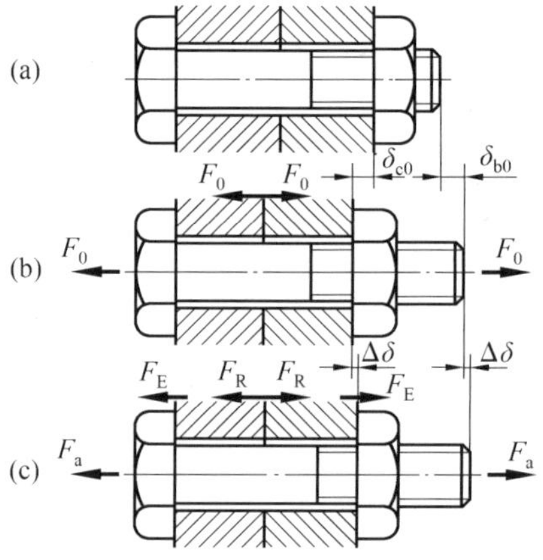

图 11.22 载荷与变形的示意图

工作载荷 F_E 和残余预紧力 F_R 一起作用在螺栓上(图 11.22(c)),所以螺栓的总拉伸载荷为

$$F_a = F_E + F_R \tag{11.18}$$

F_R 与螺栓刚度、被连接刚度、预紧力 F_0 及工作载荷 F_E 有关。

紧螺栓连接应能保证被连接件的接合面不出现缝隙,因此残余预紧力 F_R 应大于零。当工作载荷 F_E 没有变化时,可取 $F_R=(0.2\sim0.6)F_E$,当 F_E 有变化时,$F_R=(0.6\sim1.0)F_E$;对于有紧密性要求的连接(如压力容器的螺栓连接),$F_R=(1.5\sim1.8)F_E$。

在一般计算中,可先根据连接的工作要求规定残余预紧力 F_R,其次由式(11.18) 求出总拉伸载荷 F_a,然后按式(11.13) 计算螺栓强度。

若轴向工作载荷 F_E 在 $0\sim F_E$ 间周期性变化,则螺栓所受总拉伸载荷应在 $F_0\sim F_a$ 间变化。受变载荷螺栓的粗略计算可按总拉伸载荷 F_a 进行,其强度条件仍为式(11.13),所不同的是许用应力应按表 11.6 和表 11.7 在变载荷项内查取。

11.7　螺栓的材料和许用应力

螺栓的常用材料有碳素结构钢(Q215,Q235);优质中、低碳钢(20,35,45);重要和特殊用途的螺栓连接件可采用力学性能较高的中、低碳合金钢(15Cr,40Cr,30CrMnSi)。此外,有防蚀或导电等要求时,螺栓连接件材料也可用铜及其合金或其他有色金属。使用时应使其满足相应的性能等级。

国家标准规定螺纹连接件按材料的力学性能分出等级(见表 11.5)。螺栓、螺柱、螺钉的性能等级分为 10 级,从 3.6 到 12.9。小数点前的数字代表材料的抗拉强度极限的 1/100($\sigma_B/100$),小数点后的数字代表材料的屈服极限(σ_S 或 $\sigma_{0.2}$)与抗拉强度极限(σ_B)之比值(屈服比)的 10 倍($10\sigma_S/\sigma_B$)。例如性能等级 4.6,其中 4 表示材料的抗拉强度极限为 400 MPa,6 表示屈服极限与抗拉强度极限之比为 0.6。

表 11.5　螺栓、螺钉和螺柱的性能等级

(摘自 GB/T 3098.1—2000 和 GB/T 3098.2—2000)

性能等级(标记)	3.6	4.6	4.8	5.6	5.8	6.8	8.8	9.8	10.9	12.9
抗拉强度极限 σ_B/MPa	300	400		500		600	800	900	1 000	1 200
屈服极限 σ_S (或 $\sigma_{0.2}$) /MPa	180	240	320	300	400	480	640	720	900	1 080
硬度 /HBS_{min}	90	114	124	147	152	181	238	276	304	366
推荐材料	低碳钢	低碳钢或中碳钢				低碳合金钢或中碳钢			40Cr 15MnVB	30CrMnSi 15MnVB

注:1. 9.8 级仅适合于大径 $d \leqslant 16$ mm 的螺栓、螺钉和螺柱。

2. 规定性能等级的螺栓、螺母在图纸中只标出性能等级,不应标出材料牌号。

螺纹连接的许用应力及安全系数见表 11.6 和表 11.7。

表 11.6　螺纹连接的许用应力

<table>
<tr><td colspan="3">螺纹连接受载情况</td><td colspan="2">许用应力</td></tr>
<tr><td colspan="3">松螺栓连接</td><td rowspan="2">$[\sigma] = \sigma_S/S$</td><td>$S = 1.2 \sim 1.7$</td></tr>
<tr><td rowspan="3">紧螺栓连接</td><td colspan="2">受轴向、横向载荷</td><td>控制预紧力时 $S = 1.2 \sim 1.5$
不严格控制预紧力时,查表 11.7</td></tr>
<tr><td rowspan="2">铰制孔用螺栓受横向载荷</td><td>静载荷</td><td colspan="2">$[\tau] = \sigma_S/2.5$
$[\sigma_p] = \sigma_S/1.25$(被连接件为钢)
$[\sigma_p] = \sigma_{bp}/(2 \sim 2.5)$(被连接件为铸铁)</td></tr>
<tr><td>变载荷</td><td colspan="2">$[\tau] = \sigma_S/(3.5 \sim 5)$
$[\sigma_p]$ 按静载荷的 $[\sigma_p]$ 值降低20% ~30%</td></tr>
</table>

表 11.7　螺纹连接的安全系数 S(不能严格控制预紧力时)

材料	静载荷		变载荷	
	M6 ~ M16	M16 ~ M30	M6 ~ M16	M16 ~ M30
碳素钢	4 ~ 3	3 ~ 2	10 ~ 6.5	6.5
合金钢	5 ~ 4	4 ~ 2.5	7.6 ~ 5	5

例 11.4　在图 11.21 所示的汽缸盖螺栓连接中,已知汽缸的压力 $P = 2$ MPa,汽缸内径 $D = 125$ mm,螺栓分布在 $D_0 = 346$ mm 的圆周上,缸盖用6 个 M16 mm 的螺栓连接缸体,螺栓的许用应力$[\sigma] = 100$ MPa。根据连接的紧密性要求,取残余预紧力,试校核该螺栓连接的强度。

解　(1) 计算螺栓的工作载荷

汽缸盖螺栓组所受的载荷

$$F_E = \frac{p \cdot \pi D^2}{4} = 2 \times \frac{3.14 \times 125^2}{4} = 2.45 \times 10^4 \text{ N}$$

单个螺栓所受的工作载荷

$$F = \frac{F_E}{z} = \frac{2.45 \times 10^4}{6} = 4\ 083 \text{ N}$$

(2) 求螺栓所受的总拉力

取残余预紧力

$$F' = 1.5F = 1.5 \times 4\ 083 = 6\ 125 \text{ N}$$

螺栓受到的总拉力

$$F_a = F' + F = 6\ 125 + 4\ 083 = 1.02 \times 10^4 \text{ N}$$

(3) 校核螺栓连接的强度

查螺纹标准知 M16 螺纹的小径

$$d_1 = 13.835 \text{ mm}$$

由式(11.13)可知

螺栓的许用应力

$$\sigma = \frac{4 \times 1.3F_a}{\pi d_1^2} = \frac{4 \times 1.3 \times 1.02 \times 10^4}{3.14 \times 13.835^2} \approx 88.2 \text{ MPa}$$

结论:由于 $\sigma < [\sigma]$,所以连接可靠。

在本例题中,求螺纹直径时要用到许用应力$[\sigma]$,而$[\sigma]$又与螺纹直径有关,所以常需采用试算法。这种方法在其他零件设计计算中还要经常用到。

11.8　提高螺纹连接强度的措施

以螺栓连接为例,螺栓连接的强度主要取决于螺栓的强度,因此,研究影响螺栓强度的因素和提高螺栓强度的措施,对提高连接的可靠性有着重要的意义。

影响螺栓强度的因素很多,主要涉及螺纹牙的载荷分配、应力变化幅度、应力集中、附加应力、材料的力学性能和制造工艺等几个方面。下面分析各种因素对螺栓强度的影响以及提高强度的相应措施。

11.8.1 降低螺栓总拉伸载荷 F_a 的变化范围

螺栓所受的轴向工作载荷 F_E 在 $0 \sim F_E$ 间变化时，螺栓所受的总拉伸载荷 F_a 也作相应的变化。减小螺栓刚度 k_b 或增大被连接件刚度 k_c 都可以减小 F_a 的变化幅度，这对防止螺栓的疲劳损坏是十分有利的。

为了减小螺栓刚度，可减小螺栓光杆部分直径（见图11.23(a)）或采用空心螺杆（见图11.23(b)），有时也可增加螺栓的长度。被连接件本身的刚度是较大的，但被连接件的接合面因需要密封而采用软垫片（见图11.24）将降低其刚度。若采用金属薄垫片或采用 O 型密封作为密封元件（见图11.25），则仍可保持被连接件原来的刚度值。

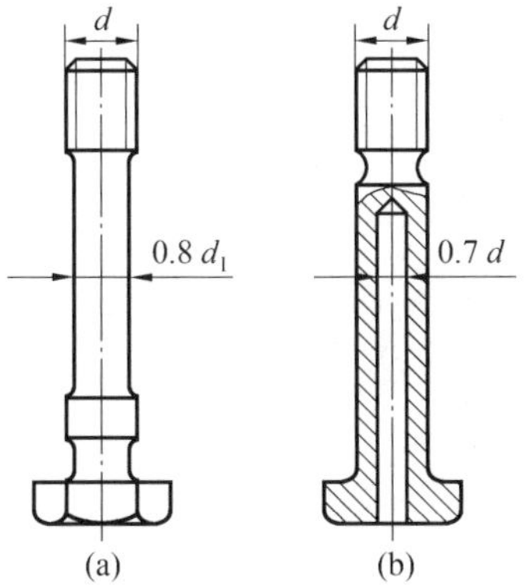

图11.23 减小螺栓刚度的结构

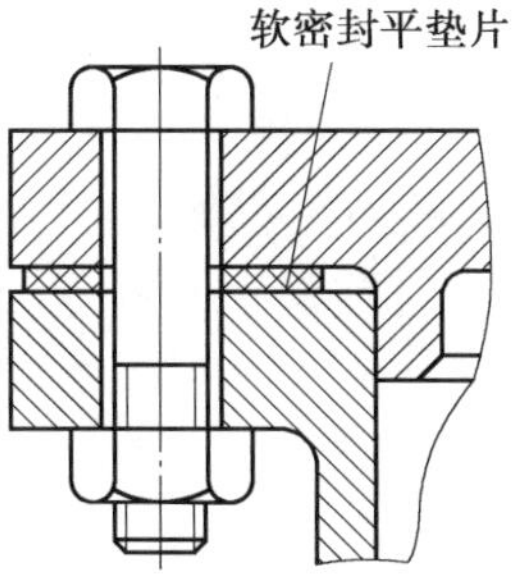

图11.24 用软垫片密封

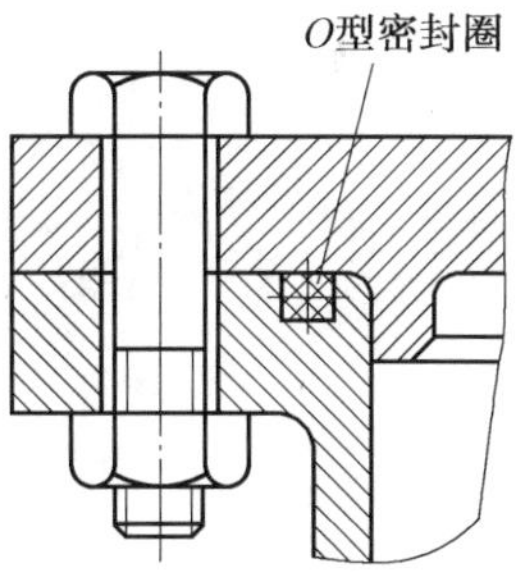

图11.25 用 O 型密封圈密封

11.8.2 改善螺纹牙间的载荷分布

采用普通螺母时，轴向载荷在旋合螺纹各圈间的分布是不均匀的。如图11.26(a)所示，从螺母支承面算起，第一圈受载最大，以后各圈递减。理论分析和实验证明，旋合圈数越多，载荷分布不均的程度也就越显著，到第8～10圈以后，螺纹几乎不受载荷。所以，采用圈数多的厚螺母，并不能提高连接强度。若采用图11.26(b)所示的悬置（受拉）螺母，则螺母锥形悬置段与螺栓均为拉伸变形，有助于减少螺母与螺栓杆的螺距变化差，从而使载荷分布比较均匀。图11.26(c)所示为环槽螺母，其作用和悬置螺母相似。

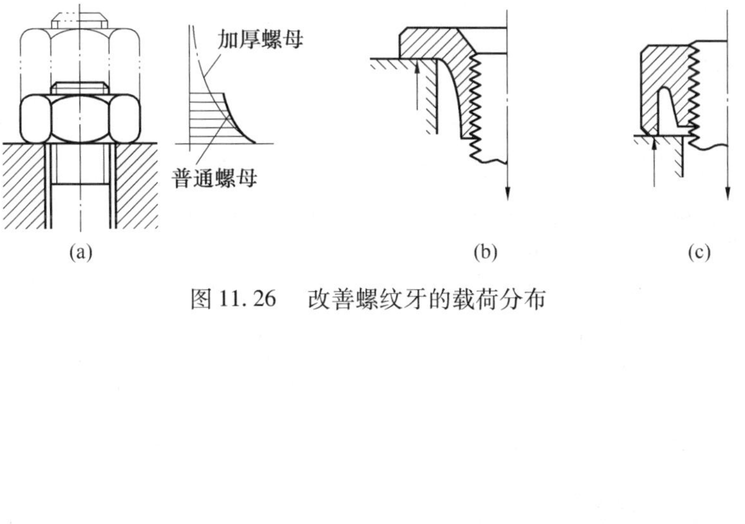

图11.26 改善螺纹牙的载荷分布

11.8.3 减小应力集中

减小螺栓应力集中的方法如图 11.27 所示，增大过渡处圆角（见图 11.27(a)）、切制卸载槽（见图 11.27(b),(c)）都是使螺栓截面变化均匀、减小应力集中的有效方法。

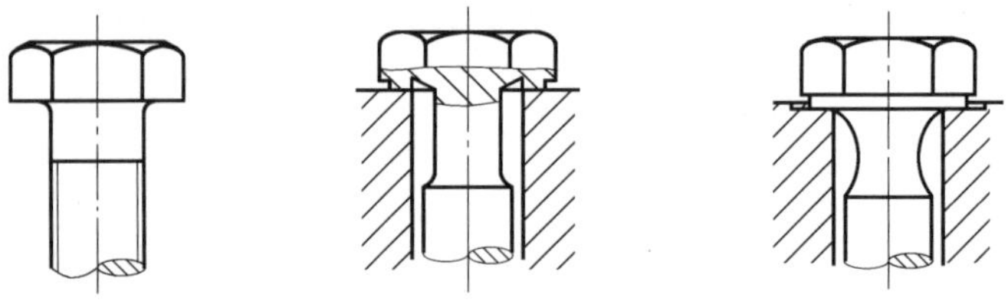

(a) (b) (c)

图 11.27 减小螺栓应力集中的方法

11.8.4 避免或减小附加应力

由于设计、制造或安装上的疏忽，有可能使螺栓受到附加弯曲应力（见图 11.28），这对螺栓疲劳强度的影响很大，应设法避免。例如，在铸件或锻件等未加工表面上安装螺栓时，常采用凸台或沉头座等结构，经切削加工后可获得平整的支承面（见图 11.29）。

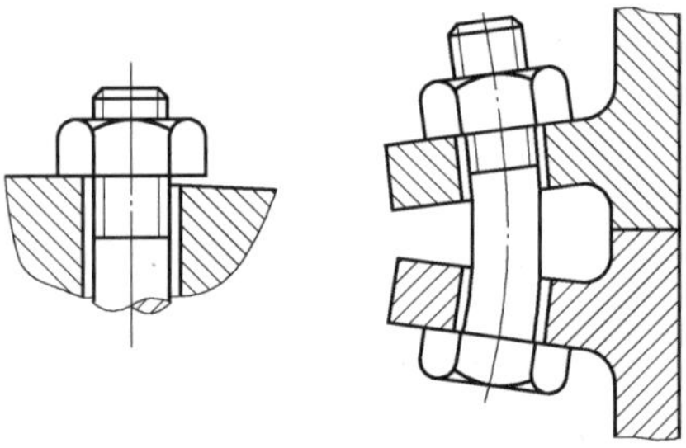

(a) 支承面不平　(b) 被连接件变形太大

图 11.28 引起附加应力的原因

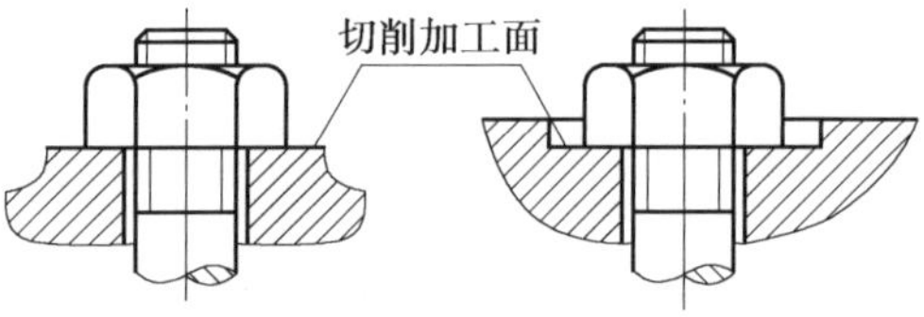

图 11.29 避免附加应力的方法

除上述方法外，在制造工艺上采取冷镦头部和碾压螺纹的螺栓，其疲劳强度比车制螺栓约高 30%，液体碳氮共渗、渗氮等表面硬化处理也能提高螺栓的疲劳强度。

11.9 螺 旋 传 动

螺旋传动主要用来把回转运动变为直线运动。按使用要求的不同可分为三类：

1. 传力螺旋

以传递动力为主，要求用较小的力矩转动螺杆（或螺母）而使螺母（或螺杆）产生轴向运动和较大的轴向力，这个轴向力可以用来做起重和加压等工作。例如图 11.30(a) 的起重器，图 11.30(b) 的压力机（加压或装拆用）等。

2. 传导螺旋

以传递运动为主，并要求具有很高的运动精度，它常用作机床刀架或工作台的进给机构（图 11.30(c)）。

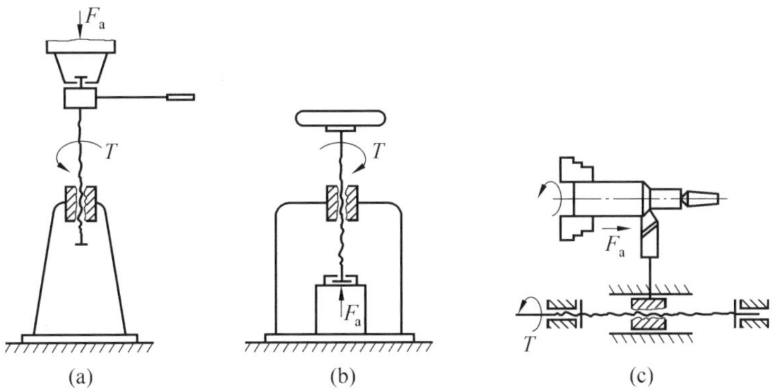

图 11.30 螺旋传动

3. 调整螺旋

用于调整并固定零件或部件之间的相对位置(如图 12.16(a)和(b)所示,用于调整带传动的初拉力)。调整螺旋不经常转动。

螺杆和螺母的材料除要求有足够的强度、耐磨性外,还要求两者配合时摩擦系数小。一般螺杆可选用 Q275,45,50 钢等;重要螺杆可选用 T12,40Cr,65Mn 钢等,并进行热处理。常用的螺母材料有铸造青铜 ZCuSn10P1 和 ZCuSn5PbZn5,重载低速时可选用强度高的铸造铝青铜 ZCuAl10Fe3;在低速轻载,特别是不经常运转时,也可选用耐磨铸铁。

螺旋传动的失效主要是螺纹磨损,因此通常先由耐磨性条件,算出螺杆的直径和螺母高度,并参照标准确定螺旋各主要参数,而后对可能发生的其他失效一一进行校核。

11.9.1 耐磨性计算

影响磨损的因素很多,目前还没有完善的计算方法,通常是限制螺纹接触处的压强 p。其校核公式为

$$p = \frac{F_a}{\pi d_2 h z} \leqslant [p] \text{ MPa} \tag{11.19}$$

式中 F_a—— 轴向力,N;

z—— 参加接触的螺纹圈数;

d_2—— 螺纹中径;

h—— 螺纹工作高度;

$[p]$—— 许用压强,见表 11.8。

表 11.8 螺旋副的许用压强$[p]$ MPa

配对材料		钢对铸铁	钢对青铜	淬火钢对青铜
许用压强	速度 v < 12 m/min	4 ~ 7	7 ~ 10	10 ~ 13
	低速,如人力驱动等	10 ~ 18	15 ~ 25	—

注:对于精密传动或要求使用寿命长时,可取表中值的 1/2 ~ 1/3。

为了设计方便,令 $\phi = \dfrac{H}{d_2}$,H 为螺母高度,又因 $z = \dfrac{H}{P}$,P 为螺距,梯形螺纹的工作高度 h =

0.5P，锯齿形螺纹的工作高度 $h = 0.75P$，将这些关系代入式(11.19)整理后，可得决定螺纹中径 d_2 的设计公式为

梯形螺纹

$$d_2 \geqslant 0.8\sqrt{\frac{F_a}{\phi[p]}}\ \text{mm} \tag{11.20}$$

锯齿形螺纹

$$d_2 \geqslant 0.65\sqrt{\frac{F_a}{\phi[p]}}\ \text{mm} \tag{11.21}$$

ϕ 值的取法：对整体式螺母由于磨损后不能调整间隙，为使受力比较均匀，螺纹接触圈数不宜太多，ϕ 取为1.2 ~ 2.5，剖分式螺母 ϕ 取为2.5 ~ 3.5。但应注意，螺纹圈数一般不宜超过10圈，因为螺纹各圈受力是不均匀的，第10圈以上的螺纹实际上起不到分担载荷的作用。

计算出中径 d_2 之后，应按标准选取相应的公称直径 d 及螺距 P。对有自锁要求的螺旋，还需验算所选螺纹参数能否满足自锁条件。

11.9.2 螺杆强度的校核

螺杆受有轴向力 F_a，因此在螺杆轴向产生压(或拉)应力；同时由于扭矩 T 使螺杆截面内产生扭切应力，T 按螺杆实际的受力情况确定。根据压(或拉)应力和扭切应力，按第四强度理论可求出危险截面的当量应力 σ_e，强度条件为

$$\sigma_e = \sqrt{\sigma^2 + 3\tau^2} = \sqrt{\left(\frac{4F_a}{\pi d_1^2}\right)^2 + 3\left(\frac{T}{\pi d_1^3/16}\right)^2} \leqslant [\sigma]\ \text{MPa} \tag{11.22}$$

式中 d_1—— 螺纹小径；

$[\sigma]$—— 螺杆材料的许用应力，对于碳素钢可取为 $0.2 \sim 0.33\sigma_s$。

11.9.3 螺杆稳定性的校核

细长螺杆受到较大的轴向压力时，可能丧失稳定，其临界载荷与材料、螺杆长细比(或称柔度)$\lambda = \frac{\mu l}{i}$ 有关。

(1) 当 $\lambda \geqslant 100$ 时，临界载荷 F_c 由欧拉公式决定

$$F_c = \frac{\pi^2 EI}{(\mu l)^2}\quad \text{N} \tag{11.23}$$

式中 E—— 螺杆材料弹性模量，对于钢 $E = 2.06 \times 10^5$ MPa；

I—— 危险截面的惯性矩，对螺杆可按螺纹小径 d_1 计算，即 $I = \frac{\pi d_1^4}{64}$，mm^4；

l—— 螺杆的最大工作长度，mm；

μ—— 长度系数，与螺杆端部结构有关，对于起重器可视为一端固定、一端自由，取 $\mu = 2$；对于压力机可视为一端固定、一端铰支，取 $\mu = 0.7$；对于传导螺杆可视为两端铰支，取 $\mu = 1$；

i—— 螺杆危险截面惯性半径，若螺杆危险截面面积

$$A = \frac{\pi d_1^2}{4} \quad \text{mm}^2$$

则

$$i = \sqrt{\frac{I}{A}} = \frac{d_1}{4} \quad \text{mm}$$

(2) 当 $40 < \lambda < 100$ 时,对于 $\sigma_B \geqslant 370$ MPa 的碳素钢取

$$F_c = (304 - 1.12\lambda)\frac{\pi d_1^2}{4} \quad \text{N} \tag{11.24}$$

对于 $\sigma_B \geqslant 470$ MPa 的优质碳素钢(如35、40号钢)取

$$F_c = (461 - 2.57\lambda)\frac{\pi d_1^2}{4} \quad \text{N} \tag{11.25}$$

(3) 当 $\lambda < 40$ 时,不必进行稳定性校核。

稳定性校核应满足的条件为

$$F_a \leqslant \frac{F_c}{S} \tag{11.26}$$

S 为稳定性校核安全系数,通常取 $S = 2.5 \sim 4$,当不能满足上述条件时应增大螺纹小径。

11.9.4 螺纹牙强度的校核

防止沿螺母螺纹牙根部剪断校核公式为

$$\tau = \frac{F_a}{\pi D b z} \leqslant [\tau] \quad \text{MPa} \tag{11.27}$$

式中 b—— 螺纹牙根部的宽度,对于梯形螺纹 $b = 0.65P$;对锯齿形螺纹 $b = 0.74P$。

若需校核螺杆螺纹牙的强度时,将式(11.27)中螺母的大径 D 换为螺杆的小径 d_1 即可。

对于铸铁螺母取 $[\tau] = 40$ MPa;对于青铜螺母取 $[\tau] = 30 \sim 40$ MPa。

11.10 滚动螺旋简介

在螺旋和螺母之间设有封闭循环的滚道,滚道间充以钢珠,这样就使螺旋面的摩擦成为滚动摩擦,这种螺旋称为滚动螺旋或滚珠丝杠。滚动螺旋按滚道回路型式的不同,分为外循环和内循环两种(图11.31)。钢珠在回路过程中,其返回通道离开螺旋表面的称为外循环,不离开的称为内循环。内循环螺母上开有侧孔,孔内装有反向器将相邻两螺纹滚道联通起来,钢珠越过螺纹顶部进入相邻滚道,形成一个循环回路。因此一个循环回路里只有一圈钢珠和一个反向器。一个螺母常设置2 ~ 4个回路。外循环螺母为了缩短回路滚道的长度也可在一个螺母中分为两个或三个回路。

滚动螺旋的主要优点是:(1) 摩擦损失小,效率在90%以上;(2) 磨损很小,还可以用调整方法消除间隙并产生一定的预变形来增加刚度,因此其传动精度很高;(3) 不具有自锁性,可以变直线运动为旋转运动,其效率也可达到80%以上。

滚动螺旋的缺点是:(1) 结构复杂,制造困难;(2) 有些机构中为防止逆转需另加自锁机构。

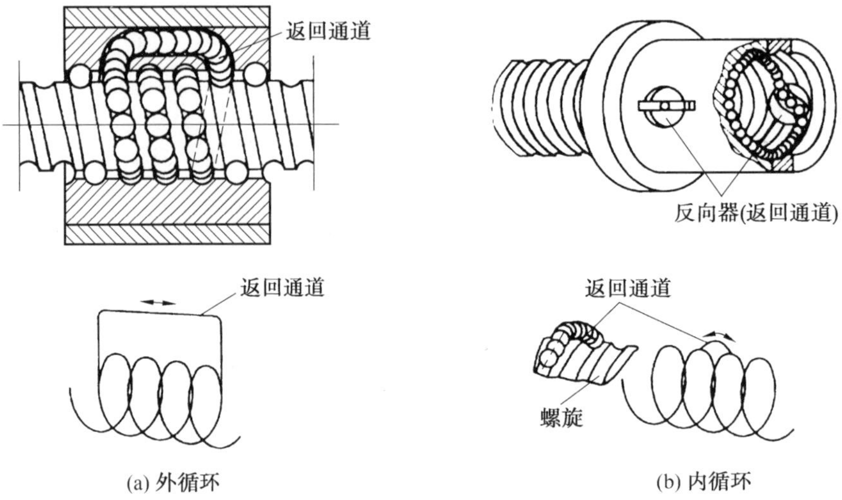

图 11.31　滚动螺旋

由于其明显的优点,滚动螺旋早已在汽车和拖拉机的转向机构中得到应用。目前在要求高效率和高精度之处多已广泛应用滚动螺旋,例如飞机机翼和起落架的控制、水闸的升降和数控机床等。

11.11　键　连　接

11.11.1　键连接的功能、分类、结构形式及应用

键是一种标准零件,通常用来实现轴与轮毂之间的周向固定以传递转矩,有的还能实现轴上零件的轴向固定或轴向滑动的导向。键连接的主要类型有:平键连接、半圆键连接、楔键连接和切向键连接。

1. 平键连接

图 11.32(a) 为普通平键连接的结构形式。键的两侧面是工作面,工作时,靠键同键槽侧面的挤压来传递转矩。键的上表面和轮毂的键槽底面间则留有间隙。平键连接具有结构简单、装拆方便、对中性较好等优点,因而得到广泛应用。这种键连接不能承受轴向力,因而对轴上的零件不能起到轴向固定的作用。

根据用途的不同,平键分为普通平键、薄型平键、导向平键和滑键四种。其中普通平键和薄型平键用于静连接,导向平键和滑键用于动连接。

普通平键按构造分,有圆头(A 型)、平头(B 型) 及单圆头(C 型) 三种(表 11.9 所示)。圆头平键(图 11.32(b)) 宜放在轴上用键槽铣刀铣出的键槽中,键在键槽中轴向固定很好。缺点是键的头部侧面与轮毂上的键槽并不接触,因而键的圆头部分不能充分利用,而且轴上键槽端部的应力集中较大。平头平键(图 11.32(c)) 是放在用盘铣刀铣出的键槽中,因而避免了上述缺点,但对于尺寸大的键,宜用紧定螺钉固定在轴上的键槽中,以防松动。单圆头平键(图 11.32(d)) 则常用于轴端与毂类零件的连接。

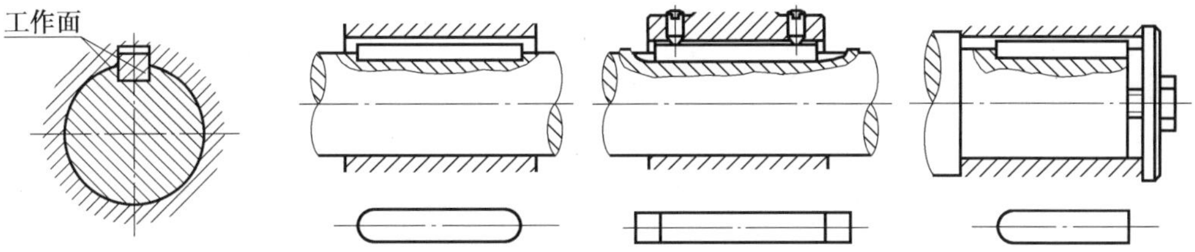

(a) 平键连接　(b) A型　(c) B型　(d) C型

图 11.32　普通平键连接(图 b、c、d 下方为键及键槽示意图)

薄型平键与普通平键的主要区别是键的高度约为普通平键的 60% ~ 70%,也分圆头、平头和单圆头三种形式,但传递转矩的能力较低,常用于薄壁结构、空心轴及一些径向尺寸受限制的场合。

当被连接的毂类零件在工作过程中必须在轴上作轴向移动时(如变速箱中的滑移齿轮),则需采用导向平键或滑键。导向平键(图 11.33(a))是一种较长的平键,用螺钉固定在轴上的键槽中,为了便于拆卸,键上制有起键螺孔,以便拧入螺钉使键退出键槽。轴上的传动零件则可沿键作轴向滑移。当零件需要滑移的距离较大时,因所需导向平键的长度过大,制造困难,故宜采用滑键(图 11.33(b))。滑键固定在轮毂上,轮毂带动滑键在轴上的键槽中作轴向滑移。这样,只需在轴上铣出较长的键槽,而键可做得较短。

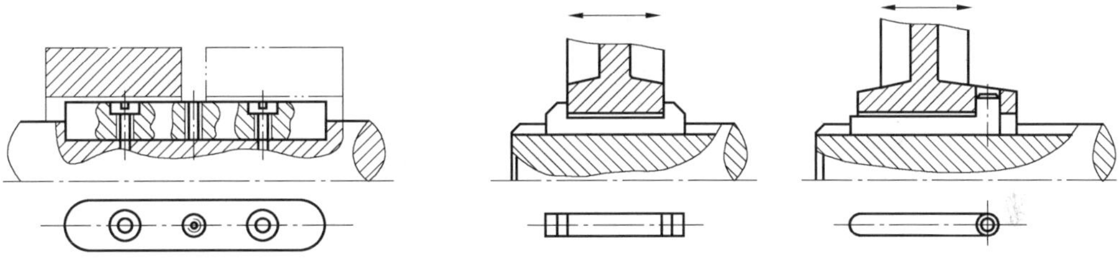

(a)　(b)

图 11.33　导向平键连接和滑键连接(下方为键的示意图)

表 11.9　普通平键和键槽的尺寸(摘自 GB/T 1095—2003,GB/T 1096—2003)

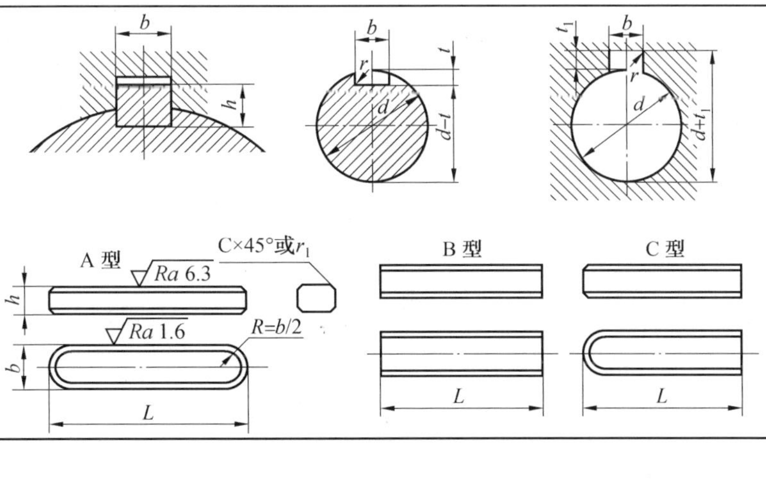

续表 11.9

标记示例：

圆头普通平键（A 型），$b=16$，$h=10$，$L=100$ 的标记为：键 16 × 100　GB/T 1096—2003

平头普通平键（B 型），$b=16$，$h=10$，$L=100$ 的标记为：键 B16 × 100　GB/T 1096—2003

单圆头普通平键（C 型），$b=16$，$h=10$，$L=100$ 的标记为：键 C16 × 100　GB/T 1096—2003

轴的直径 d	键的尺寸				键槽		
	b	h	C 或 r	L	t	t_1	半径 r
自 6 ~ 8	2	2	0.16 ~ 0.25	6 ~ 20	1.2	1	0.08 ~ 0.16
> 8 ~ 10	3	3		6 ~ 36	1.8	1.4	
> 10 ~ 12	4	4		8 ~ 45	2.5	1.8	
> 12 ~ 17	5	5	0.25 ~ 0.4	10 ~ 56	3.0	2.3	0.16 ~ 0.25
> 17 ~ 22	6	6		14 ~ 70	3.5	2.8	
> 22 ~ 30	8	7		18 ~ 90	4.0	3.3	
> 30 ~ 38	10	8	0.4 ~ 0.6	22 ~ 110	5.0	3.3	0.25 ~ 0.4
> 38 ~ 44	12	8		28 ~ 140	5.0	3.3	
> 44 ~ 50	14	9		36 ~ 160	5.5	3.8	
> 50 ~ 58	16	10		45 ~ 180	6.0	4.3	
> 58 ~ 65	18	11		50 ~ 200	7.0	4.4	
> 65 ~ 75	20	12	0.5 ~ 0.8	56 ~ 220	7.5	4.9	0.4 ~ 0.6
> 75 ~ 85	22	14		63 ~ 250	9.0	5.4	

注：L 系列为 6，8，10，12，14，18，20，22，25，28，32，36，40，45，50，56，63，70，80，90，100，110，125，140，160，180，200，220，…

2. 半圆键连接

半圆键连接如图 11.34 所示。轴上键槽用尺寸与半圆键相同的半圆键槽铣刀铣出，因而键在槽中能绕其几何中心摆动以适应轮毂中键槽的斜度。半圆键工作时，靠其侧面来传递转矩。这种键连接的优点是工艺性较好，装配方便，尤其适用于锥形轴端与轮毂的连接。缺点是轴上键槽较深，对轴的强度削弱较大，故一般只用于轻载静连接中。

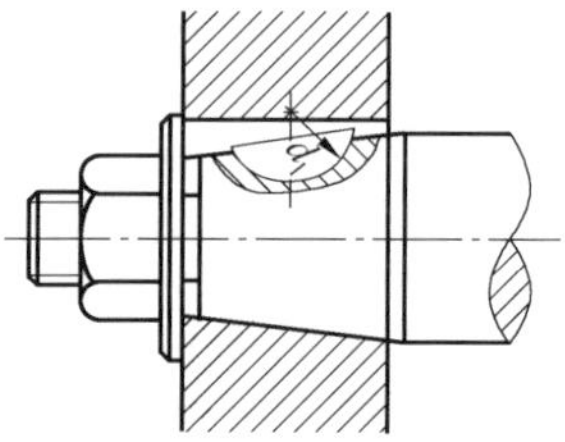

图 11.34　半圆键连接

3. 楔键连接

楔键连接如图 11.35 所示。键的上下两面是工作面，键的上表面和与它相配合的轮毂键槽底面均具有 1∶100 的斜度。装配后，键即楔紧在轴和轮毂的键槽里。工作时，靠键的楔紧作用来传递转矩，同时还可以承受单向的轴向载荷，对轮毂起到单向的轴向固定作用。楔键的侧面与键槽侧面间有很小的间隙，当转矩过载而导致轴与轮毂发生相对转动时，键的侧面能像平键那样参加工作。因此，楔键连接在传递有冲击和振动的较大转矩时，仍能保证连接的可靠性。楔键连接的缺点是键楔紧后，轴和轮毂的配合产生偏心和偏斜。因此主要用于毂类零件的定心精度要求不高和低转速的场合。

楔键分为普通楔键和钩头楔键两种。普通楔键有圆头、平头和单圆头三种形式。装配时，圆头楔键要先放入轴上键槽中，然后打紧轮毂（图 11.35（a））；平头（图 11.35（b））、单圆头和钩头楔键（图 11.35（c））则在轮毂装好后才将键放入键槽并打紧。钩头楔键的钩头供拆卸用,安装在轴端时,应注意加装防护罩。

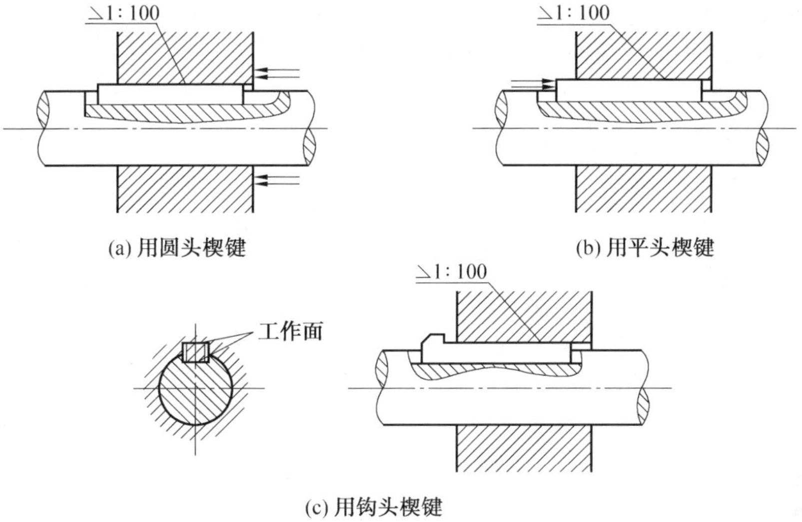

图 11.35 楔键连接

4. 切向键连接

切向键连接如图 11.36 所示。切向键是由一对斜度为 1∶100 的楔键组成。切向键的工作面是由一对楔键沿斜面拼合后互相平行的两个窄面,被连接的轴和轮毂上都制有相应的键槽。装配时,把一对楔键分别从轮毂两端打入,拼合而成的切向键就沿轴的切线方向楔紧在轴与轮毂之间。工作时,靠工作面上的挤压力和轴与轮毂间的摩擦力来传递转矩。用一个切向键时,只能传递单向转矩;当要传递双向转矩时,必须用两个切向键,两者间的夹角为 120° ~ 130°。由于切向键的键槽对轴的削弱较大,因此常用于直径大于 100 mm 的轴上。例如用于大型带轮、大型飞轮、矿山用大型绞车的卷筒及齿轮等与轴的连接。

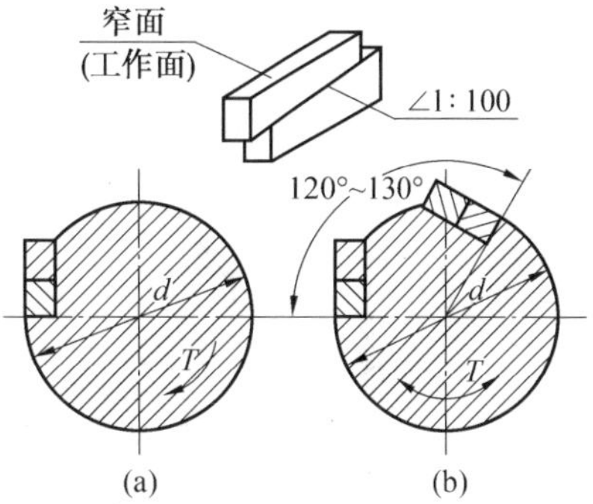

图 11.36 切向键连接

11.11.2 键的选择和键连接强度计算

1. 键的选择

键的选择包括类型选择和尺寸选择两个方面。键的类型应根据键连接的结构特点、使用要求和工作条件来选择;键的尺寸则按符合标准规格和强度要求来取定。键的主要尺寸为其截面尺寸(一般以键宽 b × 键高 h 表示)与长度 L。键的截面尺寸 $b \times h$ 按轴的直径 d 由标准中选定。键的长度 L 一般可按轮毂的长度而定,即键长等于或略短于轮毂的长度;而导向平键则按轮毂的长度及其滑动距离而定。一般轮毂的长度可取为 $L' \approx (1.5 \sim 2)d$,这里 d 为轴的直径。所选定的键长亦应符合标准规定的长度系列。普通平键的主要尺寸见表 11.9。重要的键连接在选出键的类型和尺寸后,还应进行强度校核计算。

2. 键连接强度计算

(1) 平键连接强度计算

平键连接传递转矩时,连接中各零件的受力情况见图 11.37。对于采用常见的材料组合和按标准选取尺寸的普通平键连接(静连接),其主要失效形式是工作面被压溃。除非有严重过载,一般不会出现键的剪断(图 11.37 中沿 $a-a$ 面剪断)。因此,通常只按工作面上的挤压应力进行强度校核计算。对于导向平键连接和滑键连接(动连接),其主要的失效形式是工作面的过度磨损。因此,通常按工作面上的压力进行条件性的强度校核计算。

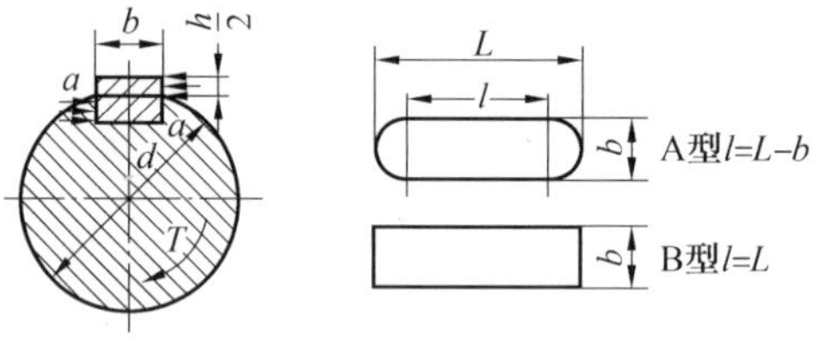

图 11.37 平键连接受力情况

假定载荷在键的工作面上均匀分布,普通平键连接的强度条件为

$$\sigma_p = \frac{2T \times 10^3}{kld} \leqslant [\sigma_p] \tag{11.28}$$

导向平键连接和滑键连接的强度条件为

$$p = \frac{2T \times 10^3}{kld} \leqslant [p] \tag{11.29}$$

式中 T—— 传递的转矩($T = Fy \approx F\dfrac{d}{2}$),N · m;

k—— 键与轮毂键槽的接触高度,$k = 0.5h$,此处 h 为键的高度,mm;

l—— 键的工作长度,mm,圆头平键 $l = L - b$,平头平键 $l = L$,这里 L 为键的公称长度,mm;b 为键的宽度,mm;

d—— 轴的直径,mm;

$[\sigma_p]$—— 键、轴、轮毂三者中最弱材料的许用挤压应力,MPa,见表 11.10;

$[p]$—— 键、轴、轮毂三者中最弱材料的许用压力,MPa,见表 11.10。

表 11.10 键连接的许用挤压应力、许用压力

许用挤压应力、许用压力	连接工作方式	键或毂、轴的材料	载荷性质		
			静载荷	轻微冲击	冲击
$[\sigma_p]$	静连接	钢	120 ~ 150	100 ~ 120	60 ~ 90
		铸铁	70 ~ 80	50 ~ 60	30 ~ 45
$[p]$	动连接	钢	50	40	30

注:如与键有相对滑动的被连接件表面经过淬火,则动连接的许用压力$[p]$可提高 2 ~ 3 倍。

(2) 半圆键连接强度计算

半圆键连接的受力情况如图 11.38 所示(轮毂未示出),因其只用于静连接,故主要失效形式是工作面被压溃。通常按工作面的挤压应力进行强度校核计算,强度条件同式(11.28)。

所应注意的是:半圆键的接触高度 k 应根据键的尺寸从标准中查取;半圆键的工作长度 l 近似地取其等于键的公称长度 L。

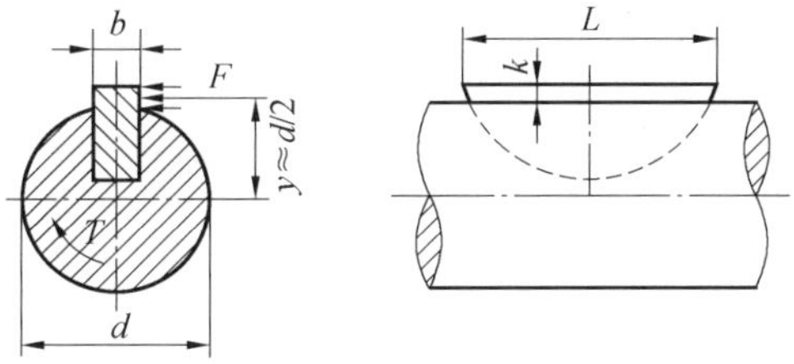

图 11.38 半圆键连接的受力情况

(3) 楔键连接简化强度计算

楔键连接装配后的受力情况如图 11.39(a) 所示(轮毂已取开),其主要失效形式是相互楔紧的工作面被压溃,故应校核各工作面的抗挤压强度。当传递转矩时(图 11.39(b)),为了简化,把键和轴视为一体,并将下方分布在半圆柱面上的径向压力用集中力 F 代替,由于这时轴与轮毂有相对转动的趋势,轴与毂也都产生了微小的扭转变形,故沿键的工作长度 l 及沿宽度 b 上的压力分布情况均较以前发生了变化,压力的合力 F 不再通过轴心。计算时假设压力沿键长均匀分布,沿键宽为三角形分布,取 $x \approx \frac{b}{6}$, $y \approx \frac{d}{2}$,由键和轴一体对轴心的受力平衡条件 $T = Fx + fFy + fF\frac{d}{2}$ 得到工作面上压力的合力为

$$F = \frac{T}{x + fy + f\frac{d}{2}} = \frac{6T}{b + 6fd}$$

则楔键连接的挤压强度条件为

$$\sigma_p = \frac{2F}{bl} = \frac{12T \times 10^3}{bl(b + 6fd)} \leqslant [\sigma_p] \tag{11.30}$$

式中 T—— 传递的转矩,N · m;

d—— 轴的直径,mm;

b—— 键的宽度,mm;

l—— 键的工作长度,mm;

f—— 摩擦系数,一般取 $f = 0.12 \sim 0.17$;

$[\sigma_p]$—— 键、轴、轮毂三者中最弱材料的许用挤压应力,MPa,见表 11.10。

(4) 切向键连接简化强度计算

切向键连接的主要失效形式是工作面被溃压。设把键和轴看成一体,则当键连接传递转矩时,其受力情况如图 11.40 所示。假定压力在键的工作面上均匀分布,取 $y = \frac{d - t}{2}$, $t = \frac{d}{10}$,按一个切向键来计算时,由键和轴一体对轴心的受力平衡条件 $T = fF\frac{d}{2} + Fy$ 得到工作面上压力的合力为

$$F = \frac{T}{f\frac{d}{2} + y} = \frac{T}{d(0.5f + 0.45)}$$

则切向键连接的挤压强度条件为

$$\sigma_p = \frac{F}{(t - C)l} = \frac{T \times 10^3}{(t - C)dl(0.5f + 0.45)} \leqslant [\sigma_p] \tag{11.31}$$

式中 T—— 传递的转矩,N·m;

d—— 轴的直径,mm;

l—— 键的工作长度,mm;

t—— 键槽的深度,mm;

C—— 键的倒角,mm;

f—— 摩擦系数,一般取 $f = 0.12 \sim 0.17$;

$[\sigma_p]$—— 键、轴、轮毂三者中最弱材料的许用挤压应力,MPa,见表 11.10。

键的材料采用抗拉强度不小于 600 MPa 的钢,通常为 45 钢。

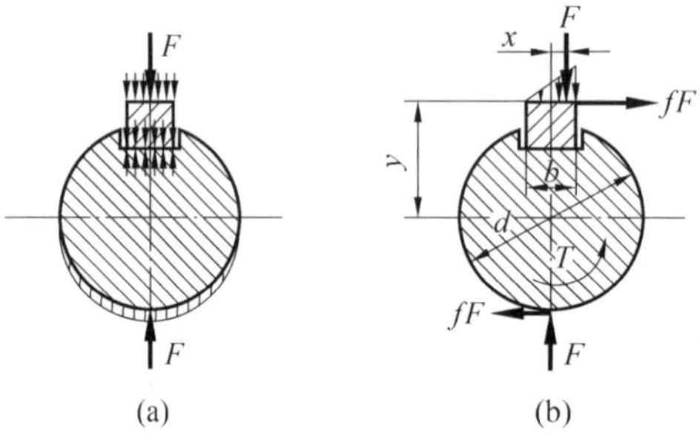

图 11.39 楔键连接受力情况

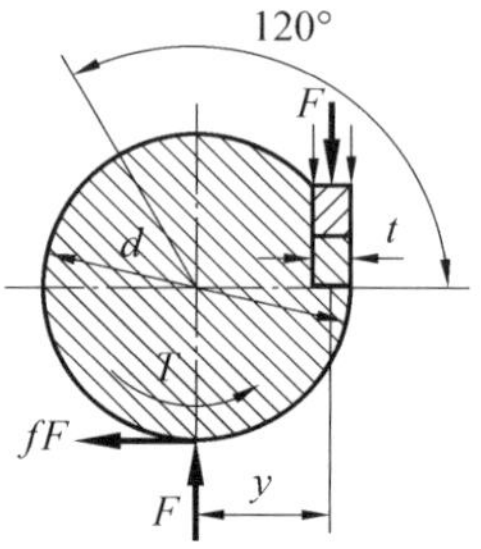

图 11.40 切向键连接受力情况

在进行强度校核后,如果强度不够时,可采用双键。这时应考虑键的合理布置。两个平键最好布置在沿周向相隔 180°;两个半圆键应布置在轴的同一条母线上;两个楔键则应布置在沿周向相隔 90° ~ 120°。考虑到两键上载荷分配的不均匀性,在强度校核中只按 1.5 个键计算。如果轮毂允许适当加长,也可相应地增加键的长度,以提高单键连接的承载能力。但由于传递转矩时键上载荷沿其长度分布不均,故键的长度不宜过大。当键的长度大于 $2.25d$ 时,其多出的长度实际上可认为并不承受载荷,故一般采用的键长不宜超过 $(1.6 \sim 1.8)d$。

例 11.5 已知减速器中某直齿圆柱齿轮安装在轴的两个支承点间,齿轮和轴的材料都是锻钢,用键构成静连接。齿轮的精度为 7 级,装齿轮处的轴径 $d = 70$ mm,齿轮轮毂宽度为 100 mm,需传递的转矩 $T = 2\,200$ N·m,载荷有轻微冲击。试设计此键连接。

解 (1) 选择键连接的类型和尺寸

一般 8 级以上精度的齿轮有定心精度要求,应选用平键连接。由于齿轮不在轴端,故选用圆头普通平键(A 型)。

根据 $d = 70$ mm 从表 11.9 中查得键的截面尺寸为:宽度 $b = 20$ mm,高度 $h = 12$ mm。由轮毂宽度并参考键的长度系列,取键长 $L = 90$ mm(比轮毂宽度小些)。

(2) 校核键连接的强度

键、轴和轮毂的材料都是钢,由表 11.10 查得许用挤压应力 $[\sigma_p] = 100 \sim 120$ MPa,取其平均值,$[\sigma_p] = 110$ MPa。键的工作长度 $l = L - b = 90\text{ mm} - 20\text{ mm} = 70$ mm,键与轮毂键槽的接触高度 $k = 0.5h = 0.5 \times 12\text{ mm} = 6$ mm。由式(11.28)可得

$$\sigma_p = \frac{2T \times 10^3}{kld} = \frac{2 \times 2\,200 \times 10^3}{6 \times 70 \times 70}\text{MPa} = 149.7\text{ MPa} > [\sigma_p] = 110\text{ MPa}$$

可见连接的挤压强度不够。考虑到相差较大,因此改用双键,相隔180°布置。双键的工作长度 $l = 1.5 \times 70\ \text{mm} = 105\ \text{mm}$。由式(11.28)可得

$$\sigma_p = \frac{2T \times 10^3}{kld} = \frac{2 \times 2\ 200 \times 10^3}{6 \times 105 \times 70}\text{MPa} = 99.8\ \text{MPa} \leqslant [\sigma_p](合适)$$

键的标记为:键20×90 GB/T 1096—2003(一般A型键可不标出“A”,对于B型或C型键,需将“键”标为“键B”或“键C”)。

11.12 花键连接

11.12.1 花键连接的类型、特点和应用

花键连接是由外花键(图11.41(a))和内花键(11.41(b))组成。由图可知,花键连接是平键连接在数目上的发展。但是,由于结构形式和制造工艺的不同,与平键连接比较,花键连接在强度、工艺和使用方面有下述一些优点:(1)因为在轴上与毂孔上直接而匀称地制出较多的齿与槽,故连接受力较为均匀;(2)因槽较浅,齿根处应力集中较小,轴与毂的强度削弱较少;(3)齿数较多,总接触面积较大,因而可承受较大的载荷;(4)轴上零件与轴的对中性好(这对高速及精密机器很重要);(5)导向性较好(这对动连接很重要);(6)可用磨削的方法提高加工精度及连接质量。其缺点是齿根仍有应力集中;有时需用专门设备加工;成本较高。因此,花键连接适用于定心精度要求高、载荷大或经常滑移的连接。花键连接的齿数、尺寸、配合等均应按标准选取。

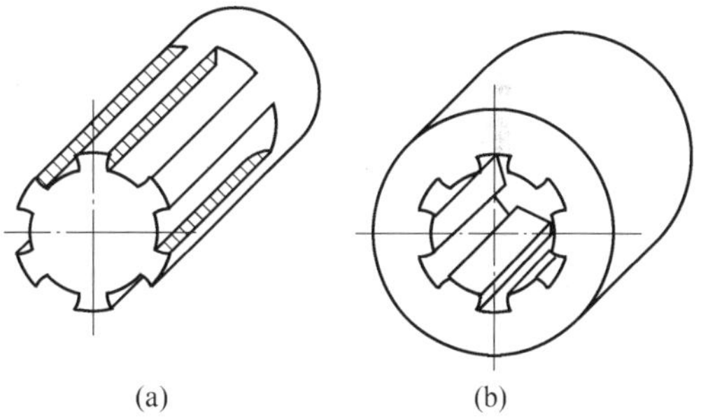

图11.41 花键连接

花键连接可用于静连接或动连接。按其齿形不同,可分为矩形花键和渐开线花键两类,均已标准化。

1. 矩形花键

按齿高的不同,矩形花键的齿形尺寸在标准中规定了两个系列,即轻系列和中系列。轻系列的承载能力较小,多用于静连接或轻载连接;中系列用于中等载荷的连接。

矩形花键的定心方式为小径定心(图11.42),即外花键和内花键的小径为配合面。其特点是定心精度高,定心的稳定性好,能用磨削的方法消除热处理引起的变形。矩形花键连接应用广泛。

2. 渐开线花键

渐开线花键的齿廓为渐开线,分度圆压力角有30°和45°两种(图11.43),齿顶高分别为0.5 m 和0.4 m,此处 m 为模数。图中 d_i 为渐开线花键的分度圆直径。与渐开线齿轮相比,渐开线花键齿较短,齿根较宽,不发生根切的最少齿数较少。

渐开线花键可以用制造齿轮的方法来加工,工艺性较好,制造精度也较高,花键齿的根部强度高,应力集中小,易于定心,当传递的转矩较大且轴径也大时,宜采用渐开线花键连接。压力角为45°的渐开线花键,由于齿形钝而短,与压力角为30°的渐开线花键相比,对连接件的削

弱较少，但齿的工作面高度较小，故承载能力较低，多用于载荷较轻，直径较小的静连接，特别适用于薄壁零件的轴毂连接。

渐开线花键的定心方式为齿形定心。当齿受载时，齿上的径向力能起到自动定心作用，有利于各齿均匀承载。

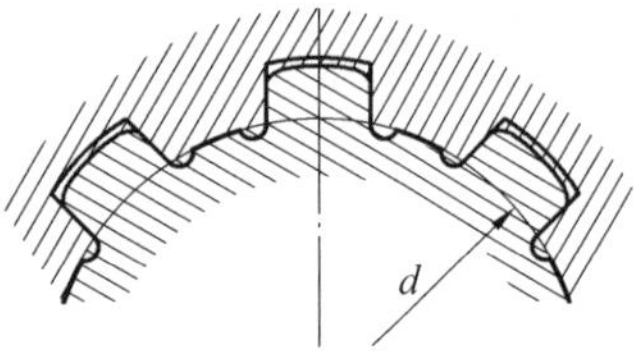

图 11.42　矩形花键连接

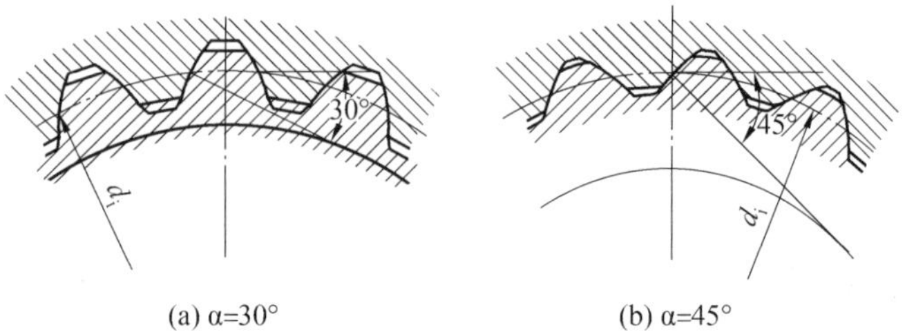

图 11.43　渐开线花键连接

11.12.2　花键连接强度计算

花键连接的强度计算与键连接相似，首先根据连接的结构特点、使用要求和工作条件选定花键类型和尺寸，然后进行必要的强度校核计算。花键连接的受力情况如图 11.44 所示。其主要失效形式是工作面被压溃（静连接）或工作面过度磨损（动连接）。因此，静连接通常按工作面上的挤压应力进行强度计算，动连接则按工作面上的压力进行条件性的强度计算。

计算时，假定载荷在键的工作面上均匀分布，每个齿工作面上压力的合力 F 作用在平均直径 d_m 处（图 11.44），即传递的转矩 $T=zF\dfrac{d_m}{2}$，并引入系数 ψ 来考虑实际载荷在各花键齿上分配不均的影响，则花键连接的强度条件为

静连接

$$\sigma_p = \frac{2T\times 10^3}{\psi zhld_m} \leqslant [\sigma_p] \tag{11.32}$$

动连接

$$p = \frac{2T\times 10^3}{\psi zhld_m} \leqslant [p] \tag{11.33}$$

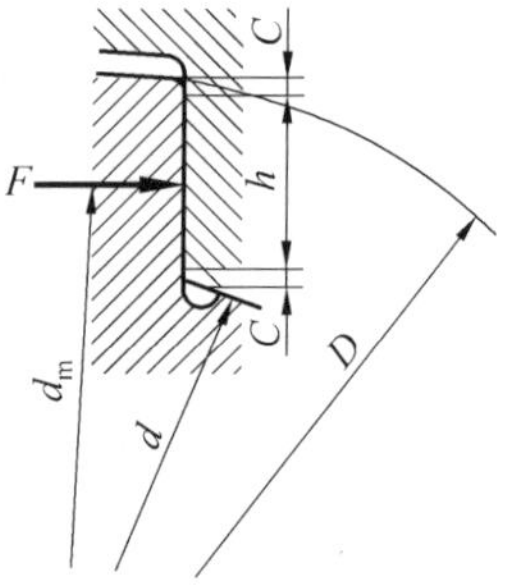

图 11.44　花键连接受力情况

式中　ψ——载荷分配不均系数，与齿数多少有关，一般取 $\psi=0.7\sim0.8$，齿数多时取偏小值；

z——花键的齿数；

l——齿的工作长度，mm；

h——花键齿侧面的工作高度，矩形花键，$h=\dfrac{D-d}{2}-2C$，此处 D 为外花键的大径，d 为内花键的小径，C 为倒角尺寸（图 11.44），单位均为 mm；渐开线花键，$\alpha=30°$，$h=m$，$\alpha=45°$，$h=0.8m$，m 为模数；

d_m——花键的平均直径，矩形花键，$d_m=\dfrac{D+d}{2}$；渐开线花键，$d_m=d_i$，d_i 为分度圆直径，mm；

$[\sigma_p]$—— 花键连接的许用挤压应力,MPa,见表11.11;

$[p]$—— 花键连接的许用压力,MPa,见表11.11。

表11.11 花键连接的许用挤压应力、许用压力 单位:MPa

许用挤压应力、许用压力	连接工作方式	使用和制造情况	齿面未经热处理	齿面经热处理
$[\sigma_p]$	静连接	不良	35 ~ 50	40 ~ 70
		中等	60 ~ 100	100 ~ 140
		良好	80 ~ 120	120 ~ 200
$[p]$	空载下移动的动连接	不良	15 ~ 20	20 ~ 35
		中等	20 ~ 30	30 ~ 60
		良好	25 ~ 40	40 ~ 70
	在载荷作用下移动的动连接	不良	—	3 ~ 10
		中等	—	5 ~ 15
		良好	—	10 ~ 20

注:(1) 使用和制造情况不良系指受变载荷,有双向冲击、振动频率高和振幅大、润滑不良(对动连接)、材料硬度不高或精度不高等;

(2) 同一情况下,$[\sigma_p]$ 或 $[p]$ 的较小值用于工作时间长和较重要的场合;

(3) 花键材料的抗拉强度极限不低于600 MPa。

11.13 无键连接

凡是轴与毂的连接不用键或花键时,统称为无键连接。下面介绍型面连接、胀紧连接和过盈配合连接。

11.13.1 型面连接

型面连接如图11.45所示。把安装轮毂的那一段轴做成表面光滑的非圆形截面的柱体(图11.45(a))或非圆形截面的锥体(图11.45(b)),并在轮毂上制成相应的孔。这种轴与毂孔相配合而构成的连接,称为型面连接。

型面连接装拆方便,能保证良好的对中性;连接面上没有键槽及尖角,从而减少了应力集中,故可传递较大的转矩。但加工比较复杂,特别是为了保证配合精度,最后工序多要在专用机床上进行磨削加工,故目前应用还不广泛。

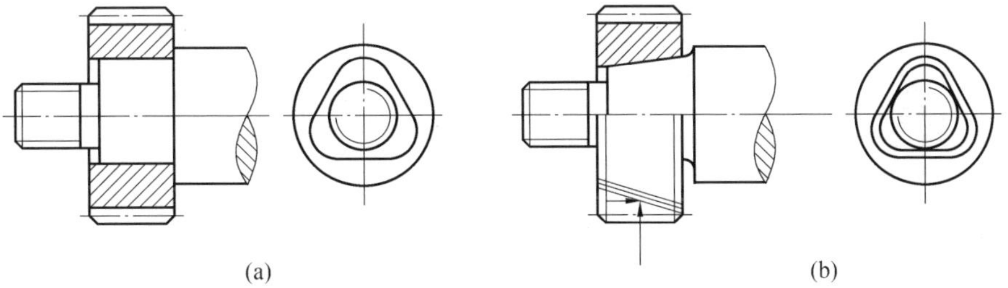

(a) (b)

图11.45 型面连接

11.13.2 胀紧连接

胀紧连接(图 11.46)是在毂孔与轴之间装入胀紧连接套(简称胀套),可装一个(指一组)或几个,在轴向力作用下,同时胀紧轴与毂而构成的一种静连接。根据胀套结构形式的不同,GB/T 5867—1986 规定了 5 种型号(Z1 ~ Z5 型),下面简要介绍采用 Z1,Z2 型胀套的胀紧连接。

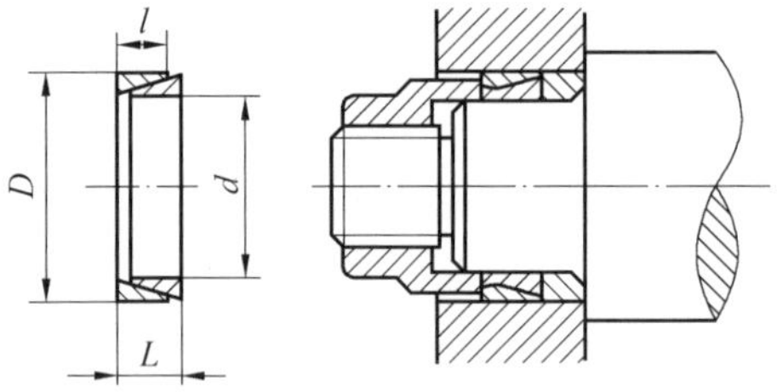

(a) 一个胀套

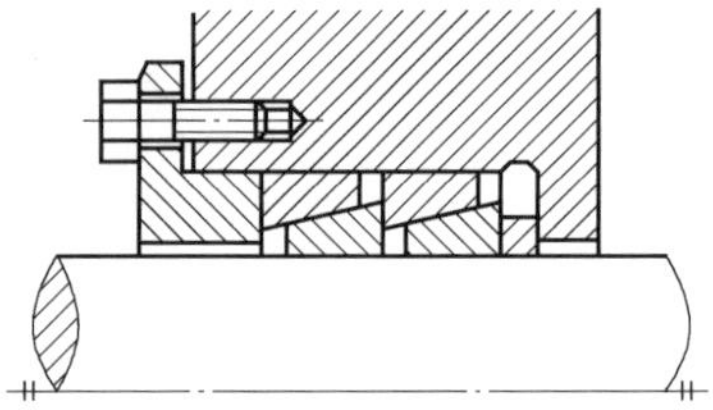
(b) 两个胀套

图 11.46 采用 Z1 型胀套的胀紧连接

采用 Z1 型胀套的胀紧连接如图 11.46 所示,在毂孔和轴的对应光滑圆柱面间,加装一个胀套(图(a))或两个胀套(图(b))。当拧紧螺母或螺钉时,在轴向力作用下,内、外套筒互相楔紧。内套筒缩小而箍紧轴,外套筒胀大而撑紧毂,使接触面间产生压紧力。工作时,利用此压紧力所引起的摩擦力来传递转矩或(和)轴向力。

采用一个 Z2 型胀套的胀紧连接如图 11.47 所示,Z2 型胀套中,与轴或毂孔贴合的套筒均开有纵向缝隙,以利变形和胀紧。根据传递载荷的大小,可在轴与毂孔间加装一个或几个胀套。拧紧连接螺钉,便可将轴、毂胀紧,以传递载荷。

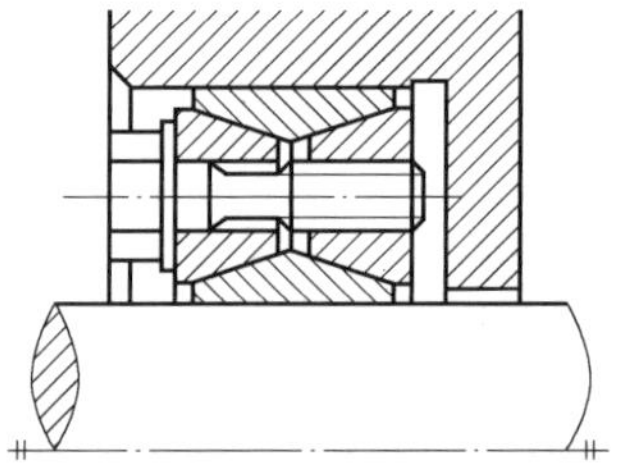
图 11.47 采用 Z2 型胀套的胀紧连接图

各型胀套已标准化,选用时只需根据设计的轴和轮毂尺寸以及传递载荷的大小,查阅手册选择合适的型号和尺寸,使传递的载荷在许用范围内。

11.13.3 过盈配合连接

过盈配合连接也是一种常用的轴毂连接形式。这种连接在轴与毂孔之间存在较大的过盈量,如图 11.48 所示,装配后的轴与毂孔表面之间产生很大的径向压力,因此工作时配合面上便产生摩擦力,并以此来传递转矩和轴向力。

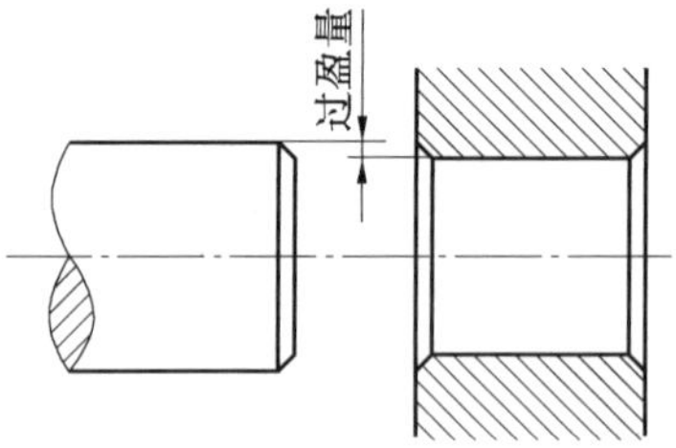

图 11.48 过盈配合连接

过盈配合结构简单,定心精度较高,但过盈配合处有较大的应力集中。

11.14 销 连 接

销的主要用途是固定零件之间的相互位置,并可传递不大的载荷。

销的基本形式为圆柱销和圆锥销(图 11.49(a),(b))。圆柱销靠过盈配合固定在销孔中,经多次装拆会降低其定位精度和可靠性。圆柱销的直径偏差有 u8,m6,h8 和 h11 四种,以满足不同的使用要求。圆锥销有 1∶50 的锥度,在受横向力时可以自锁。它安装方便,定位精度高,可多次装拆而不影响定位精度。

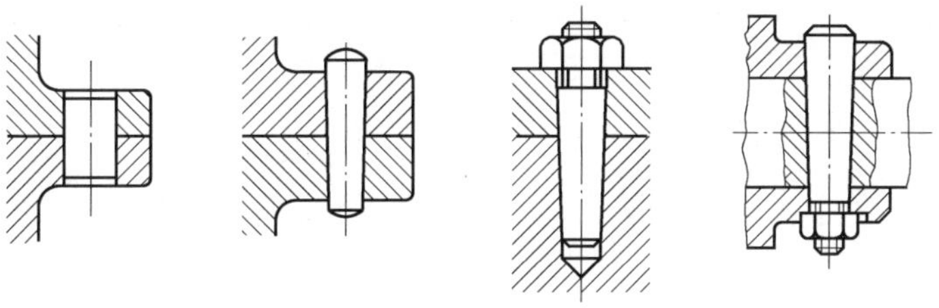

图 11.49 圆柱销和圆锥销

销还有许多特殊形式。图 11.49(c) 所示为大端具有外螺纹的圆锥销,便于拆卸,可用于盲孔;图 11.49(d) 所示为小端带外螺纹的圆锥销,可用螺母锁紧,适用于有冲击的场合。

销的常用材料为 35,45 钢(开口销为低碳钢),许用切应力 $[\tau] = 80$ MPa,许用挤压应力 $[\sigma_p]$ 查表 11.10。

习 题

11.1 试证明具有自锁性的螺旋传动,其效率恒小于 50%。

11.2 试计算 M20,M20 × 1.5 螺纹的升角,并指出哪种螺纹的自锁性较好。

11.3 将承受轴向变载荷的连接螺栓的光杆部分做得细些有什么好处?

11.4 题 11.4 图所示为一拉杆螺纹连接。已知拉杆所受载荷 $F_a = 56$ kN,载荷稳定,拉杆材料为 Q235,试设计此连接。

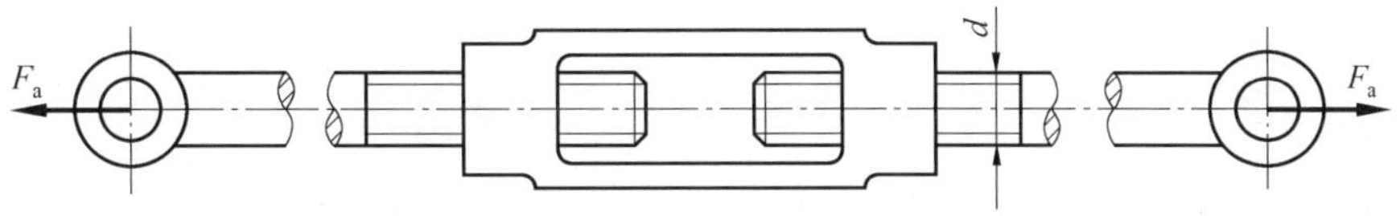

题 11.4 图

11.5 题 11.5 图所示的连接由两个 M20 的螺栓组成,螺栓的性能等级为 5.8 级,安装时不控制预紧力,被连接件接合面的摩擦系数 $f = 0.1$,可靠系数 $K = 1.2$。求允许的最大牵曳力 F_R。

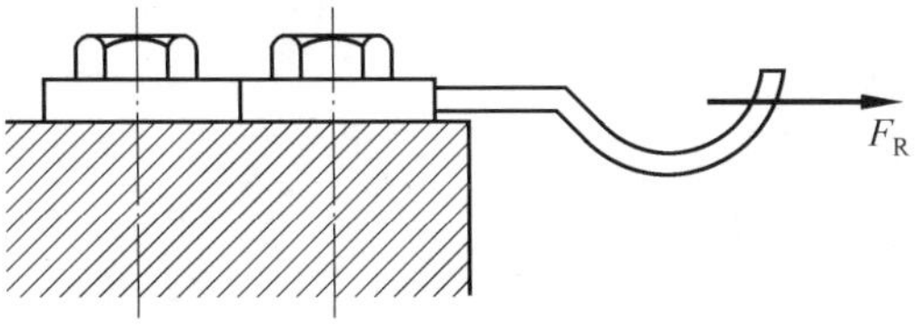

题 11.5 图

11.6　两块金属板用两个 M12 的普通螺栓连接，若接合面的摩擦系数 $f = 0.3$，螺栓预紧力控制在其屈服极限的 70%。螺栓用性能等级为 4.8 的中碳钢制造，求此连接所能传递的横向载荷。

11.7　题 11.7 图所示一钢制液压油缸，油压 $p = 3$ MPa，油缸内径 $D = 160$ mm。为保证气密性要求，螺柱间距 l 不得大于 $4.5d$（d 为螺柱大径），若取螺柱力学性能等级为 5.8 级，试计算此油缸的螺柱连接和螺柱分布圆直径 D_0。

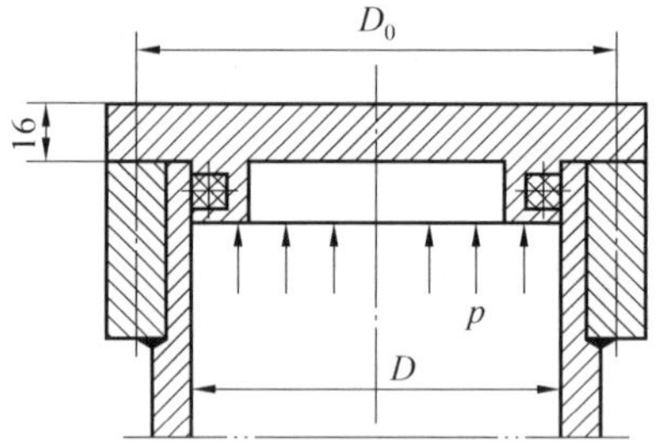

题 11.7 图

11.8　为什么采用两个平键时，一般布置在沿周向相隔 180° 的位置；采用两个楔键时，相隔 90° ~ 120°；而采用两个半圆键时，却布置在轴的同一母线上？

11.9　在一直径 $d = 80$ mm 的轴端，安装一钢制直齿圆柱齿轮（见题 11.9 图），轮毂宽度 $L = 1.5d$，工作时有轻微冲击。试确定平键的尺寸，并计算其允许传递的最大扭矩。

11.10　题 11.10 图所示的凸缘半联轴器及圆柱齿轮，分别用键与减速器的低速轴相连接。试选择两处键的类型及尺寸，并校核其连接强度。已知：轴的材料为 45 钢，传递的转矩 $T = 1\ 000$ N·m，齿轮用锻钢制成，半联轴器用灰铸铁制成，工作时有轻微冲击。

11.11　题 11.11 图所示的灰铸铁 V 带轮，安装在直径 $d = 45$ mm 的轴端，带轮的基准直径 $d_d = 250$ mm，工作时的有效拉力 $F = 2$ kN，轮毂宽度 $L' = 65$ mm，工作时有轻微振动。设采用钩头楔键连接，试选择该楔键的尺寸，并校核连接的强度。

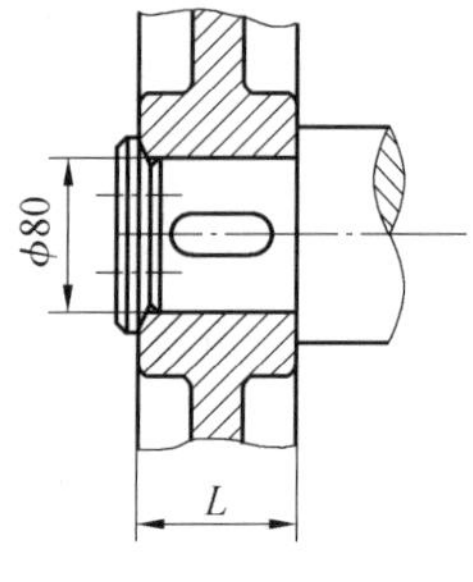

题 11.9 图　轴端键连接设计

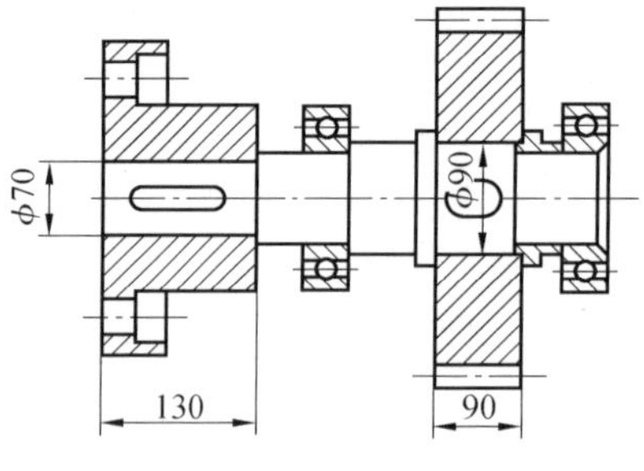

题 11.10 图　键连接设计

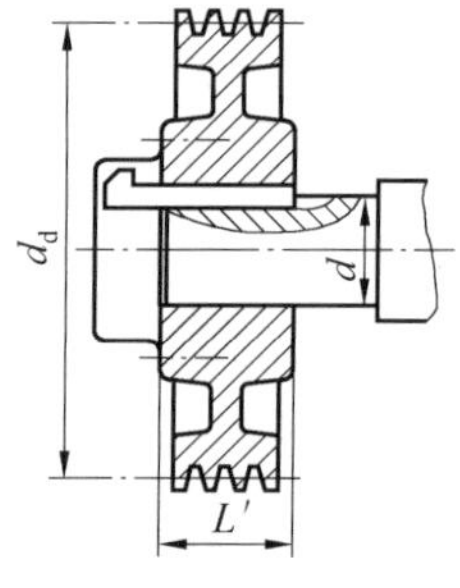

题 11.11 图　楔键连接设计

第 12 章 带传动和链传动

教学提示：本章主要介绍带传动和链传动的类型、工作原理、特点及应用、工作情况分析（力分析、应力分析、运动分析）、失效形式、设计准则及设计方法步骤。

教学要求：了解带传动、链传动的类型、特点及应用场合；熟悉普通 V 带和滚子链的结构及其标准；带传动和链传动的张紧方式；掌握带传动和链传动的工作原理、受力及应力情况、运动特性、失效形式及设计准则、参数选择和设计步骤。

12.1 带传动概述

带传动是一种中间带有挠性件的传动（图 12.1）。带传动的基本组成为主动带轮 1、从动带轮 2 和环形传动带 3。当主动带轮转动时，利用带轮和传动带之间的摩擦或啮合（同步带）作用，将运动和动力通过传动带传递给从动带轮。带传动具有结构简单、传动平稳、价格低廉、缓冲吸振和过载保护等特点，在近代机械当中应用极广。

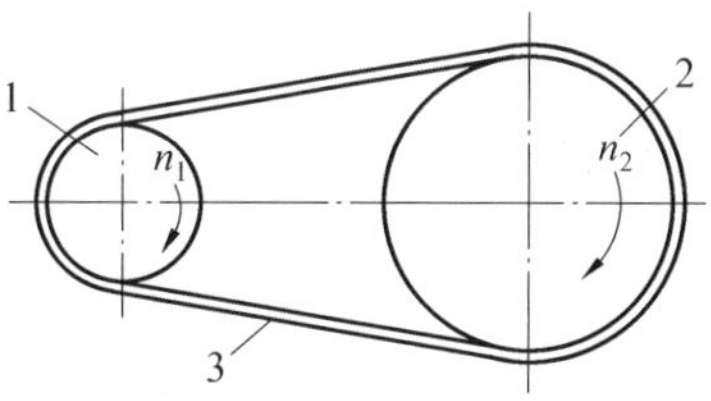

图 12.1 带传动机构运动示意图

带传动按照工作原理，可分为摩擦型带传动和啮合型带传动。摩擦型带传动根据传动带的横截面的不同可分为平带传动（图 12.2(a)）、V 带传动（图 12.2(b)）、多楔带传动（图 12.2(c)）和圆带传动四种。

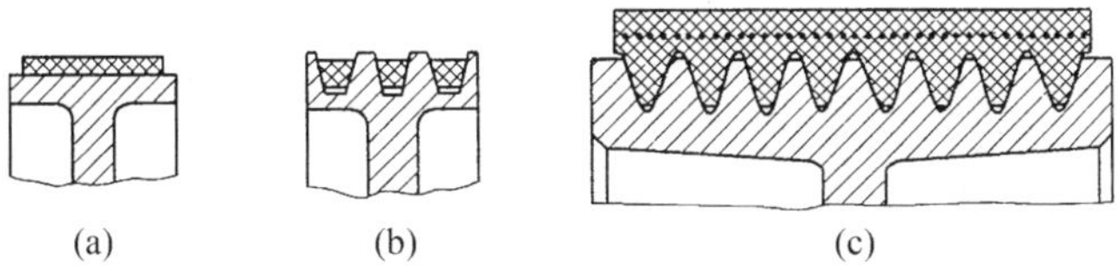

图 12.2 摩擦型带传动类型

平带的横截面为扁平矩形，传动时带的内表面与带轮相接触，结构简单，传动效率高，带轮制造容易，在传动中心距较大的情况时应用很广。常用的平带有帆布芯平带、编织平带（棉织、毛织和缝合棉布带）、锦纶复合平带等若干种。其中帆布芯平带应用最为广泛，它的规格可查阅有关国家标准和设计手册。

V 带的横截面形状为等腰梯形，工作时带的两个侧面与轮槽的两个侧面相接触，槽面摩擦可以提供更大的摩擦力，故 V 带具有更大的传动能力。此外，V 带传动允许的传动比数值更大，结构尺寸更可小些，且多数 V 带都已标准化，V 带传动在工业上获得了极为广泛的应用。

多楔带以其扁平部分为基体，下面有几条等距离纵向槽，其侧面是工作面，使得多楔带兼有平带柔性较好、弯曲应力小和 V 带摩擦力较大的优点，并解决了多根 V 带长短不一，而造成各带受力不均的现象。多楔带主要用于传动功率较大而又结构要求紧凑的场合。

圆带结构简单，其材料常为皮革、麻、聚氨酯、棉等，多用于小功率的仪器和家用器械上（例如缝纫机）。

啮合型带传动称为同步带传动（图 12.3）。它通过传动带内表面上等距分布的横向齿和带轮上相对应的齿槽的啮合来传递运动和动力。与摩擦型带传动相比较，同步带传动的带轮与传动带之间没有相对滑动，能够保证精准的传动比。它具有以下优点：

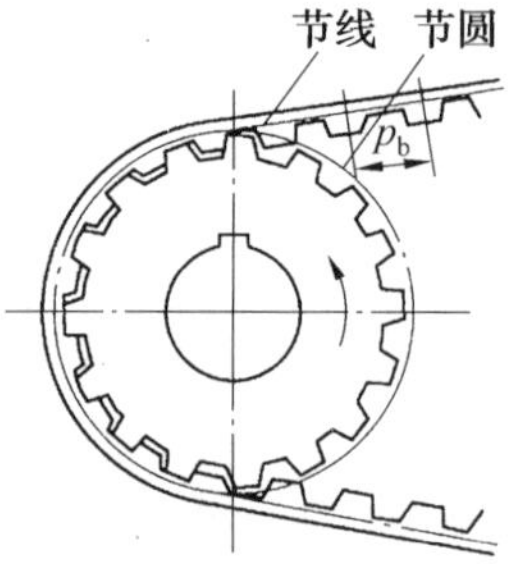

图 12.3　啮合型带传动

(1) 传动比恒定；

(2) 结构紧凑；

(3) 由于带薄且轻、抗拉体强度高，所以带速可达到 v =40 m/s，传动比可达到 i = 10；传动功率可达到 P = 200 kW；

(4) 效率较高，约为 η = 0.98，因而应用日益广泛。但同步带传动对中心距、制造、安装及其尺寸稳定性要求较高。

带传动适用于中心距较大的两轴之间的传递运动与动力，一般适于高速端。带传动的优点：

(1) 有过载保护作用；

(2) 有缓冲吸振作用；

(3) 运行平稳无噪音；

(4) 适于远距离传动 a_{max} = 15 m；

(5) 制造、安装精度要求不高。

带传动的缺点：

(1) 有弹性滑动使传动比 i 不恒定；

(2) 张紧力较大（与啮合传动相比），轴上压力较大；

(3) 结构尺寸较大、不紧凑；

(4) 打滑，使带寿命较短；

(5) 带与带轮间会产生摩擦放电现象，不适宜高温、易燃、易爆的场合。

带传动主要应用于两轴平行且回转方向一致的场合，这种传动称为开口传动。另一种两轴回转方向不同的传动，称为交叉传动。当带的张紧力为规定值时，两带轮轴线间的距离 a 称为中心距。带被张紧时，带与带轮接触的两个切点之间所对应的中心角称为包角 α。包角 α 是带传动的一个重要的参数。

带传动的几种类型中，最常使用的还是 V 带。V 带的种类有：普通 V 带、窄 V 带、齿形 V 带、大楔角 V 带、宽 V 带等多种类型。由于普通 V 带应用最广，设计方法与理论具有普遍性，故本章将重点讨论普通 V 带的设计方法，其他类型的 V 带设计可参阅国家标准和设计手册。

普通 V 带是由抗拉体、顶胶、底胶和包布层组成。见图 12.4 所示，抗拉体是承受载荷的主体，其上下的顶胶和底胶分别承受弯曲时的拉伸和压缩，外壳用橡胶帆布包裹成型。根据抗拉体结构的不同，采用的材料为帘布芯 V 带与绳芯 V 带两种。帘布芯 V 带结构由 n 层帘布组成，制造方便；绳芯 V 带结构由线绳、尼龙绳和钢丝绳组成，柔顺性较好，抗弯强度高、适于较高转速，载荷不大和带轮直径较小的场合。

窄 V 带的剖面结构与普通 V 带相似。其抗拉体采用合成纤维绳或钢丝绳组成。与普通 V 带相比，当宽度相同时，窄 V 带的高度约增加 1/3，使其看上去比普通 V 带窄。窄 V 带的两个工作侧面内凹，安装后近似恢复为平面，使之与带轮的两个侧面紧密贴合，从而提高了窄 V 带的工作能力，所以应用于传动功率较大同时又要求外廓尺寸较小的场合。其工作原理与设计方法与普通 V 带类似。

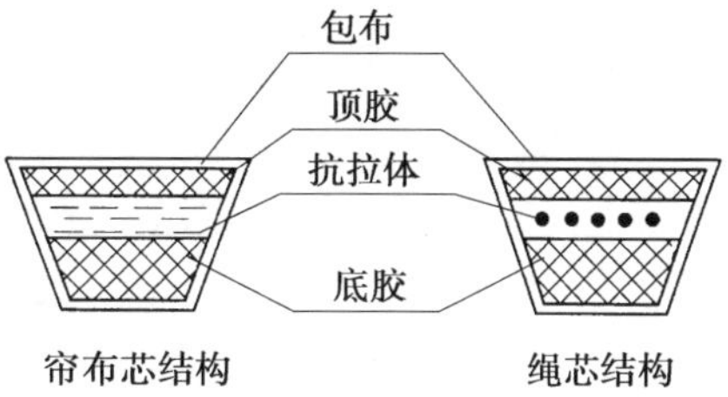

图 12.4　普通 V 带的结构

普通 V 带和窄 V 带已标准化，按截面尺寸的不同，普通 V 带分为七种型号，分别是 Y，Z，A，B，C，D，E；窄 V 带分为四种型号，分别是 SPZ，SPA，SPB，SPC。详见表 12.1。

表 12.1　V 带的剖面尺寸

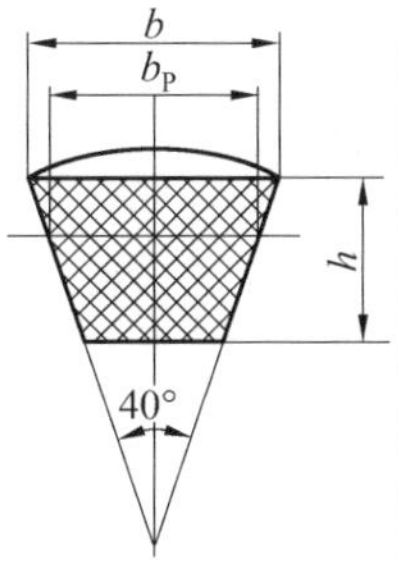

类型		节宽 b_p/mm	顶宽 b/mm	高度 h/mm	单位长度质量 q/(kg/m)
普通 V 带	窄 V 带				
Y		5.3	6.0	4.0	0.04
Z		8.5	10.0	6.0	0.06
	(SPZ)	8	10	8	0.07
A		11.0	13.0	8.0	0.1
	(SPA)	11	13	10	0.12
B		14.0	17.0	11.0	0.17
	(SPB)	14	17	14	0.2
C		19.0	22.0	14.0	0.30
	(SPC)	19	22	18	0.37
D		27.0	32.0	19.0	0.60
E		32	38.0	23.0	0.87

V 带的名义长度称为基准长度，带在弯曲时既不伸长又不缩短的位置叫作中性层，中性层的宽度保持不变，称为带的节宽 b_p（图 12.5）。把 V 带套在规定尺寸的测量带轮上，在规定的张紧力作用下，沿 V 带的节宽绕行一周，即为 V 带的基准长度 L_d（见表 12.2），基准长度 L_d 是位于带轮基准直径上的周线长度。在 V 带上，与所配用 V 带的节面宽度 b_p 相对应的带轮直径称为带轮基准直径 d。

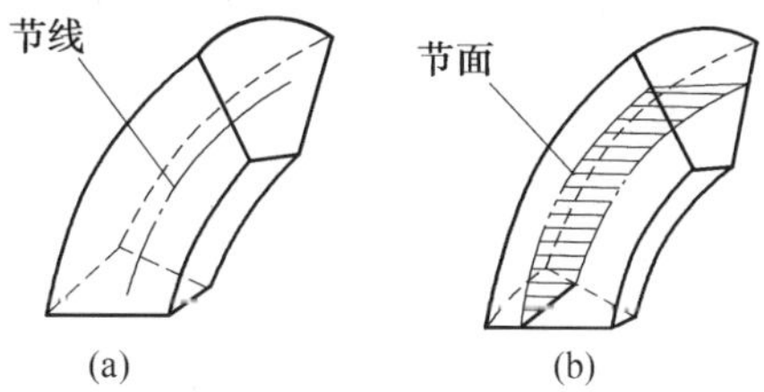

图 12.5　V 带的节线与节面

为了保证带与带轮的紧密接触，对带的楔角与带轮楔角提出了如下要求：传动带的楔角 $\varphi = 40°$，为保证带与轮槽接触良好，增大摩擦力，其轮槽角 $\varphi' < 40°$。因为带绕上带轮后因为弯曲，中性层上方纵向拉伸，横向缩短，中性层下方纵向缩短，横向拉伸。使带与轮接触段 φ 变小，楔紧松弛，接触变坏，摩擦力减小。为保证良好接触，轮槽楔角应适当减小，当然差值越大，楔入越紧。但当带拉出轮槽时，则损耗功率也大。因此，差值不可太大。带轮直径越小，弯曲越厉害。

表 12.2　V 带的基准长度 L_d 和带长修正系数 K_L

基准长度 L_d/mm	普通 V 带					窄 V 带			
	Y	Z	A	B	C	SPZ	SPA	SPB	SPC
400	0.96	0.87							
450	1.00	0.89							
500	1.02	0.91							
560		0.94							
630		0.96	0.81			0.82			
710		0.99	0.83			0.84			
800		1.00	0.85			0.86	0.81		
900		1.03	0.87	0.82		0.88	0.83		
1 000		1.06	0.89	0.84		0.90	0.85		
1 120		1.08	0.91	0.86		0.93	0.87		
1 250		1.11	0.93	0.88		0.94	0.89	0.82	
1 400		1.14	0.96	0.90		0.96	0.91	0.84	
1 600		1.16	0.99	0.92	0.83	1.00	0.93	0.86	
1 800		1.18	1.01	0.95	0.86	1.01	0.95	0.88	
2 000			1.03	0.98	0.88	1.02	0.96	0.90	0.81
2 240			1.06	1.00	0.91	1.05	0.98	0.92	0.83
2 500			1.09	1.03	0.93	1.07	1.00	0.94	0.86
2 800			1.11	1.05	0.95	1.09	1.02	0.96	0.88
3 150			1.13	1.07	0.97	1.11	1.04	0.98	0.90
3 550			1.17	1.09	0.99	1.13	1.06	1.00	0.92
4 000			1.19	1.13	1.02		1.08	1.02	0.94
4 500				1.15	1.04		1.09	1.04	0.96
5 000				1.18	1.07			1.06	0.98

12.2　带传动的工作原理

12.2.1　带传动的受力分析

带传动在工作之前，传动带以一定的预拉力 F_0 张紧在带轮上。静止的时候，带两边的拉力都等于预拉力 F_0(图 12.6(a))；带传动工作时，由于带和带轮之间摩擦力的作用，使得传动带拉力不再相等。其中一侧传动带的拉力由 F_0 增加到 F_1，称为紧边，F_1 为紧边拉力；另一侧

传动带的拉力由 F_0 减小到 F_2，称为松边，F_2 称为松边拉力（图12.6(b)），如果近似认为传动带的总长度保持不变，并且假设传动带为线性弹性体，则有下式成立

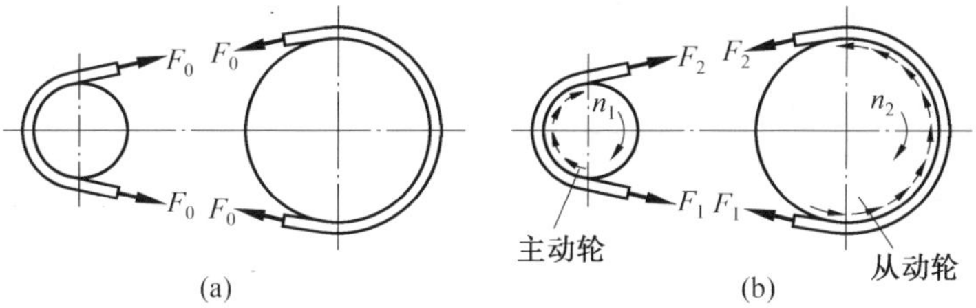

图12.6 带传动受力原理图

$$F_1 - F_0 = F_0 - F_2 \tag{12.1}$$

或者

$$F_1 + F_2 = 2F_0 \tag{12.1a}$$

两边拉力之差称为带传动的有效拉力，也就是带所传递的圆周力 F_e，它等于传动带工作面上的总摩擦力 F_f，即

$$F_e = F_f = F_1 - F_2 \tag{12.2}$$

带传动有效拉力 F_e 与带传动所传递的功率 P 之间的关系为

$$P = \frac{F_e \cdot v}{1\ 000} \quad (\mathrm{kW}) \tag{12.3}$$

式中 v—— 带速，m/s

由式(12.1)和(12.2)得

$$\begin{cases} F_1 = F_0 + \dfrac{F_e}{2} \\ F_2 = F_0 - \dfrac{F_e}{2} \end{cases} \tag{12.4}$$

因有效拉力 F_e 与功率 P 有关，当 P 增加时，F_e 增加，即摩擦力 F_f 增加，但对一定的带传动，其摩擦力 F_f 有一个极限摩擦力 F_{fmax}，极限摩擦力 F_{fmax} 决定了带传动的传动能力。

12.2.2 带传动的欧拉公式及最大有效拉力

1. 带传动的欧拉公式

以平带传动为例，分析带在主动轮上即将打滑时，紧边拉力与松边拉力之间的关系。分析最大有效拉力的计算方法和影响因素是极为重要的。

分析带在主动轮上即将打滑时，紧边拉力与松边拉力之间的关系。首先假设：(1) 带为柔性体，摩擦力达到极值；(2) 带在静摩擦状态满足库仑定律（无滑动）；(3) 带圆周运动离心力，弯曲阻力不计；(4) 带无伸长变形。在（图12.7）中截取带微单元体 dl（对应包角 dα），建立微分方程式，由单元体力的平衡关系得出：

$$\mathrm{d}F_N - F\sin\frac{\mathrm{d}\alpha}{2} - (F + \mathrm{d}F)\sin\frac{\mathrm{d}\alpha}{2} = 0 \tag{12.5}$$

$$f\mathrm{d}F_N + F\cos\frac{\mathrm{d}\alpha}{2} - (F + \mathrm{d}F)\cos\frac{\mathrm{d}\alpha}{2} = 0 \tag{12.6}$$

因为 $d\alpha$ 很小,可取 $\sin\frac{d\alpha}{2}\approx\frac{d\alpha}{2}$,$\cos\frac{d\alpha}{2}\approx 1$,代入上式,并略去二阶无穷小 $dF\cdot\sin\frac{d\alpha}{2}$,将以上两式化简得

$$dF_N - F d\alpha = 0$$

$$f dF_N - dF = 0$$

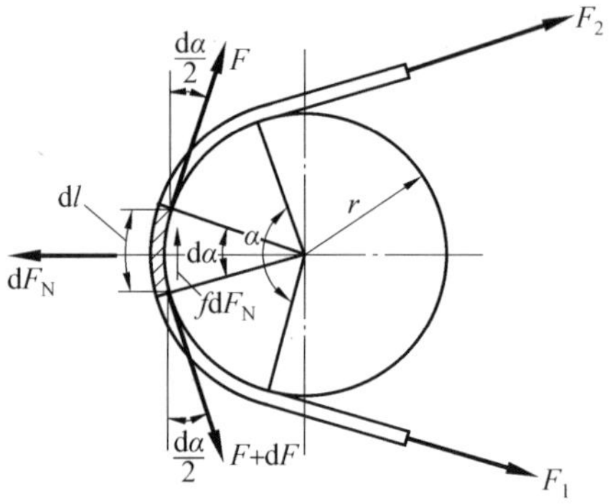

图 12.7　带与带轮受力分析

由上两式得

$$\frac{dF}{F} = f d\alpha$$

$$\int_{F_2}^{F_1}\frac{dF}{F} = \int_0^{\alpha} f d\alpha$$

$$\ln\frac{F_1}{F_2} = f\alpha$$

得出

$$F_1 = F_2 e^{f\alpha} \tag{12.7}$$

式中　f—— 摩擦系数(对 V 型带用当量摩擦系数 f_v 替代);

α—— 包角(rad) 一般为主动轮,小轮包角 $\alpha_1 \approx 180° - \frac{d_2 - d_1}{a}\times 57.3°$;

大轮包角 $\alpha_2 \approx 180° + \frac{d_2 - d_1}{a}\times 57.3°$,式中的包角应取 α_1 和 α_2 中的较小者,即 $\alpha = \min(\alpha_1, \alpha_2)$;

e—— 自然对数的底(e = 2.718…)。

联立得式

$$\begin{cases} F_1 = F_0 + \frac{F_e}{2} \\ F_2 = F_0 - \frac{F_e}{2} \\ F_e = F_1 - F_2 \\ F_1 = F_2 e^{f\alpha} \end{cases} \tag{12.8}$$

2. 临界有效拉力 F_{ec}

带传动的最大有效圆周力(不打滑时)

$$F_{ec} = 2F_0\left(\frac{e^{f\alpha} - 1}{e^{f\alpha} + 1}\right) = 2F_0\left(\frac{1 - \frac{1}{e^{f\alpha}}}{1 + \frac{1}{e^{f\alpha}}}\right) \tag{12.9}$$

3. 影响因素分析

(1) 当预拉力 F_0 增加时,有效拉力 F_{ec} 增加。但是当 F_0 过大,磨损重,易松弛,寿命短。如果 F_0 过小,工作潜力不能充分发挥,易于跳动与打滑,影响其工作。所以必须适当地选取 F_0(主要依据经验判断)。

(2) 当包角 α 增大时接触弧长度变大,有效拉力 F_{ec} 大,传递扭矩 T 就会变大。提高带传动的传动能力。否则,会有相反的效果。

(3) 当摩擦系数 f 增大时,摩擦力总和 F_f 增大,同理有效拉力 F_e 增大,传动承载能力提高。所以V带的当量摩擦系数 $f_v > f$,V带传动承载能力较其他类型的带传动大。但摩擦系数 f 与材质,表面状态、环境(温度、湿度等均有关),比较难于控制和稳定。

12.2.3 带的弹性滑动与打滑

1. 带的弹性滑动

传动带在受到拉力作用下会发生弹性变形,设带的材料符合变形与应力成正比的规律。在小带轮上,带的拉力由紧边拉力 F_1 逐渐降低到松边拉力 F_2,带的弹性变形量逐渐减少,因此带相对于小带轮向后退缩,使得带的速度低于小带轮的线速度 v_1;在大带轮上,带的拉力由松边拉力 F_2 逐渐增加到紧边拉力 F_1,带的弹性变形量逐渐增加,带相对于大带轮向前延伸,使得带的速度高于大带轮的线速度 v_2。这种由于材料的弹性变形而产生的滑动称之为弹性滑动。因为带传动总是存在紧边和松边,即紧边、松边的拉力有差值,只要传递圆周力就会出现紧松边,所以弹性滑动是不可避免的。

结论:弹性滑动是在外力作用下通过摩擦力引起拉力差而使得带的弹性变形量改变,从而引起带在轮面上的局部相对滑动现象(使带与轮的速度有变化,使从动轮速度低于主动轮)。

弹性滑动后果:(1) 从动轮速度 v_2 小于主动轮速度 v_1,使传动比不恒定;(2) 传动效率 η 下降;(3) 带的磨损加剧。

2. 滑动率 ε

从上面分析可知,受弹性滑动的影响,从动轮的圆周速度 v_2 低于主动轮的圆周速度 v_1,带轮线速度的相对变化量可以用滑动率 ε 来评价:

$$\varepsilon = \frac{v_1 - v_2}{v_1} \times 100\% \tag{12.10}$$

或

$$v_2 = (1 - \varepsilon) v_1 \tag{12.10a}$$

其中

$$v_1 = \frac{\pi d_1 n_1}{60 \times 1\,000}, \quad v_2 = \frac{\pi d_2 n_2}{60 \times 1\,000} \tag{12.11}$$

式中 n_1, n_2—— 分别为主动轮和从动轮的转速,r/min。

将式(12.11) 代入式(12.10),可得

$$d_2 n_2 = (1 - \varepsilon) d_1 n_1 \tag{12.12}$$

因而带传动的平均传动比为

$$i = \frac{n_1}{n_2} = \frac{d_2}{d_1(1 - \varepsilon)} \tag{12.13}$$

在一般的带传动中,因滑动率不大($\varepsilon \approx 1\% \sim 2\%$),故可以不予考虑,而取传动比为

$$i = \frac{n_1}{n_2} \approx \frac{d_2}{d_1} \tag{12.14}$$

3. 打滑

在带正常工作时，带的弹性滑动只发生在带离开主、从动轮之前的那一段接触弧上，并非全在包角 α 上产生。在带传动的速度不变的条件下，随着带传动所传递的功率逐渐增加，带和带轮间的总摩擦力也随之增加，弹性滑动所发生的弧段的长度也相应扩大。当总摩擦力增加到临界值时，弹性滑动的区域也就扩大到整个接触弧。此时如果再增加带传动的功率，则带与带轮间就会发生显著的相对滑动，这种现象称为打滑。经常出现打滑将使带的磨损加剧、传动效率降低，以致使传动失效。

12.2.4 带的应力分析

带传动在工作过程中，存在以下几种应力：

1. 拉应力 σ

$$\begin{cases}\text{紧边}\ \sigma_1 = F_1/A \\ \text{松边}\ \sigma_2 = F_2/A\end{cases} \quad (\text{MPa}) \tag{12.15}$$

式中 A—— 带的横截面积，mm^2，见表 12.1。

2. 离心拉应力 σ_c

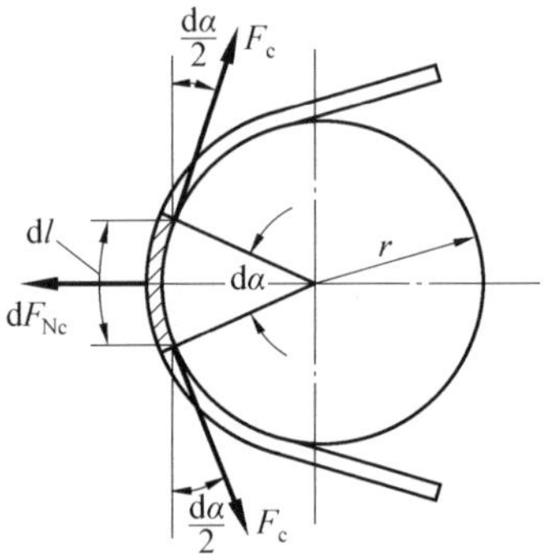

图 12.8 带的离心力

由于传动带有厚度即径向尺寸，当传动带绕带轮做圆周运动时，必有一个离心惯性力，在带中引起离心拉力 F_c（图 12.8），从而产生离心拉应力 σ_c。离心拉应力存在于传动带全长且等值均布的。

因离心拉力而产生的离心拉应力：

$$\sigma_c = F_c/A = \frac{qv^2}{A} \quad (\text{MPa}) \tag{12.16}$$

式中 q—— 传动带单位长度的质量，kg/m，见表 12.1；

v—— 带的线速度，m/s。

3. 弯曲应力 σ_b，发生在传动带绕上带轮的阶段（图 12.9）

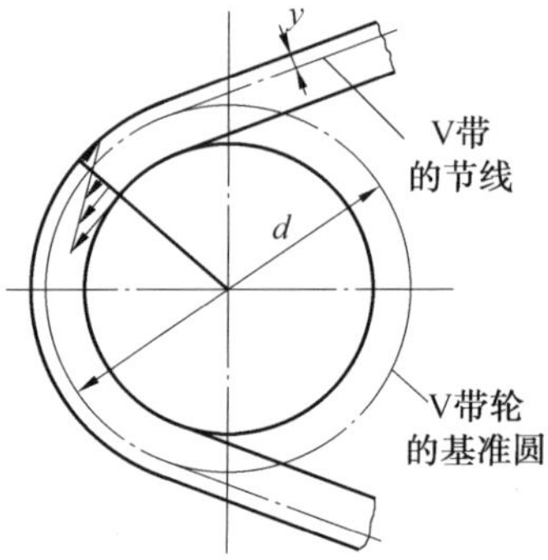

图 12.9 带的弯曲应力

$$\sigma_b = \frac{M}{W} = E \cdot \frac{2y}{d} \quad (\text{MPa}) \tag{12.17}$$

式中 y—— 带的中性层至外边缘的距离，mm；

E—— 传动带的弹性模量，MPa。

因为弯曲应力与带轮的基准直径成反比，所以带在小带轮上的弯曲应力 σ_{b1} 一定大于大带轮上的弯曲应力 σ_{b2}，对普通带传动，σ_b 对寿命起主要作用。

4. 带传动中应力分布情况

图 12.10 表示带工作时的应力分布情况，带中可能产生的瞬时最大应力发生在带的紧边开始绕上小带轮处，此处的最大应力可近似地表示为

$$\sigma_{max} \approx \sigma_1 + \sigma_{b1} + \sigma_c \tag{12.18}$$

由图 12.10 可见，工作时带中的应力是周期性变化的，随着位置的不同，应力大小在不断地变化，所以传动带容易产生疲劳破坏。

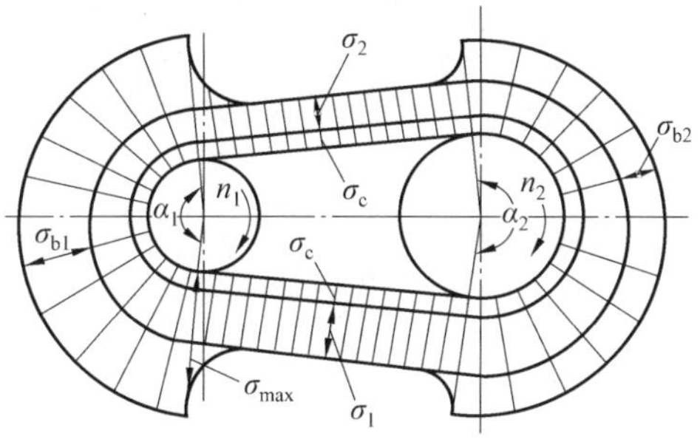

图 12.10　带传动工作时的应力分布

12.3　普通 V 带传动设计计算

12.3.1　普通 V 带的失效形式与设计计算

1. 带传动失效形式

(1) 打滑；

(2) 带的疲劳破坏；

(3) 过度磨损与静态撕裂、断层等。因此带传动的设计准则是：在保证不打滑的前提下，带具有足够的疲劳强度和预期的寿命。

2. 单根普通 V 带的基本额定功率 P_0

由疲劳强度条件：

$$\sigma_{max} \approx \sigma_1 + \sigma_{b1} + \sigma_c \leqslant [\sigma] \tag{12.19}$$

或

$$\sigma_1 \leqslant [\sigma] - \sigma_{b1} - \sigma_c \tag{12.19a}$$

由式(12.4)，(12.9) 和(12.15)，经推导可得到带在临界打滑状态下的有效拉力 F_{ec} 为

$$F_{ec} = F_1\left(1 - \frac{1}{e^{f_v\alpha}}\right) = \sigma_1 A\left(1 - \frac{1}{e^{f_v\alpha}}\right) \tag{12.20}$$

联立式(12.3)，(12.19) 和(12.20)，可得单根 V 带处于临界打滑状态时所能传递的功率，即最大功率为

$$P_0 = ([\sigma] - \sigma_{b1} - \sigma_c)A\left(1 - \frac{1}{e^{f_v\alpha}}\right) \cdot \frac{v}{1\,000} \tag{12.21}$$

式中　P_0—— 单根带传递的临界功率，kW；

v—— 带速，m/s；

F_{ec}—— 临界圆周力，N；

$[\sigma]$—— 一定条件下(材料) 由疲劳强度决定的许用拉应力。

单根普通 V 带所能传递的最大功率 P_0 称为基本额定功率，它是通过试验得到的，试验条件为：包角 $\alpha = 180°$、特定带长、平稳工作条件。具体数据见表 12.3。

表 12.3　单根普通 V 带的基本额定功率 P_0　kW

型号	小带轮基准直径 d_1/mm	小带轮转速 n_1/(r/min)															
		200	400	800	950	1 200	1 450	1 600	1 800	2 000	2 400	2 800	3 200	3 600	4 000	5 000	6 000
Z	50	0.04	0.06	0.10	0.12	0.14	0.16	0.17	0.19	0.20	0.22	0.26	0.28	0.30	0.32	0.34	0.31
	56	0.04	0.06	0.12	0.14	0.17	0.19	0.20	0.23	0.25	0.30	0.33	0.35	0.37	0.39	0.41	0.40
	63	0.05	0.08	0.15	0.18	0.22	0.25	0.27	0.30	0.32	0.37	0.41	0.45	0.47	0.49	0.50	0.48
	71	0.06	0.09	0.20	0.23	0.27	0.30	0.33	0.36	0.39	0.46	0.50	0.54	0.58	0.61	0.62	0.56
	80	0.10	0.14	0.22	0.26	0.30	0.35	0.39	0.42	0.44	0.50	0.56	0.61	0.64	0.67	0.66	0.61
	90	0.10	0.14	0.24	0.28	0.33	0.36	0.40	0.44	0.48	0.54	0.60	0.64	0.68	0.72	0.73	0.56
A	75	0.15	0.26	0.45	0.51	0.60	0.68	0.73	0.79	0.84	0.92	1.00	1.04	1.08	1.09	1.02	0.80
	90	0.22	0.39	0.68	0.77	0.93	1.07	1.15	1.25	1.34	1.50	1.64	1.75	1.83	1.87	1.82	1.50
	100	0.26	0.47	0.83	0.95	1.14	1.32	1.42	1.58	1.66	1.87	2.05	2.19	2.28	2.34	2.25	1.80
	112	0.31	0.56	1.00	1.15	1.39	1.61	1.74	1.89	2.04	2.30	2.51	2.68	2.78	2.83	2.64	1.96
	125	0.37	0.67	1.19	1.37	1.66	1.92	2.07	2.26	2.44	2.74	2.98	3.15	3.26	3.28	2.91	1.87
	140	0.43	0.78	1.41	1.62	1.96	2.28	2.45	2.66	2.87	3.22	3.48	3.65	3.72	3.67	2.99	1.37
	160	0.51	0.94	1.69	1.95	2.36	2.73	2.54	2.98	3.42	3.80	4.06	4.19	4.17	3.98	2.67	–
	180	0.59	1.09	1.97	2.27	2.74	3.16	3.40	3.67	3.93	4.32	4.54	4.58	4.40	4.00	1.81	–
B	125	0.48	0.84	1.44	1.64	1.93	2.19	2.33	2.50	2.64	2.85	2.96	2.94	2.80	2.61	1.09	
	140	0.59	1.05	1.82	2.08	2.47	2.82	3.00	3.23	3.42	3.70	3.85	3.83	3.63	3.24	1.29	
	160	0.74	1.32	2.32	2.66	3.17	3.62	3.86	4.15	4.40	4.75	4.89	4.80	4.46	3.82	0.81	
	180	0.88	1.59	2.81	3.22	3.85	4.39	4.68	5.02	5.30	5.67	5.76	5.52	4.92	3.92	–	
	200	1.02	1.85	3.30	3.77	4.50	5.13	5.46	5.83	6.13	6.47	6.43	5.95	4.98	3.47	–	
	224	1.19	2.17	3.86	4.42	5.26	5.97	6.33	6.73	7.02	7.25	6.95	6.05	4.47	2.14	–	
	250	1.37	2.50	4.46	5.10	6.04	6.82	7.20	7.63	7.87	7.89	7.14	5.60	5.12	–	–	
	280	1.58	2.89	5.13	5.85	6.90	7.76	8.13	8.46	8.60	8.22	6.80	4.26	–	–	–	
C	200	1.39	2.41	4.07	4.58	5.29	5.84	6.07	6.28	6.34	6.02	5.01	3.23				
	224	1.70	2.99	5.12	5.78	6.71	7.45	7.75	8.00	8.06	7.57	6.08	3.57				
	250	2.03	3.62	6.23	7.04	8.21	9.08	9.38	9.63	9.62	8.75	6.56	2.93				
	280	2.42	4.32	7.52	8.49	9.81	10.72	11.06	11.22	11.04	9.50	6.13	–				
	315	2.84	5.14	8.92	10.05	11.53	12.46	12.72	12.67	12.14	9.43	4.16	–				
	355	3.36	6.05	10.46	11.73	13.31	14.12	14.19	13.73	12.59	7.98	–	–				
	400	3.91	7.06	12.10	13.48	15.04	15.53	15.24	14.08	11.95	4.34	–	–				
	450	4.51	8.20	13.80	15.23	16.59	16.47	15.57	13.29	9.64	–	–	–				

注:本表摘自 GB/T 13575.1—1992。为了精简篇幅,表中未列出 Y 型、D 型和 E 型的数据,表中分档也较粗。

表 12.4 单根窄 V 带的基本额定功率 P_0 kW

型号	小带轮基准直径 d_1/mm	小带轮转速 n_1/(r/min)									
		400	730	800	980	1 200	1 460	1 600	2 000	2 400	2 800
SPZ	63	0.35	0.56	0.60	0.70	0.81	0.93	1.00	1.17	1.32	1.45
	75	0.49	0.79	0.87	1.02	1.21	1.41	1.52	1.79	2.04	2.27
	94	0.67	1.12	1.21	1.44	1.70	1.98	2.14	2.55	2.93	3.26
	100	0.79	1.33	1.33	1.70	2.02	2.36	2.55	3.05	3.49	3.90
	125	1.09	1.84	1.84	2.36	2.80	3.28	3.55	4.24	4.85	5.40
SPA	90	0.75	1.21	1.30	1.52	1.76	2.02	2.16	2.49	2.77	3.00
	100	0.94	1.54	1.65	1.93	2.27	2.61	2.80	3.27	3.67	3.99
	125	1.40	2.33	2.52	2.98	3.50	4.06	4.38	5.15	5.80	6.34
	160	2.04	3.42	3.70	4.38	5.17	6.01	6.47	7.60	8.53	9.24
	200	2.75	4.63	5.01	5.94	7.00	8.10	8.72	10.13	11.22	11.92
SPB	140	1.92	3.13	3.35	3.92	4.55	5.21	5.54	6.31	6.86	7.15
	180	3.01	4.99	5.37	6.31	7.38	8.50	9.05	10.34	11.21	11.62
	200	3.54	5.88	6.35	7.47	8.74	10.07	10.70	12.18	13.11	13.41
	250	4.86	8.11	8.75	10.27	11.99	13.72	14.51	16.19	16.89	16.44
	315	6.53	10.91	11.71	13.70	15.84	17.84	18.70	20.00	19.44	16.71
SPC	224	5.19	8.82	10.43	10.39	11.89	13.26	13.81	14.58	14.01	–
	280	7.59	12.40	13.31	15.40	17.60	19.49	20.20	20.75	18.86	–
	315	9.07	14.82	15.90	18.37	20.88	22.92	23.58	23.47	19.98	–
	400	12.56	20.41	21.84	25.15	27.33	29.40	29.53	25.81	19.22	–
	500	16.52	26.40	28.09	31.38	33.85	33.46	31.70	19.35	–	–

12.3.2 带传动的设计参数及数据选择

1. 已知条件和设计内容

在一般带传动设计时，已知条件包括：传递的额定功率 P；小带轮转速 n_1；大带轮转速 n_2 或 i；带传动的工作条件；传动位置要求；总体尺寸（中心距 a）限制及工作条件等。

所涉及设计内容是：选择带的型号、确定基准长度、选择带的根数；中心距；带轮的材料；结构尺寸；预拉力、压轴力及张紧装置等。

2. 设计步骤与方法（主要参数的选择方法）

(1) 确定计算功率：

$$P_{ca} = K_A \cdot P \tag{12.22}$$

式中 P_{ca}—— 传递的额定功率，kW；

K_A—— 工况系数，见表 12.5。

表 12.5　工作情况系数 K_A

载荷性质	工作机	原动机					
		电动机（交流启动、三角启动、直流并励）、四缸以上的内燃机			电动机（联机交流启动、直流复励或串励）、四缸以下的内燃机		
		每天工作小时数/h					
		< 10	10 ~ 16	> 16	< 10	10 ~ 16	> 16
载荷变动很小	液体搅拌机、通风机和鼓风机（≤ 7.5 kW）、离心式水泵和压缩机、轻负荷输送机	1.0	1.1	1.2	1.1	1.2	1.3
载荷变动小	带式输送机（不均匀负荷）、通风机（> 7.5 kW），旋转式水泵和压缩机（非离心式）、发电机、金属切削机床、印刷机、旋转筛、锯木机和木工机械	1.1	1.2	1.3	1.2	1.3	1.4
载荷变动较大	制砖机、斗式提升机、往复式水泵和压缩机、起重机、磨粉机、冲剪机床、橡胶机械、振动筛、纺织机械、重载输送机	1.2	1.3	1.4	1.4	1.5	1.6
载荷变动很大	破碎机（旋转式、颚式等）、磨碎机（球磨、棒磨、管磨）	1.3	1.4	1.5	1.5	1.6	1.8

（2）选择带的型号：由计算功率 P_{ca} 与小带轮转速 n_1，从图 12.11 和图 12.12 中选取带的型号。

（3）确定小带轮的基准直径（验算带速 v）。

① 根据 V 带的类型，参照表 12.6 确定小带轮直径 d_1，应使 $d_1 \geqslant d_{min}$，$d_2 \approx i d_1$ 或 $d_2 = \frac{n_1}{n_2} d_1 (1-\varepsilon)$ 圆整（也可不圆整）。

表 12.6　V 带轮最小基准直径

型号	Y	Z	SPZ	A	SPA	B	SPB	C	SPC	D	E
d_{min}/mm	20	50	63	75	90	125	140	200	224	355	500

注：V 带轮的基准直径系列为 20 22.4 25 28 31.5 40 45 50 56 63 71 75 80 85 90 95 100 106 112 118 125 132 140 150 160 170 180 200 212 224 236 250 265 280 300 315 355 375 400 425 450 475 500 530 560 600 630 670 710 750 800 900 1 000 等。

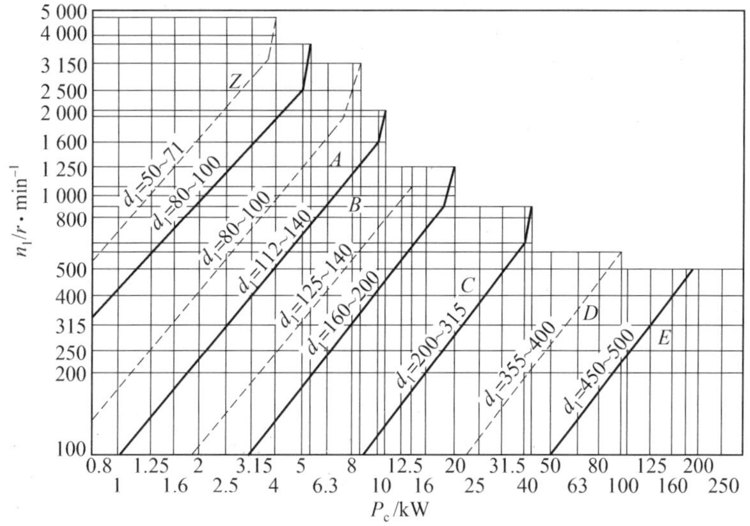

图 12.11　普通 V 带选型图

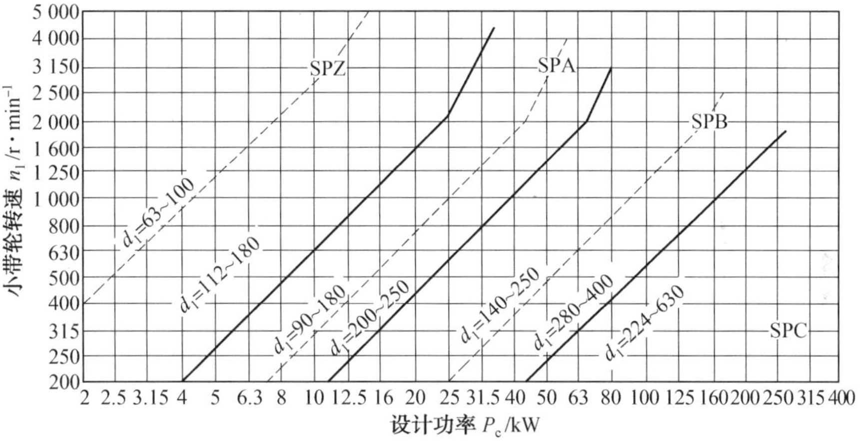

图 12.12　窄 V 带选型图

② 验算带速 v

根据公式 $v = \dfrac{\pi d_1 n_1}{60 \times 1\ 000}$ 计算带的速度。要求最佳带速在 5 m/s $\leqslant v \leqslant$ 25 m/s。

如带速 v 太小,由 $P = \dfrac{Fv}{1\ 000}$ kW 可知,传递同样功率时,圆周力 F 增大很多,弯曲应力增加,带的寿命下降。采取的措施应使带轮的基准直径增加,并且使轴承尺寸加大。

如带速 v 太大,则离心力太大,带与轮的正压力减小,摩擦力减小,传递载荷能力下降,传递同样载荷时所需张紧力增加,带的疲劳寿命下降。这时应采取的措施是使带轮的基准直径减小,否则传动带的寿命会大为降低。对 Y,Z,A,B,C 型带最好 $v \leqslant v_{max} = 25$ m/s;对 D、E 型带 $v \leqslant v_{max} = 30$ m/s,如 v 不合适,则应重选小带轮基准直径 d_1。

(4) 求中心距 a 和带的基准长度 L_d

① 根据带传动总体尺寸的限制条件和要求的中心距,结合下列公式初选中心距 a_0。

$$0.7(d_1 + d_2) < a_0 < 2(d_1 + d_2) \quad (12.23)$$

② 由下列公式确定带的长度(开口传动)

$$L'_d = 2a_0 + \frac{\pi}{2}(d_1 + d_2) + \frac{(d_2 - d_1)^2}{4a_0} \quad (12.24)$$

③ 按表 12.2 选取相近似的基准长度 L_d

④ 由基准长度 L_d,求出实际中心距 a

$$a \approx a_0 + \frac{L_d - L'_d}{2} \quad (12.25)$$

考虑到中心距可调整、能够补偿预拉力 F_0,实际中心距 a 应有一个调整范围。

$$(a - 0.015L_d) \leqslant a \leqslant (a + 0.03L_d) \quad (12.26)$$

(5) 验算小带轮包角 α_1

由于小带轮的包角 $\alpha_1 < \alpha_2$,打滑首先发生在小带轮上,所以小带轮包角的大小反映传动带的有效承载能力。

$$\alpha_1 \approx 180° - \frac{d_2 - d_1}{a} \times 57.3°$$

$$\alpha_2 \approx 180° + \frac{d_2 - d_1}{a} \times 57.3° \quad (12.27)$$

要求 $\alpha_1 \geqslant 120°$,特殊情况下,$\alpha_1 \geqslant 90°$。

为使 $\alpha_1 > 120°$,当 a 一定时,传动比 i 不能过大,否则传动比增加会使小带轮包角减小,降低带传动的承载能力。

(6) 计算带的根数 z

$$z = \frac{P_{ca}}{(P_0 + \Delta P_0)K_\alpha K_L K} \quad (12.28)$$

式中 K_α—— 包角修正系数,见表 12.7;

K_L—— 长度系数,考虑带的长度不同的影响因素,见表 12.2。

K—— 材质系数:$K = 1.33$,化纤胶带;$K = 1$,棉布或棉线胶带。

ΔP_0—— 单根胶带考虑传动比 i 影响的功率增量,见表 12.8 及表 12.9(因 P_0 是按 $\alpha = 180°$, 即 $d_1 = d_2$ 的条件计算。而当传动比越大,从动轮直径就越比主动轮直径大,带绕上从动轮时的弯曲应力应比绕上主动轮时小,所以传动能力将有所提高)。

表 12.7 包角修正系数 K_α

包角 α_1/(°)	180	170	160	150	140	130	120	110	100	90
K_α	1.00	0.98	0.95	0.92	0.89	0.86	0.82	0.78	0.74	0.69

表 12.8 单根普通 V 带 $i \neq 1$ 时的额定功率增量 ΔP_0

（包角 $\alpha = \pi$、特定基准长度、载荷平稳时）

kW

型号	传动比 i	小带轮转速 n_1/(r/min)									
		400	730	800	980	1 200	1 460	1 600	2 000	2 400	2 800
Z	1.35 ~ 1.51	0.01	0.01	0.01	0.02	0.02	0.02	0.02	0.03	0.03	0.04
	1.52 ~ 1.99	0.01	0.01	0.02	0.02	0.02	0.02	0.03	0.03	0.04	0.04
	≥2	0.01	0.02	0.02	0.02	0.03	0.03	0.03	0.04	0.04	0.04
A	1.35 ~ 1.51	0.04	0.07	0.08	0.08	0.11	0.13	0.15	0.19	0.23	0.26
	1.52 ~ 1.99	0.04	0.08	0.09	0.10	0.13	0.15	0.17	0.22	0.26	0.30
	≥2	0.05	0.09	0.10	0.11	0.15	0.17	0.19	0.24	0.29	0.34
B	1.35 ~ 1.51	0.10	0.17	0.20	0.23	0.30	0.36	0.39	0.49	0.59	0.69
	1.52 ~ 1.99	0.11	0.20	0.23	0.26	0.34	0.40	0.45	0.56	0.62	0.79
	≥2	0.13	0.22	0.25	0.30	0.38	0.46	0.51	0.63	0.76	0.89
C	1.35 ~ 1.51	0.27	0.48	0.55	0.65	0.82	0.99	1.10	1.37	1.65	1.92
	1.52 ~ 1.99	0.31	0.55	0.63	0.74	0.94	1.14	1.25	1.57	1.88	2.19
	≥2	0.35	0.62	0.71	0.83	1.06	1.27	1.41	1.76	2.12	2.47

表 12.9 单根窄 V 带 $i \neq 1$ 时的额定功率增量 ΔP_0

（包角 $\alpha = \pi$、特定基准长度、载荷平稳时）

kW

型号	传动比 i	小带轮转速 n_1/(r/min)									
		400	730	800	980	1 200	1 460	1 600	2 000	2 400	2 800
SPZ	1.39 ~ 1.57	0.05	0.09	0.10	0.12	0.15	0.18	0.20	0.25	0.30	0.35
	1.58 ~ 1.94	0.06	0.10	0.11	0.13	0.17	0.20	0.22	0.28	0.33	0.39
	1.95 ~ 3.38	0.06	0.11	0.12	0.15	0.18	0.22	0.24	0.30	0.36	0.43
	≥3.39	0.06	0.12	0.13	0.15	0.19	0.23	0.26	0.32	0.39	0.45
SPA	1.39 ~ 1.57	0.13	0.23	0.25	0.30	0.38	0.46	0.51	0.64	0.23	0.89
	1.58 ~ 1.94	0.14	0.26	0.29	0.34	0.43	0.51	0.57	0.71	0.86	1.00
	1.95 ~ 3.38	0.16	0.28	0.31	0.37	0.47	0.56	0.62	0.78	0.93	1.09
	≥3.39	0.16	0.30	0.33	0.40	0.49	0.59	0.66	0.82	0.99	1.15
SPB	1.39 ~ 1.57	0.26	0.47	0.53	0.63	0.79	0.95	1.05	1.32	1.58	1.85
	1.58 ~ 1.94	0.30	0.53	0.59	0.71	0.89	1.07	1.19	1.48	1.78	2.08
	1.95 ~ 3.38	0.32	0.58	0.65	0.78	0.97	1.16	1.29	1.62	1.94	2.26
	≥3.39	0.34	0.62	0.68	0.82	1.03	1.23	1.37	1.71	2.05	2.40
SPC	1.39 ~ 1.57	0.79	1.43	1.58	1.90	2.38	2.85	3.17	3.96	4.75	–
	1.58 ~ 1.94	0.89	1.60	1.78	2.14	2.67	3.21	3.57	4.46	5.35	–
	1.95 ~ 3.38	0.97	1.75	1.94	2.33	2.91	3.50	3.89	4.86	5.83	–
	≥3.39	1.03	1.85	2.06	2.47	3.09	3.70	4.11	5.14	6.17	–

一般情况下 $1 < z < 10$,带的根数 z 不宜太多,太多会使带的受力不均;带的根数 z 也不宜过少,过少会使带的寿命下降,最好带的根数 $z = 2 \sim 4$ 根。

(7) 确定带的预拉力 F_0(单根带)

$$F_0 = 500\frac{P_{ca}}{zv}\left(\frac{2.5 - K_\alpha}{K_\alpha}\right) + qv^2 \quad (\mathrm{N}) \tag{12.29}$$

式中 P_{ca}—— 计算功率,kW;

z—— 带的根数;

v——V 带的速度,m/s;

K_α—— 包角修正系数,见表 12.7。

该式为单根带不打滑所适合的 F_0 值。新安装的带传动常容易松弛(如非自动张紧)。

(8) 作用在带轮轴上的压轴力 F_Q

设计带轮时,应知道带轮轴上的压轴力 F_Q(如图 12.13),由以下公式求得

$$F_Q = 2zF_0\sin\frac{\alpha_1}{2} \tag{12.30}$$

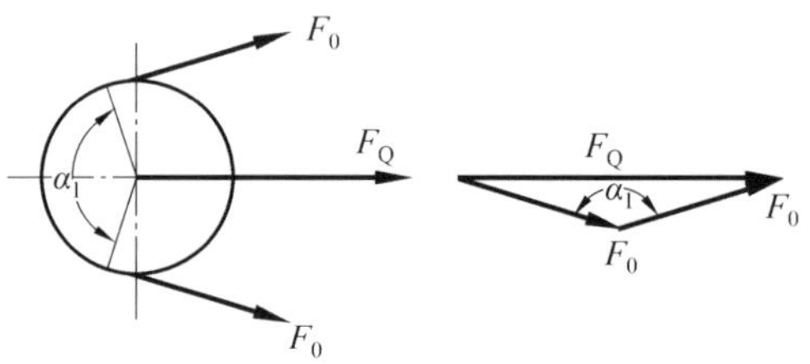

图 12.13 压轴力计算示意图

12.4 V 带轮的结构

带轮常采用铸铁材料制造,例如 HT150 和 HT200。要求较高时也会采用铸钢或板材冲压而成,小功率时采用非金属材料(塑料、木材等其他材料)制成。

12.4.1 设计要求

质量轻,结构工艺性好,无过大的铸造内应力、质量分布均匀,高速时要经动平衡,轮槽表面要经过精细加工,以减轻带的磨损。各轮槽尺寸与角度要有一定的精度,以使载荷分布较均匀。

12.4.2 结构形式及尺寸

(1) 当直径 $d \leqslant (2.5 \sim 3)d'$($d'$ 为安装带轮轴的直径,mm) 时采用实心式(图 12.14(a));

(2) 当直径 $d \leqslant 300$ mm,采用腹板式(图 12.14(b));

(3) 当直径 $d > 300$ mm,采用轮辐式(图 12.15)。

结构尺寸按带的型号参考表 12.10 确定。

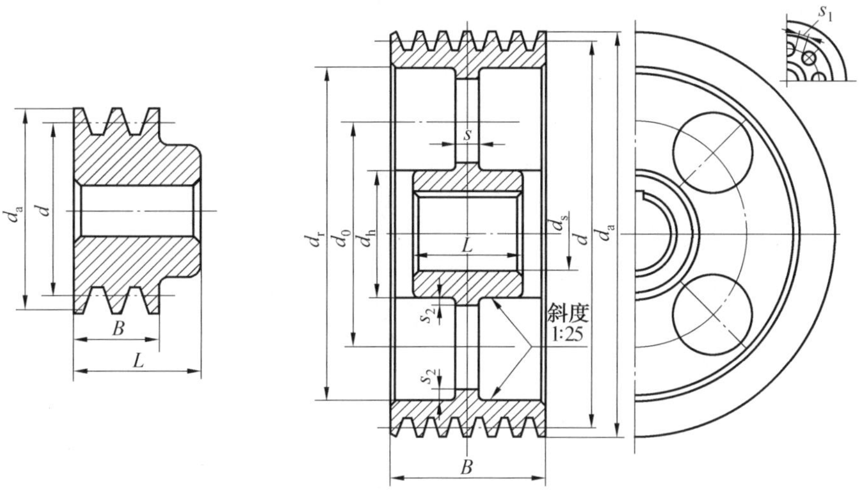

(a) 实心式 (b) 腹板式

图 12.14 实心式带轮与腹板式带轮

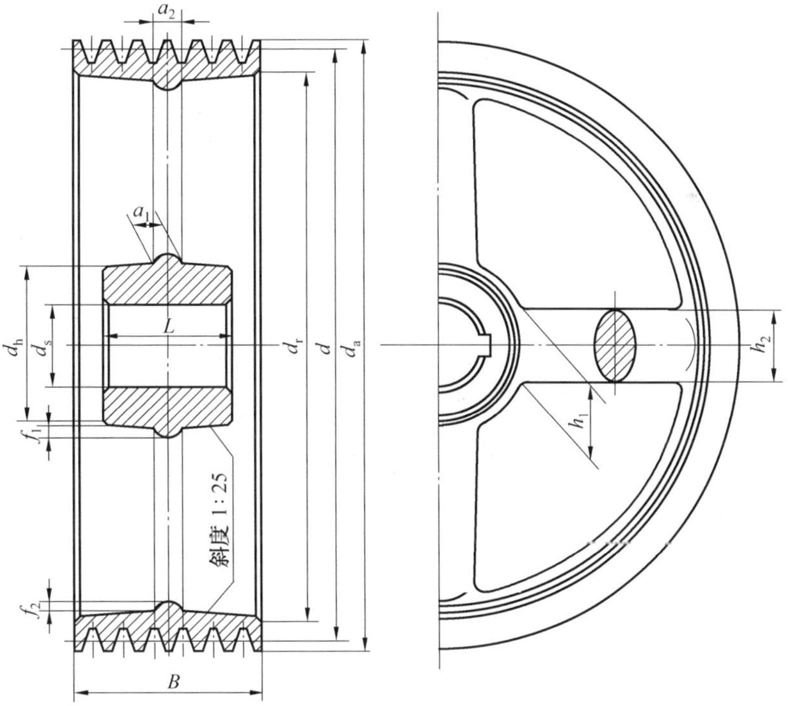

图 12.15 轮辐式带轮

V 带两侧面的夹角均为 40°,但在带轮上弯曲时,由于截面变形将使其夹角变小。为了使胶带仍能紧贴轮槽两侧,将 V 带轮槽角规定为 32°,34°,36° 和 38°。

表 12.10　V 带轮的轮槽尺寸(mm)

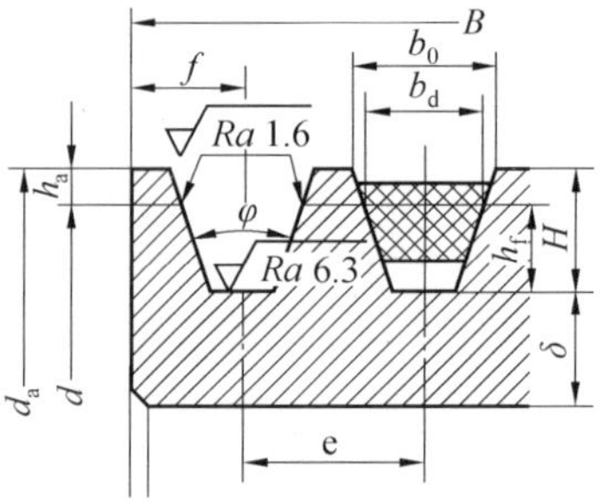

槽型			Y	Z SPZ	A SPA	B SPB	C SPC
b_d			5.3	8.5	11	14	19
h_{amin}			1.6	2.0	2.75	3.5	4.8
e			8 ±0.3	12 ±0.3	15 ±0.3	19 ±0.4	25.5 ±0.5
f_{min}			6	7	9	11.5	16
h_{fmin}			4.7	7　9	8.7　11	10.8　14	14.3　19
δ_{min}			5	5.5	6	7.5	10
φ°	32	对应的 d	≤60	—	—	—	—
	34		—	≤80	≤118	≤190	≤315
	36		>60	—	—	—	—
	38		—	>80	>118	>190	>315

注:δ_{min} 是轮缘最小壁厚推荐值。

12.5　带传动的张紧维护与新型带传动简介

带经一段时间使用后,会因带的伸长而产生松弛现象,使预拉力 F_0 降低,为保证正常工作,应定期检查预拉力 F_0 大小。如预拉力 F_0 不合格,需要重新张紧,因此带传动当中必有张紧装置。

12.5.1　带的张紧装置

1. 定期张紧装置

如图 12.16(a) 为滑道式张紧装置,图 12.16(b) 为摆架式张紧装置,或者称改变中心距法张紧。

2. 采用张紧轮法张紧

当中心距 a 不能调整时采用张紧轮张紧的方式。设置张紧轮时应当注意张紧轮的位置:

(1) 松边常用内侧靠大轮。张紧轮一般放在松边内侧,尽量靠大轮,使带呈单向弯曲且不

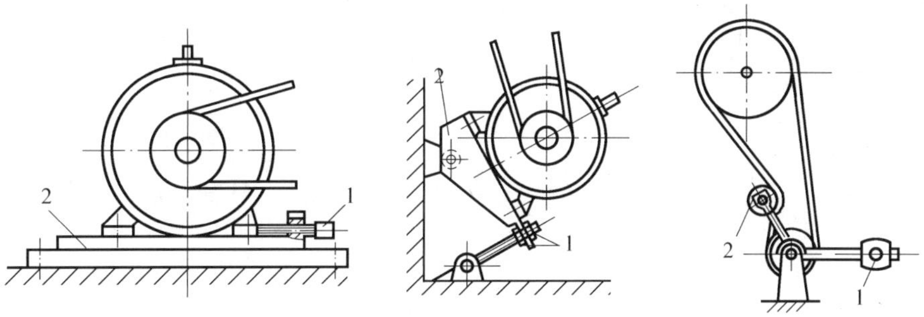

图 12.16　带轮的张紧方式

致使小带轮包角 α_1 过小。

(2) 松边外侧靠小轮。如图 12.16(c),张紧轮装在松边外侧以增大带轮包角 α_1。

3. 自动张紧装置

把装有带轮的电动机装配在浮动的支架上,利用电机与带轮的自重,使带传动随同电机绕固定轴线摆动,自动保持带传动的预拉力(图 12.17)。

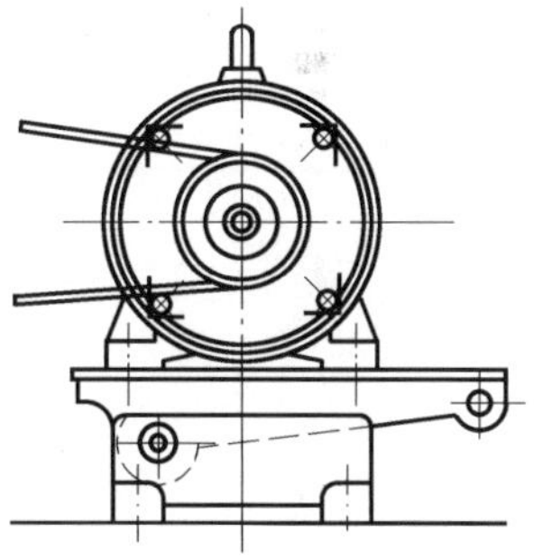

图 12.17　带轮自动张紧装置

12.5.2　带传动的维护

(1) 为安全起见,带传动应置于铁丝网或保护罩之内,使之不能外露;

(2) 安装时不能硬撬;

(3) 带禁止与矿物油、酸、碱等介质接触,以免腐蚀带,不能曝晒;

(4) 不能新旧带混用(多根带时),以免载荷分布不匀;

(5) 定期张紧;

(6) 安装时两轮槽应对准,处于同一平面。

12.5.3　新型带传动简介

1. 窄形 V 带传动

这是一种较实用的新型带,采用合成纤维作强力层,当 h 相同时,$b=\frac{3}{4}b_V$,但传递功率 P 增大较明显。在国内外发展迅速,且都已标准化。特点:传递功率大,允许转速高,允许挠曲次数高,且传动中心距 a 小于目前三种窄 V 型带,可代替六种标准带,适用于大功率要求结构紧凑的传动。

2. 大楔角 V 带传动

采用 $\varphi=60°$,此带采用的材料强力层是将纶绳作为强力层;基体用聚氨酯浇铸而成。特点:楔入性能良好,带薄而窄、轻,弯曲应力 σ_b 较小,离心拉应力 σ_c 小,摩擦系数 f 大,承载能力高,适于高速重载传动,发展较快。

3. 强力锦纶带传动

这是一种新型的平型带,用热定型将伸长后的锦纶片作强力层,采用胶接成型。特点:强度高,伸长小,摩擦大,结构尺寸小,承载能力高,传动效率高。比标准 V 带还好,发展快,应用广。

4. 高速带传动

$v \geqslant 30$ m/s,转轴 $n = (10\ 000 \sim 50\ 000)$ r/s 的带传动都属于高速带传动。使用要求:运转平稳、可靠、具有高寿命。故采用轻而薄,均匀的环形平型带。以前用丝麻织带,现用锦纶纺织带(薄、轻)、空气阻力小,带轮精细加工,进行动平衡试验。为防止掉带,轮缘上有凸起,制成鼓形面或双锥面。在轮缘表面常开环形槽,以防止带与轮缘面间形成充气层而降低摩擦系数(高速时易形成气膜)。带轮材料在高速时常采用钢或铝合金,应用广泛。

此外,还有联组 V 带,在多根三角带的上底用一层薄的橡胶连接起来。这层薄胶有弹性,可以补偿槽距误差,弥补了多楔 V 带的缺点。

例 12. 1 设计某带式输送机传动系统中高速级的普通 V 带传动。已知条件为电动机功率 $P = 4$ kW,转速 $n_1 = 1\ 440$ r/min,传动比 $i = 3.4$,每天工作 8 小时。

解 (1) 确定计算功率 P_{ca}

由表 12.5 查得工况系数 $K_A = 1.1$,故

$$P_{ca} = K_A \times P = 1.1 \times 4 = 4.4 \text{ kW}$$

(2) 选择传动带的型号

根据 P_{ca},n_1 由图 12.11 选择 A 型带。

(3) 确定 V 带轮的基准直径 d 并验算带速 v

① 初选小带轮的基准直径 d_1。由表 12.6,选取小带轮的基准直径 $d_1 = 90$ mm。

② 验算带速 v。按公式

$$v = \frac{\pi d_1 n_1}{60 \times 1\ 000} = \frac{\pi \times 90 \times 1\ 440}{60 \times 1\ 000} = 6.78(\text{m/s})$$

因为 5 m/s $< v <$ 25 m/s,所以带速适合。

③ 计算大带轮的基准直径 d_2。

$$d_2 = i \times d_1 = 3.4 \times 90 = 306 \text{ mm}$$

根据表 12.6,圆整成 $d_2 = 315$ mm。

(4) 确定 V 带的中心距 a 和基准长度 L_d

① 根据公式(12.23),初定中心距 $a_0 = 500$ mm。

② 由公式(12.24) 计算普通 V 带的基准长度

$$L'_d \approx 2a_0 + \frac{\pi}{2}(d_1 + d_2) + \frac{(d_2 - d_1)^2}{4a_0} =$$

$$\left[2 \times 500 + \frac{\pi}{2} \times (90 + 315) + \frac{(315 - 90)^2}{4 \times 500}\right] = 1\ 662 \text{ mm}$$

由表 12.2 选择普通 V 带的基准长度 $L_d = 1\ 600$ mm。

③ 按照公式(12.25) 计算实际中心距 a。

$$a \approx a_0 + \frac{L_d - L'_d}{2} = \left(500 + \frac{1\ 600 - 1\ 662}{2}\right) \approx 470 \text{ mm}$$

中心距的调整范围是 443 ~ 515 mm。

(5) 验算小带轮的包角 α_1

$$\alpha_1 \approx 180° - (d_2 - d_1) \times \frac{57.3°}{a} = 180° - (315 - 90) \times \frac{57.3°}{470} = 152° \geqslant 90°$$

(6) 计算普通V带的根数 z

① 计算单根V带的额定功率 P，由 $d_1 = 90$ mm 和转速 $n_1 = 1\ 440$ r/min，查表12.3得 $P_0 = 1.064$ kW。根据转速 $n_1 = 1\ 440$ r/min，传动比 $i = 3.4$ 和A型带，查表12.8得 $\Delta P_0 = 0.17$ kW。查表12.7，得 $K_\alpha = 0.925$，查表12.2，得 $K_L = 0.99$，最后的V带的额定功率

$$P = 1.13 \text{ kW}$$

② 确定V带的根数 z。

$$z = \frac{P_{ca}}{P} = \frac{4.4}{1.13} = 3.89$$

选取4根V带。

(7) 计算单根V带的预拉力的最小值 $F_{0\min}$

由表12.1查得A型带的单位质量 $q = 0.1$ kg/m，

$$F_{0\min} = 500\frac{(2.5 - K_\alpha)P_{ca}}{K_\alpha zv} + qv^2 = 500 \times \frac{(2.5 - 0.925) \times 4.4}{0.925 \times 4 \times 6.78} + 0.1 \times 6.78^2 = 143 \text{ N}$$

在实际设计当中，最终确定的预拉力 $F_0 > F_{0\min}$。

(8) 计算作用在带轮轴上的压轴力 F_Q(图12.13)

$$F_Q = 2zF_{0\min}\sin\frac{\alpha_1}{2} = 2 \times 4 \times 143 \times \sin\frac{152°}{2} = 1\ 110 \text{ N}$$

(9) V带轮的结构设计(略)

12.6 链传动概述

12.6.1 链传动工作原理与特点

链传动是由主动链轮、从动链轮、封闭的链条、润滑系统和张紧装置等组成(图12.18)，两轮间以链条为中间挠性元件的啮合来传递动力和运动的。链传动的特点(与带、齿轮传动比较)，其优点有：链传动没有弹性滑动与打滑现象，能够保证平均速比 i_m 准确；因是啮合传动，不需要较大的预拉力，所以结构紧凑，轴上压轴力 F_Q 较小，同样的条件下，链传动的结构尺寸较小；传动效率较高，其效率可达 $\eta = 98\%$；承载能力高达 $P = 100$ kW；链传动可传递远距离运动 $a_{max} = 8\ 000$ mm；链传动的制造、装配精度要求比较低，成本低廉。在远距离传动时，结构比齿轮传动要简便得多。同时还能在高温、潮湿等恶劣的环境中作业。

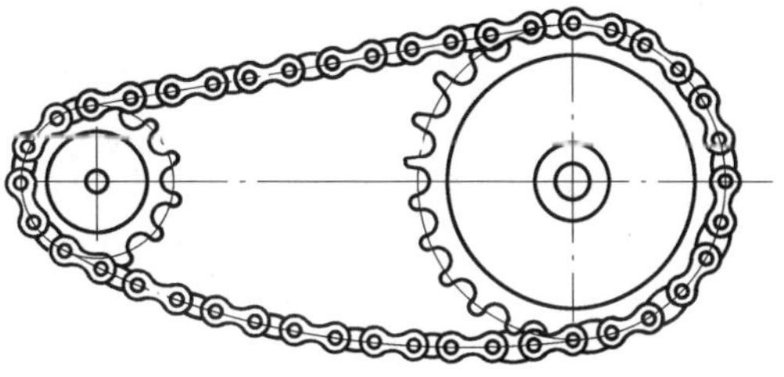

图12.18 链传动简图

链传动的主要缺点有：链传动只能实现平行轴之间的同向传动；由于链传动存在运动不均匀性，使得瞬时传动比 i 不恒定；磨损后容易发生跳齿，导致传动不平稳；工作时有噪音、冲击；

链传动对安装精度要求程度较高。

在应用上,链传动适于两轴相距较远,工作条件恶劣等情况下,如农业机械、建筑机械、石油机械、采矿、起重、金属切削机床等。中低速传动:$i \leqslant 8(i = 2 \sim 4)$,$P \leqslant 100$ kW,$v \leqslant 12 \sim 15$ m/s, 无声链最大速度可达 $v_{max} = 40$ m/s(不适于在冲击与急促反向等情况下采用)。

12.6.2 链传动的主要类型

1. 按工作性质分

起重链:主要用于提升重物,链条线速度 $v \leqslant 0.25$ m/s;

牵曳链:主要用于运输机械,链条线速度 $v \leqslant 2$ m/s;

传动链:主要用于传递运动和动力,链条线速度 $v \leqslant 12$ m/s。

本章主要介绍传动链。

2. 传动链按结构形式分为滚子链与齿形链两种

滚子链属于标准件。由内链板 1、外链板 2、销轴 3、套筒 4、滚子 5 所组成(图 12.19)。内链板和套筒之间、外链板和销轴之间是过盈配合,滚子和套筒之间、套筒和销轴之间是间隙配合。在链条工作时,内、外链板相对转动时,套筒可绕销轴自由转动;滚子是活套在套筒上的,滚子沿链轮轮齿滚动时,就可减少链条和链轮轮齿之间的磨损。即链节进入、退出啮合时,滚子沿链轮轮齿滚动,实现滚动摩擦,减小磨损。同时,链板一般都加工成 8 字形,以使它的各个截面具有比较接近的抗拉强度,同时也能减小链条的质量与运动时的惯性力。滚子链的磨损主要是指滚子与销轴截面之间磨损。所以在内、外板之间留有少许间隙,以便润滑油渗入销轴和套筒的摩擦表面,降低链条磨损。

在链条中,节距 p 是一个重要参数(图 12.20),节距 p 是指链条上相邻两滚子中心的距离,节距 p 的数值越大,链条各部分尺寸越大,使得链条的承载能力有显著的提高。在链传动中,低速时,因磨损量不大,也可以不用滚子,简单方便。当单排链不足以承载时可以采用多排链,单排链用销轴并联构成双排链或多排链,排数增加,承载能力增加,但是排数增加越多,产生的制造误差越大,导致各排链受力不均,所以链传动排数一般以不超过 3 ~ 4 列为宜。

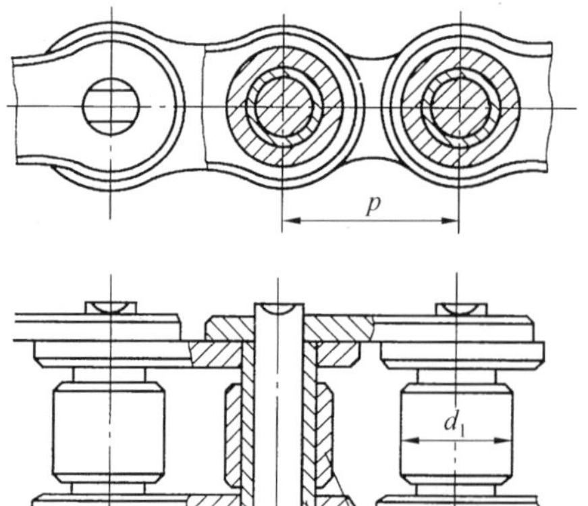

图 12.19 链传动结构

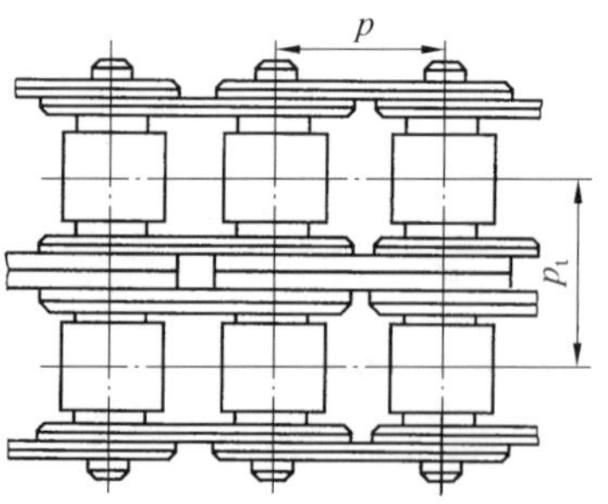

图 12.20 链的节距和排距

链的长度通常是以链节数来表示。链节数最好取为偶数,这种情况最为常见,以便链条连成封闭环形时，正好是外链板与内链板相接，接头处可以采用开口销（图 12.21(a)）或弹簧卡片（12.21(b)）来固定，前者用于大节距，后者用于小节距；若链条节数为奇数时，必须采用过渡链节（图 12.21(c)）。由于过渡链节在受拉状态时，要承受附加弯矩的作用，因此通常情况下最好应避免使用奇数链节。

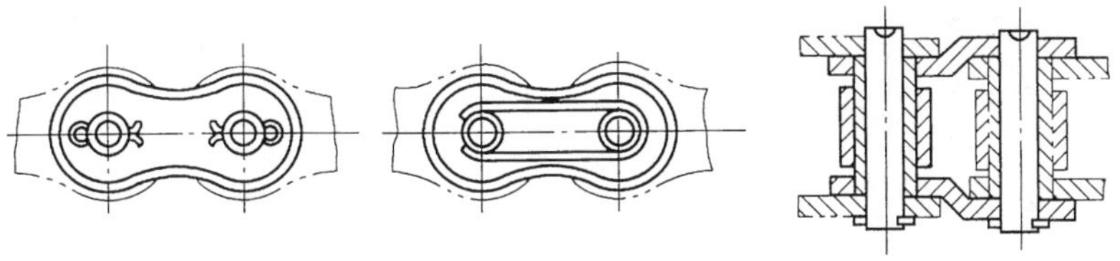

图 12.21　链条接头结构

我国在链条标准中，特别规定了滚子链标记，国家标准采用 GB/T 1243—1997，链条分 A、B 两个系列，我国主要使用 A 系列链条。A 系列滚子链规格与主要参数见表 12.11。表中的链号数乘以$\frac{25.4}{16}$ mm 即是链的节距值。链条的标记为：链号 - 排数 - 整链链节数 标准编号。

例如：08A - 1 - 88　GB/T 1243—1997 表示：A 系列、节距 12.7 mm、单排、88 节的滚子链。

表 12.11　A 系列滚子链规格与主要参数

链号	节距 p/mm	排距 p_t/mm	滚子外径 d_1/mm	极限载荷 Q(单排)/N	每米长质量 q(单排)/(kg/m)
08A	12.70	14.38	7.92	13 800	0.65
10A	15.875	18.11	10.16	21 800	1.00
12A	19.05	22.78	11.91	31 100	1.50
16A	25.40	29.29	15.88	55 600	2.60
20A	31.75	35.76	19.05	86 700	3.80
24A	38.10	45.44	22.23	124 600	5.06
28A	44.45	48.87	25.40	169 000	7.50
32A	50.80	58.55	28.58	222 400	10.10
40A	63.50	71.55	39.68	347 000	16.10
48A	76.20	87.83	47.63	500 400	22.60

注：使用过渡链节时，其极限载荷按表列数值 80% 计算。

12.6.3　齿形链

齿形链（如图 12.22）又称无声链，它是由各组齿形链板左右交错排列，通过铰链连接而成。链板两工作侧边为直边，夹角为 60° 或 70°，链板工作侧边与链轮齿廓啮合实现传动。齿形链铰链可做成滑动副或滚动副。图 12.22(b) 所示为棱柱式滚动副，链节相对转动时，两棱柱可相互滚动。使铰链磨损减少。为使齿形链工作时,不产生横向移位,在齿形链上设有导板,主要有两种:内导板导向性好;外导板导向性差,容易在销轴铆合处松脱。齿形链的齿形特点:传动平稳,承受冲击好,齿多受力均匀,噪音较小,故称无声链。允许速度高,特殊设计齿形链 $v = 40\ \mathrm{m/s}$,但结构较复杂,价格贵,制造较困难,也较重。多用于高速或运动精度要求较高的场合,故目前应用较少。

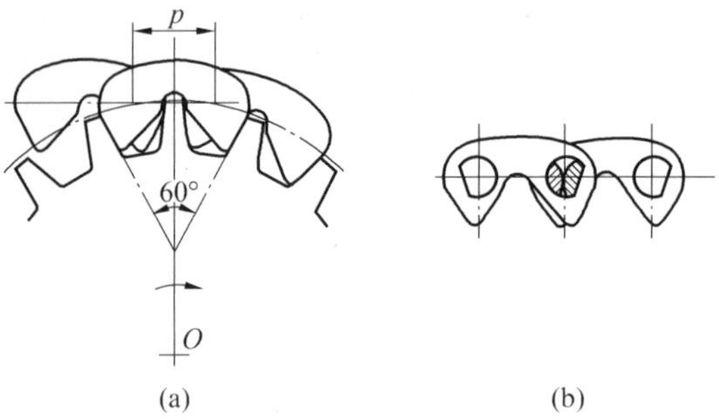

图 12.22 齿形链结构

12.6.4 滚子链链轮的结构与材料

链轮由轮齿、轮缘、轮辐和轮毂所组成。

在设计链传动时,对其齿形的要求有:(1) 保证链节平稳进入和退出啮合;(2) 减少啮合时冲击和接触应力;(3) 链条节距因磨损而增长后,应仍能与链轮很好地啮合;(4) 要便于加工。

链轮的端面齿形(如图 12.23),是由三圆弧一直线组成,即圆弧$\widehat{aa}$,$\widehat{ab}$,$\widehat{cd}$ 和一直线$\overline{bc}$,它的优点:接触应力小,冲击小,磨损少,不易跳齿与脱链。

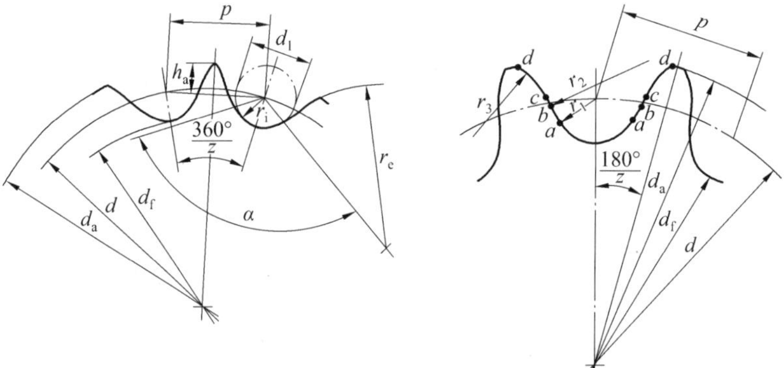

图 12.23 链轮的端面齿形

(只要是节距 p 相同,齿数 z 不同的所有链轮均能加工)

轴面齿形,两侧呈圆弧状,以利链节的进入和退出啮合(如图 12.24),其加工方法是采用标准刀具加工,一般为成型铣刀。

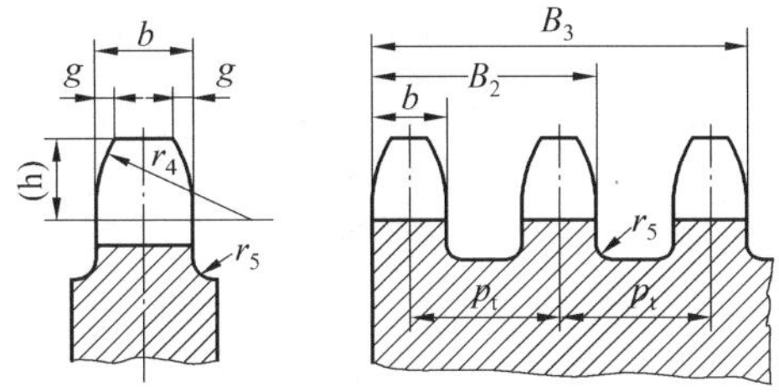

图 12.24　链轮的轴面齿形

12.6.5　链轮的主要参数及尺寸

链轮的基本参数是与其配用链条的节距 p,套筒的最大外径 d_1,齿数 z,排距 p_t。其中链轮的分度圆直径(公称直径) 和齿顶圆直径为

分度圆直径

$$d = \frac{P}{\sin \frac{180°}{z}} \tag{12.31}$$

齿顶圆直径

$$d_a = P(0.54 + \cot \frac{180°}{z}) \tag{12.32}$$

12.6.6　链轮的结构型式

小直径的链轮制成轮毂与链轮一体(图 12.25(a));中等直径的链轮可制成孔板式(图 12.25(b));大直径链轮可将齿圈用螺栓连接或焊接在轮毂上,制成组合式链轮(图 12.25(c))。

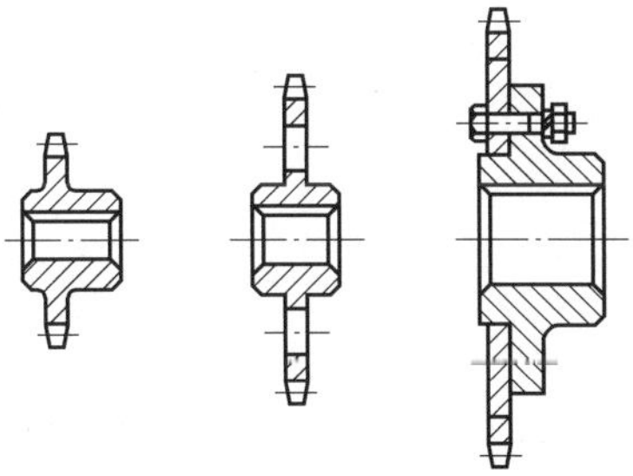

(a)　(b)　(c)

图 12.25　链轮结构形式

12.6.7　链轮的材料

链轮轮齿的材料要有足够的强度与耐磨性,因为小链轮轮齿的啮合次数多于大链轮,所受的冲击也较大,故小链轮应采用较好的材料。常用的材料有碳素钢(Q235,Q275,45,ZG310 ~ 570 等)、灰铸铁(如 HT200) 等;应用于重要场合的链轮可采用合金钢;小功率传动也可用夹布胶木等。同时在选取链轮材料时,应参考以下几种情况:

(1) 有冲击载荷时一般采用低碳钢和低碳合金钢,热处理工艺常采用渗碳淬火、回火等;

(2) 无剧烈冲击,中等速度较大的链轮,一般采用中碳钢和中碳合金钢,热处理工艺常采用淬火、回火;

(3) 齿数较多(特大)$z > 50$ 的链轮采用灰铸铁;

(4) 中小功率传动,采用普通或优质碳素钢;大功率传动,采用合金钢;

(5) 当传递功率 $P < 6$ kW,在高速链传动时,采用夹布胶木,噪音较小,传动平稳;

(6) 小链轮的材料与热处理要求应高于大链轮,因为小链轮的啮合次数比大链轮多,所以磨损和冲击比大链轮更为严重。

12.7 链传动的运动特性和受力分析

12.7.1 链运动的运动不均匀性

链传动是由刚性链节通过销轴铰接形成的,当链绕上链轮时,链节与相应的链轮轮齿啮合时,与正多边形轮子上的带传动极其相似,正多边形边数为齿数 z,正多边形边长为节距 p,当链轮转过一整周时,链移动位移刚好等于 zp。

当小、大链轮转速分别为 n_1,n_2 时

$$v = \frac{z_1 p n_1}{60 \times 1\,000} = \frac{z_2 p n_2}{60 \times 1\,000}(\text{m/s}) \tag{12.33}$$

$$i = \frac{n_1}{n_2} = \frac{z_2}{z_1} \tag{12.34}$$

但每瞬时的传动比 $i = \dfrac{\omega_1}{\omega_2}$,不等于定值,这是链传动的特点。

如图12.26所示,在主动链轮上,铰链A随同主动链轮运动的线速度 $v_1 = \dfrac{d_1}{2}\omega_1 = R_1\omega_1$,方向垂直于 AO_1,与链条直线运动方向夹角为β。因此,可将 v_1 分解为水平链速 v_x 和铅垂链速 v_y。

水平链速

$$v_x = v_1 \cos\beta = \frac{\omega_1 d_1}{2}\cos\beta = R_1\omega_1\cos\beta \tag{12.35}$$

铅垂链速

$$v_y = v_1 \sin\beta = \frac{\omega_1 d_1}{2}\sin\beta = R_1\omega_1\sin\beta \tag{12.36}$$

式中 v_1——A 点的圆周速度;

R_1,d_1—— 小链轮分度圆半径、直径;

β—— 链节进入啮合后某点铰链中心与轮心连线与铅垂线夹角(或铰链中心相对于铅垂线的位置角)。

β 的变化范围 $\beta \in \left(-\dfrac{\varphi_1}{2},\ +\dfrac{\varphi_1}{2}\right)$,作周期性变化。因 $\varphi_1 = 360°/z_1$,所以 $\beta = \pm\dfrac{180°}{z_1}$(图12.26(c))。在两侧,刚进入与刚退出啮合时,$\beta = \pm\dfrac{180°}{z_1}$ 时

$$v_x = v_{x\min} = \frac{d_1\omega_1}{2}\cos\frac{180°}{z_1} = R_1\omega_1\cos\frac{180°}{z_1} \tag{12.37}$$

$$v_y = v_{y\max} = \mp\frac{d_1\omega_1}{2}\sin\frac{180°}{z_1} = \mp R_1\omega_1\sin\frac{180°}{z_1} \tag{12.38}$$

当 $\beta = 0$（在顶点位置）（图 12.26(b)）

$$v_x = v_{x\max} = \frac{d_1\omega_1}{2} = R_1\omega_1 \tag{12.39}$$

$$v_y = v_{y\min} = \frac{d_1\omega_1}{2}\sin\beta = R_1\omega_1\sin\beta = 0 \tag{12.40}$$

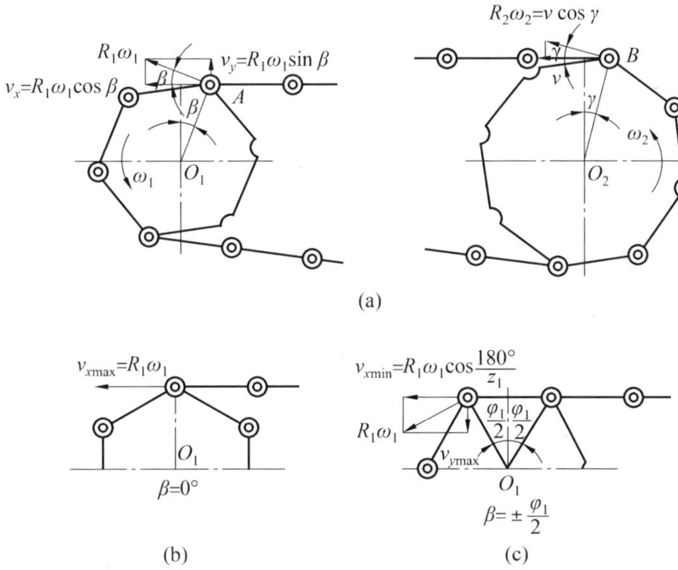

图 12.26　链运动的运动不均匀性

对于主动轮，当 ω_1 恒定时，前进速度周期性变化，同时升降速度也在作周期性变化。变化情况，刚进入啮合瞬间 v_x 最小、v_y 最大；到达顶点时 v_x 最大、v_y 最小（为零）；退出啮合时 v_x 最小、v_y 最大。且链轮每转一周，链速呈周期性变化，使转动比 i 不均匀。链节在运动中，作忽上忽下、忽快忽慢的速度变化。这就造成链运动速度的不均匀，作有规律的周期性的波动。

对从动轮：

$$v_2 = \frac{d_2\omega_2}{2} = \frac{v_x}{\cos\gamma} = \frac{d_1\omega_1\cos\beta}{2\cos\gamma} \tag{12.41}$$

瞬时传动比：

$$i = \frac{\omega_1}{\omega_2} = \frac{d_2\cos\gamma}{d_1\cos\beta} \tag{12.42}$$

即使 ω_1 恒定，ω_2 会随 γ 和 β 的变化而变化，所以瞬时传动比 i 不恒定。可见链传动的瞬时传动比是变化的。链传动的传动比变化与链条绕在链轮上的多边形特征有关，故将以上现象称为链传动的多边形效应。

12.7.2 链传动的动载荷

链传动在工作过程当中,链速和从动链轮的转速都是变化的,因而会引起变化的惯性力及相应的动载荷。对式(12.35)求导,可得

链条加速度为

$$a=\frac{\mathrm{d}v_x}{\mathrm{d}t}=-\frac{d_1\omega_1^2}{2}\sin\beta \tag{12.43}$$

当$\beta=\pm\frac{\varphi_1}{2}$时,

$$a_{\max}=\pm\frac{d_1\omega_1^2}{2}\sin\frac{\varphi_1}{2}=\mp\omega_1^2\frac{d_1}{2}\sin\frac{180^\circ}{z_1}=\mp\frac{\omega_1^2p}{2}$$

$\beta=0$时,

$$a_{\min}=0$$

从动链轮因角加速度引起的惯性力为

$$F_{d2}=\frac{J}{R_2}\frac{\mathrm{d}\omega_2}{\mathrm{d}t} \tag{12.44}$$

式中 J—— 从动系统转化到从动链轮轴上的转动惯量,$\mathrm{kg\cdot m^2}$;

ω_2 —— 从动链轮的角速度,rad/s;

R_2—— 从动链轮分度圆半径,$R_2=d_2/2$,m。

结论:链轮转速n_1越高,节距p越大,齿数z_1越少时,动载冲击越严重,噪音越大。当链速v一定,齿数z_1多,节距p小时,对传动非常有利。因此,在链传动中常采用小节距的链传动。当节距p、链轮齿数z一定时,必须限制链轮的极限转速n。

应当注意:链节与链轮啮合瞬间的相对速度也将引起冲击和振动(图12.27)。链作直线运动,轮作圆周运动,则进入啮合时产生冲击、动负荷。而且,节距p越大,转速n越大时,链传动产生的冲击也越大。张紧不适当,松边垂度过大,启动、制动、反向、突然卸载或超载必出现惯性冲击,增大了动负荷。

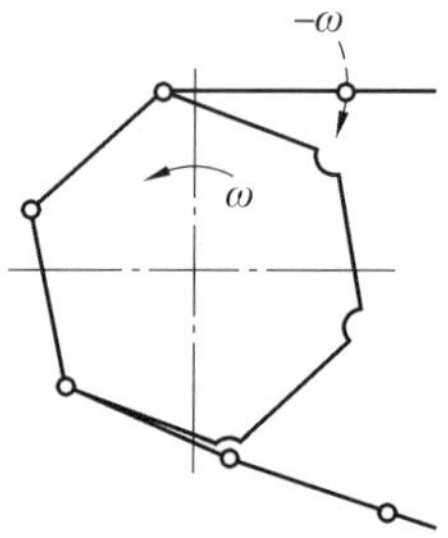

图12.27 链节与链轮啮合瞬间的冲击

12.7.3 链传动的受力分析

链传动在安装时,链条应有一定的张紧力,张紧力是通过使链保持适当的垂度所产生的悬垂拉力来获得。目的是使松边不致过松,以免影响链条的正常啮合和产生振动,跳齿和脱链。但张紧力比带传动中要小得多。

不计动载荷,链传动中主要作用力有:

1. 工作拉力F_e作用于紧边

$$F_e=\frac{1\,000P}{v} \tag{12.45}$$

式中 P—— 链传动功率,kW;

v—— 链速,m/s。

2. 离心拉力

$$F_c = qv^2 \tag{12.46}$$

式中 q—— 每米链长质量,kg/m,见表12.11。

3. 铅垂拉力 F_f(作用于链全长,与松边垂度和悬垂布置方式有关(图12.28)

$$F_f = \max\{F'_f, F''_f\} \tag{12.47}$$

其中

$$F'_f = K_f qa \times 10^2 \quad (N)$$

$$F''_f = (K_f + \sin\alpha) qa \times 10^2 \quad (N)$$

式中 a—— 链传动的中心距,mm;

α—— 两轮中心线与水平面的夹角;

K_f—— 下垂量 $y = 0.02a$ 时的垂度系数,其值与中心连线和水平线的夹角 α 有关。铅垂布置时 $K_f = 1$;水平布置时 $K_f = 6$;倾斜布置时($\alpha = 30°$ 时),$K_f = 5$;($\alpha = 60°$ 时) $K_f = 2.8$;($\alpha = 75°$ 时) $K_f = 1.2$。

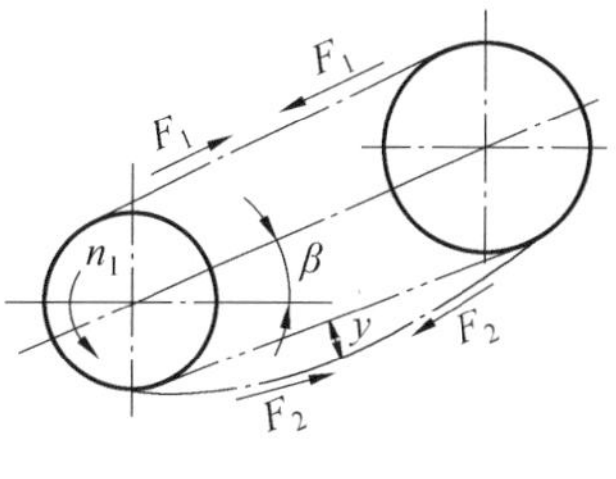

图12.28 受力分析

4. 紧边拉力与松边拉力

$$F_1 = F_e + F_c + F_f, \quad F_2 = F_c + F_f \tag{12.48}$$

5. 作用于轴上载荷 F_P

压轴力 F_P 可近似取为

$$F_p \approx K_{FP} F_e \tag{12.49}$$

式中 F_e—— 有效圆周力,N;

K_{FP}—— 压轴力系数,对于水平传动 $K_{FP} = 1.15$;对于垂直传动 $K_{FP} = 1.05$。

12.8 链传动的设计计算

12.8.1 失效形式

1. 链条疲劳破坏

链条在运动过程当中,每个元件都在变应力作用下工作,经过一定循环次数之后,链板将会产生疲劳破坏,因而出现断裂;正常润滑条件下,疲劳强度是决定链传动承载能力的重要因素。

2. 链节铰链磨损

链条在运动过程当中,铰链中的销轴与套筒之间除了承受载荷,还有相对转动,导致销轴铰链磨损,使得链节距增加,引起脱链,跳齿等。

3. 冲击疲劳强度

反复启动、制动或受重复多次冲击载荷,附加动载荷大的时候,使得销轴、滚子、套筒最终产生冲击断裂。

4. 链板铰链胶合

在重载高速或润滑不当时,会使销轴和套筒的工作表面直接接触,相对转动时产生摩擦热,从而导致胶合失效。胶合限制了链传动的极限转速 n_L。

5. 静力拉断

当链传动处于低速重载($v < 0.6$ m/s)时会出现静力拉断现象,通常都按静力强度设计。

12.8.2 链传动的承载能力

链传动的各种失效形式都与其链速有关。图 12.29 所示为实验条件下单排链的极限功率曲线的示意图。在图中,润滑良好、中等速度以下,链传动的承载能力主要取决于疲劳强度;随着转速的提高,其承载能力取决于冲击疲劳强度;当转速很高时,胶合失效将制约链传动的承载能力。

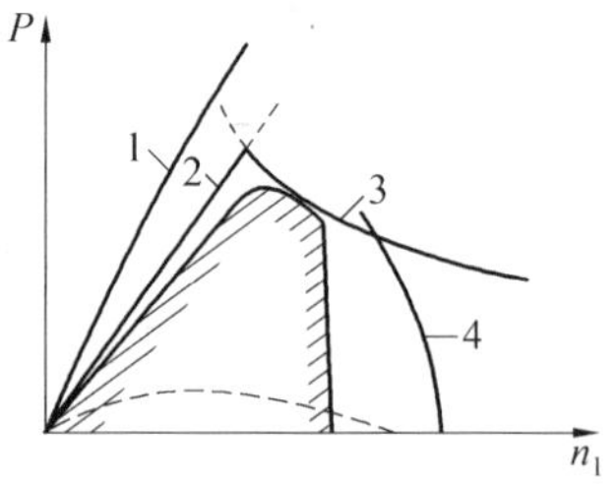

图 12.29 链的极限功率曲线

在图 12.29 中所示的极限功率曲线:1 是在良好的润滑条件下,由磨损、破坏限定的极限功率曲线;2 是链板疲劳破坏限定的极限功率曲线;3 是滚子、套筒冲击疲劳破坏限定的功率曲线;4 是销轴与套筒胶合限定的极限功率曲线。图中阴影部分是设计时实际使用的区域;若润滑不好或工况恶劣时,磨损将很严重,其极限功率曲线要大幅下降,如图中虚线所示。

图 12.30 所示为 A 系列、单排链额定功率 P_0 曲线图,该曲线图是经实验确定数据绘制而成。其实验条件:① 主从动链轮共面,保持规定的张紧度;② 单排链;③ 小链轮齿数 $z_1 = 25$;④ 链条长 120 链节,即 $L_p = 120p$;⑤ 传动比 $i = 3$;⑥ 工作寿命 $t_h = 15\ 000$ h;⑦ 水平布置,载荷平稳;⑧ 因磨损产生的相对伸长量 $\leqslant 3\%$;⑨ 载荷无冲击,合适的润滑。当设计的 z, i, a 等不同时应对 P_0 进行修正。

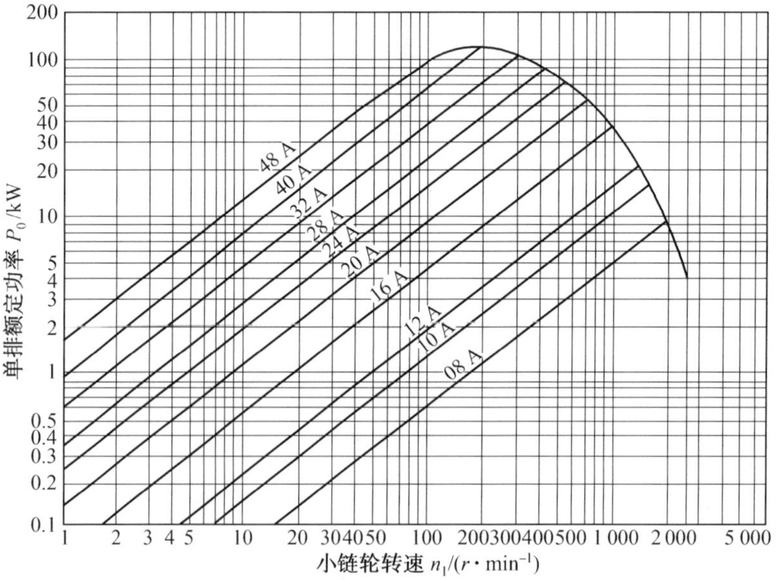

图 12.30 A 系列、单排滚子链额定功率曲线

当润滑不良时,链传动的额定功率 P_0 值要按照以下条件选取:

当 $v \leqslant 1.5$ m/s,润滑不良时,取$(0.3 \sim 0.6)P_0$;

当$1.5\ m/s < v < 7\ m/s$，润滑不良时，取$(0.15 \sim 0.30)P_0$；

当$v > 7\ m/s$，润滑不良时，传动不可靠，不宜采用链传动；

当$v \leqslant 0.6\ m/s$时属低速链，主要失效形式为过载拉断，按静强度计算。静强度条件为

$$\frac{Q}{K_A \cdot F_1} \geqslant S \tag{12.50}$$

式中 Q——单排链的极限拉伸载荷，N，见表12.11；

F_1——紧边拉力，N；

K_A——工况系数，见表12.12；

S——安全系数，$S = 4 \sim 8$。

表12.12 链传动工况系数K_A

载荷种类	原动机	
	电动机或汽轮机	内燃机
载荷平稳	1.0	1.1
中等冲击	1.4	1.5
较大冲击	1.8	1.9

当实际工作寿命低于15 000 h，则按有限寿命进行设计，其允许传递功率可高些，参考设计手册。

12.8.3 链传动的设计计算

1. 已知条件和设计内容

已知条件：链传递功率P，载荷性质和工作条件，尺寸限制以及主动链轮转速n_1，从动链轮转速n_2，或传动的传动比i。

设计内容：确定链的型号，主动链轮齿数z_1，从动链轮齿数z_2，节距p，中心距a，材料几何尺寸，轴上载荷Q，润滑方式等。

2. 设计步骤和方法

(1) 选择链轮齿数z_1，z_2和确定传动比i

主动链轮齿数z_1不能过少，当z_1过少时，传动不均性和动载荷增大；链条绕进链轮后，与链轮磨损加剧；此外主动链轮齿数z_1过少，导致链传动外壳尺寸减小，质量轻，工作时不稳定。因此在选择主动链轮齿数z_1时，应尽量使主动链轮齿数z_1不能太少，且最好为奇数。与此同时，从动链轮齿数z_2不能选择过大，从动链轮齿数z_2过大，导致外壳尺寸大，质量加大。并且从动链轮齿数z_2增多，会使承载力降低，而且从动链轮齿数z_2过多容易导致脱链。所以齿数过多、过少均不好，必须限制齿数。

在设计时，一般应使主动链轮齿数$z_1 \geqslant z_{min} = 17$，由表12.13可知，由链速$v$决定链轮齿数$z_1$，并且$z_1$应选奇数，可使链传动磨损比较均匀。但在设计之初，链速v未知，一般先假定v之后，再进行设计，之后校核。在选择从动链轮齿数时，也应使$z_2 = iz_1 \Rightarrow z_{2max} \leqslant 120$不能过多，过多会使链条产生脱链现象。

链传动中,理想的传动比 $i \leqslant 6$,一般取 $i = 2 \sim 3.5$,最大 $i_{max} = 10$。因为 i 过大,链在小轮上包角过小,同时啮合齿数过少,影响链传动的承载能力。

表 12.13 链轮齿数

传动比 i	1 ~ 2	3 ~ 4	5 ~ 6	> 6
齿数 z_1	31 ~ 27	25 ~ 23	21 ~ 17	17

(2) 计算当量的单排链计算功率

根据链传动的工作情况、主动链轮齿数和链条排数,将链传动所传递的功率修正为当量的单排链的计算功率

$$P_{ca} = \frac{K_A}{K_z K_P} P \quad (\mathrm{kW}) \tag{12.51}$$

式中 K_A—— 工况系数,见表 12.12;

K_z—— 小链轮齿数系数,见表 12.14;

K_P—— 多排链系数,见表 12.15;

P—— 传递的功率,kW。

表 12.14 小链轮齿数系数

在图 12.29 中的位置	工况点在功率曲线顶点左侧时(链板疲劳)	工况点在功率曲线顶点右侧时(冲击疲劳)
小链轮齿数系数 K_z	$\left(\frac{z_1}{19}\right)^{1.08}$	$\left(\frac{z_1}{19}\right)^{1.5}$

表 12.15 多排链系数

排数	1	2	3	4	5	6
K_P	1.0	1.7	2.5	3.3	4.0	4.6

(3) 确定链条型号和节距 p

根据计算功率 P_{ca}、主动链轮转速 n_1 由图 12.30 确定链条型号,然后由表 12.11 确定节距 p。

当 P 增加时,结构尺寸增大,如转速 n 一定,承载力增加,运动不均匀性,动载荷增大、噪音也严重。因此,在满足一定功率条件下,节距 p 越小越好,高速链尤其如此。如考虑经济性要求时,传动功率大,链速较高,选节距 p 小的多排链;当中心距 a 小,传动比 i 大时,选用节距 p 小的多排链。而当中心距 a 大,传动比 i 小,选节距 p 大的单列链。

(4) 链节数 L_p 与中心距 a 的确定

① 初选中心距 a_0

a 过小时则 α(包角)过小,参加啮合齿数少,总的链节数 L_p 也少,在速度 v 一定的情况下,链节应力循环次数增加,寿命下降,同时中心距 a 过大,除了结构不紧凑之外,还极易使链松边发生颤动。所以初选 $a_0 = (30p \sim 50p)$,$a_{max} = 80p$,当有张紧链装置时,可选 $a_0 > 80p$。最小中心距 a_{min} 按 i 确定:当 $i > 3$,$a_{min} = \frac{d_1 + d_2}{2}\frac{9 + i}{10}$;$i \leqslant 3$ 时 $a_{min} = \frac{d_1 + d_2}{2} + (30 \sim 50)$ mm。但当

结构要求给定中心距 a 时,则按给定的中心距 a 来计算。

② 计算链节数

$$L_{P0}=\frac{z_1+z_2}{2}+\frac{2a_0}{p}+\left(\frac{z_2-z_1}{2\pi}\right)^2\frac{p}{a_0} \tag{12.52}$$

为了避免使用过渡链节,应将计算出的链节数 L_{p0} 圆整为偶数 L_p。

③ 求实际中心距 a

$$a=\frac{p}{4}\left[\left(L_P-\frac{z_1+z_2}{2}\right)+\sqrt{\left(L_P-\frac{z_1+z_2}{2}\right)^2-8\left(\frac{z_2-z_1}{2\pi}\right)^2}\right] \tag{12.53}$$

(5) 计算链速 v,确定润滑方式

平均链速 v 按式 12.33 计算。

根据链速 v,由图 12.31 选择合适的润滑方式。

(6) 计算链传动作用在轴上的压轴力 F_P

由公式(12.49) 计算链传动作用在轴上的压轴力 F_P。

12.9 链传动的正确使用与维护

12.9.1 链传动的布置形式

(1) 链传动只能布置在垂直平面内,不能布置在水平或倾斜平面内。

(2) 两轮中心线最好水平或水平面夹角小于45°(尽量避免垂直)。

(3) 当属下列情况时,紧边在上。

①$a \leqslant 30p$ 和 $i \geqslant 2$ 时;② 倾斜角较大时;③$a \geqslant 60p$,$i \leqslant 1.5$ 和 $z \leqslant 25$ 时,其他情况则不限制。

12.9.2 链传动的张紧方法

方法:(1) 当中心距可调时,可通过调节中心距来控制张紧程度。(2) 中心距不可调时,用张紧轮:注意张紧轮应在靠近主动轮的松边上。张紧轮的材料可用夹布胶木制成。宽度比链轮约宽 5 mm,直径应尽量与小轮直径相近。(3) 在链条磨损变长后,从中去掉一、两个链节,以恢复到原来的张紧程度。

12.9.3 润滑与防护

1. 润滑

润滑有利于缓冲、减小摩擦、降低磨损,润滑良好与否对承载能力与寿命大有影响。润滑方式按图 12.31 选取,注意链速越高,润滑方式要求也越高。润滑油牌号按机械设计手册选(普通机械油)。

如套筒采用喷涂塑料或粉末冶金的含油套筒,因有自润滑作用,允许不另加润滑油。

2. 防护

为了防止工作人员无意中碰到链传动装置中的运动部件而受到伤害,应当使用防护罩将

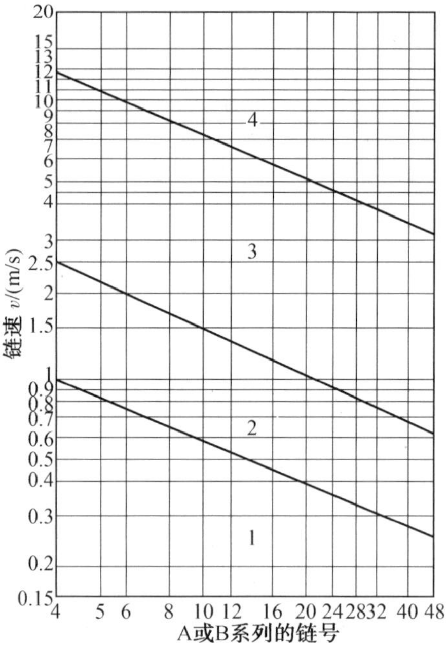

图 12.31 链传动润滑范围选择图

1— 人工定期;2— 滴油润滑;3— 油浴或飞溅润滑;4— 压力喷油润滑

其封闭。同时也是为了环境清洁、防尘、减小噪音和润滑需要等也需加防护罩。

例 12.2 用 $P=5.5$ kW,$n_1=1\ 450$ r/min 的电动机,通过链传动驱动一搅拌机,载荷平稳,传动比 $i=3.2$,试设计此链传动。

解 (1) 链轮齿数

由表 12.13 选取主动链轮齿数 $z_1=23$,从动链轮齿数

$$z_2=i\,z_1=3.2\times23=73.6$$

取 $z_2=73$。

实际传动比

$$i=\frac{73}{23}=3.17$$

误差远小于 ±5%,故允许。

(2) 链条节数

初选中心距 $a_0=40p$ 由式(12.52)得出

$$L_{P0}=\frac{z_1+z_2}{2}+\frac{2a_0}{p}+\left(\frac{z_2-z_1}{2\pi}\right)^2\frac{p}{a_0}=$$

$$\frac{23+73}{2}+2\times\frac{40p}{p}+\frac{p}{40p}\left(\frac{73-23}{2\pi}\right)^2=130\text{ 节}$$

取链节数为 $L_p=130$。

(3) 计算功率

$$P_{ca}=\frac{K_A}{K_zK_P}P$$

由表12.12查得 $K_A = 1.0$；由表12.15，采用单排链，$K_P = 1.0$；由表12.14得

$$K_z = \left(\frac{z_1}{19}\right)^{1.08} = \left(\frac{23}{19}\right)^{1.08} = 1.23$$

$$P_{ca} = \frac{K_A}{K_z K_P} P = \frac{1.0}{1.23 \times 1.0} \times 5.5 = 4.95\ \text{kW}$$

(4) 链条节距

由图12.30查得当 $n_1 = 1\ 450$ r/min，08A链条的传递功率为6.1 kW(> 4.95 kW)，故采用08A链条即可，其节距 $p = 12.7$ mm。

(5) 实际中心距

将中心距设计成可调节的，不需要计算实际中心距。可选取

$$a = a_0 = 40p = 40 \times 12.7 = 508\ \text{mm}$$

(6) 计算链速

由式(12.33)

$$v = \frac{z_1 p n_1}{60 \times 1\ 000} = \frac{23 \times 12.7 \times 1\ 450}{60 \times 1\ 000} = 7.06\ \text{m/s}$$

符合原来的假设。

(7) 作用于轴上载荷 F_P

取 $K_{FP} = 1.15$

$$F_p \approx K_{FP} \times 1\ 000 \times \frac{P}{v} \approx 1.15 \times 1\ 000 \times \frac{5.5}{7.06} \approx 895.89\ \text{N}$$

(8) 链轮主要尺寸设计(略)

习　　题

12.1　打滑是失效形式之一，不允许的，应当避免的，但又有过载保护作用，是否矛盾？(过载保护作用与打滑是否矛盾？)

12.2　V带传动的 $n_1 = 1\ 430$ r/min，带与带轮的当量摩擦系数 $f_v = 0.50$，包角 $\alpha_1 = 2\pi/3$，预拉力 $F_0 = 300$ N。试求：① 该传动所能传递的最大有效拉力是多少？② 若 $d_1 = 120$ mm，其传递的最大扭矩等于多少？③若传动效率是 $\eta = 0.94$，弹性滑动略去不计，从动带轮的输出功率为多少？

12.3　V带传动的功率 $P = 7.5$ kW，带速 $v = 12$ m/s，紧边拉力是松边拉力的2.5倍，试求：紧边拉力 F_1、有效拉力 F_e 和预拉力 F_0 是多少？

12.4　已知V带传动 $n_1 = 1\ 440$ r/min，$n_2 = 440$ r/min，$d_1 = 160$ mm，中心距 $a = 1\ 600$ mm，带的根数 $z = 2$，型号为B型带，存在振动冲击，一天两班制(16 h)，求V带能传递的功率。

12.5　有一带式输送机，其电动机与齿轮减速器之间利用普通V带传动，电动机功率 $P =$ 7.5 kW，转速 $n_1 = 940$ r/min，减速器输入轴的转速 $n_2 = 290$ r/min，允许转速误差 ±5%，V带传动允许有轻微冲击，两班制工作，试设计此V带传动。

12.6　链传动与带传动相比较，有哪些优缺点？

12.7　在链传动中，选取小链轮齿数 z_1 受哪些条件限制？链传动的传动比受哪些条件

限制？

12.8　试设计一带式运输机所使用的链传动，已知条件为：传动功率 $P=5.5$ kW，$n_1=720$ r/min，传动比 $i=3.32$，工作载荷平稳无冲击，每天两班制，按规定条件润滑，试设计此链传动。

12.9　设计一链传动，电动机转速 $n_1=960$ r/min，从动轮转速 $n_2=240$ r/min，电动机功率 $P=7.5$ kW，链传动中心距不超过 790 mm，两班制工作，设计此链传动。

12.10　一链传动的节距 $p=25.4$ mm，主动链轮齿数 $z_1=19$，从动链轮齿数 $z_2=71$，主动链轮转速 $n_1=960$ r/min。试求：(1) 链条的平均速度 v。(2) 链条的最大速度 v_{max} 及最大加速度 a_{max}。

12.11　已知一链传动，采用节距 $p=19.05$ mm，主动链轮齿数 $z_1=19$，链速 $v=6$ m/s，试求该链传动所能传递的最大功率是多少？

12.12　某液体搅拌机采用电动机驱动，低速级采用链传动，输入功率 $P=5.2$ kW，转速 $n_1=60$ r/min，使用双排链传动，主动链轮齿数 $z_1=19$，从动链轮齿数 $z_2=59$，中心距 $a=1\ 200$ mm，计算此链传动。

第 13 章

齿 轮 传 动

教学提示：齿轮传动是机械传动的核心内容。本章将重点地介绍各种渐开线齿轮（包括直齿圆柱齿轮、斜齿圆柱齿轮、直齿圆锥齿轮）的参数和几何尺寸计算、啮合原理、受力分析和承载能力计算。

教学要求：熟练掌握直齿圆柱齿轮传动、斜齿圆柱齿轮传动和轴交角 $\Sigma=90°$ 的直齿圆锥齿轮传动的受力分析；在理解轮齿的失效形式和直齿圆柱齿轮传动强度计算的基础上，进行其他齿轮传动的强度设计。

齿轮传动是机械传动中最重要的传动之一，形式很多，应用广泛，传递的功率可达数十万千瓦，圆周速度可达 200 m/s。本章主要介绍最常用的渐开线齿轮传动。

齿轮传动的主要特点有：

（1）效率高。在常用的机械传动中，以齿轮传动的效率最高。如一级圆柱齿轮传动的效率可达 99%。这对大功率传动十分重要，因为即使效率只提高 1%，也有很大的经济意义。

（2）结构紧凑。在同样的使用条件下，齿轮传动所需的空间尺寸一般较小。

（3）工作可靠、寿命长。设计制造正确合理、使用维护良好的齿轮传动，工作十分可靠，寿命可长达一、二十年，这也是其他机械传动所不能比拟的。这对车辆及在矿井内工作的机器尤为重要。

（4）传动比稳定。传动比稳定往往是对传动性能的基本要求。齿轮传动获得广泛应用，也就是由于这一特点。

但是齿轮传动的制造及安装精度要求高，价格较贵，且不宜用于传动距离过大的场合。

齿轮传动可做成开式、半开式及闭式。如在农业机械、建筑机械以及简易的机械设备中，有一些齿轮传动没有防尘罩或机壳，齿轮完全暴露在外边，这叫开式齿轮传动。这种传动不仅外界杂物极易入侵，而且润滑不良，因此工作条件不好，齿轮也容易磨损，故只宜用于低速传动。当齿轮传动装有简单的防护罩，有时还把大齿轮部分地浸入油池中，则称为半开式齿轮传动。它的工作条件虽有改善，但仍不能做到严密防止外界杂物入侵，润滑条件也不算很好。而汽车、机床、航空发动机等所用的齿轮传动，都是装在经过精确加工而且封闭严密的箱体（机匣）内，这称为闭式齿轮传动（齿轮箱）。它与开式或半开式相比，润滑及防护等条件最好，多用于重要场合。

13.1 齿轮传动的失效形式及设计准则

13.1.1 失效形式

齿轮传动就装置型式来说，有开式、半开式及闭式之分；就使用情况来说，有低速、高速及轻载、重载之别；就齿轮材料的性能及热处理工艺的不同，轮齿有较脆（如经整体淬火、齿面硬度很高的钢齿轮或铸铁齿轮）或较韧（如经调质、常化的优质碳钢及合金钢齿轮），齿面有较硬（齿轮工作面的硬度大于350 HBS或38 HRC，并称为硬齿面齿轮）或较软（齿轮工作面的硬度小于或等于350 HBS或38 HRC，并称为软齿面齿轮）的差别等。由于上述条件的不同，齿轮传动也就出现了不同的失效形式。一般地说，齿轮传动的失效主要是轮齿的失效，而轮齿的失效形式又是多种多样的，这里只就较为常见的轮齿折断和工作齿面磨损、点蚀、胶合及塑性变形等略作介绍，其余的轮齿失效形式请参看有关标准。至于齿轮的其他部分（如齿圈、轮辐、轮毂等），除了对齿轮的质量大小需加严格限制外，通常只按经验设计，所定的尺寸对强度及刚度来说均较富裕，实践中也极少失效。

1. 轮齿折断

轮齿折断有多种失效形式，在正常的工况下，主要是齿根弯曲疲劳折断，因为在轮齿受载时，齿根处产生的弯曲应力最大，再加上齿根过渡部分的截面突变及加工刀痕等引起的应力集中作用，在载荷的多次重复作用下，弯曲应力超过弯曲疲劳极限时，齿根部分将产生疲劳裂纹，裂纹的逐渐扩展，最终将引起轮齿折断，这种折断称为疲劳折断（图13.1）。若轮齿单侧工作时，根部弯曲应力一侧为拉伸，另一侧为压缩，轮齿脱离啮合时，弯曲应力为零，因此就任一侧而言，其应力都是按脉动循环变化的。若轮齿双侧工作时，则弯曲应力按对称循环变化。

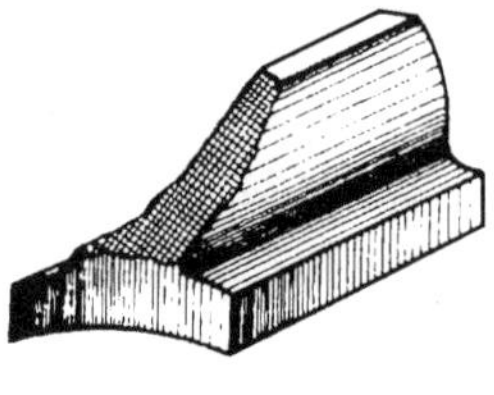
图13.1　轮齿折断

此外，在轮齿受到突然过载时，也可能出现过载折断或剪断，称为过载折断。用淬火钢或铸铁制成的齿轮，容易发生这种折断。

为防止轮齿折断，除应对轮齿进行弯曲疲劳强度和弯曲静强度计算外，还可采取一系列措施提高轮齿的抗折断能力：(1)用增大齿根过渡圆角半径及消除加工刀痕的方法来减少齿根应力集中；(2)增大轴及支承的刚性，使轮齿接触线上受载较为均匀；(3)采用合适的热处理方法使齿芯材料具有足够的韧性；(4)采用喷丸、滚压等工艺措施对齿根表层进行强化处理。

2. 齿面磨损

在齿轮传动中，齿面随着工作条件的不同会出现多种不同的磨损形式。例如当啮合齿面落入磨料性物质（如砂粒、铁屑）时，齿面即被逐渐磨损而致报废。这种磨损称为磨粒磨损（图13.2）。它是开式齿轮传动的主要失效形式之一。改用闭式齿轮传动是避免齿面磨粒磨损最有效的办法。

图13.2　齿面磨损

3. 齿面点蚀

点蚀是齿面疲劳损伤的现象之一。在润滑良好的闭式齿轮传动中，常见的齿面失效形式多为点蚀。轮齿工作时，齿面的接触应力按脉动循环变化。当齿面的接触应力超过轮齿材料的接触疲劳极限时，在载荷的多次重复作用下，齿面表层就会产生细微的疲劳裂纹，裂纹的蔓延扩展使金属微粒剥落下来，从而形成疲劳点蚀（图13.3）。齿面上最初出现的点蚀仅为针尖大小的麻点，如工作条件未加改善，麻点就会逐渐扩大，甚至数点连成一片，最后形成了明显的齿面损伤。

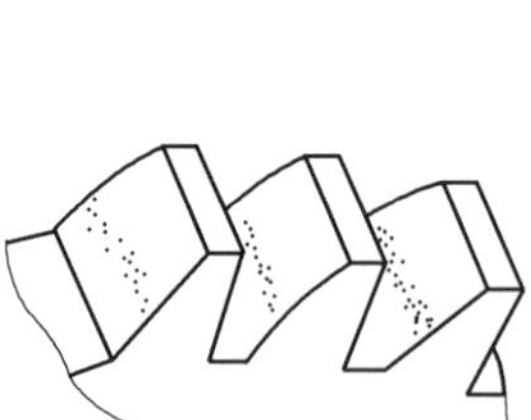
图13.3　齿面点蚀

轮齿在啮合过程中，齿面间的相对滑动起着形成润滑油膜的作用，而且相对滑动速度愈高，愈易在齿面间形成油膜，润滑也就愈好。当轮齿在靠近节线处啮合时，由于相对滑动速度低，形成油膜的条件差，润滑不良，摩擦力较大，特别是直齿轮传动，通常这时只有一对齿啮合，轮齿受力最大，因此，点蚀也就首先出现在靠近节线的齿根面上，然后再向其他部位扩展。从相对意义上来说，也就是靠近节线处的齿根面抵抗点蚀的能力最差(即接触疲劳强度最低)。

提高齿轮材料的硬度，可以增强轮齿抗点蚀的能力。在啮合的轮齿间加注润滑油可以减小摩擦，减缓点蚀，延长齿轮的工作寿命。并且在合理的限度内，润滑油的黏度愈高，上述效果也愈好。因为当齿面上出现疲劳裂纹后，润滑油就会浸入裂纹，而且黏度愈低的油，愈易浸入裂纹。润滑油浸入裂纹后，在轮齿啮合时，就有可能在裂纹内受到挤胀，从而加快裂纹的扩展，这是不利之处。所以对速度不高的齿轮传动，以用黏度高一些的油来润滑为宜；对速度较高的齿轮传动(如圆周速度 $v>12$ m/s)，要用喷油润滑(同时还起散热的作用)，此时只宜用黏度低的油。

开式齿轮传动，由于齿面磨损较快，很少出现点蚀。

4. 齿面胶合

对于高速重载的齿轮传动(如航空发动机减速器的主传动齿轮)，齿面间的压力大，瞬时温度高，润滑效果差，当瞬时温度过高时，相啮合的两齿面就会发生黏在一起的现象，由于此时两齿面又在作相对滑动，相黏结的部位即被撕破，于是在齿面上沿相对滑动的方向形成伤痕，称为胶合，如图 13.4 所示。传动时的齿面瞬时温度愈高、相对滑动速度愈大的地方，愈易发生胶合。

图 13.4 齿面胶合

有些低速重载的重型齿轮传动，由于齿面间的油膜遭到破坏，也会产生胶合失效。此时，齿面的瞬时温度并无明显增高，故称之为冷胶合。

加强润滑措施，采用抗胶合能力强的润滑油(如硫化油)，在润滑油中加入极压添加剂等，均可防止或减轻齿面的胶合。

5. 塑性变形

塑性变形属于轮齿永久变形一大类的失效形式，当齿轮材料较软，载荷及摩擦力很大时，轮齿在啮合过程中，齿面表层的材料可能沿着摩擦力的方向流动，称为齿面塑性变形，如图 13.5 所示。当齿轮受到较大短期过载或冲击载荷时，较软材料做成的齿轮可能发生轮齿整体变形，称为齿体塑性变形。但在重载作用下，硬度高的齿轮也会出现。

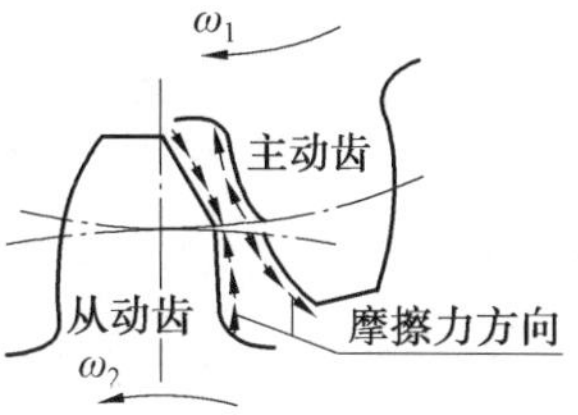

图 13.5 齿面塑性变形

提高轮齿对上述几种失效形式的抵抗能力，除上面所说的办法外，还有减小齿面粗糙度值，适当选配主、从动齿轮的材料及硬度，进行适当的磨合(跑和)，以及选用合适的润滑剂及润滑方法等。

13.1.2 设计准则

由上述分析可知，所设计的齿轮传动在具体的工作情况下，必须具有足够的、相应的工作能力，以保证在整个工作寿命期间不致失效。因此，针对上述各种工作情况及失效形式，都应分别确立相应的设计准则。但是对于齿面磨损、塑性变形等，由于尚未建立起广为工程实际使用而且行之有效的计算方法及设计数据，所以目前设计一般使用的齿轮传动时，通常只按保证齿根弯曲疲劳强度及保证齿面接触疲劳强度两准则进行计算。对于高速大功率的齿轮传动

(如航空发动机主传动、汽轮发电机组传动等),还要按保证齿面抗胶合能力的准则进行计算(参阅 GB/T 3480—1997)。至于抵抗其他失效能力,目前虽然一般不进行计算,但应采取相应的措施,以增强轮齿抵抗这些失效的能力。

由实践得知,在闭式齿轮传动中,通常以保证齿面接触疲劳强度为主。但对于齿面硬度很高、齿芯强度又低的齿轮(如用 20,20Cr 钢经渗碳后淬火的齿轮)或材质较脆的齿轮,通常则以保证齿根弯曲疲劳强度为主。如果两齿轮均为硬齿面且齿面硬度一样高时,则视具体情况而定。

功率较大的传动,例如输入功率超过 75 kW 的闭式齿轮传动,发热量大,易于导致润滑不良及轮齿胶合损伤等,为了控制温升,还应作散热能力计算(计算准则及办法参看第 14 章)。

开式(半开式)齿轮传动,按理应根据保证齿面抗磨损及齿根抗折断能力两准则进行计算,但如前所述,对齿面抗磨损能力的计算方法迄今尚不够完善,故对开式(半开式)齿轮传动,目前仅以保证齿根弯曲疲劳强度作为设计准则。为了延长开式(半开式)齿轮传动的寿命,可视具体需要而将所求得的模数适当增大。

前已指出,对于齿轮的轮圈、轮辐、轮毂等部位的尺寸,通常仅做结构设计,不进行强度计算。

13.2 齿轮的材料及其选择原则

由轮齿的失效形式可知,设计齿轮传动时,应使齿面具有较高的抗磨损、抗点蚀、抗胶合及抗塑性变形的能力,而齿根要有较高的抗折断能力。因此,对齿轮材料性能的基本要求为齿面要硬、齿芯要韧。

13.2.1 常用的齿轮材料

1. 钢

钢材的韧性好,耐冲击,还可通过热处理或化学热处理改善其力学性能及提高齿面的硬度,故最适于用来制造齿轮。

(1)锻钢

除尺寸过大或者是结构形状复杂只宜铸造者外,一般都用锻钢制造齿轮,常用的是含碳量在 0.15% ~0.6% 的碳钢或合金钢。

制造齿轮的锻钢可分为:

①经热处理后切齿的齿轮所用的锻钢。

对于强度、速度及精度都要求不高的齿轮,应采用软齿面(硬度≤350 HBS)以便于切齿,并使刀具不致迅速磨损变钝。因此,应将齿轮毛坯经过常化(正火)或调质处理后切齿。切制后即为成品。其精度一般为 8 级,精切时可达 7 级。这类齿轮制造简便、经济、生产率高。

②需进行精加工的齿轮所用的锻钢。

高速、重载及精密机器(如精密机床、航空发动机)所用的主要齿轮传动,除需要材料性能优良,轮齿具有高强度及齿面具有高硬度(如 58 ~65 HRC)外,还应进行磨齿等精加工。需精加工的齿轮目前多是先切齿,再做表面硬化处理,最后进行精加工,精度可达 5 级或者 4 级。这类齿轮精度高,价格较贵,所用热处理方法有表面淬火、渗碳、氮化、软氮化及氰化等。所用材料视具体要求及热处理方法而定。

合金钢材根据所含金属的成分及性能，可分别使材料的韧性、耐冲击、耐磨及抗胶合的性能等获得提高，也可以通过热处理或化学热处理改善材料的力学性能及提高齿面的硬度。所以对于既是高速、重载，又要求尺寸小、质量小的航空用齿轮，就都用性能优良的合金钢（如20CrMnTi，20Cr2Ni4A 等）来制造。

由于硬齿面齿轮具有力学性能高、结构尺寸小等优点，因而一些工业发达的国家在一般机械中也普遍采用了中、硬齿面的齿轮传动。

（2）铸钢

铸钢的耐磨性及强度均较好，但应经退火及常化处理，必要时也可进行调质。铸钢常用于尺寸较大的齿轮。

2. 铸铁

灰铸铁性质较脆，抗冲击及耐磨性都较差，但抗胶合及抗点蚀的能力较好。灰铸铁齿轮常用于工作平稳，速度较低，功率不大的场合。

3. 非金属材料

对高速、轻载及精度不高的齿轮传动，为了降低噪声，常用非金属材料（如夹布塑胶、尼龙等）做小齿轮，大齿轮仍用钢或铸铁制造。为使大齿轮具有足够的抗磨损及抗点蚀的能力，齿面的硬度应为 250 ~ 350 HBS。

常用的齿轮材料及其力学性能列于表 13.1。

表 13.1　常用齿轮材料及其力学特性

材料牌号	热处理方法	强度极限 σ_B/ MPa	屈服极限 σ_s/ MPa	硬度/HBS	
				齿芯部	齿面
HT250		250		170 ~ 241	
HT300		300		187 ~ 255	
HT350		350		197 ~ 269	
QT500-5		500		147 ~ 241	
QT600-2		600		229 ~ 302	
ZG310-570	常化	580	320	156 ~ 217	
ZG340-640		650	350	169 ~ 229	
45		580	290	162 ~ 217	
ZG340-640	调质	700	380	241 ~ 269	
45		650	360	217 ~ 255	
30CrMnSi		1 100	900	310 ~ 360	
35SiMn		750	450	217 ~ 269	
38SiMnMo		700	550	217 ~ 269	
40Cr		700	500	241 ~ 286	

续表 13.1

材料牌号	热处理方法	强度极限 σ_B/ MPa	屈服极限 σ_s/ MPa		
45	调质后表面淬火			217 ~ 255	40 ~ 50 HRC
40Cr				241 ~ 286	48 ~ 55 HRC
20Cr	渗碳后淬火	650	400	300	58 ~ 62 HRC
20CrMnTi		1 100	850		
12Cr2Ni4		1 100	850	320	
20 Cr2Ni4		1 200	1 100	350	
35CrAlA	调质后氮化(氮化层厚度 $\delta \geq$ 0.3,0.5 mm)	950	750	255 ~ 321	>850 HV
38CrMoAlA		1 000	850		
夹布塑胶		100		25 ~ 35	

注:40Cr 钢可用 40MnB 或 40MnVB 钢代替;20Cr,20CrMnTi 钢可用 20Mn2B 或 20MnVB 钢代替。

13.2.2 齿轮材料的选择原则

齿轮材料的种类很多,在选择时应考虑的因素也很多,下述几点可供选择材料时参考:

(1) 齿轮材料必须满足工作条件的要求。例如,用于飞行器上的齿轮,要满足质量小、传递功率大和可靠性高的要求,因此必须选择力学性能高的合金钢;矿山机械中的齿轮传动,一般功率很大、工作速度较低、周围环境中粉尘含量极高,因此往往选择铸钢或铸铁等材料;家用及办公用机械的功率很小,但要求传动平稳、低噪声或无噪声,以及能在少润滑或无润滑状态下正常工作,因此常选用工程塑料作为齿轮材料。总之,工作条件的要求是选择齿轮材料时首先应考虑的因素。

(2) 应考虑齿轮尺寸的大小、毛坯成形方法及热处理和制造工艺。大尺寸的齿轮一般采用铸造毛坯,可选用铸钢或铸铁作为齿轮材料。中等或中等以下尺寸要求较高的齿轮常选用锻造毛坯,可选择锻钢制作。尺寸较小而又要求不高时,可选用圆钢做毛坯。

齿轮表面硬化的方法有:渗碳、氮化和表面淬火。采用渗碳工艺时,应选用低碳钢或低碳合金钢做齿轮材料;氮化钢和调质钢能采用氮化工艺;采用表面淬火时,对材料没有特别的要求。

(3)正火碳钢,不论毛坯的制作方法如何,只能用于制作在载荷平稳或轻度冲击下工作的齿轮,不能承受大的冲击载荷;调质碳钢可用于制作在中等冲击载荷下工作的齿轮。

(4)合金钢常用于制作高速、重载并在冲击载荷下工作的齿轮。

(5)飞行器中的齿轮传动,要求齿轮尺寸尽可能小,应采用表面硬化处理的高强度合金钢。

(6)金属制的软齿面齿轮,配对两轮齿面的硬度差应保持为 30 ~ 50 HBS 或更多。当小齿轮与大齿轮的齿面具有较大的硬度差(如小齿轮齿面为淬火并磨制,大齿轮齿面为常化或调质),且速度又较高时,较硬的小齿轮齿面对较软的大齿轮齿面会起较显著的冷作硬化效应,从而提高了大齿轮齿面的疲劳极限。因此,当配对的两齿轮齿面具有较大的硬度差时,大齿轮的接触疲劳许用应力可提高约20%,但应注意硬度高的齿面,粗糙度值也要相应的减小。

13.3 齿轮传动的精度

制造和安装齿轮传动装置时,不可避免地会产生误差(如齿形误差、齿距误差、齿向误差、两轴线不平行等)。误差对传动带来以下三方面的影响:

(1)相啮合齿轮在一转范围内实际转角与理论转角不一致,即影响传递运动的准确性。

(2)瞬时传动比不能保持恒定不变,齿轮在一转范围内会出现多次重复的转速波动,特别在高速传动中将引起振动、冲击和噪声,即影响传动的平稳性。

(3)齿向误差能使齿轮上的载荷分布不均匀,当传递较大转矩时,易引起早期损坏,即影响载荷分布的均匀性。

国家标准对齿轮规定了12个精度等级,其中,1级精度最高,12级精度最低,最常用的是6~9级。齿轮的精度等级应根据齿轮传动的用途、使用条件、传递的功率、圆周速度以及经济性等技术要求选择。具体可根据齿轮的圆周速度参考表13.2进行选取。

表13.2 齿轮传动常用精度等级及其应用

精度等级	圆周速度 v/(m/s)			应用举例
	直齿圆柱	斜齿圆柱	直齿锥齿轮	
6	≤15	≤30	≤12	高速重载的齿轮传动,如飞机、汽车和机床中的重要齿轮,分度机构的齿轮传动
7	≤10	≤15	≤8	高速中载或中速重载的齿轮传动,如标准系列减速器中的齿轮,汽车和机床中的齿轮
8	≤6	≤10	≤4	机械制造中对精度无特殊要求的齿轮
9	≤2	≤4	≤1.5	低速及对精度要求低的传动

13.4 直齿圆柱齿轮传动的作用力及计算载荷

13.4.1 轮齿上的作用力

为了计算轮齿的强度,设计轴和轴承,有必要分析轮齿上的作用力。

图13.6所示为一标准直齿圆柱齿轮传动,按标准中心距安装,其齿廓在P点接触,如果略去摩擦力,则轮齿间相互作用的总压力为法向力F_n,其方向沿啮合线方向并垂直齿面。为了计算方便,将法向载荷F_n在节点P处分解为两个相互垂直的分力,即圆周力F_t和径向力F_r(单位均为N)。

圆周力

$$F_t = \frac{2T_1}{d_1}\ \text{N} \tag{13.1a}$$

径向力

$$F_r = F_t \tan\alpha\ \text{N} \tag{13.1b}$$

法向力

$$F_n = \frac{F_t}{\cos\alpha}\ \text{N} \tag{13.1c}$$

式中 T_1—— 小齿轮上的转矩，$T_1 = 10^6\dfrac{P}{\omega_1} = 9.55\times10^6\dfrac{P}{n_1}$，N·mm；

P—— 齿轮所传递的功率，kW；

ω_1—— 小齿轮上的角速度，$\omega_1 = \dfrac{2\pi n_1}{60}$，rad/s；

n_1—— 小齿轮的转速，r/min；

d_1—— 小齿轮的分度圆直径，mm；

α—— 压力角。

圆周力 F_t 的方向在主动轮上与运动方向相反，在从动轮上与运动方向相同。径向力 F_r 的方向与齿轮回转方向无关，对两轮都是由作用点指向各自的轮心。

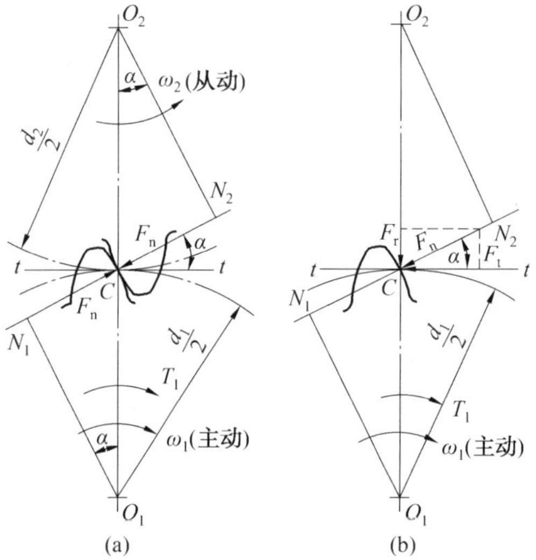

图 13.6 直齿圆柱齿轮轮齿的受力分析

13.4.2 计算载荷

上述的法向力 F_n 为名义载荷。理论上，F_n 应沿齿宽均匀分布，但由于轴和轴承的变形、传动装置的制造和安装误差等原因，载荷沿齿宽的分布并不是均匀的，即出现载荷集中现象。如图 13.7(a) 所示，齿轮位置对轴承不对称时，由于轴的弯曲变形，齿轮将相互倾斜，这时轮齿左端载荷增大(图 13.7(b))。轴和轴承的刚度越小、齿宽 b 越宽，载荷集中越严重。此外，由于各种原动机和工作机的特性不同、齿轮制造误差以及轮齿变形等原因，还会引起附加动载荷。精度越低、圆周速度越高，附加动载荷就越大。因此，计算齿轮强度时，通常用计算载荷 KF_n 代

替名义载荷 F_n，以考虑载荷集中和附加动载荷的影响。K 为载荷系数，其值可由表 13.3 查取。

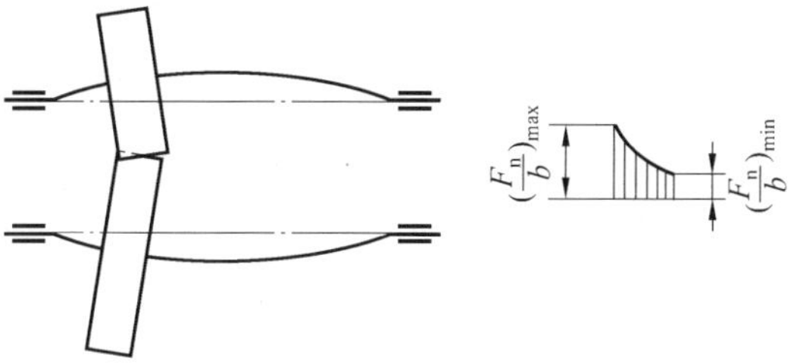

(a) (b)

图 13.7 轴的弯曲变形引起的齿向偏载

表 13.3 载荷系数 K

原动机	工作机械的载荷特性		
	均匀	中等冲击	大的冲击
电动机	1 ~ 1.2	1.2 ~ 1.6	1.6 ~ 1.8
多缸内燃机	1.2 ~ 1.6	1.6 ~ 1.8	1.9 ~ 2.1
单缸内燃机	1.6 ~ 1.8	1.8 ~ 2.0	2.2 ~ 2.4

注：斜齿、圆周速度低、精度高、齿宽系数小时取小值，直齿、圆周速度高、精度低，齿宽系数大时取大值。齿轮在两轴承之间对称布置时取小值，齿轮在两轴承之间不对称布置及悬臂布置时取大值。

13.5 直齿圆柱齿轮传动的齿面接触强度计算

齿轮强度计算是根据齿轮可能出现的失效形式来进行的。在一般闭式齿轮传动中，轮齿的主要失效形式是齿面接触疲劳点蚀和轮齿弯曲疲劳折断，本章介绍这两种强度计算方法（经适当简化）。

齿面疲劳点蚀与齿面接触应力的大小有关，而齿面最大接触应力可近似地用赫兹公式，即

$$\sigma_H = \sqrt{\frac{F_n}{\pi b} \cdot \frac{\dfrac{1}{\rho_1} \pm \dfrac{1}{\rho_2}}{\dfrac{1-\mu_1^2}{E_1} + \dfrac{1-\mu_2^2}{E_2}}}$$

进行计算，式中正号用于外啮合，负号用于内啮合，各符号的意义见 10.3 节。

实验表明，齿根部分靠近节线处最易发生点蚀，故常取节点处的接触应力为计算依据。对于标准齿轮传动，由图 13.6(a) 可知，节点处的齿廓曲率半径

$$\rho_1 = N_1P = \frac{d_1}{2}\sin\alpha, \quad \rho_2 = N_2P = \frac{d_2}{2}\sin\alpha$$

令 $u = d_2/d_1 = z_2/z_1$，可得

$$\frac{1}{\rho_1} \pm \frac{1}{\rho_2} = \frac{\rho_2 \pm \rho_1}{\rho_1\rho_2} = \frac{2(d_2 \pm d_1)}{d_1 d_2 \sin\alpha} = \frac{u \pm 1}{u} \cdot \frac{2}{d_1 \sin\alpha}$$

在节点处，一般仅有一对齿轮啮合，即载荷由一对齿承担，故

$$\sigma_H=\sqrt{\frac{F_n\frac{2}{d_1\sin\alpha}\times\frac{u\pm1}{u}}{\pi b\left(\frac{1-\mu_1^2}{E_1}+\frac{1-\mu_2^2}{E_2}\right)}}=\sqrt{\frac{\frac{F_t}{\cos\alpha}\times\frac{2}{d_1\sin\alpha}\times\frac{u\pm1}{u}}{\pi b\left(\frac{1-\mu_1^2}{E_1}+\frac{1-\mu_2^2}{E_2}\right)}}$$

令 $Z_E=\sqrt{\frac{1}{\pi\left(\frac{1-\mu_1^2}{E_1}+\frac{1-\mu_2^2}{E_2}\right)}}$，称为弹性系数，其数值与材料有关，可查表 13.4。

表 13.4　弹性系数 Z_E

	灰铸铁	球墨铸铁	铸钢	锻钢	夹布胶木
锻钢	162.0	181.4	188.9	189.8	56.4
铸钢	161.4	180.5	188.0	—	—
球墨铸铁	156.6	173.9	—	—	—
灰铸铁	143.7	—	—	—	—

令 $Z_H=\sqrt{\frac{2}{\sin\alpha\cdot\cos\alpha}}$，$Z_H$ 称为区域系数，对于标准齿轮，$Z_H=2.5$，得

$$\sigma_H=Z_EZ_H\sqrt{\frac{F_t}{bd_1}\frac{u\pm1}{u}}$$

以 KF_t 取代 F_t，且 $F_t=2T_1/d_1$，得

$$\sigma_H=Z_EZ_H\sqrt{\frac{2KT_1}{bd_1^2}\frac{u\pm1}{u}}\leqslant[\sigma_H] \tag{13.2}$$

式中，b 为齿的宽度；T_1 的单位为 N·mm，b、d 单位为 mm。

式(13.2)可用来验算齿面的接触强度。

令 $\phi_d=b/d_1$ 代入上式，可得设计公式

$$d_1\geqslant\sqrt[3]{\frac{2KT_1}{\phi_d}\frac{u\pm1}{u}\left(\frac{Z_EZ_H}{[\sigma_H]}\right)^2}\ \text{mm} \tag{13.3}$$

式中　$[\sigma_H]$——应取配对齿轮中的较小的许用接触应力。

$$[\sigma_H]=\frac{\sigma_{H\lim}}{S_H}\ \text{MPa}$$

式中　$\sigma_{H\lim}$——试验齿轮失效概率为 1/100 时的接触疲劳强度极限值，它与齿面硬度有关，见表 13.1；

S_H——安全系数，见表 13.5。

由式(13.3)所得为满足齿面接触强度所需的最小 d_1 值。

表 13.5　小安全系数 S_H，S_F 的参考值

使用要求	S_{Hmin}	S_{Fmin}
高可靠度（失效概率 ≤ 1/10 000）	1.5	2.0
较高可靠度（失效概率 ≤ 1/1 000）	1.25	1.6
一般可靠度（失效概率 ≤ 1/100）	1.0	1.25

注：对于一般工业用齿轮传动，可用一般可靠度。

13.6 直齿圆柱齿轮传动的轮齿弯曲强度计算

计算弯曲强度时,仍假定全部载荷仅由一对轮齿承担。显然,当载荷作用于齿顶时,齿根所受的弯曲力矩最大。如5.5节所述,当轮齿在齿顶啮合时相邻的一对轮齿也处于啮合状态(因重合度恒大于1),载荷理应由两对轮齿分担。但考虑到加工和安装的误差,对一般精度的齿轮按一对轮齿承担全部载荷计算较为安全。

计算时将轮齿看作悬臂梁(图13.8)。其危险截面可用30°切线法确定,即作与轮齿对称中心线成30°夹角并与齿根圆角相切的斜线,而认为两切点连线是危险截面位置(轮齿折断的实际情况与此基本相符)。危险截面处齿厚为 s_F。

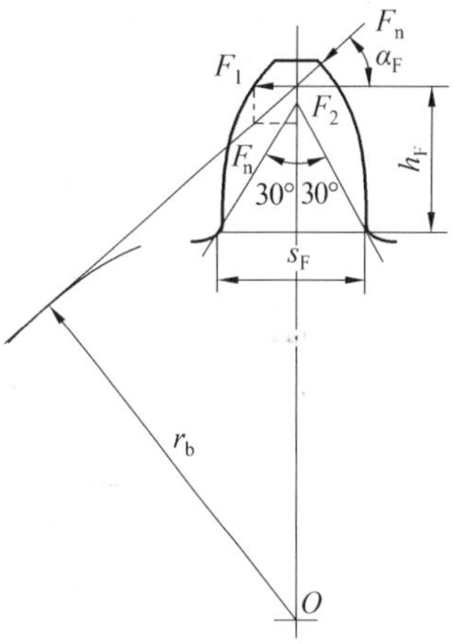

图13.8 齿根危险截面

法向力 F_n 与轮齿对称中心线的垂线的夹角为 α_F,F_n 可分解为 $F_1 = F_n\cos\alpha_F$ 和 $F_2 = F_n\sin\alpha_F$ 两个分力,F_1 使齿根产生弯曲应力,F_2 则产生压缩应力。因后者较小故通常略去不计。齿根危险截面的弯曲力矩为

$$M = KF_n h_F \cos\alpha_F$$

式中 K—— 载荷系数;

h_F—— 弯曲力臂。

危险截面的弯曲截面系数 W 为

$$W = \frac{bs_F^2}{6}$$

故危险截面的弯曲应力为

$$\sigma_F = \frac{M}{W} = \frac{6KF_n h_F\cos\alpha_F}{bs_F^2} = \frac{6KF_t h_F\cos\alpha_F}{bs_F^2\cos\alpha} = \frac{KF_t}{bm}\cdot\frac{6\left(\frac{h_F}{m}\right)\cos\alpha_F}{\left(\frac{s_F}{m}\right)^2\cos\alpha}$$

令

$$Y_{Fa} = \frac{6\left(\frac{h_F}{m}\right)\cos\alpha_F}{\left(\frac{s_F}{m}\right)^2\cos\alpha} \tag{13.4}$$

式中 Y_{Fa}—— 齿形系数。

因 h_F 和 S_F 均与模数成正比,故 Y_{Fa} 只与齿形中的尺寸比例有关而与模数无关,见图13.9。考虑在齿根部有应力集中现象,引入应力集中系数 Y_{Sa},见图13.10。由此可得轮齿弯曲强度的验算公式

$$\sigma_F = \frac{2KT_1Y_{Fa}Y_{sa}}{bd_1m} = \frac{2KT_1Y_{Fa}Y_{sa}}{bz_1m^2} \leqslant [\sigma_F] \tag{13.5}$$

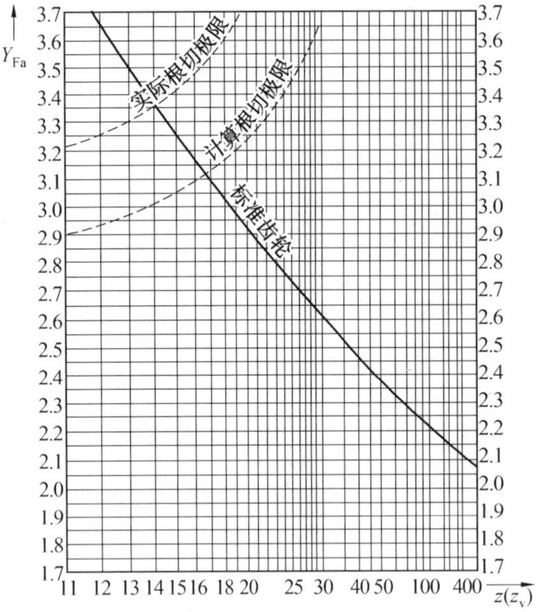

图 13.9 外齿轮的齿形系数 Y_{Fa}

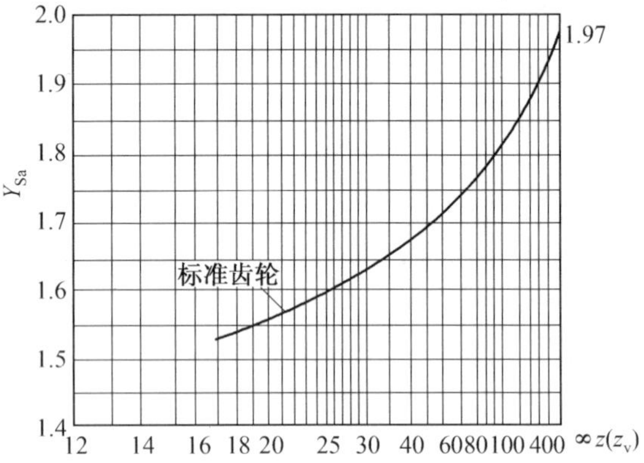

图 13.10 外齿轮齿根修正系数 Y_{Sa}

以 $b = \phi_d d_1$ 代入上式得

$$m \geqslant \sqrt[3]{\frac{2KT_1}{\phi_d z_1^2} \frac{Y_{Fa} Y_{sa}}{[\sigma_F]}} \text{ mm} \tag{13.6}$$

式中,许用弯曲应力

$$[\sigma_F] = \frac{\sigma_{FE}}{S_F} \text{ MPa}$$

式中 σ_{FE}——试验轮齿失效概率为1/100时的齿根弯曲疲劳极限值,见表13.1,若轮齿两面工作时,应将表中的数值 ×0.7;

S_F——安全系数,见表13.5。

用式(13.5)验算弯曲强度时,应该对大、小齿轮分别进行验算;用公式(13.6)计算 m 时,应比较 $Y_{Fa1}Y_{Sa1}/[\sigma_{F1}]$ 与 $Y_{Fa2}Y_{Sa2}/[\sigma_{F2}]$,以大值代入公式求 m。注意:算得的 m 值是必需的最小值,还应按表5.1圆整为标准模数值才能制造出来。传递动力的齿轮,其模数不宜小于1.5 mm。选定模数后,齿轮实际的分度圆直径应由 $d = mz$ 算出。对于开式传动,为考虑齿面磨损,可将算得的 m 值加大10% ~15%。

13.7 设计圆柱齿轮时材料和参数的选取

13.7.1 材料

转矩不大时,可试选用碳素结构钢,若计算出的齿轮直径太大,则可选用合金结构钢。轮齿进行表面热处理可提高接触疲劳强度,因而使装置较紧凑,但表面热处理后轮齿会变形,要进行磨齿。表面渗氮齿形变化小,不用磨齿,但氮化层较薄。尺寸较大的齿轮可用铸钢,但生产批量小时以锻造较经济。转矩小时,也可选用铸铁。要减小传动噪声,其中一个甚至两个可选用夹布塑料。

13.7.2 主要参数

1. 齿数比 u

$u = z_2/z_1$ 由传动比 $i = n_1/n_2$ 而定,为避免大齿轮齿数过多,导致径向尺寸过大,一般应使 $i \leqslant 7$。

2. 齿数 z

标准齿轮的齿数应不小于17,一般可取 $z_1 > 17$。齿数多,有利于增加传动的重合度,使传动平稳,但当分度圆直径一定时,增加齿数会使模数减小,有可能造成轮齿弯曲强度不够。

设计时,最好使 a 值为整数,因中心距 $a = m(z_1 + z_2)/2$,当模数 m 值确定后,调整 z_1,z_2 值可达此目的。调整 z_1,z_2 值后,应保证满足接触强度和弯曲强度,并使 u 值与所要求的 i 值的误差不超过 ±3% ~ 5%。

3. 齿宽系数 ϕ_d 及齿宽 b

ϕ_d 取得大,可使齿轮径向尺寸减小,但将使其轴向尺寸增大,导致沿齿向载荷分布不均。ϕ_d 的取值可参考表13.6。

表13.6 齿宽系数 ϕ_d

齿轮相对于轴承的位置	齿面硬度	
	软齿面	硬齿面
对称布置	0.8 ~ 1.4	0.4 ~ 0.9
非对称布置	0.2 ~ 1.2	0.3 ~ 0.6
悬臂布置	0.3 ~ 0.4	0.2 ~ 0.25

注:轴及其支座刚性较大时取大值,反之取小值。

齿宽可由 $b = \phi_d d_1$ 算得,b 值应加以圆整,作为大齿轮的齿宽 b_2,而使小齿轮的齿宽 $b_1 = b_2 + (5 \sim 10)$ mm,以保证轮齿有足够的啮合宽度。

例13.1 某两级直齿圆柱齿轮减速器用电动机驱动,单向运转,载荷有中等冲击。高速级传动比 $i = 3.7$,高速轴转速 $n_1 = 745$ r/min,传动功率 $P = 17$ kW,采用软齿面,试计算此高速级传动。

解 (1)选择材料及确定许用应力

小齿轮用40MnB调质,齿面硬度241 ~ 286 HBS,$\sigma_{\mathrm{Hlim1}} = 730$ MPa,$\sigma_{\mathrm{FE1}} = 600$ MPa(表13.1),大齿轮用ZG35SiMn调质,齿面硬度为241 ~ 269 HBS,$\sigma_{\mathrm{Hlim2}} = 620$ MPa,$\sigma_{\mathrm{FE2}} = 510$ MPa(表13.1)。由表13.5,取 $S_H = 1.1$,$S_F = 1.25$,

$$[\sigma_{\mathrm{H1}}] = \frac{\sigma_{\mathrm{Hlim1}}}{S_F} = \frac{730}{1.1} = 664\ \mathrm{MPa}$$

$$[\sigma_{\mathrm{H2}}] = \frac{620}{1.1} = 564\ \mathrm{MPa}$$

$$[\sigma_{\mathrm{F1}}] = \frac{\sigma_{\mathrm{FE1}}}{S_F} = \frac{600}{1.25} = 480\ \mathrm{MPa}$$

$$[\sigma_{F2}] = \frac{510}{1.25} = 408\ \text{MPa}$$

(2) 按齿面接触强度设计

设齿轮按8级精度制造。取载荷系数$K = 1.5$(表13.3),齿宽系数$\phi_d = 0.8$(表13.6)小齿轮上的转矩

$$T_1 = 9.55 \times 10^6 \times \frac{P}{n_1} = 9.55 \times 10^6 \times \frac{17}{745} = 2.18 \times 10^5\ \text{N} \cdot \text{mm}$$

取 $Z_E = 188$(表13.4)

$$d_1 \geqslant \sqrt[3]{\frac{2KT_1}{\phi_d} \times \frac{u+1}{u}\left(\frac{Z_E Z_H}{[\sigma_H]}\right)} = \sqrt[3]{\frac{2 \times 1.5 \times 2.18 \times 10^5}{0.8} \times \frac{3.7+1}{3.7}\left(\frac{188 \times 2.5}{564}\right)^2} = 89.7\ \text{mm}$$

齿数取 $z_1 = 32$,则 $z_2 = 3.7 \times 32 \approx 118$。故实际传动比 $i = 118/32 = 3.69$。

模数

$$m = \frac{d_1}{z_1} = \frac{89.7}{32} = 2.8\ \text{mm}$$

齿宽

$$b = \phi_d d_1 = 0.8 \times 89.7 = 71.8\ \text{mm}$$

取 $b_2 = 75$ mm,$b_1 = 80$ mm,按表5.1取 $m = 3$ mm,实际的 $d_1 = z \times m = 32 \times 3 = 96$ mm,$d_2 = 118 \times 3 = 354$ mm。

中心距

$$a = \frac{d_1 + d_2}{2} = \frac{96 + 354}{2} = 225\ \text{mm}$$

(3) 验算轮齿弯曲强度

齿形系数 $Y_{Fa1} = 2.65$(图13.9),$Y_{Sa1} = 1.63$(图13.10),$Y_{Fa2} = 2.13$,$Y_{Sa2} = 1.81$

由式(13.5)。

$$\sigma_{F1} = \frac{2KT_1 Y_{Fa1} Y_{Sa1}}{bm^2 z_1} = \frac{2 \times 1.5 \times 2.18 \times 10^5 \times 2.56 \times 1.63}{75 \times 3^2 \times 32} = 124\ \text{MPa} \leqslant [\sigma_{F1}] = 480\ \text{MPa}$$

$$\sigma_{F2} = \sigma_{F1}\frac{Y_{Fa2} Y_{Sa2}}{Y_{Fa1} Y_{Sa1}} = 124 \times \frac{2.13 \times 1.81}{2.56 \times 1.63} = 115\ \text{MPa} \leqslant [\sigma_{F2}] = 408\ \text{MPa}$$

安全。

(4) 齿轮的圆周速度

$$v = \frac{\pi d_1 n_1}{60 \times 1\,000} = \frac{3.14 \times 96 \times 745}{60\,000} = 3.74\ \text{m/s}$$

对照表13.2可知选用8级精度是合宜的。

其他计算从略。

13.8 斜齿圆柱齿轮传动

13.8.1 轮齿上的作用力

图13.11为斜齿轮轮齿受力情况,从图可以看出,轮齿所受总法向力 F_n 处于与轮齿相垂直

的法面上，它可分解为圆周力 F_t、径向力 F_r 和轴向力 F_a，其数值的计算公式可由图 13.11(b) 导出：

圆周力

$$F_t = \frac{2T_1}{d_1} \tag{13.7a}$$

径向力

$$F_r = \frac{F_t \tan \alpha_n}{\cos \beta} \tag{13.7b}$$

轴向力

$$F_a = F_t \tan \beta \tag{13.7c}$$

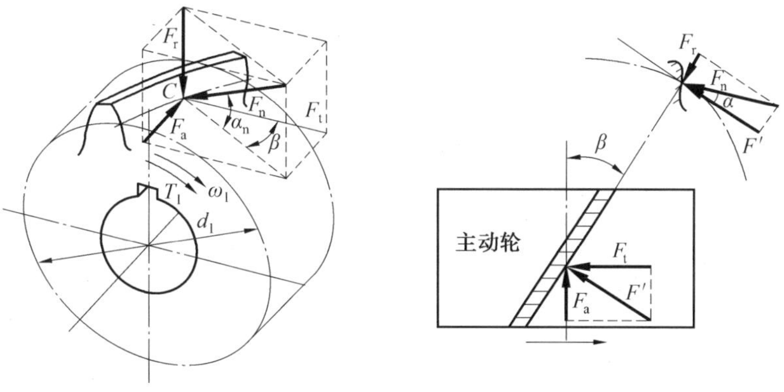

(a) (b)

图 13.11 斜齿圆柱齿轮的作用力

各分力的方向如下：圆周力 F_t 的方向在主动轮上与运动方向相反，在从动轮上与运动方向相同；径向力 F_r 的方向对两轮都是指向各自的轴心；轴向力 F_a 的方向可由轮齿的工作面受压来决定，其法向压力在轴向的分量，即为所受轴向力 F_a 的方向。对于主动轮，其工作面是转动方向的前面；对于从动轮，轮齿的工作面是转动方向的后面，见图 13.12。

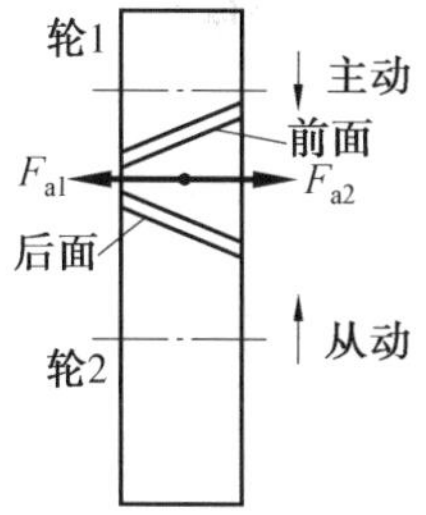

图 13.12 轴向力的方向

β 角为螺旋角，β 角取得大，则重合度增大，使传动平稳，但轴向力也增加，因而增加轴承的负载。一般取 $\beta = 8° \sim 20°$。

13.8.2 强度计算

斜齿圆柱齿轮传动的强度计算是按轮齿的法面进行分析的，其基本原理与直齿圆柱齿轮传动相似。但是斜齿圆柱齿轮传动的重合度较大，同时相啮合的轮齿较多，轮齿的接触线是倾斜的，而且在法面内斜齿轮的当量齿轮的分度圆半径也较大，因此斜齿轮的接触应力和弯曲应力均比直齿轮有所降低。关于斜齿轮强度问题的详细讨论，可参阅机械类机械设计教材。下面直接写出经简化处理的斜齿轮强度计算公式。

一对钢制标准斜齿轮传动的齿面接触应力及强度条件为

$$\sigma_H = Z_E Z_H Z_\beta \sqrt{\frac{2KT_1}{bd_1^2} \cdot \frac{u \pm 1}{u}} \leqslant [\sigma_H] \tag{13.8}$$

$$d_1 \geqslant \sqrt[3]{\frac{2KT_1}{\phi_d} \cdot \frac{u \pm 1}{u} \left(\frac{Z_E Z_H Z_\beta}{[\sigma_H]} \right)^2} \text{ mm} \tag{13.9}$$

式中　Z_E—— 材料弹性系数,由表 13.4 查取;

Z_H—— 节点区域系数,标准齿轮的 $Z_H = 2.5$;

Z_β—— 螺旋角系数,$Z_\beta = \sqrt{\cos\beta}$。

齿根弯曲疲劳强度条件为

$$\sigma_F = \frac{2KT_1}{bd_1 m_n} Y_{Fa} Y_{Sa} \leqslant [\sigma_F] \text{ MPa} \tag{13.10}$$

$$m_n \geqslant \sqrt[3]{\frac{2KT_1}{\phi_d Z_1^2} \cdot \frac{Y_{Fa} Y_{Sa}}{[\sigma_F]} \cos^2\beta} \text{ mm} \tag{13.11}$$

式中　Y_{Fa}—— 齿形系数,由当量齿数 $z_V = \frac{z}{\cos^3\beta}$ 查图 13.9;

Y_{Sa}—— 应力修正系数,由 z_v 查图 13.10。

例 13.2　某一斜齿圆柱齿轮减速器传递的功率 $P = 40$ kW,传动比 $i = 3.3$,主动轴转速 $n_1 = 1\ 470$ r/min,用电动机驱动,长期工作,双向传动,载荷有中等冲击,要求结构紧凑,试计算此齿轮传动。

解　(1) 选择材料及确定许用应力

因要求结构紧凑故采用硬齿面的组合:

小齿轮用 20CrMnTi 渗碳淬火,齿面硬度为 56 ~ 62 HRC,$\sigma_{Hlim1} = 1\ 500$ MPa,$\sigma_{FE1} = 850$ MPa;大齿轮用 20Cr 渗碳淬火,齿面硬度为 56 ~ 62 HRC,$\sigma_{Hlim2} = 1\ 500$ MPa,$\sigma_{FE2} = 850$ MPa(表 13.1)。

取 $S_F = 1.25$,$S_H = 1$(表 13.5);取 $Z_H = 2.5$,$Z_E = 189.8$(表 13.4)。

$$[\sigma_{F1}] = [\sigma_{F2}] = \frac{0.7\sigma_{FE1}}{S_F} = \frac{0.7 \times 850}{1.25} = 476 \text{ MPa}$$

$$[\sigma_{H1}] = [\sigma_{H2}] = \frac{\sigma_{Hlim1}}{S_H} = \frac{1\ 500}{1} = 1\ 500 \text{ MPa}$$

(2) 按轮齿弯曲强度设计计算

齿轮按 8 级精度制造。取载荷系数 $K = 1.3$(表 13.3),齿宽系数 $\phi_d = 0.8$(表 13.6)。

小齿轮上的转矩

$$T_1 = 9.55 \times 10^6 \frac{P}{n_1} = 9.55 \times 10^6 \times \frac{40}{1\ 470} = 2.6 \times 10^5 \text{ N} \cdot \text{mm}$$

初选螺旋角 $\beta = 15°$,齿数,取 $z_1 = 19$,则 $z_2 = 3.3 \times 19 \approx 63$,取 $z_2 = 63$。实际传动比

$$i = \frac{63}{19} = 3.32$$

齿形系数

$$z_{v1} = \frac{19}{\cos^3 15°} = 21.08, \quad z_{v2} = \frac{63}{\cos^3 15°} = 69.9$$

查图 13.9 得 $Y_{Fa1}=2.88$，$Y_{Fa2}=2.27$。查图 13.10 得 $Y_{Sa1}=1.57$，$Y_{Sa2}=1.75$。
因

$$\frac{Y_{Fa1}Y_{Sa1}}{[\sigma_{F1}]}=\frac{2.88\times1.57}{476}=0.0095>\frac{Y_{Fa2}Y_{Sa2}}{[\sigma_{F2}]}=\frac{2.27\times1.75}{476}=0.0083$$

故应对小齿轮进行弯曲强度计算。

法向模数

$$m_n\geqslant\sqrt[3]{\frac{2KT_1}{\phi_d Z_1^2}\cdot\frac{Y_{Fa1}Y_{Sa1}}{[\sigma_{F1}]}\cos^2\beta}=\sqrt[3]{\frac{2\times1.3\times2.6\times10^5}{0.8\times19^2}\times0.0095\times\cos^2 15^\circ}=2.75\ \text{mm}$$

由表 5.1 取 $m_n=3$ mm。

中心距

$$a=\frac{m_n(z_1+z_2)}{2\cos\beta}=\frac{3\times(19+63)}{2\cos15^\circ}=127.34\ \text{mm}$$

取 $a=130$ mm。

确定螺旋角

$$\beta=\arccos\frac{m_n(z_1+z_2)}{2a}=\arccos\frac{57+189}{2\times130}=18^\circ53'16''$$

齿轮分度圆直径

$$d_1=m_n z_1/\cos\beta=3\times19/\cos18^\circ53'16''=60.249\ \text{mm}$$

齿宽

$$b=\phi_d d_1=0.8\times60.249=48.2\ \text{mm}$$

取 $b_2=50$ mm，$b_1=55$ mm。

(3) 验算齿面接触强度

将各参数代入式(13.8)得

$$\sigma_H=Z_E Z_H Z_\beta\sqrt{\frac{2KT_1}{bd_1^2}\cdot\frac{u\pm1}{u}}=$$

$$189.8\times2.5\times\sqrt{\cos18^\circ53'16''}\times\sqrt{\frac{2\times1.3\times2.6\times10^5}{50\times60.249^2}\times\frac{4.32}{3.32}}=$$

$$917\ \text{MPa}<[\sigma_{H1}]=1\,500\ \text{MPa}$$

安全。

(4) 齿轮的圆周速度

$$v=\frac{\pi d_1 n_1}{60\times1\,000}=\frac{\pi\times60.249\times1\,470}{60\,000}=4.6\ \text{m/s}$$

对照表 13.2，选 8 级制造精度是合宜的。

13.9 直齿锥齿轮传动

13.9.1 轮齿上的作用力

图 13.13 表示直齿锥齿轮轮齿受力情况。法向力 F_n 可分解为三个分力：

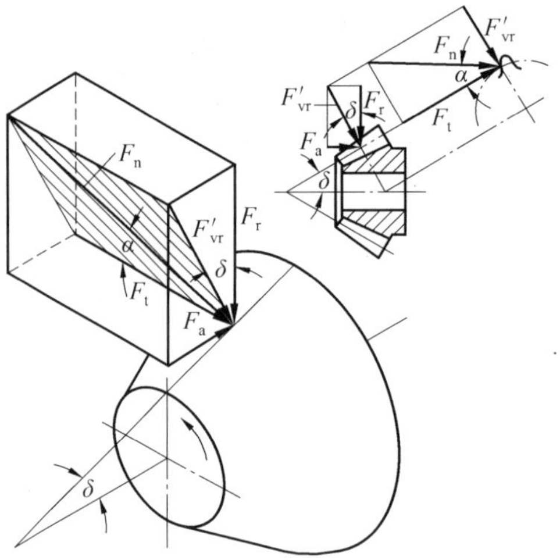

图 13.13 直齿圆锥齿轮传动的作用力

圆周力

$$F_t = \frac{2T_1}{d_{m1}} \tag{13.12a}$$

径向力

$$F_r = F_t \tan \alpha \cos \delta \tag{13.12b}$$

轴向力

$$F_a = F_t \tan \alpha \sin \delta \tag{13.12c}$$

式中 d_{m1}——小齿轮齿宽中点的分度圆直径,由图 13.14 中几何关系可得

$$d_{m1} = d_1 - b\sin \delta_1 \tag{13.13}$$

圆周力 F_t 的方向在主动轮上与运动方向相反,在从动轮上与运动方向相同。径向力 F_r 的方向对两轮都是垂直指向齿轮轴线。轴向力 F_a 的方向对两个齿轮都是由小端指向大端。当 $\delta_1 + \delta_2 = 90°$ 时,

$$\sin \delta_1 = \cos \delta_2, \quad \cos \delta_1 = \sin \delta_2$$

小齿轮上的径向力和轴向力在数值上分别等于大齿轮上的轴向力和径向力,但其方向相反(见图 13.15)。

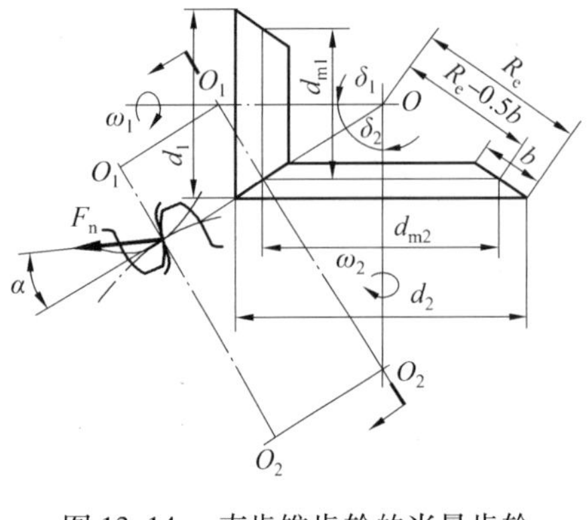

图 13.14 直齿锥齿轮的当量齿轮

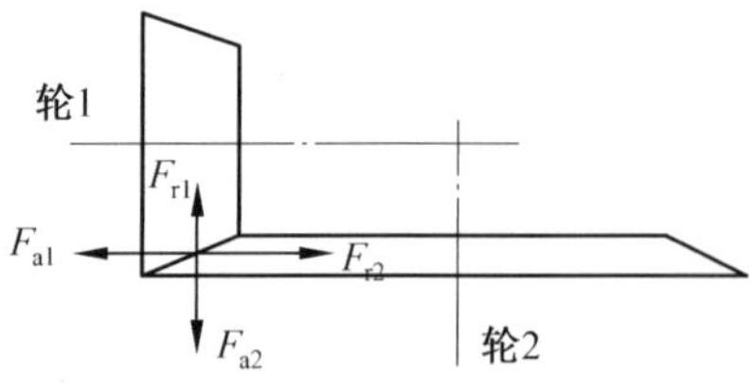

图 13.15 大小锥齿轮的作用力

13.9.2 强度计算

1. 接触疲劳强度计算

可以近似认为，一对直齿锥齿轮传动和位于齿宽中点的一对当量圆柱齿轮传动(图13.14)的强度相等。由此可得轴交角为90°的一对钢制直齿锥齿轮的齿面接触强度验算公式

$$\sigma_H = Z_E Z_H \sqrt{\frac{KF_{t1}}{bd_{mv1}} \cdot \frac{u_v + 1}{u_v}} \leqslant [\sigma_H]$$

式中 d_{mv1}—— 小齿轮在平均直径处的当量齿轮直径；

u_v—— 大小当量齿轮齿数比。

由上式可知，当传动比和传递的圆周力已定时，增大当量齿轮直径或齿宽 b 可使接触应力减小。

将有关当量齿轮的几何关系式代入上式，可得接触强度校核公式

$$\sigma_H = Z_E Z_H \sqrt{\frac{KF_{t1}}{bd_1(1 - 0.5\phi_R)} \cdot \frac{\sqrt{u^2 + 1}}{u}} \leqslant [\sigma_H] \tag{13.14}$$

式中，齿宽系数 $\phi_R = \frac{b}{R_e}$，b 为齿宽，R_e 为锥距(图13.14)。一般取 $\phi_R = 0.25 \sim 0.3$。

$u = z_2/z_1$，对一级直齿锥齿轮传动，取 $u \leqslant 5$。

由上式可得锥齿轮接触疲劳强度设计公式

$$d_1 \geqslant \sqrt[3]{\frac{4KT_1}{\phi_R u(1 - 0.5\phi_R)^2}\left(\frac{Z_E Z_H}{[\sigma_H]}\right)^2} \tag{13.15}$$

2. 弯曲疲劳强度计算

$$\sigma_F = \frac{KF_{t1}}{bm_m} Y_{Fa} Y_{Sa} = \frac{KF_{t1} Y_{Fa} Y_{Sa}}{bm(1 - 0.5\phi_R)} \leqslant [\sigma_F] \tag{13.16}$$

$$m \geqslant \sqrt[3]{\frac{4KT_1}{\phi_R z_1^2 (1 - 0.5\phi_R)^2 \sqrt{u^2 + 1}} \frac{Y_{Fa} Y_{Sa}}{[\sigma_F]}} \ \text{mm} \tag{13.17}$$

式中 m—— 大端模数；

Y_{Fa}—— 齿形系数，按当量齿数 $z_v = z/\cos\delta$ 由图13.9查取；

Y_{Sa}—— 齿根应力修正系数，按 $z_v = z/\cos\delta$ 由图13.10查取。

13.10 齿轮的构造

直径较小的钢质齿轮，当齿根圆周直径与轴径接近时，可以将齿轮和轴做成一体，称为齿轮轴(图13.16)。如果齿轮的直径比轴的直径大得多，则应把齿轮和轴分开制造。

顶圆直径 $d_a \leqslant 500$ mm 的齿轮可以是锻造的或铸造的，通常采用图13.17(a)所示的腹板式结构。直径较小的齿轮可做成实心的(图13.17(b))。

顶圆直径 $d_a \geqslant 400$ mm 的齿轮常用铸铁或铸钢制成，并常采用图13.18所示的轮辐式结构。图13.19(a)为腹板式锻造锥齿轮。图13.19(b)为带加强肋的腹板式铸造锥齿轮。

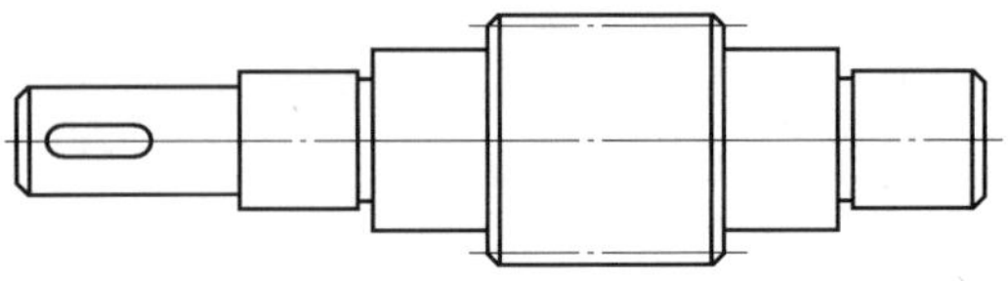

图 13.16 齿轮轴

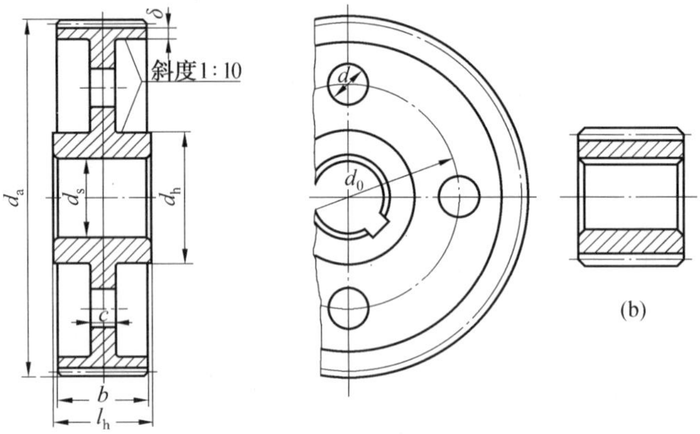

(a)

图 13.17 腹板式齿轮和实心式齿轮

$d_h = 1.6d_s$;$l_h = (1.2 \sim 1.5)d_s$,并使$l_h \geqslant b$;$c = 0.3b$;$\delta = (2.5 \sim 4)m_n$,但不小于8mm;d_0 和 d 按结构取定,当 d 较小时可不开孔。

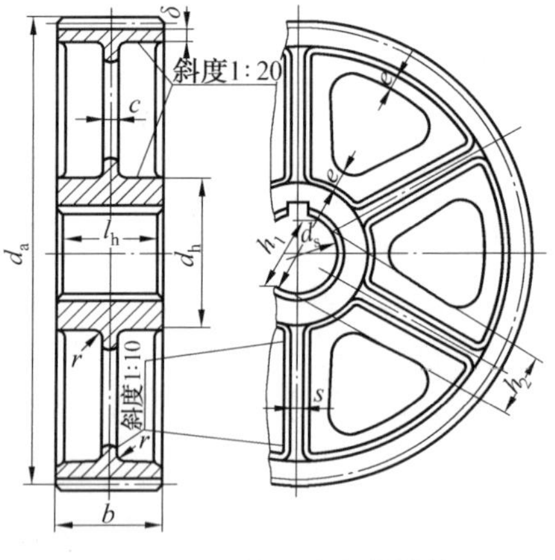

图 13.18 轮辐式齿轮结构

$d_h = 1.6d_s$(铸钢),$d_h = 1.8d_s$(铸铁);$l_h = (1.2 \sim 1.5)d_s$,并使$l_h \geqslant b$;$c = 0.2b$,但不小于10 mm;$\delta = (2.5 \sim 4)m_n$,但不小于8 mm;$h_1 = 0.8d_s$;$h_2 = 0.8h_1$;$s = 0.15h_1$,但不小于10 mm;$e = 0.8\delta$。

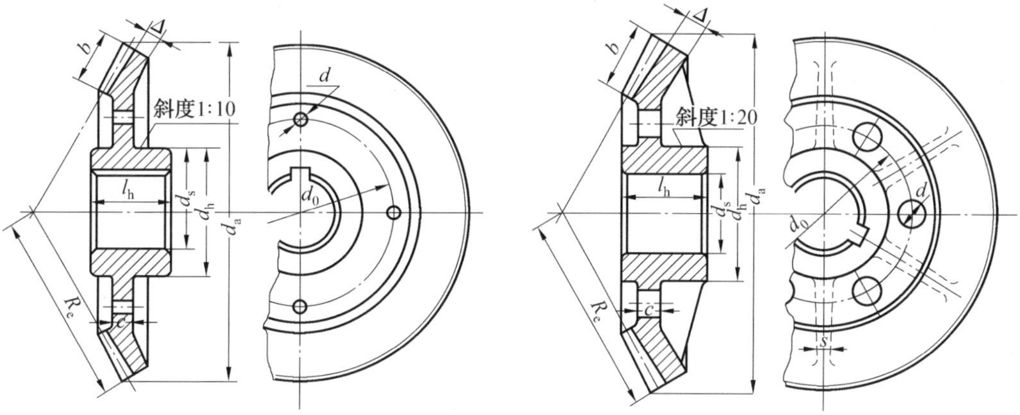

图 13.19　锥齿轮的结构

(a)$d_h=1.6d_s$;$l_h=(1.2\sim1.5)d_s$,$c=(0.2\sim0.3)b$;$\Delta=(2.5\sim4)m_e$,但不小于10 mm; d_0 和 d 按结构取定;(b)$d_h=(1.6\sim1.8)d_s$;$l_h=(1.2\sim1.5)d_s$,$c=(0.2\sim0.3)b$; $s=0.8c$;$\Delta=(2.5\sim4)m_e$,但不小于 10 mm;d_0 和 d 按结构取定

13.11　齿轮传动的润滑和效率

13.11.1　齿轮传动的润滑

齿轮在传动时,相啮合的齿面间有相对滑动,因此就要发生摩擦和磨损,增加动力消耗,降低传动效率。特别是高速传动,就更需要考虑齿轮的润滑。

轮齿啮合面间加注润滑剂,可以避免金属直接接触,减少摩擦损失,还可以散热及防锈蚀。因此,对齿轮传动进行适当的润滑,可以大为改善轮齿的工作状况,确保运转正常及预期的寿命。

1. 齿轮传动的润滑方式

开式及半开式齿轮传动,或速度较低的闭式齿轮传动,通常用人工做周期性加油润滑,所用润滑剂为润滑油或润滑脂。

一般闭式齿轮传动的润滑方式根据齿轮的圆周速度 v 的大小而定。当齿轮的圆周速度 $v\leqslant12$ m/s时,常将大齿轮的轮齿浸入油池中进行浸油润滑(图13.20)。这样,齿轮在传动时,就把润滑油带到啮合的齿面上,同时也将油甩到箱壁上,借以散热。齿轮浸入油中的深度可视齿轮的圆周速度大小而定,对圆柱齿轮通常不宜超过一个齿高,但一般亦不应小于 10 mm;对锥齿轮应浸入全齿宽,至少应浸入齿宽的一半。在多级齿轮传动中,可借带油轮将油带到未浸入油池内的齿轮的齿面上(图 13.21)。

油池中的油量多少,取决于齿轮传递功率的大小。对单级传动,每传递1 kW 的功率,需油量约为0.35 ~ 0.7 L。对于多级传动,需油量按级数成倍地增加。

当齿轮的圆周速度 $v>12$ m/s时,不宜采用油池润滑,这是因为:(1) 圆周速度过高,齿轮上的油大多被甩出去而达不到啮合区;(2) 搅油过于激烈,使油的温升增加,并降低其润滑性能;(3) 会搅起箱底沉淀的杂质,加速齿轮的磨损。故此时最好采用喷油润滑(图 13.22),即由油泵或中心供油站以一定的压力供油,借喷嘴将润滑油喷到轮齿的啮合齿面上。当 $v \leqslant 25$ m/s 时,喷嘴位于轮齿啮入边或啮出边均可;当 $v > 25$ m/s 时,喷嘴应位于轮齿啮出的一边,以便借润滑油及时冷却刚啮合过的轮齿,同时亦对轮齿进行润滑。

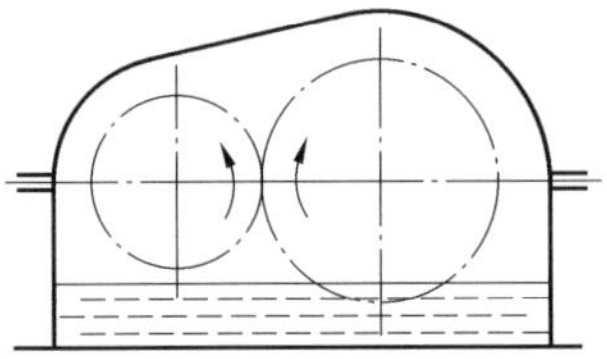

图 13.20 油池润滑

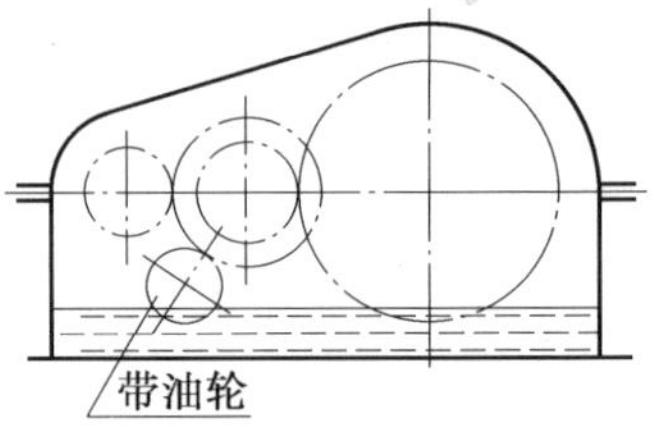

图 13.21 采用带油轮的油池润滑

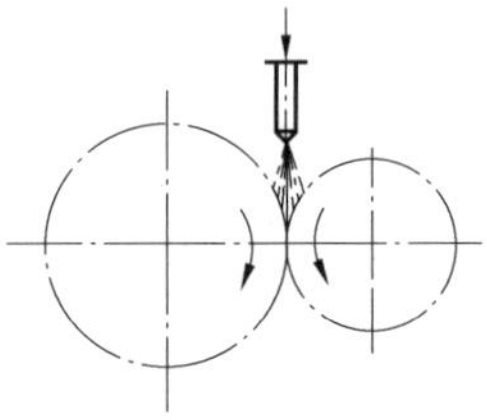

图 13.22 喷油润滑

13.11.2 润滑剂的选择

1. 润滑油牌号的选择

可根据齿面接触应力大小来选择,见表 13.7。

表 13.7 闭式传动润滑油牌号选择

齿面接触应力 /MPa	润滑油牌号	
	闭式传动	开式传动
< 500(轻负荷)	L - CKB(抗氧防锈工业齿轮油)	L - CKH
500 ~ 1 100(中负荷)	L - CKC(中负荷工业齿轮油)	L - CKJ
> 1 100(重负荷)	L - CKD(重负荷工业齿轮油)	L - CKM

2. 润滑油黏度的选择

(1) 闭式传动

齿面接触应力大,则黏度应较大;相对速度高,则黏度应较小,可查图 13.23。图中横坐标

$$\zeta = \frac{6.25F_t}{bd_1}/v$$

式中 F_t—— 分度圆上切向力,N;

b—— 齿轮宽度,mm;

d_1—— 小齿轮分度圆直径,mm;

v—— 齿轮分度圆线速度,m/s。

由上图得到的黏度,若环境温度在 25 ℃ 以上,每升高 10 ℃,黏度应提高 10%;若环境温度在 10 ℃ 以下,每降低 3 ℃,黏度应降低 10%。

(2) 开式传动

开式齿轮传动润滑油黏度可由表 13.8 选定。

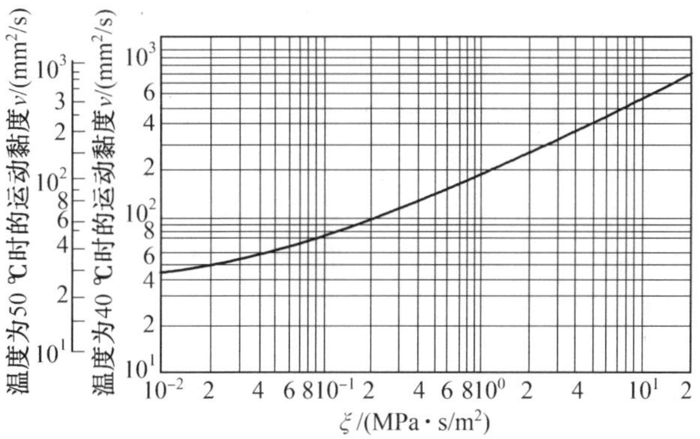

图 13.23 闭式齿轮传动润滑油黏度选择曲线

表 13.8 开式齿轮传动润滑油黏度选择 mm^2/s

给油方法		推荐黏度(100 ℃)		
		环境温度/℃		
		-15 ~ 17	5 ~ 38	22 ~ 48
油浴		150 ~ 220*	16 ~ 22	22 ~ 26
涂刷	热	193 ~ 257	193 ~ 257	386 ~ 536
	冷	22 ~ 26	32 ~ 41	193 ~ 257
手刷		150 ~ 220*	22 ~ 26	32 ~ 41

注:带 * 号为40 ℃ 黏度。

13.11.3 齿轮传动的效率

齿轮传动的功率损耗主要包括:(1) 啮合中的摩擦损耗;(2) 搅动润滑油的油阻损耗;(3) 轴承中的摩擦损耗。计入上述损耗时,齿轮传动(采用滚动轴承)的平均效率见表13.9。

表 13.9 齿轮传动的平均效率

传动装置	6级或7级精度的闭式传动	8级精度的闭式传动	开式传动
圆柱齿轮	0.98	0.97	0.95
锥齿轮	0.97	0.96	0.93

13.12 圆弧齿圆柱齿轮传动简介

减小齿轮传动的尺寸和质量的主要途径,在于设法提高其承载能力。目前工业上广泛使用的渐开线齿轮传动已有两百多年的历史。虽然它具有易于加工及传动可靠性等特点,但由于综合曲率半径 ρ_Σ 不能增大很多,载荷沿齿宽分布不均匀,以及啮合损失较大等原因,提高其承载能力就受到了一定的限制,因而日益不能满足如冶金、采矿、动力等重要工业部门所提出的越来越高的要求。为此,提出了新的齿轮传动——圆弧齿圆柱齿轮传动,简称圆弧齿轮传动。

圆弧齿轮传动与渐开线齿轮传动相比有下列特点：

(1) 圆弧齿轮传动啮合轮齿的综合曲率半径ρ_{Σ}较大，轮齿具有较高的接触强度。由实验得知，对于软齿面(≤350 HBS)、低速和中速的圆弧齿轮传动，按接触强度而定的承载能力至少为渐开线直齿圆柱齿轮传动的1.75倍，甚至有时达2～2.5倍。

目前我国对软齿面的单圆弧齿轮传动，经精滚工艺，精度可达6级，齿面接触斑点达80%，约相当于经过磨制的渐开线齿轮传动。

而双圆弧齿轮传动较之单圆弧者，不仅接触线长，而且主、从动齿轮的齿根都较厚，不论齿面接触强度、齿根弯曲强度以及耐磨性都更高。双圆弧齿轮的齿高较大，轮齿的刚度就较小，故啮合时的冲击、噪声也小，因而双圆弧齿轮传动更具有发展前途。

(2) 圆弧齿轮传动具有良好的磨合性能。经磨合后，圆弧齿轮传动相啮合的齿面能紧密贴合，实际啮合面积较大，而且轮齿在啮合过程中主要是滚动摩擦，啮合点又以相当高的速度沿啮合线移动，这就对形成轮齿间的动力润滑带来了有利的条件，因而啮合齿面间的油膜较厚。这不仅有助于提高齿面的接触强度及耐磨性，而且啮合摩擦损失也大为减小(约仅为渐开线齿轮传动的一半)，因而传动效率较高(当齿面粗糙度为$Ra1.6\ \mu m$时，传动效率约为0.99左右)。

(3) 圆弧齿轮传动轮齿没有根切现象，故齿数可少到8～6，但应视小齿轮轴的强度及刚度而定。

(4) 圆弧齿轮不能做成直齿，并为确保传动的连续性，必须具有一定的齿宽。但是对不同的要求(如承载能力、效率、磨损、噪声等)可通过选取不同的参数，设计出不同的齿形来实现。

(5) 圆弧齿轮传动的中心距及切齿深度的偏差对轮齿沿齿高的正常接触影响很大，它将降低齿轮应有的承载能力，因而这种传动对中心距及切齿深度的精度要求较高。

圆弧齿轮轮齿的失效形式与渐开线齿轮相同，齿面有点蚀、磨损，齿根有折断。对于要求寿命长、冲击轻微的闭式齿轮传动，应以防止齿面疲劳点蚀为主，故应考虑选用双圆弧齿轮，并选取较大的齿高系数，以增长接触弧，从而提高轮齿的齿面接触强度。若是齿轮的承载能力取决于齿根的弯曲强度时，则又应考虑选用短齿制的双圆弧齿轮，以减小轮齿受载的力臂及增大齿根厚度，从而提高齿根的弯曲强度。

圆弧齿圆柱齿轮传动的强度计算可参阅相关文献。

习　题

13.1　要提高轮齿的抗弯疲劳强度和齿面抗点蚀能力有哪些可能的措施？

13.2　对于做双向传动的齿轮来说，它的齿面接触应力和齿根弯曲应力各属于什么循环特性？在做强度计算时应怎样考虑？

13.3　有一直齿圆柱齿轮传动，原设计传递功率P，主动轴转速n_1。若其他条件不变，轮齿的工作应力也不变，当主动轴转速提高一倍，即$n'_1 = 2n_1$时，该齿轮传动能传递的功率P'应为多少？

13.4　齿轮的精度等级与齿轮的选材及热处理方法有什么关系？

13.5 已知开式直齿圆柱齿轮传动 $i=3.5$，$P=3$ kW，$n_1=50$ r/min，用电动机驱动，单向转动，载荷均匀，$z_1=21$，小齿轮为45钢调质，大齿轮为45钢正火，试确定合理的 d，m 值。

13.6 试分析题13.6图所示的齿轮传动各齿轮所受的力（用受力图表示各力的作用位置及方向）。

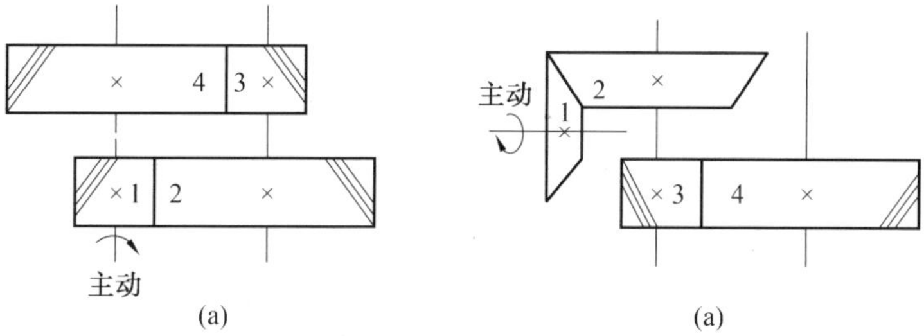

题13.6图

13.7 如题13.7图所示，已知斜齿圆柱齿轮传动的转动方向及螺旋线方向，试分别画出轮1为主动时和轮2为主动时作用在两个齿轮上的圆周力、轴向力及径向力的作用线和方向。

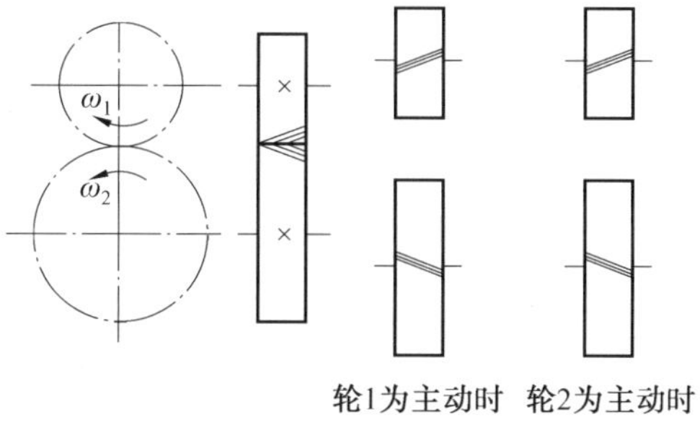

题13.7图

13.8 设计小型航空发动机的一对斜齿圆柱齿轮传动，已知传递功率 $P=130$ kW，转速 $n_1=11\ 460$ r/min，$z_1=23$，$z_2=73$，寿命 $L_h=100$ h，小齿轮做悬臂布置，使用系数 $K_A=1.25$。

13.9 设两级斜齿圆柱齿轮减速器的已知条件如题13.9图所示，试问：(1) 低速级斜齿轮的螺旋线方向应如何选择才能使中间轴上两齿轮的轴向力方向相反；(2) 低速级螺旋角 β 应取多大数值才能使中间轴上两个轴向力互相抵消。

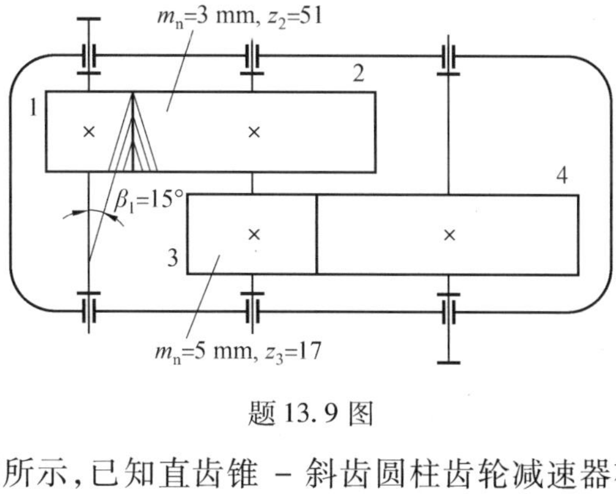

题13.9图

13.10 题13.10图所示，已知直齿锥－斜齿圆柱齿轮减速器布置和转向，锥齿轮 $m=5$ mm，齿宽 $b=50$ mm，$z_1=25$，$z_2=60$；斜齿轮 $m_n=6$ mm，$z_3=21$，$z_4=84$。欲使Ⅱ轴上的轴向

力在轴承上的作用完全抵消,求斜齿轮 3 的螺旋角 β_3 的大小和旋向。(提示:锥齿轮的力作用在齿宽中点)

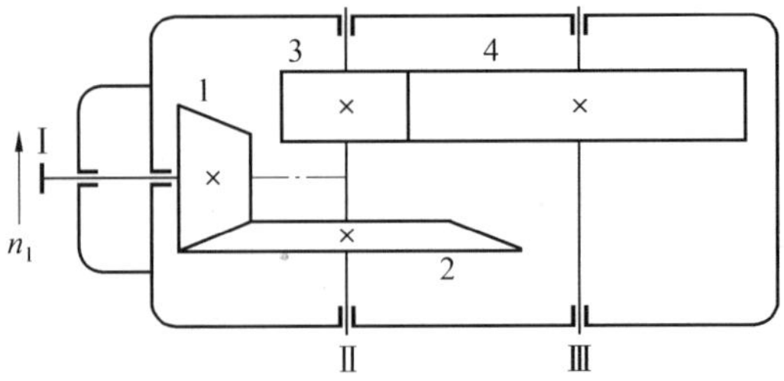

题 13.10 图

13.11 设计用于螺旋输送机的闭式直齿锥齿轮传动,轴夹角 $\Sigma = 90°$,传递功率 $P_1 = 1.8$ kW,转速 $n_1 = 250$ r/min,齿数比 $u = 2.3$,两班制工作,寿命10年(每年按300天计算),小齿轮做悬臂布置。

第 14 章

蜗 杆 传 动

教学提示：蜗杆传动是用来传递两根交错轴之间的运动和动力的。蜗杆传动与齿轮传动有许多相似之处，又有其自身的特点。在学习本章内容时，应结合齿轮传动，进行对比分析，达到融会贯通。

教学要求：熟练掌握蜗杆传动的主要参数和正确啮合条件，蜗杆传动的传动比及主要几何尺寸计算，蜗杆传动的受力分析和效率；了解蜗杆传动的强度计算和热平衡计算。

蜗杆传动由蜗杆和蜗轮组成（图 14.1），它是在空间交错的两轴之间传递运动和动力的一种传动机构，两轴线交错的夹角可为任意值，常用的为 90°。这种传动由于具有以下特点，故应用颇为广泛。

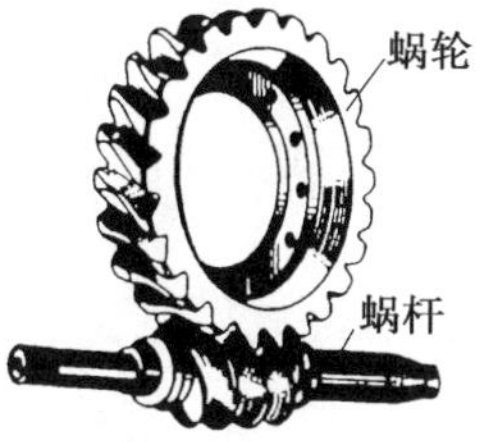

图 14.1　蜗杆与蜗轮

（1）当使用单头蜗杆（相当于单线螺纹）时，蜗杆每旋转一周，蜗轮只转一个齿距，因而能实现大的传动比。在动力传动中，一般传动比 $i=5\sim80$；在分度机构或手动机构的传动中，传动比可达 300；若只传递运动，传动比可达 1 000。由于传动比大，零件数目又少，因而结构很紧凑。

（2）在蜗杆传动中，由于蜗杆齿是连续不断的螺旋齿，它和蜗轮齿是逐步进入啮合及逐渐退出啮合的，同时啮合的齿对又较多，故冲击载荷小，传动平稳，噪声低。

（3）当蜗杆的螺旋线升角小于啮合面的当量摩擦角时，蜗杆传动便具有自锁性。

（4）蜗杆传动与螺旋齿轮传动相似，在啮合处有相对滑动。当滑动速度很大，工作条件不够良好时，会产生较严重的摩擦与磨损，从而引起过分发热，使润滑情况恶化。因此摩擦损失较大，效率低；当传动具有自锁性时，效率仅为 0.4 左右。同时由于摩擦与磨损严重，常需耗用有色金属制造蜗轮（或轮圈），以便与钢制蜗杆配对组成减摩性良好的滑动摩擦副。

蜗杆传动通常用于减速装置，但也有个别机器用作增速装置。

14.1　蜗杆传动的类型

根据蜗杆形状的不同，蜗杆传动可以分为圆柱蜗杆传动（图 14.2）、环面蜗杆传动（图 14.3）和锥蜗杆传动（图 14.4）等。

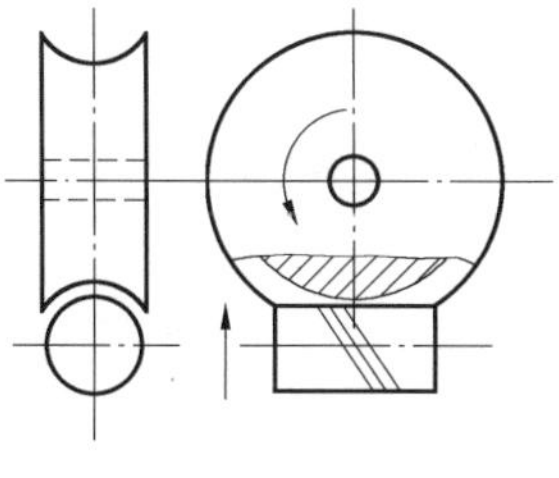
图 14.2　圆柱蜗杆传动

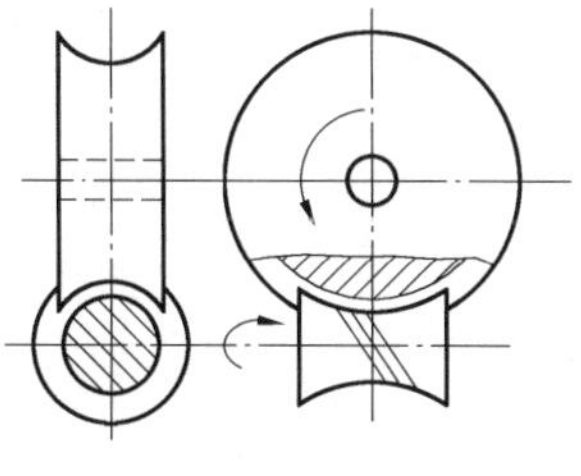
图 14.3　环面蜗杆传动

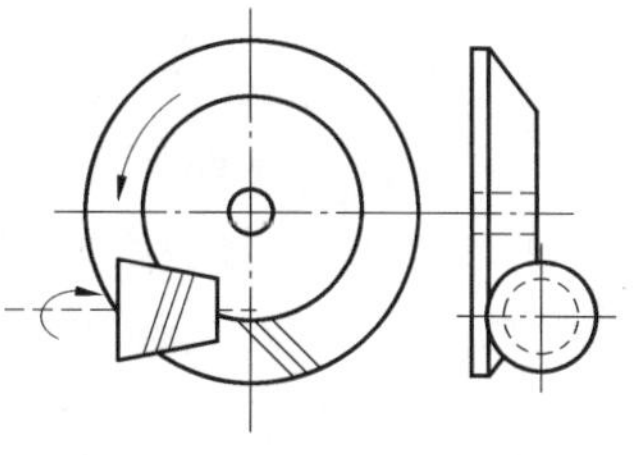
图 14.4　锥蜗杆传动

14.1.1 圆柱蜗杆传动

圆柱蜗杆传动包括普通圆柱蜗杆和圆弧蜗杆传动两类。

1. 普通圆柱蜗杆传动

普通圆柱蜗杆的齿面(除 ZK 型蜗杆外)一般是在车床上用直线刀刃的车刀车制的。根据车刀安装位置的不同,所加工出的蜗杆齿面在不同截面中的齿廓曲线也不同。根据不同的齿廓曲线,普通圆柱蜗杆可分为阿基米德蜗杆(ZA 蜗杆)、渐开线蜗杆(ZI 蜗杆)、法向直廓蜗杆(ZN 蜗杆)和锥面包络蜗杆(ZK 蜗杆)等四种。GB/T 10085—1988 推荐采用 ZI 蜗杆和 ZK 蜗杆两种。现将上述四种普通圆柱蜗杆传动所用的蜗杆及配对的蜗轮齿形分别予以介绍。

(1)阿基米德蜗杆(ZA 蜗杆)

这种蜗杆,在垂直于蜗杆轴线的平面(即端面)上,齿廓为阿基米德螺旋线,在包含轴线的平面上的齿廓(即轴向齿廓)为直线,其齿形角 $\alpha=20°$。它可在车床上用直线刀刃的单刀(当导程角 $\gamma\leqslant3°$时)或双刀(当 $\gamma>3°$时)车削加工。安装刀具时,切削刃的顶面必须通过蜗杆的轴线,如图 14.5 所示。这种蜗杆磨削困难,当导程角 γ 较大时加工不便。

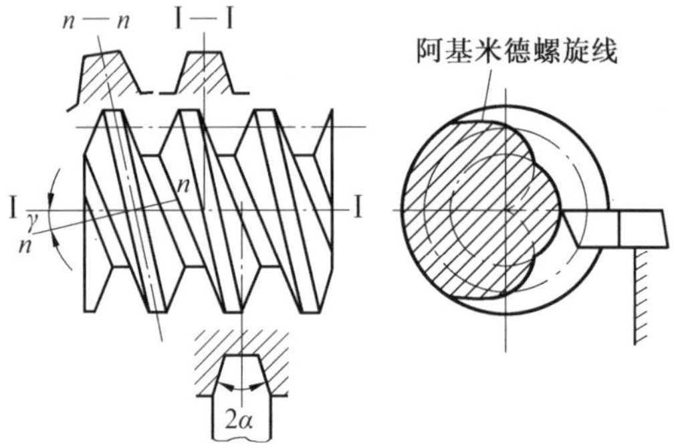

图 14.5 阿基米德蜗杆(ZA 蜗杆)

(2)法向直廓蜗杆(ZN 蜗杆)

这种蜗杆的端面齿廓为延伸渐开线,法面(n-n)齿廓为直线。ZN 蜗杆也是用直线刀刃的单刀或双刀在车床上车削加工。刀具的安装形式如图 14.6 所示。这种蜗杆磨削起来也比较困难。

(3)渐开线蜗杆(ZI 蜗杆)

这种蜗杆的端面齿廓为渐开线,所以它相当于一个少齿数(齿数等于蜗杆头数)、大螺旋角的渐开线圆柱斜齿轮,ZI 蜗杆可用两把直线刀刃的车刀在车床上车削加工。刀刃顶面应与基圆柱相切,其中一把刀具高于蜗杆轴线,另一把刀具则低于蜗杆轴线,如图 14.7 所示。刀具的齿形角应等于蜗杆的基圆柱螺旋角。这种蜗杆可以在专用机床上磨削。

(4)锥面包络圆柱蜗杆(ZK 蜗杆)

这是一种非线性螺旋齿面蜗杆。它不能在车床上加工,只能在铣床上铣制并在磨床上磨削。加工时,除工件做螺旋运动外,刀具同时绕其自身的轴线作回转运动。这时,铣刀(或砂轮)回转曲面的包络面即为蜗杆的螺旋齿面(图 14.8),在 I—I 及 N—N 截面上的齿廓均为曲线。这种蜗杆便于磨削,蜗杆的精度较高,应用日渐广泛。

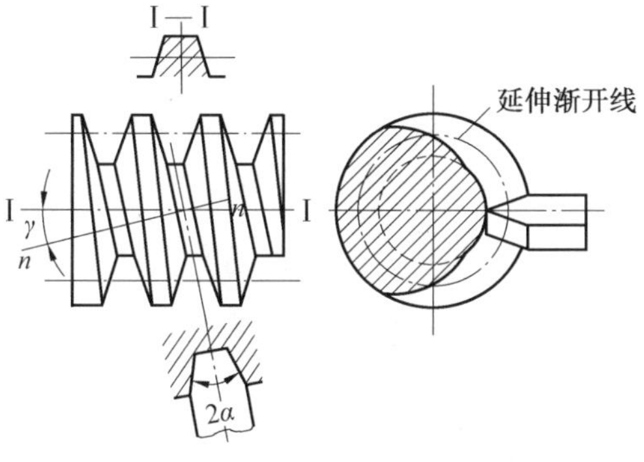

图 14.6　法向直廓蜗杆(ZN 蜗杆)

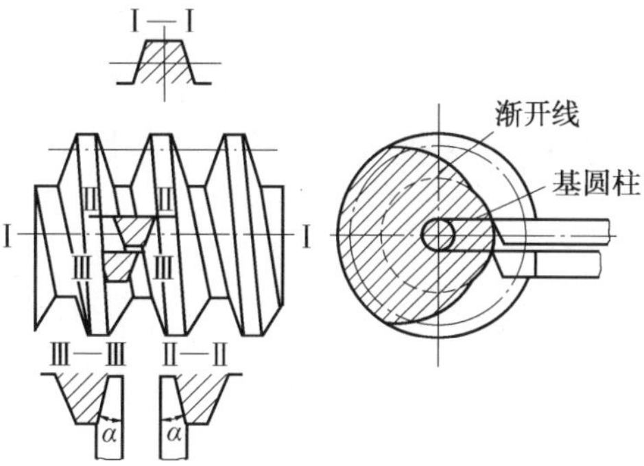

图 14.7　渐开线蜗杆(ZI 蜗杆)

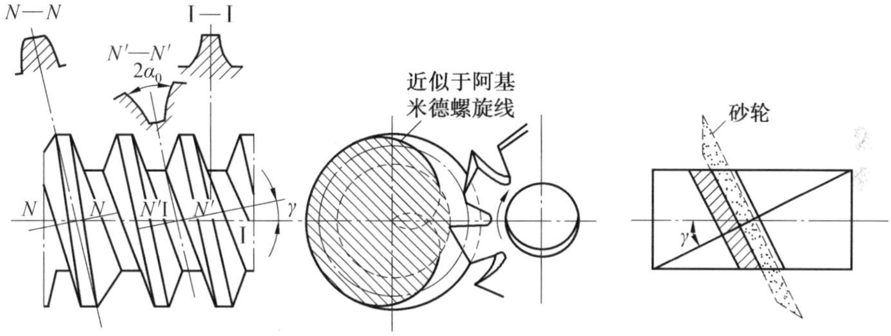

(a)　　　　(b)

图 14.8　锥面包络圆柱蜗杆(ZK 蜗杆)

至于与上述各类蜗杆配对的蜗轮齿廓,则完全随蜗杆的齿廓而异。蜗轮一般是在滚齿机上用滚刀或飞刀加工的。为了保证蜗杆和蜗轮能正确啮合,切削蜗轮的滚刀齿廓,应与蜗杆的齿廓一致;滚切时的中心距,也应与蜗杆传动的中心距相同。

2. 圆弧圆柱蜗杆传动(ZC 蜗杆)

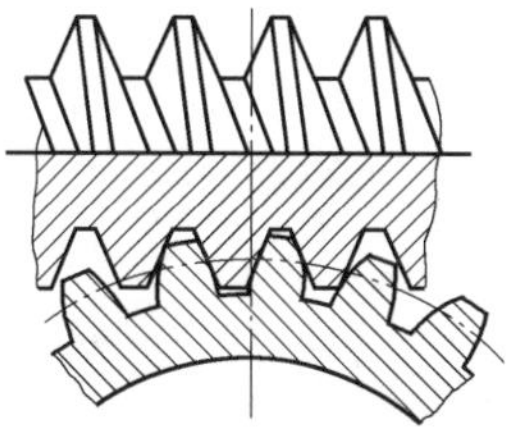

图 14.9　圆弧圆柱蜗杆传动

图 14.9 所示的圆弧圆柱蜗杆传动和普通圆柱蜗杆传动相似,只是齿廓形状有所区别。这种蜗杆的螺旋面是用刃边为凸圆弧的刀具切制的,而蜗轮是用范成法制造的。在中间平面(即蜗杆轴线和蜗杆副连心线所在的平面,参考图 14.10)上,蜗杆的齿廓为凹弧形,而与之相配的蜗轮的齿廓则为凸弧形。所以,圆弧圆柱蜗杆传动是一种凹凸弧齿廓相啮合的传动,也是一种线接触的啮合传动。其主要特点为:效率高,一般可达 90% 以上;承载能力高,一般可较普通圆柱蜗杆啮合传动高出 50% ~ 150%;体积小;质量小;结构紧凑。这种传动已广泛应用到冶金、矿山、化工、建筑、起重等机械设备的减速机构中。

14.1.2　环面蜗杆传动

环面蜗杆传动的特征是,蜗杆体在轴向的外形是以凹圆弧为母线所形成的旋转曲面,所以把这种蜗杆传动叫作环面蜗杆传动(参看图 14.3)。在这种传动的啮合带内,蜗轮的节圆位于蜗杆的节弧面上,亦即蜗杆的节弧沿蜗轮的节圆包着蜗轮。在中间平面内,蜗杆和蜗轮都是直线齿廓。由于同时相啮合的齿对多，而且轮齿的接触线与蜗杆齿运动的方向近似于垂直，这就大大改善了轮齿受力情况和润滑油膜形成的条件，因而承载能力约为阿基米德蜗杆传动的2～4倍，效率一般高达0.85～0.9；但它需要较高的制造和安装精度。有关资料可参考文献。

14.1.3 锥蜗杆传动

锥蜗杆传动（图14.4）也是一种空间交错轴之间的传动，两轴交错角通常为90°。蜗杆是由在节锥上分布的等导程的螺旋所形成的，故称为锥蜗杆。而蜗轮在外观上就像一个曲线齿锥齿轮，它是用与锥蜗杆相似的锥滚刀在普通滚齿机上加工而成的，故称为锥蜗轮。锥蜗杆传动的特点是：同时接触的点数较多，重合度大；传动比范围大（一般为10～360）；承载能力和效率较高；侧隙便于控制和调整；能作离合器使用；可节约有色金属；制造安装简便，工艺性好。但由于结构上的原因，传动具有不对称性，因而正、反转时受力不同，承载能力和效率也不同。

和螺纹一样，蜗杆有左、右旋之分，常用的是右旋蜗杆。

对于一般动力传动，常按照7级精度（适用于蜗杆圆周速度v_1 < 7.5 m/s）、8级精度（v_1 < 3 m/s）和9级精度（v_1 < 1.5 m/s）制造。

14.2 普通圆柱蜗杆传动的主要参数及几何尺寸计算

如图14.10所示，在中间平面上，普通圆柱蜗杆传动就相当于齿条与齿轮的啮合传动。故在设计蜗杆传动时，均取中间平面上的参数（如模数、压力角等）和尺寸（如齿顶圆、分度圆等）为基准，并沿用齿轮传动的计算关系。

14.2.1 普通圆柱蜗杆传动的主要参数及其选择

普通圆柱蜗杆传动的主要参数有模数m、压力角α、蜗杆头数z_1、蜗轮齿数z_2及蜗杆的直径d_1等。进行蜗杆传动的设计时，首先要正确地选择参数。

1. 模数m和压力角α

和齿轮传动一样，蜗杆传动的尺寸也以模数为主要计算参数。蜗杆和蜗轮啮合时，在中间平面上，蜗杆的轴面模数、压力角应与蜗轮的端面模数、压力角相等，即

$$m_{a1} = m_{t2} = m$$

$$\alpha_{a1} = \alpha_{t2}$$

模数m的标准值，见表14.1；ZA蜗杆的轴向压力角α_a为标准值（20°），其余三种（ZN，ZI，ZK）蜗杆的法向压力角α_n为标准值（20°），蜗杆轴向压力角与法向压力角的关系为

$$\tan \alpha_a = \frac{\tan \alpha_n}{\cos \gamma}$$

式中 γ——导程角。

如图14.10所示，齿厚与齿槽宽相等的圆柱称为蜗杆分度圆柱（或称为中圆柱）。蜗杆分度圆（或称为蜗杆中圆）直径以d_1表示，值见表14.1。蜗轮分度圆直径以d_2表示。

在两轴交错角为90°的蜗杆传动中，蜗杆分度圆柱上的导程角γ应等于蜗轮分度圆柱上的螺旋角β，且两者的旋向必须相同，即$\gamma = \beta$。

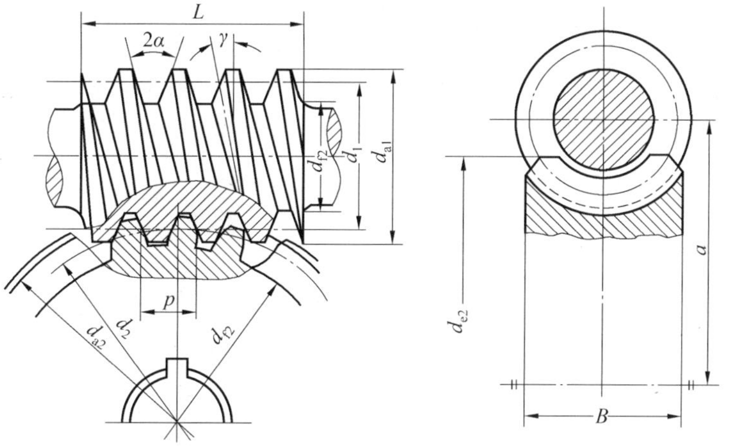

图 14.10　普通圆柱蜗杆传动

2. 蜗杆的分度圆直径 d_1

在蜗杆传动中，为了保证蜗杆与配对蜗轮的正确啮合，常用与蜗杆具有同样尺寸的蜗轮滚刀来加工与其配对的蜗轮。这样，只要有一种尺寸的蜗杆，就得有一种相对应的蜗轮滚刀。对于同一模数，可以有很多不同直径的蜗杆，因而对每一模数就要配备很多蜗轮滚刀。显然，这样很不经济。为了限制蜗轮滚刀的数目及便于滚刀的标准化，就对每一标准模数规定了一定数量的蜗杆分度圆直径 d_1，而把比值

$$q = \frac{d_1}{m} \tag{14.1}$$

称为蜗杆的直径系数。d_1 与 q 已有标准值，常用的标准模数 m 和蜗杆分度圆直径 d_1 及直径系数 q 见表 14.1。如果采用非标准滚刀或飞刀切制蜗轮，d_1 和 q 值可不受标准的限制。

表 14.1　普通圆柱蜗杆基本尺寸和参数及其与蜗轮参数的匹配

中心距 a /mm	模数 m /mm	分度圆直径 d_1/mm	m^2d_1 /mm^3	蜗杆头数 z_1	直径系数 q	分度圆导程角 γ	蜗轮齿数 z_2	变位系数 x_2
40	1	18	18	1	18.00	3°10′47″	62	0
50							82	0
40	1.25	20	31.25	1	16.00	3°34′35″	49	−0.500
50		22.4	35		17.92	3°11′38″	62	+0.040
63							82	+0.440
50	1.6	20	51.2	1	12.50	4°34′26″	51	−0.500
				2		9°05′25″		
				4		17°44′41″		
63		28	71.68	1	17.50	3°16′14″	61	+0.125
80							82	+0.250

续表 14.1

中心距 a /mm	模数 m /mm	分度圆直径 d_1/mm	m^2d_1 /mm^3	蜗杆头数 z_1	直径系数 q	分度圆导程角 γ	蜗轮齿数 z_2	变位系数 x_2
40 (50) (63)	2	22.4	89.6	1	11.20	5°06′08″	29 (39) (51)	−0.100 (+0.100) (+0.400)
				2		10°07′29″		
				4		19°39′14″		
				6		28°10′43″		
80 100		35.5	142	1	17.75	3°13′28″	62 82	+0.125
50 (63) (80)	2.5	28	175	1	11.20	5°06′08″	29 (39) (53)	−0.100 (+0.100) (−0.100)
				2		10°07′29″		
				4		19°39′14″		
				6		28°10′43″		
100		45	281.25	1	18.00	3°10′47″	62	0
63 (80) (100)	3.15	35.5	352.25	1	11.27	5°04′15″	29 (39) (53)	−0.134 9 (+0.261 9) (−0.388 9)
				2		10°03′48″		
				4		19°32′29″		
				6		28°01′50″		
125		56	555.66	1	17.778	3°13′10″	62	−0.206 3
80 (100) (125)	4	40	640	1	10.00	5°42′38″	31 (41) (51)	−0.500 (−0.500) (+0.750)
				2		11°18′36″		
				4		21°48′05″		
				6		30°57′50″		
160		71	1 136	1	17.75	3°13′28″	62	+0.125
100 (125) (160) (180)	5	50	1 250	1	10.00	5°42′38″	31 (41) (53) (61)	−0.500 (−0.500) (+0.500) (+0.500)
				2		11°18′36″		
				4		21°48′05″		
				6		30°57′50″		
200		90	2 250	1	18.00	3°10′47″	62	0
125 (160) (180) (200)	6.3	63	2 500.47	1	10.00	5°42′38″	31 (41) (48) (53)	−0.658 7 (−0.103 2) (−0.428 6) (+0.246 0)
				2		11°18′36″		
				4		21°48′05″		
				6		30°57′50″		
250		112	4 445.28	1	17.778	3°13′10″	61	+0.293 7

续表 14.1

中心距 a /mm	模数 m /mm	分度圆直径 d_1/mm	m^2d_1 /mm^3	蜗杆头数 z_1	直径系数 q	分度圆导程角 γ	蜗轮齿数 z_2	变位系数 x_2
160 (200) (225) (250)	8	80	5 120	1	10.00	5°42′38″	31 (41) (47) (52)	-0.500 (-0.500) (-0.375) (+0.250)
				2		11°18′36″		
				4		21°48′05″		
				6		30°57′50″		

注:(1) 本表中导程角 γ 小于 3°30′ 的圆柱蜗杆均为自锁蜗杆;

(2) 括号中的参数不适用于蜗杆头数 $z_1=6$ 时;

(3) 本表摘自 GB/T 10085—1988。

3. 蜗杆头数 z_1

蜗杆头数 z_1,可根据要求的传动比和效率来选定。单头蜗杆传动的传动比可以较大,但效率较低,如要提高效率,应增加蜗杆的头数。但蜗杆头数过多,又会给加工带来困难。所以,通常蜗杆头数取为 1,2,4,6。

4. 导程角 γ

蜗杆的直径系数 q 和蜗杆头数 z_1 选定之后蜗杆分度圆柱上的导程角 γ 也就确定了。由图 14.11 可知

$$\tan\gamma=\frac{p_z}{\pi d_1}=\frac{z_1p_X}{\pi d_1}=\frac{z_1m}{d_1}=\frac{z_1}{q} \tag{14.2}$$

式中 p_X—— 蜗杆轴向齿距。

由上式可知,d_1 越小(或 q 越小) 导程角 γ 越大,传动效率也越高,但蜗杆的刚度和强度越小。通常,转速高的蜗杆可取较小的 d_1 值,蜗轮齿数 z_2 较多时可取较大的 d_1 值。

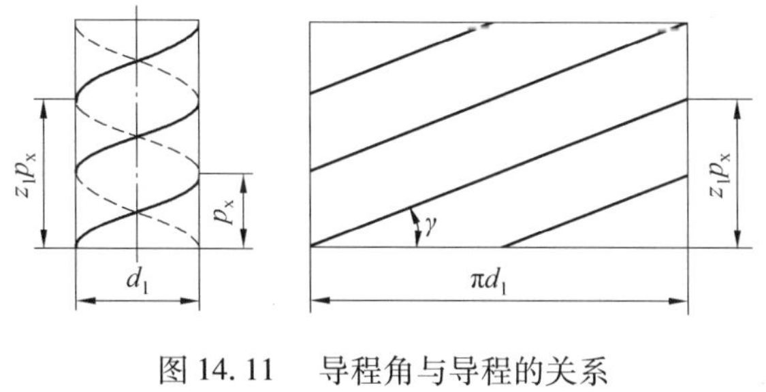

图 14.11 导程角与导程的关系

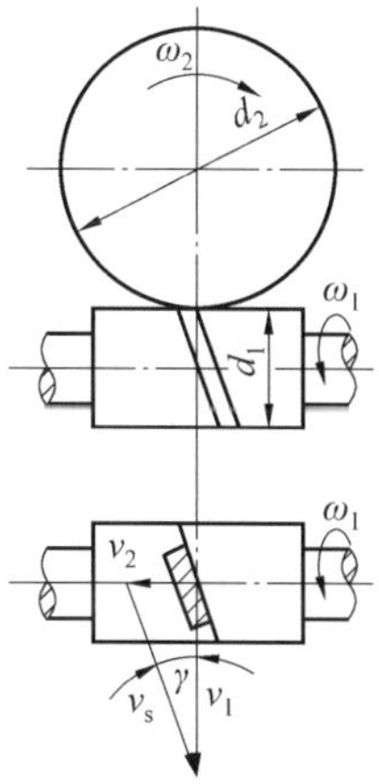

图 14.12 滑动速度

5. 传动比 i 和齿数比 u

传动比

$$i=\frac{n_1}{n_2}$$

式中 n_1, n_2—— 蜗杆、蜗轮的转速,r/min。

齿数比

$$u = \frac{z_2}{z_1}$$

式中 z_2—— 蜗轮的齿数。

当蜗杆为主动时,

$$i = \frac{n_1}{n_2} = \frac{z_2}{z_1} = u$$

6. 蜗轮齿数 z_2

蜗轮齿数 z_2 主要根据传动比来确定。应注意:为了避免用蜗轮滚刀切制蜗轮时产生根切与干涉,理论上应使 $z_{2\min} \geqslant 17$。但当 $z_2 < 26$ 时,啮合区要显著减小,将影响传动的平稳性,而 $z_2 \geqslant 30$ 时,则可始终保持有两对以上的齿啮合,所以通常规定 z_2 大于28。对于动力传动,z_2 一般不大于80。这是由于当蜗轮直径不变时,z_2 越大,模数就越小,将使齿轮的弯曲强度削弱;当模数不变时,蜗轮尺寸将要增大,使相啮合的蜗杆支承间距加长,这将降低蜗杆的弯曲刚度,容易产生挠曲而影响正常的啮合。z_1、z_2 的荐用值见表 14.2(具体选择时可考虑表 14.1 中的匹配关系)。当设计非标准或分度传动时,z_2 的选择可不受限制。

表 14.2 蜗杆头数 z_1 与蜗轮齿数 z_2 的荐用值

$i = z_2/z_1$	≈ 5	7 ~ 15	14 ~ 30	29 ~ 82
z_1	6	4	2	1
z_2	29 ~ 31	29 ~ 61	29 ~ 61	29 ~ 82

7. 齿面间滑动速度 v_s

蜗杆传动即使在节点 C 处啮合,齿廓之间也有较大的相对滑动,滑动速度 v_s 沿蜗杆螺旋线方向。设蜗杆圆周速度为 v_1、蜗轮圆周速度为 v_2,由图 14.12 可得

$$v_s = \sqrt{v_1^2 + v_2^2} = \frac{v_1}{\cos\gamma} \ (\text{m/s}) \tag{14.3}$$

滑动速度的大小,对齿面的润滑情况、齿面失效形式、发热以及传动效率等都有很大影响。

8. 蜗杆传动的标准中心距 a

蜗杆传动的标准中心距为

$$a = \frac{1}{2}(d_1 + d_2) = \frac{1}{2}m(q + z_2) \tag{14.4}$$

标准普通圆柱蜗杆传动的基本尺寸和参数列于表 14.1。设计普通圆柱蜗杆减速装置时,在按接触强度或弯曲强度确定了中心距 a 或 $m^2 d_1$ 后,一般应按表 14.1 的数据确定蜗杆与蜗轮的尺寸和参数,并按表值予以匹配。如可自行加工蜗轮滚刀或减速器箱体时,也可不按表14.1 选配参数。

14.2.2 蜗杆传动的几何尺寸计算

蜗杆传动的几何尺寸及其计算公式见图 14.10 及表 14.3。

表 14.3　普通圆柱蜗杆传动基本几何尺寸计算关系式

名称	代号	计算关系式	说明
中心距	a	$a = \dfrac{d_1 + d_2 + 2x_2 m}{2}$	按规定选取
蜗杆头数	z_1		按规定选取
蜗杆齿数	z_2		按传动比确定
齿形角	α	$\alpha_a = 20°$ 或 $\alpha_n = 20°$	按蜗杆类型确定
模数	m	$m = m_a = \dfrac{m_n}{\cos\gamma}$	按规定选取
传动比	i	$i = \dfrac{n_1}{n_2}$	蜗杆为主动，按规定选取
齿数比	u	$u = \dfrac{z_2}{z_1}$，当蜗杆主动时，$i = u$	
蜗轮变位系数	x_2	$x_2 = \dfrac{a}{m} - \dfrac{d_1 + d_2}{2m}$	
蜗杆直径系数	q	$q = \dfrac{d_1}{m}$	
蜗杆轴向齿距	P_a	$p_a = \pi m$	
蜗杆导程	P_z	$p_z = \pi m z_1$	
蜗杆分度圆直径	d_1	$d_1 = mq$	按规定选取
蜗杆齿顶圆直径	d_{a1}	$d_{a1} = d_1 + 2h_{a1} = d_1 + 2h_a^* m$	
蜗杆齿根圆直径	d_{f1}	$d_{f1} = d_1 - 2h_{f1} = d_1 - 2(h_a^* m + c)$	
顶隙	c	$c = c^* m$	按规定选取
渐开线蜗杆基圆直径	d_{b1}	$d_{b1} = \dfrac{d_1 \cdot \tan\gamma}{\tan\gamma_b} = \dfrac{m z_1}{\tan\gamma_b}$	
蜗杆齿顶高	h_{a1}	$h_{a1} = h_a^* m = \dfrac{1}{2}(d_{a1} - d_1)$	按规定选取
蜗杆齿根高	h_{f1}	$h_{f1} = (h_a^* + c^*)m = \dfrac{1}{2}(d_1 - d_{f1})$	
蜗杆齿高	h_1	$h_1 = h_{a1} + h_{f1} = \dfrac{1}{2}(d_{a1} - d_{f1})$	
蜗杆导程角	γ	$\tan\gamma = \dfrac{m z_1}{d_1} = \dfrac{z_1}{q}$	
渐开线蜗杆基圆导程角	γ_b	$\cos\gamma_b = \cos\gamma\cos\alpha_n$	

续表 14.3

名称	代号	计算关系式	说明
蜗杆齿宽	b_1		由设计确定
蜗轮分度圆直径	d_2	$d_2 = mz_2 = 2a - d_1 - 2x_2 m$	
蜗轮喉圆直径	d_{a2}	$d_{a2} = d_2 + 2h_{a2}$	
蜗轮齿根圆直径	d_{f2}	$d_{f2} = d_2 - 2h_{f2}$	
蜗轮齿顶高	h_{a2}	$h_{a2} = \frac{1}{2}(d_{a2} - d_2) = m(h_a^* + x_2)$	
蜗轮齿根高	h_{f2}	$h_{f2} = \frac{1}{2}(d_2 - d_{f2}) = m(h_a^* - x_2 + c^*)$	
蜗轮齿高	h_2	$h_2 = h_{a2} + h_{f2} = \frac{1}{2}(d_{a2} - d_{f2})$	
蜗轮咽喉母圆半径	r_{g2}	$r_{g2} = a - \frac{1}{2}d_{a2}$	
蜗轮齿宽	b_2		由设计确定
蜗轮齿宽角	θ	$\theta = 2\arcsin(\frac{b_2}{d_1})$	
蜗杆轴向齿厚	S_a	$S_a = \frac{1}{2}\pi m$	
蜗杆法向齿厚	S_n	$S_n = S_a \cos\gamma$	
蜗轮齿厚	S_t	按蜗杆节圆处轴向齿槽宽 e_a' 确定	
蜗杆节圆直径	d'_1	$d'_1 = d_1 + 2x_2 m = m(q + 2x_2)$	
蜗轮节圆直径	d'_2	$d'_2 = d_2$	

注:蜗杆传动中心距标准系列:40,50,63,80,100,125,160,(180),200,(225),250,(280),315,(355),400,(450),500

例 14.1 在带传动和蜗杆传动组成的传动系统中,初步计算后取蜗杆模数 $m = 4$ mm、头数 $z_1 = 2$、分度圆直径 $d_1 = 40$ mm,蜗轮齿数 $z_2 = 39$,试计算蜗杆直径系数 q、导程角 γ 及蜗杆传动的中心距 a。

解 (1) 蜗杆直径系数 $q = \frac{d_1}{m} = \frac{40}{4} = 10$;

(2) 导程角,由式(14.2)得 $\tan\gamma = 11.309\,9°$(即 $\gamma = 11°18'36''$);

(3) 传动的中心距 $a = 0.5m(q + z_2) = 0.5 \times 4 \times (10 + 39) = 98$ mm。

讨论:(1) 也可将蜗轮齿数改为 $z_2 = 40$,即中心距圆整为 $a = 0.5 \times 4 \times (10 + 40) = 100$ mm。由此引起的蜗杆传动比的变化,可在传动系统内部作适当调整。

(2) 如果是单件生产又允许采用非标准中心距,就取 $a = 98$ mm。

(3) 在不改变蜗杆传动比的情况下,若将中心距圆整为 $a = 100$ mm,那么滚切蜗轮时应将滚刀相对于蜗轮中心向外移动2 mm,使滚刀(相当于蜗杆)与被切蜗轮轮坯的中心距由98 mm增加到100 mm,即采用变位传动。有关变位传动的计算,见机械设计手册。

14.3 普通圆柱蜗杆传动承载能力计算

14.3.1 蜗杆传动的失效形式、设计准则及常用材料

和齿轮传动一样,蜗杆传动的失效形式也有点蚀(齿面接触疲劳破坏)、齿根折断、齿面胶合及过度磨损等。由于材料和结构上的原因,蜗杆螺旋齿部分的强度总是高于蜗轮轮齿的强度,所以失效经常发生在蜗轮轮齿上。因此,一般只对蜗轮轮齿进行承载能力计算。由于蜗杆与蜗轮齿面间有较大的相对滑动,从而增加了产生胶合和磨损失效的可能性,尤其在某些条件下(如润滑不良),蜗杆传动因齿面胶合而失效的可能性更大。因此,蜗杆传动的承载能力往往受到抗胶合能力的限制。

在开式传动中多发生齿面磨损和轮齿折断,因此应以保证齿根弯曲疲劳强度作为开式传动的主要设计准则。在闭式传动中,蜗杆副多因齿面胶合或点蚀而失效。因此,通常是按齿面接触疲劳强度进行设计,而按齿根弯曲疲劳强度进行校核。此外,闭式蜗杆传动,由于散热较为困难,还应做热平衡核算。

由上述蜗杆传动的失效形式可知,蜗杆、蜗轮的材料不仅要求具有足够的强度,更重要的是要具有良好的磨合和耐磨性能。

蜗杆一般是用碳钢或合金钢制成。高速重载蜗杆常用15Cr或20Cr,并经渗碳淬火;也可用40,45钢或40Cr并经淬火。这样可以提高表面硬度,增加耐磨性。通常要求蜗杆淬火后的硬度为40 ~ 55 HRC,经氮化处理后的硬度为55 ~ 62 HRC。一般不太重要的低速中载的蜗杆,可采用40或45钢,并经调质处理,其硬度为220 ~ 300 HBS。

常用的蜗轮材料为铸造锡青铜(ZCuSn10P1,ZCuSn5Pb5Zn5)、铸造铝铁青铜(ZCuAl10Fe3)及灰铸铁(HT150,HT200)等。锡青铜耐磨性最好,但价格较高,用于滑动速度 $v_s \geq 3$ m/s 的重要传动;铝铁青铜的耐磨性较锡青铜差一些,但价格便宜,一般用于滑动速度 $v_s \leq 4$ m/s 的传动;如果滑动速度不高($v_s < 2$ m/s),对效率要求也不高时,可采用灰铸铁。为了防止变形,常对蜗轮进行时效处理。

14.3.2 圆柱蜗杆传动的受力分析

圆柱蜗杆传动的受力分析和斜齿圆柱齿轮传动相似。在进行蜗杆传动的受力分析时,常不考虑摩擦力的影响。

图14.13所示是以右旋蜗杆为主动件。并沿图示的方向旋转时,蜗杆螺旋面上的受力情况。设 F_n 为集中作用于节点 P 处的法向载荷,它作用于法向截面 $Pabc$ 内(图14.13(a))。F_n 可分解为三个相互垂直的分力,即圆周力 F_t、径向力 F_r 轴向力 F_a。显然,在蜗杆与蜗轮间,相互作用着 F_{t1} 与 F_{a2},F_{r1} 与 F_{r2} 和 F_{a1} 与 F_{t2} 这三对大小相等、方向相反的力。

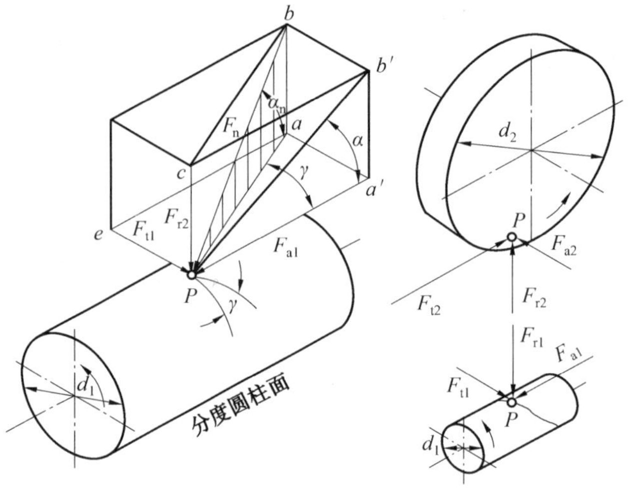

(a) (b)

图 14.13 蜗杆传动受力分析

在确定各力的方向时,尤其需要注意所受轴向力方向的确定。因为轴向力的方向是由螺旋线的旋向和蜗杆的转向来决定的。如图 14.13(a) 所示,该蜗杆为右旋蜗杆,当其为主动件沿图示方向(由左端视之为逆时针方向) 回转时,如图 14.13(b) 所示,蜗杆齿的右侧为工作面(推动蜗轮沿图所示方向转动),故蜗杆所受的轴向力 F_{a1}(即蜗轮齿给它的阻力和轴向力) 必然指向左端。如果该蜗杆的转向相反,则蜗杆齿的左侧为工作面(推动蜗轮沿图所示方向的反向转动),故此时蜗杆所受的轴向力必指向右端。至于蜗杆所受圆周力 F_{t1} 的方向,总是与它的转向相反的;径向力的方向则总是指向轴心的。至于蜗轮上各力的方向,可由图 14.13(b) 所示的关系定出。

当不计摩擦力的影响时,各力的大小可按下列各式计算,各力的单位均为 N。

$$F_{t1} = F_{a2} = \frac{2T_1}{d_1} \tag{14.5}$$

$$F_{a1} = F_{t2} = \frac{2T_2}{d_2} \tag{14.6}$$

$$F_{r1} = F_{r2} = F_{t2}\tan\alpha \tag{14.7}$$

$$F_n = \frac{F_{a1}}{\cos\alpha_n\cos\gamma} = \frac{F_{t2}}{\cos\alpha_n\cos\gamma} = \frac{2T_2}{d_2\cos\alpha_n\cos\gamma} \tag{14.8}$$

式中 T_1, T_2—— 分别为蜗杆及蜗轮上的公称转矩,N · mm;

d_1, d_2—— 分别为蜗杆及蜗轮的分度圆直径,mm。

14.3.3 圆柱蜗杆传动强度计算

1. 蜗轮齿面接触疲劳强度计算

(1) 计算公式

蜗轮齿面接触疲劳强度计算的原始公式仍来源于赫兹公式。接触应力 σ_H(单位为 MPa) 为

$$\sigma_H = \sqrt{\frac{KF_n}{L_0\rho_\Sigma}} \cdot Z_E$$

式中 F_n—— 啮合齿面上的法向载荷,N;

L_0—— 接触线总长,mm;

K—— 载荷系数;

Z_E—— 材料的弹性影响系数,单位为 $MPa^{1/2}$,对于青铜或铸铁蜗轮与钢蜗杆配对时,取 $Z_E = 160\ MPa^{1/2}$。

将以上公式中的法向载荷 F_n 换算成蜗轮分度圆直径 d_2(单位为 mm) 与蜗轮转矩 T_2(单位为 N · mm) 的关系式,再将 d_2,L_0,ρ_Σ 等换算成中心距 a(单位为 mm) 的函数后,即得蜗轮齿面接触疲劳强度的验算公式为

$$\sigma_H = Z_E Z_\rho \sqrt{\frac{KT_2}{a^3}} \leqslant [\sigma_H] \tag{14.9}$$

式中 Z_ρ—— 蜗杆传动的接触线长度和曲率半径对接触疲劳强度的影响系数,简称接触系数,可从图 14.14 中查得。

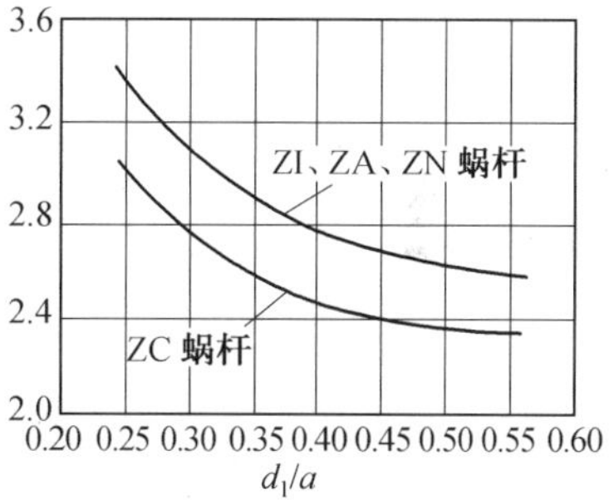

图 14.14 圆柱蜗杆传动的接触系数 Z_ρ

K—— 载荷系数,$K = K_A K_\beta K_V$,其中 K_A 为使用系数,查表 14.4;K_β 为齿向载荷分布系数,当蜗杆传动在平稳载荷下工作时,载荷分布不均匀现象将由于工作表面良好的磨合而得到改善,此时可取 $K_\beta = 1$;当载荷变化较大,或有冲击,振动时,可取 $K_\beta = 1.3 \sim 1.6$;K_V 为动载系数,由于蜗杆传动一般较平稳,动载荷要比齿轮传动的小得多,故 K_V 值可取值如下:对于精确制造,且蜗轮圆周速度 $v_2 \leqslant 3$ m/s 时,取 $K_V = 1.0 \sim 1.1$;$v_2 > 3$ m/s 时,$K_V = 1.1 \sim 1.2$。

σ_H,$[\sigma_H]$—— 分别为蜗轮齿面的接触应力与许用接触应力,MPa。

表 14.4 使用系数 K_A

工作类型	Ⅰ	Ⅱ	Ⅲ
载荷性质	均匀、无冲击	不均匀、小冲击	不均匀、大冲击
每小时启动次数	< 25	25 ~ 50	> 50
启动载荷	小	较大	大
K_A	1	1.15	1.2

从式(14.9) 中可得到按蜗轮接触疲劳强度条件设计计算的公式为

$$a \geqslant \sqrt[3]{KT_2\left(\frac{Z_E Z_\rho}{[\sigma_H]}\right)^2} \tag{14.10}$$

从上式算出蜗杆传动的中心距 a(单位为 mm) 后,可根据预定的传动比 $i(z_2/z_1)$ 从表14.1 中选择一合适的 a 值,以及相应的蜗杆、蜗轮的参数。

(2) 许用接触应力$[\sigma_H]$

对于铸锡青铜,可由表 14.5 查取;对于铸铝青铜及灰铸铁,其主要失效形式是胶合而不是接触强度,而胶合与相对速度有关,其值应查表 14.6,上述接触强度计算可限制胶合的产生。

由上式算出中心距 a 后，可按下列公式粗略算出蜗杆分度圆直径 d_1 和模数 m

$$d_1 \approx 0.68a^{0.875}$$

$$m = \frac{2a - d_1}{z_2} \tag{14.11}$$

再由表 14.1 选定标准模数值。

表 14.5　锡青铜蜗轮的许用接触应力 $[\sigma_H]$　　MPa

蜗轮材料	铸造方法	适用的滑动速度 v_s/(m/s)	蜗杆齿面硬度	
			HBS ≤ 350	HRC > 45
10－1 锡青铜	砂型 金属型	≤ 12 ≤ 25	180 200	200 220
5－5－5 锡青铜	砂型 金属型	≤ 10 ≤ 12	110 135	125 150

表 14.6　铝青铜及铸铁蜗轮的许用接触应力 $[\sigma_H]$　　MPa

蜗轮材料	蜗杆材料	滑动速度 v_s/(m/s)						
		0.5	1	2	3	4	6	8
10－3 铝青铜	淬火钢①	250	230	210	180	160	120	90
HT150，HT200	渗碳钢	130	115	90	—	—	—	—
HT150	调质钢	110	90	70	—	—	—	—

① 蜗杆未经淬火时，需将表中 $[\sigma_H]$ 值降低 20%。

2. 蜗轮齿根的弯曲疲劳强度计算

蜗轮轮齿因弯曲强度不足而失效的情况，多发生在蜗轮齿数较多(如 $z_2 > 90$ 时)或开式传动中。因此，对闭式蜗杆传动通常只做弯曲强度的校核计算，但这种计算是必须进行的。因为校核蜗轮轮齿的弯曲强度绝不只是为了判别其弯曲断裂的可能性，对那些承受重载的动力蜗杆副，蜗轮轮齿的弯曲变形量还要直接影响到蜗杆副的运动平稳性精度。

由于蜗轮轮齿的齿形比较复杂，要精确计算齿根的弯曲应力是比较困难的，所以常用的齿根弯曲疲劳强度计算方法就带有很大的条件性。一般参照斜齿圆柱齿轮作近似计算，其验算公式为

$$\sigma_F = \frac{1.53KT_2}{d_1 d_2 m\cos\gamma} Y_{Fa2} \leqslant [\sigma_F] \tag{14.12}$$

其设计公式为

$$m^2 d_1 \geqslant \frac{1.53KT_2}{z_2\cos\gamma[\sigma_F]} Y_{Fa2} \tag{14.13}$$

式中　γ—— 蜗杆导程角，$\gamma = \arctan\dfrac{z_1}{q}$；

Y_{Fa2}—— 蜗轮齿形系数，可由蜗轮的当量齿数 $z_{v2} = \dfrac{z_2}{\cos^3\gamma}$ 查图 13.9；

$[\sigma_F]$—— 蜗轮的许用弯曲应力，MPa，查表 14.7。

计算出 m^2d_1(单位为 mm^3) 后,可从表14.1中查出相应的参数。

表14.7 蜗轮的许用弯曲应力$[\sigma_F]$ MPa

蜗轮材料		铸造方法	单侧工作	双侧工作
铸锡青铜 ZCuSn10P1		砂模铸造	50	30
		金属模铸造	70	40
铸锡锌铅青铜 ZCuSn5Pb5Zn5		砂模铸造	32	24
		金属模铸造	40	28
铸铝铁青铜 ZCuAl10Fe3		砂模铸造	80	63
		金属模铸造	90	80
灰铸铁	HT150	砂模铸造	40	25
	HT200	砂模铸造	47	30

注:表中各种青铜的基本许用弯曲应力为应力循环次数 $N=10^6$ 时之值,当 $N\neq10^6$ 时,需将表中数值乘以 K_{FN};当 $N>25\times10^7$ 时,取 $N=25\times10^7$;$N<10^5$ 时,取 $N=10^5$。

14.3.4 蜗杆的刚度计算

蜗杆受力后如产生过大的变形,就会造成轮齿上的载荷集中,影响蜗杆与蜗轮的正确啮合,所以蜗杆还需要进行刚度校核。校核蜗杆的刚度时,通常是把蜗杆螺旋部分看作以蜗杆齿根圆直径为直径的轴段,主要是校核蜗杆的弯曲刚度,其最大挠度 y(单位为 mm) 可按下式作近似计算,并得其刚度条件为

$$y=\frac{\sqrt{F_{t1}^2+F_{r1}^2}}{48EI}L'^3\leqslant[y] \tag{14.14}$$

式中 F_{t1}—— 蜗杆所受的圆周力,N;

F_{r1}—— 蜗杆所受的径向力,N;

E—— 蜗杆材料的弹性模量,MPa;

I—— 蜗杆危险截面的惯性矩,$I=\frac{\pi d_{f1}^4}{64}$,$mm^4$,其中 d_{f1} 为蜗杆齿根圆直径,mm;

L'—— 蜗杆两端支承间的跨距,mm,视具体结构要求而定,初步计算时可取 $L'\approx0.9d_2$,d_2 为蜗轮分度圆直径;

$[y]$—— 许用最大挠度,$[y]=\frac{d_1}{1\ 000}$,此处 d_1 为蜗杆分度圆直径,mm。

14.3.5 普通圆柱蜗杆传动的精度等级及其选择

GB/T 10089—1988 对蜗杆、蜗轮和蜗杆传动规定了12个精度等级;1级精度最高,依次降低。与齿轮公差相仿,蜗杆、蜗轮和蜗杆传动的公差也分成三个公差组。

普通圆柱蜗杆传动的精度,一般以6~9级应用得最多。6级精度的传动可用于中等精度机床的分度机构、发动机调节系统的传动以及武器读数装置的精密传动,它允许的蜗轮圆周速

度 $v_2 > 5$ m/s。7 级精度常用于运输和一般工业中的中等速度($v_2 < 7.5$ m/s) 的动力传动。8 级精度常用于每昼夜只有短时工作的次要的低速($v_2 \leqslant 3$ m/s) 传动。

例 14.2 试设计一由电动机驱动的单级圆柱蜗杆减速器中的蜗杆传动。电动机功率 $P_1 = 5.5$ kW,转速 $n_1 = 960$ r/min,传动比 $i = 21$,载荷平稳单向回转。

解 (1) 选择材料并确定其许用应力

蜗杆用 45 钢,表面淬火,硬度为 45 ~ 55 HRC;蜗轮用铸锡青铜 ZCuSn10P1,砂模铸造。

① 许用接触应力,查表 14.5 得 $[\sigma_H] = 200$ MPa;

② 许用弯曲应力,查表 14.7 得 $[\sigma_F] = 50$ MPa。

(2) 选择蜗杆头数 z_1 并估计传动效率 η

由 $i = 21$ 查表 14.2,取 $z_1 = 2$,则 $z_2 = i\,z_1 = 21 \times 2 = 42$;

由 $z_1 = 2$ 查表 14.9,估计 $\eta = 0.8$。

(3) 确定蜗轮转矩 T_2

$$T_2 = 9.55 \times 10^6 \times \frac{P\eta}{n_2} = 9.55 \times 10^6 \times \frac{P\eta i}{n_1} =$$

$$9.55 \times 10^6 \times \frac{5.5 \times 0.8 \times 21}{960} = 919\ 188 \text{ N} \cdot \text{mm}$$

(4) 确定使用系数 K_A、综合弹性系数 z_E

取 $K_A = 1.1$;取 $z_E = 150$(钢配锡青铜)

(5) 确定接触系数 z_ρ

假定 $d_1/a = 0.4$,由图 14.14 得 $z_\rho = 2.8$。

(6) 计算中心距

$$a \geqslant \sqrt[3]{K_A T_2\left(\frac{z_E z_\rho}{[\sigma_H]}\right)^2} = \sqrt[3]{1.2 \times 919\ 188\left(\frac{150 \times 2.8}{204}\right)^2} = 166.84 \text{ mm}$$

7. 确定模数 m、蜗轮齿数 z_2、蜗杆直径系数 q、蜗杆导程角 γ、中心距 a 等参数由式 14.11 得

$$d_1 \approx 0.68a^{0.875} = 0.68 \times 166.84^{0.875} = 88 \text{ mm}$$

$$m = \frac{2a - d_1}{z_2} = \frac{2 \times 166.84 - 88}{42} = 5.85 \text{ mm}$$

由表 14.1,若取 $m = 6.3$ mm,$q = 10$,$d_1 = 63$ mm,由式(14.4)

$$a = 0.5m(q + z_2) = 0.5 \times 6.3(10 + 42) = 163.8 \text{ mm} < 166.84$$

接触强度不足。

现取 $m = 8$ mm,$q = 10$,$d_1 = 80$ mm,$d_2 = 8 \times 42 = 336$ mm,则

$$a = 0.5 \times 8(10 + 42) = 208 \text{ mm}$$

导程角 $\gamma = \arctan \dfrac{2}{10} = 11.309\ 9^\circ$

(8) 校核弯曲强度

① 蜗轮齿形系数

由当量齿数

$$z_v = \frac{z_2}{\cos^3\gamma} = \frac{42}{(\cos 11.309\ 9^\circ)^3} = 45$$

查图 13.9 得 $Y_{Fa2} = 2.4$。

② 蜗轮齿根弯曲应力

$$\sigma_F = \frac{1.53K_A T_2}{d_1 d_2 m\cos\gamma}Y_{Fa2} = \frac{1.53 \times 1 \times 919\ 188}{80 \times 336 \times 8 \times \cos 11.309\ 9^\circ} \times 2.4 = 16\ \text{MPa} < [\sigma_F] = 50\ \text{MPa}$$

弯曲强度足够。

(9) 蜗杆刚度计算(略)

14.4 普通圆柱蜗杆传动的效率、润滑及热平衡计算

14.4.1 蜗杆传动的效率

闭式蜗杆传动的功率损耗一般包括三部分,即啮合摩擦损耗、轴承摩擦损耗及浸入油池中的零件搅油时的溅油损耗。因此总效率为

$$\eta = \eta_1 \cdot \eta_2 \cdot \eta_3 \tag{14.15}$$

式中 η_1, η_2, η_3——单独考虑啮合摩擦损耗、轴承摩擦损耗及溅油损耗时的效率。其中,η_1可根据螺旋传动的效率公式求得。

当蜗杆主动时,蜗杆传动的总效率为

$$\eta = \eta_1 \cdot \eta_2 \cdot \eta_3 = (0.95 \sim 0.97)\frac{\tan\gamma}{\tan(\gamma + \rho')} \tag{14.16}$$

式中 γ——普通圆柱蜗杆分度圆柱上的导程角;

ρ'——当量摩擦角,$\rho' = \arctan f'$。当量摩擦系数f'主要与蜗杆副材料、表面状况以及滑动速度等有关(见表14.8)。

表14.8 当量摩擦系数f'和当量摩擦角ρ'

蜗杆材料	锡青铜				无锡青铜	
蜗杆齿面硬度	HRC > 45		其他情况		HRC > 45	
滑动速度 v_s(m/s)	f'	ρ'	f'	ρ'	f'	ρ'
0.01	0.11	6.28°	0.12	6.84°	0.18	10.2°
0.10	0.08	4.57°	0.09	5.14°	0.13	7.4°
0.50	0.055	3.15°	0.065	3.72°	0.09	5.14°
1.00	0.045	2.58°	0.055	3.15°	0.07	4°
2.00	0.035	2°	0.045	2.58°	0.055	3.15°
3.00	0.028	1.6°	0.035	2°	0.045	2.58°
4.00	0.024	1.37°	0.031	1.78°	0.04	2.29°
5.00	0.022	1.26°	0.029	1.66°	0.035	2°
8.00	0.018	1.03°	0.026	1.49°	0.03	1.72°
10.0	0.016	0.92°	0.024	1.37°		
15.0	0.014	0.8°	0.020	1.15°		
24.0	0.013	0.74°				

注:1. HRC > 45 的蜗杆,其f',ρ'值是指经过磨削和跑合并有充分润滑的情况。

2. 蜗轮材料为灰铸铁时,可按无锡青铜查取f',ρ'。

由式(14.16)可知,增大导程角 γ 可提高效率,故常采用多头蜗杆。但导程角过大,会引起蜗杆加工困难,而且导程角 $\gamma > 28°$ 时,效率提高很少。$\gamma \leqslant \rho'$ 时,蜗杆传动具有自锁性,但效率很低($\eta < 50\%$)。必须注意,在振动条件下 ρ' 值的波动可能很大,因此不宜单靠蜗杆传动的自锁作用来实现制动。在重要场合应另加制动装置。

估计蜗杆传动的总效率时,可由表 14.9 选取。

表 14.9 蜗杆传动总效率 η 的概值

z_1	η	
	闭式传动	开式传动
1	0.7 ~ 0.75	0.6 ~ 0.7
2	0.75 ~ 0.82	
4	0.87 ~ 0.92	

14.4.2 蜗杆传动的润滑

润滑对蜗杆传动来说,具有特别重要的意义。因为当润滑不良时,传动效率将显著降低,并且会带来剧烈的磨损和产生胶合破坏的危险,所以往往采用黏度大的矿物油进行良好的润滑,在润滑油中还常加入添加剂,使其提高抗胶合能力。

蜗杆传动所采用的润滑油、润滑方法及润滑装置与齿轮传动的基本相同。

1. 润滑油

润滑油的种类很多,需根据蜗杆、蜗轮配对材料和运转条件合理选用。在钢蜗杆配青铜蜗轮时,常用的润滑油见表 14.10,也可参照第 13 章有关资料进行选取。

表 14.10 蜗杆传动常用的润滑油

CKE 轻负荷蜗轮蜗杆油	220	320	460	680
运动黏度 v_{40}/cSt	198 ~ 242	288 ~ 352	414 ~ 506	612 ~ 748
黏度指数不小于	90			
闪点(开口)/℃ 不小于	180			
倾点/℃ 不高于	−6			

注:其余指标参看 SH 0094—1991。

2. 润滑油黏度及给油方法

润滑油黏度及给油方法,一般根据相对滑动速度即载荷类型进行选择。对于闭式传动,常用的润滑油黏度及给油方法见表 14.11;对于开式传动,则采用黏度较高的齿轮油或润滑脂。

表 14.11 蜗杆传动的润滑油黏度荐用值及给油方法

蜗杆传动的相对滑动速度 v_s/(m/s)	0 ~ 1	0 ~ 2.5	0 ~ 5	5 ~ 10	10 ~ 15	15 ~ 25	> 25
载荷类型	重	重	中	(不限)	(不限)	(不限)	(不限)
运动黏度 v_{40}/cSt	900	500	350	220	150	100	80
给油方法	油池润滑			喷油润滑或油池润滑	喷油润滑时的喷油压力/MPa		
					0.7	2	3

如果采用喷油润滑,喷油嘴要对准蜗杆啮入端。蜗杆正反转时,两边都要装有喷油嘴,而且要控制一定的油压。

3. 润滑油量

对闭式蜗杆传动采用油池润滑时,在搅油损耗不致过大的情况下,应有适当的油量。这样不仅有利于动压油膜的形成,而且有助于散热。对于蜗杆下置式或蜗杆侧置式的传动,浸油深度应为蜗杆的一个齿高;对于蜗杆上置式的传动,浸油深度约为蜗轮外径的1/3。

14.4.3 蜗杆传动的热平衡计算

蜗杆传动由于效率低,所以工作时发热量大。在闭式传动中,如果产生的热量不能及时散逸,将因油温不断升高而使润滑油稀释,从而增大摩擦损失,甚至发生胶合。所以,必须根据单位时间内的发热量 Φ_1 等于同时间内的散热量 Φ_2 的条件进行热平衡计算,以保证油温稳定地处于规定的范围内。

由于摩擦损耗的功率 $P_f = P(1-\eta)$,则产生的热流量(单位为 1 W = 1 J/s) 为

$$\Phi_1 = 1\,000P(1-\eta)$$

式中 P—— 蜗杆传递的功率,kW。

以自然冷却方式,从箱体外壁散发到周围空气中去的热流量 Φ_2(单位为 W) 为

$$\Phi_2 = \alpha_d S(t_0 - t_a)$$

式中 α_d——箱体的表面传热系数,可取 $\alpha_d = (8.15 \sim 17.45)\,\mathrm{W/(m^2 \cdot ℃)}$,当周围空气流通良好时,取偏大值;

S—— 内表面能被润滑油所飞溅到,而外表面又可为周围空气所冷却的箱体表面面积,$\mathrm{m^2}$;

t_0—— 油的工作温度,一般限制在 60 ~ 70 ℃,最高不应超过 80 ℃;

t_a—— 周围空气的温度,常温情况可取为 20 ℃。

按热平衡条件 $\Phi_1 = \Phi_2$,可求得在既定工作条件下的油温 t_0(单位为 ℃) 为

$$t_0 = t_a + \frac{1\,000P(1-\eta)}{\alpha_d S} \tag{14.17}$$

或在既定条件下,保持正常工作温度所需要的散热面积 S(单位为 $\mathrm{m^2}$) 为

$$S = \frac{1\,000P(1-\eta)}{\alpha_d(t_0 - t_a)} \tag{14.18}$$

两式中各符号的意义和单位同前。

在 $t_0 > 80$ ℃ 或有效的散热面积不足时,则必须采取措施,以提高散热能力。通常采取:

(1) 增加散热面积

合理设计箱体结构,铸出或焊上散热片。

(2) 提高表面传热系数

在蜗杆轴端加装风扇(图14.15(a)),或在箱体油池内装设蛇形冷却水管(图14.15(b)),或用循环油冷却(图14.15(c))。

由于在蜗杆轴端加装风扇,这就增加了功率损耗。总的功率损耗 P_f(单位为 kW) 为

$$P_f = (P - \Delta P_F)(1-\eta) \tag{14.19}$$

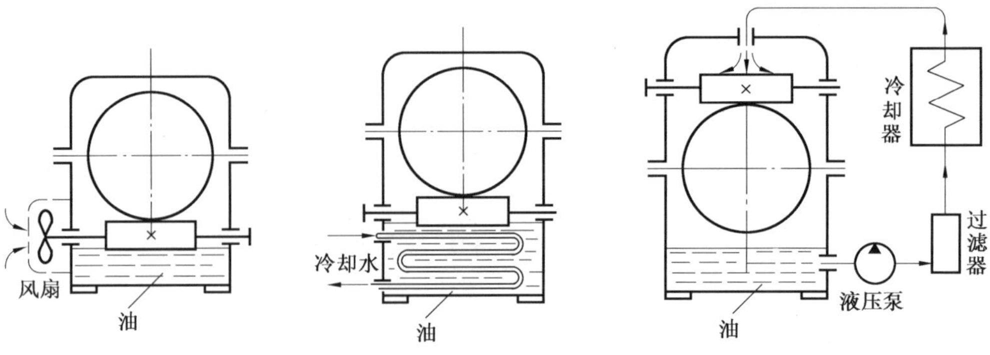

图 14.15 蜗杆传动的散热方法

式中 ΔP_{F}—— 风扇消耗的功率,kW,可按下式计算:

$$\Delta P_{\mathrm{F}} \approx \frac{1.5v_{\mathrm{F}}^3}{10^5} \tag{14.20}$$

式中 v_{F}—— 风扇叶轮的圆周速度,m/s,$v_{\mathrm{F}} = \frac{\pi D_{\mathrm{F}} n_{\mathrm{F}}}{60 \times 1\ 000}$,其中 D_{F} 为风扇叶轮外径,mm;n_{F} 为风扇叶轮转速,r/min。

由摩擦消耗的功率所产生的热流量 Φ_1(单位为 W) 为

$$\Phi_1 = 1\ 000(P - \Delta P_{\mathrm{F}})(1 - \eta) \tag{14.21}$$

式中,P,ΔP_F 的单位为 kW。

散发到空气中的热流量 Φ_2(单位为 W) 为

$$\Phi_2 = (\alpha'_{\mathrm{d}} S_1 + \alpha_{\mathrm{d}} S_2)(t_0 - t_{\mathrm{a}}) \tag{14.22}$$

式中 S_1,S_2—— 分别为风冷面积及自然冷却面积,m^2;
α'_{d}—— 风冷时的表面传热系数,按表 14.12 选取;
t_0,t_{a}—— 分别为油的工作温度及周围空气的温度,℃。

表 14.12 风冷时的表面传热系数 α'_{d}

蜗杆转速(r/min)	750	1 000	1 250	1 550
α'_{d}/[W/(m^2·°C)]	27	31	35	38

关于散热片,冷却管路的设计计算见有关参考文献。

例 14.3 试计算例 14.2 蜗杆传动的效率。若已知散热面积 $A = 1.2\ \mathrm{m}^2$,试计算润滑油的温升。

解 (1) 相对滑动速度

$$v_{\mathrm{s}} = \frac{\pi d_1 n_1}{60 \times 1\ 000 \cos\gamma} = \frac{\pi \times 63 \times 960}{60 \times 1\ 000 \times \cos 11.309\ 9^\circ} = 3.23\ \mathrm{m/s}$$

(2) 当量摩擦角

由表 14.8 查得 $\rho' = 1.547^\circ$。

(3) 总传动效率

$$\eta = 0.96 \times \frac{\tan\gamma}{\tan(\gamma + \rho')} = 0.96 \times \frac{\tan 11.309\ 9^\circ}{\tan(11.309\ 9^\circ + 1.547^\circ)} = 84\%$$

(4) 散热计算

取 $\alpha_t = 15\ \mathrm{W/(m^2 \cdot ℃)}$

$$\Delta t = \frac{1\,000P_1(1-\eta)}{\alpha_t A} = \frac{1\,000 \times 5.5 \times (1-0.84)}{15 \times 1.2} = 49\ ℃ < [\Delta t] = 60 \sim 70\ ℃$$

合格。

14.5 圆柱蜗杆和蜗轮的结构设计

蜗杆螺旋部分的直径不大，所以常和轴做成一个整体，结构形式见图 14.16，其中图 14.16(a) 所示的结构无退刀槽，加工螺旋部分时只能用铣制的办法；图 14.16(b) 所示的结构则有退刀槽，螺旋部分可以车制，也可以铣制，但这种结构的刚度比前一种差。当蜗杆螺旋部分的直径较大时，可以将蜗杆与轴分开制作。

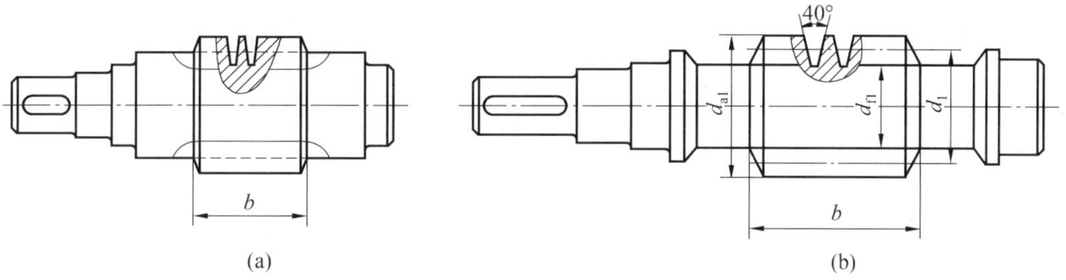

图 14.16　蜗杆的结构形式

常用的蜗轮结构形式有以下几种：

1. 整体浇铸式(图 14.17(a))

主要用于铸铁蜗轮或尺寸很小的青铜蜗轮。

2. 齿圈式(图 14.17(b))

这种结构由青铜齿圈及铸铁轮芯组成。齿圈与轮芯多用 H7/r6 配合，并加装 4 ~ 6 个紧定螺钉(或用螺钉拧紧后将头部锯掉)，以增强连接的可靠性。螺钉直径取作 $(1.2 \sim 1.5)m$，m 为蜗轮的模数。螺钉拧入深度为 $(0.3 \sim 0.4)B$，B 为蜗轮宽度。为了便于钻孔，应将螺孔中心线由配合缝向材料较硬的轮芯部分偏移 2 ~ 3 mm。这种结构多用于尺寸不太大或工作温度变化较小的地方，以免热胀冷缩影响配合的质量。

3. 螺栓连接式(图 14.17(c))

可用普通螺栓连接，或用铰制孔用螺栓连接，螺栓的尺寸和数目可参考蜗轮的结构尺寸取定，然后做适当的校核。这种结构装拆比较方便，多用于尺寸较大或容易磨损的蜗轮。

4. 拼铸式(图 14.17(d))

这是在铸铁轮芯上加铸青铜齿圈，然后切齿。只用于成批制造的蜗轮。

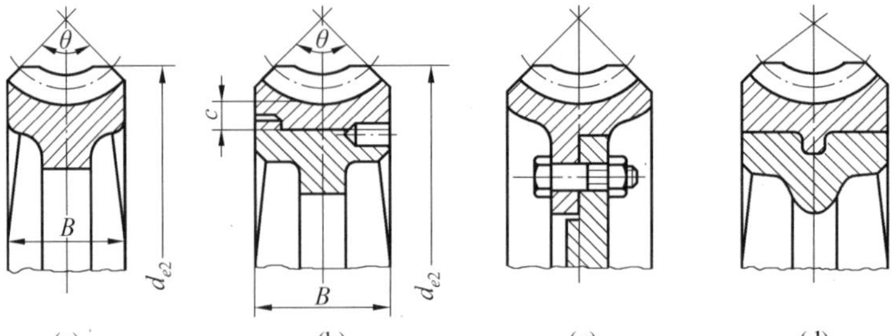

蜗杆头数 z_1	1	2	4
蜗轮顶圆直径(外径)d_{e2} ≤	$d_{a2}+2m$	$d_{a2}+1.5m$	$d_{a2}+2m$
轮缘宽度 B ≤	$0.75d_{a1}$		$0.67d_{a1}$
蜗轮齿宽角 θ =	90° ~ 130°		
轮圈厚度 c ≈	$1.65m+1.5$		

图 14.17　蜗轮的结构形式(m 为蜗轮模数,m 和 c 的单位均为 mm)

习　　题

14.1　题 14.1 图所示,试分析蜗杆传动中各轴的回转方向、蜗轮轮齿的螺旋方向及蜗杆、蜗轮所受各力的作用位置及方向。

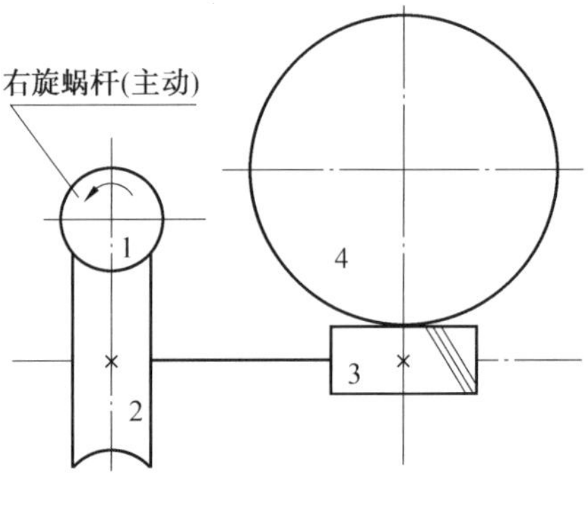

题 14.1 图

14.2　设计用于带式输送机的普通圆柱蜗杆传动,传递功率 $P_1=5.0$ kW,$n_1=960$ r/min,传动比 $i=23$,由电动机驱动,载荷平稳。蜗杆材料为 20Cr,渗碳淬火,硬度 ≥ 58 HRC。蜗轮材料为 ZCuSn10P1,金属模铸造。蜗杆减速器每日工作 8 h,要求工作寿命为 7 年(每年按 300 工作日计)。

14.3　题 14.3 图所示为热处理车间所用的可控气氛加热炉拉料机传动简图。已知:蜗轮传递的转矩 $T_2=405$ N·m,蜗杆减速器的传动比 $i_{12}=20$,蜗杆转速 $n_1=480$ r/min,传动较平稳,冲击不大。工作时间为每天 8 h,要求工作寿命 5 年(每年按 300 工作日计),试设计该蜗杆传动。

14.4　题 14.4 图所示为蜗杆传动和锥齿轮传动的组合,已知输出轴上的锥齿轮 z_4 的转向为 n。(1) 欲使中间轴上的轴向力能部分抵消,试确定蜗杆传动的螺旋线方向和蜗杆的转向;

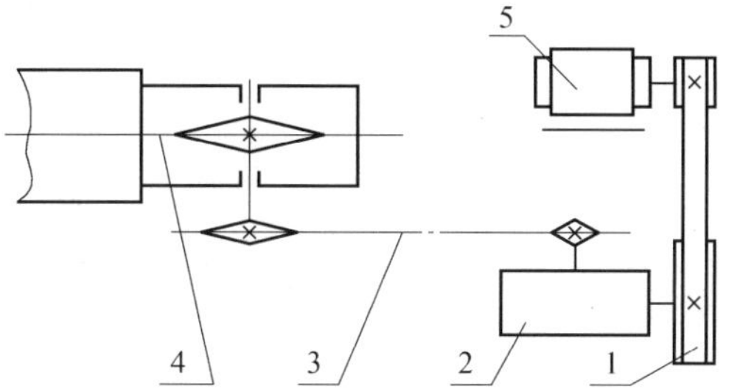

题14.3图

1—V带传动;2—蜗杆蜗轮减速器;3—链传动;

4—链条(用于拉取炉内料盘);5—电动机

(2)在图中标出各轮轴向力的方向。

14.5　题14.5图所示,手动绞车采用圆柱蜗杆传动,已知$m=8$ mm,$z_1=1$,$d_1=80$ mm,$z_2=40$,卷筒直径$D=200$ mm。问:(1)欲使重物W上升1 m,蜗杆应转多少转?(2)蜗杆与蜗轮间的当量摩擦系数$f'=0.18$,该机构能否自锁?(3)若重物$W=5$ kN,手摇时施加的力$F=100$ N,手柄转臂的长度l应是多少?

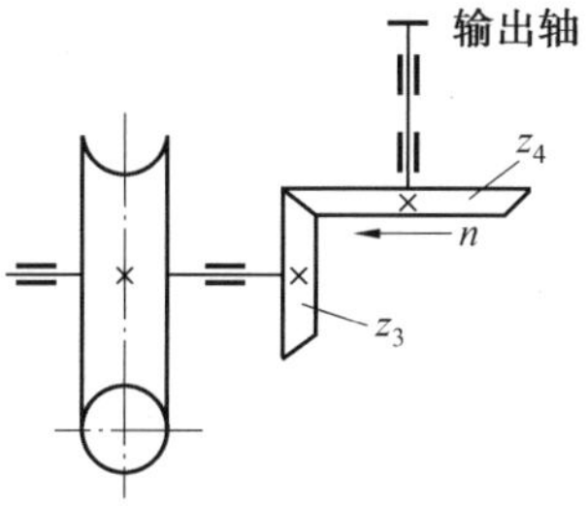

题14.4图

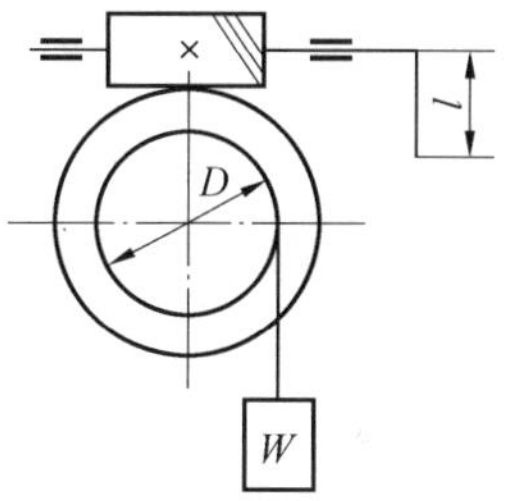

题14.5图

第 15 章

滑 动 轴 承

教学提示：轴承是用来支承轴的部件。本章主要介绍滑动轴承的结构及条件性计算方法。

教学要求：了解径向滑动轴承的结构及非液体摩擦径向滑动轴承的条件性计算方法。

轴承的功用有两种：一为支承轴及轴上零件，并保持轴的旋转精度；二为减少转轴与支承之间的摩擦和磨损。

轴承分为滚动轴承和滑动轴承两大类。虽然滚动轴承具有一系列优点，在一般机器中获得了广泛应用，但是在高速、高精度、重载、结构上要求剖分等场合下，滑动轴承就显示出它的优异性能。因而在汽轮机、离心式压缩机、内燃机、大型电机中多采用滑动轴承。此外，在低速而带有冲击的机器中，如水泥搅拌机、滚筒清砂机、破碎机等也常采用滑动轴承。

15.1 摩 擦 状 态

按表面润滑情况，摩擦分为以下几种状态：

15.1.1 干摩擦

当两个摩擦表面之间无任何润滑剂或保护膜时，即出现固体表面间直接接触的摩擦（图 15.1（a）），工程上称为干摩擦。此时，会有大量的摩擦功损耗和严重的磨损。在滑动轴承中则表现为强烈的升温，使轴与轴瓦产生胶合。所以，在滑动轴承中不允许出现干摩擦。

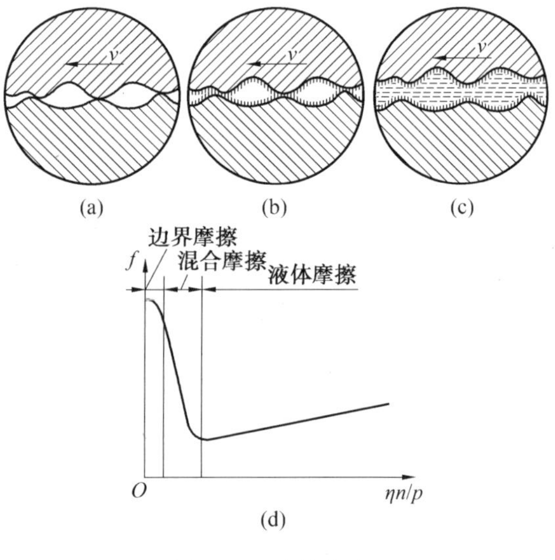

图 15.1　摩擦状态

15.1.2 边界摩擦

边界摩擦是两个摩擦表面之间有润滑油存在。由于润滑油中的极性分子与金属表面的吸附作用，因而在金属表面上形成极薄的边界油膜（图 15.1（b））。边界油膜不足以将两金属表面分隔开，所以相互运动时，两个金属表面微观的高峰部分仍将互相搓削，这种状态称为边界摩擦。一般而言，金属表层覆盖一层边界油膜后，虽然不能绝对消除表面的磨损，却可以起到减轻磨损的作用，这种摩擦状态的摩擦系数 $f \approx 0.1 \sim 0.3$。

15.1.3 液体摩擦

如果两个摩擦表面之间有充足的润滑油,而且能满足一定的条件(见15.6节),则在两个摩擦表面之间可以形成厚度达几十微米的压力油膜,它能将相对运动着的两个金属表面分隔开,如图15.1(c)所示。此时只有液体之间的摩擦,称为液体摩擦,又称为液体润滑。换言之,形成的压力油膜可以将重物托起,使其浮在油膜之上。由于两个摩擦表面被油隔开而不直接接触,它的摩擦系数很小($f\approx0.001\sim0.01$),所以显著地减少了摩擦和磨损。

综合上述,液体摩擦是最理想的情况,前述汽轮机等长时间并且高速旋转的机器,应该确保其轴承在液体润滑条件下工作。在一般机器中,摩擦表面多处于边界摩擦和液体摩擦的混合状态,此状态称为混合摩擦,或称为非液体摩擦。

图15.1(d)为摩擦副的摩擦特性曲线,这条曲线是由实验得到的。图中纵坐标为轴承的摩擦系数f;无量纲参数$\frac{\eta n}{p}$称为轴承特性数,其中η为润滑油的动力黏度(见15.4节),n为轴每秒转数,p为轴承的压强。随着$\frac{\eta n}{p}$的不同,摩擦副分别处于边界摩擦、混合摩擦、液体摩擦状态。

15.2 滑动轴承的结构型式

滑动轴承按照承受载荷的方向主要分为:(1)向心滑动轴承(又称径向滑动轴承),主要承受径向载荷;(2)推力滑动轴承,承受轴向载荷。

15.2.1 向心滑动轴承

图15.2所示是一种普通的剖分式轴承。它是由轴承盖1、轴承座2、剖分轴瓦3,连接螺栓4等组成。轴承中直接支承轴颈的零件是轴瓦。为了安装时容易对心,在轴承盖与轴承座的中分面上做出阶梯形的榫口。轴承盖应当适度压紧轴瓦,使轴瓦不能在轴承孔中转动。轴承盖上制有螺纹孔,以便安装油杯或油管。

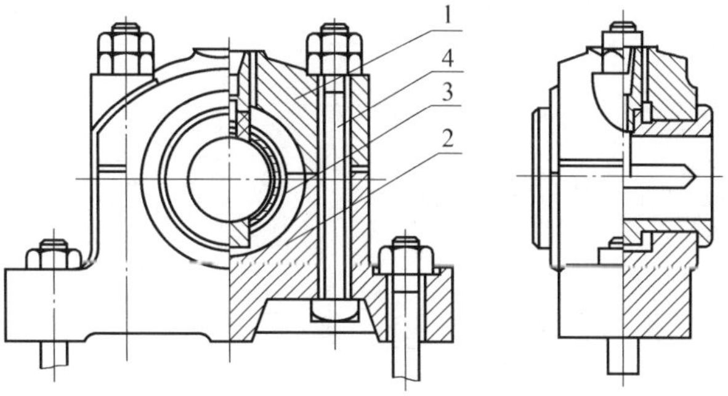

图15.2 剖分式向心滑动轴承

向心滑动轴承的类型很多,例如还有轴承间隙可调节的滑动轴承、轴瓦外表面为球面的自位轴承和整体式轴承等,详细内容可参阅有关手册。

轴瓦是滑动轴承中的重要零件。如图15.3所示,向心滑动轴承的轴瓦内孔为圆柱形,如果载荷F方向向下,则下轴瓦为承载区,上轴瓦为非承载区。润滑油应由非承载区引入,所以应该在顶部开进油孔。在轴瓦内表面,以进油口为中心沿纵向、斜向或横向开有油沟,这样以利于润滑油均匀分布在整个轴颈上。油沟的形式很多,如图15.4所示,一般油沟与轴瓦端面保持一定距离,以防止漏油。

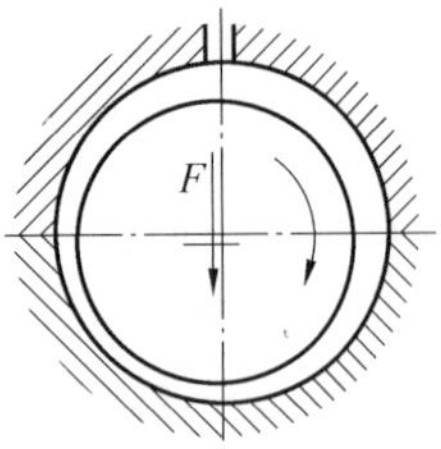

图 15.3 进油口开在非承载区

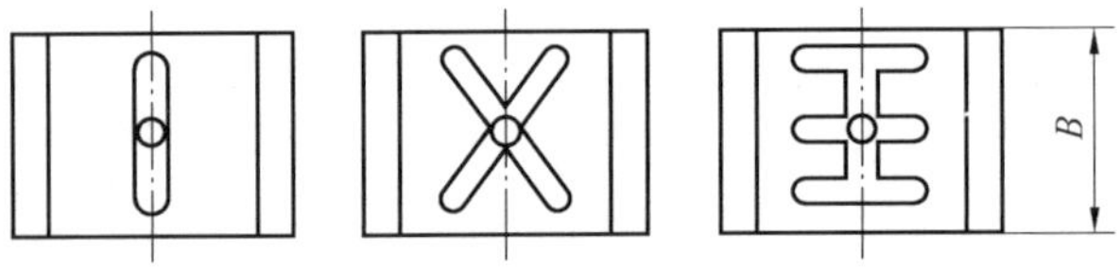

图 15.4 油沟形式

轴瓦宽度与轴颈直径之比 B/d 称为宽径比,它是向心滑动轴承中的重要参数之一。对于液体摩擦的滑动轴承,常取 $B/d=0.5\sim1$;对于非液体摩擦的滑动轴承,常取 $B/d=0.8\sim1.5$,有时可以更大些。

15.2.2 推力滑动轴承

如果轴受到轴向力 F 的作用应该采用推力轴承来承受。止推面可以利用轴的端面,也可以在轴的中段做出凸肩或装上推力圆盘。后面将论述两平行平面之间是不能形成动压油膜的,因此须沿轴承止推面按若干块扇形面积开出楔形。图 15.5(a)所示为固定式推力轴承,其楔形的倾斜角固定不变,在楔形顶部留出平台,用来承受停车后的轴向载荷。图 15.5(b)为可倾式推力轴承,其扇形块的倾斜角能随载荷、转速的改变而自行调整,因此性能更为优越。

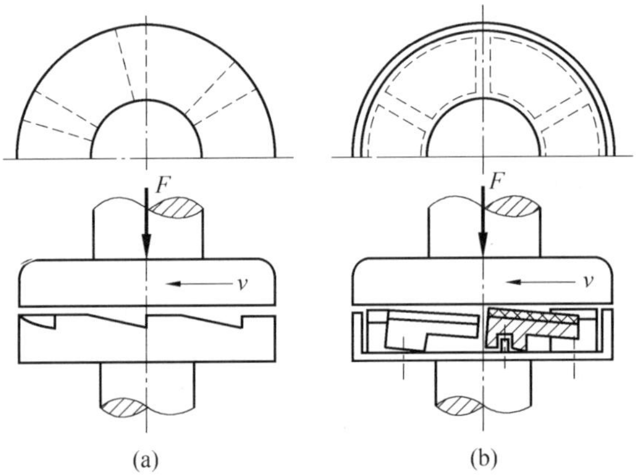

图 15.5 推力轴

15.3 轴瓦及轴承衬材料

根据轴承的工作情况,要求轴瓦材料具备下述性能:(1)摩擦系数小;(2)导热性好,热膨胀系数小;(3)耐磨、耐腐蚀、抗胶合能力强;(4)要有足够的机械强度和可塑性。

能同时满足上述要求的材料是难找的,但是在实际工作中应该根据具体情况满足主要使用要求,较常见的是用两层不同的金属材料做成的轴瓦,这样两种金属材料在性能上可以取长补短。在工艺上可以用浇铸或压合的方法,将薄层材料黏附在轴瓦基体上,黏附上去的薄层材料通常称为轴承衬。

常用的轴瓦和轴承衬材料有下列几种：

15.3.1 轴承合金

轴承合金又称白合金或巴氏合金，有锡锑轴承合金和铅锑轴承合金两大类。

锡锑轴承合金的摩擦系数小，抗胶合性能良好，对油的吸附性强，耐蚀性好，易跑合，是优良的轴承材料，常用于高速、重载的轴承。但是它的价格较贵并且机械强度较差，因此只能作为轴承衬材料而浇铸在钢、铸铁（图15.6(a)及图15.6(b)）或青铜轴瓦上（图15.6(c)）。用青铜作为轴瓦基体是取其导热性良好，这种轴承合金在110 ℃开始软化，为了安全起见，在设计、运行中常将温度控制在110 ℃以下。

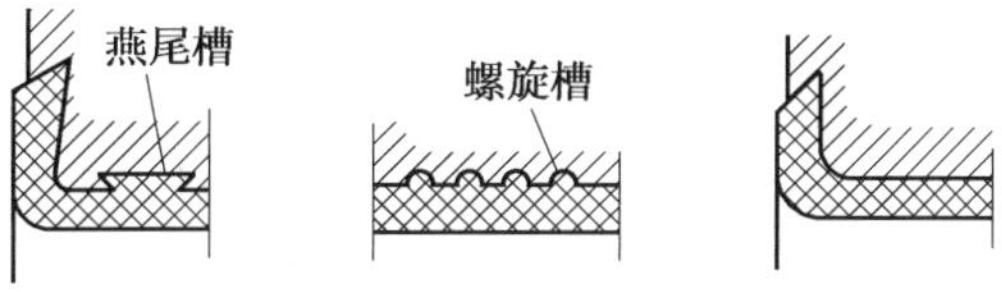

图15.6 浇铸轴承合金的轴瓦

铅锑轴承合金的各方面性能与锡锑轴承合金相近，但是这种材料较脆，不宜承受较大的冲击载荷。它一般用于中速、中载的轴承。

15.3.2 青铜

青铜的强度高，承载能力大，耐磨性与导热性都优于轴承合金，它可以在较高的温度（250 ℃）下工作，但是它的可塑性较差，不易跑合，所以与之相配的轴颈必须淬硬。

青铜可以单独做成轴瓦；为了节省有色金属材料，也可以将青铜浇铸在钢或铸铁轴瓦内壁上。用作轴瓦材料的青铜，主要有锡青铜、铅青铜和铝青铜，在一般情况下，它们分别用于中速重载、中速中载和低速重载的轴承上。

15.3.3 具有特殊性能的轴承材料

用粉末冶金法（经制粉、成型、烧结等工艺）做成的轴承，具有多孔性组织，孔隙内可以贮存润滑油，常称为含油轴承。运转时轴瓦温度升高，由于油的膨胀系数比金属大，因而可以自动进入摩擦表面从而起到润滑作用。含油轴承加一次油可以使用较长时间，常用于加油不方便的场合。

在不重要的或低速轻载的轴承中，也常采用灰铸铁或耐磨铸铁作为轴瓦材料。

橡胶轴承具有较大的弹性，能减轻振动从而使运转平稳，可以用水润滑，常用于潜水泵、砂石清洗机、钻机等有泥沙的场合。

塑料轴承具有摩擦系数低，可塑性、跑合性良好，耐磨、耐腐蚀，可以用水、油和化学溶液润滑等优点，但是它的导热性较差，膨胀系数较大，容易变形。所以为了改善此缺陷，一般可以将薄层塑料作为轴承衬材料黏附在金属轴瓦上使用。表15.1中给出了常用轴瓦及轴承衬材料的$[p]$，$[pv]$，$[v]$等数据。

表 15.1 常用轴瓦及轴承衬材料的性能

<table>
<tr><th rowspan="2">材料及其代号</th><th colspan="2" rowspan="2">[p]
/MPa</th><th rowspan="2">[pv]
/(MPa · m/s)</th><th rowspan="2">[v]
/(m/s)</th><th colspan="2">HBS</th><th rowspan="2">最高工
作温度/℃</th><th rowspan="2">轴颈硬度</th></tr>
<tr><th>金属型</th><th>砂型</th></tr>
<tr><td rowspan="2">铸锡锑轴承合金
ZSnSb11Cu6</td><td>平稳</td><td>25</td><td>20</td><td>80</td><td colspan="2" rowspan="2">27</td><td>150</td><td>150 HBS</td></tr>
<tr><td>冲击</td><td>20</td><td>15</td><td>60</td><td></td><td></td></tr>
<tr><td>铸铅锑轴承合金
ZPbSb16Sn16Cu2</td><td colspan="2">15</td><td>10</td><td>12</td><td colspan="2">30</td><td>150</td><td>150 HBS</td></tr>
<tr><td>铸锡青铜
ZCuSn10P1</td><td colspan="2">15</td><td>15</td><td>10</td><td>90</td><td>80</td><td>280</td><td>45 HRC</td></tr>
<tr><td>铸锡青铜
ZCuSn5Pb5Zn5</td><td colspan="2">8</td><td>15</td><td>3</td><td>65</td><td>60</td><td>280</td><td>45 HRC</td></tr>
<tr><td>铸铝青铜
ZCuAl10Fe3</td><td colspan="2">15</td><td>12</td><td>4</td><td>110</td><td>100</td><td>280</td><td>45 HRC</td></tr>
</table>

注:[pv]值为非液体摩擦下的许用值。

15.4 润滑剂和润滑装置

15.4.1 润滑剂

轴承润滑的目的在于降低摩擦功耗,减少磨损,同时还起到冷却、吸振、防锈等作用;轴承能否正常工作,和选用润滑剂正确与否有很大关系。

润滑剂分为:(1)液体润滑剂——润滑油;(2)半固体润滑剂——润滑脂;(3)固体润滑剂等。

在润滑性能上润滑油一般比润滑脂要好,所以应用范围最广泛。润滑脂具有不易流失等优点,也经常使用。固体润滑剂除了在特殊场合下使用外,目前正在逐步扩大使用范围。下面分别简单介绍一下。

1. 润滑油

目前使用的润滑油大部分为石油系润滑油(矿物油)。在轴承润滑中,润滑油最重要的物理性能是黏度,它也是选择润滑油的主要依据。黏度表征液体流动的内摩擦性能。如图 15.7 所示,有两块平板 A 及 B,两板之间充满着液体,设板 B 静止不动,板 A 以速度 v 沿 x 轴运动,由于液体与金属表面的吸附作用(称为润滑油的油性),因此板 B 表层的液体与板 B 一致而静止不动,板 A 表层的液体随板 A 以同样的速度 v 一起运动。两板之间液体的速度分布如图 15.7(a) 所示。也可以看作两板间的液体逐层发生了错动,如图 15.7(b) 所示。因此层与层间存在着液体内部的摩擦切应力 τ,根据实验结果得到以下关系式:

$$\tau = -\eta \frac{du}{dy} \tag{15.1}$$

此式称为牛顿液体流动定律。式中,u 是油层中任一点的速度;$\frac{du}{dy}$ 是该点的速度梯度;式中的"-"号表示 u 随 y 的增大而减小;η 是比例系数,即液体的动力黏度,常简称为黏度。

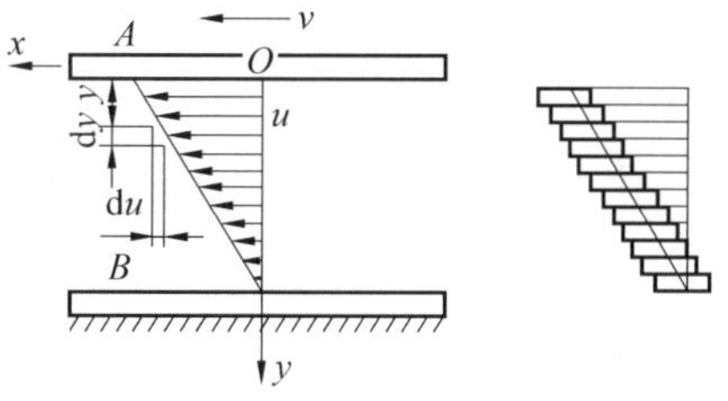

图 15.7 平行平板间油的流动

根据上式可知,动力黏度的量纲是力·时间/长度^2,在国际单位制中,它的单位是 N·s/m^2(即 Pa·s)。动力黏度的厘米克秒制单位是 P(poise,单位名称为泊),1 P = 1 dyn·s/cm^2。

此外,还有运动黏度 v,它等于动力黏度与液体密度 ρ 的比值,即

$$v = \frac{\eta}{\rho} \tag{15.2}$$

在国际单位制中,v 的单位是 m^2/s,实用上这个单位比较大,常采用它的厘米克秒制单位 St(stokes,单位名称为斯)或 cSt(厘斯),1 St = 1 cm^2/s = 100 cSt。我国石油产品是用运动黏度(单位为 cSt 或 mm^2/s)标定的,见表 15.2。

表 15.2 常用润滑油的主要性质

名称	代号	40 ℃ 时的黏度 v/(mm^2/s)	凝点 ≤/℃	闪点(开式) ≥/℃	主要用途
全损耗系统用油(GB 443—89)	L-AN7	6.12 ~ 7.48	-10	110	用于高速低负荷机械、精密机床、纺织纱锭的润滑和冷却
	L-AN10	9.0 ~ 11.0		125	
	L-AN15	13.5 ~ 16.5	-15	165	普通机床的液压油,用于一般滑动轴承、齿轮、蜗轮的润滑
	L-AN32	28.8 ~ 35.2	-15	170	
	L-AN46	41.4 ~ 50.6	-10	180	
	L-AN68	61.2 ~ 74.8	-10	190	用于重型机床导轨、矿山机械的润滑
	L-AN100	90.0 ~ 110	0	210	
汽轮机油(GB 11120—89)	L-TSA32	28.8 ~ 35.2	-7	180	用于汽轮机、发电机等高速高负荷轴承和各种小型液体润滑轴承
	L-TSA46	41.4 ~ 50.6			

例 15.1 试求 L-TSA32 汽轮机油的动力黏度。

解 按表 15.2 查得 L-TSA32 汽轮机油在 40 ℃ 时,其运动黏度平均值 $v = 32$ mm^2/s = 32×10^{-6} m^2/s。一般油的密度 $\rho = 900$ kg/m^3。由公式(15.2)可知,在 40 ℃ 时 L-TSA32 汽轮机油的动力黏度

$$\eta = \nu\rho = 32 \times 10^{-6} \times 900 = 0.028\ \text{Pa} \cdot \text{s}$$

润滑油的黏度并不是始终不变的,它是随着温度的升高而降低,这对于运行着的轴承来说,必须加以注意。描述黏度随温度变化情况的线图称为黏 - 温图,见图 15.8。

润滑油的黏度还随着压力的升高而增大,但压力不太高(如小于 10 MPa)时,变化极微,可以忽略不计。

选用润滑油时要考虑速度、载荷和工作情况,对于载荷大、温度高的轴承宜选择黏度大的油,载荷小、速度高的轴承宜选择黏度较小的油。

2. 润滑脂

润滑脂是由润滑油和各种稠化剂(如钙、钠、铝、锂等金属皂)混合稠化而成,润滑脂密封简单,不需经常加添,不易流失,所以在垂直的摩擦表面上也可以应用。润滑脂对载荷和速度的变化有较大的适应范围,受温度的影响不大,但摩擦损耗较大,机械效率较低,所以不宜用于高速,并且润滑脂容易变质,不如润滑油稳定。总的来说,一般参数的机器,特别是低速或带有冲击的机器,都可以使用润滑脂润滑。

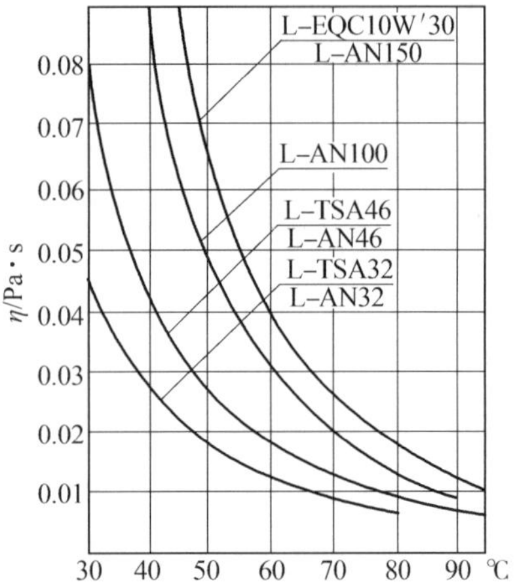

图中 L - EQC10W/30 为汽油机油

图 15.8 几种润滑油的黏 - 温曲线

目前使用最多的是钙基润滑脂,它有耐水性,常用于 60 ℃ 以下的各种机械设备中轴承的润滑。钠基润滑脂可用于 115 ~ 145 ℃ 以下,但不耐水。锂基润滑脂性能优良,耐水,且可在 - 20 ~150 ℃ 范围内广泛适用,可以代替钙基、钠基润滑脂。

3. 固体润滑剂

固体润滑剂有石墨、二硫化钼(MoS_2)、聚氟乙烯树脂等多种品种。一般在超出润滑油使用范围之外才考虑使用,例如在高温介质中,或在低速重载条件下。目前其应用已逐渐广泛,例如可将固体润滑剂调和在润滑油中使用,也可以涂覆、烧结在摩擦表面形成覆盖膜,或者用固结成型的固体润滑剂嵌装在轴承中使用,或者混入金属或塑料粉末中烧结成型。

石墨性能稳定,在 350 ℃ 以上才开始氧化,并可在水中工作。聚氟乙烯树脂摩擦系数低,只有石墨的一半。二硫化钼与金属表面吸附性强,摩擦系数低,使用温度范围也广泛(- 60 ~ 300 ℃),但是遇到水则性能下降。

15.4.2 润滑装置

滑动轴承的给油方法多种多样。图 15.9(a) 是针阀式油杯,平放手柄 1 时,针杆 3 借弹簧的推压而堵住底部油孔。直立手柄时,针杆被提起,油孔敞开,于是润滑油自动滴到轴颈上。在针阀油杯的上端面开有小孔,供补充润滑油用,平时由簧片 4 遮盖。图中 5 是观察孔,6 是滤油网,螺母 2 可调节针杆下端油口大小,以控制供油量。图 15.9(b) 是 A 型弹簧盖油杯,扭转弹簧 2 将盖 1 紧压在油杯体 3 上,铝管 4 中装有毛线或棉纱绳 5,依靠毛线或棉纱的毛细管作用,将油杯中的润滑油滴入轴承。虽然这种油杯给油是自动且连续的,但不能调节给油量,油杯中油面高时给油多,油面低时给油少,停车时仍在继续给油,直到滴完为止。图 15.9(c) 是润滑脂用的油杯,油杯中填满润滑脂,定期旋转杯盖,使空腔体积减小而将润滑脂注入轴承内,它只能间歇润滑。上述三种油杯均已列入国家标准,选用时可查阅有关手册。

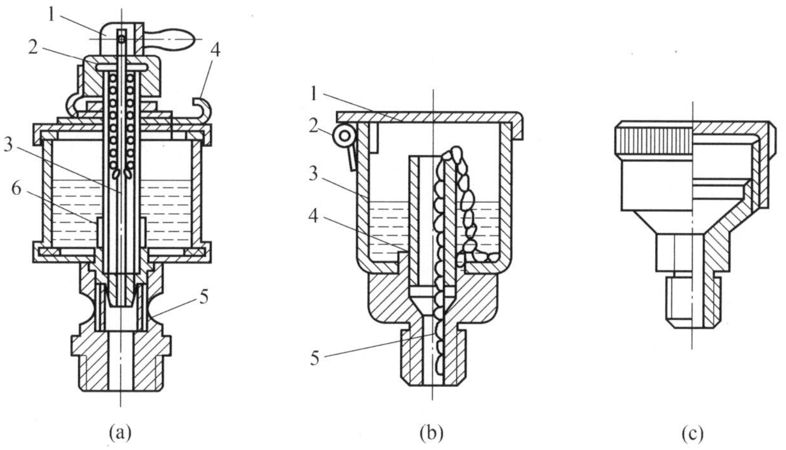

图 15.9　润滑装置

图 15.10 为油环润滑,在轴颈上套一油环,摩擦力带动油环旋转,把油引入轴承。油环浸在油池内的深度约为其直径的四分之一时,给油量已足以维持液体润滑状态的需要。它常用于大型电机的滑动轴承中。最完善的给油方法是利用油泵循环给油,给油量充足,给油压力只需 0.05 MPa,在油的循环系统中常配置过滤器、冷却器。还可以设置油压控制开关,当管路内油压下降时可以报警,或启动辅助油泵,或指令主机停车。所以这种给油方法安全可靠,但设备费用较高,常用于高速且精密的重要机器中。

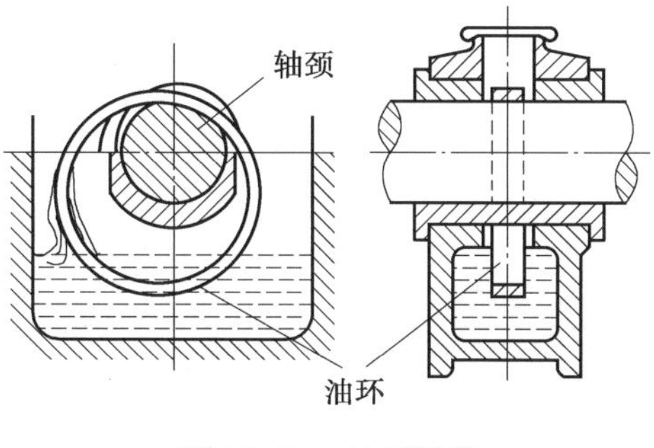

图 15.10　油环润滑

15.5　非液体摩擦滑动轴承的计算

非液体摩擦滑动轴承可用润滑油润滑,也可用润滑脂润滑。在润滑油、润滑脂中加入少量鳞片状石墨或二硫化钼粉末,有助于形成更加坚韧的边界油膜,并且可填平粗糙表面而减少磨损,但是这类轴承不能完全排除磨损。

维持边界油膜不遭破裂,是非液体摩擦滑动轴承的设计依据。由于边界油膜的强度和破裂温度受多种因素影响而十分复杂,其规律尚未完全被人们掌握。因此目前采用的计算方法是间接的、条件性的。实践证明,如果能限制压强 $p \leqslant [p]$ 以及压强与轴颈线速度的乘积 $pv \leqslant [pv]$,那么轴承是能够很好地工作的。

15.5.1 向心轴承

1. 轴承的压强 p

限制轴承压强 p,以保证润滑油不被过大的压力挤出,从而避免轴瓦产生过度的磨损,即

$$p = \frac{F}{Bd} \leqslant [p] \tag{15.3}$$

式中 F—— 轴承径向载荷,N;

B—— 轴瓦宽度,mm;

d—— 轴颈直径,mm;

$[p]$—— 轴瓦材料的许用压强,MPa(见表 15.1)。

2. 轴承的 pv 值

pv 值与摩擦功率损耗成正比,它简略地表征轴承的发热因素。pv 值越高,轴承温升越高,越容易引起边界油膜的破裂。pv 值的验算式为

$$pv = \frac{F}{Bd} \cdot \frac{\pi dn}{60 \times 1\ 000} \leqslant [pv] \tag{15.4}$$

式中 n—— 轴的转速,r/min;

$[pv]$—— 轴瓦材料的许用值,MPa · m/s(见表 15.1)。

3. 轴承的速度 v

为防止轴承由于 v 过大而出现早期磨损,有时需要校核 v,使

$$v \leqslant [v] \tag{15.5}$$

式中 $[v]$—— 轴瓦材料许用线速度,m/s(见表 15.1)。

15.5.2 推力轴承

由图 15.11 可知,推力轴承应满足

$$p = \frac{F}{\frac{\pi}{4}(d_2^2 - d_1^2)z} \leqslant [p] \tag{15.6}$$

$$pv_m \leqslant [pv] \tag{15.7}$$

式中 z—— 轴环数;

v_m—— 轴环的平均速度,$v_m = \dfrac{\pi d_m n}{60 \times 1\ 000}$;

d_m—— 平均直径,$d_m = \dfrac{d_1 + d_2}{2}$。

推力轴承的$[p]$和$[pv]$值由表 15.1 查取,对于多环推力轴承(图 15.11(b)),由于制造和装配误差使各支承面上所受的载荷不相等,$[p]$和$[pv]$值应减小 20% ~ 40%。

例 15.2 试按非液体摩擦状态设计电动绞车中卷筒两端的滑动轴承。已知钢绳拉力 W 为 20 kN,卷筒转速为 25 r/min,结构尺寸如图 15.12(a) 所示,其中轴颈直径 $d = 60$ mm。

解 (1) 求滑动轴承上的径向载荷 F。当钢绳在卷筒中间时,两端滑动轴承受力相等,并且为钢绳上拉力的一半,但是当钢绳绕在卷筒的边缘时,一侧滑动轴承上受力达到最大值,为:

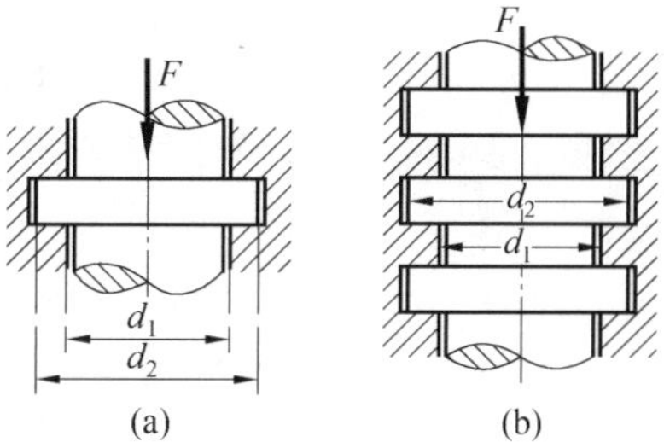

图 15.11 推力轴承

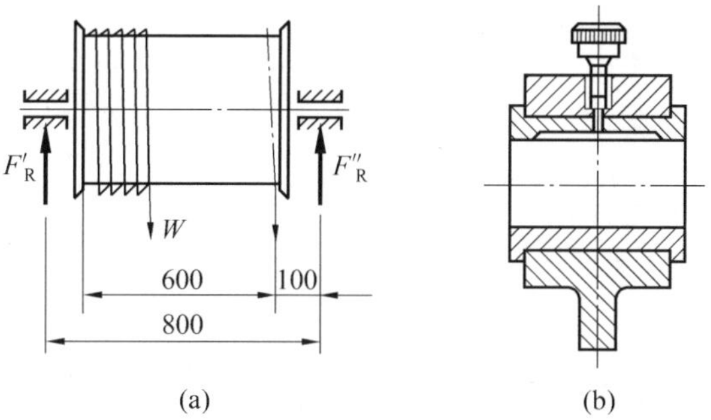

图 15.12 绞车卷筒的轴承

$$F = F''_R = W \times \frac{700}{800} = 20\ 000 \times \frac{7}{8} = 17\ 500\ \text{N}$$

（2）取宽径比 $B/d = 1.2$，则

$$B = 1.2 \times 60 = 72\ \text{mm}$$

（3）验算压强 p

$$p = \frac{F}{Bd} = \frac{17\ 500}{72 \times 60} = 4.05\ \text{MPa}$$

（4）验算 pv 值，由公式（15.4）得

$$pv = \frac{Fn\pi}{60\ 000B} = \frac{17\ 500 \times 25 \times \pi}{60\ 000 \times 72} = 0.32\ \text{MPa} \cdot \text{m/s}$$

根据上述计算，可知选用铸锡青铜（ZCuSn5Pb5Zn5）作为轴瓦材料是足够的，其 $[p] = 8\ \text{MPa}$，$[pv] = 15\ \text{MPa} \cdot \text{m/s}$，轴承选用润滑脂润滑，用油杯加脂，其结构如图 15.12（b）所示。

15.6 动压润滑的基本原理

15.6.1 动压润滑的形成原理和条件

首先分析一下两平行板的情况。如图 15.13（a）所示，如果板 B 静止不动，板 A 以速度 v 向左运动，板间充满润滑油。如前所述，当板上无载荷时两平行板之间液体各流层的速度呈三角形分布，板 A、B 之间带进的油量等于带出的油量，因此两板间油量保持不变，亦即板 A 不会下沉；但是如果板 A 上承受载荷 F 时，油向两侧挤出（图 15.13（b）），于是板 A 逐渐下沉，直到与

板 B 接触。这就说明两平行板之间是不可能形成压力油膜的。

如果板 A 与板 B 不平行,板间的间隙沿运动方向由大到小呈收敛的楔形,并且板 A 上承受载荷 F,如图 15.13(c) 所示。当板 A 运动时,两端的速度若按照虚线所示的三角形分布,则必然进油多而出油少。由于液体实际上是不可压缩的,液体分子必将在间隙内"拥挤"而形成压力,迫使进口端的速度曲线向内凹,出口端的速度曲线向外凸,不会再是三角形分布。进口端间隙 h_1 大而速度曲线内凹,出口端 h_2 小而速度曲线外凸,于是有可能使带进油量等于带出油量。同时,间隙内形成的液体压力将与外载荷 F 平衡。这就说明在间隙内形成了压力油膜,这种借助相对运动而在轴承间隙中形成的压力油膜称为动压油膜。图 15.13(c) 还表明从截面 $a-a$ 到 $c-c$ 之间,各截面的速度图是各不相同的,但是必有一截面 $b-b$,油的速度呈三角形分布。

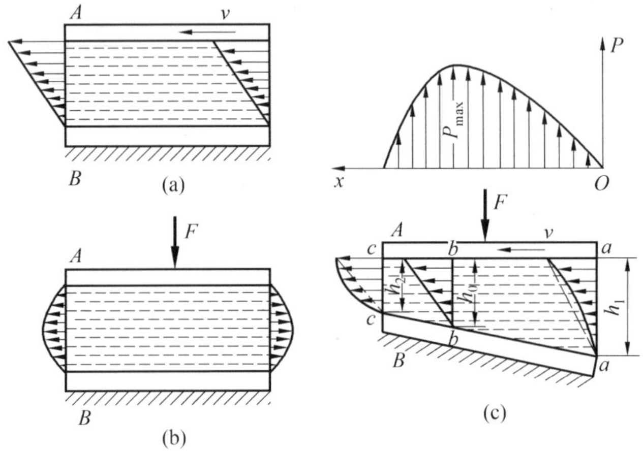

图 15.13 动压油膜承载机理

根据以上分析可知,形成动压油膜的必要条件是:(1) 两工作表面间必须有楔形间隙;(2) 两工作表面间必须连续充满润滑油或其他黏性流体:(3) 两工作表面间必须有相对滑动速度,其运动方向必须保证润滑油从大截面流进,从小截面流出。此外对于一定的载荷 F,必须使速度 v、黏度 η 及间隙等匹配恰当。

现进一步观察向心滑动轴承形成动压油膜的过程。图 15.14(a) 表示停车状态,轴颈沉在下部。轴颈表面与轴承孔表面构成了楔形间隙,这就满足了形成动压油膜的首要条件。开始启动时轴颈沿轴承孔内壁向上爬,如图 15.14(b) 所示。当转速继续增加时,楔形间隙内形成的油膜压力将轴颈抬起而与轴承脱离接触,如图 15.14(c) 所示。但此情况不能持久,因为油膜内各点压力的合力有向左推动轴颈的分力存在,因而轴颈继续向左移动。最后,当达到机器的工作转速时,轴颈则处于图 15.14(d) 所示的位置。此时油膜内各点的压力,其垂直方向的合力与载荷 F 平衡,其水平方向的压力,左右自行抵消。于是轴颈就稳定在此平衡位置上旋转。从图中可以明显看出,轴颈中心 O_1 与轴承孔中心 O 不重合,$OO_1=e$,这称为偏心距。其他条件相同时,工作转速越高,e 值越小,即轴颈中心越接近轴承孔中心。

15.6.2 液体动压润滑的基本方程

对照图 15.15,假设:(1) z 方向无限长,润滑油在 z 方向没有流动;(2) 压力 p 不随 y 值的大

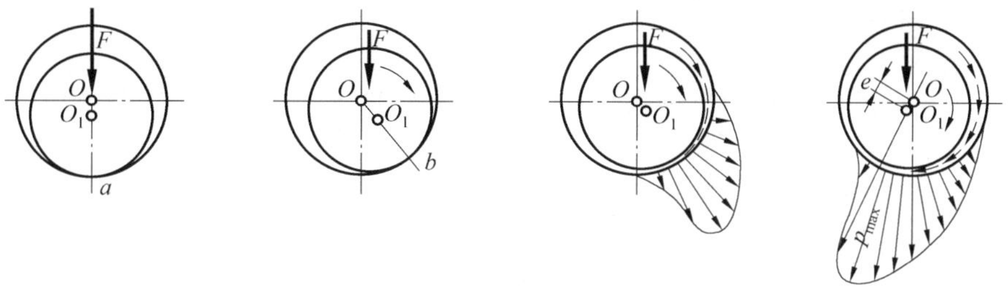

图 15.14 向心轴承动压油膜形成过程

小而变化,即同一油膜截面上压力为常数(由于油膜很薄,所以这样假设是合理的);(3) 润滑油黏度 η 不随压力而变化,并且忽略油层的重力和惯性;(4) 润滑油处于层流状态。

在油膜中取出一微单元体,它承受油压 p 和内摩擦切应力 τ(图 15.15),根据平衡条件得

$$p\mathrm{d}y\mathrm{d}z-(\tau+\mathrm{d}\tau)\mathrm{d}x\mathrm{d}z-(p+\mathrm{d}p)\mathrm{d}y\mathrm{d}z+\tau\mathrm{d}x\mathrm{d}z=0$$

整理后,得

$$\frac{\mathrm{d}p}{\mathrm{d}x}=-\frac{\mathrm{d}\tau}{\mathrm{d}y}$$

由公式(15.1) 可知

$$\tau=-\eta\frac{\mathrm{d}u}{\mathrm{d}y}$$

因此

$$\frac{\mathrm{d}p}{\mathrm{d}x}=\eta\frac{\mathrm{d}^2u}{\mathrm{d}y^2} \tag{15.8}$$

此式表明,任意一点的油膜压力 p 沿 x 方向的变化率$\frac{\mathrm{d}p}{\mathrm{d}x}$,与该点速度梯度($y$ 向) 的导数有关。

将公式(15.8) 对 y 积分(根据假设 2,$\frac{\mathrm{d}p}{\mathrm{d}x}$ 是一常数) 得

$$u=\frac{1}{2\eta}\frac{\mathrm{d}p}{\mathrm{d}x}y^2+C_1y+C_2$$

式中 C_1,C_2—— 积分常数,可由边界条件来确定。

当 $y=0$ 时,$u=v$,所以

$$C_2=v$$

当 $y=h$ 时,$u=0$,所以

$$C_1=-\frac{1}{2\eta}\frac{\mathrm{d}p}{\mathrm{d}x}h-\frac{v}{h}$$

代回原式并整理

$$u=\frac{1}{2\eta}\frac{\mathrm{d}p}{\mathrm{d}x}(y^2-hy)-\frac{y+h}{h}v \tag{15.9}$$

根据流体的连续性原理,流过不同截面的流量应该是相等的,为此先求任意截面上的流量(z 方向取单位长)

$$q_x=\int_0^h u\mathrm{d}y=-\frac{1}{12\eta}\frac{\mathrm{d}p}{\mathrm{d}x}h^3+\frac{hv}{2}$$

再求特定截面上的流量,现取图 15.13(c) 上的 $b-b$ 截面,该处速度呈三角形分布,间隙厚度为 h_0,故

$$q_x = \frac{1}{2} v h_0$$

因为流经两个截面上的流量相等,所以

$$\frac{\mathrm{d}p}{\mathrm{d}x} = 6\eta v \frac{h - h_0}{h^3} \tag{15.10}$$

当 $h = h_0$(即图 15.13(c) 中 $b-b$ 截面处)时,$\frac{\mathrm{d}p}{\mathrm{d}x} = 0$,$p$ 有极大值 $p_{\max}$,所以 b 点是对应于 $p_{\max}$ 处的特定点。又 $\frac{\mathrm{d}p}{\mathrm{d}x} = 0$,即 $\frac{\mathrm{d}^2 u}{\mathrm{d}y^2} = 0$,所以速度梯度 $\frac{\mathrm{d}u}{\mathrm{d}y}$ 必须是常量,亦即 $b-b$ 截面处的速度呈三角形分布。

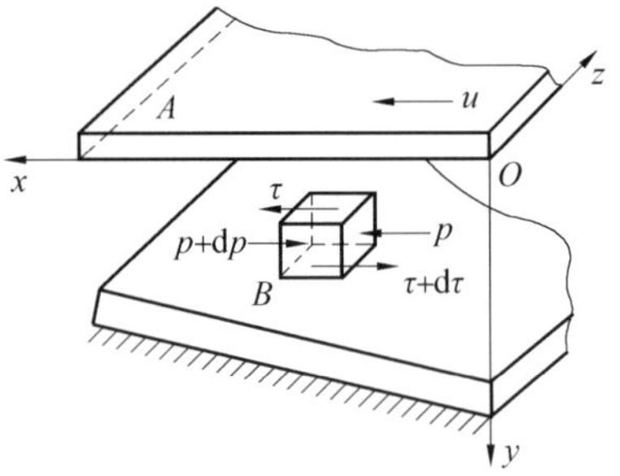

图 15.15 液体动压分析

公式(15.10) 为液体动压润滑的基本方程,称为一维雷诺(Reynolds) 方程,它描述了两平板间油膜压力 p 的变化与润滑油的动力黏度 η、相对滑动速度 v 及油膜厚度 h 之间的关系。由公式(15.10) 可求出油膜压力 p 沿 x 方向分布的曲线(见图 15.13(c)),再根据油膜压力的合力,便可确定油膜的承载能力。

15.7 向心动压轴承的几何关系与承载量的计算

15.7.1 向心动压轴承的几何参数

图 15.16 所示为轴承工作时轴颈的位置。轴承和轴颈的连心线 OO_1 与外载荷 F 的方向形成一偏位角 φ_a。轴承孔和轴颈的直径分别用 D 和 d 表示,则轴承直径间隙为

$$\Delta = D - d \tag{15.11}$$

半径间隙为

$$\delta = \Delta/2 \tag{15.12}$$

直径间隙与轴颈直径 d 之比称为相对间隙 ψ

$$\psi = \frac{\Delta}{d} = \frac{\delta}{r} \tag{15.13}$$

轴在稳定运转时,轴颈中心 O 偏离孔中心 O_1 的距离,称为偏心距,用 e 表示,偏心距与半径间隙之比称为偏心率,以 χ 表示,即

$$\chi = \frac{e}{\delta}$$

由图可见,最小油膜厚度为

$$h_{\min} = \delta - e = \delta(1 - \chi) = r\psi(1 - \chi) \tag{15.14}$$

如果用极坐标来描述,则更方便。以轴心 O 为极点,OO_1 为极轴,对应于任意极角 φ 的轴承油膜厚度 h,可由 ΔAOO_1 应用余弦定理求得

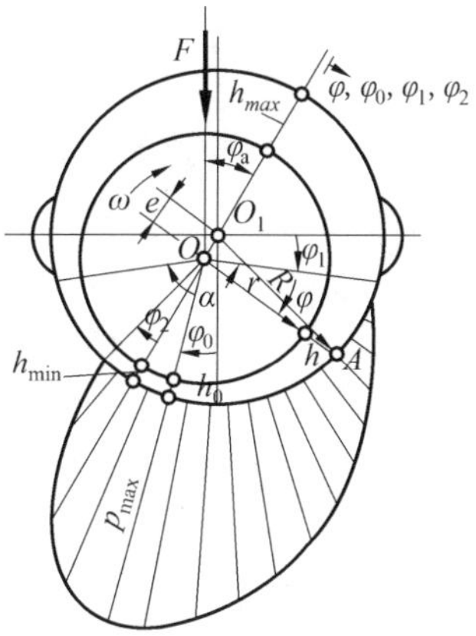

图 15.16　向心滑动轴承的几何参数和油压分布

$$R^2 = e^2 + (r+h)^2 - 2e(r+h)\cos\varphi$$

解上式并略去微量$\left(\frac{e}{R}\right)^2 \sin^2\varphi$，可求得任意极角 φ 处的轴承油膜厚度

$$h = \delta(1+\chi\cos\varphi) = r\psi(1+\chi\cos\varphi) \tag{15.15}$$

在油膜压力最大处 p_{max} 的油膜厚度为

$$h_0 = \delta(1+\chi\cos\varphi_0) \tag{15.16}$$

式中，φ_0 为与 p_{max} 相应的极角。

将公式(15.10) 转换为极坐标形式，令 $dx = rd\varphi$，$v = r\omega$ 并将 h，h_0 值代入该式，则

$$\frac{dp}{d\varphi} = 6\eta\frac{\omega}{\psi^2}\cdot\frac{\chi(\cos\varphi - \cos\varphi_0)}{(1+\chi\cos\varphi)^3} \tag{15.17}$$

将上式从油膜压力起始角 φ_1 到任意角 φ 积分，可得极角为 φ 处的油膜压力

$$p_\varphi = 6\eta\frac{\omega}{\psi^2}\int_{\varphi_1}^{\varphi}\frac{\chi(\cos\varphi - \cos\varphi_0)}{(1+\chi\cos\varphi)^3}d\varphi \tag{15.18}$$

把所有 p_φ 在外载荷方向的分量相加(积分)，即可得单位宽度的油膜承载能力，再把全宽度上的承载能力相加(积分)，可得总承载能力 F。考虑到轴承有端泄，即两端的油压为零，油压沿宽度呈抛物线分布，见图 15.17，并且最大油压也有所降低。由此可得

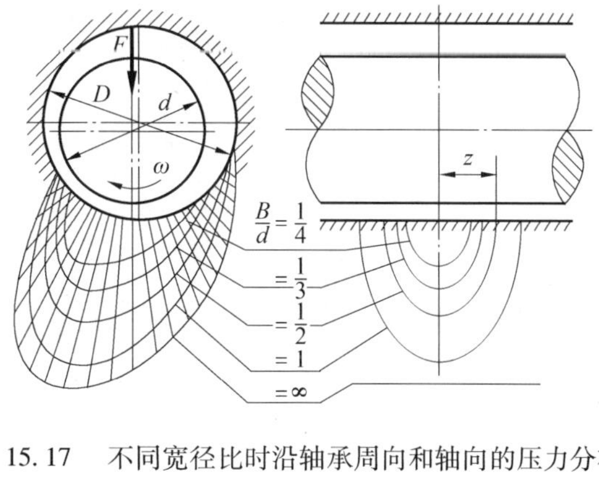

图 15.17　不同宽径比时沿轴承周向和轴向的压力分布

$$F = \frac{\eta \omega d B}{\psi^2} C_p \tag{15.19}$$

或

$$C_p = \frac{F\psi^2}{\eta \omega d B} = \frac{F\psi^2}{2\eta v B}$$

式中 η—— 润滑油在轴承平均工作温度下的动力黏度，$N \cdot s/m^2$；

B—— 轴承宽度，m；

F—— 承载力，N；

v—— 轴的圆周速度，m/s；

C_p—— 承载量系数，其值等于上述三重积分的总值，与参数χ，$\frac{B}{d}$及轴承包角 α 有关，由于求积分通解比较困难，可以用数值积分法求解。

表 15.3 所示为轴瓦包角为 180° 时，在非承载区提供无压供油的 C_p 值。

表 15.3 有限宽轴承的承载量系数 C_p

B/d	χ													
	0.3	0.4	0.5	0.6	0.65	0.7	0.75	0.80	0.85	0.90	0.925	0.95	0.975	0.99
	承载量系数 C_p													
0.5	0.133	0.209	0.317	0.493	0.622	0.819	1.098	1.572	2.428	4.261	6.615	10.706	25.62	75.86
0.6	0.182	0.283	0.427	0.655	0.819	1.070	1.418	2.001	3.036	5.214	7.956	12.64	29.17	83.21
0.7	0.234	0.361	0.538	0.816	1.014	1.312	1.720	2.399	3.580	6.029	9.072	14.14	31.88	88.90
0.8	0.287	0.439	0.647	0.972	1.199	1.538	1.965	2.754	4.053	6.721	9.992	15.37	33.99	92.89
0.9	0.339	0.515	0.754	1.118	1.371	1.745	2.248	3.067	4.459	7.294	10.753	16.37	35.66	96.35
1.0	0.391	0.589	0.853	1.253	1.528	1.929	2.469	3.372	4.808	7.772	11.38	17.18	37.00	98.95
1.1	0.440	0.658	0.947	1.377	1.669	2.097	2.664	3.580	5.106	8.186	11.90	17.86	38.12	101.15
1.2	0.487	0.723	1.033	1.489	1.796	2.247	2.838	3.787	5.364	8.533	12.35	18.43	39.04	102.90
1.3	0.529	0.784	1.111	1.590	1.912	2.379	2.990	3.968	5.586	8.831	12.73	18.91	39.81	104.42
1.5	0.610	0.891	1.248	1.763	2.099	2.600	3.242	4.266	5.947	9.304	13.34	19.68	41.07	106.84

15.7.2 最小油膜厚度 h_{min}

由公式(15.14)和表15.3可知，在其他条件不变的情况下，h_{min}越小，则χ越大，C_p也越大，即轴承的承载能力 F 也越大。然而，h_{min} 不能无限制地减小，因为它受到轴颈和轴瓦表面粗糙度、轴的刚度以及几何形状误差等的限制。为保证轴承获得完全液体摩擦，最小油膜厚度 h_{min} 必须大于或等于许用油膜厚度[h]，即

$$h_{min} = r\psi(1-\chi) \geq [h] \tag{15.20}$$

而

$$[h] = S(Rz_1 + Rz_2) \tag{15.21}$$

式中 Rz_1,Rz_2—— 轴颈、轴瓦孔表面微观不平度的十点平均高度,对于一般轴承,可分别取 Rz_1 和 Rz_2 值为3.2 μm和6.3 μm,或1.6 μm和3.2 μm;对于重要轴承,可取0.8 μm和1.6 μm;

S—— 安全系数,常取 $S \geqslant 2$。

流体动压轴承除了承载量计算之外,设计时还需进行热平衡计算,以检验润滑油温升是否合适。

15.8 液体动压多油楔轴承与静电轴承简介

15.8.1 多油楔滑动轴承

在多油楔滑动轴承中,轴瓦的内孔制成特殊形状,其目的在于工作中产生多个油楔,从而形成多个动压油膜,借以提高轴承的工作稳定性和旋转精度。

图15.18(a)为椭圆轴承,它的顶隙和侧隙之比常制成1∶2,它与单油楔圆轴承(图15.16)相比,减小了顶隙而扩大了侧隙。顶隙减小,因而在顶部也可形成动压油膜;侧隙扩大,可以增加端泄油量,以便降低轴承温升。工作时,椭圆轴承中形成上下两个动压油膜,有助于提高稳定性。但与同样条件下的单油楔圆轴承相比,其摩擦损耗将会有所增加,而且供油量增大,承载量降低。

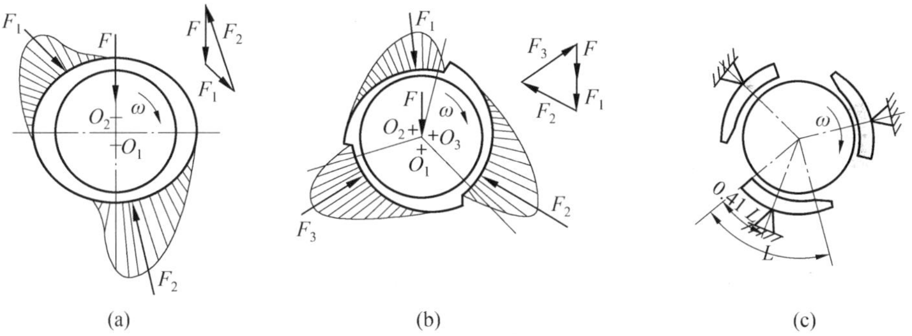

图15.18 多油楔轴承

图15.18(b)为固定式三油楔轴承。工作时可以形成三个动压油膜,提高了旋转精度和稳定性,但其承载量为三个油楔中的油膜力的向量和,比单油楔圆轴承低;其摩擦损耗为三个油楔的损耗之和,较单油楔轴承损耗大。固定式三油楔轴承只允许轴颈沿一个固定的方向回转。

图15.18(c)所示为可倾瓦多油楔轴承。这种轴承通常采用3 ~ 5片轴瓦,轴瓦由带球端的螺钉支承着。当单向回转时,因支点不安置在正中而偏向一侧(图示为0.41L),随着运转条件的改变能自行倾斜,以保证时时处于最佳工作状态下运转,这正是可倾式优于固定式之处。此外,可倾式多油楔轴承还具有较好的抗震性能、旋转精度和稳定性,但是制造、调试都比较费事。

15.8.2 静压轴承

静压轴承是依靠一套给油装置，将高压油压入轴承的油腔中，强制形成油膜，保证轴承在液体摩擦状态下工作。油膜的形成与相对滑动速度无关，承载能力主要取决于油泵的给油压力，因此静压轴承对高速、低速、轻载、重载下都能胜任工作。在启动、停止和正常运转时期内，轴与轴承之间均无直接接触，理论上轴瓦没有磨损，轴承寿命长，可以长时期保持精度。而且正由于任何时期内轴承间隙中均有一层压力油膜，所以对轴和轴瓦的制造精度可适当降低，对轴瓦的材料要求也比较低。如果设计良好，静压轴承可以达到很高的旋转精度。但是静压轴承需要附加一套可靠的给油装置，所以应用不如动压轴承普遍。一般用于低速、重载或要求高精度的机械装备中，如精密机床、重型机器等。

静压轴承在轴瓦内表面上开有几个（通常是四个）对称的油腔，各油腔的尺寸一般是相同的。每个油腔四周都有适当宽度的封油面，称为油台，而油腔之间用回油槽隔开，如图 15.19 所示。为了使油腔具有压力补偿作用，在外油路中必须为各油腔配置一个节流器。工作时，如果无外载荷（不计轴的自重）作用，轴颈浮在轴承的中心位置，各油腔内压力相等。当轴颈受载荷 F 作用后，轴颈向下产生位移 e，此时下油腔 3 四周油台与轴颈之间的间隙减小，流出的油量也随之减少，下油腔 3 油压升高，而上油腔与轴的间隙增大，使流出油量增加，因而油压降低，上下油腔产生的压力差与外载荷平衡。所以，应用节流器能随外载荷的变化而自动调节各油腔内的压力。节流器是静压轴承中的关键元件，常用的节流器有小孔节流器（图 15.20(a)）和毛细管节流器（图 15.20(b)）。

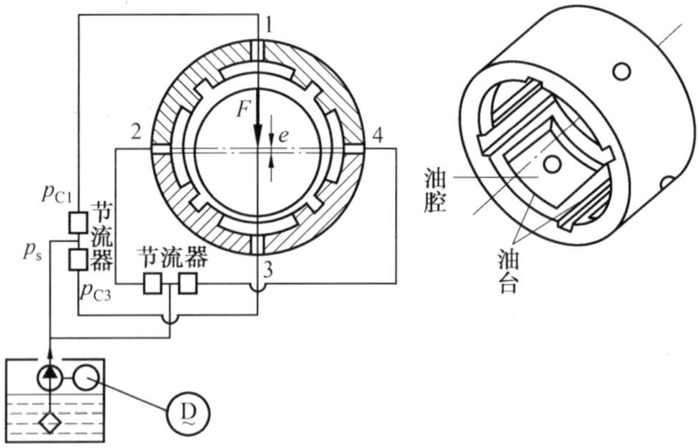

图 15.19 静压轴承的工作原理

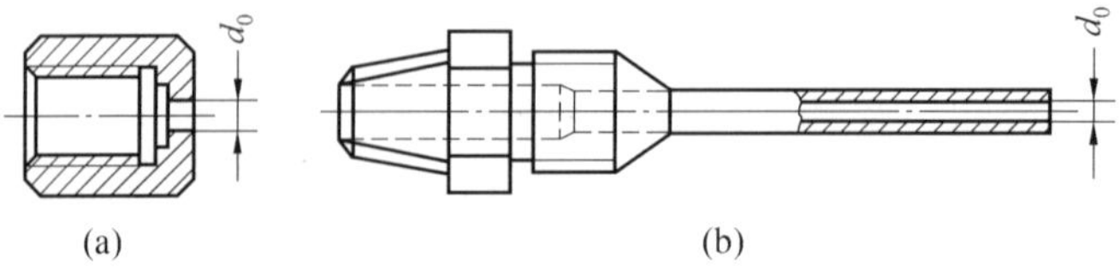

图 15.20 常用的节流器

15.8.3 空气轴承

空气的黏性小,它的黏度为 L - AN7 全损耗系统用油的$\frac{1}{4\ 000}$,所以利用空气作为润滑剂,可以解决每分钟数十万转的超高速轴承的温升问题。气体润滑在本质上与液体润滑一样,也有静压式和动压式两类,它形成的动压气膜厚度很薄,最大不超过 20 μm,所以,对于空气轴承制造要求十分精确,而且空气需经严格过滤。空气的黏度很少受温度的影响,因此有可能在低温及高温中应用。它没有油类污染的危险,而且回转精度高、运行噪声低。它的主要缺点是承载量不能太大和密封比较困难。它常用于高速磨头、陀螺仪、医疗设备等方面。

习 题

15.1 滑动轴承的摩擦状态有几种?各有什么特点?

15.2 校核铸件清理滚筒上的一对滑动轴承。已知装载量加自重为 18 000 N,转速为 40 r/min,两端轴颈的直径为 120 mm,轴瓦宽径比为 1∶2,材料为锡青铜(ZCuSn5Pb5Zn5),润滑脂润滑。

15.3 有一非液体摩擦向心滑动轴承,已知轴颈直径为 100 mm,轴瓦宽度为 100 mm,轴的转速为 1 200 r/min,轴承材料为 ZCuSn10P1,试问它允许承受多大的径向载荷?

15.4 试设计某轻纺机械一转轴上的非液体摩擦向心滑动轴承。已知轴颈直径为 55 mm,轴瓦宽度为 44 mm,轴颈的径向载荷为 24 200 N,轴的转速为 300 r/min。

15.5 一向心滑动轴承,轴颈角速度为 ω,直径为 d,相对间隙为 ψ($\psi = \frac{\Delta}{d}$,Δ 为直径间隙)。假定工作时轴颈与轴承同心,间隙内充满油,油的黏度为 η,轴瓦宽度为 B。试证明油作用在轴颈上的阻力矩为 $T_f = \frac{\pi d^2 B}{2} \cdot \frac{\eta\omega}{\psi}$。

15.6 一向心动压滑动轴承,轴颈的径向载荷为 35 000 N,轴颈直径为 100 mm,轴瓦宽度为 100 mm,轴的转速为 1 000 r/min,选用 L - AN32 全损耗系统用油,设平均温度 $t_m = 50$ ℃,相对间隙 $\psi = 0.001$,轴颈、轴瓦表面粗糙度分别为 $Rz_1 = 1.6$ μm,$Rz_2 = 3.2$ μm,试校验该轴承能否实现液体动压润滑。

第16章 滚动轴承

教学提示:滚动轴承是用来支承轴的部件。本章主要介绍滚动轴承的类型、结构特点、代号、失效形式、寿命计算的方法及滚动轴承的组合结构设计的方法与原则。

教学要求:掌握常用滚动轴承的特点、滚动轴承的类型、代号、滚动轴承的疲劳点蚀失效、寿命计算方法及滚动轴承的组合结构设计。

16.1 滚动轴承的结构、类型和代号

16.1.1 滚动轴承的结构、类型

滚动轴承是机械当中广泛使用的重要支承标准件,由于是滚动摩擦,所以摩擦阻力小,发热量小,效率高,启动灵敏,维护方便,并且已标准化,便于选用与更换,因此经常使用于各类机械当中。标准滚动轴承的结构组成包括:内圈1、外圈2、滚动体3(基本元件)、保持架4(图16.1)。一般情况下,滚动轴承的内圈随转动轴一起回转,外圈固定(也有相反情况,内圈固定,外圈回转)。内外圈上均有内凹的滚道,滚道一方面限制滚动体的轴向移动,另一方面可降低滚动体与滚道间的接触应力。

滚动轴承按滚动体的形状分为球轴承和滚子轴承两种。球轴承的滚动体形状为球;滚子轴承的滚动体形状有:圆柱(图16.2(a))、短圆柱、长圆柱、螺旋滚子、圆锥滚子(16.2(b))、鼓形滚子(16.2(c))、滚针(16.2(d))等。保持架的功能是使滚动体均匀分开,以避免滚动体相互接触摩擦引起剧烈磨损与发热。

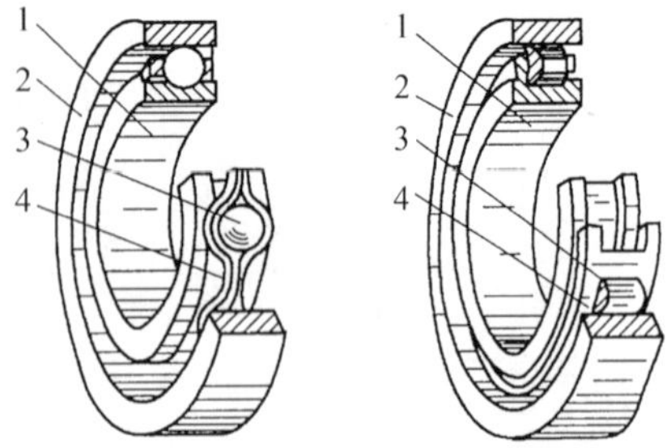

图16.1 滚动轴承的基本结构

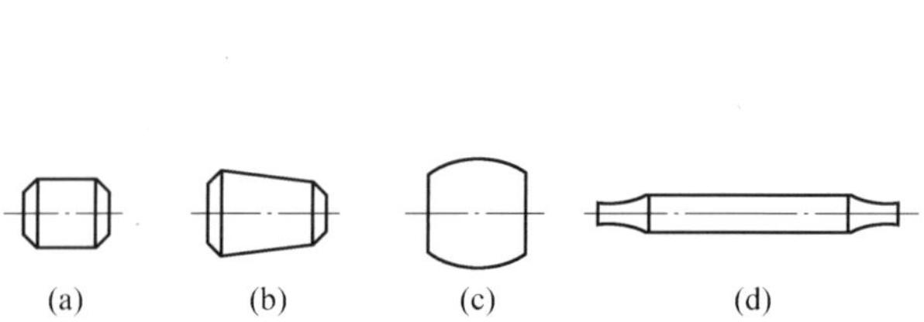

图16.2 滚子轴承滚动体

滚动轴承的材料常采用:内圈、外圈、滚动体常用GCr15,GCr15SiMn等滚动轴承钢,热处理之后的硬度可达到60~65 HRC;保持架采用低碳钢、铜合金或塑料以及聚四氟乙烯。

滚动轴承的优缺点主要有,优点:(1)摩擦系数小,启动力矩小,效率高;(2)轴承的运转精度高(可用预紧方法消除游隙);(3)轴向尺寸较小;(4)某些轴承能同时承受径向力 F_r 和轴向力 F_a,使机器的结构尺寸紧凑;(5)润滑方式方便、简单、易于密封和维护;(6)互换性好(标准

零件)。缺点:(1)承受冲击载荷能力较差;(2)高速运转时噪音较大、振动较大;(3)高速重载时,滚动轴承的寿命较低;(4)径向尺寸较大(相对于滑动轴承)。因此,滚动轴承广泛应用于中速、中载和一般工作条件下运转的机械设备。

16.1.2 滚动轴承的主要类型与特点

如表16.1所示,外圈与滚动体接触处的法线与垂直于轴线的平面的夹角称为滚动轴承的接触角。接触角的大小,决定了滚动轴承承受轴向载荷的能力。

表16.1 不同类型滚动轴承的接触角

轴承种类	向心轴承		推力轴承	
	径向接触	角接触	角接触	轴向接触
公称接触角 α	α=0°	0°<α≤45°	45°<α<90°	α=90°
图例(以球轴承为例)	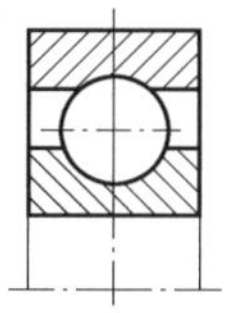	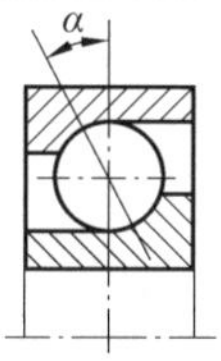	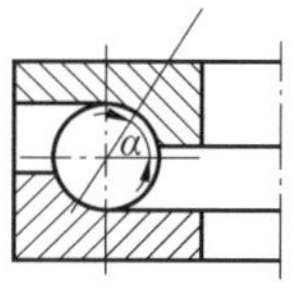	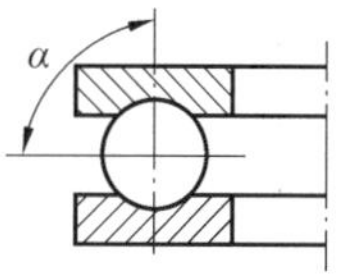

滚动轴的类型按承载方向可分为:

(1)向心轴承:接触角 $\alpha=0°$,主要承受径向载荷,也可承受不大的轴向载荷 F_a。如深沟球轴承、圆柱滚子轴承、调心滚子轴承等;

(2)推力轴承:接触角 $\alpha=90°$,例如双向推力球轴承;

(3)向心推力轴承:接触角 $0°<\alpha<90°$。

其中接触角 $0°<\alpha<45°$ 向心推力轴承,主要承受径向力,还可承受轴向力;接触角 $45°<\alpha<90°$ 推力向心轴承,主要承受轴向力,还可承受径向力。滚动轴承的承载能力可按滚动体形状来划分:球轴承的承载能力低,轴承的极限转速高;滚子轴承的承载能力高,极限转速低。

常用滚动轴承的类型与特性见表16.2。

表16.2 常用滚动轴承的类型、主要性能和特点

名称	类型代号	轴承结构、承载方向及结构简图	极限转速	允许角位移	性能特点与应用场合
调心球轴承	1	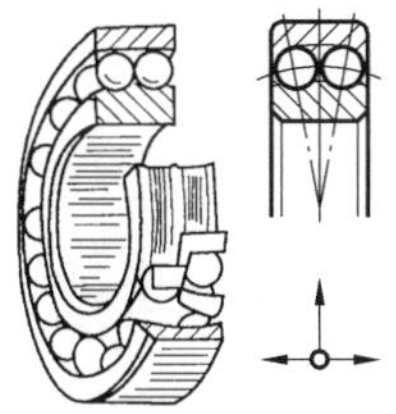	中	2°~3°	其结构特点为双列球,外圈滚道是以轴承中心为中心的球面。故能自动调心,适用于多支点和弯曲刚度不足的轴

续表 16.2

名称	类型代号	轴承结构、承载方向及结构简图	极限转速	允许角位移	性能特点与应用场合
调心滚子轴承	2	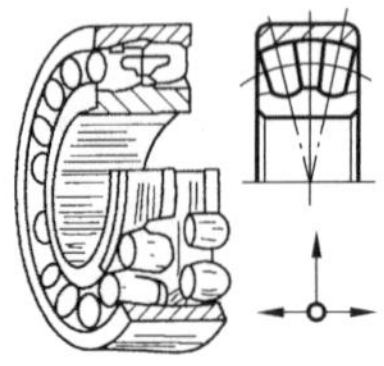	中	1.5°~2.5°	其结构特点是滚动体为双列鼓形滚子，外圈滚道是以轴承中心为中心的球面。故能自动调心，能承受很大的径向载荷和少量的轴向载荷，抗振动、冲击
圆锥滚子轴承	3	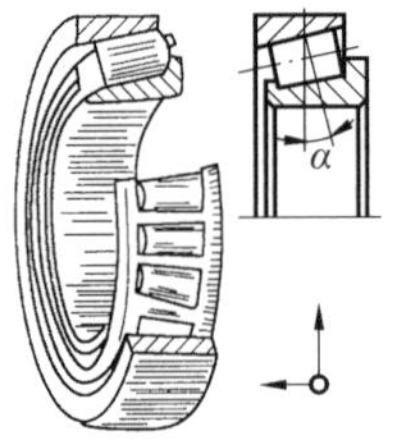	中	2′	能同时承受较大的径向载荷和轴向载荷。公称接触角有 α=10°~18°和 α=27°~30°两种。外圈可分离，游隙可调，装拆方便，适用于刚性较大的轴，一般成对使用，对称安装
推力球轴承	5	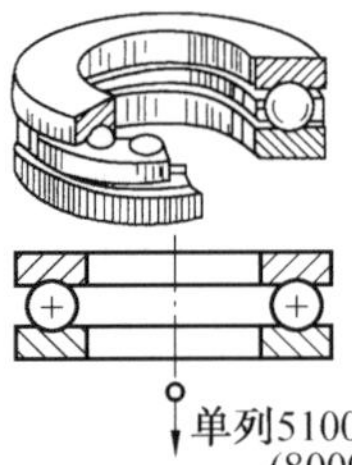 单列51000 (8000) 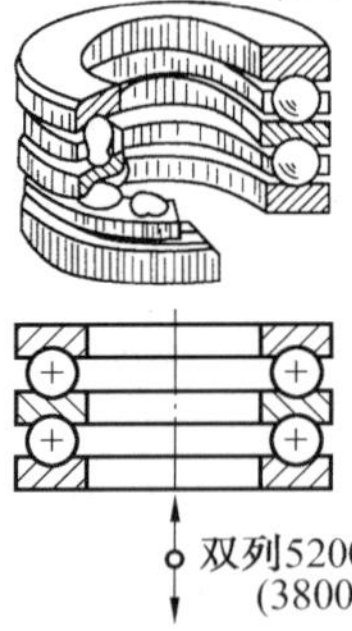 双列52000 (38000)	低	不允许	只能承受轴向载荷，且载荷作用线必须与轴线重合 推力轴承的套圈有轴圈与座圈。轴圈与轴过盈配合并一起旋转，座圈的内径与轴保持一定间隙，置于机座中 因滚动体离心力大，滚动体与保持架摩擦发热严重，故用于轴向载荷大但转速不高的场合 单列球轴承仅承受单向轴向载荷；双列球轴承可承受双向轴向载荷
深沟球轴承	6	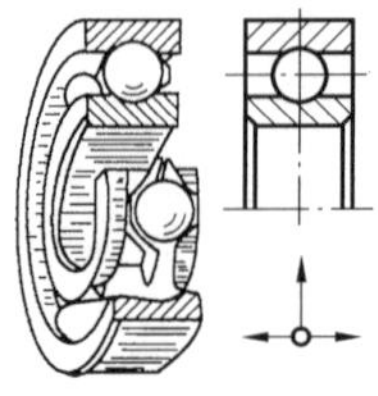	高	8′~16′	主要承受径向载荷，同时也可承受一定量的轴向载荷。当转速很高而轴向载荷不太大时，可代替推力球轴承承受纯轴向载荷 当承受纯径向载荷时，α=0°

续表 16.2

名称	类型代号	轴承结构、承载方向及结构简图	极限转速	允许角位移	性能特点与应用场合
角接触球轴承	7	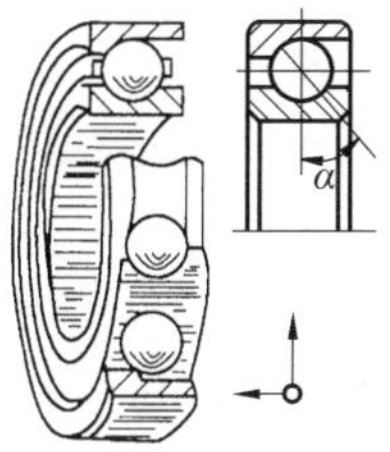	高	2′~10′	能同时承受径向、轴向联合载荷,公称接触角越大,轴向承载能力也越大。公称接触角 α 有 15°,25°,40°三种。通常成对使用,对称安装
圆柱滚子轴承	N	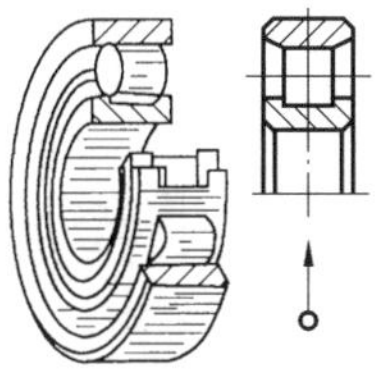	高	2′~4′	能承受较大的径向载荷,不能承受轴向载荷。因系线接触,内外圈只允许有极小的相对偏移。除图示外圈无挡边(N)结构外,还有内圈无挡边(NU)、外圈单挡边(NF)等结构型式
滚针轴承	NA	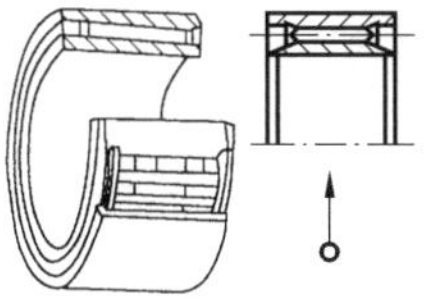	低	不允许	只能承受径向载荷,承载能力大,径向尺寸特小,带内圈或不带内圈。一般无保持架,因而滚针间有摩擦,轴承极限转速低。这类轴承不允许有角偏差

选用滚动轴承时,应当注意滚动轴承的结构特点,承受载荷的大小,方向,极限转速高低,是否有调心性能等特点。

特别注意最常用几种。

①深沟球轴承:(类型代号6)主要承受径向载荷,也可承受一定双向轴向载荷,摩擦系数 f 小,精度高,结构简单,价格低,最为常用。

②调心球轴承:(类型代号1,调心滚子类型代号2)主要承受径向载荷,也可承受较小的双向轴向力,能自动调心,适于轴的刚性较差的场合。

③圆柱滚子轴承:(类型代号N)只能承受径向载荷,不能承受轴向载荷,承载能力大,支承刚性好,外圈或内圈可以分离,或不带内外圈,适于要求径向尺寸较小的场合。

④角接触球轴承:(类型代号7)能同时承受径向载荷和单向轴向力,接触角 $\alpha=15°$,$\alpha=25°$,$\alpha=40°$三种。接触角 α 越大,轴向承载能力越高,承受双向轴向力应成对使用,对称安装(通常采用正装、反装)。

⑤圆锥滚子轴承:(类型代号3)能同时承受径向载荷和单向的轴向力 F_a,接触角 α 越大,承受轴向力 F_a 能力越大,承载能力高于角接触球轴承,但极限转速稍低,外圈可分离,一般应成对使用,对称安装,但安装调整较麻烦。

⑥推力球轴承:(类型代号5)单向推力球轴承51000,只能受单向轴向力 F_a;双向推力球

轴承 52000，能承受双向轴向力 F_a，不能承受径向力 F_r，且极限转速 n 较低，高速时，由于离心力较大，钢球与保持架易发生磨损，发热较严重。

⑦滚针轴承，能够承受较大的径向力 F_r，承载能力较高。

16.1.3 滚动轴承的代号

滚动轴承类型和尺寸规格繁多，为便于设计和选用，标准规定了用代号表示滚动轴承的类型、尺寸、结构特点及公差等级等。

国家标准：GB/T 272—1993，滚动轴承代号的构成见表 16.3。

表 16.3 滚动轴承代号的构成

<table>
<tr><td>前置代号（字母）</td><td colspan="5">基本代号（数字、字母）</td><td colspan="8">后置代号（字母+数字）</td></tr>
<tr><td rowspan="3">轴承分部件代号</td><td>五</td><td>四</td><td>三</td><td>二</td><td>一</td><td rowspan="3">内部结构代号</td><td rowspan="3">密封与防尘结构代号</td><td rowspan="3">保持架及材料代号</td><td rowspan="3">特殊轴承材料代号</td><td rowspan="3">公差等级代号</td><td rowspan="3">游隙代号</td><td rowspan="3">多轴承配置代号</td><td rowspan="3">其他代号</td></tr>
<tr><td rowspan="2">类型代号</td><td colspan="2">尺寸系列代号</td><td colspan="2" rowspan="2">内径代号</td></tr>
<tr><td>宽度系列代号</td><td>直径系列代号</td></tr>
</table>

1. 基本代号

表示轴承的内径、尺寸系列和类型，最多为五位。

（1）轴承类型代号：基本代号右起第五位数字或字母表示轴承类型（尺寸系列代号如有省略，则为右起第四位）。见表 16.3。

（2）尺寸系列代号：表示轴承在结构、内径相同的条件下具有不同的外径和宽度，基本代号右起第三、四位。

宽度系列代号：右起第四位，某些宽度系列（主要为 0 系列和正常系列）代号可省略（表 16.4）。

表 16.4 滚动轴承的宽度系列代号

<table>
<tr><td>代号</td><td>7</td><td>8</td><td>9</td><td>0</td><td>1</td><td>2</td><td>3</td><td>4</td><td>5</td><td>6</td></tr>
<tr><td>宽度系列</td><td>—</td><td>特窄</td><td>—</td><td>窄</td><td>正常</td><td>宽</td><td colspan="4">特宽</td></tr>
<tr><td>直径系列</td><td>超特轻</td><td colspan="2">超轻</td><td colspan="2">特轻</td><td>轻</td><td>中</td><td>重</td><td colspan="2">—</td></tr>
</table>

注：（1）宽度系列代号为零时可略去（但 2、3 类轴承除外）；有时宽度代号为 1、2 也被省略。

（2）特轻、轻、中、重以及窄、正常、宽等称呼为旧标准中的相应称呼。

直径系列代号：右起第三位，相同内径，不同外径系列轴承的尺寸对比如图 16.3 所示。

（3）轴承的内径代号：基本代号右起一、二位数字。

①当轴承内径为 d=10，12，15，17 mm 时，轴承代号为：00 01 02 03（表 16.5）。

②当轴承内径为 d=20～495 mm，滚动轴承内径 d=代号×5（mm），滚动轴承的内径尺寸单位为 mm。

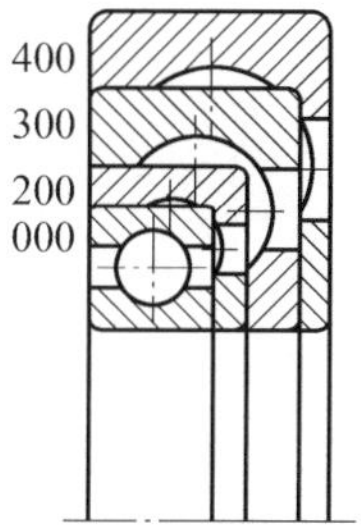

图16.3 滚动轴承直径系列的对比

表16.5 轴承的特殊内径系列代号

内径尺寸系列代号	00	01	02	03	04~99
轴承的内径尺寸/mm	10	12	15	17	数字×5

注:内径小于10和大于495的轴承的内径尺寸系列代号另有规定。

2. 前置代号

表示轴承的分部件,用字母表示。

L:可分离轴承的可分离内圈或外圈,如LN207。

K:轴承的滚动体与保持架组件,如K81107。

R:不带可分离内圈或外圈的轴承,如RNU207。

NU:表示内圈无档边的圆柱滚子轴承。

WS、GS:分别为推力圆柱滚子轴承的轴圈和座圈,如WS81107,GS81107。

3. 后置代号

反映轴承的结构、公差、游隙及材料的特殊要求等。

(1)内部结构代号:反映同一类轴承的不同内部结构

例:C、AC、B代表角接触球轴承的接触角 $\alpha=15°$,25°和40°。

(2)密封、防尘与外部形状变化代号

RS:一面有骨架式橡胶密封圈(接触式)例:6210.2 RS。

RZ:一面有骨架式橡胶密封圈(非接触式)。

Z:一面有防尘盖。

FS:一面有毡圈密封。

字母前加数字2,则说明是两面有毡圈密封。

R、N、NR:轴承外圈带有止动挡边、止动槽、止动槽并带止动环,例:6210N。

(3)滚动轴承的公差等级

滚动轴承的公差等级由高至低,公差等级分为2,4,5,6,6x,0级,标记为/P2,/P4,/P5,/P6,/P6x,/P0。0级为普通级,可以不标。

(4)滚动轴承的径向游隙

滚动轴承的径向游隙由小到大,游隙组别为1,2,0,3, 4, 5;代号分别为/C1,/C2, /C3,/C4,/C5。C1,C2:小游隙组;0:不标(基本游隙);C3,C4,C5:大游隙组。

(5)保持架代号

表示保持架在标准规定的结构材料外,其他不同结构型式与材料。

A、B分别表示外圈引导和内圈引导保持架。

J:钢板冲压保持架。

Q:青铜实体保持架。

M:黄铜实体保持架。

N:工程塑料保持架。

其他在配置、振动、噪声、摩擦力矩、工作温度、润滑等方面的特殊要求的代号表示见标准GB/T 272—1993或见生产厂家说明。

例16.1 试说明下列轴承代号的含义:

6312—内径60 mm的深沟球轴承,尺寸系列03,0级公差,0组游隙。

7215AC—内径75 mm的角接触球轴承,尺寸系列02,接触角25°,0级公差,0组游隙。

N411/P5—内径55 mm的外圈无挡边圆柱滚子轴承,尺寸系列04,5级公差,0组游隙。

16.1.4 滚动轴承类型的选择

应根据轴承的工作载荷(大小、方向和性质)、转速高低、支承刚性、安装精度、结合各类轴承的特性和应用经验进行综合分析,确定适合的滚动轴承。

在滚动轴承类型选择当中有几条原则:

(1) 转速n高,载荷小,要求旋转精度高,通常采用球轴承;转速n低,载荷大,或有冲击载荷时,通常采用滚子轴承;但滚子轴承对轴线偏斜较敏感。

(2) 主要承受径向载荷F_r时,通常采用向心轴承;主要承受轴向载荷F_a时,转速n不高时采用推力球轴承。同时受径向力F_r和轴向力F_a均较大时,通常采用角接触球轴承(类型代号7、转速n较高时),或采用圆锥滚子轴承(类型代号3、转速n较低时)。径向力F_r较大,轴向力F_a较小时,宜采用深沟球轴承;轴向力F_a较大,径向力F_r较小时,则宜采用深沟球轴承+推力球轴承组合。

在推力轴承中,极限转速较低,所以只受轴向力F_a而转速n较高时,不用推力轴承而可用6类型,球轴承极限转速高于滚子轴承,轻系列球轴承的极限转速高于中系列、重系列球轴承极限转速。

(3) 当轴的刚性较差或轴承孔不同心时宜用调心轴承。

(4) 为便于装拆和间隙调整,通常可选用内、外圈分离的轴承。

(5) 圆锥滚子轴承和角接触球轴承一般应成对使用,对称安装。

(6) 旋转精度要求较高时,应选用较高公差等级和较小的游隙;转速较高时,应选用较高的公差等级和较大的游隙。滚动轴承公差等级越高,轴承价格越高。滚子轴承价格高于球轴承,深沟球轴承价格最低。所以通常在选用滚动轴承时,优先考虑普通公差等级的深沟球轴承。

16.2 滚动轴承的受力分析、失效形式及寿命计算

16.2.1 滚动轴承的载荷分布

滚动轴承在承受轴向载荷F_a时,可认为各滚动体所承受的载荷是相等的。当承受纯径向载荷作用时(图16.4),情况就不同了,在径向载荷F_r的作用下,上半圈滚动体不受力,下半圈

滚动体受力，且根据变形协调条件，在 F_r 作用线下方滚动体变形和受力最大，滚动体所受的最大接触载荷为

$$F_{max} \approx \frac{5F_r}{2}(\text{深沟球轴承}) \tag{16.1}$$

$$F_{max} \approx \frac{4.6F_r}{2}Q_{max} \approx \frac{4.6}{z}F_r(\text{圆柱滚子轴承}) \tag{16.2}$$

式中 z——轴承的滚动体总数。

由于游隙的存在，受载滚动体小于半圈，而作用一定的轴向载荷，则可使承载区扩大。

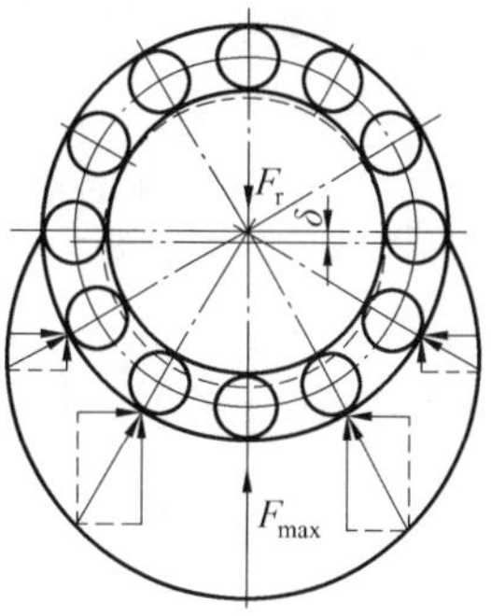

图16.4 径向载荷分布

16.2.2 轴承工作时轴承元件上载荷与应力的变化

滚动体进入承载区后，所受的载荷由零增加到 F_{max}，然后再逐渐减小到零，其应力为不稳定脉动循环变化，转动套圈上各点承载情况及应力情况，也是不稳定脉动循环变应力。固定套圈上某一点上的载荷和应力是稳定的脉动循环变应力。

16.2.3 滚动轴承的失效形式和计算准则

主要失效形式：

(1) 疲劳点蚀：安装润滑和维护良好情况下的正常失效形式。是主要的失效形式和轴承寿命计算的依据。

(2) 塑性变形：转速很低或作间歇摆动时的主要失效形式。引起振动、噪声、摩擦力矩增大，运转精度降低。

(3) 磨损：润滑不良和密封不严的情况下，或多粉尘条件下工作的轴承的主要失效形式。滚动轴承的磨损有磨粒磨损和黏着磨损(烧伤)。磨损后，轴承游隙加大，运动精度降低，振动和噪声增加。

计算准则：(1) 进行疲劳寿命计算(针对点蚀)；(2) 静强度校核。对于低速轴承，只进行静强度校核。对于高速轴承则因发热引起黏着磨损和烧伤，先进行疲劳寿命计算再进行极限转速的验算。

16.2.4 基本额定寿命和基本额定动载荷

1. 基本额定寿命 L_{10}

轴承寿命：单个滚动轴承中任一元件出现疲劳点蚀前运转的总转数或在一定转速下的工作小时数称为轴承寿命。由于材料、加工精度、热处理与装配质量不可能相同。同一批轴承在同样的工作条件下，各个轴承的寿命有很大的离散性，所以，用数理统计的办法来处理。

基本额定寿命 L_{10}：同一批轴承在相同工作条件下工作，其中90%的轴承在产生疲劳点蚀前所能运转的总转数(以 10^6 为单位)或一定转速下的工作小时数就称为滚动轴承的基本额定寿命。即滚动轴承在基本额定寿命时会有10%的滚动轴承发生失效。失效概率为10%。滚动轴承的寿命曲线如图16.5所示。

2. 基本额定动载荷 C,由试验得到,见轴承手册和样本

滚动轴承的基本额定寿命 $L_{10}=1(10^6$ 转)时,轴承所能承受的载荷称为基本额定动载荷 C。在基本额定动载荷作用下,轴承可以运转 10^6 转而不发生点蚀失效的可靠度为 90%。

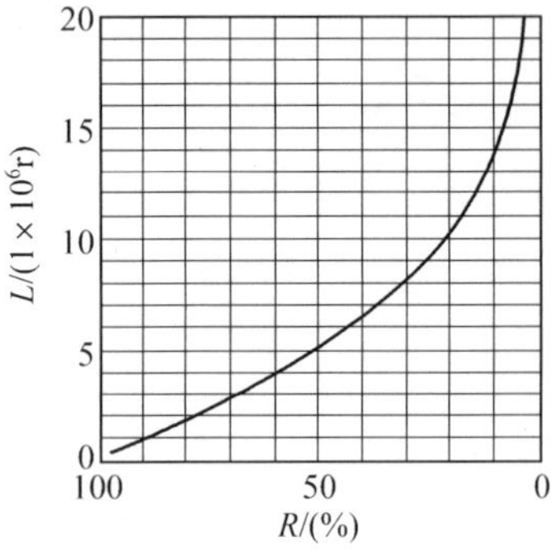

图 16.5 轴承寿命曲线

16.2.5 滚动轴承的当量动载荷 P

将实际载荷转换为与确定基本额定动载荷的载荷条件相一致的假想载荷,该假想载荷称为当量动载荷 P。

在当量动载荷 P 作用下的轴承寿命与实际联合载荷作用下的轴承寿命相同。

1. 对只能承受径向载荷 F_r 的轴承(N,NA 轴承)

$$P=F_r \tag{16.3}$$

2. 对只能承受轴向载荷 F_a 的轴承(推力球轴承 5 和推力滚子轴承 8)

$$P=F_a \tag{16.4}$$

3. 同时承受径向载荷 F_r 和轴向载荷 F_a 的轴承

$$P=XF_r+YF_a \tag{16.5}$$

式中 X—— 径向载荷系数;

Y—— 轴向载荷系数;X,Y 见表 16.6。

表 16.6 滚动轴承当量动载荷的 X,Y 值

轴承类型	$\frac{F_a}{C_{0r}}$	e	$F_a/F_r>e$		$F_a/F_r\le e$	
			X	Y	X	Y
深沟球轴承	0.014	0.19	0.56	2.30	1	0
	0.028	0.22		1.99		
	0.056	0.26		1.71		
	0.084	0.28		1.55		
	0.11	0.30		1.45		
	0.17	0.34		1.31		
	0.28	0.38		1.15		
	0.42	0.42		1.04		
	0.56	0.44		1.00		

续表 16.6

<table>
<tr><th colspan="2" rowspan="2">轴承类型</th><th rowspan="2">$\frac{F_a}{C_{0r}}$</th><th rowspan="2">e</th><th colspan="2">$F_a/F_r > e$</th><th colspan="2">$F_a/F_r \leqslant e$</th></tr>
<tr><th>X</th><th>Y</th><th>X</th><th>Y</th></tr>
<tr><td rowspan="11">角接触球轴承(单列)</td><td rowspan="9">$\alpha = 15°$</td><td>0.015</td><td>0.38</td><td rowspan="9">0.44</td><td>1.47</td><td rowspan="9">1</td><td rowspan="9">0</td></tr>
<tr><td>0.029</td><td>0.40</td><td>1.40</td></tr>
<tr><td>0.056</td><td>0.43</td><td>1.30</td></tr>
<tr><td>0.087</td><td>0.46</td><td>1.23</td></tr>
<tr><td>0.12</td><td>0.47</td><td>1.19</td></tr>
<tr><td>0.17</td><td>0.50</td><td>1.12</td></tr>
<tr><td>0.29</td><td>0.55</td><td>1.02</td></tr>
<tr><td>0.44</td><td>0.56</td><td>1.00</td></tr>
<tr><td>0.58</td><td>0.56</td><td>1.00</td></tr>
<tr><td>$\alpha = 25°$</td><td>–</td><td>0.68</td><td>0.41</td><td>0.87</td><td>1</td><td>0</td></tr>
<tr><td>$\alpha = 40°$</td><td>–</td><td>1.14</td><td>0.35</td><td>0.57</td><td>1</td><td>0</td></tr>
<tr><td colspan="2">圆锥滚子轴承(单列)</td><td>–</td><td>$1.5\tan\alpha$</td><td>0.4</td><td>$0.4\cot\alpha$</td><td>1</td><td>0</td></tr>
<tr><td colspan="2">调心球轴承(双列)</td><td>–</td><td>$1.5\tan\alpha$</td><td>0.65</td><td>$0.65\tan\alpha$</td><td>1</td><td>$0.42\tan\alpha$</td></tr>
</table>

考虑冲击、振动等动载荷的影响,使轴承寿命降低,引入载荷系数f_p 见表 16.7。则:

只承受径向载荷 F_r 时

$$P = f_p F_r$$

只承受轴向载荷 F_a 时

$$P = f_p F_a$$

既承受径向载荷 F_r,又承受轴向载荷 F_a 时

$$P = f_p(XF_r + YF_a) \tag{16.5a}$$

表 16.7 载荷系数f_p

载荷性质	无冲击或轻微冲击	中等冲击	强烈冲击
f_p	1.0 ~ 1.2	1.2 ~ 1.8	1.8 ~ 3.0

16.2.6 滚动轴的寿命计算公式

载荷与寿命的关系曲线方程为

$$P^{\varepsilon}L_{10} = \text{常数}$$

ε:寿命指数,$\varepsilon = 3$(球轴承);$\varepsilon = 10/3$(滚子轴承)。

根据定义:$L_{10} = 1(10^6 r)$,$P = C$(轴承所能承受的载荷为基本额定功载荷)

所以

$$P^{\varepsilon}L_{10} = C^{\varepsilon} \times 1$$

$$L_{10} = \left(\frac{C}{P}\right)^{\varepsilon}(10^6 r) \tag{16.6}$$

按小时计的轴承寿命：

$$L_h = \frac{10^6}{60n}\left(\frac{C}{P}\right)^{\varepsilon} \quad (\mathrm{h}) \tag{16.7}$$

考虑当工作 $t > 120$ ℃ 时，因金属组织硬度和润滑条件等的变化，轴承的基本额定动载荷 C 有所下降，所以引入温度系数 f_t，见表 16.8，对 C 进行修正，则有

$$L_{10} = \left(\frac{f_t C}{P}\right)^{\varepsilon} (10^6 r) \tag{16.6a}$$

$$L_h = \frac{10^6}{60n}\left(\frac{f_t C}{P}\right)^{\varepsilon} \quad (\mathrm{h}) \tag{16.7a}$$

当 P，n 已知，预期寿命为 L'_h，则要求选取的轴承的额定动载荷 C 为

$$C = \frac{P}{f_t}\sqrt[\varepsilon]{\frac{60nL'_h}{10^6}} \quad (\mathrm{N}) \tag{16.8}$$

不同的机械上要求的轴承寿命推荐使用值见表 16.9。

表 16.8 温度系数 f_t

轴承工作温度 /℃	≤ 120	125	150	200	250	300
温度系数 f_t	1	0.95	0.90	0.80	0.70	0.60

表 16.9 滚动轴承寿命推荐使用期限

使用场合	L_h/h
不经常使用的仪器和设备	500
短时间或间断使用，中断时不致引起严重后果	4 000 ~ 8 000
间断使用，中断会引起严重后果	8 000 ~ 12 000
每天 8 h 工作的机械	12 000 ~ 20 000
24 h 连续工作的机械	40 000 ~ 60 000

16.2.7 角接触向心轴承轴向载荷 F_a 的计算

角接触向心轴承的结构特点是在滚动体和滚道接触处存在着接触角 α，当它承受径向载荷 F_r 时，作用在承载区内第 i 个滚动体上的法向力 F_i 可分解为径向分力 F_{ri} 和轴向分力 F_{si}（图 16.6）。各滚动体上所受轴向分力的和即为轴承的内部轴向力（或派生轴向力）F_s。F_s 的近似值可按照表 16.10 中的公式计算求得。

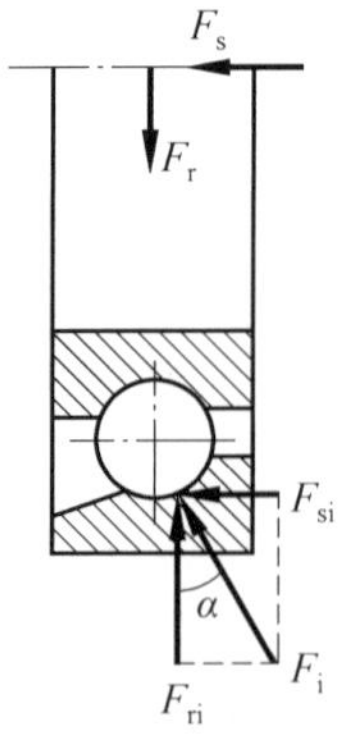

图 16.6 径向载荷产生的轴向分量

为了使角接触向心轴承的内部轴向力得到平衡，以免轴向窜动，通常这种轴承都要成对使用，对称安装。安装方式有两种：图 16.7 为两外圈窄边相对（正装），图 16.8 为两外圈宽边相对（反装）。图中 F_A 为轴向外载荷。计算轴承的轴向载荷 F_a 时还应将由径向载荷 F_r 产生的内部轴向力 F_s 考虑进去。图中 O_1，O_2 点分别为轴承 1 和轴承 2 的压力中心，即支反力作用点。

O_1, O_2 与轴承端面的距离 a_1, a_2 可由轴承样本或有关手册查得，但为了简化计算，通常可认为支反力作用在轴承宽度的中点。

表 16.10　角接触向心轴承的派生轴向力 F_s

轴承类型	角接触向心球轴承			圆锥滚子轴承
	$\alpha = 15°$	$\alpha = 25°$	$\alpha = 40°$	$F_r/(2Y)$
F_s	eF_r	$0.68F_r$	$1.14F_r$	(Y 是 $\frac{F_a}{F_r} > e$ 时的轴向系数)

(1) 派生轴向力大小方向：① 正装(面对面)，支点跨距小，适合于传动零件位于两支承之间；② 反装(背靠背)，实际支距变大，适合于传动零件处于外伸端。

(2) 实际轴向载荷 F_a 的确定(F_A 为轴上外加载荷)如图16.7、图16.8所示。以图16.7所示安装(正装)情况进行分析如下：

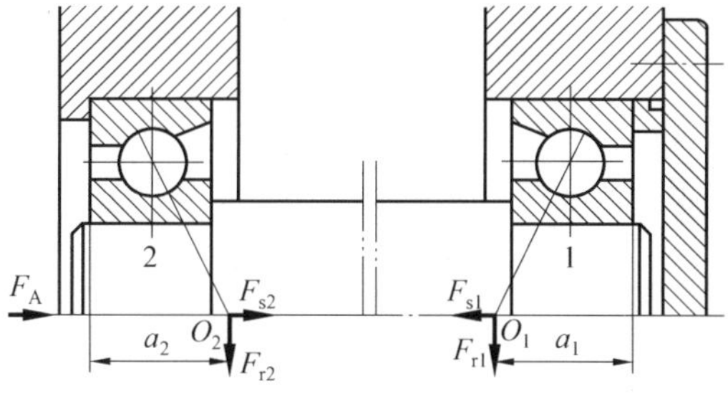

图 16.7　外圈窄边相对安装(正装)

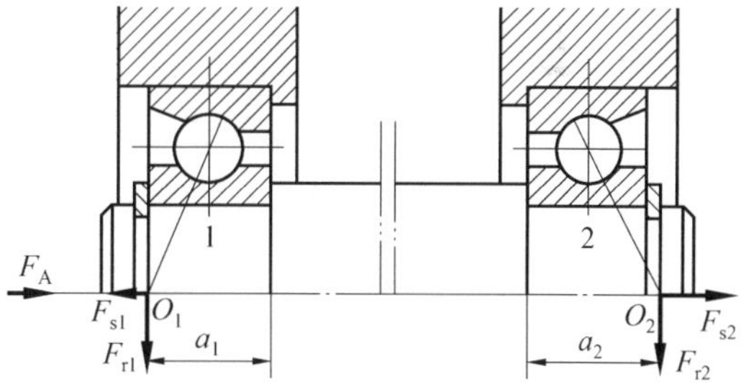

图 16.8　外圈宽边相对安装(反装)

① 当 $F_A + F_{s2} > F_{s1}$ 时，轴有向右移动的趋势，使轴承1被"压紧"，轴承2被"放松"，压紧的轴承1外圈通过滚动体将对内圈和轴产生一个阻止其右移的平衡力。轴承1的实际轴向载荷为

$$F_{a1} = F_A + F_{s2}$$

轴承2上的轴向力，由力的平衡条件得出，$F_{a2} = F_{s2}$，等于本身的派生轴向力。

② 当 $F_A + F_{s2} < F_{s1}$ 时，轴承2被"压紧"，轴承1被"放松"，由力的平衡条件得

轴承1的实际轴向载荷为

$$F_{a1} = F_{s1}$$

轴承2上的轴向力，由力的平衡条件得出

$$F_{a2} = F_{s1} - F_a$$

结论：实际轴向力 F_a 的计算方法

① 分析轴上派生轴向力和外加轴向载荷，判定被"压紧"和被"放松"的轴承；

②"压紧"端轴承的轴向力等于除本身派生轴向力外，轴上其他所有轴向力代数和；

③"放松"端轴承的轴向力等于本身的派生轴向力。

16.2.8　不稳定载荷和转速下的轴承寿命计算

载荷 P 和转速 n 变化时，按疲劳损伤累积假设求出平均当量转速 n_m 和平均当量动载荷 P_m，求轴承寿命，设轴承的当量动载荷为：$P_1, P_2, P_3, \cdots, P_k$；转速为：$n_1, n_2, n_3, \cdots, n_k$；所占时间

百分比：$a_1, a_2, a_3, \cdots, a_k$。

则滚动轴承的平均当量转速

$$n_m = n_1 a_1 + n_2 a_2 + n_3 a_3 + \cdots + n_k a_k \tag{16.9}$$

平均当量动载荷 P

$$P_m = \sqrt[\varepsilon]{\frac{n_1 a_1 P_1^\varepsilon + n_2 a_2 P_2^\varepsilon + \cdots + n_k a_k P_k^\varepsilon}{n_m}} \tag{16.10}$$

轴承寿命计算公式为

$$L_h = \frac{10^6}{60 n_m}\left(\frac{f_t C}{P_m}\right)^\varepsilon \tag{16.11}$$

16.2.9 不同可靠度时滚动轴承的寿命 L_n

前面公式中计算得到的轴承寿命的可靠度为90%，而各种机械中所要求轴承的寿命的可靠度不一样，所以为计算不同可靠度时轴承的寿命，引入寿命修正系数 a_1，则

$$L_n = a_1 L_{10} \tag{16.12}$$

式中 L_{10}—— 轴承的基本额定寿命，其可靠度为90%；

a_1—— 可靠度不为90%时，额定寿命修正系数，其值见手册或轴承样本。

将(16.7a)代入式(16.12)得

$$L_n = \frac{10^6 a_1}{60 n}\left(\frac{f_t C}{P}\right)^\varepsilon \quad (\mathrm{h}) \tag{16.13}$$

给定可靠度和该可靠度下轴承寿命 L_n(h)时，选择轴承时所需的轴承基本额定动载荷 C 的计算公式为

$$C = \frac{P}{f_t}\left(\frac{60 L_n n}{10^6 a_1}\right)^{1/\varepsilon} \tag{16.14}$$

16.3 滚动轴承的静载荷与极限转速

16.3.1 滚动轴承的静载荷

1. 基本额定静载荷 C_0

C_0 取决于正常运转时轴承允许的塑性变形量。即受载最大的滚动体与滚道接触处中心处引起的接触应力达到一定值的载荷(例调心球轴承：4 600 MPa；其他球轴承：4 200 MPa；滚子轴承：4 000 MPa)。

2. 按静载荷选择轴承的条件

$$C_0 \geqslant S_0 P_0 \tag{16.15}$$

式中 S_0—— 轴承的静强度安全系数；

P_0—— 轴承的当量静载荷(假想载荷)。在当量静载荷作用下轴承的塑性变形量与实际载荷作用下轴承的塑性变形量相同。

$$P_0 = X_0 F_r + Y_0 F_a \tag{16.16}$$

式中 F_r, F_a—— 轴承所受的实际径向载荷和轴向载荷；

X_0, Y_0—— 静载荷径向载荷系数和轴向载荷系数，见表16.11。

如果 $P_0 < F_r$，则取

$$P_0 = F_r \tag{16.17}$$

表16.11 静载荷系数 X_0 和 Y_0

轴承类型		X_0	Y_0
深沟球轴承		0.6	0.5
角接触球轴承	7000C	0.5	0.4
	7000AC		0.38
	7000B		0.2
圆锥滚子轴承		0.5	查设计手册

16.3.2 滚动轴承的极限转速 n_{lmin}

滚动轴承的转速 n 过高，会使滚动轴承产生较高的温升，导致润滑剂性能降低，使润滑油膜破坏，滚动体回火磨损或者出现胶合失效。n_{lmin} 适用于0级公差，润滑冷却正常，轴承载荷 $P \leqslant 0.1C$，向心轴承只受径向载荷，推力轴承只受轴向载荷的情况。当 $P > 0.1C$，轴承受联合载荷作用时，润滑情况变坏，所以要对极限转速进行修正，这时轴承实际许用转速 $n_{\max}$ 为

$$n_{\max} = f_1 f_2 n_{\mathrm{lmin}} \tag{16.18}$$

式中 f_1—— 载荷系数；

f_2—— 载荷分布系数。

如果 $n_{\max}$ 不满足使用要求，改进措施为：(1) 改进润滑；(2) 改善冷却条件；(3) 提高轴承精度；(4) 适当增大游隙；(5) 改变轴承和保持架的材料（采用特殊材料）。

16.4 滚动轴承的润滑和密封

滚动轴承润滑的目的有：(1) 降低滚动轴承的摩擦和磨损；(2) 保持正常状态下的散热；(3) 使滚动轴承在工作过程当中能较好地缓冲、吸振及降低噪音；(4) 防锈和密封。

16.4.1 润滑方式

1. 脂润滑

承载大，不易流失，结构简单，密封和维护方便，但摩擦大，易于发热。所以适合于不便经常维护，转速不太高的场合。一般润滑剂的填充量 < 1/3 轴承空间。常用钙基脂，钠基脂、钙钠基脂，转速 n 较高时，用锂基脂。

2. 油润滑

润滑冷却效果较好，摩擦系数 f 较小，但供油系统和密封装置均较复杂，适于高速场合。润滑方式有油浴或飞溅润滑、滴油润滑、喷油润滑、油雾润滑等。

润滑油黏度的选择：一般为12 ~ 20 cSt。载荷大，转速低，工作温度高时用黏度大的润滑油；载荷小，速度因数 dn 大，用黏度低的润滑油，搅油损失小，冷却效果好。

3. 固体润滑

高温真空条件下(二硫化钼),润滑方式的选择,可按速度因数 dn 值,参考轴承样本选择。

16.4.2 滚动轴承的密封

滚动轴承采用密封装置可防止内部润滑剂流失;防止外部灰尘和水分、杂质的侵入。

滚动轴承密封的类型:接触式密封,非接触式密封,组合式密封。

1. 接触式密封

适于低速,为防止磨损,要求接触处表面粗糙度小于 0.8。

(1) 毡圈密封(表 16.12):轴承盖上梯形槽内放置矩形剖面细毛毡,适合于 $v < 4$ m/s,轴承脂润滑的密封。

(2) 橡胶油封(标准件、较常用):耐油橡胶制成唇形密封圈靠弹簧压紧在轴上,唇向外可防灰,唇向里可防油流失,组合放置可同时起防灰和防油流失的作用。

油封有:J 型、U 型和 O 型,适合于 $v < 12$ m/s。

表 16.12 常用的滚动轴承密封形式

密封类型	图例	适用场合	说明
接触式密封	毛毡圈密封 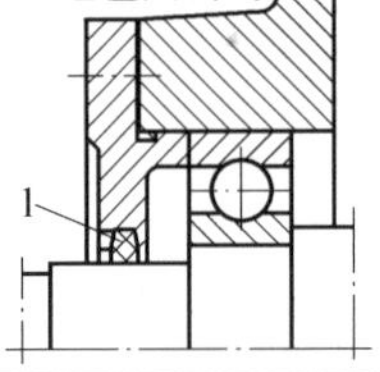	脂润滑。要求环境清洁,轴颈圆周速度 v 不大于 4 m/s,工作温度不超过 90 ℃	矩形断面的毛毡圈 1 被安装在梯形槽内,它对轴产生一定的压力而起到密封作用
	密封圈密封 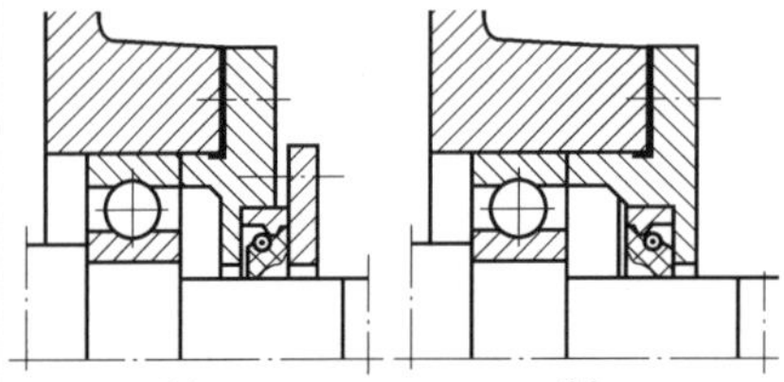 (a) (b)	脂或油润滑。轴颈圆周速度 $v < 7$ m/s,工作温度范围 −40 ~ 100 ℃	密封圈用皮革、塑料或耐油橡胶制成,有的具有金属骨架,有的没有骨架,密封圈是标准件。图(a)密封唇朝里,目的是防漏油;图(b)密封唇朝外,主要目的是防灰尘、杂质进入
非接触式密封	间隙密封 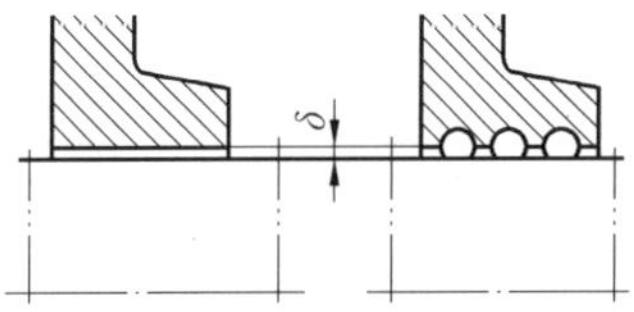	脂润滑。干燥清洁环境	靠轴与盖间的细小环形间隙密封,间隙愈小愈长,效果愈好,间隙 δ 取 0.1 ~ 0.3 mm
	迷宫式密封 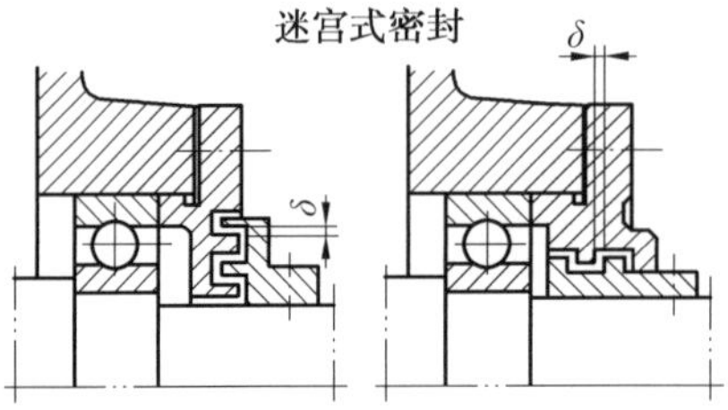 (a) (b)	脂润滑或油润滑。工作温度不高于密封用脂的滴点。这种密封效果可靠	将旋转件与静止件之间的间隙做成迷宫(曲路)形式,并在间隙中充填润滑油或润滑脂以加强密封效果。分径向、轴向两种:图(a)为径向曲路,径向间隙 δ 不大于 0.1 mm;图(b)为轴向曲路,因考虑到轴受热后会伸长,间隙应取大些,δ = 1.5 ~ 2 mm

2. 非接触式密封

与轴不直接接触,适合于高速。

(1) 油沟密封(间隙密封):轴与盖之间约0.1 ~ 0.3 mm间隙,盖上车出沟槽,槽内充满润滑脂,结构简单,适于 $v < 5$ m/s。

(2) 甩油密封:油滑润时,轴上开沟槽,将欲向外流失的油沿径向甩开,再经轴承盖上集油腔及与轴承腔相通的油孔流回轴承。

(3) 曲路密封(迷宫密封):将旋转和固定的密封零件间的间隙制成曲路形式,缝隙间填入润滑脂,加强密封效果,密封效果较好,适于 $v < 30$ m/s。

3. 组合式密封 —— 采用两种以上的密封形式组合在一起,密封的效果较好

另外,某些标准密封轴承 —— 如单面或双面带防尘盖(RZ)和密封盖的轴承,由于装配时已填入了润滑脂,无需维护或再加密封装置,应用日趋广泛。

16.5 滚动轴承的组合结构设计

滚动轴承的组合结构设计包括:轴承的固定、调整、预紧、配合、装拆等问题。

16.5.1 滚动轴承支承的结构型式

正常的滚动轴承支承应使轴能正常传递载荷而不发生轴向窜动及轴受热膨胀后卡死等现象。常用的滚动轴承支承结构形式有三种:

1. 双支点各单向固定

如图16.9(a),(b)所示,每个支点轴承内、外圈均单方向轴向固定。

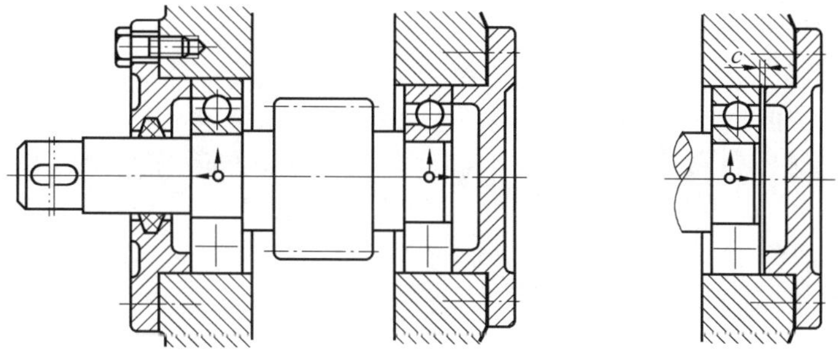

(a) (b)

图16.9 双支点各单向固定

靠外圈端面与轴承端盖间留有间隙 $\Delta = 0.2 \sim 0.4$ mm补偿轴的受热伸长,间隙的大小或轴承内轴向游隙的大小靠端盖与轴承座端面间调整垫片条调节。这种固定方式,结构简单,安装调整方便。适于普通工作温度下较短轴(跨距 $L \leqslant 400$ mm)的支承。

2. 一端固定(双向),另一端游动

这种固定方式是在两个支点中使一个支点双向固定以承受轴向力,另一个支点则可作轴向游动(图6.10)。可作轴向游动的支点称为游动运动支点,显然它不能承受轴向载荷。

选用深沟球轴承作为游动支点时,应在轴承外圈与端盖间留适当间隙(图16.10(a));选

用圆柱滚子轴承时,则轴承外圈应作双向固定(图16.10(b)),以免内外圈同时移动,造成过大错位。这种固定方式,适于转速较高,温差较大和跨距较大($L>350$ mm)的场合。

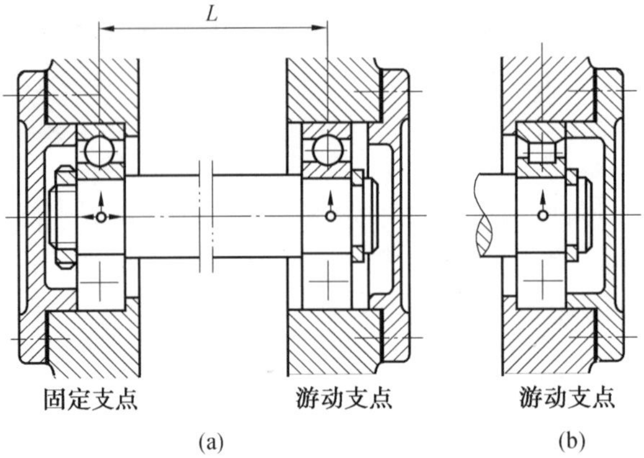

图16.10 一端固定、另一端游动支承

3. *两端游动*

使轴能左右双向游动以自动补偿轮齿左右两侧螺旋角的制造误差,使轮齿受力均匀,采用圆柱滚子轴承,靠滚子与外圈间的游动来实现。而低速齿轮轴则须两端固定,以保证两轴的轴向定位。主要用于人字齿轮高速主动轴。

16.5.2 滚动轴承的轴向固定

内圈与轴的固定:

常采用(1) 轴肩;(2) 轴用弹性挡圈,轴向载荷不大、转速不高时;(3) 轴端挡圈 + 紧固螺钉,转速较大、轴向载荷中等时;(4) 圆螺母 + 止动垫圈,轴向载荷较大、转速较高时;(5) 开口圆锥紧定套 + 圆螺母和止动垫圈,适于光轴上球面轴承。

外圈与座孔的固定:

(1) 孔用弹性挡圈,轴向载荷不大时;(2) 轴承外圈止动槽内嵌入止动环固定;(3) 轴承盖,轴向载荷较大,转速较高时;(4) 轴承座孔凸肩;(5) 螺纹环;(6) 轴承套环,适于同一轴上两轴承外径不同时。

16.5.3 支承的刚度和座孔的同心度

滚动轴承支承刚度不够时,会影响轴承的载荷分布,使滚动轴承的寿命下降。

提高支承刚度的措施:(1) 增加轴承座孔的壁厚;(2) 减小轴承支点相对于箱体孔壁的悬臂;(3) 采用加强筋加强支承部位的刚性;(4) 采用整体式轴承座孔。

保证轴上两个支承的座孔的同心度的方法(避免轴承内、外圈间产生过大的偏斜):(1) 整体机座,两轴承座孔一次镗出;(2) 如轴上两轴承外径不同,采用套环结构,轴承座孔必须一次镗出。

16.5.4 轴承间隙和轴承组合位置的调整

1. *轴承的预紧*

滚动轴承预紧的目的:(1) 提高旋转精度;(2) 增加支承刚性;(3) 减小振动和噪音,延长轴承寿命。

滚动轴承预紧原理,消除轴承中轴向游隙,使滚动体与内外圈接触处产生初始变形。对于间隙可调的轴承,在装配时给予一定的轴向压紧力(预紧力),使内外圈产生相对位移而消除游隙,并在套圈和滚动体接触处产生弹性预变形,借此提高轴的旋转精度和刚度,这种方法称为轴承预紧。预紧力可以利用金属垫片(图16.11(a))或磨窄套圈(图16.11(b))等方法获取。预紧力不会因温差引起的轴长度变化而变化。预紧力的大小要适中,预紧力过大,摩擦系数增加,温升增大,轴承寿命减少;预紧力过小,起不到提高轴承刚性的目的。

2. 轴承组合位置的调整

轴承组合位置调整的目的,是使轴上的零件(带轮、齿轮及蜗轮等)具有准确的工作位置。图16.12为锥齿轮轴承组合位置的调整,套杯与机座间的垫片1用来调整锥齿轮轴的轴向位置,而垫片2则用来调整锥齿轮和蜗杆的轴向位置,以保证锥齿轮副和蜗杆、蜗轮副的正确啮合。

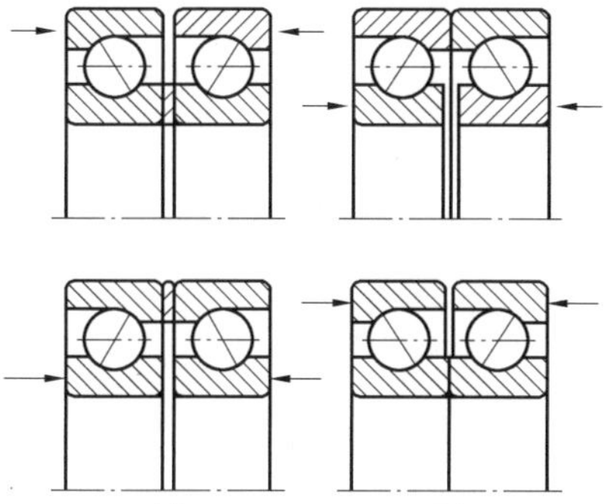

图16.11 轴承的预紧

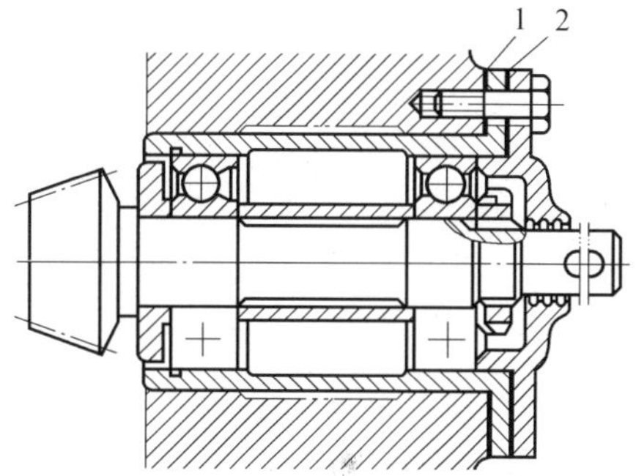

图16.12 轴承组合位置的调整

16.5.5 滚动轴孔的配合

滚动轴孔的配合是指内圈与轴颈及外圈与轴承座孔的配合。

配合过紧,游隙过小或消失,会影响滚动轴承正常运转,使得摩擦系数增加,发热量变大,极易损坏。

配合过松,游隙增大,影响旋转精度,且受载滚动体数目下降,承载能力减弱。

轴承内圈与轴采用基孔制,常用:js6,j6,k6,m6,n6(由松到紧);轴承外圈与轴承座孔采用基轴制,常用:G7,H7,JS7,J7(由松到紧)。

由于轴承内孔与外圈都具有公差带较小的负公差带,而圆柱体基准孔公差带为正,基准轴的公差带为负,所以轴承内圈与轴的配合比圆柱公差规定的标准基孔制同类配合要紧,而外圈公差带虽与圆柱体基准轴的公差带方向一致(为负),但轴承外圈公差带较小,轴承外圈与座孔的配合,也比标准的基孔制同类配合要紧。

滚动轴承配合的选择原则:

(1) 转动圈比不动圈配合松一些;

(2) 高速、重载、有冲击、振动时,配合应紧一些,载荷平稳时,配合应松一些;

(3) 旋转精度要求高时,配合应紧一些(减小游隙);

(4) 常拆卸的轴承或游动套圈应取较松的配合;

(5) 与空心轴配合的轴承应取较紧的配合。

16.5.6 滚动轴承的装拆

装拆时压力应直接加于配合较紧的套圈上;不允许通过滚动体传递装拆力;要均匀施加装拆力,严禁重锤直接敲击。

装配方法:(1) 用软锤均匀敲击套圈装入;(2) 用压力机压入(较大的轴承)。

拆卸方法:(1) 压力机压出轴颈;(2) 轴承拆卸器将内圈拉下(图 16.13),轴肩高度应低于轴承内圈高度。

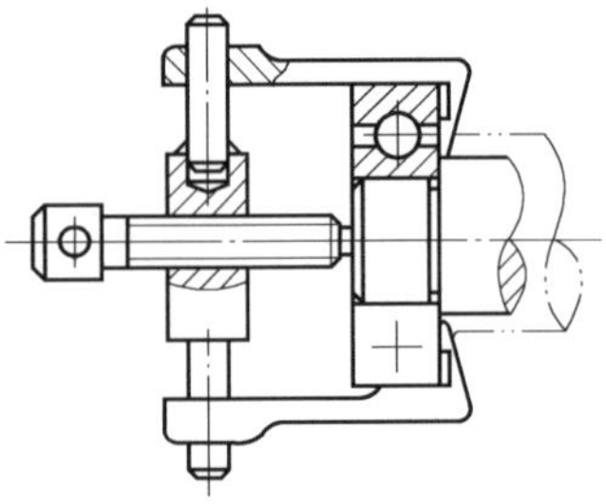

图 16.13 用钩爪器拆卸滚动轴承

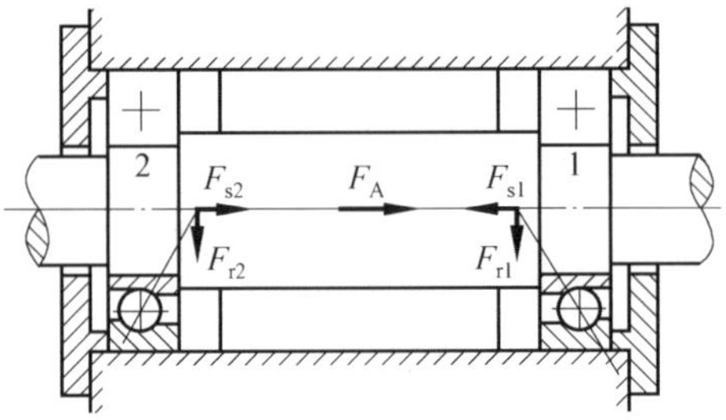

图 16.14 例 16.2 轴承结构

例 16.2 一工程机械传动装置中的轴,根据工作条件决定采用一对角接触球轴承支承,并暂定轴承型号为 7208AC(图 16.14)。已知轴承载荷 F_{r1} = 1 000 N,F_{r2} = 2 060 N,F_A = 880 N,转速 n = 5 000 r/min,工作中受中等冲击,预期寿命 L_h = 2 000 h,试问轴承型号选取是否恰当。

解 (1) 先计算滚动轴承 1,2 的轴向力 F_{a1},F_{a2}

由表 16.10 查得滚动轴承的派生轴向力为:

$$F_{s1} = 0.68 \times F_{r1} = 0.68 \times 1\,000 = 680(\text{N})(\text{方向如图})$$

$$F_{s2} = 0.68 \times F_{r2} = 0.68 \times 2\,060 = 1\,400(\text{N})(\text{方向如图})$$

因为 $F_{s2} + F_A = (1\,400 + 800) = 2\,280\ \text{N} > F_{s1}$

所以轴承 1 端为压紧端

$$F_{a1} = F_{s2} + F_A = 2\,280(\text{N})$$

而轴承 2 端为放松端

$$F_{a2} = F_{s2} = 1\,400(\text{N})$$

(2) 计算轴承 1,2 的当量动载荷

由表 16.6 查得 $e = 0.68$

$$\frac{F_{a1}}{F_{r1}} = \frac{2\,280}{1\,000} = 2.28 > 0.68$$

$$\frac{F_{a2}}{F_{r2}} = \frac{1\,400}{2\,060} = 0.68 = e$$

查表 16.6 可得 $X_1 = 0.41$,$Y_1 = 0.87$,$X_2 = 1$,$Y_2 = 0$。所以当量动载荷为:

$$P_1 = X_1 F_{r1} + Y_1 F_{a1} = 0.41 \times 1\,000 + 0.87 \times 2\,280 = 2\,394(\text{N})$$

$$P_2 = X_2 F_{r2} + Y_2 F_{a2} = 1 \times 2\,060 + 0 \times 1\,400 = 2\,060(\text{N})$$

(3) 计算此轴承所需要的基本额定动载荷 C

在轴的结构设计当中,尽可能使得轴两端的滚动轴承选用同一尺寸,上述计算值 $P_1 > P_2$,所以应当以轴承1的当量动载荷 P_1 为计算依据。因受中等冲击,查表16.7得 $f_p = 1.5$,常温下工作,查表16.8得 $f_t = 1$。所以

$$C_r = \frac{f_p P_1}{f_t}\left(\frac{60n}{10^6}L_h\right)^{1/3} = \frac{1.5 \times 2\,394}{1}\left(\frac{60 \times 5\,000}{10^6} \times 2\,000\right)^{1/3} = 30\,290\ (\mathrm{N})$$

(4) 由设计手册查得轴承的基本额定动载荷 $C = 35\,200$ N,$C_r < C$,故选用7208AC轴承适用。

习　　题

16.1　说明下列型号轴承的类型、尺寸系列、结构特点、公差等级及其使用场合。6006,N208/P5,6207,30208,51305。

16.2　欲对一批同一型号的滚动轴承做寿命试验。若同时投放50个轴承进行试验,按其基本额定动载荷值加载,试验机主轴转速 $n = 2\,000$ r/min。若预计该轴承是合格产品,则试验进行8小时20分钟,应该大约有多少轴承已产生失效。

16.3　有一个深沟球轴承,作用径向载荷 $F_r = 7\,150$ N,以 $n = 2\,000$ r/min 的转速工作 4 200 h,试求此滚动轴承应具有的基本额定动载荷 C。

16.4　根据工作条件,某个机械传动装置中的轴的两端各采用一个深沟球轴承支承,轴径 $d = 40$ mm,转速 $n = 1\,980$ r/min,每个轴承承受径向力 $F_r = 2\,000$ N,常温下工作,运转时存在轻微冲击,预期寿命 $L_h = 8\,000$ h,试选取该轴承型号。

16.5　一矿山机械中的转轴,两端用6312深沟球轴承支承。已知每个轴承的径向载荷 $F_r = 5\,500$ N,轴向载荷 $F_a = 2\,680$ N,载荷平稳,轴的转速 $n = 1\,440$ r/min,预期寿命 $L_h = 8\,000$ h,试问该轴承是否适用。

16.6　根据工作条件,决定在轴的两端选用 $\alpha = 25°$ 的两个角接触球轴承,如图16.8反装。轴的直径 $d = 40$ mm,工作时存在中等冲击,转速 $n = 1\,680$ r/min,已知两个轴承的径向载荷分别是 $F_{r1} = 3\,480$ N,$F_{r2} = 1\,120$ N,外加轴向载荷 $F_A = 950$ N,作用方向指向轴承1,试确定其使用寿命。

16.7　某机械的转轴两端各用一个向心轴承支承,已知轴径 $d = 50$ mm,转速 $n = 960$ r/min,每个轴承的径向载荷为 $F_r = 5\,800$ N,载荷平稳,工作温度125°,预期寿命 $L_h = 5\,000$ h,试分别按球轴承与滚子轴承选择型号,并加以比较。

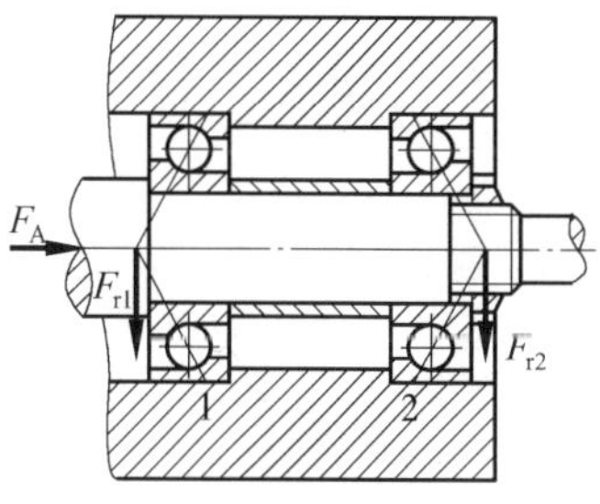

题16.8图

16.8　根据工作条件,决定在某传动轴上安装一对角接触球轴承,如题16.8图所示。已知两个轴承的载荷分别为 $F_{r1} = 1\,480$ N,$F_{r2} = 2\,760$ N,外加轴向载荷 $F_A = 980$ N,轴径 $d = 50$ mm,转速 $n = 5\,000$ r/min,常温下工作,存在中等冲击,预期寿命 $L_h = 2\,500$ h,试选取该轴承型号。

16.9　指出题16.9图所示轴系结构中的主要错误并加以改正。(齿轮用油润滑,轴承用脂润滑)

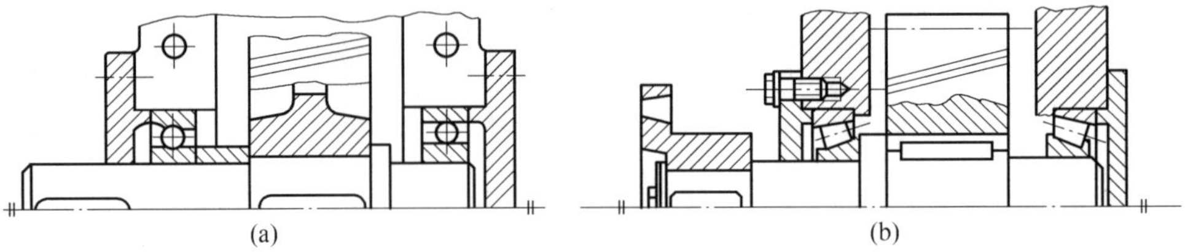

题 16.9 图

第 17 章

轴

教学提示:轴是非常重要的非标准零件,轴的主要功用是支承旋转零件(例如凸轮、带轮、链轮及齿轮)并传递运动及动力。本章将介绍轴的分类、材料选择、轴的结构设计、轴的强度计算、轴上零件的定位及固定方法。

教学要求:能结合实际判别轴的类型,掌握轴的材料选择,轴的结构设计,通过反复练习,熟悉和掌握轴的结构设计方法,利用工程力学的有关知识,对轴进行强度计算及刚度计算。

17.1 轴的功用和类型

1. 功用

轴是组成机器的主要零件之一。一切作回转运动的传动零件(例如齿轮、蜗轮等),都必须安装在轴上才能进行运动及动力的传递。因此轴的主要功用是支承回转零件及传递运动和动力。

2. 分类

按承载情况不同,轴可分为心轴、传动轴和转轴三类。

心轴:不承受扭矩,只承受弯矩的轴称为心轴。心轴分为转动心轴(图 17.1(a))和固定心轴(图 17.1(b))两种。

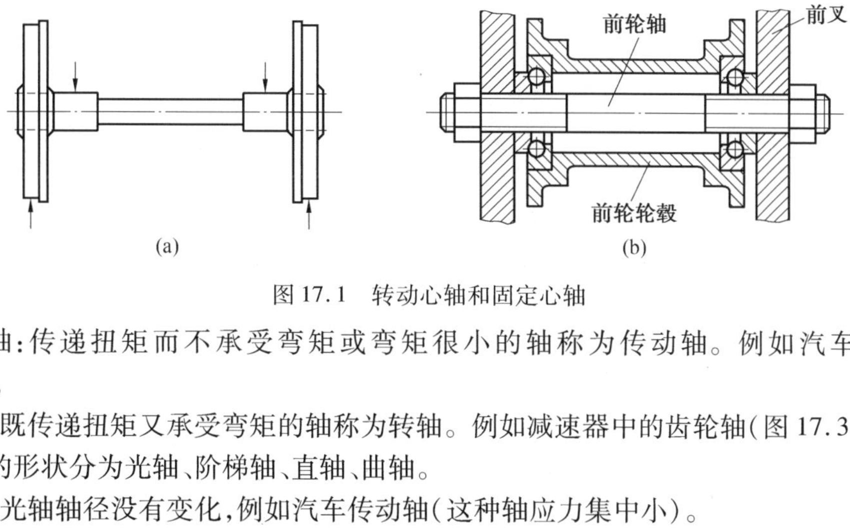

图 17.1 转动心轴和固定心轴

传动轴:传递扭矩而不承受弯矩或弯矩很小的轴称为传动轴。例如汽车的传动轴(图17.2)。

转轴:既传递扭矩又承受弯矩的轴称为转轴。例如减速器中的齿轮轴(图 17.3)。

按轴的形状分为光轴、阶梯轴、直轴、曲轴。

光轴:光轴轴径没有变化,例如汽车传动轴(这种轴应力集中小)。

阶梯轴(图 17.4):各个轴段处直径不等,形成阶梯。优点:(1)便于轴上零件定位;(2)便于实现等强度理论、装配和拆卸操作时方便。

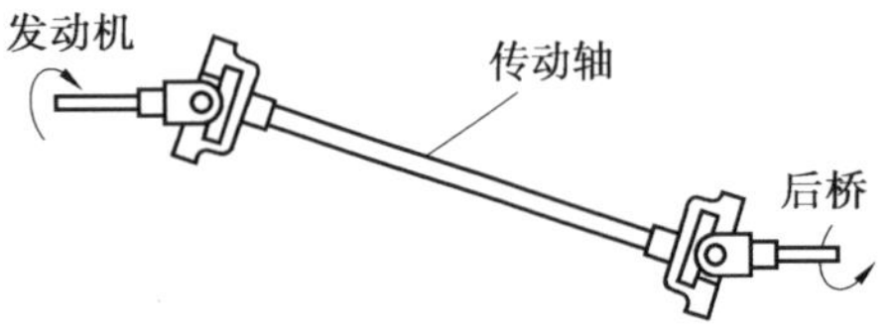

图 17.2 汽车传动轴

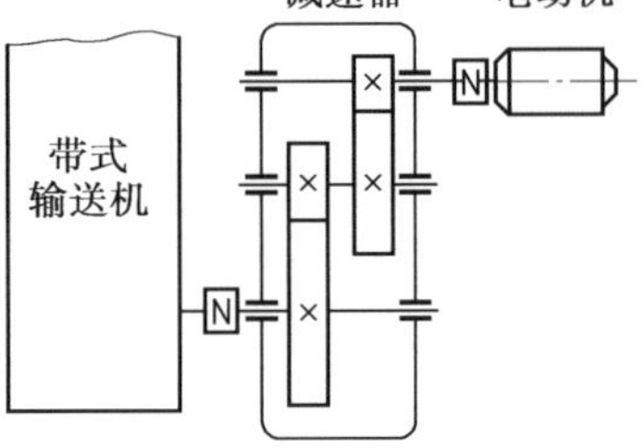

图 17.3 减速器齿轮轴

直轴:工作轴的轴线为一直线。大多数的轴都是直轴。

曲轴:工作轴的轴线为一曲线。例如往复式机械当中的轴就多采用曲轴(图 17.5)。

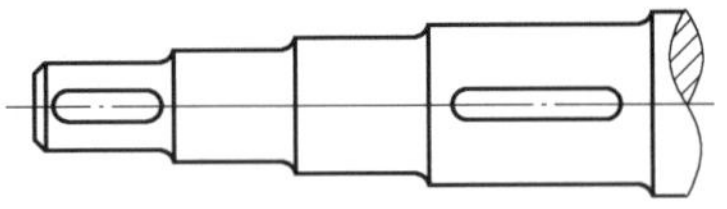
图 17.4 阶梯轴

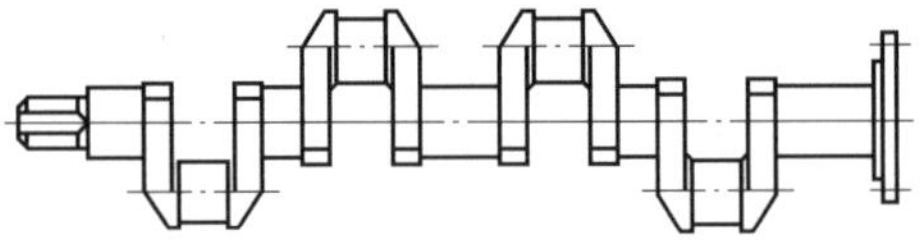
图 17.5 曲轴

另外还有空心轴(机床主轴)和钢丝软轴(挠性轴)(图 17.6)。钢丝软轴可以把扭矩和旋转运动灵活地传递到任何需要的位置,常应用于振捣器等设备当中。

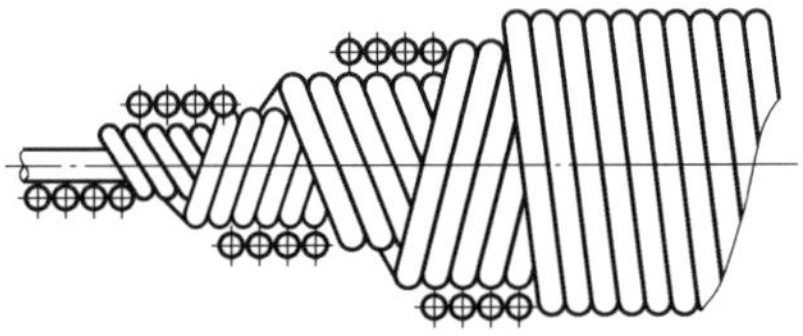
图 17.6 挠性轴

17.2 轴的材料

碳素钢是常用来制造轴的材料,其价格低廉且应力集中不敏感,碳素钢中最常用45 钢,它可以通过热处理工艺来改善材料的机械性能,一般为正火处理和调质处理。

合金钢作为机械性能(热处理性)更好的材料,更适合于大功率及结构尺寸要求紧凑的传动中,同时更能胜任耐磨、高温(低温)等特殊工作条件,但合金钢对应力集中较为敏感。

注意:①由于碳素钢与合金钢的弹性模量基本相同,所以采用合金钢并不能提高轴的刚度。②轴的各种热处理(如高频淬火、渗碳、氮化、氰化等)以及表面强化处理(喷丸、滚压)对提高轴的疲劳强度有显著效果;对轴的刚度提高没有效果。轴的常用材料及其主要机械性能见表 17.1。

表 17.1 轴的常用材料及其主要机械性能

材料及热处理	毛坯直径/mm	硬度 HBS	强度极限 σ_B	屈服极限 σ_s	弯曲疲劳极限 σ_{-1}	应用说明
			MPa			
Q235			400	240	170	用于不重要或载荷不大的轴
35 正火	≤100	149 ~ 187	520	270	250	有好的塑性和适当的强度,可做一般曲轴、转轴等

续表 17.1

材料及热处理	毛坯直径/mm	硬度 HBS				
45 正火	≤100	170 ~ 217	600	300	275	用于较重要的轴，应用最为广泛
45 调质	≤200	217 ~ 255	650	360	300	
40Cr 调质	25		1 000	800	500	用于载荷较大，而无很大冲击的重要轴
	≤100	241 ~ 286	750	550	350	
	>100 ~ 300	241 ~ 266	700	550	340	
40MnB 调质	25		1 000	800	485	性能接近于 40Cr，用于重要的轴
	≤200	241 ~ 286	750	500	335	
35CrMo 调质	≤100	207 ~ 269	750	550	390	用于重载荷的轴
20Cr 渗碳淬火回火	15	56 ~ 62 HRC	850	550	375	用于要求强度、韧性及耐磨性均较高的轴
	≤60		650	400	280	

17.3 轴的结构设计

轴的结构设计主要内容包括定出轴的合理外形和全部结构尺寸。

工作能力计算：强度、刚度、振动稳定性计算。

轴的结构外形主要取决于轴在箱体上的安装位置及形式，轴上零件的布置和固定方式，受力情况和加工工艺等。

轴的结构设计要求：(1)轴和轴上零件要有准确、牢固的工作位置；(2)轴上零件装拆、调整方便；(3)轴应具有良好的制造工艺性等；(4)尽量避免应力集中。

17.3.1 拟定轴上零件的装配方案

根据轴上零件的结构特点，首先要预定出主要零件的装配方向、顺序和相互关系，它是轴进行结构设计的基础，拟定装配方案，应先考虑几个方案，进行分析比较后再选优。

原则：(1)轴的结构越简单越合理；(2)装配越简单、方便越合理。如图 17.7 所示。

17.3.2 轴上零件的定位

1. 零件的轴向定位

(1)轴肩和轴环（轴中间高两边低轴向尺寸小的环）定位，最常用，传递轴向力的能力大。

图 17.7 中，①，②间的轴肩使带轮定位；⑥，⑦间的轴肩使右端滚动轴承定位。

为了保证轴上零件紧靠定位面（轴肩），轴肩的圆角半径 r 必须小于相配零件的倒角 C_1 或圆角半径 R，轴肩高度 h 必须大于 C_1 或 R（图 17.8）。

(2) 套筒定位，图 17.7 中，左端滚动轴承靠套筒进行定位。如两零件的间距较大时，不宜

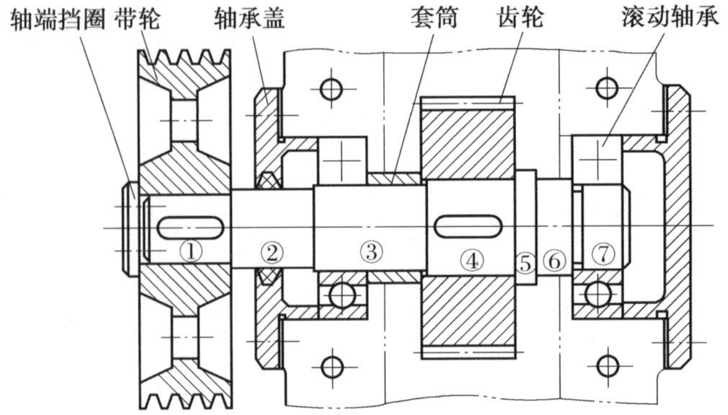

图 17.7

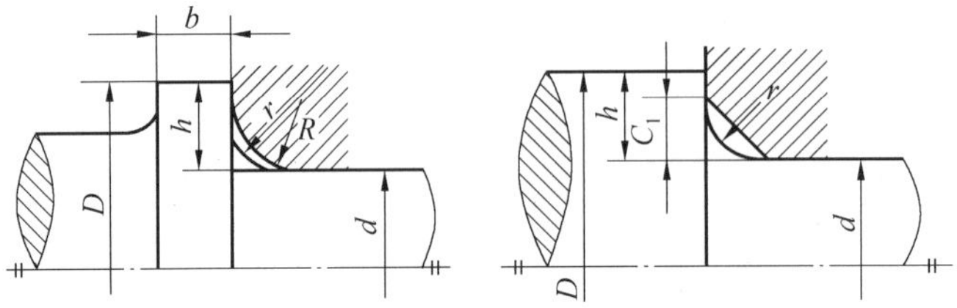

图 17.8 轴肩圆角与相配零件的倒角(或圆角)

$h \approx (0.07d + 3) \sim (0.1d + 5)$ mm;$b \approx 1.4h$(与滚动轴承相配合处的 h 和 b 值,见滚动轴承标准)

采用套筒定位,以免增大套筒的质量及材料用量。因套筒与轴配合较松,如轴的转速很高时,也不宜采用套筒定位。

(3) 圆螺母定位,可承受大的轴向力,但有应力集中(细牙),使用时要有防松措施。例如采用双螺母连接,如图 17.9;还可以采用带翅垫圈的结构形式。当轴上两零件间距离较大不宜使用套筒定位时,也常采用圆螺母定位。

(4) 轴端挡圈,用于工作轴端部零件的定位,应用较广(图 17.10)。

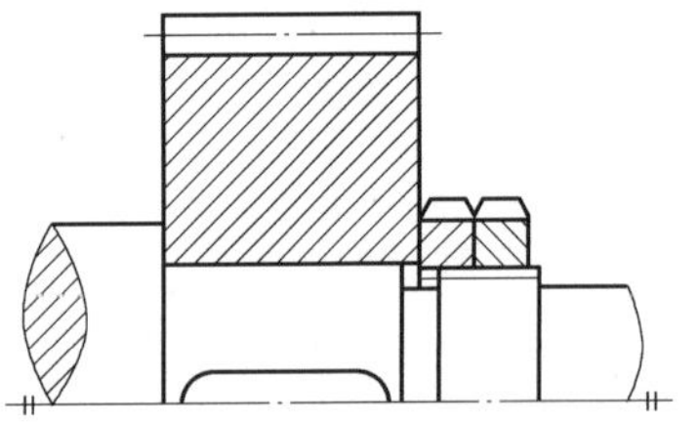

图 17.9 双螺母

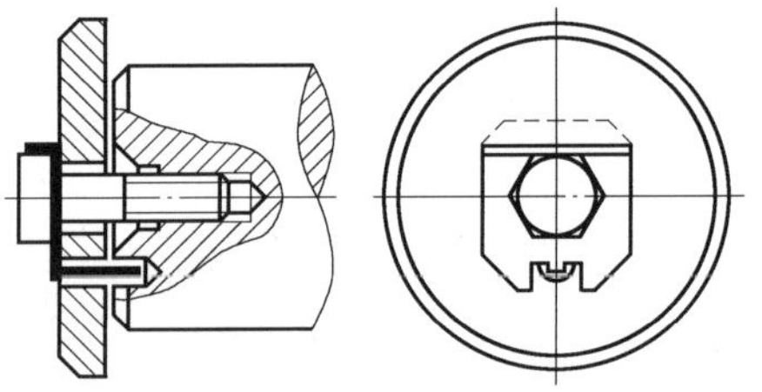

图 17.10 轴端挡圈

(5) 轴承端盖,用于轴承外圈轴向定位,从而使轴有准确的轴向工作位置。

(6) 弹性挡圈,结构简单,定位方便,但有应力集中,适于轻载连接,如图 17.11 所示。

(7) 锁紧挡圈、紧定螺钉(图 17.12) 或销连接,结构简单但承载能力低,可同时兼作周向定位(仪器、仪表中较常用)。

(8) 圆锥面与挡圈、螺母组合,适于轴端零件定位,兼作周向定位(靠摩擦)。

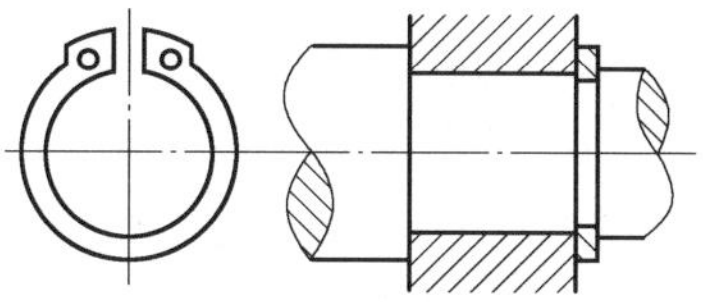

图 17.11 弹性挡圈

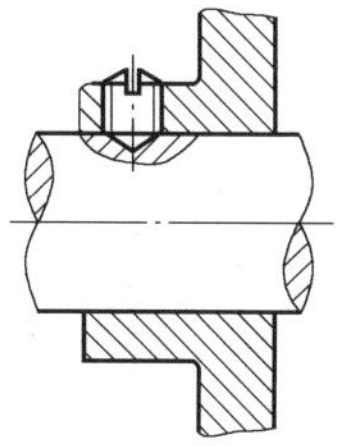

图 17.12 紧定螺钉

2. 轴上零件周向定位

周向定位的目的是限制轴上零件与轴发生相对转动。常用的周向定位零件有键、花键、紧定螺钉、销以及过盈配合等,其中紧定螺钉只用在传力不大之处。

17.3.3 各轴段直径和长度的确定

1. 各轴段直径确定

(1) 按扭矩估算所需的轴段直径 d_{min};

(2) 按轴上零件安装、定位要求确定各段轴径。

注意:与标准零件相配合轴径应取标准值;同一轴径轴段上不能安装三个以上零件。

2. 各轴段长度

与各轴段上相配合零件宽度相对应;考虑零件间的适当间距,特别是转动零件与静止零件之间必须有一定的间隙。

17.3.4 轴的结构工艺性

(1) 磨削时,应预留砂轮越程槽。

(2) 轴肩圆角:为避免应力集中,需要轴肩有圆角(图 17.13(a)),否则,可加隔离环(图 17.13(b))、内凹圆角(图 17.13(c))或加工出卸载槽(图 17.13(d))。查标准(手册)。

(3) 轴端倒角 $C \times 45°$,便于装配、去毛刺。

(4) 螺纹退刀槽,切制螺纹用。

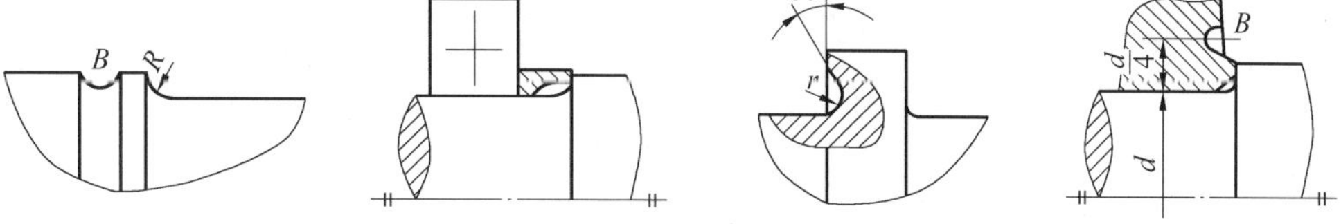

图 17.13 轴的结构工艺性

(5) 同一轴上键槽应位于圆柱同一母线上,且取相同尺寸(均有标准),见图 17.14。圆角半径也尽量一致。

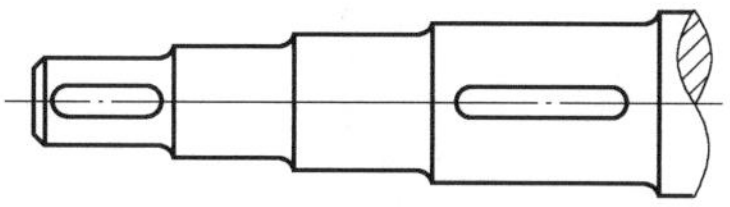

图 17.14 键槽在同一加工直线上

17.4 轴的强度计算

17.4.1 按扭转强度条件计算

适用:(1) 用于只受扭矩或主要承受扭矩的传动轴的强度计算;

(2) 结构设计前按扭矩初估轴的直径 d_{min}

强度条件:

$$\tau = \frac{T}{W_T} = \frac{9.55 \times 10^6 P}{0.2d^3 n} \leqslant [\tau] \quad (\text{MPa}) \tag{17.1}$$

设计公式:

$$d \geqslant \sqrt[3]{\frac{9.55 \times 10^6 P}{0.2[\tau] n}} = A_0 \sqrt[3]{\frac{P}{n}} \quad (\text{mm}) \tag{17.2}$$

式中 τ—— 轴的扭切应力,MPa;

T—— 转矩,N · mm;

W_T—— 抗扭截面系数,mm^3,对圆截面轴 $W_T = \frac{\pi d^3}{16} \approx 0.2d^3$;

P—— 传递的功率,kW;

n—— 轴的转速,r/min;

d—— 轴的直径,mm;

$[\tau]$—— 许用扭切应力,MPa,见表 17.2;

A_0—— 轴的材料系数,与轴的材料和载荷情况有关。注意表 17.2 下面的说明。

表 17.2 轴常用几种材料的$[\tau]$ 及 A_0 值

轴的材料	Q235 - A,20	Q275,35	45	40Cr,35SiMn,38SiMnMo,3Cr13
$[\tau]$ /MPa	15 ~ 25	20 ~ 35	25 ~ 45	35 ~ 55
A_0	149 ~ 126	135 ~ 112	126 ~ 103	112 ~ 97

注:$[\tau]$ 取较大值,A_0 取较小值:弯矩较小或只受扭矩作用、载荷较平稳、无轴向载荷或只有较小的轴向载荷、减速器的低速轴、轴只作单向旋转;否则,$[\tau]$ 取较小值,A_0 取较大值。

对于空心轴:

$$d \geqslant A_0 \sqrt[3]{\frac{P}{n(1-\beta^4)}} \quad (\text{mm}) \tag{17.3}$$

式中,$\beta = \frac{d_1}{d} \approx 0.5 \sim 0.6$,$d_1$ 为空心轴的内径,mm。

注意:如轴上有键槽,有一个键槽则将 d 放大3% ~ 5%;有两个键槽将 d 放大7% ~ 10%,并且需要取整。

17.4.2 按弯扭合成强度条件计算

对于一般钢制的轴,可用第三强度理论(即最大切应力理论)求出危险截面的当量应力 σ_e,其强度条件为

$$\sigma_e = \sqrt{\sigma_b^2 + 4\tau^2} \leqslant [\sigma_b] \tag{17.4}$$

式中 σ_b—— 危险截面上的弯矩 M 产生的弯曲应力;

τ—— 转矩 T 产生的扭切应力。

对于直径为 d 的圆轴,

$$\sigma_b = \frac{M}{W} = \frac{M}{\pi d^3/32} \approx \frac{M}{0.1d^3}$$

$$\tau = \frac{T}{W_T} = \frac{T}{2W}$$

其中,W,W_T 分别为轴的抗弯截面系数和抗扭截面系数。将 σ_b 和 τ 值代入式(17.4),得

$$\sigma_e = \sqrt{\left(\frac{M}{W}\right)^2 + 4\left(\frac{T}{2W}\right)^2} = \frac{1}{W}\sqrt{M^2 + T^2} \leqslant [\sigma_b] \tag{17.5}$$

对于一般的转轴,即使载荷大小与方向不变,其弯曲应力 σ_b 也为对称循环变应力,而 τ 的循环特性往往与 σ_b 不同,所以应对上式中的转矩 T 乘以折合系数 α,以考虑两者循环特性不同的影响,即

$$\sigma_e = \frac{M_e}{W} = \frac{1}{0.1d^3}\sqrt{M^2 + (\alpha T)^2} \leqslant [\sigma_{-1b}] \tag{17.6}$$

式中 M_e—— 当量弯矩,$M_e = \sqrt{M^2 + (\alpha T)^2}$;

α—— 根据转矩性质而定的折合系数。

对不变的转矩,$\alpha = \dfrac{[\sigma_{-1b}]}{[\sigma_{+1b}]} \approx 0.3$;当转矩脉动变化时,$\alpha = \dfrac{[\sigma_{-1b}]}{[\sigma_{0b}]} \approx 0.6$;对于频繁正反转的轴,可作为对称循环变应力,$\alpha = 1$。若转矩的变化规律不清楚,一般可按脉动循环处理。

$[\sigma_{-1b}]$,$[\sigma_{0b}]$,$[\sigma_{+1b}]$—— 分别为对称循环、脉动循环及静应力状态下的许用弯曲应力,见表17.3。

式(17.6)可用来校核轴的疲劳强度。

综上所述,按弯扭合成强度计算轴径的一般步骤如下:

(1) 作轴的空间受力简图(将分布看成集中力),轴的支承看成简支梁,支点作用于轴承中点,将力分解为水平面支承反力 F_H 和垂直面支承反力 F_V;

(2) 求水平面弯矩 M_H 图和垂直面弯矩 M_V 图;

(3) 作合成弯矩 M 图,$M = \sqrt{M_H^2 + M_V^2}$;

(4) 作扭矩 T 图;

(5) 弯扭合成,作当量弯矩 M_e 图,$M_e = \sqrt{M^2 + (\alpha T)^2}$;

(6) 计算危险截面轴径。由式(17.6)得

$$d \geqslant \sqrt[3]{\frac{M_e}{0.1[\sigma_{-1b}]}} \quad \text{mm} \tag{17.7}$$

式中，M_e 的单位为 N · mm；$[\sigma_{-1b}]$ 的单位为 MPa。

对于有键槽的截面，应将计算出的轴径加大 5% 左右。若计算出的轴径大于结构设计初步估算的轴径，则表明结构图中轴的强度不够，必须修改结构设计；若计算出的轴径小于结构设计的估算轴径，且相差不很大，一般就以结构设计的轴径为准。

对于一般用途的轴，按上述方法设计计算即可。对于重要的轴，尚须作进一步的强度校核（如安全系数法），其计算方法可查阅有关参考书。

表 17.3 轴的许用弯曲应力

材料	σ_B	$[\sigma_{+1b}]$	$[\sigma_{0b}]$	$[\sigma_{-1b}]$
碳素钢	400	130	70	40
	500	170	75	45
	600	200	95	55
	700	230	110	65
合金钢	800	270	130	75
	900	300	140	80
	10 001	330	150	90
铸钢	400	100	50	30
	500	120	70	40

17.4.3 提高轴的强度的措施

轴的结构、表面质量及轴上零件结构、布置、受力位置等都对轴的承载能力有影响，并影响轴的尺寸。

1. 改进轴的结构，减少应力集中措施

(1) 轴径变化平缓；

(2) 增大轴的过渡圆角；

(3) 凹切圆角（图 17.13(c)）；

(4) 过渡肩环（图 17.13(b)）；

(5) 开卸载槽 B（图 17.13(d)）；

(6) 加大配合部轴径；

(7) 选择合理的配合；

(8) 盘铣刀铣键槽比用指铣刀铣，应力集中小；

(9) 渐开线花键比矩形花键应力集中小；

(10) 避免受载较大。

2. 合理布置轴上零件以减少轴的载荷

(1) 轴上传动件尽量靠近支承，并避免使用悬臂支承形式，以减少轴所受的弯矩；

(2) 扭矩由一个传动件输入，几个传动件输出时（图 17.15），应将输入件放在中间，当采用图 17.15(a) 方案时最大扭矩为 T_1，而采用图 17.15(b) 方案时，最大扭矩为 $T_1 + T_2$。

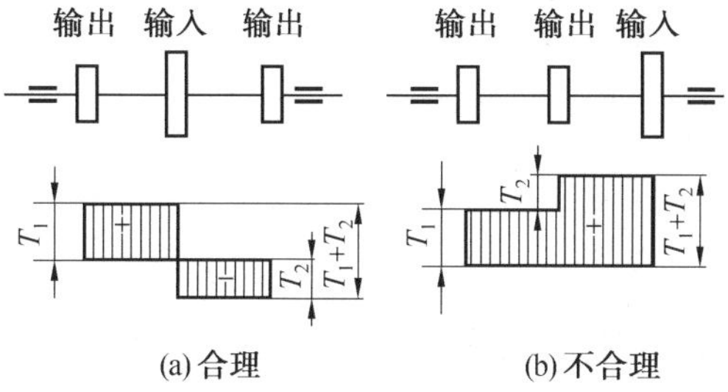

图 17.15　轴上零件的布置

例如卷扬机滚筒的两种方案布置，图 17.16(a) 所示结构，大齿轮与滚筒连为一体，扭矩经大齿轮直接传给滚筒，所以滚筒轴只受弯矩而不受扭矩；而图 17.16(b) 中，大齿轮与轴一体，滚筒轴既受弯矩又受扭矩，所以结构尺寸较 17.16(a) 图尺寸大。

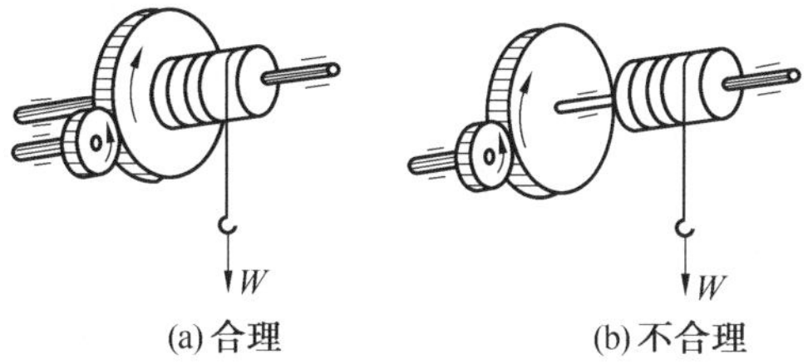

图 17.16　起重机卷筒

3. 选择受力方式以减小轴的载荷，改善轴的强度和刚度

采用力平衡或局部相互抵消的办法来减小轴的载荷。

(1) 行星轮均匀布置，使太阳轮只受转矩而不受弯矩；

(2) 一根轴上有两个斜齿轮只受转矩，而不受弯矩；

(3) 小锥齿轮轴改悬臂支承为简支梁安装，可提高轴的强度和刚度，改善锥齿轮的啮合。

4. 改进表面质量提高轴的疲劳强度

(1) 改进轴的表面粗糙度，提高轴的疲劳强度，高强度材料轴更应如此；

(2) 表面强化处理（高频淬火、表面渗碳、氰化、氮化、喷丸、碾压）使轴的表层产生预压应力，提高轴的抗疲劳能力。

17.5　轴的刚度计算

轴受弯矩作用会产生弯曲变形（图 17.17），受转矩作用会产生扭转变形（图 17.18）。如果轴的刚度不够，就会影响轴的正常工作，因此，为了使轴不致因刚度不够而失效，设计时必须根据轴的工作条件限制其变形量。

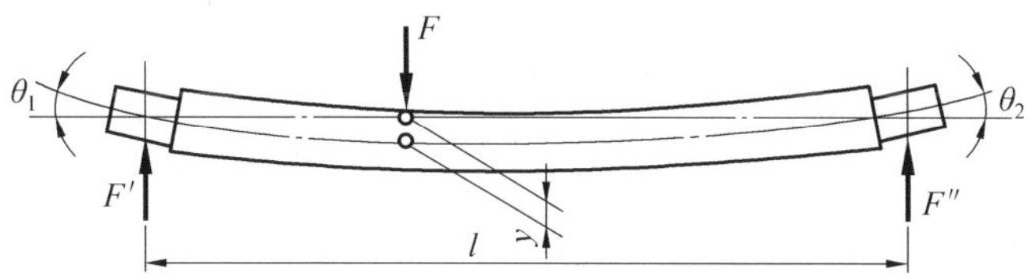

图 17.17　轴的挠度和转角

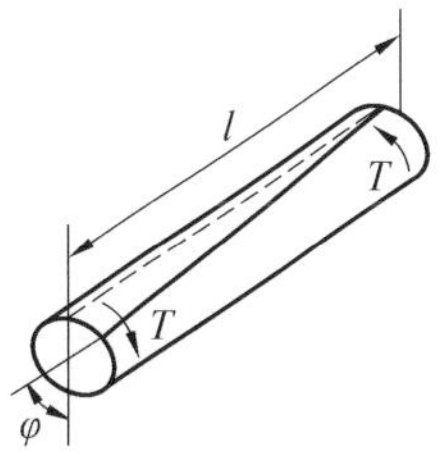

图 17.18　轴的扭角

17.5.1 弯曲刚度

按材料力学公式计算出轴的挠度 y 和偏转角 θ

挠曲线方程：

$$\frac{\mathrm{d}^2 y}{\mathrm{d}x^2}=\frac{M(X)}{EI} \tag{17.8}$$

挠度：

$$y \leqslant [y]$$

偏转角：

$$\theta \leqslant [\theta]$$

式中 $[y]$—— 轴的许用挠度，mm，见表 17.4；

$[\theta]$—— 轴的许用偏转角，rad，见表 17.4。

17.5.2 扭转刚度

即每米长的扭转角度

扭转角：

$$\varphi=\frac{TL}{GI_{\mathrm{P}}} \tag{17.9}$$

$$\varphi \leqslant [\varphi]$$

式中 $[\varphi]$—— 轴的许用扭角，(°)/m，见表 17.4。

表 17.4 轴的许用挠度和许用偏转角

<table>
<tr><th>变形种类</th><th>适用场合</th><th>许用值</th><th>变形种类</th><th>适用场合</th><th>许用值</th></tr>
<tr><td rowspan="9">挠度
[y]
/mm</td><td>一般用途的轴</td><td>(0.000 3 ~ 0.000 5)l</td><td rowspan="6">转角
[θ]
/rad</td><td>滑动轴承</td><td>≤ 0.001</td></tr>
<tr><td>刚度要求较高的轴</td><td>≤ 0.000 2l</td><td>向心球轴承</td><td>≤ 0.005</td></tr>
<tr><td>感应电机轴</td><td>≤ 0.1Δ</td><td>调心球轴承</td><td>≤ 0.05</td></tr>
<tr><td>安装齿轮的轴</td><td>(0.01 ~ 0.03)m_n</td><td>圆柱滚子轴承</td><td>≤ 0.002 5</td></tr>
<tr><td>安装蜗轮的轴</td><td>(0.02 ~ 0.05)m</td><td>圆锥滚子轴承</td><td>≤ 0.001 6</td></tr>
<tr><td rowspan="4" colspan="2">l— 支承间跨距
Δ— 电机定子与转子间的气隙
m_n— 齿轮法面模数
m— 蜗轮模数</td><td>安装齿轮处轴的截面</td><td>0.001 ~ 0.002</td></tr>
<tr><td rowspan="3">每米长的
扭角[φ]
/[(°)/m]</td><td>一般传动</td><td>0.5 ~ 1</td></tr>
<tr><td>较精密的传动</td><td>0.25 ~ 0.5</td></tr>
<tr><td>重要传动</td><td>0.25</td></tr>
</table>

17.6 轴的临界转速的概念

由于回转零件结构不对称、材料组织不均匀、制造和装配中存在误差等原因，质心会偏离轴线产生离心力，随着轴的旋转，离心力会产生周期性变化，对轴产生周期性的干扰力，从而引起轴的弯曲振动(或称横向振动)。当振动频率与轴本身的弯曲自振频率一致时,会产生弯曲共振现象,这种现象较常见。另外,当轴传递的功率有周期性变化时,也产生扭转振动,造成扭转共振。

临界转速 n_c 是轴引起共振时的转速。在临界转速附近,轴将产生显著变形。轴有多个临界转速,其中最低的叫一阶临界转速,其余的叫二、三阶临界转速。在一阶临界转速下,振动激烈,最危险,所以主要计算一阶临界转速。只有某些状况下,才需要计算高阶临界转速。

工作转速 n 低于一阶临界转速 n_{c1} 的轴称为刚性轴,工作转速 n 高于一阶临界转速 n_{c1} 的轴称为挠性轴。一般地,刚性轴:$n < 0.85n_{c1}$;挠性轴:$1.15n_{c1} < n < 0.85n_{c2}$,$n_{c1}$、$n_{c2}$ 分别为一阶和二阶临界转速。高速轴应使其工作转速避开相应的高阶临界转速。

例 17.1 试计算某减速器低速轴(图 17.19(a))危险剖面的尺寸。已知条件:作用于低速级齿轮上的圆周力 $F_t = 17\ 400$ N,径向力 $F_r = 6\ 410$ N,轴向力 $F_a = 2\ 860$ N,齿轮分度圆直径 $d_2 = 146$ mm,带传动压轴力 $F = 4\ 500$ N(方向未知),$L = 193$ mm,$K = 206$ mm。

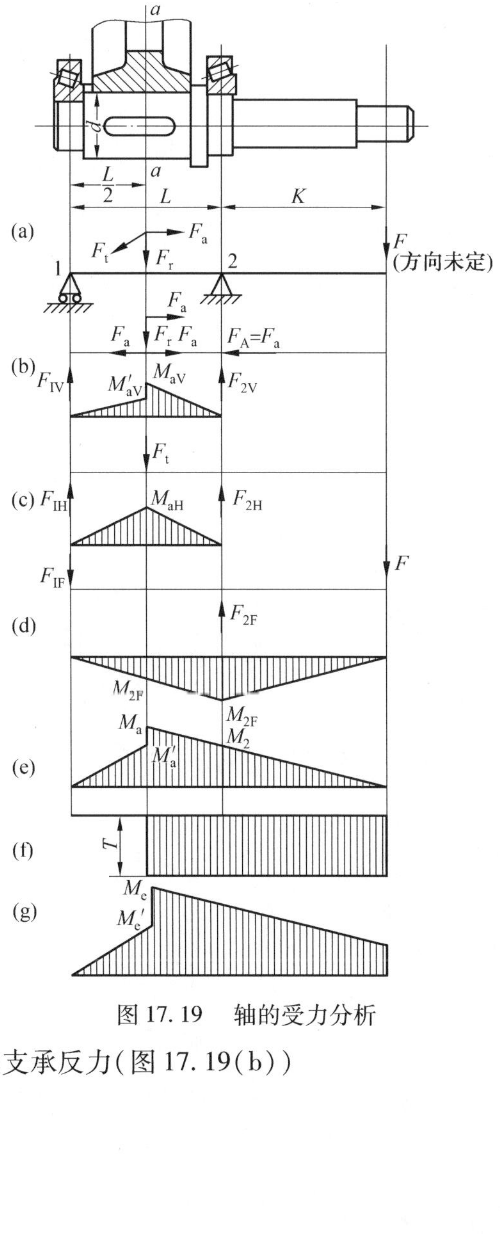

图 17.19 轴的受力分析

解 (1) 求铅垂面的支承反力(图 17.19(b))

$$F_{1V}=\frac{F_r\times\frac{L}{2}-F_a\times\frac{d_2}{2}}{L}=\frac{6\ 410\times\frac{193}{2}-2\ 860\times\frac{146}{2}}{193}=2\ 123\ \text{N}$$

$$F_{2V}=F_r-F_{1V}=6\ 410-2\ 123=4\ 287\ \text{N}$$

(2) 求水平面的支承反力(图 17.19(c))

$$F_{1H}=F_{2H}=\frac{F_t}{2}=\frac{17\ 400}{2}=8\ 700\ \text{N}$$

(3)F 载荷在支点的支撑反力(图 17.19(d))

$$F_{1F}=\frac{F\times K}{L}=\frac{4\ 500\times 206}{193}=4\ 803\ \text{N}$$

$$F_{2F}=F+F_{1F}=(4\ 500+4\ 803)=9\ 303\ \text{N}$$

外力 F 作用方向与带传动布置形式相关联,在具体布置方案没有确定之前,可以按照最坏的情况考虑,这样的设计过程,安全系数较高。

(4) 绘制铅垂面的弯矩图(图 17.19(b))

$$M_{aV}=F_{2V}\times\frac{L}{2}=4\ 287\times\frac{0.193}{2}=414\ \text{N}\cdot\text{m}$$

$$M'_{aV}=F_{1V}\times\frac{L}{2}=2\ 123\times\frac{0.193}{2}=205\ \text{N}\cdot\text{m}$$

(5) 绘出水平弯矩图(图 17.19(c))

$$M_{aH}=F_{1H}\times\frac{L}{2}=8\ 700\times\frac{0.193}{2}=840\ \text{N}\cdot\text{m}$$

(6)F 力产生的弯矩图(图 17.19(d))

$$M_{2F}=F\times K=4\ 500\times 0.206=927\ \text{N}\cdot\text{m}$$

$a-a$ 剖面 F 力产生的弯矩为:

$$M_{aF}=F_{1F}\times\frac{L}{2}=4\ 803\times\frac{0.193}{2}=463\ \text{N}\cdot\text{m}$$

(7) 求合成弯矩(图 17.19(e))

考虑到最不利的情况,把 M_{aF} 与$\sqrt{M_{aH}^2+M_{aV}^2}$ 直接叠加即可

$$M_a=\sqrt{M_{aH}^2+M_{aV}^2}+M_{aF}=\sqrt{414^2+840^2}+463=1\ 400\ \text{N}\cdot\text{m}$$

$$M'_a=\sqrt{(M'_{aV})^2+(M_{aH})^2}+M_{aF}=\sqrt{(205)^2+(840)^2}+463=1\ 328\ \text{N}\cdot\text{m}$$

$$M_2=M_{2F}=927\ \text{N}\cdot\text{m}$$

(8) 求轴传递的扭矩 T(图 17.19(f))

$$T=F_t\times\frac{d_2}{2}=17\ 400\times\frac{0.146}{2}=1\ 270\ \text{N}\cdot\text{m}$$

(9) 求危险剖面的当量弯矩(图 17.19(g))

由图可见 $a-a$ 剖面最不安全,其当量弯矩为

$$M_e=\sqrt{M_a^2+(\alpha T)^2}$$

如果认为轴的扭切应力是脉动循环变应力,则取折合系数 $\alpha=0.6$,代入上式可得

$$M_e=\sqrt{1\ 400^2+(0.6\times 1\ 270)^2}\approx 1\ 600\ \text{N}\cdot\text{m}$$

(10) 计算危险剖面处的轴径

轴的材料选用 45 钢,调质处理,由表 17.1 查取 $\sigma_B = 650$ MPa,由表 17.3 查得 $[\sigma_{-1b}] = 60$ MPa,则

$$d \geqslant \sqrt[3]{\frac{M_e}{0.1[\sigma_{-1b}]}} = \sqrt[3]{\frac{1\ 600 \times 10^3}{0.1 \times 60}} = 64.4 \text{ mm}$$

考虑到此轴上键槽对轴的强度有削弱,故将此轴的轴径 d 加大 5%,所以

$$d = 1.05 \times 64.4 = 68 \text{ mm}$$

答:此减速器低速轴危险剖面的尺寸 $d = 68$(mm)。

习　　题

17.1　在题 17.1 图中,Ⅰ 轴、Ⅱ 轴、Ⅲ 轴、Ⅳ 轴是心轴、传动轴,还是转轴?

17.2　若轴的强度不足或刚度不足时,可以分别采取哪些改进措施?

17.3　已知一传动轴传递的功率为 39 kW,转速 $n = 960$ r/min,如果轴上的扭切应力不超过 50 MPa,问该轴直径为多大?

17.4　已知一传动轴直径 $d = 36$ mm,转速 $n = 1\ 680$ r/min,如果要求轴上的扭切应力不超过 55 MPa,问该轴能传递多大功率?

17.5　题 17.5 图所示的转轴,直径 $d = 65$ mm,传递的扭矩 $T = 2\ 450$ N·m,$F = 9\ 500$ N,$a = 320$ mm。若此轴许用弯曲应力 $[\sigma_{-1b}] = 170$ MPa,求 x?

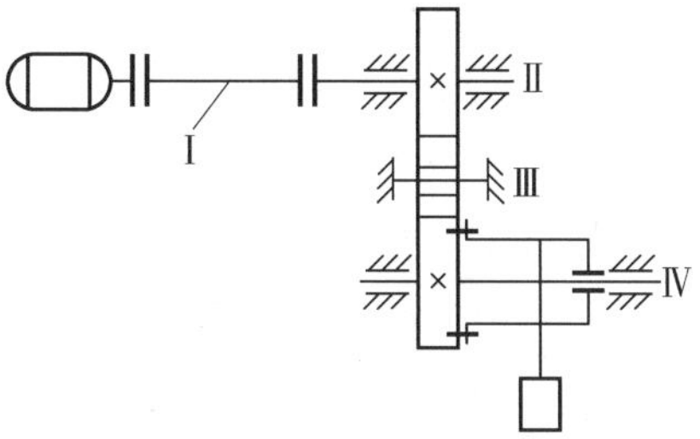

题 17.1 图

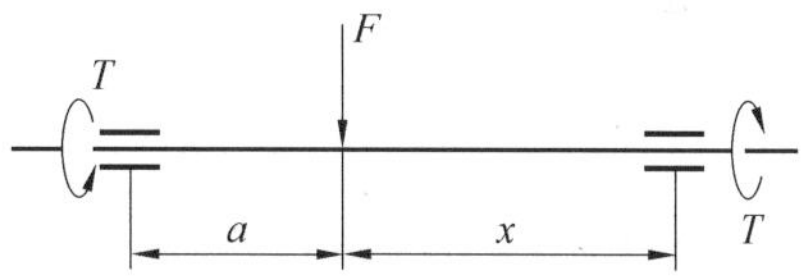

题 17.5 图

17.6　已知一单级直齿齿轮减速器,用电动机驱动,电机功率 $P = 20$ kW,转速 $n = 1\ 480$ r/min,齿轮模数 $m = 3$ mm,齿数 $z_1 = 19$,$z_2 = 87$,若支承间距 $l = 170$ mm(齿轮位于跨距中间),轴的材料采用 45 钢,调质处理,计算此轴危险剖面的直径 d。

17.7　在题 17.7 图中所示,二级圆柱齿轮减速器。已知高速级传动比 $i_{12} = 2.6$,低速级传动比 $i_{34} = 3.97$。若不计齿轮啮合和摩擦的效率,试计算三根轴的扭矩之比,并按扭转强度估算三根轴的直径之比。

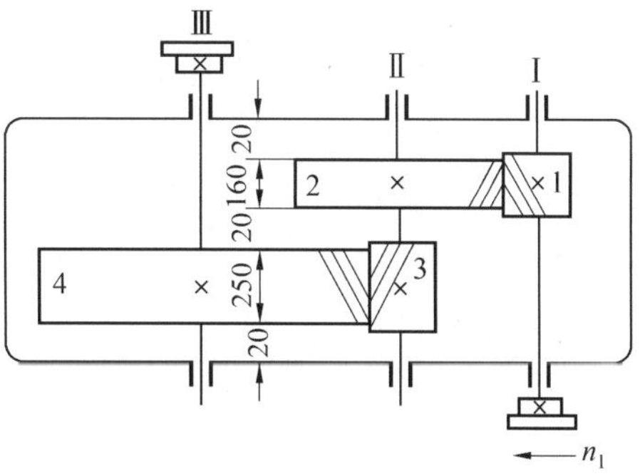

题 17.7 图

17.8　在题 17.8 图中所示是吊车动滑轮的两种结构方案,轴的材料均为 Q235,起重载荷 $W = 8$ kN,求轴的直径 d。

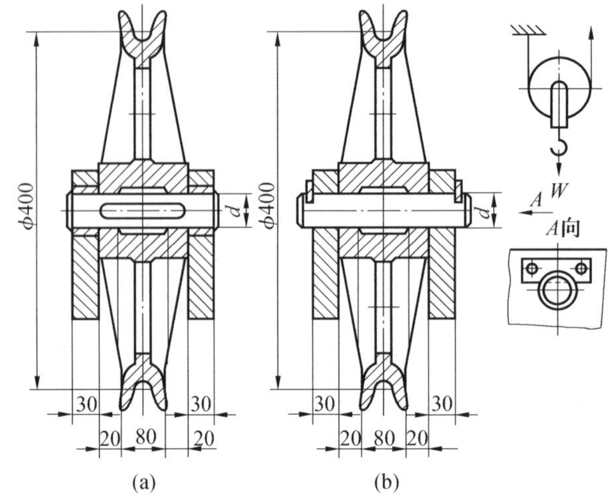

题 17.8 图

17.9　在题 17.7 图中所示，二级斜齿圆柱齿轮减速器。已知中间轴 Ⅱ 轴传递的功率$P = 45$ kW，转速 $n_2 = 220$ r/min，齿轮 2 的分度圆直径 $d_2 = 596$ mm，螺旋角$\beta_2 = 12°30'$，齿轮 3 的分度圆直径 $d_3 = 170$ mm，螺旋角$\beta_3 = 10°30'$，轴 Ⅱ 的材料用 45 钢调质，试按弯扭合成强度计算方法求轴 Ⅱ 的危险剖面直径 d。

17.10　仅从轴的结构设计考虑（不考虑轴承的润滑及轴的圆角过渡等方面的问题），指出题 17.10 图中存在的错误，并加以改进。

17.11　有一台离心式水泵，由电动机驱动，传递的功率 $P = 4$ kW，轴的转速 $n = 970$ r/min，轴的材料采用 45 钢调质，试按强度要求计算轴所需的最小直径 d。

17.12　一钢制等直径直轴，只传递扭矩，许用的扭切应力$[\tau] = 55$ MPa，长度为 2 000 mm，使用中要求每米长的扭角 φ 不超过 0.5°，试求该轴的直径 d。

17.13　设计某搅拌机用的单级斜齿圆柱齿轮减速器（题 17.13 图）当中的低速轴，已知条件为：电动机传递的功率 $P = 5$ kW，转速 $n_1 = 750$ r/min，$n_2 = 120$ r/min，大齿轮节圆直径 $d'_2 = 310$ mm，齿轮宽度 $B_2 = 85$ mm，法向压力角 $\alpha_n = 20°$。求：（1）完成轴的全部结构设计；（2）根据弯扭合成理论验算轴的强度。

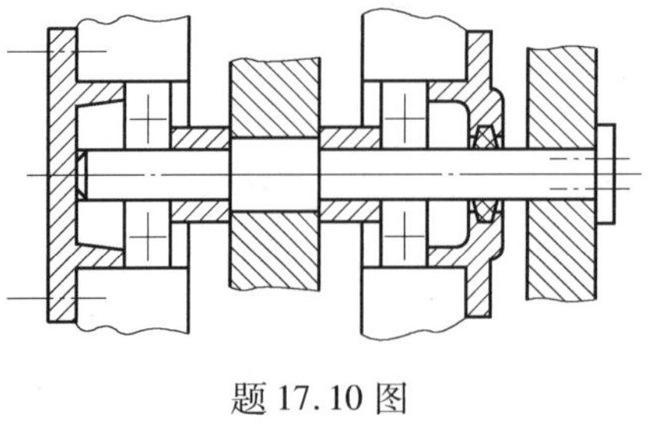

题 17.10 图

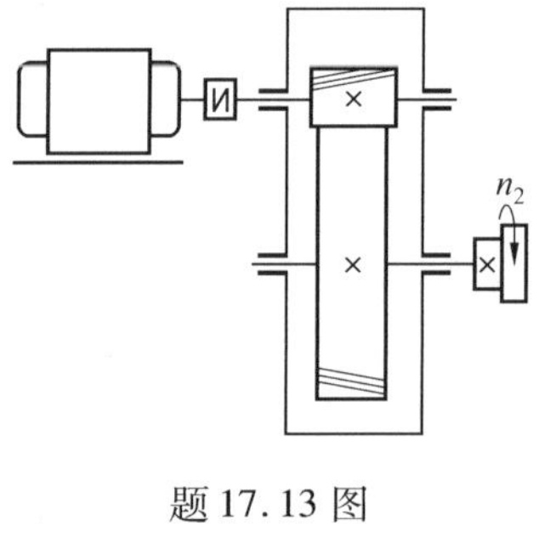

题 17.13 图

第18章 联轴器和离合器

教学提示：联轴器、离合器是机械传动中常用的部件，本章将介绍几种典型联轴器和离合器的工作原理、性能和结构特点。

教学要求：了解常用联轴器和离合器的特点和应用，会根据实际情况进行型号选择。

18.1 联轴器、离合器的类型和应用

联轴器和离合器是机械传动中常用的部件。它们主要用来连接轴与轴（或者连接轴与其他回转零件），以传递运动与转矩；有时也可用作安全装置。根据工作特性的不同它们可以分为以下四类：

1. 联轴器

用来把两轴连接在一起，机器运转时两轴不能分离，只有在机器停止运转并将连接拆开后两轴才能分离。

2. 离合器

在机器运转过程中可以使两轴随时接合或分离的一种装置，它可以用来操纵机器传动系统的断续以便进行变速及换向等。对于离合器的使用要求是：接合平稳，分离迅速而彻底，调节和修理方便，外廓尺寸小，质量小，耐磨性好和有足够的散热能力，操纵方便省力等。

3. 安全联轴器及安全离合器

机器工作时如果转矩超过规定值，这种联轴器及离合器即可自行断开或者打滑，以保证机器中的主要零件不至于因为过载而损坏。

4. 特殊功用的联轴器及离合器

用于某些有特殊要求的地方，例如在一定的回转方向或达到一定的转数时，联轴器或离合器即可自动接合或分离。由于机器的工作情况各异，因而对联轴器和离合器提出了各种不同的要求，如传递转矩的大小、转数高低、扭转刚度变化情况、体积大小、缓冲吸振能力等等。为了适应机器的工作性能、特点及应用场合的需要，联轴器和离合器都出现了很多的类型而且新产品还在不断地涌现。

本章仅对少数典型结构及其有关知识做些介绍，以便为选用标准件和自行创新设计提供必要的基础。

联轴器分刚性和弹性两大类。刚性联轴器由刚性传力件组成，又可分为固定式和可移式两类。固定式刚性联轴器不能补偿两轴的相对位移；可移式刚性联轴器能补偿两轴的相对位移。弹性联轴器包含有弹性元件，能补偿两轴的相对位移，并且具有吸收振动和缓和冲击的能力。

离合器主要分牙嵌式和摩擦式两类。另外还有电磁离合器和自动离合器。电磁离合器在自动化机械中作为控制转动的元件而被广泛应用；自动离合器能够在特定的工作条件下（如

一定的转矩、一定的转速或一定的回转方向）自动接合或分离。

联轴器和离合器大都已经标准化了。一般可先依据机器的工作条件选定合适的类型，然后按照计算转矩、轴的转速和轴端直径从标准中选择所需的型号和尺寸，必要时还应对其中某些零件进行验算。

18.2 固定式刚性联轴器

固定式刚性联轴器中应用最广的是凸缘联轴器，如图 18.1 所示。它是用螺栓连接两个半联轴器的凸缘，以实现两轴连接的。螺栓可以用普通螺栓，也可以用铰制孔用螺栓。这种联轴器有两种主要的结构型式：图 18.1(a)是普通的凸缘联轴器，通常靠铰制孔用螺栓来实现两轴对中；图 18.1(b)是有对中榫的凸缘联轴器，靠凸肩和凹槽（即对中榫）来实现两轴对中。

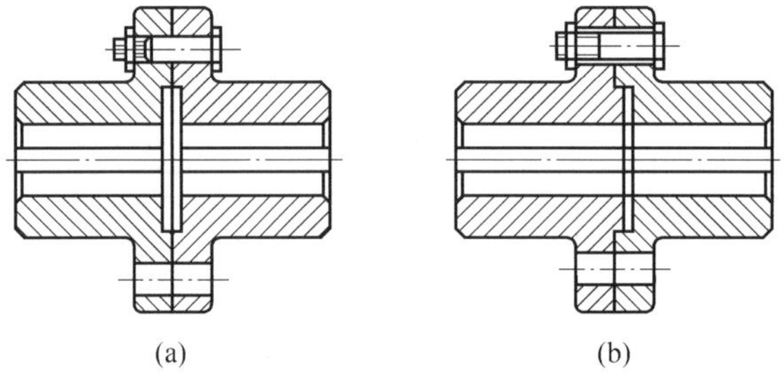

图 18.1　凸缘联轴器

制造凸缘联轴器时，应该准确保持半联轴器的凸缘端面与孔的轴线垂直，安装时应使两轴精确对中。

半联轴器的材料通常为铸铁，当受重载或圆周速度 $v \geqslant 30$ m/s 时，可采用铸钢或者锻钢。

凸缘联轴器的结构简单、使用方便、可传递的转矩较大，但是不能缓冲减振，经常用于载荷较平稳的两轴连接。

18.3 可移式刚性联轴器

由于制造误差、安装误差或者工作时零件的变形等原因，被连接的两轴不一定都能够精确对中，因此就有可能会出现两轴间的轴向位移 x（图 18.2(a)）、径向位移 y（图 18.2(b)）、角位移 α（图 18.2(c)），以及由这些位移组合的综合位移。如果联轴器没有适应这种相对位移的能力，就会在联轴器、轴和轴承中产生附加载荷，甚至引起强烈振动。

可移式刚性联轴器的组成零件之间构成的动连接，具有某一方向或几个方向的活动度，因此可以补偿两轴的相对位移。常用的可移式刚性联轴器有以下几种。

18.3.1 齿式联轴器

齿式联轴器（图 18.3(a)）是由两个有内齿的外壳 3 和两个有外齿的套筒 4 所组成，套筒与轴之间用键相连，两个外壳用螺栓 2 连成一体，外壳与套筒之间设有密封圈 1，内齿轮齿数和外齿轮齿数相等。轮齿通常采用压力角为 20° 的渐开线齿廓，工作时靠啮合的轮齿传递转矩。由于轮齿间留有较大的间隙和外齿轮的齿顶制成球形（图 18.3(b)），所以能补偿两轴的不对中和偏斜（图 18.4）。为了减小轮齿的磨损和相对移动时产生的摩擦阻力，在外壳内应该贮有润滑油。齿式联轴器允许角位移在 30′ 以下，如果将外齿轮做成鼓形齿（图 18.3(b)），则允许角位移可达 3°。

齿式联轴器的优点是能传递很大的转矩和补偿适量的综合位移，因此常用于重型机械中。但是，当传递巨大转矩时，齿间的压力也随着增大，使联轴器的灵活性降低，而且其结构笨重、造价较高。

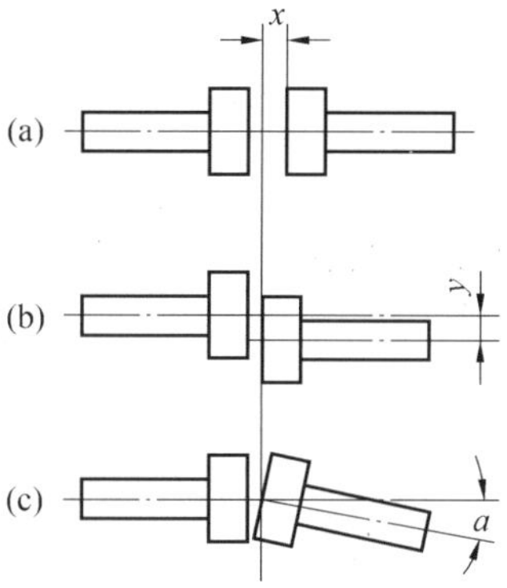

图 18.2　轴线的相对位移

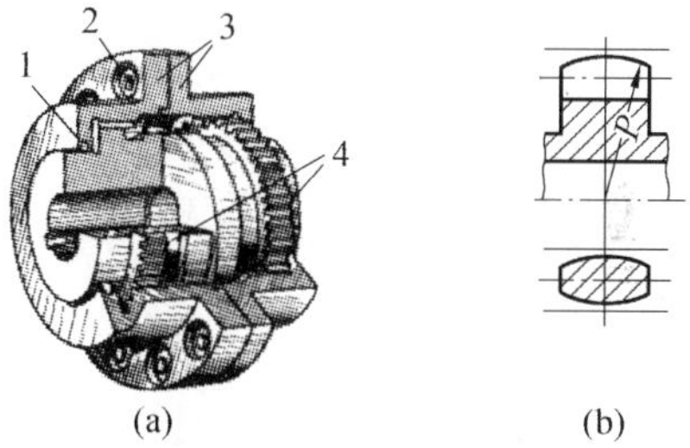

图 18.3　齿式联轴器

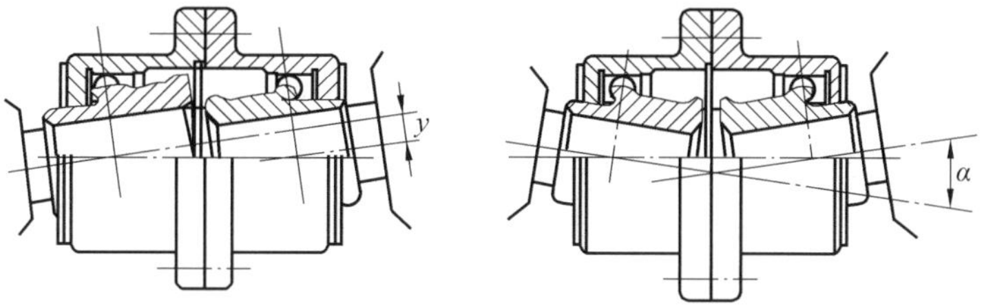

图 18.4　齿式联轴器补偿相对位移的情况

18.3.2　滑块联轴器

滑块联轴器（图 18.5）是由两个端面开有径向凹槽的半联轴器 1、3 和两端各具凸榫的中间滑块 2 所组成。中间滑块两端面上的凸榫相互垂直，分别嵌装在两个半联轴器的凹槽中，从而构成移动副。如果两轴线不对中或偏斜，运转时滑块将在凹槽内滑动，所以凹槽和滑块的工作面之间要加润滑剂。若两轴不对中，当转速较高时，由于滑块的偏心将会产生较大的离心力和磨损，并给轴和轴承带来附加动载荷，因此它只适用于低速转动，轴的转速一般不超过 300 r/min。滑块联轴器允许的径向位移（即偏心距）$y \leqslant 0.04d$（d 为轴的直径），角位移 $\alpha \leqslant 30'$。

18.3.3　万向联轴器

图 18.6 所示为以十字轴为中间件的万向联轴器。十字轴的四端用铰链分别与轴 1、轴 2 上的叉形接头相连，因此，当一轴的位置固定后，另一轴可以在任意方向偏斜 α 角，角位移 α 可达 40° ~ 45°。有时为了增加其灵活性，可在铰链处配置滚针轴承（图中未标出）。但是单个万向联轴器会导致主、从动轴的瞬时角速度不相等，即当主动轴 1 以等角速度回转时，从动轴 2

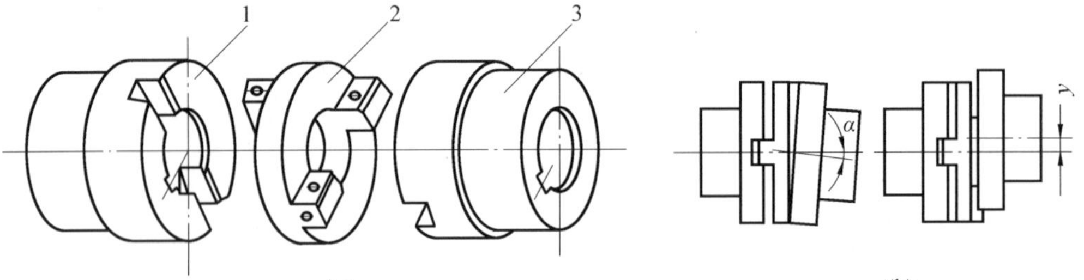

(a) (b)

图 18.5 滑块联轴器

作变角速度转动,从而引起动载荷。

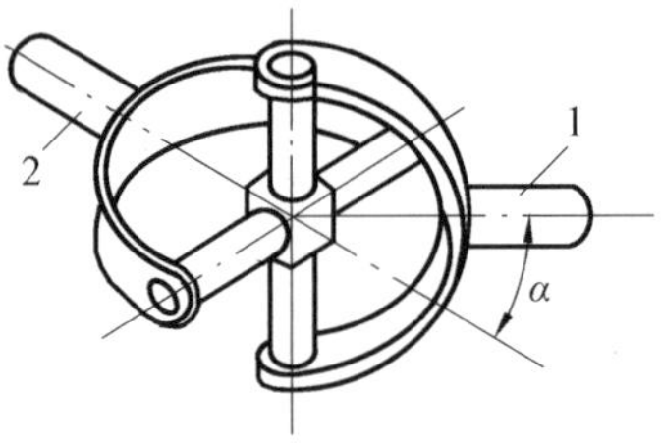

图 18.6 万向联轴器示意图

轴 2 的角速度变化情况可以用下述两个极端位置进行分析:

如图 18.7(a) 所示,轴 1 的叉面旋转到图纸平面上,而轴 2 的叉面垂直于图纸平面。设轴 1 的角速度为 ω_1,轴 2 在此位置时的角速度为 ω'_2,取十字轴上 A 点分析,如果将十字轴看作与轴 1 一起转动,则 A 点的速度为

$$v_{A1} = \omega_1 r$$

而将十字轴看作与轴 2 一起转动,则 A 点的速度应为

$$v_{A2} = \omega'_2 r\cos\alpha$$

显然,同一点的速度应该相等,即 $v_{A1} = v_{A2}$,所以

$$\omega_1 r = \omega'_2 r\cos\alpha$$

即

$$\omega'_2 = \frac{\omega_1}{\cos\alpha} \tag{18.1}$$

将两轴转过 90°,如图 18.7(b) 所示,此时轴 1 的叉面垂直于图纸平面,而轴 2 的叉面转到图纸平面上。设轴 2 在此位置时的角速度为 ω''_2,取十字轴上 B 点分析,同理可得:

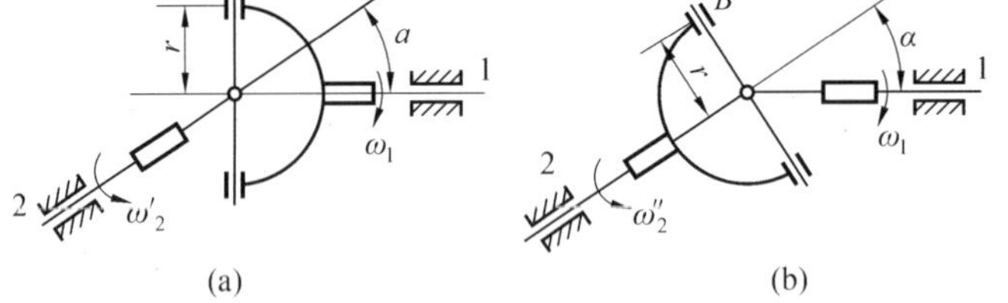

(a) (b)

图 18.7 万向联轴器的速度分析

$$\omega''_2 = \omega_1\cos\alpha \tag{18.2}$$

如果再继续转过 90°,则两轴的叉面又将与图 18.7(a) 所示的图形一致。不难想象,每转过 90°,将交替出现图(a) 及图(b) 中的叉面图形。因此当轴 1 以等角速度 ω_1 回转时,轴 2 的角速度 ω_2 将在 $\omega_1\cos\alpha$ 到 $\omega_1/\cos\alpha$ 范围内做周期性的变化,并且

$$\omega_1\cos\alpha \leqslant \omega_2 \leqslant \frac{\omega_1}{\cos\alpha} \tag{18.3}$$

可见角速度 ω_2 变化的幅度与两轴的夹角 α 有关,α 越大,则 ω_2 变动幅度越大。

为了克服单个万向联轴器的上述缺点,机器中常将万向联轴器成对使用,如图 18.8 所

示。这种由两个万向联轴器组成的装置称为双万向联轴器。对于连接相交或平行两轴的双万向联轴器,要使主动轴和从动轴的角速度相等,必须满足两个条件:(1) 主动轴和从动轴分别与中间件 C 的夹角必须相等,即 $\alpha_1 = \alpha_2$;(2) 中间件两端的叉面必须位于同一平面内。显然中间件本身的转速是不均匀的,但是因为它的惯性小,由它所产生的动载荷、振动等一般不致引起显著危害。

小型双万向联轴器的实际结构如图 18.9 所示,通常用合金钢制造。

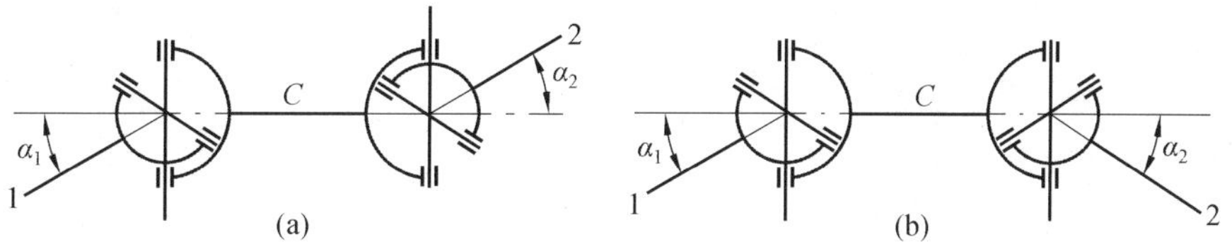

图 18.8　双万向联轴器示意图

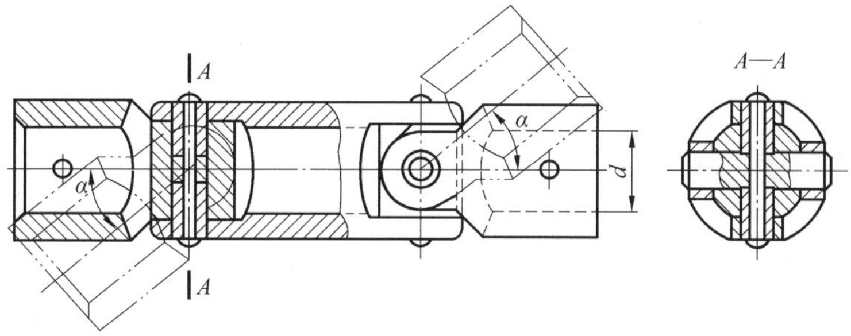

图 18.9　双万向联轴器结构图

18.4　弹性联轴器

18.4.1　弹性套柱销联轴器

弹性套柱销联轴器结构上和凸缘联轴器很近似,但是两个半联轴器的连接不用螺栓,而是用带橡胶弹性套的柱销,如图 18.10 所示。为了更换橡胶套时简便而不必拆移机器,设计中应注意留出距离 A;为了补偿轴向位移,安装时应注意留出相应大小的间隙 c。弹性套柱销联轴器在高速轴上应用得十分广泛。

18.4.2　弹性柱销联轴器

如图 18.11 所示,弹性柱销联轴器是利用若干非金属材料制成的柱销置于两个半联轴器凸缘的孔中,以实现两轴的连接。柱销通常用尼龙制成,而尼龙具有一定的弹性。弹性柱销联轴器的结构简单,更换柱销方便。为了防止柱销滑出,在柱销两端配置挡板。装配挡板时应注意留出间隙。

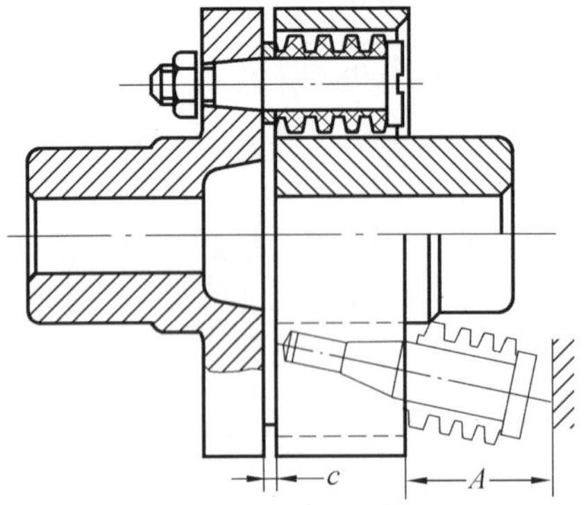

图 18.10　弹性套柱销联轴器

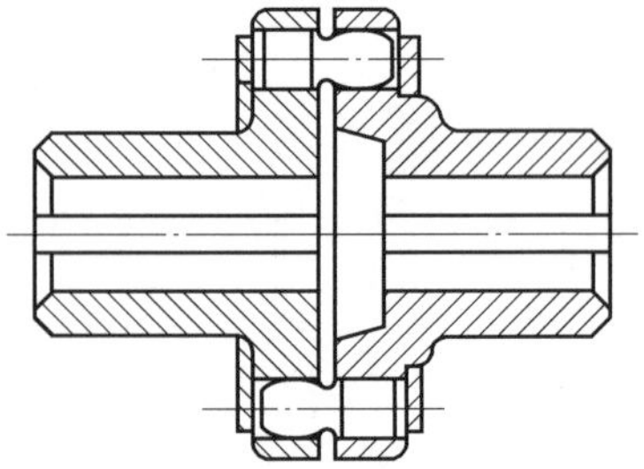

图 18.11　弹性柱销联轴器

上述弹性套柱销联轴器和弹性柱销联轴器两种联轴器，动力从主动轴通过弹性件传递到从动轴，因此它能缓和冲击、吸收振动。适用于正反向变化多、启动频繁的高速轴。最大转速可达 8 000 r/min，使用温度范围为 －20 ～ 60 ℃。

这两种联轴器能补偿较大的轴向位移，依靠弹性柱销的变形，允许有微量的径向位移和角位移。但是如果径向位移或角位移较大，则会引起弹性柱销的迅速磨损，因此采用这两种联轴器时，仍须仔细地安装以避免误差。

18.4.3　梅花形弹性联轴器

如图 18.12 所示，1、2 为两个半联轴器，它们的端面上各有凸齿，类似于图 18.15 的牙嵌式离合器，不同之处是各凸齿的两侧面呈内凹形，并在齿侧间隙放置非金属弹性元件（橡胶或尼龙）。

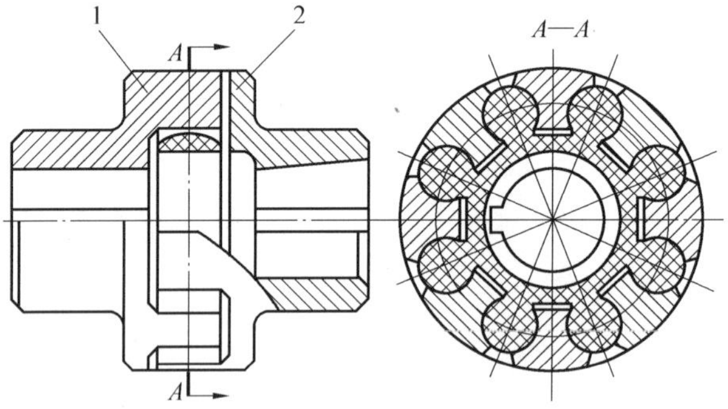

图 18.12　梅花形弹性联轴器

18.4.4　弹性活块联轴器

弹性活块联轴器也是在凸齿的两侧面间隙内放置非金属弹性元件，但各弹性元件不相连（见图 18.13），其特点是各弹性件可径向插入而不必轴向移动两个半联轴器，便于更换损坏的弹性件。为防止弹性元件因离心力而脱出，在联轴器的外缘装有套筒 4。

梅花形弹性联轴器和弹性活块联轴器比前两种联轴器具有较大的径向和角向补偿量，公称转矩和许用转速也较大，其许可工作温度为 －35 ～ 85 ℃。

18.4.5 轮胎式联轴器

轮胎式联轴器的结构如图 18.14 所示，中间为橡胶制成的轮胎环，用止退垫板与半联轴器连接。它的结构简单可靠，易于变形，因此它允许的相对位移较大，角位移可达 5° ~ 12°，轴向位移可达 0.02*D*，径向位移可达 0.01*D*，*D* 为联轴器外径。

轮胎式联轴器适用于启动频繁、正反向运转、有冲击振动、两轴间有较大的相对位移量以及潮湿多尘之处，它的径向尺寸庞大，但是轴向尺寸较窄，有利于缩短串接机组的总长度，它的最大转速可达 5 000 r/min。

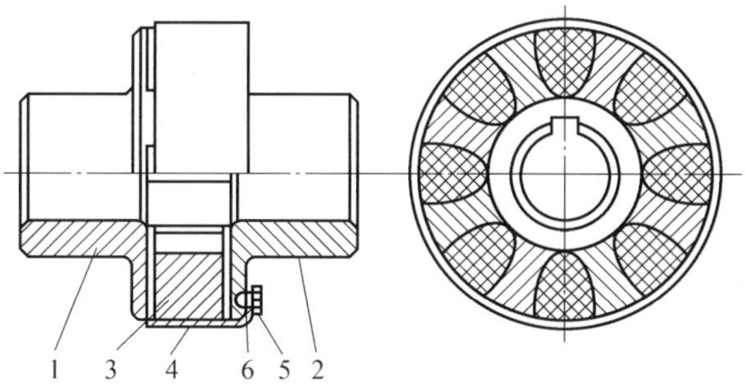

图 18.13 弹性活块联轴器

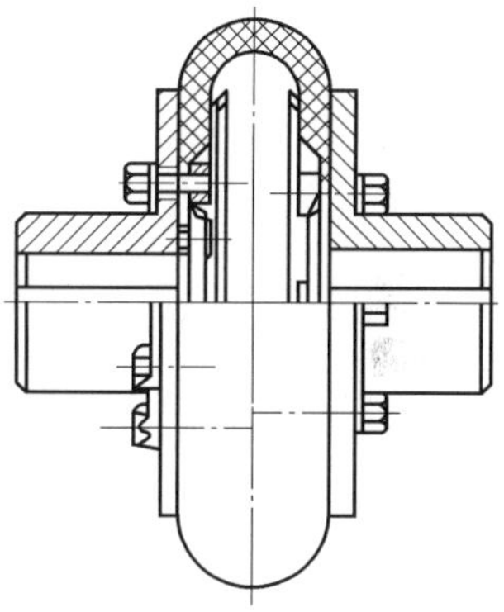

图 18.14 轮胎式联轴器

18.5 联轴器的选择

绝大多数联轴器都已经标准化或者规格化（相关内容见有关手册），一般情况下进行机械设计时所要做的是选用而不是设计。下面介绍选用联轴器的步骤。

18.5.1 选择联轴器的类型

根据传递载荷的大小，轴的转数的高低，被连接两个部件安装精度等，参考各类联轴器的特性，选择一种合适的联轴器的类型。具体选择时应考虑以下几点：

（1）所需传递转矩的大小和性质以及对缓冲减震功能的要求。例如，对于大功率的重载传动可以选用齿式联轴器；对于严重冲击载荷或者要求清除轴系扭转振动的传动，可以选用轮胎式联轴器等具有高弹性的联轴器。

（2）联轴器的工作转数高低和引起的离心力大小。对于高速传动轴，应该选用平衡精度高的联轴器，例如膜片联轴器等，而不宜选用存在偏心的滑块联轴器。

（3）两轴相对位移的大小和方向。当安装调整后难以保持两轴严格精确对中或工作过程中两轴将产生较大的附加相对位移时，应该选用挠性联轴器。例如当径向位移较大时可选滑块联轴器，角位移较大或者相交两轴的连接可以选用万向联轴器。

（4）联轴器的可靠性和工作环境。通常情况下，由金属元件制成的不需润滑的联轴器比较可靠；需要润滑的联轴器，其性能容易受润滑完善程度的影响，并且可能污染环境。含有橡胶等非金属元件的联轴器对温度、腐蚀性介质及强光等比较敏感,而且容易老化。

(5) 联轴器的制造、安装、维护和成本。在满足使用性能的前提下,应该选用装拆方便、维护简单、成本低的联轴器。例如刚性联轴器不但结构简单,而且装拆方便,可用于低速、刚性大的传动轴。一般的非金属弹性元件联轴器(例如弹性套柱销联轴器、弹性柱销联轴器、梅花形弹性联轴器等),由于具有良好的综合性能,所以广泛用于一般的中小功率传动。

18.5.2 计算联轴器的计算转矩

由于机器启动时的动载荷和运转过程中可能出现的过载现象,所以应当按照轴上的最大转矩作为计算转矩 T_{ca}。计算转矩可按下式确定

$$T_{ca} = K_A T \tag{18.4}$$

式中 T—— 公称转矩,N · m;

K_A—— 工作情况系数,K_A 值列于表 18.1 中。

表 18.1 工作情况系数 K_A

工作机	原动机为电动机时
转矩变化很小的机械:如发电机、小型通风机、小型离心泵等	1.3
转矩变化较小的机械:如透平压缩机、木工机械、输送机等	1.5
转矩变化中等的机械:如搅拌机、增压机、有飞轮的压缩机等	1.7
转矩变化和冲击载荷中等的机械:如织布机、水泥搅拌机、拖拉机等	1.9
转矩变化和冲击载荷大的机械:如挖掘机、起重机、碎石机、造纸机械	2.3

18.5.3 确定联轴器型号

根据计算转矩 T_{ca} 及所选的联轴器类型,按照

$$T_{ca} \leqslant [T] \tag{18.5}$$

的条件由联轴器标准中选定该联轴器的型号,公式中的[T]为该型号联轴器的许用转矩。

18.5.4 校核最大转数

被连接轴的转数 n 不应该超过所选联轴器允许的最高转数 n_{max},即

$$n \leqslant n_{max} \tag{18.6}$$

18.5.5 协调轴孔直径

多数情况下每一型号联轴器适用的轴的直径均有一个范围。标准中或者给出轴的直径的最大和最小值,或者给出适用直径的尺寸系列,被连接两轴的直径应当在此范围之内。一般情况下被连接两轴的直径是不同的,两个轴端的形状也可能是不同的,如主动轴轴端为圆柱形,所连接的从动轴轴端为圆锥形。

18.5.6 规定部件相应的安装精度

根据所选联轴器允许轴的相对位移偏差,规定部件相应的安装精度。通常情况下标准中

只给出单项位移偏差的允许值，如果有多项位移偏差存在，则必须根据联轴器的尺寸大小计算出相互影响的关系，以此作为规定部件安装精度的依据。

18.5.7 进行必要的校核

如果有必要，应该对联轴器的主要传动零件进行强度校核。使用有非金属弹性元件的联轴器时还应该注意联轴器所在部位的工作温度不要超过该弹性元件材料允许的最高温度。

例 18.1 某车间起重机根据工作要求选用一电动机，其功率 $P=10$ kW，转速 $n=900$ r/min，电动机轴伸的直径 $d=42$ mm，试选择所需的联轴器（只要求与电动机轴伸连接的半联轴器满足直径要求）。

解 (1) 类型选择

为了隔离振动与冲击，选用弹性套柱销联轴器。

(2) 载荷计算

公称转矩

$$T=9.55\times10^{6}\frac{P}{n}=9.55\times10^{6}\times\frac{10}{960}=99.48\times10^{3}\,\mathrm{N\cdot mm}$$

由表 18.1 查得 $K_A=2.3$，故由式(18.4) 得计算转矩为

$$T_{ca}=K_AT=2.3\times99.48\times10^{3}=228.80\ \mathrm{N\cdot m}$$

(3) 型号选择

从 GB 4323—84 中查得 TL6 型弹性套柱销联轴器的许用转矩为 250 N·m，许用最大转速为 3 800 r/min，轴径为 32 ~ 42 mm 之间，故适用。其余计算从略。

18.6 牙嵌离合器

牙嵌离合器是由两个端面带牙的套筒所组成（图 18.15），其中套筒 1 和轴紧密配合，而套筒 2 可以沿导向平键 3 在另一根轴上进行移动，利用操纵杆移动滑环 4 可使两个套筒接合或分离。为避免滑环的过量磨损，可动的套筒应该装在从动轴上。为便于两轴对中，在套筒 1 中装有对中环 5，从动轴端则可在对中环中自由转动。

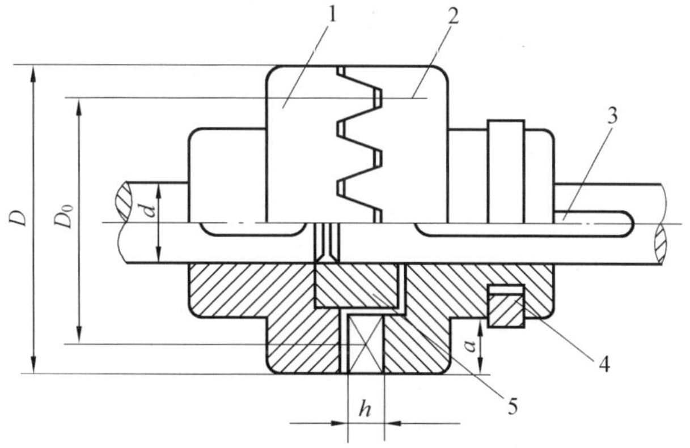

图 18.15 牙嵌离合器

牙嵌离合器牙的形状有三角形、梯形和锯齿形(图 18.16)。三角形牙形主要传递中、小转矩,牙数一般为15 ~ 60;梯形、锯齿形牙形可以传递较大的转矩,牙数一般为3 ~ 15;梯形牙可以补偿磨损后的牙侧间隙。锯齿形牙只能单向工作,反转时由于有较大的轴向分力,会迫使离合器自行分离。无论哪种牙形各牙都应精确等分,以使载荷分布均匀。

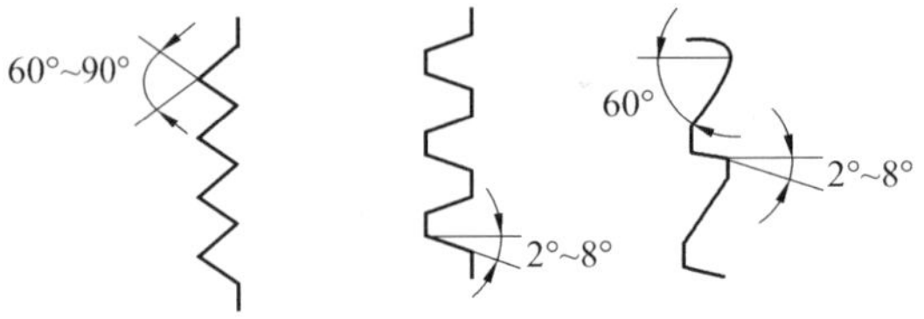

图 18.16 牙嵌离合器的牙形

牙嵌离合器的承载能力主要取决于牙根处的弯曲强度。对于操作频繁的离合器,还需验算牙面的压强,由此控制磨损,即

$$\sigma_b = \frac{hk_A T}{zWD_0} \leqslant [\sigma_b] \tag{18.7}$$

$$p = \frac{2k_A T}{zD_0 ah} \leqslant [p] \tag{18.8}$$

式中 h—— 牙的高度;

z—— 牙的数目;

W—— 牙根的弯曲截面系数;

D_0—— 牙的平均直径;

a—— 牙的宽度;

$[\sigma_b]$—— 许用弯曲应力;

$[p]$—— 许用压强。

对于表面淬硬的钢制牙嵌离合器,在停车时接合:$[\sigma_b] = \frac{\sigma_s}{1.5}$MPa,$[p] = 90 \sim 120$ MPa;在低速运转时结合:$[\sigma_b] = \sigma_s / (5.9 \sim 4.5)$MPa, $[p] = 50 \sim 70$ MPa。

牙嵌离合器结构简单,外廓尺寸小,能传递较大的转矩,所以应用较多。但是牙嵌离合器只适合在两轴不回转或转速差很小时进行接合,否则牙齿可能会因受到撞击而折断。

牙嵌离合器的常用材料为低碳合金钢(如 20Cr,20MnB),经过渗碳淬火等处理后可以使牙面硬度达到56 ~ 62 HRC。有时也采用中碳合金钢(如40Cr,45MnB),经过表面淬火等处理后硬度达 48 ~ 58 HRC。

牙嵌离合器也可以借助电磁线圈的吸力来操纵,这种离合器叫作电磁牙嵌离合器,它采用嵌入方便的三角形细牙,依据信息而动作,便于遥控和程序控制。

18.7 圆盘摩擦离合器

圆盘摩擦离合器有单片式和多片式两种。图 18.17 所示为单片式摩擦离合器的简图,其中圆盘 1 和主动轴紧密配合,圆盘 2 可以沿导向键在从动轴上移动,移动滑环 3 可以使两圆盘接合或者分离。当工作时,轴向压力 F_a 使两圆盘的工作表面产生摩擦力,设摩擦力的合力作

用在摩擦半径 R_f 的圆周上，则可传递的最大转矩为

$$T_{max} = F_a f R_f \tag{18.9}$$

式中　f—— 摩擦系数。

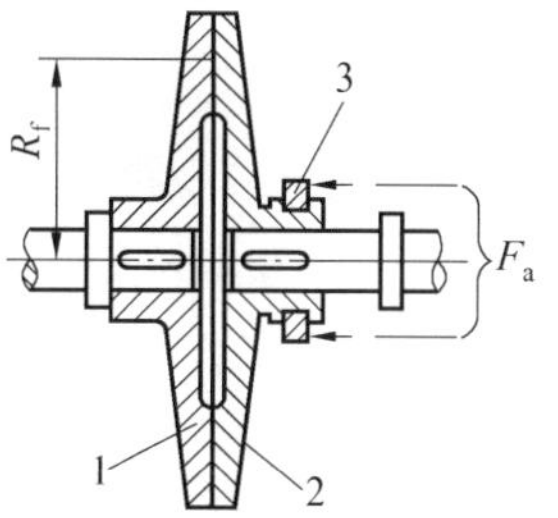

图 18.17　圆盘摩擦离合器

与牙嵌离合器比较，摩擦离合器具有下列优点：在任何不同转速条件下两轴都可以进行接合；当过载时摩擦面之间将发生打滑现象，这样可以防止由于过载而损坏其他零件；接合比较平稳，冲击和振动较小。

摩擦离合器在正常的接合过程中，从动轴的转速从零逐渐加速到和主动轴一样的转速，因而两摩擦面间不可避免地会发生相对滑动，这种相对滑动势必要消耗一部分能量并引起摩擦片的磨损和发热。

单片式摩擦离合器多用于转矩在 2 000 N·m 以下的轻型机械（如包装机械、纺织机械等）。

图 18.18(a) 所示为多片式摩擦离合器，图中主动轴 1 与外壳 2 相连接，从动轴 3 与套筒 4 相连接。外壳内装有一组摩擦片 5，如图 18.18(b) 所示，它的外缘凸齿插入外壳 2 的纵向凹槽内，因而随外壳 2 一起回转，它的内孔不与任何零件接触。套筒 4 上装有另一组摩擦片 6，如图 18.18(c) 所示，它的外缘不与任何零件接触，而内孔凸齿与套筒 4 上的纵向凹槽相连接，因而带动套筒 4 一起回转。这样就有两组形状不同的摩擦片相间叠合，如图 18.18(a) 所示。图中位置表示杠杆 8 经压板 9 将摩擦片压紧，离合器处于接合状态。如果将滑环 7 向右移动，杠杆 8 逆时针方向摆动，压板 9 松开，离合器即分离。如果把图 18.18(c) 中的摩擦片改用图 18.18(d) 的形状，则分离时摩擦片能自行弹开。另外调节螺母 10 用来调整摩擦片间的压力。

如果摩擦片的数目多一些，就可以增大所传递的转矩，但是片数过多，将使各层间压力分布不均匀，所以一般情况下摩擦片的数目不超过 12 ~ 15 片。

多片式摩擦离合器所传递的最大转矩 T_{max} 和作用在摩擦面上的压强 p 分别为

$$T_{max} = zF_a f R_f = \frac{zfF_a(D_1 + D_2)}{4} \geq K_A T \tag{18.10}$$

$$P = \frac{4F_a}{\pi(D_2^2 - D_1^2)} \leq [p] \tag{18.11}$$

式中　D_1,D_2—— 分别为外摩擦片的内径和内摩擦片的外径；

z—— 摩擦面的数目；

F_a—— 轴向压力；

K_A—— 工作情况系数，见表 18.1；

f—— 摩擦系数；

$[p]$—— 许用压强，见表 18.2。

摩擦离合器分为不在油中工作和在油中工作两类，前一类反应敏捷，但是摩擦片容易磨损；后一类摩擦片磨损较轻，寿命较长，但是摩擦系数较低。

表 18.2　常用摩擦片材料的摩擦系数 f 和许用压强 $[p]$

摩擦片材料	平均摩擦系数 f		圆盘摩擦离合器 $[p]$/MPa
	在油中工作	不在油中工作	
铸铁 - 铸铁或钢	0.08	0.15	0.25 ~ 0.30
淬火钢 - 淬火钢	0.06	0.18	0.60 ~ 0.80
青铜 - 钢或铸铁	0.08	0.17	0.40 ~ 0.50
淬火钢 - 金属陶瓷	0.10	0.40	0.30 ~ 0.40
压制石棉 - 铸铁或钢	0.12	0.30	0.20 ~ 0.30

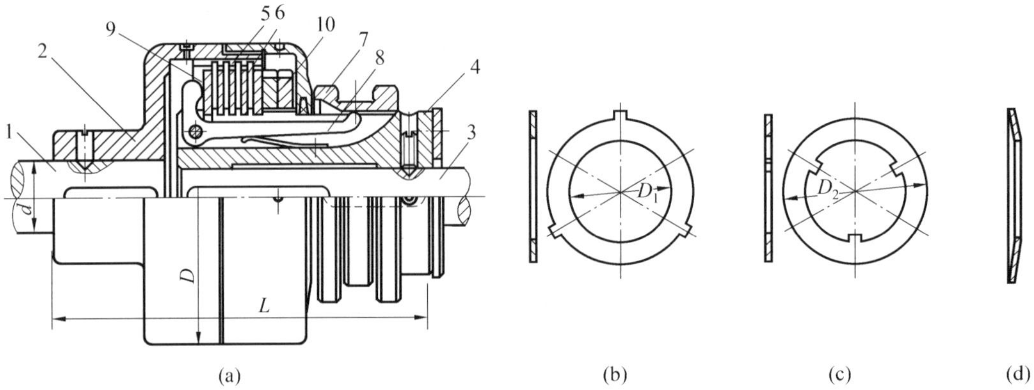

图 18.18　多片式摩擦离合器

对于操作频繁的多片式摩擦离合器，发热与温升成为离合器能否正常工作的关键。然而，由于影响因素很多，很难进行精确的热平衡计算。此时，除了选用耐热性和导热性都比较好的摩擦材料之外，还可以将表 18.2 中的 $[p]$ 值降低 15% ~ 30%。

例 18.2　已知一多片摩擦式离合器，外摩擦片的内径 $D_1 = 50$ mm，内摩擦片的外径 $D_2 = 70$ mm，摩擦面数 $z = 10$，轴向压力 $F_a = 1\ 000$ N，摩擦片材料为淬火钢，求打滑力矩 T_{max} 并验算压强 p。

解　(1) 求打滑力矩 T_{max}

查表 18.2，$f = 0.18$，依据公式(18.10)

$$T_{max} = zF_a fR_f = zfF_a \frac{(D_1 + D_2)}{4} = 10 \times 0.18 \times 1\ 000 \times \frac{(70 + 50)/1\ 000}{4} = 54\ \text{N} \cdot \text{m}$$

(2) 验算压强 p

查表 18.2，$[p] = 0.60 \sim 0.80$ MPa，由公式(18.11)得

$$p = \frac{4F_a}{\pi(D_2^2 - D_1^2)} = \frac{4 \times 1\ 000}{\pi \times (70^2 - 50^2)}\ \text{MPa} = 0.53\ \text{MPa} < [p]$$

同样，摩擦离合器也可用电磁力来操纵，如图 18.19 所示，在电磁操纵的摩擦离合器中，当直流电经接触环 1 导入电磁线圈 2 后，产生磁力线吸引衔铁 5，于是衔铁 5 将两组摩擦片 3 和 4 压紧，离合器处于接合状态。当电流切断时，磁力消失，依靠复位弹簧 6 将衔铁推开，使两组摩擦片松开，离合器处于分离状态。

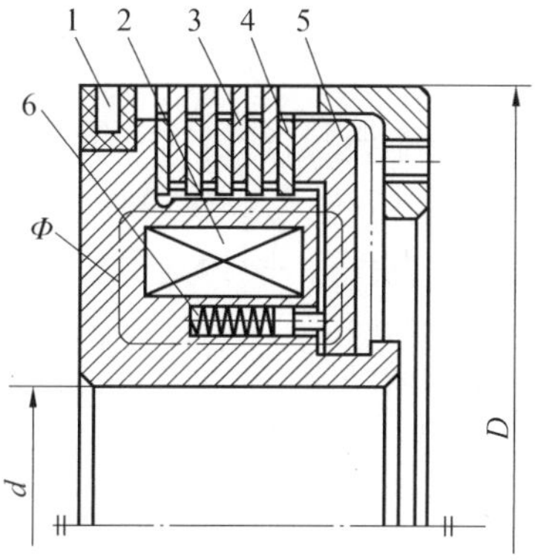

图 18.19　电磁操纵的摩擦离合器

在电磁离合器中,电磁摩擦离合器是应用最广泛的一种。另外,电磁摩擦离合器在电路上还可进一步实现各种特殊要求,如快速励磁电路可以实现快速接合,提高离合器的灵敏度。相反,缓冲励磁电路可抑制励磁电流的增长,使启动缓慢,从而避免启动冲击。

18.8　磁粉离合器

磁粉离合器的工作原理如图18.20所示,图中安置励磁线圈1的磁轭2为离合器的固定部分。如果将圆筒3与左右轮辐7、8组成离合器的主动部分,则转子6与从动轴(图中未画出)组成离合器的从动部分。在圆筒3的中间嵌装着隔磁环4,轮辐7或8上可连接输入件(图中未画出),在转子6与圆筒3之间有0.5 ~ 2 mm的间隙,其中充填磁粉5。图18.20(a)表示断电时磁粉被离心力甩在圆筒的内壁,疏松并且散开,此时离合器处于分离状态。图18.20(b)表示通电后励磁线圈产生磁场,磁力线跨越空隙穿过圆筒到达转子形成图示的回路,此时磁粉受到磁场的影响而被磁化。磁化了的磁粉彼此相互吸引串成磁粉链而在圆筒与转子间聚合,依靠磁粉的结合力和磁粉与主、从动件工作面间的摩擦力来传递转矩。

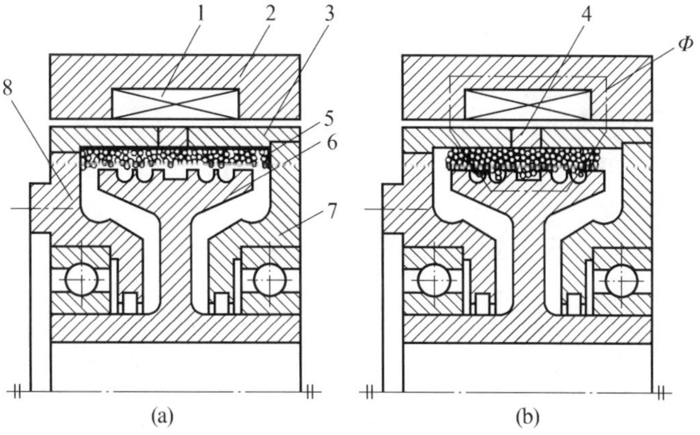

图 18.20　磁粉离合器

磁粉的性能是决定离合器性能的重要因素。磁粉应该具有导磁率高、剩磁小、流动性良好、耐磨、耐热、不烧结等性能,一般情况下常用铁钴镍、铁钴钒等合金粉末并加入适量的粉状二硫化钼。磁粉的形状以球形或椭球形为好,颗粒大小一般在20 ~ 70 μm之间,为了提高充填率,可以采用不同粒度的磁粉混合使用。

磁粉离合器具有下列性能:

(1) 励磁电流 I 与转矩 T 间成线性关系,转矩调节简单而且精确,调节范围也宽。

(2) 可以用作恒张力控制,这对造纸机械、纺织机械、印刷机械、绕线机械等方面的应用是十分可贵的。例如当卷绕机的卷径不断增加时,通过传感器控制励磁电流变化,从而转矩也随之相应地变化,以保证获得恒定的张力。

(3) 如果将磁粉离合器的主动件固定,则可以作为制动器使用。

此外这种离合器操纵方便、离合平稳、工作可靠,但是质量较大。

18.9 定向离合器

图 18.21 所示为滚柱式定向离合器,图中星轮 1 和外环 2 分别装在主动件和从动件上,星轮和外环之间的楔形空腔内装有滚柱 3,滚柱数目一般情况下为 3 ~ 8 个,每个滚柱都被弹簧推杆 4 以不大的推力向前推进而处于半楔紧状态。

星轮和外环都可作为主动件。现以外环为主动件来分析,当外环逆时针方向回转时,以摩擦力带动滚柱向前滚动,进一步楔紧内外接触面,从而驱动星轮一起转动,离合器处于接合状态。反之,当外环顺时针方向回转时,则带动滚柱克服弹簧力而滚到楔形空腔的宽敞部分,离合器处于分离状态,所以这种离合器称为定向离合器。当星轮与外环均按顺时针方向作同方向回转时,根据相对运动原理,如果外环转速小于星轮的转速,则离合器处于接合状态。反之,如果外环转速大于星轮的转速,则离合器处于分离状态,因此这种离合器又称为超越离合器。定向离合器经常用于汽车、机床等的传动装置中。

图 18.22 所示为楔块式定向离合器,这种离合器以楔块代替滚柱,楔块的形状如图所示。内外环工作面都为圆形,整圈的拉簧压着楔块始终和内环接触,并力图使楔块绕自身作逆时针方向偏摆。当外环顺时针方向旋转或内环逆时针方向旋转时,楔块克服弹簧力而作顺时针方向偏摆,从而在内外环间越楔越紧,离合器处于接合状态。当反方向旋转时,楔块松开而离合器处于分离状态。

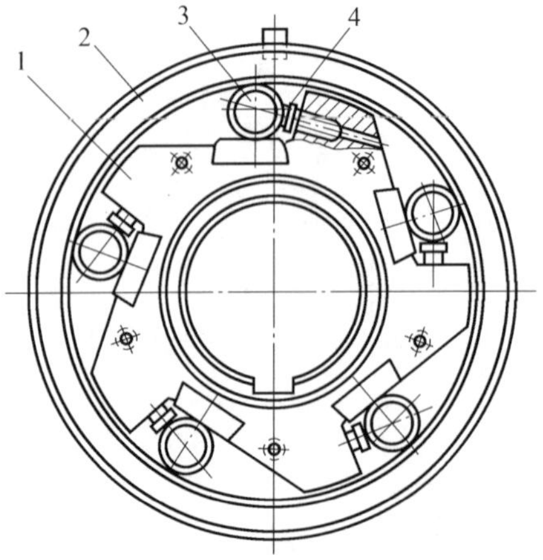

图 18.21 滚柱式定向离合器

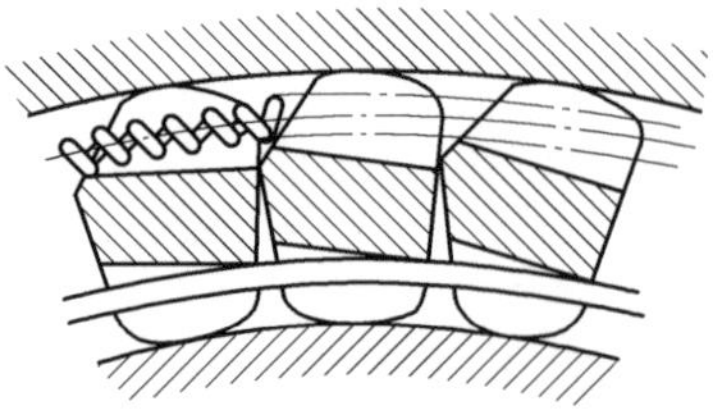

图 18.22 楔块式定向离合器

由于楔块的曲率半径大于前述滚柱的半径,而且装入量也远比滚柱为多,因此相同尺寸的离合器可以传递更大的转矩,但是缺点是高速运转时有较大的磨损,寿命较低。

习　题

18.1　由交流电动机直接带动直流发电机供应直流电。已知所需最大功率为 18 ~ 20 kW,转速 3 000 r/min,外伸轴轴径 $d = 45$ mm。(1) 试为电动机和发电机之间选择一只适合类型的联轴器,并陈述理由。(2) 根据已知条件,确定出型号。

18.2　在发电厂中,由高温高压蒸汽来驱动汽轮机旋转,并带动发电机供电。在汽轮机与发电机之间用什么类型的联轴器合适?什么理由?试为 3 000 kW 的汽轮发电机机组选择联轴器的具体型号,设轴颈 $d = 120$ mm,转速为 3 000 r/min。

18.3　题 18.3 图所示,有两只转速相同的电动机,电动机 1 连接在蜗杆轴上,电动机 2 直接连接在 O_2 轴上(垂直于图纸平面,图中未标出),O_2 轴的另一端连接工作机。当开动电动机 1(停止电动机 2)时,电动机 1 经蜗杆蜗轮减速后驱动 O_2 轴,是慢速挡。如果开动电动机 2(停止电动 1)直接驱动 O_2 轴,是快速挡。要求电动机 1、电动机 2 可以同时开动,或电动机 2 开动后再停止电动机 1(反之亦然)时,不会产生卡死现象。试选一种离合器,使之实现上述要求(要求用示意图配合文字说明其动作)。

18.4　如图 18.16 所示的多片式摩擦离合器。车床使用,传递的功率为 1.7 kW,转速为 500 r/min,如果 $D_1 = 80$ mm,$D_2 = 120$ mm,摩擦片材料采用淬火钢,油浴润滑,摩擦片间的压紧力 $F_a = 2\ 000$ N。问需要多少片摩擦片才能实现上述要求(注意区分摩擦面数目和摩擦片片数)。

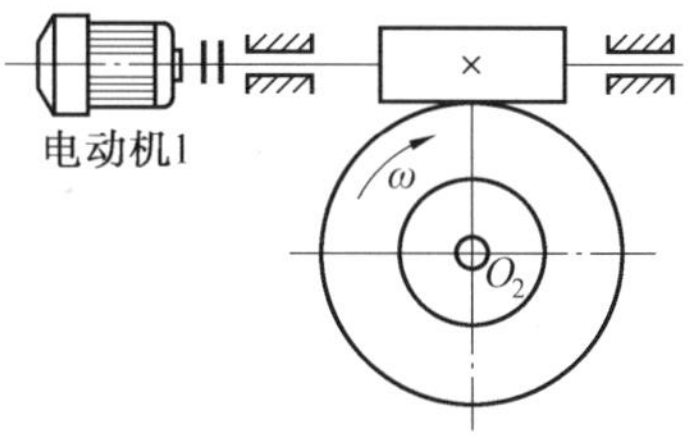

题 18.3 图

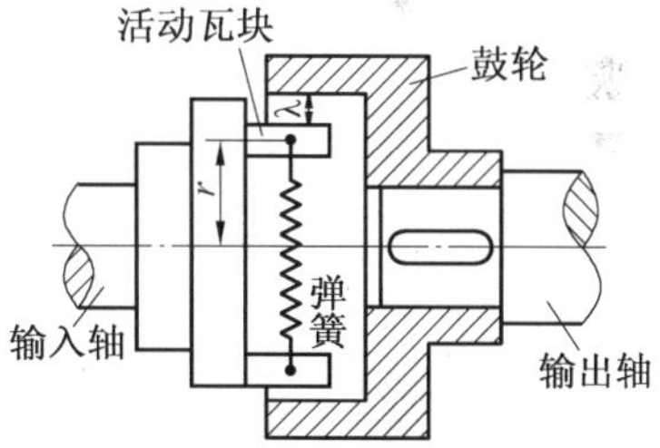

题 18.6 图

18.5　自行车飞轮是一种单向离合器,试画出它的简图并说明为何要采用单向离合器。

18.6　题 18.6 图所示为自动离合的离心离合器的工作原理图。已知弹簧刚度 $k = 3$ N/mm,活动瓦块质量中心与轴中心线的距离 $r = 50$ mm,活动瓦块与鼓轮的间隙 $\lambda = 12$ mm,活动瓦块集中总质量 $m = 1.5$ kg,接合面间摩擦系数 $f = 0.4$,试求传递转矩 $T = 13.5$ N·m 时输入轴的角速度 ω_T(活动瓦块厚度较小,其尺寸可略去不计)。

参 考 文 献

[1] 杨可桢,程光蕴,李仲生. 机械设计基础[M]. 5 版. 北京:高等教育出版社,2006.
[2] 杨可桢,程光蕴,李仲生. 机械设计基础[M]. 4 版. 北京:高等教育出版社,1999.
[3] 孙桓,程光蕴,李仲生. 机械原理[M]. 7 版. 北京:高等教育出版社,2006.
[4] 濮良贵,程光蕴,李仲生. 机械设计[M]. 8 版. 北京:高等教育出版社,2006.
[5] 曲玉峰,关晓平. 机械设计基础[M]. 北京:中国林业出版社,2006.
[6] 成大先. 机械设计手册[M]. 2 版. 北京:机械工业出版社,2004.
[7] 徐灏. 机械设计手册[M]. 2 版. 北京:机械工业出版社,2000.
[8] 中国机械设计大典编委会. 中国机械设计大典[M]. 南昌:江西科学技术出版社,2002.
[9] 机械工程手册编辑委员会. 机械工程手册[M]. 2 版. 北京:机械工业出版社,1997.